工程力学(第三版)

兰向军　朱晓东　冯志华　编著

苏 州 大 学 出 版 社

图书在版编目(CIP)数据

工程力学 / 兰向军，朱晓东，冯志华编著. —3 版
. -- 苏州：苏州大学出版社，2023.1(2024.6重印)
ISBN 978-7-5672-4229-6

Ⅰ. ①工… Ⅱ. ①兰… ②朱… ③冯… Ⅲ. ①工程力学 Ⅳ. ①TB12

中国国家版本馆 CIP 数据核字(2023)第 004020 号

内容提要

本书是根据 21 世纪对人才培养的要求和教育部关于面向 21 世纪教学内容和课程体系改革的指示精神，借鉴国内外一些优秀教材的特点，在多年教学实践的基础上编写而成的.

本书共分 18 章：第一章至第四章研究刚体的平衡规律，着重介绍静力分析、平衡条件及其在工程中的应用；第五章至第八章从几何观点研究物体(点、刚体)的运动规律，包括点的运动、刚体的基本运动和平面运动；第九章至第十一章研究物体机械运动的一般规律、动能定理及动静法在工程中的应用；第十二章至第十八章研究变形固体在保证正常工作条件下的强度、刚度和稳定性；附录中列入了工程中常见的型钢表.

本书计划学时数最多为 120，可根据各专业特点进行选择. 本书可作为高等院校有关的工科专业本科生的工程力学教材，也可供高等职业大学和成人教育学院师生及有关工程技术人员参考.

工程力学(第三版)
兰向军　朱晓东　冯志华　编著
责任编辑　肖　荣

苏州大学出版社出版发行
(地址：苏州市十梓街 1 号　邮编：215006)
常熟市华顺印刷有限公司印装
(地址：常熟市梅李镇梅南路218号　邮编：215511)

开本 787 mm×1 092 mm　1/16　印张 19　字数 465 千
2023 年 1 月第 3 版　2024 年 6 月第 2 次印刷
ISBN 978-7-5672-4229-6　定价：55.00 元

图书若有印装错误，本社负责调换
苏州大学出版社营销部　电话：0512-67481020
苏州大学出版社网址　http://www.sudapress.com
苏州大学出版社邮箱　sdcbs@suda.edu.cn

前 言

本书第一版于2004年出版，自出版以来，得到广大师生的认可.第三版仍保持模块式的编写体系，包含理论力学与材料力学的基本内容，涵盖静力学公理与物体受力分析、平面汇交力系和平面力偶系、平面一般力系、空间力系、点的运动学、刚体的基本运动、点的合成运动、刚体的平面运动、动力学基本定律、动能定理、达朗伯原理、轴向拉伸和压缩、扭转、梁的弯曲、应力状态和强度理论、组合变形、压杆稳定、疲劳与断裂等知识点.

编者在修订本书时，仍秉承原书的风格，力求论述严谨、条理清晰、架构合理、层次分明、表述精练，在内容上突出工程实践所需的工程力学基本知识点，注重基础与应用、理论与工程、专业基本要求与学生能力培养相结合的教材体系.在此基础上，对部分内容进行了如下修订：

1. 为了加强对基本理论与基本概念的理解，对书中文字叙述做了少量的修改.

2. 为了加深学生对本书内容的理解，提高学生分析问题与解决问题的能力，在所有的章节后面添加了一定量的思考题和习题，并在书后附有习题参考答案.

本教材适用于高等学校仪器类、材料类、能源动力类、电气类、自动化类、测绘类、纺织类、轻工类、交通运输类、海洋工程类、农业工程类、林业工程类、环境科学与工程类、食品科学与工程类、安全科学与工程类等相关专业的工程力学等课程，也可供独立学院、高职高专、成人教育等有关专业师生及工程技术人员参考.

由于编者水平有限，书中难免存在疏漏，敬请读者批评指正.

编　者

2022年9月

主要符号表

$\boldsymbol{a}$	加速度
$\boldsymbol{a}_n$	法向加速度
$\boldsymbol{a}_\tau$	切向加速度
$\boldsymbol{a}_\mathrm{a}$	绝对加速度
$\boldsymbol{a}_\mathrm{r}$	相对加速度
$\boldsymbol{a}_\mathrm{e}$	牵连加速度
$\boldsymbol{a}_\mathrm{C}$	科氏加速度
A	面积
C	质心
e	偏心距
E	弹性模量
f	动摩擦因数
f_s	静摩擦因数
$\boldsymbol{F}$	力
$\boldsymbol{F}_\mathrm{cr}$	临界载荷
$\boldsymbol{F}_\mathrm{g}$	惯性力
$\boldsymbol{F}_\mathrm{N}$	法向约束力
F_N	轴力
$\boldsymbol{F}_\mathrm{R}$	力系的主矢
F_S	剪力
$\boldsymbol{g}$	重力加速度
G	切变模量
h,H	高度
$\boldsymbol{i}$	x 轴的单位矢量
I	惯性矩
I_p	极惯性矩
$\boldsymbol{j}$	y 轴的单位矢量
J_C	刚体对过质心轴的转动惯量
k	弹簧刚度系数
$\boldsymbol{k}$	z 轴的单位矢量
K_σ,K_τ	有效应力集中因数
m	质量,扭力矩集度
M	弯矩,外力偶矩
$\boldsymbol{M}$	力偶矩,主矩
$M_O(\boldsymbol{F})$	力 $\boldsymbol{F}$ 对点 O 的矩
n	安全系数
n_st	稳定安全系数
r	半径
$\boldsymbol{r}$	矢径
R	半径
s	弧坐标
S	静矩
t	时间
T	动能,扭矩
$\boldsymbol{v}$	速度
$\boldsymbol{v}_\mathrm{a}$	绝对速度
$\boldsymbol{v}_\mathrm{r}$	相对速度
$\boldsymbol{v}_\mathrm{e}$	牵连速度
V	势能,体积
w	挠度
W	力的功,弯曲截面系数
W_p	扭转截面系数
x,y,z	直角坐标
α	角加速度
γ	切应变
ε	正应变
$\varepsilon_\sigma,\varepsilon_\tau$	尺寸系数
θ	梁横截面转角,单位长度扭转角
μ	长度系数,泊松比
ρ	密度,曲率半径
σ	正应力
σ_a	应力幅

σ_b	强度极限	$\sigma_{0.2}$	条件屈服应力
σ_m	平均应力	σ_s	屈服应力
σ_{bs}	挤压应力	τ	切应力
$[\sigma]$	许用应力	$[\tau]$	许用切应力
σ_{cr}	临界应力	φ	角度坐标,扭转角,摩擦角
σ_e	弹性极限	ω	角速度
σ_p	比例极限		

目　录

绪　论 …… (1)

第一章　静力学公理与物体受力分析

§1-1　刚体和力的概念 …… (2)

§1-2　静力学公理 …… (3)

§1-3　约束与约束反力 …… (5)

§1-4　物体受力分析及受力图 …… (8)

思考题 …… (10)

习题 …… (12)

第二章　平面汇交力系和平面力偶系

§2-1　平面汇交力系的合成 …… (16)

§2-2　平面汇交力系的平衡条件 …… (19)

§2-3　平面力偶系 …… (20)

思考题 …… (24)

习题 …… (24)

第三章　平面一般力系

§3-1　平面一般力系的简化 …… (29)

§3-2　平面一般力系的平衡 …… (33)

§3-3　物体系统的平衡 …… (36)

§3-4　考虑摩擦时的平衡问题 …… (38)

思考题 …… (41)

习题 …… (42)

第四章　空间力系

§4-1　力在空间直角坐标轴上的投影 …… (47)

§4-2　力对轴之矩 …… (48)

§4-3　空间一般力系的简化 …… (49)

§4-4　空间一般力系的平衡 …… (50)

§4-5　空间力系平衡问题举例 …… (51)

思考题 …… (54)

习题 …… (54)

第五章　点的运动学

§5-1　运动学基本概念 …… (57)

§5-2　矢量法 …… (57)

§5-3　直角坐标法 …… (59)

§5-4　自然法 …… (60)

思考题 …… (64)
习题 …… (65)
第六章 刚体的基本运动
§6-1 刚体的平行移动 …… (69)
§6-2 刚体的定轴转动 …… (70)
§6-3 转动刚体上各点的速度和加速度 …… (70)
思考题 …… (73)
习题 …… (73)
第七章 点的合成运动
§7-1 相对运动、绝对运动和牵连运动 …… (76)
§7-2 速度合成定理 …… (77)
§7-3 牵连运动为平动时的加速度合成定理 …… (81)
思考题 …… (84)
习题 …… (85)
第八章 刚体的平面运动
§8-1 平面运动的基本概念 …… (89)
§8-2 平面运动分解为平动和转动 …… (90)
§8-3 平面图形内各点的速度 基点法及速度投影定理 …… (91)
§8-4 平面图形的瞬时速度中心 速度瞬心法 …… (92)
§8-5 用基点法确定平面图形内各点的加速度 …… (96)
思考题 …… (100)
习题 …… (101)
第九章 动力学基本定律
§9-1 动力学基本定律 …… (105)
§9-2 质点运动的微分方程 …… (106)
思考题 …… (110)
习题 …… (110)
第十章 动能定理
§10-1 概述与基本概念 …… (113)
§10-2 力的功 …… (117)
§10-3 动能及其表达式 …… (120)
§10-4 质点的动能定理 …… (122)
§10-5 质点系的动能定理 …… (123)
思考题 …… (126)
习题 …… (126)
第十一章 达朗伯原理
§11-1 惯性力 质点的达朗伯原理 …… (130)
§11-2 质点系的达朗伯原理 …… (131)
§11-3 刚体惯性力系的简化 …… (132)

§11-4 静平衡与动平衡的概念 …… (137)
思考题…… (138)
习题…… (139)
第十二章 轴向拉伸和压缩
§12-1 概述 …… (143)
§12-2 轴向拉伸和压缩的概念 …… (144)
§12-3 内力 截面法 轴力及轴力图 …… (145)
§12-4 应力 拉(压)杆内的应力 …… (147)
§12-5 拉(压)杆的变形 胡克定律 …… (151)
§12-6 材料在拉伸和压缩时的力学性能…… (155)
§12-7 强度条件 安全系数 许用应力 …… (160)
§12-8 应力集中的概念 …… (164)
§12-9 连接部分的强度计算 …… (165)
思考题…… (169)
习题…… (172)
第十三章 扭转
§13-1 概述 …… (176)
§13-2 薄壁圆筒的扭转 …… (176)
§13-3 传动轴的外力偶矩 扭矩及扭矩图 …… (178)
§13-4 圆轴扭转时的应力与强度条件 …… (181)
§13-5 圆轴扭转时的变形与刚度条件 …… (184)
思考题…… (187)
习题…… (188)
第十四章 梁的弯曲
§14-1 对称弯曲的概念和实例 …… (191)
§14-2 梁的内力——剪力和弯矩 …… (192)
§14-3 剪力图和弯矩图 …… (194)
§14-4 弯曲时的正应力 …… (197)
§14-5 截面的惯性矩 平行轴定理 …… (200)
§14-6 梁的强度条件…… (202)
§14-7 弯曲时的切应力及其强度条件简介 …… (204)
§14-8 提高弯曲强度的主要措施 …… (206)
§14-9 弯曲变形 …… (207)
§14-10 用积分法计算梁的变形 …… (209)
§14-11 用叠加法计算梁的变形 …… (211)
§14-12 梁的刚度条件与提高弯曲刚度的措施 …… (212)
思考题…… (214)
习题…… (215)

第十五章　应力状态和强度理论
§15-1　应力状态的概念 …… (221)
§15-2　平面应力状态 …… (223)
§15-3　空间应力状态 …… (227)
§15-4　强度理论 …… (229)
思考题 …… (235)
习题 …… (236)
第十六章　组合变形
§16-1　组合变形和叠加原理 …… (240)
§16-2　拉伸(压缩)与弯曲组合变形 …… (240)
§16-3　斜弯曲 …… (243)
§16-4　弯曲与扭转组合变形 …… (244)
思考题 …… (248)
习题 …… (248)
第十七章　压杆稳定
§17-1　压杆稳定与临界载荷的概念 …… (253)
§17-2　细长压杆的临界压力 …… (254)
§17-3　欧拉公式的适用范围　经验公式 …… (257)
§17-4　压杆的稳定条件与合理设计 …… (259)
思考题 …… (261)
习题 …… (262)
第十八章　疲劳与断裂
§18-1　交变应力与疲劳失效 …… (264)
§18-2　交变应力的循环特征 …… (265)
§18-3　疲劳极限 …… (266)
§18-4　对称循环下构件的疲劳强度计算 …… (269)
思考题 …… (271)
习题 …… (271)
主要参考文献 …… (273)
习题参考答案 …… (274)
附录　型钢表 …… (283)

绪　论

1. 工程力学研究的内容

工程力学是一门研究物体机械运动的一般规律和有关构件强度、刚度、稳定性理论的学科，它包含理论力学和材料力学的有关内容.

物体在空间的位置随同时间的变化称为机械运动，机械运动是人们日常生活实践中最常见的一种运动形式.理论力学是研究物体机械运动一般规律的科学，它包括静力学、运动学和动力学三个部分.静力学研究物体受力分析和力系简化的方法及受力物体平衡时作用力应满足的条件；运动学从几何的角度来研究物体的运动，而不研究引起物体运动的物理原因；动力学研究受力物体的运动与作用力之间的关系.

工程实际中各种机械与结构得到广泛应用，组成机械与结构的零部件统称为构件，工程构件在外力作用下丧失正常功能的现象称为失效或破坏.为了使构件在载荷作用下能安全正常工作而不发生失效或破坏，要求构件应具有足够的强度、刚度和稳定性.材料力学主要研究构件在外力作用下的变形、受力与破坏或失效的规律，为合理设计构件提供有关强度、刚度与稳定性分析的基本原理与方法.

2. 工程力学研究的对象和方法

工程力学研究的对象主要为模型化后的质点、刚体及微小弹性变形体(构件)，但在实际处理工程问题时，是否考虑物体(构件)的变形需要根据具体情况而定.例如，在研究构件的受力时，大多数情况下变形都比较小，几乎不影响构件的受力，因此可以忽略这种变形，将变形体简化为刚体；当研究作用在物体上的力与变形规律时，即使变形很小也不能忽略；但是在研究变形问题的过程中，当涉及平衡问题时，大部分情况仍可以使用刚体模型.

工程力学所研究的问题，都是工程或生活实际中的问题，遵循认识论的规律，其研究方法首先是从生活、工程或实验中观察各种现象，在观察和实践中抓住主要因素，忽略次要因素，经过分析、归纳和综合，针对不同问题建立不同的力学模型，通过数学演绎，得出工程上需要的定理和计算公式，再通过实验或工程实践进一步检验和完善其正确性.

第一章　静力学公理与物体受力分析

静力学是研究物体或物体系统在力系作用下平衡规律的科学. 所谓力系是指作用于同一物体或物体系统的一群力. 所谓物体的平衡是指物体相对于惯性参考系处于静止或匀速直线运动的状态. 通常可以将地球近似地看作为惯性参考体,物体相对于地球处于静止或匀速直线运动的状态,这就是静力学中物体平衡的概念. 本章将介绍刚体与力的概念及静力学公理,并阐述工程中常见的约束和约束反力的分析. 最后介绍物体的受力分析及受力图,它是解决力学问题的重要环节.

§1-1　刚体和力的概念

1. 刚体的概念

所谓刚体是指这样的物体,在力的作用下,其内部任意两点之间的距离始终保持不变. 这是一个理想化的力学模型. 实际物体在力的作用下,都会产生程度不同的变形. 但是,如果这些微小的变形,对研究物体的平衡问题不起主要作用,可以略去不计,这样可使问题的研究大为简化.

物体受到力作用后产生的效应表现在两个方面:物体的运动状态发生变化、物体产生变形. 前者称为运动效应或外效应,后者称为变形效应或内效应. 事实上,任何物体受力总要产生变形,但工程技术中的绝大多数零件和构件的变形一般是很微小的. 这样,通过对实际物体进行抽象简化为刚体模型. 工程力学的前面章节中,静力学研究的物体只限于刚体,故又称刚体静力学,它是研究后面章节所涉及的变形体力学的基础.

2. 力的概念

(1) 力.

物理学中已经建立的力的概念:力是物体间相互的机械作用,这种作用使物体的运动状态发生变化.

按照力的相互作用的范围来分,力可以分为集中力与分布力两类. 集中力是指作用于物体某一点上的力. 这是一个抽象出来的概念,任何两物体之间的相互作用不可能局限于无面积大小的一个点上,只不过当这种作用面积与物体尺寸相比很小时,可以近似认为作用在一个点上. 分布力是指作用在构件整个或一部分长度或面积上的力. 沿长度分布的力其大小用符号 q 表示,q 叫作分布力的集度,如果力的分布是均匀的,那就叫作均布力.

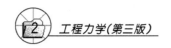

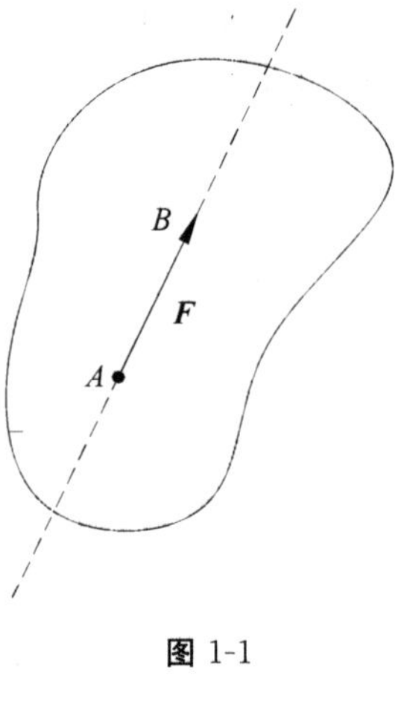

图 1-1

实践表明,力对物体的效应取决于三个要素:力的大小、力的方向及力的作用点. 我们可以用一个矢量来表示力的三个要素，如图 1-1 所示. 在本书中，用黑体大写字母 **F** 表示力矢量，用普通字母 F 表示力的大小，在书写中，通常在大写字母上加箭头作为力的矢量符号，如 $\vec{F}$. 在国际单位制中，力的单位为牛顿，简写为牛(N)；或千牛顿，简写为千牛(kN).

(2) 力系.

作用在物体上的一组力，称为力系. 一个力是一种最简单的力系. 在保持对刚体作用效果不变的前提下，用一个简单力系代替一个复杂力系，称为力系的简化. 如果一个力与一个力系等效，则称此力为该力系的合力. 求合力的过程称为力系的合成；该力系中各力称为其合力的分力或分量.

力系按照作用线在空间分布的不同形式可以分为下列几种：

汇交力系，即所有力的作用线汇交于同一点；

平行力系，即所有力的作用线都相互平行；

一般力系，即所有力的作用线既不汇交于同一点，又不相互平行.

按照各力作用线是否位于同一平面内，上述三种力系可再分为平面和空间两类，如平面一般力系、空间一般力系.

空间一般力系是力系中最复杂、最普遍、最一般的形式，其他各种力系都可看成是它的一种特殊情况.

§1-2　静力学公理

公理是人们在生活与生产实践中长期积累的经验总结，又经过实践反复检验，被确认是符合客观实际的最普遍、最一般的规律. 静力学的公理如下：

公理 1　力的平行四边形法则

作用在物体上同一点的两个力可以合成一个合力，合力的作用点也在该点，大小和方向由以这两个力为边构成的平行四边形的对角线确定，即合力矢等于两分力矢的矢量和. 如图 1-2(a)所示.

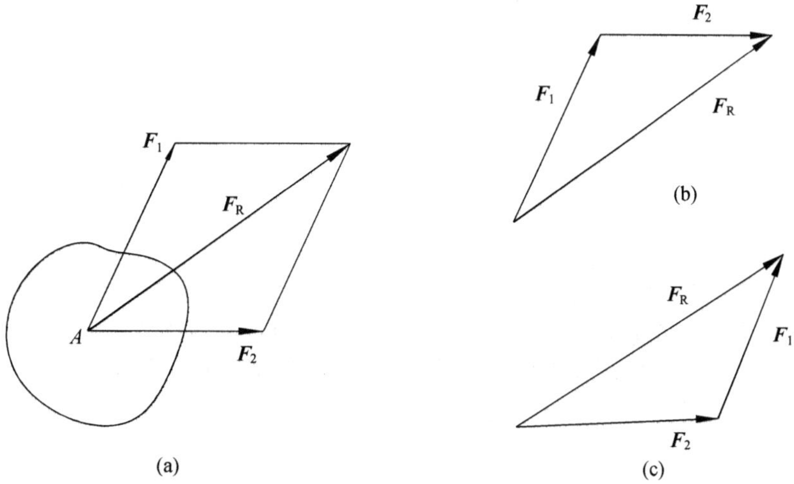

图 1-2

$$F_R = F_1 + F_2 \tag{1-1}$$

此性质称为力的平行四边形法则，它表明力的合成符合矢量求和规则. 另外，为了简便，可以用力平行四边形的一半来表示这一合成过程，如图 1-2(b)、(c)所示，即依次将 $\boldsymbol{F}_1$ 和 $\boldsymbol{F}_2$ 首尾相接，最后，三角形的封闭边即为此二力的合力 $\boldsymbol{F}_R$. 这称为力的三角形法则. 力的三角形法则与绘制此二力的次序无关. 注意这里的各力均应按比例画出.

力的平行四边形法则是研究力系简化的重要依据.

公理 2　二力平衡公理

作用在同一刚体上的两个力，使刚体保持平衡状态的充要条件是：这两个力的大小相等，方向相反，且作用在同一直线上，简称等值、反向、共线.

只受两个力作用并处于平衡的物体称为二力体(或二力杆)，这是工程实际中常见的基本构件之一. 根据二力平衡条件，能立即确定：这两个力的方位必定沿着两力作用点的连线，如图 1-3 所示.

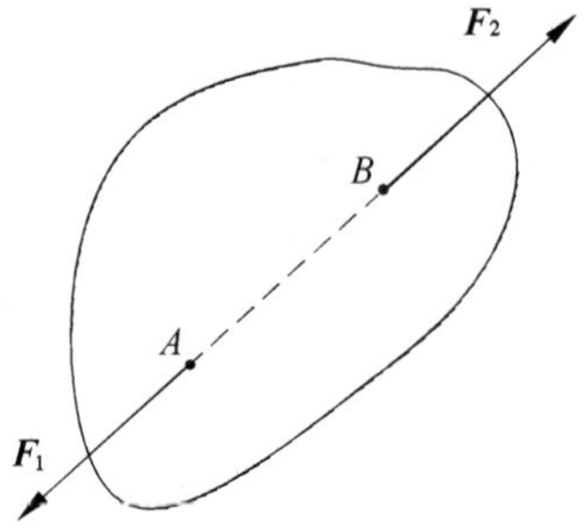

图 1-3

公理 3　加减平衡力系公理

在给定力系上增加或减去任意的平衡力系，并不改变原力系对刚体的作用效应. 这个公理是研究力系等效变换的重要依据.

根据上述公理可以导出下列推论：

推论 1　力的可传性

作用于刚体上某点的力，可以沿着它的作用线移到刚体内任意一点，并不改变该力对刚体的作用效应，如图 1-4 所示.

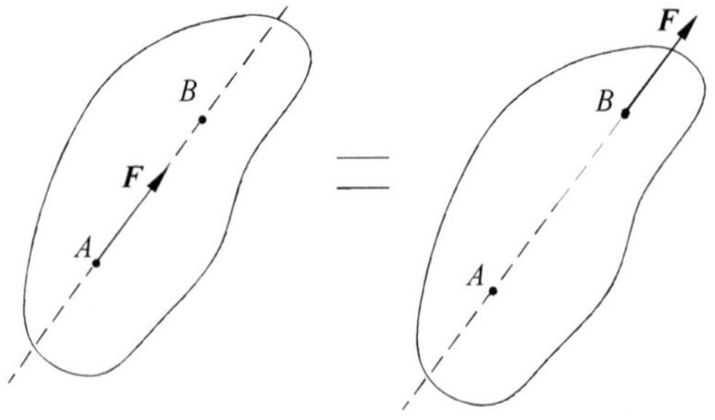

图 1-4

由此可见，对于刚体来说，力的作用点已不是决定力的作用效应的要素，它已为作用线所代替. 因此，作用于刚体上的力的三要素是：力的大小、方向和作用线.

作用于刚体上的力可以沿着作用线移动，这种矢量称为滑动矢量. 但此结论不适用于变形体. 对于变形体，力的作用效果与作用点密切相关.

推论 2　三力平衡汇交定理

作用于刚体上三个相互平衡的力，若其中两个力的作用线汇交于一点，则此三力必在同一平面内，且第三个力的作用线必通过汇交点.

证明：如图 1-5 所示，在刚体的 A、B、C 三点上，分别作用三个相互平衡的力 $\boldsymbol{F}_1$、$\boldsymbol{F}_2$、$\boldsymbol{F}_3$. 根据力的可传性，将力 $\boldsymbol{F}_1$ 和 $\boldsymbol{F}_2$ 移到汇交点 O，然后根据力的平行四边形法则，得合力 $\boldsymbol{F}$，则力 $\boldsymbol{F}_3$ 应与 $\boldsymbol{F}$ 平衡. 由于两个力平衡必须共线，所以力 $\boldsymbol{F}_3$ 必定与力 $\boldsymbol{F}_1$ 和 $\boldsymbol{F}_2$ 共面，且通过力 $\boldsymbol{F}_1$ 与 $\boldsymbol{F}_2$ 的交点 O.

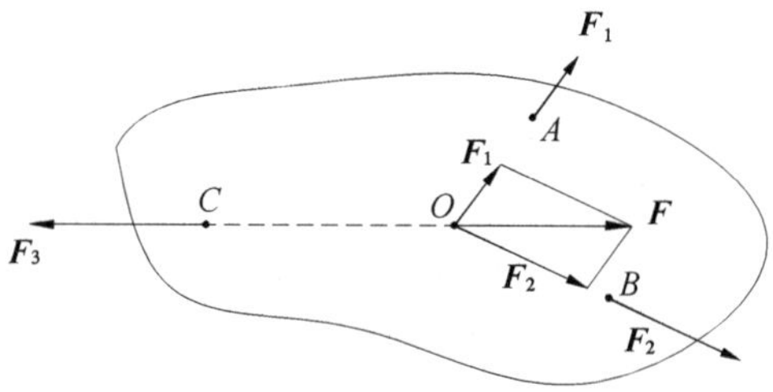

图 1-5

公理 4　作用和反作用公理

两物体间存在作用力与反作用力，两力的大小相等、方向相反，分别作用在两个物体上. 此公理是研究两个或两个以上物体系统平衡的基础.

注意：作用力与反作用力虽等值、反向、共线，但并不构成平衡力系，因为此二力分别作用在两个物体上. 这是与二力平衡公理的本质区别.

公理 5　刚化原理

变形体在某一力系作用下处于平衡，如将此变形体刚化为刚体，则其平衡状态不变.

刚化原理建立了刚体与变形体平衡条件的联系，提供了用刚体模型研究变形体平衡的依据.

上述公理中，公理 2、3 只适用于刚体. 公理 5 则有如下特点：如绳子是变形体，若在一对拉力作用下处于平衡，则将绳子刚化为刚性杆时，它仍然是平衡的. 就是说，能使变形体平衡的力系也必然能使刚体平衡；反之则不然，即一对压力作用可使刚性杆平衡，但却不能使绳子平衡. 由此可知，刚体上力系的平衡条件只是变形体平衡的必要条件，而非充分条件.

§1-3　约束与约束反力

如果物体在空间的位移不受任何限制，则称为自由体. 例如，飞行的飞机、炮弹和火箭等. 工程中的大多数物体，往往受到一定限制而使其某些运动不能实现，这样的物体称为非自由体. 例如，钢轨上行驶的火车、安装在轴承中的转轴等，都是非自由体. 限制物体自由运动的条件称为约束. 这些限制条件总是由被约束物体周围的其他物体构成. 为了方便起见，构成约束的物体也统称为约束. 在上述例子中，钢轨是对火车的约束，轴承是对转轴的约束.

约束对非自由体的作用力就称为约束反作用力，简称约束反力或反力，亦称约束力. 由约束反力的性质可知，约束力的方向必与该约束所能够阻碍的位移方向相反.

与约束反力相对应，凡能主动引起物体运动或使物体有运动趋势的力，称为主动力. 例如，结构的自重、风载等. 在工程中，主动力有时又称为载荷. 通常主动力是已知的，约束反力是未知的.

非自由体所受的力可分为两类：约束反力及主动力. 对受约束的非自由体进行受力分析时，主要的工作多是分析约束反力. 实际工程中的约束多种多样，甚至十分复杂，但经过简化，均可抽象成一些理想的约束模型.

下面介绍常见的约束和约束反力的性质.

1. 柔性体约束

将柔软的、不可伸长的约束物体称为柔性体约束，如绳索、链条、皮带等. 如无特别说明，这类约束物的横截面尺寸及其重量一律不计. 柔性体只能承受拉力，而不能抵抗压力和弯曲. 当物体受到柔性体的约束时，柔性体只能限制物体沿柔性体伸长方向的运动. 因此，柔性体对物体的约束反力，作用在接触点，方向沿着柔性体背离物体，如图 1- 6 所示.

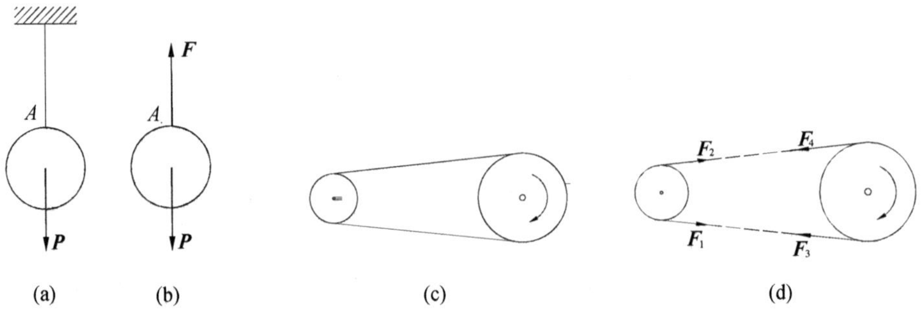

图 1- 6

2. 光滑面约束

当两物体的接触表面为可忽略摩擦阻力的光滑平面或曲面时，一物体对另一物体的约束就是光滑面约束. 这类约束只能限制被约束物体沿接触处的公法线并指向约束物体方向的相对运动，故其约束反力作用在接触点处，方向沿接触处的公法线并指向被约束的物体，这种约束反力称为法向反力. 当接触面为平面或直线时，约束反力为均匀或非均匀分布的同向平行力系，常用其合力表示，如图 1-7 所示.

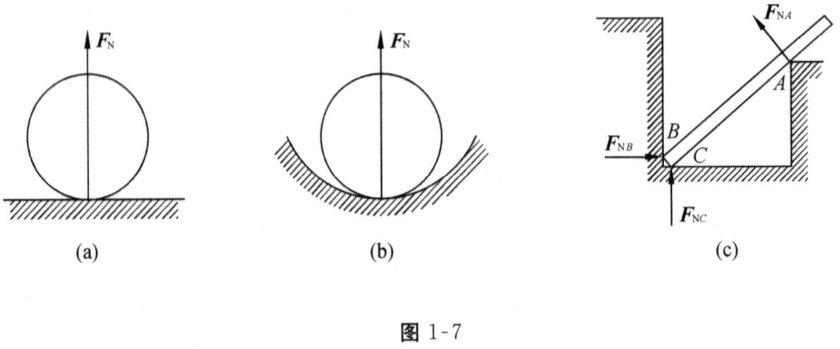

图 1-7

3. 光滑铰链约束

如果在所讨论的两个物体上各开一圆孔，中间穿过一圆柱形零件，则构成铰链约束，连接两个构件的圆柱形零件，称为销钉，如图 1-8 所示. 这类约束只限制物体在受约束处的移动，而不限制物体绕该处的转动. 物体在不同的主动力作用下，销钉可以和圆孔的任一位置接触. 如果忽略摩擦，则铰链对物体的约束反力必通过铰链中心，但方向不确定，它取决于主动力的状态. 通常将铰链的约束反力用两个正交分量表示，如图 1-9 所示. 这种使物体只能在垂直于铰链中心轴的平面内转动的铰链称为平面铰链，工程上大量使用的向心轴承即可简化为平面铰链. 另一类铰链是物体的球形端部在碗状支座中转动，如图 1-10(a)所示，这时物体做空间运动，铰链称为球铰链. 汽车变速箱的操纵杆就是用球铰链支承的. 球铰链的约束反力通过球链中心，方向不定，通常用三个正交分量表示，如图 1-10(b)所示.

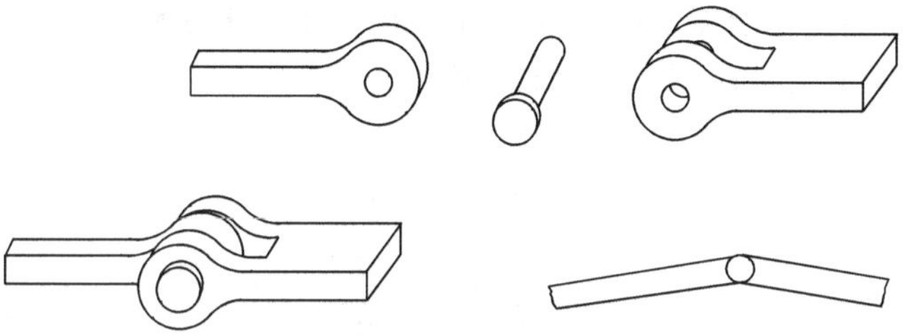

图 1-8

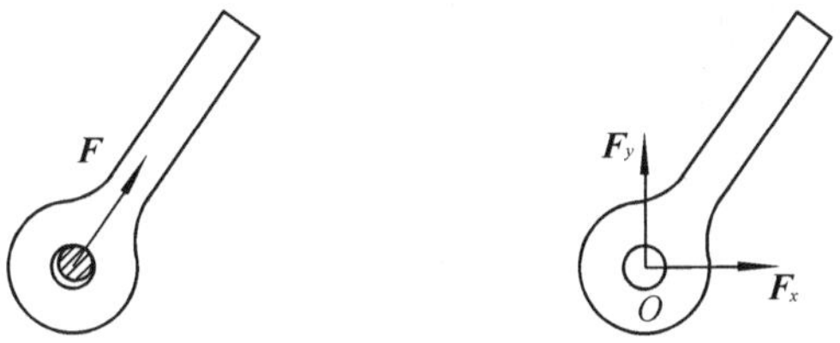

图 1-9

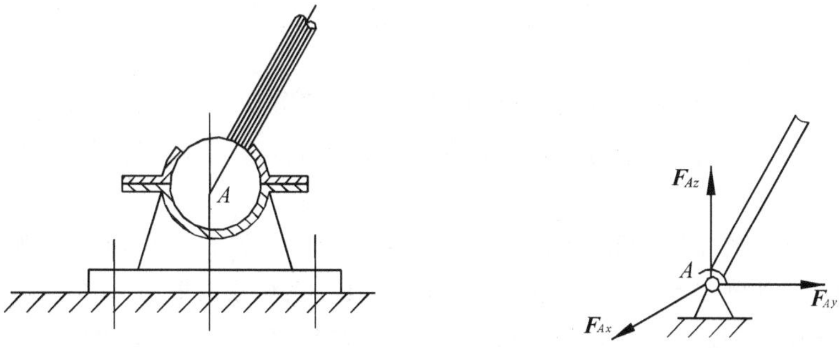

(a) (b)

图 1-10

如果将上述用中间铰链相连的两构件之一固定在支承物上，则这种约束称为固定铰链支座，简称固定铰支，如图 1-11 所示. 其约束反力一般也以同样的方法画出.

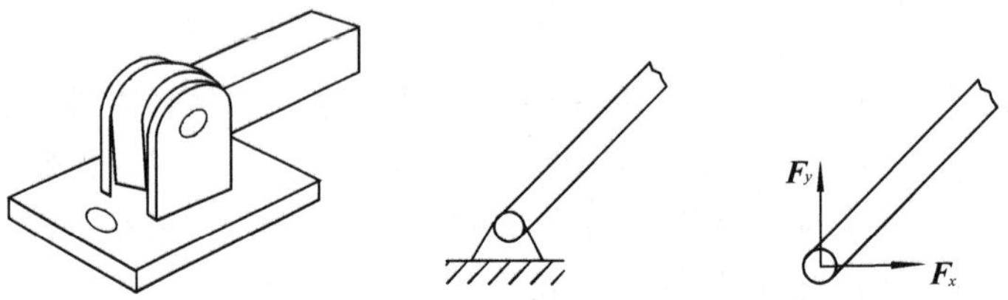

图 1-11

4. 辊轴支座约束

在桥梁、屋架等结构中经常采用滚动支座约束. 这种支座是在铰链支座与支承面之间装上辊轴而构成的,所以又称辊轴支座,如图 1-12(a)所示,其简图如图 1-12(b)所示. 如果略去摩擦,这种支座不限制物体沿支承面的运动,而只阻止垂直于支承方向的运动,因此,辊轴支座的约束反力必垂直于支承面,如图 1-12(c)所示.

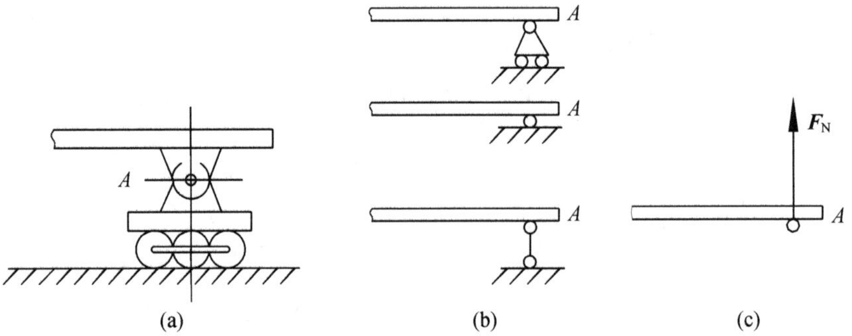

图 1-12

常见的约束除上述类型外,还有固定端等其他类型,将在以后相关章节陈述.

§1-4　物体受力分析及受力图

在工程实际中,为了求出未知的约束反力,需要根据已知力,应用平衡条件求解. 为此,首先要确定构件受到几个力,每个力的作用位置和作用方向,这一分析过程称为物体的受力分析.

为了清楚表示物体的受力情况,把需要研究的物体(称为受力体)从周围的物体(称为施力体)中分离出来,单独画出它的简图,这个步骤叫作取研究对象或取分离体. 然后把施力物体对研究对象的作用力(包括主动力和约束反力)全部画出来. 这种表示物体受力的简明图形,称为受力图. 画物体的受力图是解决静力学问题的一个重要步骤. 下面举例说明.

例 1-1　重量为 $\boldsymbol{P}$ 的梯子 AB,搁在水平地面和铅直墙壁上. 在 D 点用水平绳索 DE 与墙相连,如图 1-13(a)所示. 若略去摩擦,试画出梯子的受力图.

解: (1) 取梯子 AB 为分离体,除去约束并画出其简图.

(2) 画主动力. 梯子的主动力有重力 $\boldsymbol{P}$,作用于其重心,方向铅直向下.

(3) 画约束反力．梯子搁在光滑的地面和墙壁上，根据光滑接触面约束的特点，地面和墙壁作用于梯子的反力 $\boldsymbol{F}_{NB}$ 和 $\boldsymbol{F}_{NA}$ 应分别垂直于地面和墙壁．梯子在 D 点用绳索与墙相连，则绳索作用于梯子的反力 $\boldsymbol{F}_D$ 是沿着 DE 方向的拉力．

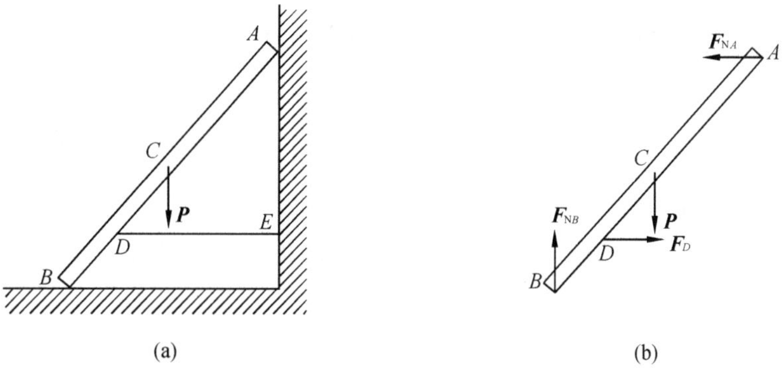

图 1-13

梯子的受力图如图 1-13(b)所示．

例 1-2　如图 1-14(a)所示的三铰拱，由左、右两拱铰接而成．设各拱自重不计，在拱 AC 上作用有载荷 $\boldsymbol{P}$．试分别画出拱 AC 和 CB 的受力图．

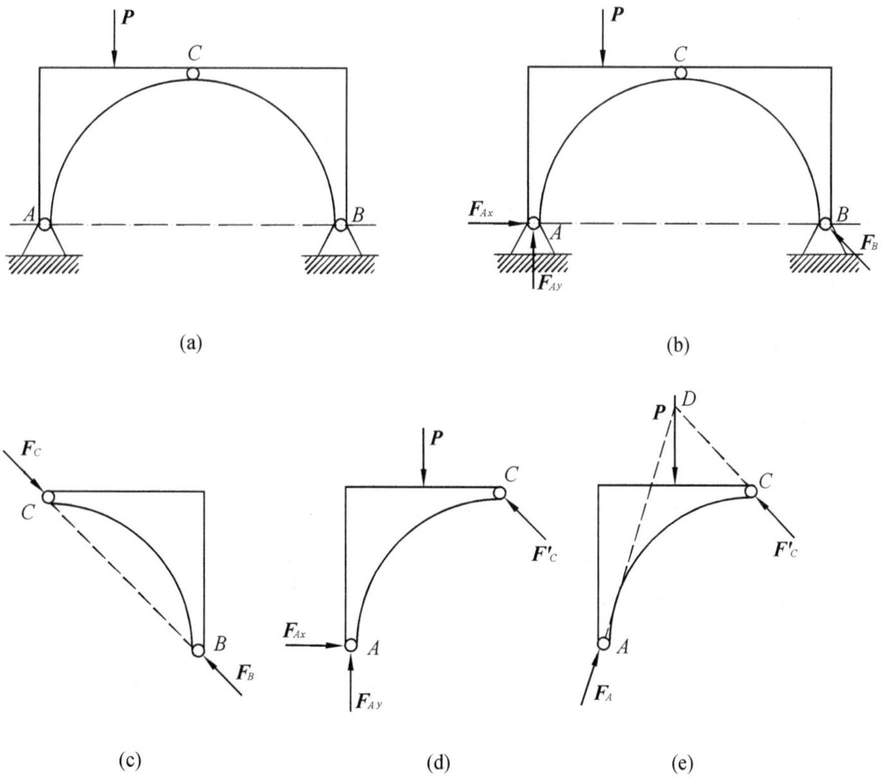

图 1-14

解:(1) 先取拱 BC 为研究对象.由于拱 BC 自重不计,且只在 B、C 两处受到铰链约束,因此拱 BC 为二力构件.在铰链中心 B、C 处分别受 $\boldsymbol{F}_B$、$\boldsymbol{F}_C$ 两力的作用,且 $\boldsymbol{F}_B=-\boldsymbol{F}_C$,这两个力的方向如图 1-14(c)所示.

(2) 取拱 AC 为研究对象.由于自重不计,因此主动力只有载荷 $\boldsymbol{P}$.拱在铰链 C 处受拱 BC 给它的约束反力 $\boldsymbol{F}'_C$ 的作用,根据作用和反作用定律,$\boldsymbol{F}'_C=-\boldsymbol{F}_C$.拱在 A 处受固定铰支给它的约束反力 $\boldsymbol{F}_A$ 的作用,由于方向未定,可用两个大小未知的正交分力 $\boldsymbol{F}_{Ax}$ 和 $\boldsymbol{F}_{Ay}$ 来代替,AC 拱的受力图如图 1-14(d)所示.

进一步可知,由于拱 AC 在 $\boldsymbol{P}$、$\boldsymbol{F}'_C$ 和 $\boldsymbol{F}_A$ 三个力作用下平衡,故可根据三力平衡汇交定理,确定铰链 A 处约束反力 $\boldsymbol{F}_A$ 的方向.点 D 为力 $\boldsymbol{P}$ 和 $\boldsymbol{F}'_C$ 作用线的交点,当拱 AC 平衡时,反力 $\boldsymbol{F}_A$ 的作用线必通过点 D[图 1-14(e)];至于 $\boldsymbol{F}_A$ 的指向,暂且假定如图,以后由平衡条件确定.

有时需要对几个物体所组成的系统进行受力分析,这时必须注意区分内力和外力.系统内部各物体之间的相互作用力是该系统的内力;外部物体对系统内物体的作用力是该系统的外力.但是,必须指出,内力与外力的区分不是绝对的,在一定的条件下,内力与外力是可以相互转化的.例如,在例 1-2 中,若分别以左、右半拱为对象,则力 $\boldsymbol{F}'_C$ 和 $\boldsymbol{F}_C$ 分别是这两部分的外力.如果将这两部分合为一个系统来研究,即以整个三铰拱为对象,则力 $\boldsymbol{F}'_C$ 和 $\boldsymbol{F}_C$ 属于系统内两部分之间的相互作用力,成为该系统的内力.由牛顿第三定律可知,内力总是成对出现的,且彼此等值、反向、共线.对整个系统来说,内力系的主矢等于零,对任意一点的主矩也等于零,即内力系是一零力系,对整个系统的平衡没有影响.因此,在作系统整体的受力图时,只需画出全部外力,不必画出内力.三铰拱整体的受力图如图 1-14(b)所示.

正确地画出物体的受力图,是分析、解决静力学问题的基础.画受力图时必须注意如下几点:

(1) 确定研究对象.应根据求解的需要,取单个物体或由几个物体组成的系统为研究对象.不同的研究对象,其受力图是不同的.

(2) 正确画出约束反力.一个物体往往同时受到几个约束的作用,这时应分别根据每个约束本身的特性来确定其约束反力的方向,不能凭直观任意猜测.

(3) 必须画出全部的主动力和约束反力.由于力是物体之间相互的机械作用,因此,对每一个力都应明确它是哪一个施力物体施加给研究对象的,绝不能凭空产生.同时,也不可漏掉一个力.一般可先画已知的主动力,再画约束反力.

(4) 当分析两物体间相互的作用力时,应遵循作用与反作用定律.作用力的方向一经假定,则反作用力的方向应与之相反;而且两力的大小相等.当画整个系统的受力图时,由于内力成对出现,组成平衡力系,因此不必画出,只需画出全部外力.

思 考 题

1-1 说明下列式子与文字的意义和区别.

(1) $\boldsymbol{F}_1=\boldsymbol{F}_2$.(2) $F_1=F_2$.(3) 力 $\boldsymbol{F}_1$ 等效于力 $\boldsymbol{F}_2$.

1-2 "分力一定小于合力"的说法对不对?为什么?

1-3 二力平衡条件与作用和反作用定律中都是二力等值、反向、共线,二者有什么区别?

1-4　什么是二力杆?二力杆一定是直杆吗?

1-5　关于作用与反作用定律,下列说法正确的是(　　).

A. 只适用于刚体　　　　B. 只适用于刚体系统

C. 只适用于平衡状态　　　　D. 适用于物体系统

1-6　"作用在刚体上同一平面内某一点的三个力,必使刚体平衡"的说法是否正确?

1-7　已知一力 F_R 的大小和方向,能否确定其分力的大小和方向?为什么?

1-8　作用在刚体上的力的三要素是什么?

1-9　下列图中各物体的受力图是否有错误?如何改正?

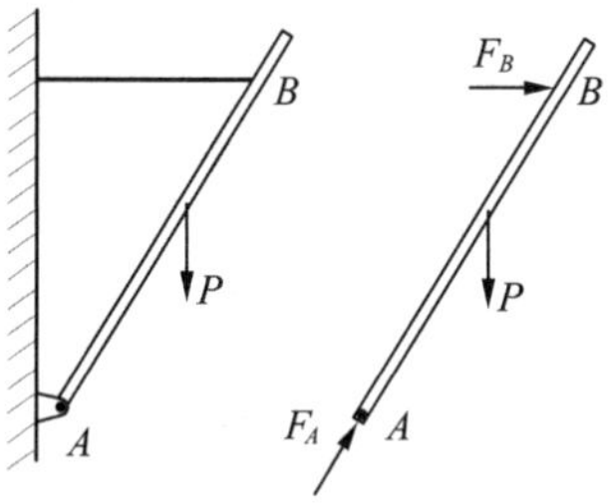

(a)　(b)

思考题 1-9A 图

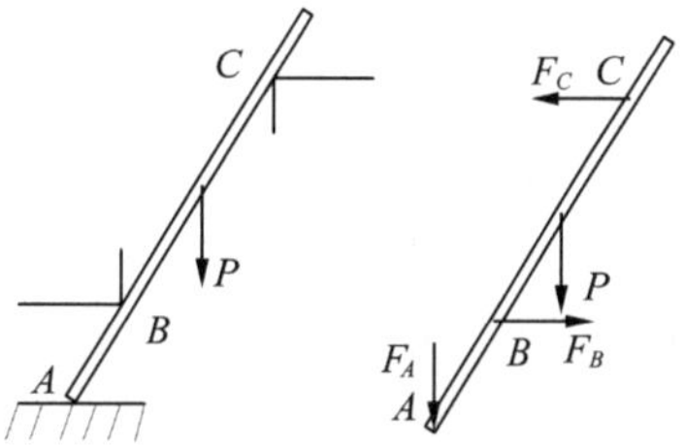

(a)　(b)

思考题 1-9B 图

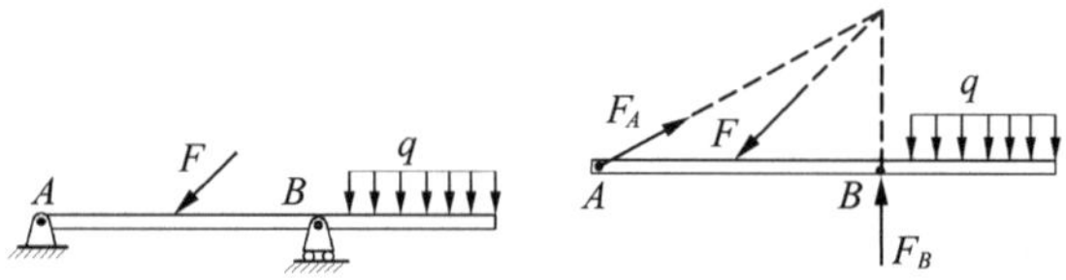

(a)　(b)

思考题 1-9C 图

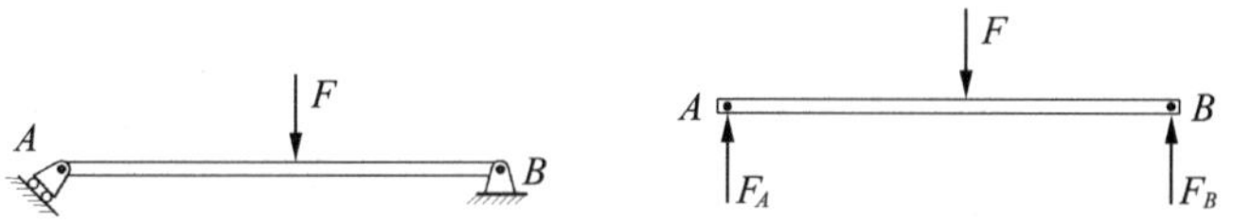

(a)　(b)

思考题 1-9D 图

1-10　如图所示的结构,若力 F 作用在 B 点,系统能否平衡?若力 F 仍作用在 B 点,但可以任意改变力 F 的方向,F 在什么方向上结构能平衡?

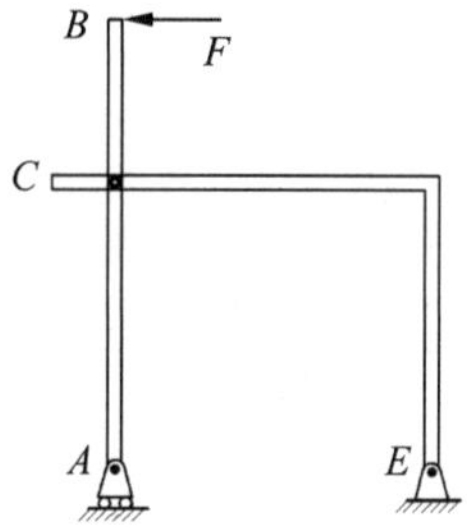

思考题 1-10 图

1-11　如图所示,力 F 作用于三铰拱的铰链 C 处的销钉上,所有物体重量不计.

(1) 试分别画出左、右两拱和销钉 C 的受力图.

(2) 若销钉 C 属于 AC,分别画出左、右两拱的受力图.

(3) 若销钉 C 属于 BC,分别画出左、右两拱的受力图.

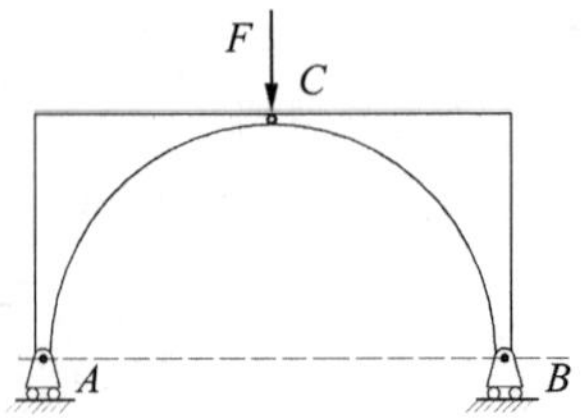

思考题 1-11 图

习 题

1-1 画出下列各物体的受力图.所有接触处都认为是光滑的.物体的重力除已标出外均略去不计.

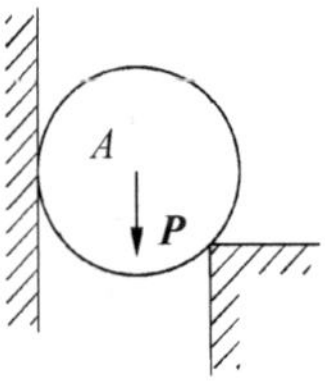

(a)

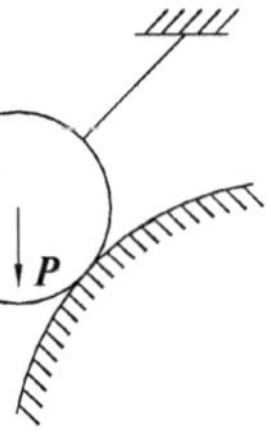

(b)

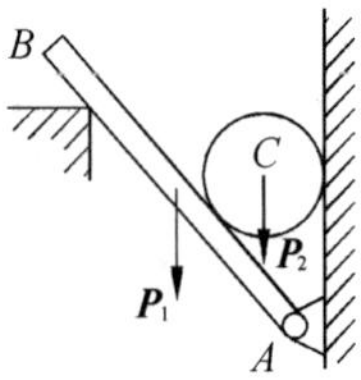

(c)

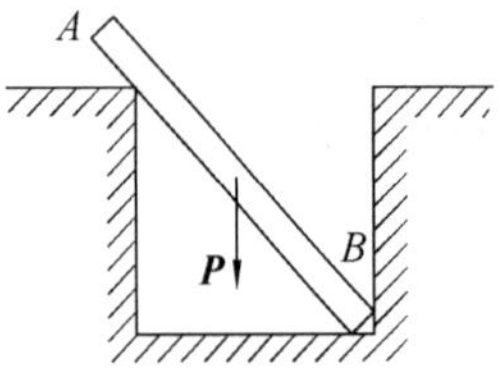

(d)

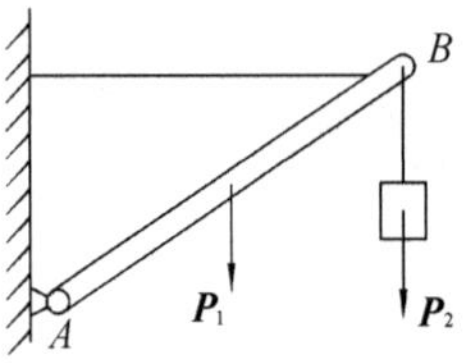

(e)

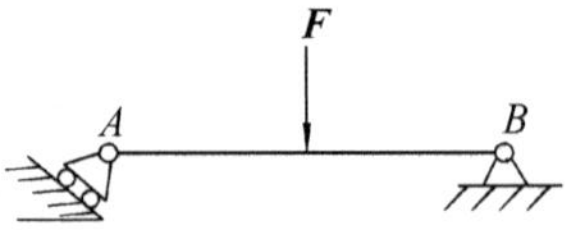

(f)

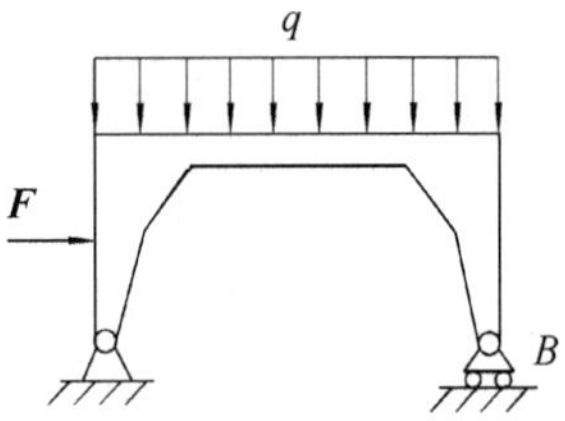

(g)

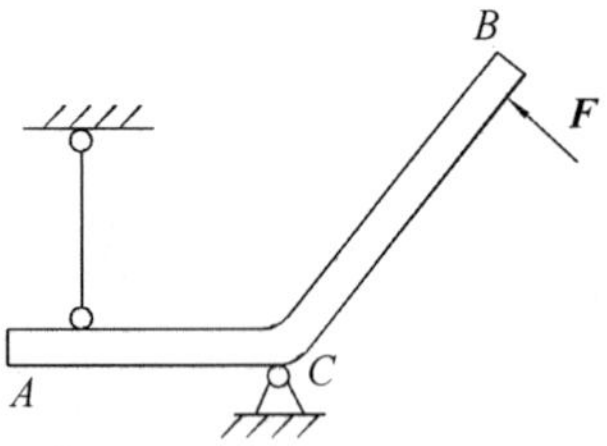

(h)

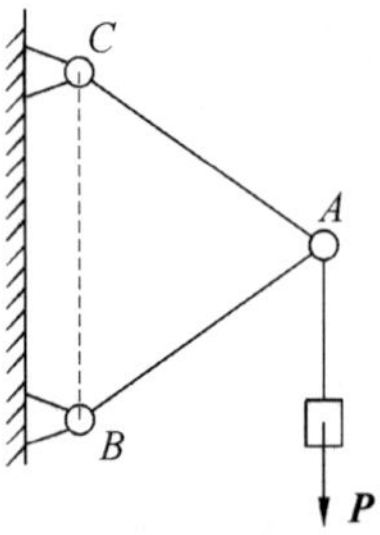

(i)

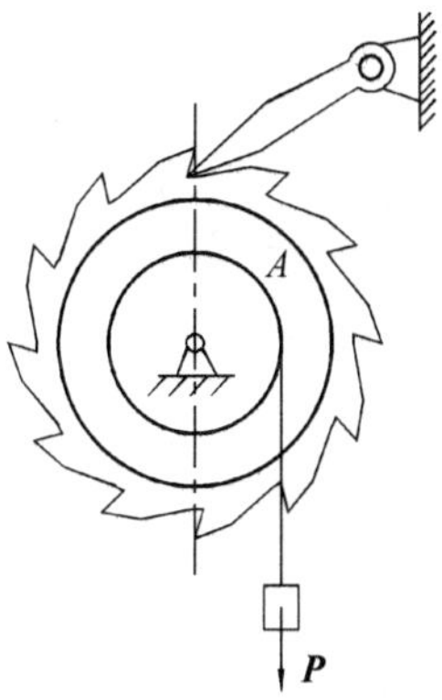

(j)

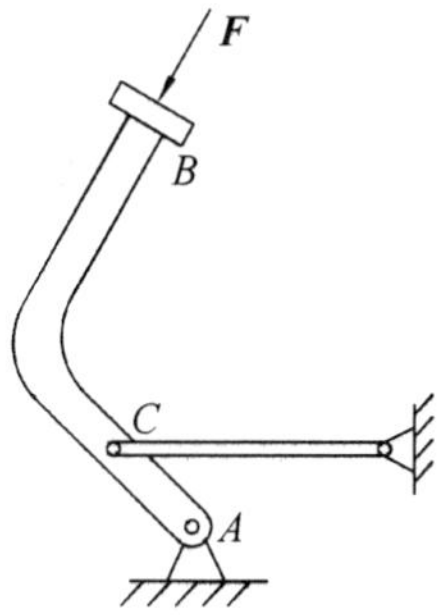

(k)

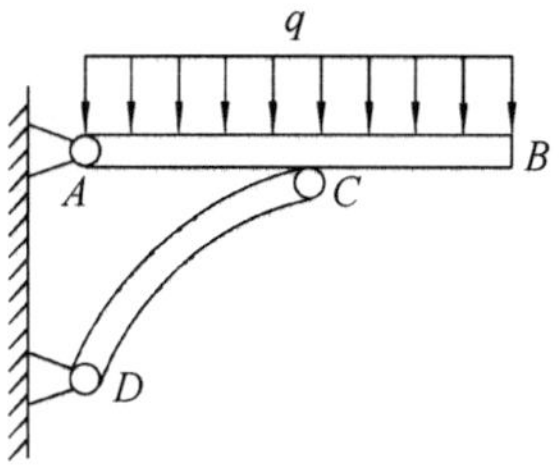

(l)

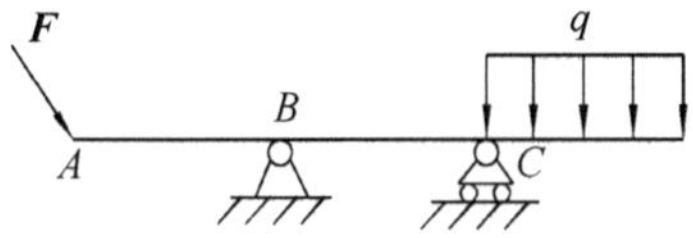

(m)

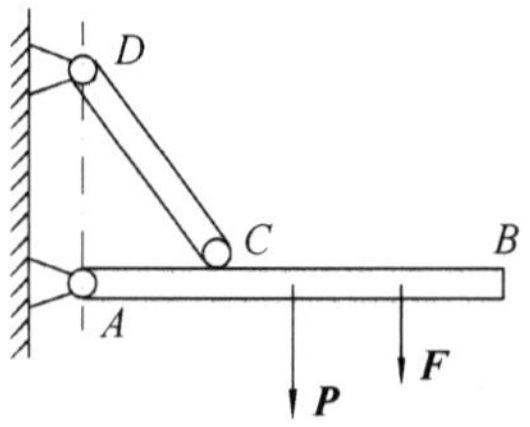

(n)

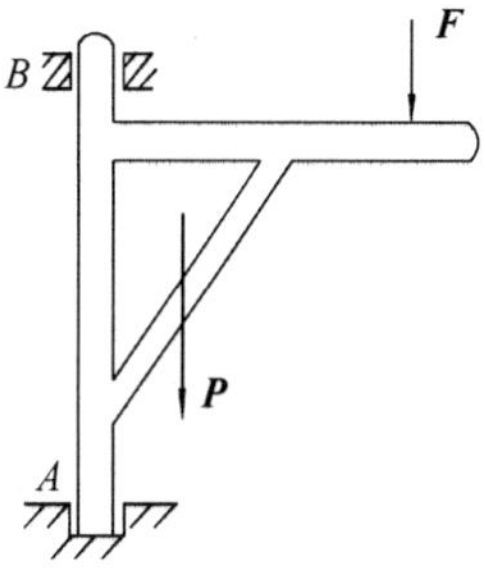

(o)

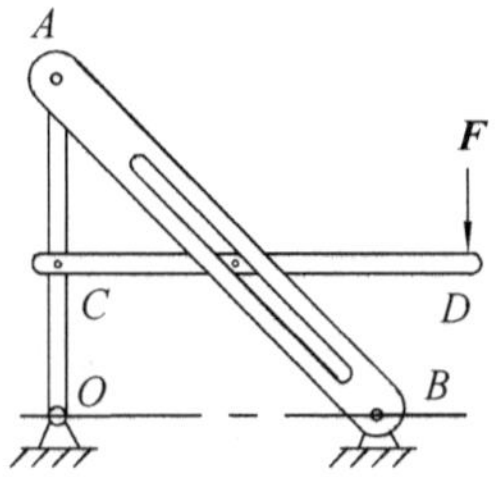

(p)

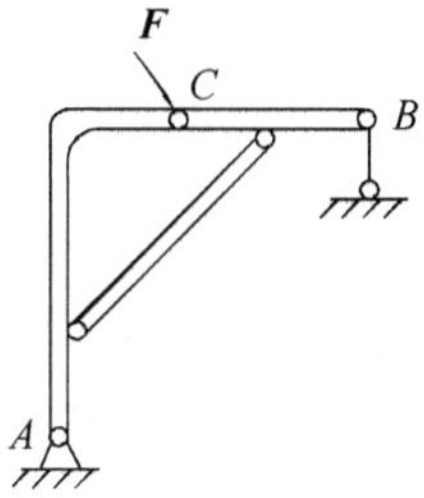

(q)

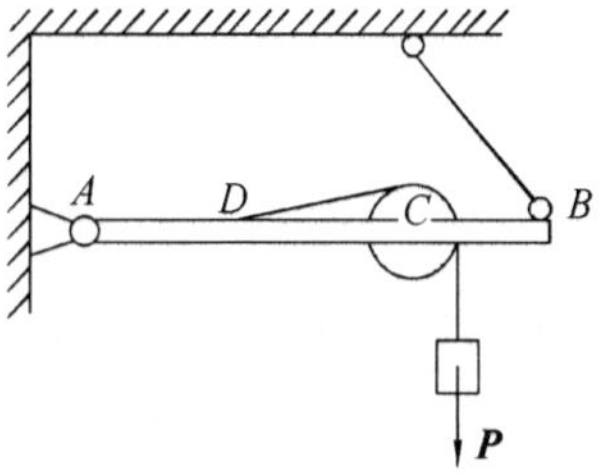

(r)

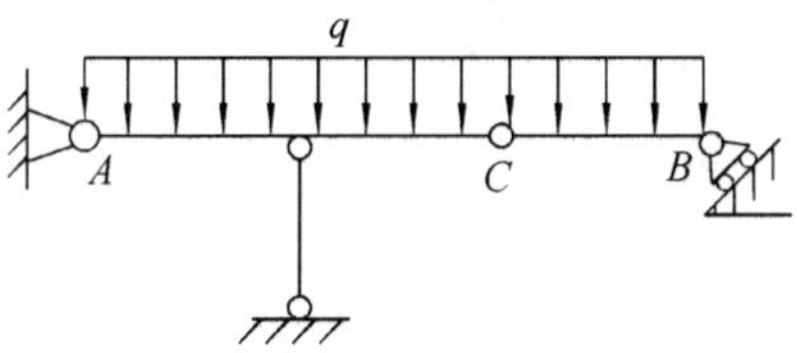

(s)

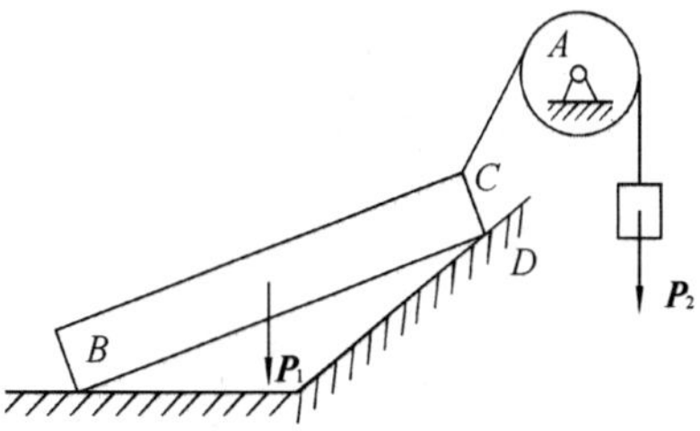

(t)

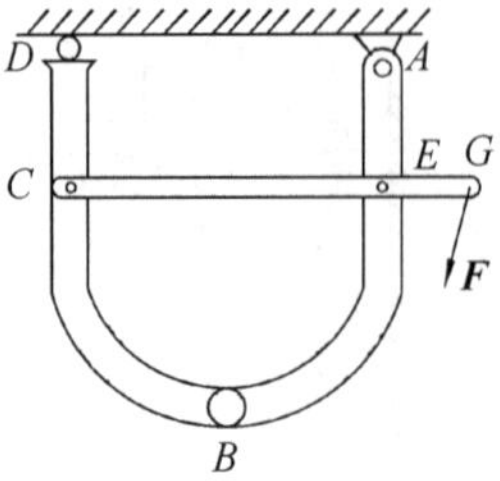

(u)

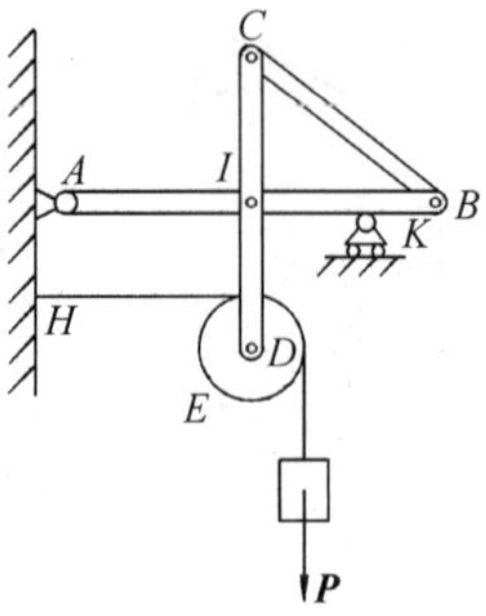

(v)

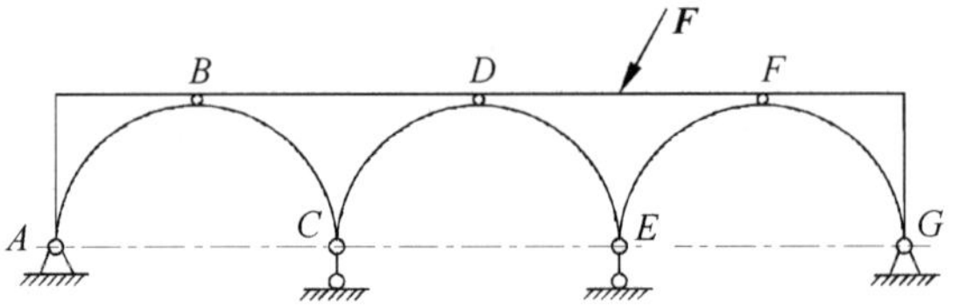

(w)

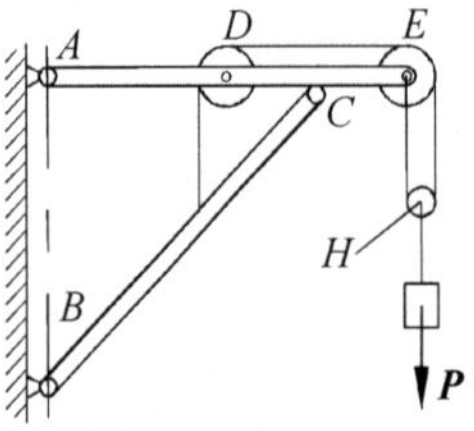

(x)

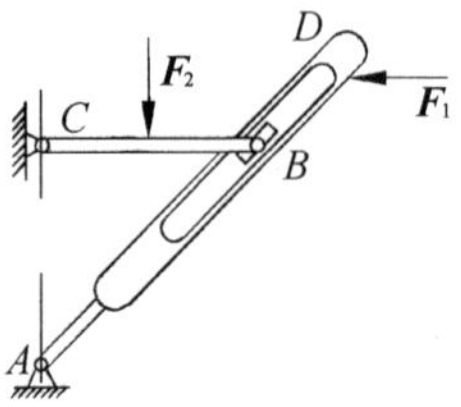

(y)

习题 1-1 图

1-2　画出下列标注字符的物体的受力图、整体受力图以及销钉 A（销钉 A 穿透各构件）的受力图. 所有接触处都认为是光滑的. 物体的重力除已标出外均略去不计.

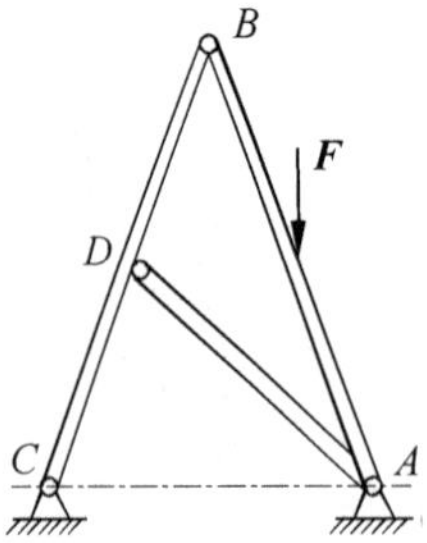

(a)

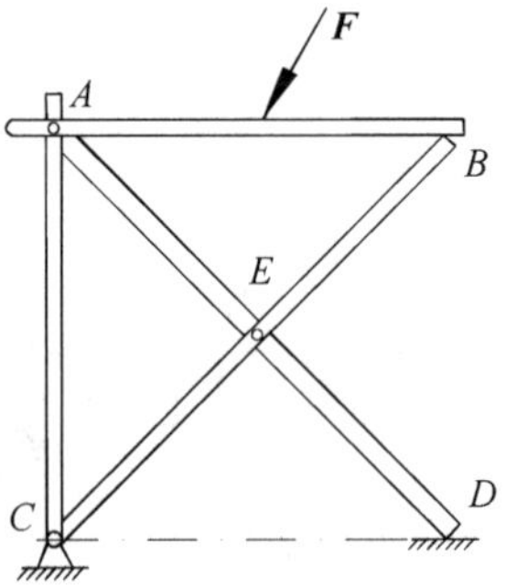

(b)

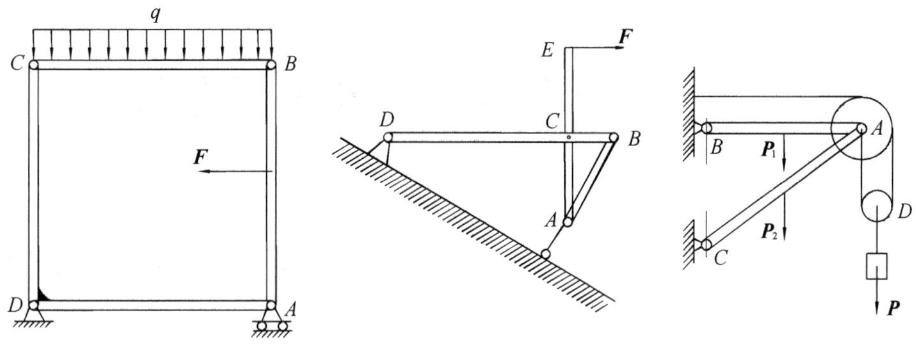

(c)　　(d)　　(e)

习题 1-2 图

第二章　平面汇交力系和平面力偶系

平面汇交力系和平面力偶系是两种基本的力系，是研究复杂力系的基础. 本章将分别用几何法与解析法研究平面汇交力系的合成与平衡问题，同时介绍平面力偶的基本特性及平面力偶系合成与平衡问题.

§2-1　平面汇交力系的合成

平面汇交力系是指作用线都在同一平面内且汇交于一点的力系，作用在刚体上的汇交力系可以根据力的可传性等效于作用在汇交点的共点力系.

1. 几何法

设一刚体受到平面汇交力系 $\boldsymbol{F}_1$、$\boldsymbol{F}_2$、$\boldsymbol{F}_3$、$\boldsymbol{F}_4$ 的作用，各力作用线汇交于点 A，根据刚体内部力的可传性，可将各力沿其作用线移至汇交点 A，如图 2-1(a)所示.

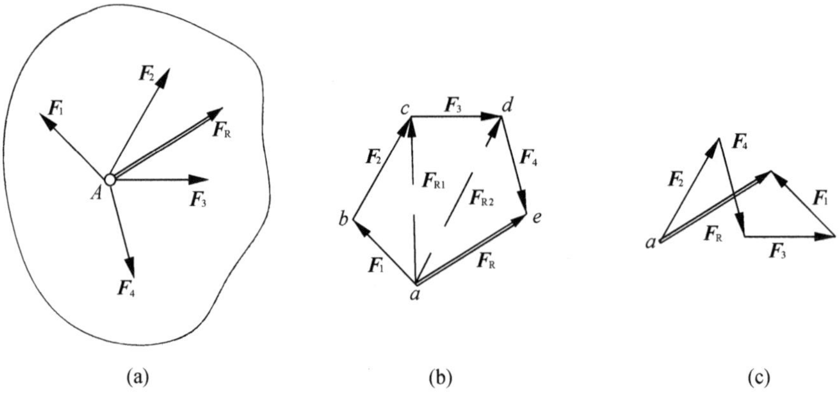

图 2-1

可以用力的平行四边形法则，逐步两两合成各力，最后求得一个通过汇交点 A 的合力 $\boldsymbol{F}_R$；还可以用更简便的方法求此合力 $\boldsymbol{F}_R$ 的大小与方向. 任取一点 a，先作力三角形求出 $\boldsymbol{F}_1$ 和 $\boldsymbol{F}_2$ 的合力 $\boldsymbol{F}_{R1}$，再作力三角形合成 $\boldsymbol{F}_{R1}$ 与 $\boldsymbol{F}_3$ 得 $\boldsymbol{F}_{R2}$，最后合成的 $\boldsymbol{F}_{R2}$ 与 $\boldsymbol{F}_4$ 合成得 $\boldsymbol{F}_R$，如图 2-1(b)所示. 多边形 $abcde$ 称为此平面汇交力系的力多边形，矢量 $\overrightarrow{ae}$ 称此力多边形的封闭边. 封闭矢量 $\overrightarrow{ae}$ 即表示此平面汇交力系合力 $\boldsymbol{F}_R$ 的大小与方向，合力的作用线仍应通过原汇交点 A，如图 2-1(a)所示的 $\boldsymbol{F}_R$.

必须注意，由于力系中各力的大小和方向已经给定，画力多边形时，任意变换画力矢的次序，只影响力多边形的形状，而不影响最后所得合力的大小和方向，如图 2-1(c)所示.

上述方法不难推广到汇交力系有 n 个力的情形. 于是可得结论：平面汇交力系合成的结果是一合力，它等于原力系中各分力的矢量和，合力的作用线通过各力的汇交点. 这一关系

用矢量式表示为

$$\boldsymbol{F}_R = \boldsymbol{F}_1 + \boldsymbol{F}_2 + \cdots + \boldsymbol{F}_n = \sum_{i=1}^{n} \boldsymbol{F}_i \tag{2-1}$$

2. 力在轴上的投影

如图 2-2 所示，已知力 $\boldsymbol{F}$ 与平面内正交轴 x、y 的夹角分别为 α、β，则力在 x、y 轴上的投影分别为

$$\left.\begin{aligned} F_x &= F\cos\alpha \\ F_y &= F\cos\beta = F\sin\alpha \end{aligned}\right\} \tag{2-2}$$

即力在某轴上的投影，等于力的模乘以力与投影轴正向间夹角的余弦. 力在轴上的投影为代数量，当力与轴间夹角为锐角时，其值为正；当夹角为钝角时，其值为负.

由图 2-2 可知，力 $\boldsymbol{F}$ 沿正交轴 Ox、Oy 可分解为两个分力 $\boldsymbol{F}_x$ 和 $\boldsymbol{F}_y$ 时，其分力与力的投影之间有下列关系

$$\boldsymbol{F}_x = F_x\boldsymbol{i}, \boldsymbol{F}_y = F_y\boldsymbol{j}$$

由此，力的解析表达式为

$$\boldsymbol{F} = F_x\boldsymbol{i} + F_y\boldsymbol{j} \tag{2-3}$$

其中 $\boldsymbol{i}$、$\boldsymbol{j}$ 分别为 x、y 轴的单位矢量.

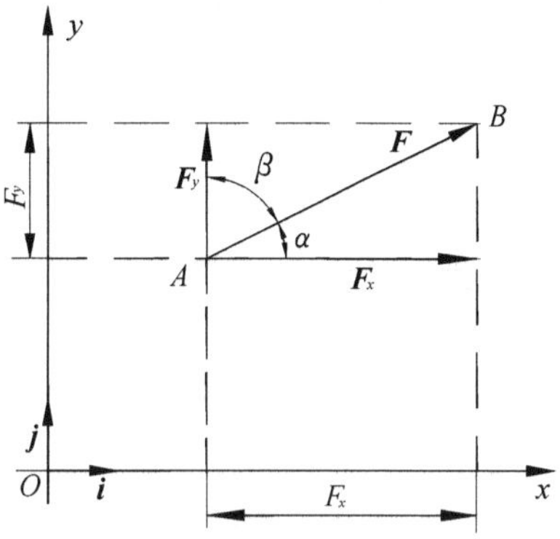

图 2-2

显然，已知力 $\boldsymbol{F}$ 在平面内两个正交轴上的投影 F_x 和 F_y 时，该力矢的大小和方向余弦分别为

$$\left.\begin{aligned} F &= \sqrt{F_x^2 + F_y^2} \\ \cos(\boldsymbol{F},\boldsymbol{i}) &= \frac{F_x}{F}, \cos(\boldsymbol{F},\boldsymbol{j}) = \frac{F_y}{F} \end{aligned}\right\} \tag{2-4}$$

必须注意，力在轴上的投影 F_x、F_y 为代数量，而力沿轴的分量 $\boldsymbol{F}_x = F_x\boldsymbol{i}$ 和 $\boldsymbol{F}_y = F_y\boldsymbol{j}$ 为矢量，两者不可混淆. 当 Ox、Oy 两轴不相垂直时，力沿两轴的分力 $\boldsymbol{F}_x$、$\boldsymbol{F}_y$ 在数值上也不等于力在两轴上的投影 F_x、F_y，如图 2-3 所示.

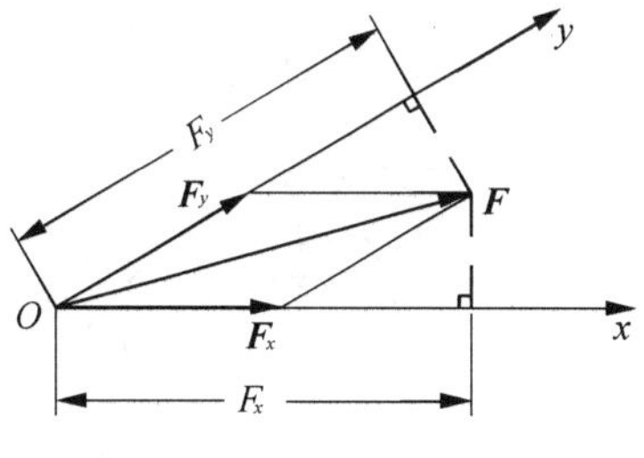

图 2-3

3. 解析法

当采用解析法时，以汇交点 O 作为坐标原点，建立直角坐标系 xOy，如图 2-4 所示，任一力矢 $\boldsymbol{F}_i$ 可以表示为按直角坐标的分解式：

$$\boldsymbol{F}_i = \boldsymbol{F}_{xi} + \boldsymbol{F}_{yi} \quad (i=1,2,\cdots) \tag{2-5}$$

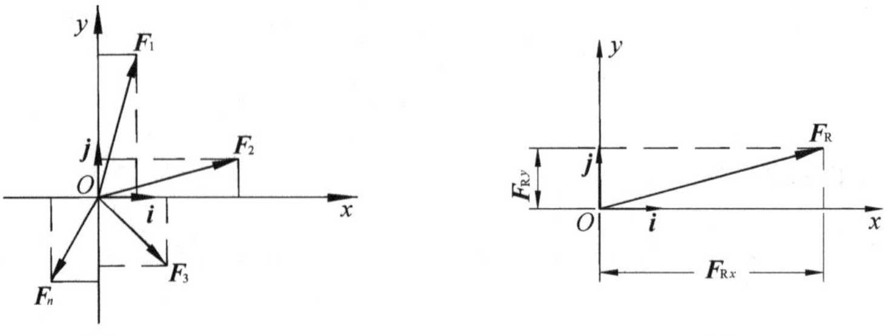

(a) (b)

图 2-4

式中 $\boldsymbol{F}_{xi}$、$\boldsymbol{F}_{yi}$ 分别是力矢 $\boldsymbol{F}_i$ 在坐标轴 x、y 上的分力. 将式(2-1)向各坐标轴投影,得到 $\boldsymbol{F}_R$ 的两个投影:

$$\left.\begin{aligned} F_{Rx} &= F_{x1} + F_{x2} + \cdots + F_{xn} = \sum F_{xi} \\ F_{Ry} &= F_{y1} + F_{y2} + \cdots + F_{yn} = \sum F_{yi} \end{aligned}\right\} \tag{2-6}$$

于是,合力矢的模为

$$F_R = \sqrt{F_{Rx}^{\ 2} + F_{Ry}^{\ 2}} = \sqrt{(\sum F_{xi})^2 + (\sum F_{yi})^2} \tag{2-7}$$

合力矢的方向余弦为

$$\cos(\boldsymbol{F}_R, \boldsymbol{i}) = \frac{\sum F_{xi}}{F_R}, \cos(\boldsymbol{F}_R, \boldsymbol{j}) = \frac{\sum F_{yi}}{F_R} \tag{2-8}$$

例 2-1 钢环上受三个力的作用,如图 2-5(a)所示,$F_1=2$ kN,$F_2=3$ kN,$F_3=4$ kN. 试求这三个力的合力.

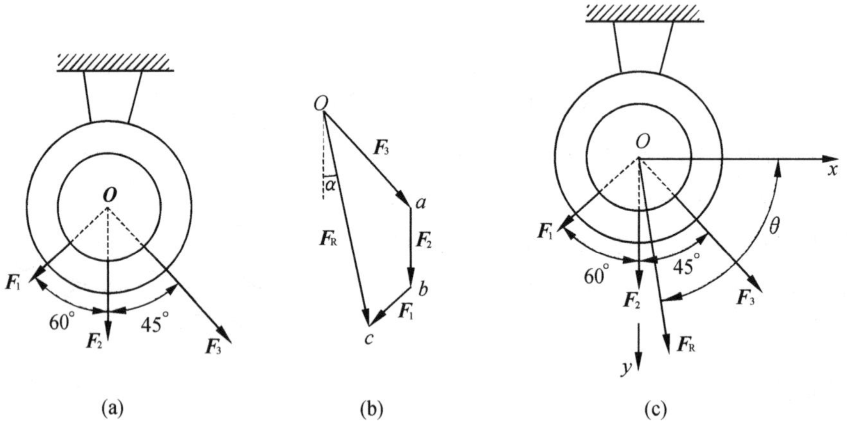

(a) (b) (c)

图 2-5

解:(1) 几何法.

按一定比例,画力多边形. 依次作力矢 $\overrightarrow{Oa}=\boldsymbol{F}_3$,$\overrightarrow{ab}=\boldsymbol{F}_2$,$\overrightarrow{bc}=\boldsymbol{F}_1$,如图 2-5(b)所示. 从 $\boldsymbol{F}_3$ 的起点 O 到 $\boldsymbol{F}_1$ 的终点 c 作力矢 $\overrightarrow{Oc}$,即得合力 $\boldsymbol{F}_R$. 按以上比例量得 $F_R=6.9$ kN,用量角器量得合力矢 $\boldsymbol{F}_R$ 与铅垂线之间的夹角 $\alpha=9.2°$.

(2) 解析法.

建立直角坐标系 xOy，如图 2-5(c)所示. 根据合力投影定理，得

$$F_{Rx}=F_{1x}+F_{2x}+F_{3x}=-F_1\sin60^\circ+0+F_3\sin45^\circ=1.096\ \text{kN}$$

$$F_{Ry}=F_{1y}+F_{2y}+F_{3y}=F_1\cos60^\circ+F_2+F_3\cos45^\circ=6.83\ \text{kN}$$

由此求得合力 $\boldsymbol{F}_R$ 的大小以及与 x 轴间的夹角 θ 为

$$F_R=\sqrt{F_{Rx}{}^2+F_{Ry}{}^2}=6.917\ \text{kN}$$

$$\theta=\arctan\left|\frac{F_{Ry}}{F_{Rx}}\right|=80.88^\circ$$

§2-2　平面汇交力系的平衡条件

由于平面汇交力系可用其合力来代替，显然，平面汇交力系平衡的必要和充分条件是：该力系的合力等于零. 如果用矢量等式表示，即

$$\sum_{i=1}^{n}\boldsymbol{F}_i=\boldsymbol{0} \tag{2-9}$$

在平衡情形下，力多边形最后一个力的终点与第一个力的起点重合，此时的力多边形称为封闭的力多边形. 于是，可得如下结论：平面汇交力系平衡的必要和充分的几何条件是：该力系的力多边形自行封闭.

当采用解析法时，由式(2-7)得

$$F_R=\sqrt{(\sum F_{xi})^2+(\sum F_{yi})^2}=0$$

欲使上式成立，必须同时满足：

$$\sum F_{xi}=0,\sum F_{yi}=0 \tag{2-10}$$

于是，平面汇交力系平衡的必要和充分的解析条件是：各力在两个坐标轴上投影的代数和分别等于零. 式(2-10)称为平面汇交力系的平衡方程. 这是两个独立的方程，可以求解两个未知量.

例 2-2　刚架如图 2-6(a)所示，在 B 点受一水平力作用. 设 $P=20$ kN，刚架的重量略去不计. 求 A、D 处的约束反力.

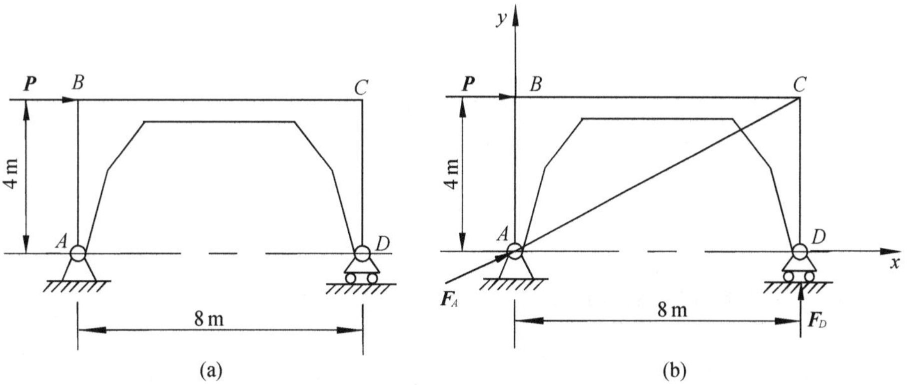

图 2-6

解：(1) 选刚架为研究对象.

(2) 画受力图.根据三力平衡汇交定理,约束反力 $\boldsymbol{F}_A$ 的指向假设如图 2-6(b)所示.

(3) 列平衡方程.选坐标轴如图所示.

$$\sum F_x = 0, P + F_A \times \frac{8}{4\sqrt{5}} = 0 \tag{a}$$

$$\sum F_y = 0, F_D + F_A \times \frac{4}{4\sqrt{5}} = 0 \tag{b}$$

(4) 求未知量.

由式(a)得

$$F_A = \frac{-\sqrt{5}}{2}P = -22.4\ \text{kN}$$

$\boldsymbol{F}_A$ 得负值,表示假设的指向与实际指向相反.

由式(b)得

$$F_D = -F_A \times \frac{1}{\sqrt{5}} = 10\ \text{kN}$$

§2-3 平面力偶系

1. 力对点之矩

力对刚体的作用效应应使刚体的运动状态发生改变(包括移动与转动),其中力对刚体的移动效应可用力矢来度量;而力对刚体的转动效应可用力对点的矩(简称力矩)来度量,即力矩是度量力对刚体转动效应的物理量.

如图 2-7 所示,平面上作用一力 $\boldsymbol{F}$,在同平面内任取一点 O,点 O 称为矩心,点 O 到力作用线的垂直距离 h 称为力臂,则在平面问题中力对点之矩的定义为:力对点之矩是一个代数量,它的绝对值等于力的大小与力臂的乘积.它的正负号可按如下方法确定:力使物体绕矩心逆时针转向转动时为正,反之为负.

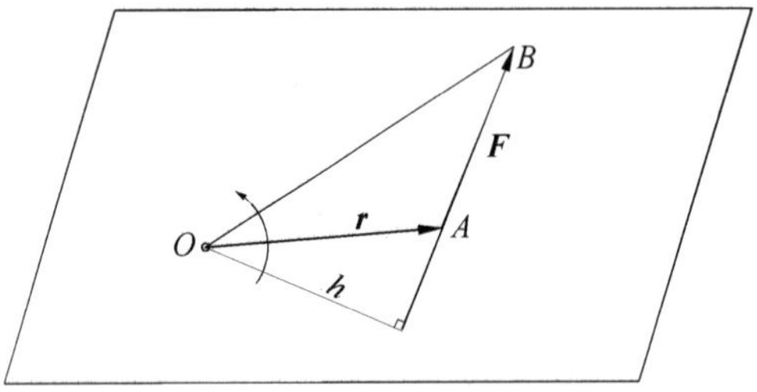

图 2-7

力 $\boldsymbol{F}$ 对点 O 的矩以记号 $M_O(\boldsymbol{F})$ 表示,于是,计算公式为

$$M_O(\boldsymbol{F}) = \pm Fh \tag{2-11}$$

由图 2-7 可以看出,力 $\boldsymbol{F}$ 对点 O 的矩的大小也可用三角形 OAB 面积的两倍表示,即

$$M_O(\boldsymbol{F}) = \pm 2S_{\triangle OAB}$$

力矩的单位,在国际单位制中,以牛·米(N·m)或千牛·米(kN·m)表示.据以上所

述，不难得出下述的力矩性质：

(1) 力 $\boldsymbol{F}$ 对于 O 点之矩不仅取决于 $\boldsymbol{F}$ 的大小，同时还与矩心的位置有关.

(2) 力的大小等于零或力的作用线通过矩心时，力矩等于零.

(3) 若力 $\boldsymbol{F}_R$ 为共点二力 $\boldsymbol{F}_1$ 及 $\boldsymbol{F}_2$ 的合力，则合力对于任一点 O 之矩等于分力对于同一点之矩的代数和，即

$$M_O(\boldsymbol{F})=M_O(\boldsymbol{F}_1)+M_O(\boldsymbol{F}_2)$$

这个关系称为合力矩定理.

在计算力矩时，若力臂不易求出，常将力分解为两个易定力臂的分力(通常是正交分解)，然后应用合力矩定理计算力矩.

2. 力偶

(1) 力偶与力偶矩.

在生活和生产实践中，常看到受力偶作用的情况. 如汽车司机转动转向盘，钳工用丝锥攻丝，两个手指拧动水龙头等.

在力学上把大小相等、方向相反、作用线相互平行的两个力叫作力偶，并记为$(\boldsymbol{F},\boldsymbol{F}')$. 力偶中两力所在平面叫力偶作用面. 两力作用线间的垂直距离叫力偶臂，以 d 表示. 如图2-8所示.

由于力偶中的两个力大小相等、方向相反、作用线平行，因此这两个力在任何坐标轴上投影之和等于零. 可见，力偶无合力，即力偶对物体不产生移动效应.

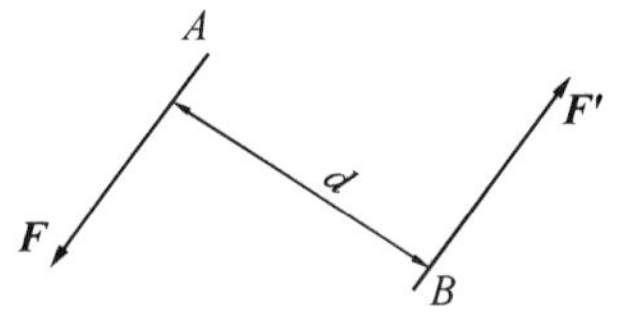

图 2-8

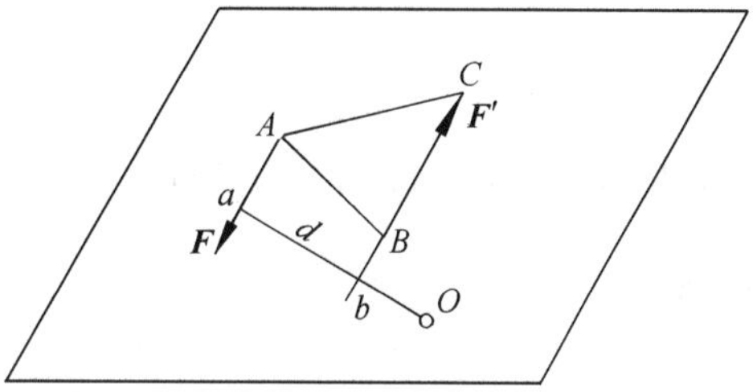

图 2-9

力偶既然不能用一个力来代替，也就不能和一个力相平衡. 根据公理 2 可知，力偶本身不平衡. 因此，力和力偶是静力学的两个基本要素.

力偶对物体的转动效应，可用力偶矩来度量，即用力偶的两个力对其作用面内某点的矩的代数和来度量.

设有力偶$(\boldsymbol{F},\boldsymbol{F}')$，其力偶臂为 d，如图 2-9 所示. 力偶对点 O 的矩为 $M_O(\boldsymbol{F},\boldsymbol{F}')$，则

$$M_O(\boldsymbol{F},\boldsymbol{F}')=M_O(\boldsymbol{F})+M_O(\boldsymbol{F}')=F\cdot\overline{aO}-F'\cdot\overline{bO}=F(\overline{aO}-\overline{bO})=Fd$$

矩心 O 是任意选择的. 由此可知，力偶的作用效应取决于力的大小和力偶臂的长短，与矩心的位置无关. 力与力偶臂的乘积称为力偶矩，记作 $M(\boldsymbol{F},\boldsymbol{F}')$，简记为 M.

力偶在平面内的转向不同，其作用效应也不相同. 因此，平面力偶对物体的作用效应，由以下两个因素决定：

① 力偶矩的大小.

② 力偶在作用平面内的转向.

因此力偶矩可视为代数量,即

$$M=\pm Fd$$

于是可得结论:力偶矩是一个代数量,其绝对值等于力的大小与力偶臂的乘积,正负号表示力偶的转向,即逆时针方向转动时为正,反之则为负. 力偶矩的单位与力矩相同,也是N·m.

由图 2-9 可见,力偶矩也可用三角形面积表示,即

$$M=\pm 2S_{\triangle ABC}$$

(2) 同平面内力偶的等效定理.

定理:在同平面内的两个力偶,如果力偶矩相等,则两力偶彼此等效.

上述定理给出了在同一平面内力偶等效的条件. 由此可得推论:

① 力偶可以在作用面内任意移动,而不影响它对刚体的作用效应.

② 保持力偶矩的大小和转向不改变的条件下,可以任意改变力和力偶臂的大小,而不影响它对刚体的作用.

由此可见,力偶的臂和力的大小都不是力偶的特征量,只有力偶矩是力偶作用的唯一量度. 今后常用图 2-10 所示的符号表示力偶. M 为力偶的矩.

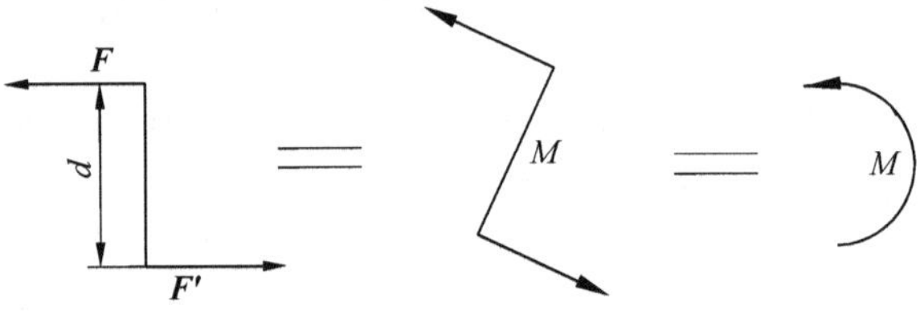

图 2-10

3. 平面力偶系的合成和平衡条件

(1) 平面力偶系的合成.

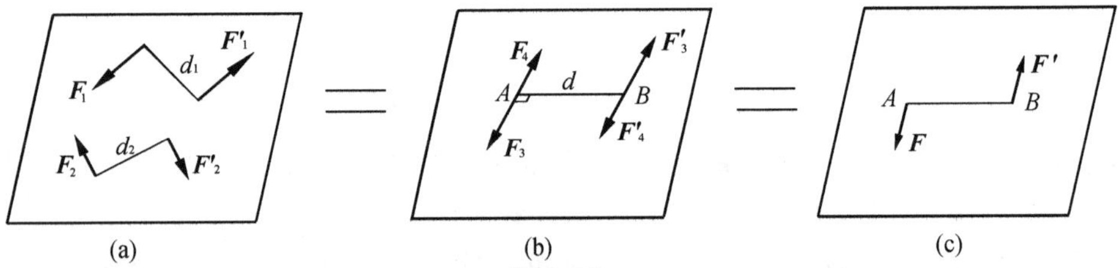

图 2-11

设在同一平面内有两个力偶($\boldsymbol{F}_1,\boldsymbol{F}_1'$)和($\boldsymbol{F}_2,\boldsymbol{F}_2'$),它们的力偶臂各为 d_1 和 d_2,两个力偶的矩分别为 M_1 和 M_2,如图 2-11(a)所示,现求其合成结果. 为此,在保持力偶矩不变的情况下,同时改变这两个力偶的力的大小和力偶臂的长短,使它们具有相同的臂长 d,并将它们在平面内移转,使力的作用线重合,如图 2-11(b)所示. 于是得到与原力偶等效的两个新力偶($\boldsymbol{F}_3,\boldsymbol{F}_3'$)和($\boldsymbol{F}_4,\boldsymbol{F}_4'$). $\boldsymbol{F}_3$ 和 $\boldsymbol{F}_4$ 的大小分别为

$$F_3=\frac{M_1}{d},F_4=\frac{M_2}{d}$$

分别将作用在点 A 和 B 的力合成(设 $F_3>F_4$),得

$$F=F_3-F_4$$
$$F'=F_3'-F_4'$$

由于 $\boldsymbol{F}$ 与 $\boldsymbol{F}'$ 是相等的，所以构成了与原力偶系等效的合力偶($\boldsymbol{F},\boldsymbol{F}'$)，如图 2-11(c)所示，以 M 表示合力偶的矩，得

$$M=Fd=(F_3-F_4)d=F_3d-F_4d=M_1-M_2$$

如果有两个以上的力偶，可以按照上述方法合成. 这就是说：在同平面内的任意两个力偶可合成为一个合力偶，合力偶矩等于各个力偶矩的代数和，可写为

$$M=\sum_{i=1}^{n}M_i$$

(2) 平面力偶系的平衡条件.

由合成结果可知，力偶系平衡时，其合力偶的矩等于零. 因此，平面力偶系平衡的必要和充分条件是：所有各力偶矩的代数和等于零，即

$$\sum_{i=1}^{n}M_i=0 \tag{2-12}$$

例 2-3　矩形板 $ABCD$，A 端为固定铰链支座，C 端放置在倾角为 45°的光滑斜面上，如图 2-12(a)所示. 已知板上作用有一个力偶 M，其转向和板的尺寸如图示，板重不计，试求板平衡时 A、C 两处的约束反力.

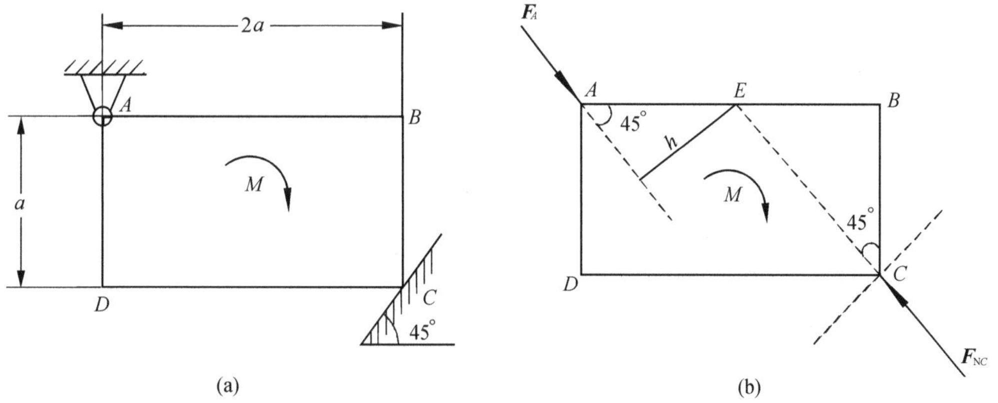

图 2-12

解：取矩形板 $ABCD$ 为研究对象. 板上除受主动力偶 M 作用外，在 A、C 处均受到约束反力. C 处为光滑面约束，其约束反力 $\boldsymbol{F}_{NC}$ 应沿光滑面的法线方向指向矩形板. A 处的约束力 $\boldsymbol{F}_A$ 的方向不定. 但是板上只有一个力偶作用，而力偶只能与力偶平衡，所以，$\boldsymbol{F}_A$ 与 $\boldsymbol{F}_{NC}$ 必定组成一个力偶，即 $\boldsymbol{F}_A=-\boldsymbol{F}_{NC}$. 受力图如图 2-12(b)所示.

由平面力偶系的平衡条件得

$$\sum M_i=0,F_{NC}h-M=0$$

式中

$$h=a\cos45^\circ=\frac{\sqrt{2}}{2}a$$

解得
$$F_{NC}=F_A=\frac{M}{h}=\sqrt{2}\frac{M}{a}$$

思　考　题

2-1　如果力 $\boldsymbol{F}_1$ 与 $\boldsymbol{F}_2$ 在 x 轴上的投影相等，那么这两个力是否一定相同？为什么？

2-2　若一个力的大小与该力在某一轴上的投影相等，则这个力与轴的关系是什么？

2-3　下列各图中，力或力偶对点 A 的矩都相等，它们引起的支座约束力是否相等？

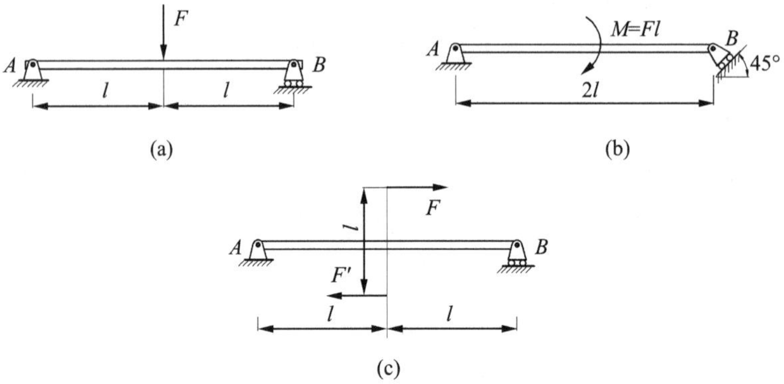

思考题 2-3 图

2-4　平面汇交力系向汇交点以外一点简化，其结果可能是一个力吗？可能是一个力偶吗？可能是一个力和一个力偶吗？

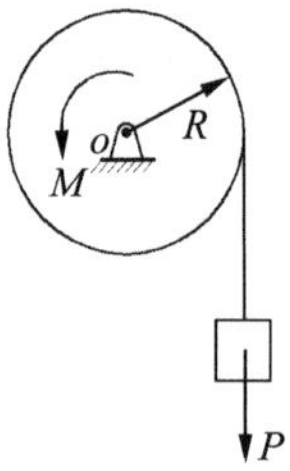

思考题 2-5 图

2-5　如图所示的轮子上作用力偶矩为 M 的力偶，轮半径为 R，物体重为 P，若 $M=P\cdot R$，试问：P 和哪个力组成力偶与力偶矩 M 相平衡？

2-6　输电线跨度 l 相同，电线下垂量 h 越小，电线越易于拉断，为什么？

2-7　用解析法求汇交力系的合力时，若取不同的坐标系(正交或非正交坐标系)，所求的合力相同吗？

2-8　力偶对物体产生的运动效应为(　　).

A. 只能使物体转动　　　　B. 只能使物体移动

C. 既能使物体转动，又能使物体移动

习　　题

2-1　铆接薄板在孔心 A、B 和 C 处受三力作用，如图所示. $F_1=100$ N，沿铅直方向；$F_3=50$ N，沿水平方向，并通过点 A；$F_2=50$ N，力的作用线也通过点 A，尺寸如图. 求此力系的合力.

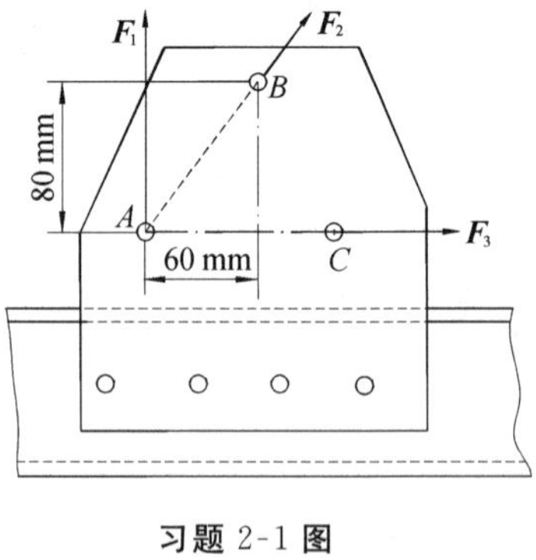

习题 2-1 图

2-2　如图所示，固定在墙壁上的圆环受三条绳索的拉力作用，力 $\boldsymbol{F}_1$ 沿水平方向，力 $\boldsymbol{F}_3$ 沿铅直方向，力 $\boldsymbol{F}_2$ 与水平线成 40°角. 三力的大小分别为 $F_1=2\ 000$ N，$F_2=2\ 500$ N，$F_3=1\ 500$ N. 求三力的合力.

2-3　工件放在 V 形铁内，如图所示. 若已知压板夹紧力 $F=400$ N，不计工件自重，求工件对 V 形铁的压力.

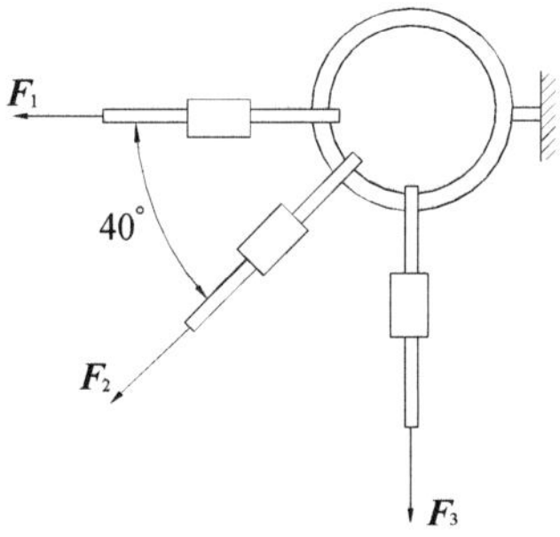

习题 2-2 图

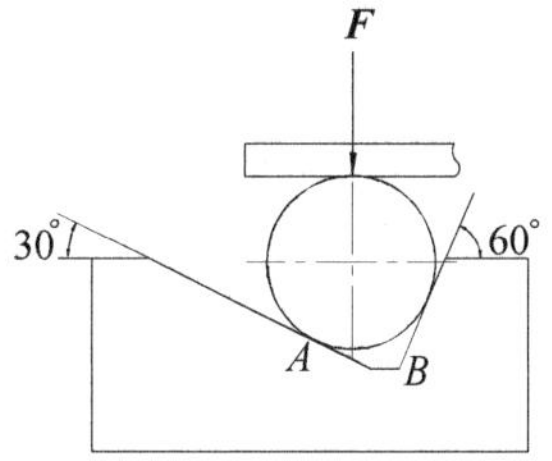

习题 2-3 图

2- 4　AC 和 BC 两杆用铰链 C 连接，两杆的另一端分别铰支在墙上，如图所示. 在点 C 悬挂重 10 kN 的物体. 已知 $\overline{AB}=\overline{AC}=2$ m，$\overline{BC}=1$ m. 如杆重不计，求两杆所受的力.

2-5　物体重 $P=20$ kN，用绳子挂在支架的滑轮 B 上，绳子的另一端接在绞车 D 上，如图所示. 转动绞车，物体便能升起. 设滑轮的大小、AB 与 CB 杆自重及摩擦略去不计，A、B、C 三处均为铰链连接. 当物体处于平衡状态时，试求拉杆 AB 和支杆 CB 所受的力.

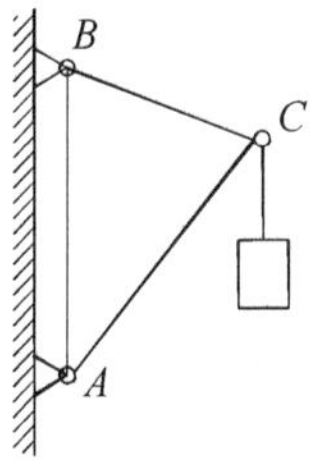

习题 2- 4 图

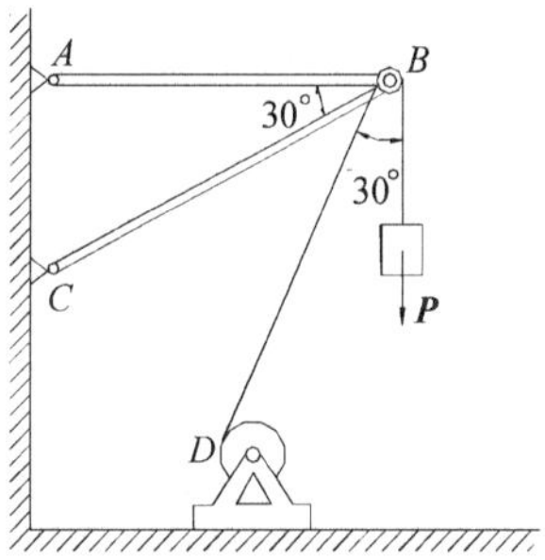

习题 2-5 图

2- 6　电动机重 $P=5\,000$ N，放在水平梁 AC 的中央，如图所示. 梁的 A 端以铰链固定，另一端以撑杆 BC 支持，撑杆与水平梁的夹角为 30°. 如忽略梁和撑杆的重量，求撑杆 BC 的内力及铰支座 A 处的约束反力.

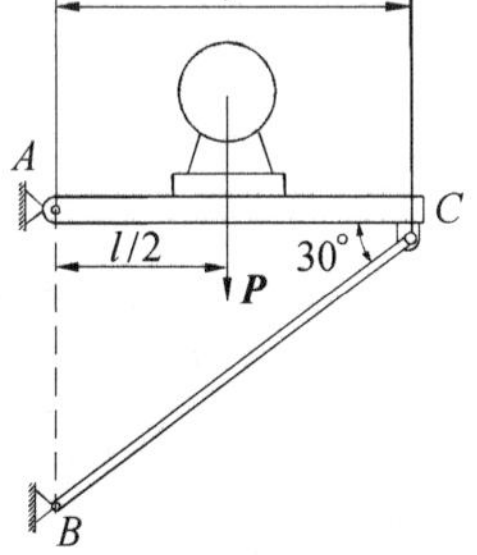

习题 2- 6 图

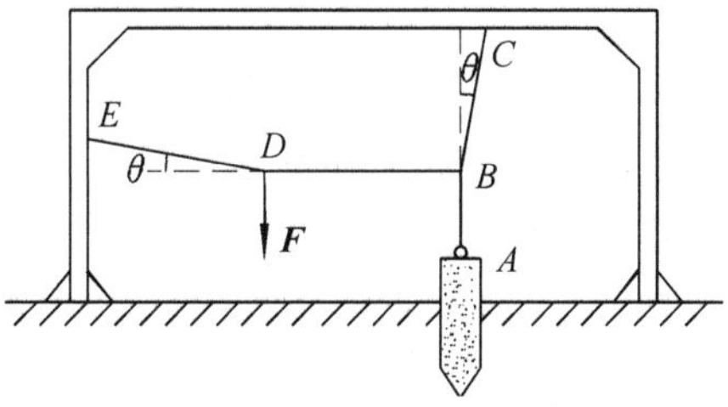

习题 2-7 图

2-7　图示为一拔桩装置. 在木桩的点 A 上系一绳，将绳的另一端固定在点 C，在绳的点 B 处系另一绳 BE，将它的另一端固定在点 E. 然后在绳的点 D 用力向下拉，并使绳的 BD 段水平，AB 段铅直；DE 段与水平线、CB 段与铅直线间成等角 $\theta=0.1$ rad（当 θ 很小时，

$\tan\theta \approx \theta$). 如向下的拉力 $F=800$ N,求绳 AB 作用于桩上的拉力.

2-8 铰链四杆机构 $CABD$ 的 CD 边固定,在铰链 A、B 处分别有力 $\boldsymbol{F}_1$、$\boldsymbol{F}_2$ 作用,如图所示. 该机构在图示位置平衡,杆重略去不计. 求力 $\boldsymbol{F}_1$ 与 $\boldsymbol{F}_2$ 的关系.

2-9 如图所示,刚架上作用力为 $\boldsymbol{F}$,试分别计算力 $\boldsymbol{F}$ 对点 A 和 B 的力矩.

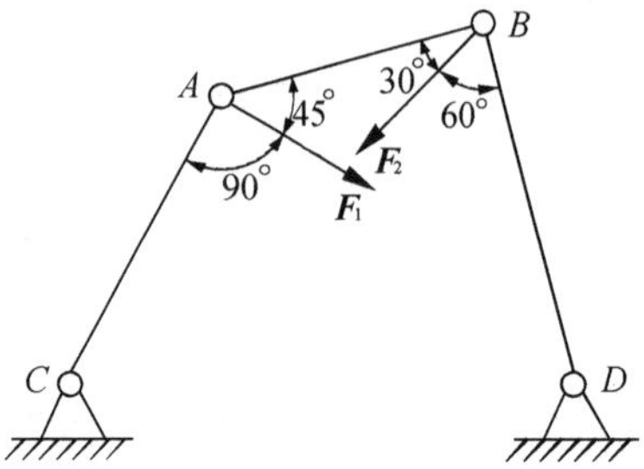

习题 2-8 图

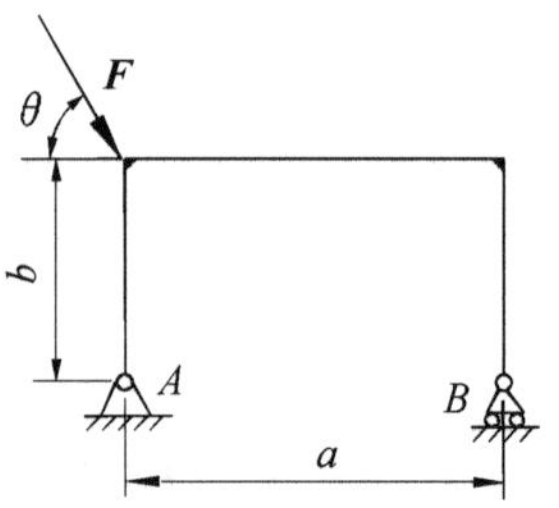

习题 2-9 图

2-10 试计算下列各图中力 $\boldsymbol{F}$ 对点 O 的力矩.

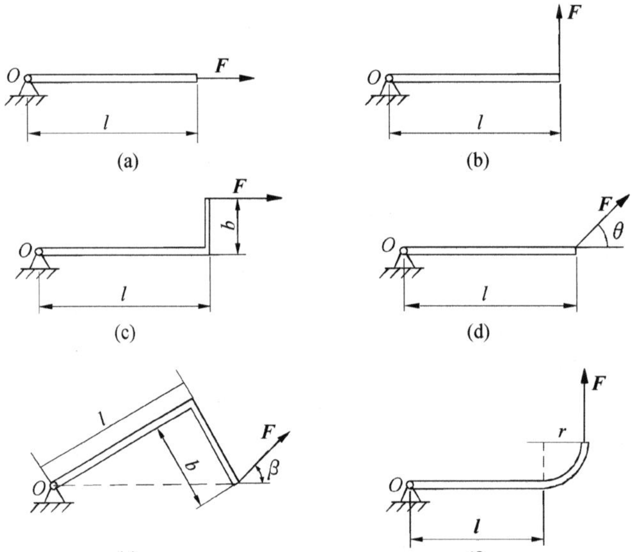

习题 2-10 图

2-11 如图所示,两水池由闸门板分开,此板与水平面成 60°角,板长 2 m,板的上部沿水平线 A-A 与池壁铰接. 左池水面与 A-A 线相齐,右池无水. 水压力垂直于板,合力 $\boldsymbol{F}_{\mathrm{R}}$ 作用于 C 点,大小为16.97 kN. 如不计板重,求能拉开闸门板的最小铅直力 $\boldsymbol{F}$.

2-12 图示 A、B、C、D 均为滑轮,绕过 B、D 两滑轮的绳子两端的拉力 $F_1=F_2=400$ N,绕过 A、C 两滑轮的绳子两端的拉力 $F_3=F_4=300$ N,$\theta=30°$. 试求此两力偶的合力偶矩的大小和转向. 滑轮大小忽略不计.

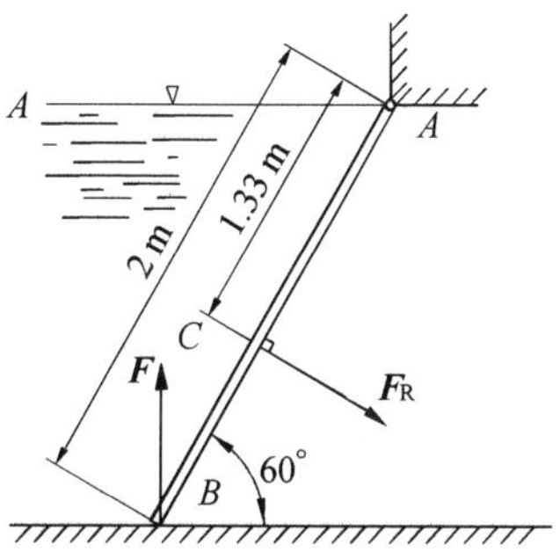

习题 2-11 图

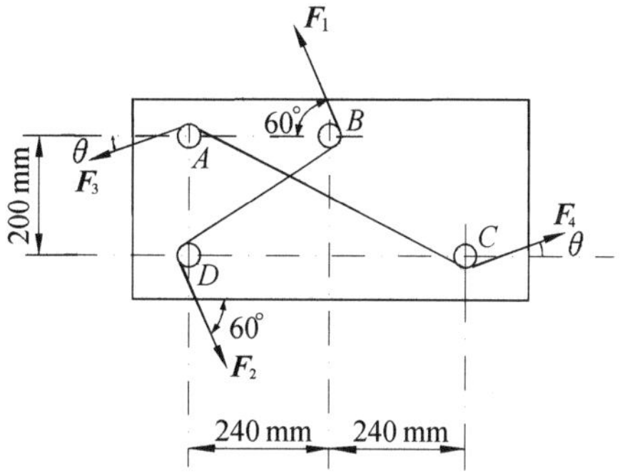

习题 2-12 图

2-13　已知梁 AB 上作用一力偶，力偶矩为 M，梁长为 l，梁重不计. 求在图(a)、(b)、(c)三种情况下，支座 A 和 B 的约束反力.

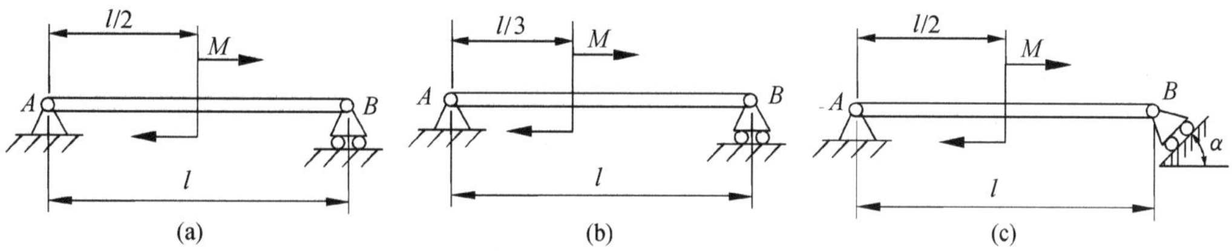

习题 2-13 图

2-14　在图示结构中，各构件的自重略去不计. 在构件 AB 上作用一力偶矩为 M 的力偶，求支座 A 和 C 的约束反力.

2-15　铰链四杆机构 $OABO_1$ 在图示位置平衡. 已知 $\overline{OA}=0.4$ m，$\overline{O_1B}=0.6$ m，作用在 OA 上的力偶的力偶矩 $M_1=1$ N·m. 各杆的重量不计. 试求力偶矩 M_2 的大小和杆 AB 所受的力 $\boldsymbol{F}$.

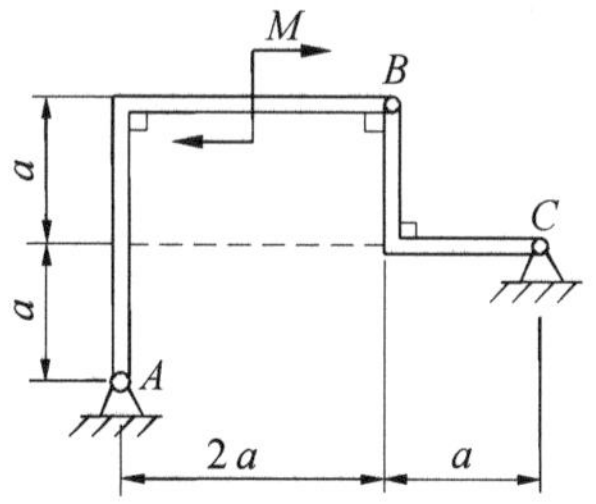

习题 2-14 图

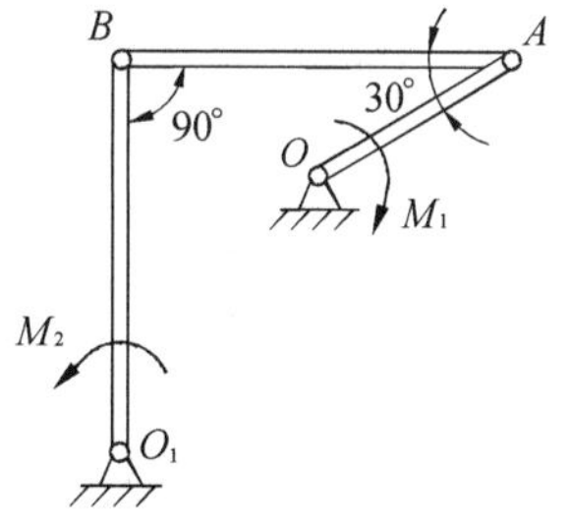

习题 2-15 图

2-16　如图所示，曲柄连杆活塞机构的活塞上受力 $F=400$ N. 如不计所有构件的重量，试问在曲柄上应加多大的力偶矩 M 方能使机构在图示位置平衡？

2-17　在图示机构中，曲柄 OA 上作用一力偶，其力偶矩为 M；另在滑块 D 上作用水平力 $\boldsymbol{F}$. 机构尺寸如图所示，各杆重量不计. 求当机构平衡时，力 $\boldsymbol{F}$ 与力偶矩 M 的关系.

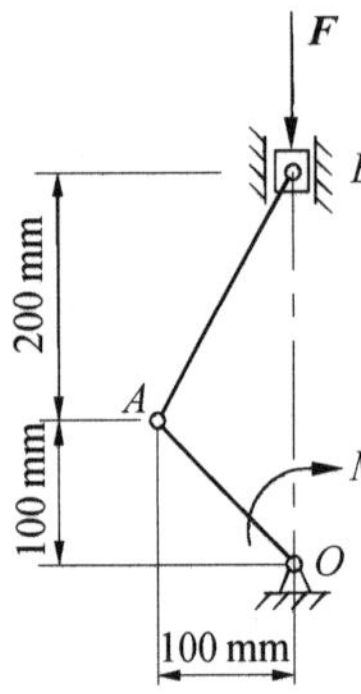

习题 2-16 图

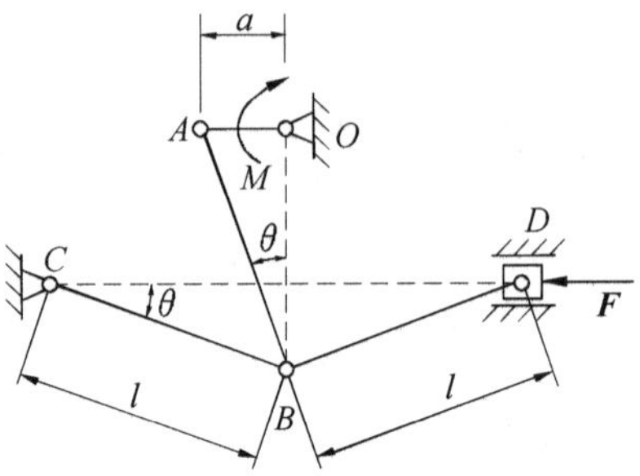

习题 2-17 图

2-18　匀质构件 AB，长为 l，重力为 $\boldsymbol{W}$，上端 A 靠于铅直墙上，摩擦可忽略不计，下端 B 则用绳索 BC 吊住. 设绳长为 $a(a>l)$，试求 C 点在 A 点之上多大距离时，构件才能维持平衡.

2-19　匀质细杆 AB 长度为 l，搁置在半径为 r 的半圆形光滑凹槽的 A、D 两点. 试求细杆平衡时与水平线的夹角 φ(设 $l>2r$).

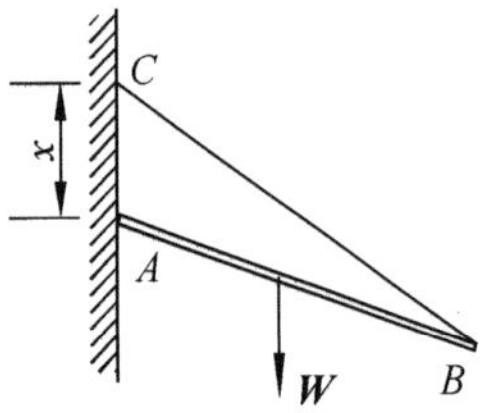

习题 2-18 图

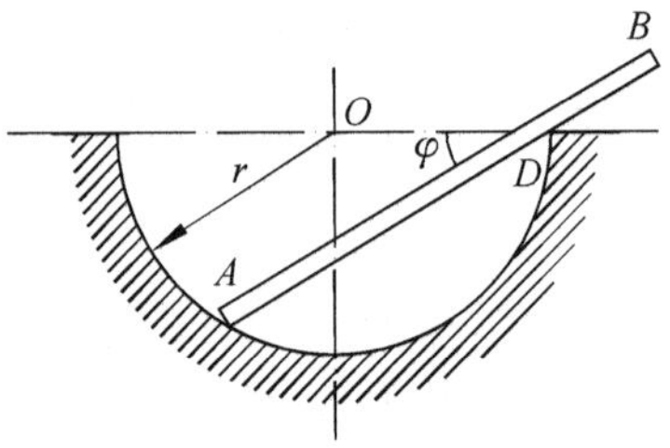

习题 2-19 图

第三章 平面一般力系

本章研究平面一般力系的简化和平衡问题. 工程中有许多零件、结构所受力系属于这种类型. 空间一般力系的平衡问题,也可通过将力系向三个直角坐标平面投影化为平面一般力系的平衡问题来处理. 因此,本章的研究具有重要意义.

本章还对物体的受力分析做进一步的补充:介绍固定端约束和滑动摩擦力.

§3-1 平面一般力系的简化

1. 力线平移定理

力系向一点简化是一种较为简单并具有普遍性的力系简化方法. 此方法的理论基础是力的平移定理.

设力 $\boldsymbol{F}$ 作用于刚体的点 A,如图 3-1(a)所示. 在刚体上任取一点 B,并在点 B 加上两个等值反向的力 $\boldsymbol{F}'$ 和 $\boldsymbol{F}''$,使它们与力 $\boldsymbol{F}$ 平行,且 $F=F'=F''$,如图 3-1(b)所示. 显然,三个力 $\boldsymbol{F}$、$\boldsymbol{F}'$、$\boldsymbol{F}''$ 组成的新力系与原来的一个力 $\boldsymbol{F}$ 等效. 但是,这三个力可看成是一个作用在点 B 的力 $\boldsymbol{F}'$ 和一个力偶($\boldsymbol{F}$,$\boldsymbol{F}''$). 这样,就把作用于点 A 的力 $\boldsymbol{F}$ 平移到另一点 B,但同时附加上一个相应的力偶,这个力偶称为附加力偶,如图 3-1(c)所示. 显然,附加力偶的矩为

$$M=Fd \tag{3-1}$$

其中 d 为附加力偶的臂,也就是点 B 到力 $\boldsymbol{F}$ 的作用线的垂距,因此 Fd 也等于力 $\boldsymbol{F}$ 对点 B 的矩 $M_B(\boldsymbol{F})$,即

$$M=M_B(\boldsymbol{F}) \tag{3-2}$$

由此可得力线平移定理:作用于刚体的力 $\boldsymbol{F}$,可以平移至同一刚体的任一点 B,但必须附加一个力偶,其力偶矩等于原力 $\boldsymbol{F}$ 对于平移点 B 之矩.

反过来,根据力线平移定理,也可以将平面内的一个力和一个力偶用作用在平面内另一点的力来等效替换.

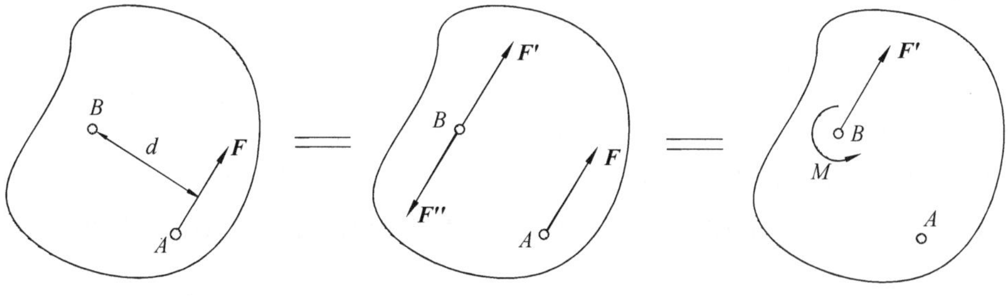

(a) (b) (c)

图 3-1

2. 平面一般力系的简化

为了具体说明力系向一点简化的方法和结果,设想物体上只作用有三个力 $\boldsymbol{F}_1$、$\boldsymbol{F}_2$、$\boldsymbol{F}_3$ 组成的平面一般力系,如图 3-2(a)所示. 在平面内任取一点 O,称为简化中心;应用力的平移定理,把各力都平移到点 O. 这样,得到作用于点 O 的力 $\boldsymbol{F}_1'$、$\boldsymbol{F}_2'$、$\boldsymbol{F}_3'$,以及相应的附加力偶,其矩分别为 M_1、M_2 和 M_3,如图 3-2(b)所示. 这些力偶作用在同一平面内,它们的矩分别等于力 $\boldsymbol{F}_1$、$\boldsymbol{F}_2$、$\boldsymbol{F}_3$ 对点 O 的矩,即

$$M_1=M_O(\boldsymbol{F}_1),M_2=M_O(\boldsymbol{F}_2),M_3=M_O(\boldsymbol{F}_3) \tag{3-3}$$

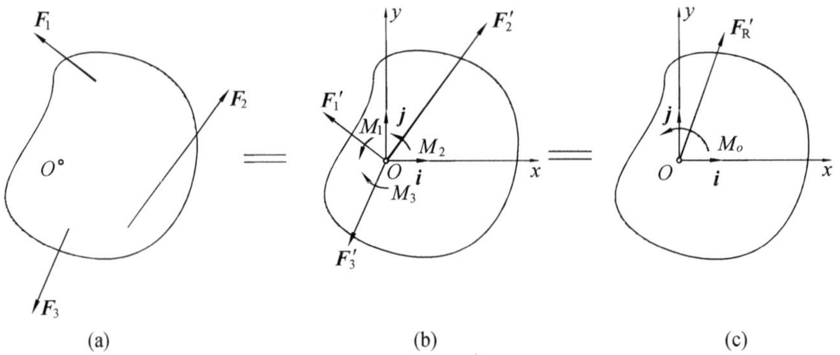

图 3-2

这样,平面任意力系成为两个简单力系:平面汇交力系和平面力偶系. 然后,再分别合成这两个力系.

平面汇交力系 $\boldsymbol{F}_1'$、$\boldsymbol{F}_2'$、$\boldsymbol{F}_3'$ 可合成为作用线通过点 O 的一个力 $\boldsymbol{F}_R'$,如图 3-2(c)所示. 因为各力矢 $\boldsymbol{F}_1'$、$\boldsymbol{F}_2'$、$\boldsymbol{F}_3'$ 分别与原力矢 $\boldsymbol{F}_1$、$\boldsymbol{F}_2$、$\boldsymbol{F}_3$ 相等,所以

$$\boldsymbol{F}_R'=\boldsymbol{F}_1'+\boldsymbol{F}_2'+\boldsymbol{F}_3'=\boldsymbol{F}_1+\boldsymbol{F}_2+\boldsymbol{F}_3 \tag{3-4}$$

即力矢 $\boldsymbol{F}_R'$ 等于原来各力的矢量和.

矩为 M_1、M_2、M_3 的平面力偶系可合成为一个力偶,这个力偶的矩 M_O 等于各附加力偶矩的代数和. 由于附加力偶矩等于力对简化中心的矩,所以

$$M_O=M_1+M_2+M_3=M_O(\boldsymbol{F}_1)+M_O(\boldsymbol{F}_2)+M_O(\boldsymbol{F}_3) \tag{3-5}$$

即该力偶的矩等于原来各力对点 O 的矩的代数和.

对于力的个数为 n 的平面一般力系,不难推广为

$$\boldsymbol{F}_R'=\sum_{i=1}^{n}\boldsymbol{F}_i,M_O=\sum_{i=1}^{n}M_O(\boldsymbol{F}_i) \tag{3-6}$$

平面一般力系中所有各力的矢量和 $\boldsymbol{F}_R'$,称为该力系的主矢;而这些力对于任选简化中心 O 的矩的代数和 M_O,称为该力系对于简化中心 O 的主矩.

综上所述可得如下结论:平面一般力系向作用面内任选一点 O 简化,可得一个力和一个力偶,这个力等于该力系的主矢,作用线通过简化中心 O;这个力偶的矩等于该力系对于点 O 的主矩.

由于主矢等于各力的矢量和,所以,它与简化中心的选择无关. 而主矩等于各力对简化中心的矩的代数和,当取不同的点为简化中心时,各力的力臂将有改变,各力对简化中心的矩也有改变,所以在一般情况下,主矩与简化中心的选择有关. 以后说到主矩时,必须指出是

力系对于哪一点的主矩.

这里需要注意的是：主矢 $\boldsymbol{F}'_R$ 不是原力系的合力，因为原力系与主矢 $\boldsymbol{F}'_R$ 及主矩 M_O 等效.

下面应用力系向任一点简化的方法来分析平面固定端支座的约束反力.

既限制物体移动，又限制物体转动的约束，称为固定端支座. 固定端支座对物体的作用，是在接触面上作用了一群约束反力. 在平面问题中，这些力为一平面一般力系，如图 3-3(a)所示. 将这群力向作用平面内 A 点简化得到一个力和一个力偶，如图 3-3(b)所示. 一般情况下，这个力的大小和方向均为未知量，可用两个未知分力来代替. 因此，在平面力系情况下，固定端 A 处的约束反力可简化为两个约束反力 $\boldsymbol{F}_{Ax}$、$\boldsymbol{F}_{Ay}$ 和一个矩为 M_A 的约束反力偶，如图 3-3(c)所示.

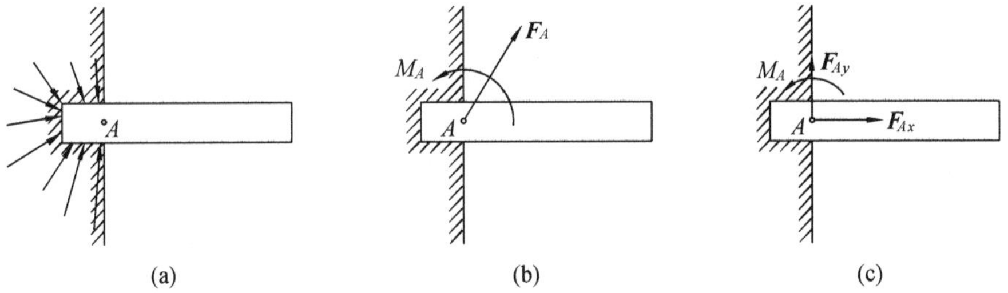

图 3-3

在工程实际中，固定端约束是经常见到的，如插入地面的电线杆，地面对电线杆就是固定端约束；车刀固定在刀架上，工件用卡盘夹紧，则刀架、卡盘分别是车刀和工件的固定端约束，等等.

3. 平面一般力系简化结果

平面一般力系向作用面内一点简化的结果，可能有以下几种情况：

(1) 平面一般力系简化为一个力偶.

主矢 $\boldsymbol{F}'_R=\boldsymbol{0}$，主矩 $M_O\neq 0$，此时原力系的最后简化结果是一个力偶，它的力偶矩为

$$M_O = \sum_{i=1}^{n} M_O(\boldsymbol{F}_i) \tag{3-7}$$

在这种情形下，主矩与简化中心的位置无关.

(2) 平面一般力系简化为一个合力.

① 主矢 $\boldsymbol{F}'_R\neq\boldsymbol{0}$，主矩 $M_O=0$，此时原力系的最后简化结果即为作用在简化中心 O 点的一个力 $\boldsymbol{F}'_R$，且

$$\boldsymbol{F}'_R = \sum_{i=1}^{n} \boldsymbol{F}_i \tag{3-8}$$

这个力就是原力系的合力 $\boldsymbol{F}_R$.

② 主矢 $\boldsymbol{F}'_R\neq\boldsymbol{0}$，主矩 $M_O\neq 0$，因为 $\boldsymbol{F}'_R$ 与 M_O 共面，所以还可以进一步合成得到一个合力 $\boldsymbol{F}_R$，此时原力系的最后简化结果即为作用在 O' 点的合力 $\boldsymbol{F}_R$，如图 3-4 所示. 合力矢 $\boldsymbol{F}_R$ 等于原力系的主矢 $\boldsymbol{F}'_R$，即

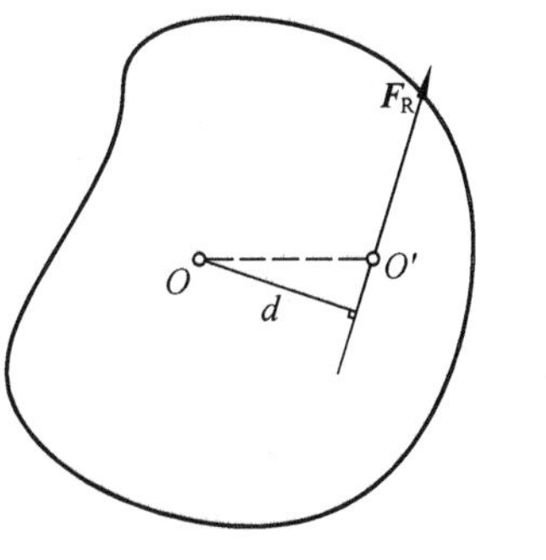

图 3-4

$$F_R = F_R' = \sum_{i=1}^{n} F_i \tag{3-9}$$

而合力 $\boldsymbol{F}_R$ 的作用线与 O 点的垂直距离为 d,即

$$d=\frac{|M_O|}{F_R'} \tag{3-10}$$

合力的作用线在点 O 的哪一侧,应由主矩 M_O 的转向决定.

(3) 平面一般力系的平衡.

如果主矢 $\boldsymbol{F}_R'=0$,主矩 $M_O=0$,则原力系合成为零力系,这是平衡力系的情形,将在下节进一步讨论.

例 3-1 重力坝受力情形如图 3-5(a)所示.设 $P_1=450$ kN,$P_2=200$ kN,$F_1=300$ kN,$F_2=70$ kN.求力系的合力 $\boldsymbol{F}_R$ 的大小和方向余弦、合力与基线 OA 的交点到点 O 的距离 x.

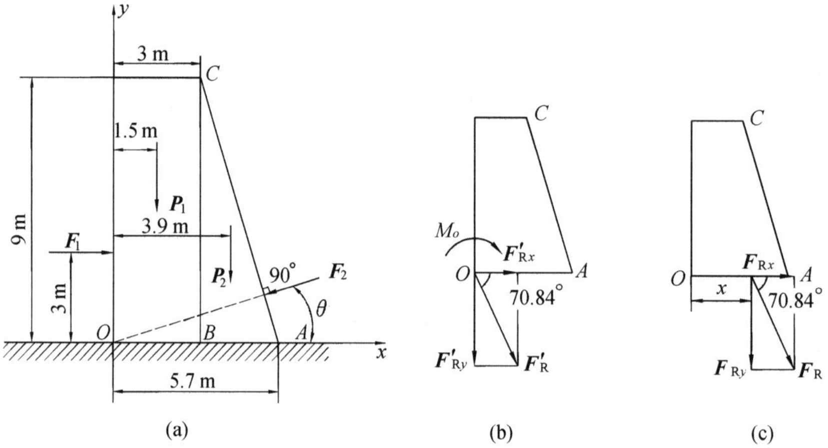

图 3-5

解:(1) 将力系向点 O 简化,求得其主矢 $\boldsymbol{F}_R'$ 和主矩 M_O,如图 3-5(b)所示.由图 3-5(a),有

$$\theta=\angle ACB=\arctan\frac{\overline{AB}}{\overline{CB}}=16.7^\circ$$

主矢 $\boldsymbol{F}_R'$ 在 x、y 轴上的投影为

$$F_{Rx}' = \sum F_x = F_1 - F_2\cos\theta = 232.9\ \text{kN}$$

$$F_{Ry}' = \sum F_y = -P_1 - P_2 - F_2\sin\theta = -670.1\ \text{kN}$$

主矢 $\boldsymbol{F}_R'$ 的大小为

$$F_R' = \sqrt{(\sum F_x)^2 + (\sum F_y)^2} = 709.4\ \text{kN}$$

主矢 $\boldsymbol{F}_R'$ 的方向余弦为

$$\cos(\boldsymbol{F}_R', \boldsymbol{i}) = \frac{\sum F_x}{F_R'} = 0.328\ 3$$

$$\cos(\boldsymbol{F}_R', \boldsymbol{j}) = \frac{\sum F_y}{F_R'} = -0.944\ 6$$

则有

$$\angle(\boldsymbol{F}_R', \boldsymbol{i}) = \pm 70.84°$$
$$\angle(\boldsymbol{F}_R', \boldsymbol{j}) = 180° \pm 19.16°$$

故主矢 $\boldsymbol{F}_R'$ 在第四象限内，与 x 轴的夹角为 $-70.84°$.

力系对点 O 的主矩为

$$M_O = \sum M_O(\boldsymbol{F}) = -3F_1 - 1.5P_1 - 3.9P_2 = -2\ 355\ \text{kN} \cdot \text{m}$$

(2) 合力 $\boldsymbol{F}_R$ 的大小和方向与主矢 $\boldsymbol{F}_R'$ 相同. 其作用线位置的 x 值可根据合力矩定理求得，如图 3-5(c)所示，即

$$M_O = M_O(\boldsymbol{F}_R) = M_O(\boldsymbol{F}_{Rx}) + M_O(\boldsymbol{F}_{Ry})$$

其中

$$M_O(\boldsymbol{F}_{Rx}) = 0$$

故

$$M_O = M_O(\boldsymbol{F}_{Ry}) = F_{Ry} \cdot x$$

解得

$$x = \frac{M_O}{F_{Ry}} = 3.514\ \text{m}$$

§3-2 平面一般力系的平衡

将平面一般力系向任一点简化后，如果主矢不等于零，主矩等于零，力系可简化为一个力；如果主矢等于零，而主矩不等于零，则力系简化为一力偶. 如果主矢等于零，表明作用于简化中心 O 的汇交力系为平衡力系；主矩等于零，表明附加力偶系也是平衡力系，所以原力系必为平衡力系. 这是平面一般力系平衡的充分条件.

如果平面力系是平衡的，那么它既不能合成为一个力，也不能合成为一力偶，因此力系向任意点简化的主矢、主矩都要等于零，这是平面力系平衡的必要条件.

由此可知，平面一般力系平衡的必要和充分条件是：力系的主矢和对于任一点的主矩都等于零.

这些平衡条件可用解析式表示，即

$$\sum_{i=1}^{n} F_{ix} = 0, \sum_{i=1}^{n} F_{iy} = 0, \sum_{i=1}^{n} M_O(\boldsymbol{F}_i) = 0 \qquad (3\text{-}11)$$

由此可得结论，平面一般力系平衡的解析条件是：所有各力在两个任选的坐标轴上的投影的代数和分别等于零，以及各力对于任意一点的矩的代数和也等于零. 上式称为平面一般力系的平衡方程.

式(3-11)有三个方程，只能求解三个未知量.

平面一般力系的平衡方程包括两个投影式和一个力矩式. 这是平衡方程的基本形式. 但是，也可以选择两个矩心 A、B 列出两个力矩式，再加上一个投影式来组成平衡方程的二力矩形式：

$$\sum_{i=1}^{n} M_A(\boldsymbol{F}_i) = 0, \sum_{i=1}^{n} M_B(\boldsymbol{F}_i) = 0, \sum_{i=1}^{n} F_{ix} = 0 \qquad (3\text{-}12)$$

其中 x 轴不得垂直于 A、B 两点的连线.

或者选三个矩心 A、B、C,用三个力矩式来组成平衡方程的三力矩形式:

$$\sum_{i=1}^{n} M_A(\boldsymbol{F}_i) = 0, \sum_{i=1}^{n} M_B(\boldsymbol{F}_i) = 0, \sum_{i=1}^{n} M_C(\boldsymbol{F}_i) = 0 \tag{3-13}$$

其中 A、B、C 三点不共线.

上述三组方程都可用来解决平面一般力系的平衡问题.究竟选用哪一组方程,须根据具体条件确定.对于受平面一般力系作用的单个刚体的平衡问题,只可以写出三个独立的平衡方程,求解三个未知量.任何第四个方程只是前三个方程的线性组合,因而不是独立的.

从平面一般力系的平衡方程,可以推出特殊力系的平衡方程.例如,对于平面平行力系,可以取 x 轴与力系各力的作用线垂直,则平衡方程(3-11)的第一式成为恒等式 $\sum_{i=1}^{n} F_{ix} \equiv 0$,独立的平衡方程只有两个:

$$\sum_{i=1}^{n} F_{iy} = 0, \sum_{i=1}^{n} M_O(\boldsymbol{F}_i) = 0 \tag{3-14}$$

平面平行力系的平衡方程,也可用两个力矩方程的形式表示,即

$$\sum_{i=1}^{n} M_A(\boldsymbol{F}_i) = 0, \sum_{i=1}^{n} M_B(\boldsymbol{F}_i) = 0 \tag{3-15}$$

其中 A、B 两点的连线不得与各力平行.

例 3-2 图 3-6 所示的水平横梁 AB,A 端为固定铰链支座,B 端为一滚动支座.梁的长为 $4a$,梁重 $\boldsymbol{P}$,作用在梁的中点 C.在梁的 AC 段上受均布载荷 q 作用,在梁的 BC 段上受力偶作用,力偶矩 $M=Pa$.试求 A 和 B 处的支座反力.

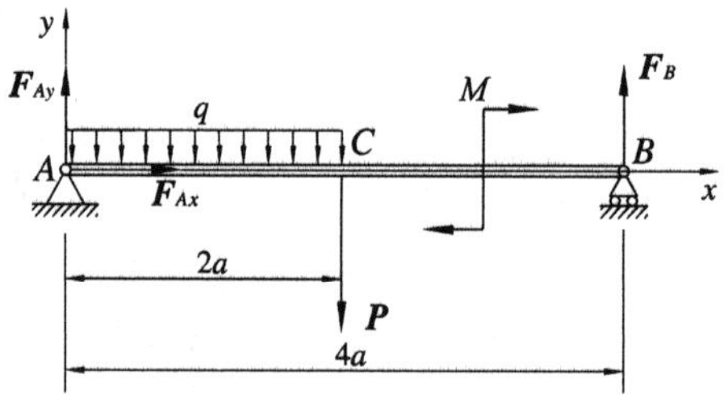

图 3-6

解:选梁 AB 为研究对象.它所受的主动力有:均布载荷 q,重力 $\boldsymbol{P}$ 和矩为 M 的力偶.它所受的约束反力有:铰链 A 的两个分力 $\boldsymbol{F}_{Ax}$ 和 $\boldsymbol{F}_{Ay}$,滚动支座 B 处铅直向上的约束反力 $\boldsymbol{F}_B$.

取坐标系如图所示,列出平衡方程

$$\sum M_A(F) = 0, F_B \cdot 4a - M - P \cdot 2a - q \cdot 2a \cdot a = 0$$

$$\sum F_x = 0, \quad F_{Ax} = 0$$

$$\sum F_y = 0, \quad F_{Ay} - q \cdot 2a - P + F_B = 0$$

解上述方程,得

$$F_B = \frac{3}{4}P + \frac{1}{2}qa$$

$$F_{Ax} = 0$$

$$F_{Ay} = \frac{P}{4} + \frac{3}{2}qa$$

例 3-3 塔式起重机如图 3-7 所示.机架重 $P_1 = 700$ kN,作用线通过塔架的中心.最大起重量 $P_2 = 200$ kN,最大悬臂长为 12 m,轨道 AB 的间距为 4 m.平衡荷重 P_3 到机身中心

线的距离为 6 m.

(1) 保证起重机在满载和空载时都不致翻倒，平衡荷重 P_3 应为多少？

(2) 当平衡荷重 $P_3=180$ kN 时，求满载时轨道 AB 给起重机轮子的反力.

解：(1) 要使起重机不翻倒，应使作用在起重机上的所有力满足平衡条件. 起重机所受的力有：载荷的重力 $\boldsymbol{P}_2$，机架的重力 $\boldsymbol{P}_1$，平衡荷重 $\boldsymbol{P}_3$，以及轨道的约束反力 $\boldsymbol{F}_A$ 和 $\boldsymbol{F}_B$.

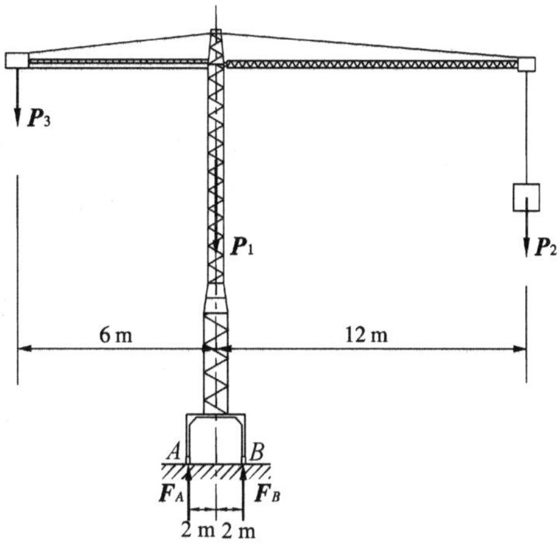

图 3-7

当满载时，为使起重机不绕点 B 翻倒，这些力必须满足平衡方程 $\sum M_B(\boldsymbol{F})=0$. 在临界情况下，$F_A=0$. 这时求出的 P_3 值是所允许的最小值.

$$\sum M_B(\boldsymbol{F})=0, P_{3\min}(6+2)+2P_1-P_2(12-2)=0$$

$$P_{3\min}=\frac{1}{8}(10P_2-2P_1)=75\ \text{kN}$$

当空载时，$P_2=0$. 为使起重机不绕点 A 翻倒，所受的力必须满足平衡方程 $\sum M_A(\boldsymbol{F})=0$. 在临界情况下，$F_B=0$. 这时求出的 P_3 值是所允许的最大值.

$$\sum M_A(\boldsymbol{F})=0, P_{3\max}(6-2)-2P_1=0$$

$$P_{3\max}=\frac{2P_1}{4}=350\ \text{kN}$$

起重机实际工作时不允许处于极限状态，要使起重机不会翻倒，平衡荷重应在这两者之间，即

$$75\ \text{kN}<P_3<350\ \text{kN}$$

(2) 取 $P_3=180$ kN，求满载时，作用于轮子的约束反力 $\boldsymbol{F}_A$ 和 $\boldsymbol{F}_B$. 此时，起重机在力 $\boldsymbol{P}_2$、$\boldsymbol{P}_3$、$\boldsymbol{P}_1$ 以及 $\boldsymbol{F}_A$、$\boldsymbol{F}_B$ 的作用下平衡. 根据平面平行力系的平衡方程，有

$$\sum M_A(\boldsymbol{F})=0, P_3(6-2)-2P_1-P_2(12+2)+4F_B=0 \tag{a}$$

$$\sum F_y=0, -P_3-P_1-P_2+F_A+F_B=0 \tag{b}$$

由式(a) 解得

$$F_B=\frac{14P_2+2P_1-4P_3}{4}=870\ \text{kN}$$

代入式(b)得

$$F_A=210\ \text{kN}$$

§3-3 物体系统的平衡

在工程实际问题中,往往遇到由若干个物体通过适当的约束相互连接而成的系统,这种系统称为物体系统. 当物体系统平衡时,组成该系统的每一个物体都处于平衡状态,因此对于每一个受平面一般力系作用的物体,均可写出三个平衡方程. 如物体系统由 n 个物体组成,则共有 $3n$ 个独立方程. 如系统中有的物体受平面汇交力系或平面平行力系作用时,则系统的平衡方程数目相应减少. 当系统中的未知量个数等于独立平衡方程的个数时,则所有未知量的个数都能由平衡方程求出,这样的问题称为静定问题. 如图 3-8(a)、(b)、(c)所示即属静定问题. 显然前面列出的各例都是静定问题. 在工程实际中,有时为了提高结构的刚度和坚固性,常常增加多余的约束,因而使这些结构的未知量的个数多于平衡方程的个数,未知量就不能全部由平衡方程求出,这样的问题称为静不定问题或超静定问题. 图 3-8(d)、(e)、(f)均属静不定问题. 对于静不定问题,必须考虑物体因受力作用而产生的变形,加列某些补充方程后,才能使方程的个数等于未知量的个数. 静不定问题已超出本章的范围,须在后续章节中研究.

在求解静定的物体系统的平衡问题时,一般情况下,先以整个系统为研究对象,这样不出现未知的内力,易于解出未知量. 当不能求出未知量时,应选取单个物体或部分物体的组合体为研究对象,一般应先选受力简单而作用有已知力的物体为研究对象,求出部分未知量后,再研究其他物体. 在选择研究对象和列平衡方程时,应使每一个平衡方程中的未知量个数尽可能少,最好是只含有一个未知量,以避免求解联立方程.

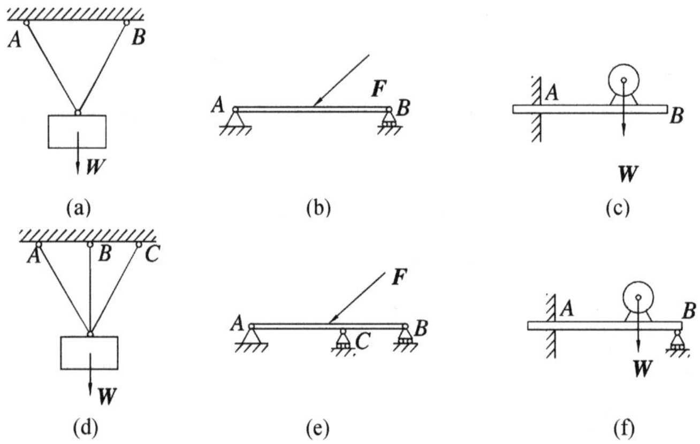

图 3-8

例 3-4 图 3-9(a)所示的结构中,$\overline{AD}=\overline{DB}=2\ \text{m}$,$\overline{CD}=\overline{DE}=1.5\ \text{m}$,$P=120\ \text{kN}$,不计杆和滑轮的重量,试求支座 A 和 B 的约束反力及 BC 杆所受的力.

解:先取整体为研究对象,其受力图如图 3-9(b)所示. 根据受力情况可知,$F=P$. 列平衡方程

$$\sum M_A(\boldsymbol{F})=0, F_B\times\overline{AB}-P\times(\overline{AD}+r)-F\times(\overline{DE}-r)=0 \quad (a)$$

$$\sum F_x=0, F_{Ax}-F=0 \quad (b)$$

$$\sum F_y = 0, F_{Ay} + F_B - P = 0 \tag{c}$$

由式(a)解得

$$F_B = \frac{F \times (\overline{AD} + \overline{DE})}{\overline{AB}} = \frac{120 \times (2 + 1.5)}{4} = 105\ \text{kN}$$

由式(b)解得

$$F_{Ax} = F = 120\ \text{kN}$$

由式(c)解得

$$F_{Ay} = P - F_B = 15\ \text{kN}$$

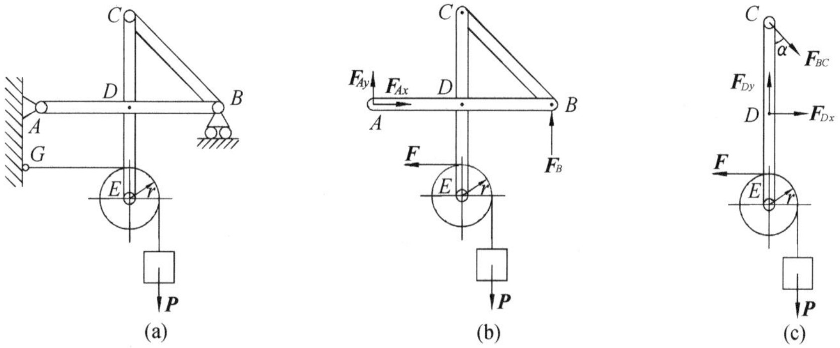

图 3-9

为求 BC 杆所受的力,取 CDE 杆连滑轮为研究对象,其受力图如图 3-9(c) 所示. 列平衡方程

$$\sum M_D(\boldsymbol{F}) = 0, -F_{BC} \cdot \sin\alpha \cdot \overline{CD} - F \cdot (\overline{DE} - r) - P \cdot r = 0$$

$$\sin\alpha = \frac{\overline{DB}}{\overline{CB}} = \frac{2}{\sqrt{1.5^2 + 2^2}} = \frac{4}{5}$$

所以

$$F_{BC} = -\frac{F \times \overline{DE}}{\overline{CD} \times \sin\alpha} = -150\ \text{kN}$$

$\boldsymbol{F}_{BC}$ 为负,说明 BC 杆受压力.

例 3-5　图 3-10(a)所示的组合梁由 AC 和 CD 在 C 处铰接而成. 梁的 A 端插入墙内, B 处为滚动支座. 已知 $F=20$ kN,均布载荷 $q=10$ kN/m,$M=20$ kN·m,$l=1$ m. 试求插入端 A 及滚动支座 B 的约束反力.

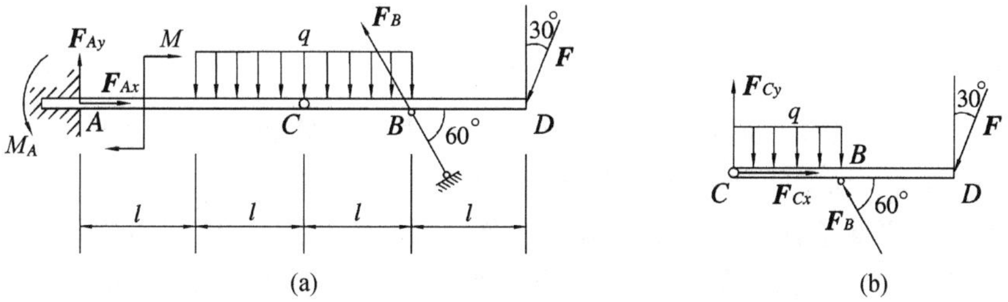

图 3-10

解: 先以整体为研究对象,组合梁在主动力 M、$\boldsymbol{F}$、q 和约束反力 $\boldsymbol{F}_{Ax}$、$\boldsymbol{F}_{Ay}$、M_A 及 $\boldsymbol{F}_B$ 作用

下平衡,受力如图 3-10(a)所示.其中均布载荷的合力通过点 C,大小为 $2ql$.列平衡方程

$$\sum F_x = 0, F_{Ax} - F_B\cos60° - F\sin30° = 0 \tag{a}$$

$$\sum F_y = 0, F_{Ay} + F_B\sin60° - F\cos30° - 2ql = 0 \tag{b}$$

$$\sum M_A(\boldsymbol{F}) = 0, M_A - M + F_B\sin60° \cdot 3l - F\cos30° \cdot 4l - 2ql \cdot 2l = 0 \tag{c}$$

以上三个方程包含四个未知量,必须再补充方程才能求解.为此可取梁 CD 为研究对象,受力如图 3-10(b)所示,列出对点 C 的力矩方程

$$\sum M_C(\boldsymbol{F}) = 0, F_B\sin60° \cdot l - ql\,\frac{l}{2} - F\cos30° \cdot 2l = 0 \tag{d}$$

由式(d)可得

$$F_B = 45.77\ \text{kN}$$

代入式(a)、(b)、(c)求得

$$F_{Ax} = 32.89\ \text{kN}, F_{Ay} = -2.32\ \text{kN}$$
$$M_A = 10.37\ \text{kN} \cdot \text{m}$$

如需求解铰链 C 处的约束力,可以梁 CD 为研究对象,由平衡方程 $\sum F_x = 0$ 和 $\sum F_y = 0$ 求得.

§3-4 考虑摩擦时的平衡问题

两个相互接触的物体产生相对运动或相对运动的趋势时,在接触处产生一种阻碍对方相对运动的作用,这种现象称为摩擦,这种阻碍作用称为摩擦阻力.摩擦阻力分为滑动摩擦力和滚动摩擦阻力偶两种形式.彼此阻碍对方沿接触面公切线方向的滑动或滑动趋势的作用,这种现象称为滑动摩擦,相应的摩擦阻力称为滑动摩擦力,简称摩擦力.彼此阻碍对方相对滚动或相对滚动趋势的作用,这种现象称为滚动摩擦,相应的摩擦阻力实际上是一种力偶,称为滚动摩擦阻力偶,简称滚阻力偶.

摩擦是自然界最普遍的一种现象,绝对光滑而没有摩擦的情形是不存在的.在所研究的问题中,当摩擦的影响小到可以忽略时,可略去不计.反之,则需考虑摩擦力与滚阻力偶的作用.

摩擦现象极其复杂,目前已有“摩擦学”边缘学科对其进行研究.这里介绍经典摩擦理论,该理论可用于一般工程问题.

1. 滑动摩擦

重为 $\boldsymbol{W}$ 的物体放在水平面上处于平衡状态.今在物体上施加以水平力 $\boldsymbol{F}$,如图 3-11(a)所示.由于物体与水平面之间并非绝对光滑,当力 $\boldsymbol{F}$ 较小时,物体并不向右运动,而是继续保持静止.因此,水平面给物体的作用力除了法向反力以外,还有一个阻碍物体向右运动的力 $\boldsymbol{F}_f$.这个力 $\boldsymbol{F}_f$ 就是水平面施加给物体的静滑动摩擦力,简称静摩擦力.静滑动摩擦力的大小与主动力有关,此时 $F=F_f$,方向与物体相对运动趋势相反,作用线沿接触面公切线,如图 3-11(b)所示.因此,静滑动摩擦力具有约束力的性质,也是一种被动力.不同的是,继续增大主动力 $\boldsymbol{F}$,静摩擦力 $\boldsymbol{F}_f$ 不能一直随之增大.当力 $\boldsymbol{F}$ 增大到一定值时,则物体处于将向右

滑动而尚未滑动的临界平衡状态. 任何微小的扰动都会使这种平衡受到破坏,促使物体进入相对滑动状态. 在临界平衡状态时,静摩擦力达到最大值 $F_{f,max}$,称为最大静摩擦力,如图 3-11(c)所示. 由此可知,静滑动摩擦力 F_f 的大小满足下列条件:

$$0 \leqslant F_f \leqslant F_{f,max} \tag{3-16}$$

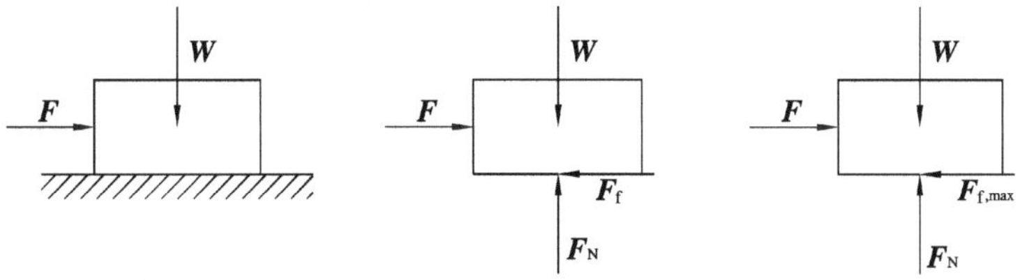

(a)　(b)　(c)

图 3-11

对给定的平衡问题,静滑动摩擦力与一般约束力一样是一个未知量,可由平衡方程求出. 然而,对于最大静摩擦力来说,它有一定的规律性. 库仑根据大量的实验确立了库仑静摩擦定律:最大静摩擦力的大小与接触物体之间的正压力成正比. 即

$$F_{f,max} = f_s F_N \tag{3-17}$$

比例系数 f_s 是无量纲量,称为静滑动摩擦因数,简称静摩擦因数. 它主要取决于两物体接触表面的材料性质和物理状态(光滑程度、温度、湿度等),它与接触面积无关. 材料的静摩擦因数一般由实验测定,可在一些工程手册中查到. 应该指出,$F_{f,max}=f_sF_N$ 只是一个近似的实验公式,它远不能反映出摩擦的复杂性. 但由于其理论形式简单,且能满足工程计算的一般要求,因此,至今仍得到普遍应用.

当上述物体与水平面发生了相对滑动时,物体所受到的动摩擦力由库仑动摩擦定律给出,即动摩擦力的方向与物体相对于接触面的滑动方向相反,其大小与此时法向约束力的大小 F_N 成正比,即

$$F' = fF_N \tag{3-18}$$

式中 f 称为动摩擦因数. 与 f_s 相比,f 还与物体相对于接触面的滑动速度有关,而且这种关系往往比较复杂. 但只要速度值在一定范围内,f 一般是随速度的增大而略有减小,在通常的计算中可以不考虑速度变化对 f 的微小影响,而将 f 看成是常数. 在一般情况下,f 略小于 f_s,在精确度要求不是很高的工程计算中,可认为 $f \approx f_s$.

2. 摩擦角和自锁

由于静摩擦力的存在,接触处对被约束物体的约束力 $\boldsymbol{F}_R$ 为法向约束力(即正压力)$\boldsymbol{F}_N$ 和切向约束力(即静摩擦力)$\boldsymbol{F}_f$ 的合力,称为支承面的全约束力,如图 3-12(a)所示. 当摩擦力的大小达到最大值 $F_{f,max}$时,此时全约束力 $\boldsymbol{F}_{R,max}$与接触处公法线的夹角 φ_f 称为摩擦角,如图 3-12(b)所示. 显然静摩擦因数为摩擦角的正切,即

$$f_s = \tan\varphi_f \tag{3-19}$$

可见,摩擦角与摩擦系数一样,都是表示材料的表面性质的量.

当物块的滑动趋势方向改变时,全约束反力作用线的方位也随之改变;在临界状态下 $\boldsymbol{F}_R$ 的作用线将画出一个以接触点为顶点的锥面,称为摩擦锥.

若物块与支承面间沿任何方向的摩擦系数都相同，即摩擦角都相等，则摩擦锥将是一个顶角为 $2\varphi_f$ 的圆锥. 当作用于物体的主动力系存在指向接触面的合力，且该合力作用线位于摩擦锥以内时，则无论这个主动力的合力有多大，接触处总能产生全约束力与之平衡，使被约束物体处于平衡状态，这种现象称为摩擦自锁. 在工程上常用"自锁"设计一些机构，如螺旋千斤顶或机器上常用的固定螺栓，其螺纹升角就是按照自锁的要求设计的. 而在另一些问题中，则需设法避免产生自锁现象，如水闸闸门的起闭机构等. 而当主动力的合力作用线在摩擦锥之外时，则无论这个主动力的合力有多大，其全约束反力永远无法与之相平衡，被约束物体不能保持平衡状态，即被约束物体必进入运动状态.

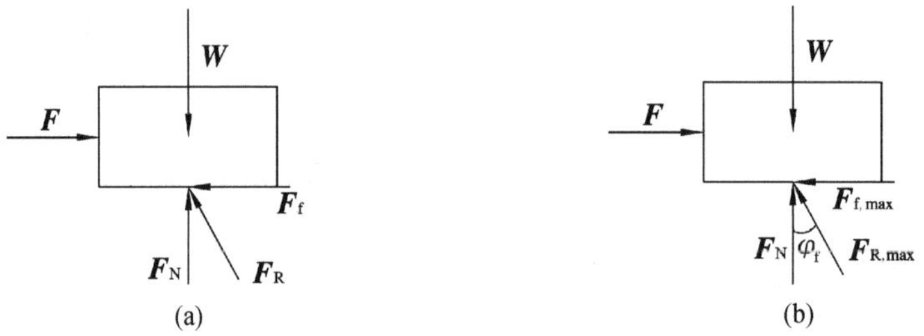

图 3-12

3. 考虑滑动摩擦时的平衡问题

求解考虑摩擦的平衡问题，其基本方法和步骤与不计摩擦的平衡问题并无本质上的不同，只是在受力分析和建立平衡方程时需将摩擦力考虑在内. 因此，关键在于正确地分析摩擦力. 如前所述，静摩擦力的方向与接触面间相对滑动的趋势相反，其大小可在一定范围内变化：$0 \leqslant F_f \leqslant f_s F_N$. 因而，在考虑摩擦的平衡问题中，物体平衡时所受主动力的值或物体的平衡位置也有一个范围，即所谓平衡范围. 分析摩擦力的大小时，分清物体接触处是否到达临界状态颇为重要. 在解有关平衡范围的问题时，往往只需分析平衡范围两端的临界情况. 确定了平衡的临界情况后，就不难定出平衡范围.

例 3-6 物块重 $P=1.2$ kN，放于倾角为 30°的斜面上，它与斜面间的静摩擦因数 $f_s=0.2$. 物体受水平力 $F=0.5$ kN 作用，如图 3-13(a)所示. 试问：

(1) 物块是否静止？如静止，摩擦力的大小和方向如何？

(2) 如需满足物块在斜面上静止，水平力 $\boldsymbol{F}$ 的大小应为多少？

解：此题为判别物体静止与否的问题. 解此类问题时，可以先假定物体静止，并假设摩擦力的方向. 应用平衡方程求得物体的约束反力，并将求得的静摩擦力与最大静摩擦力比较，可确定物体是否静止.

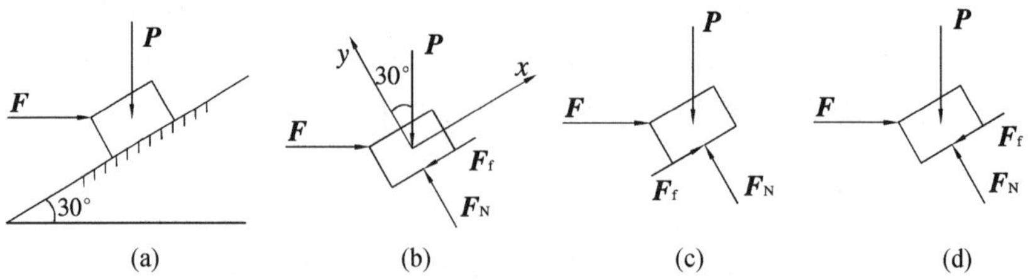

图 3-13

(1) 取物块为研究对象，假设摩擦力沿斜面向下，受力如图 3-13(b)所示. 列平衡方程

$$\sum F_x = 0, -P\sin30^\circ + F\cos30^\circ - F_f = 0$$

$$\sum F_y = 0, -P\cos30^\circ - F\sin30^\circ + F_N = 0$$

代入数值，解得

$$F_f = -0.17\ \mathrm{kN}, F_N = 1.29\ \mathrm{kN}$$

F_f 为负值，说明平衡时摩擦力与所假设的方向相反，即沿斜面向上. 此时最大静摩擦力为

$$F_{f,max} = f_s F_N = 0.26\ \mathrm{kN}$$

因 $|F_f| < F_{f,max}$，所以物块在斜面上静止，此时摩擦力的大小为 0.17 kN，方向沿斜面向上.

(2) 力 $\boldsymbol{F}$ 过大或过小，将使物块沿斜面上滑或下滑，故 $\boldsymbol{F}$ 值在一定范围内方能保持物块静止.

先求力 $\boldsymbol{F}$ 的最小值. 当力 $\boldsymbol{F}$ 达到此值时，物体处于由静止转入向下滑动的临界状态. 物体受到的最大静摩擦力 $\boldsymbol{F}_{f,max}$ 沿斜面向上，如图 3-13(c)所示. 列出平衡方程和补充条件：

$$\sum F_x = 0, F\cos30^\circ - P\sin30^\circ + F_{f,max} = 0$$

$$\sum F_y = 0, F_N - F\sin30^\circ - P\cos30^\circ = 0$$

$$F_{f,max} = f_s F_N$$

并解得

$$F = P\frac{\sin30^\circ - f_s\cos30^\circ}{\cos30^\circ + f_s\sin30^\circ} = 0.41\ \mathrm{kN}$$

再求力 $\boldsymbol{F}$ 的最大值. 当力 $\boldsymbol{F}$ 达到此值时，物体处于将要向上滑动的临界状态. 在此情形下，摩擦力 $\boldsymbol{F}_f$ 沿斜面向下，并达到最大值 $F_{f,max}$. 如图 3-13(d)所示，列平衡方程

$$\sum F_x = 0, F\cos30^\circ - P\sin30^\circ - F_{f,max} = 0$$

$$\sum F_y = 0, F_N - F\sin30^\circ - P\cos30^\circ = 0$$

此外还有补充条件，即

$$F_{f,max} = f_s F_N$$

三式联立，可求得水平推力 $\boldsymbol{F}$ 的最大值为

$$F = P\frac{\sin30^\circ + f_s\cos30^\circ}{\cos30^\circ - f_s\sin30^\circ} = 1.05\ \mathrm{kN}$$

综合上述两个结果可知：F 值必须在下列范围内时，物块才可以静止在斜面上，即

$$0.41\ \mathrm{kN} \leqslant F \leqslant 1.05\ \mathrm{kN}$$

本题也可用摩擦角的概念求得，请读者自行求解.

思　考　题

3-1　某平面力系向 A、B 两点简化的主矩皆为零，此力系最终的简化结果可能是一个力吗？可能是一个力偶吗？可能平衡吗？

3-2　力系简化时若取不同的简化中心，则力系的主矢会不会改变？力系的主矩会不会改变？

3-3　正压力 F_N 是否一定等于物体的重力？为什么？

3-4　如果两个粗糙接触面间有正压力作用，能否说该接触面间一定出现摩擦力？

3-5　静摩擦力有哪些特点？

3-6　什么是摩擦角？什么是自锁？

3-7　以下哪些方式可以增大滑动摩擦力？哪些方式可以减小滑动摩擦力？

(1) 法向压力加大.

(2) 切向压力加大.

(3) 接触面积加大.

(4) 加润滑油.

(5) 使接触面更粗糙.

习　题

3-1　如图所示，已知 $F_1=150$ N，$F_2=200$ N，$F_3=300$ N，$F=F'=200$ N. 求力系向点 O 的简化结果，并求力系合力的大小及其与原点 O 的距离 d.

3-2　图示平面一般力系中 $F_1=40\sqrt{2}$ N，$F_2=80$ N，$F_3=40$ N，$F_4=110$ N，$M=$ 2 000 N·m. 各力作用位置如图所示，图中尺寸的单位为 mm. 求：

(1) 力系向 O 点简化的结果.

(2) 力系的合力的大小、方向.

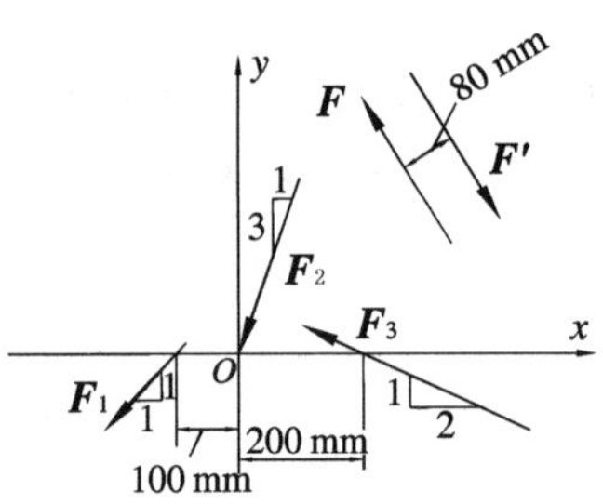

习题 3-1 图

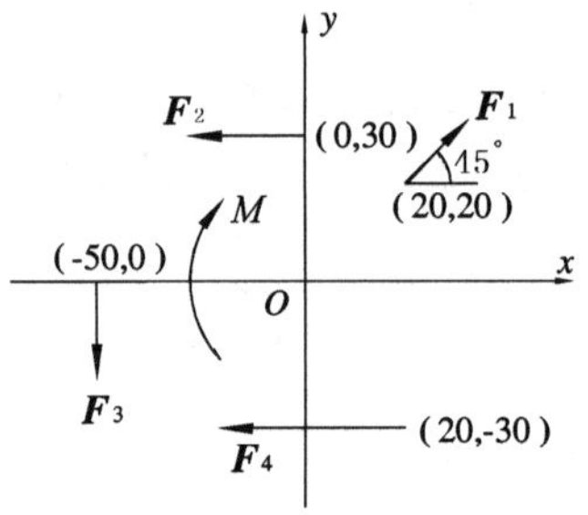

习题 3-2 图

3-3　已知平面任意力系的四个力 $\boldsymbol{F}_1$、$\boldsymbol{F}_2$、$\boldsymbol{F}_3$ 和 $\boldsymbol{F}_4$，其投影 F_x、F_y 和作用点坐标 x、y 列表如下(力的单位为 N，长度单位为 mm)：

	F_1	F_2	F_3	F_4
F_x	1	−2	3	−4
F_y	4	1	−3	−3
x	200	−200	300	−400
y	100	−100	−300	−600

试将该力系向坐标原点 O 简化，并求其合力作用线的方程.

3-4　如图所示的刚架，在其 A、B 两点分别作用 $\boldsymbol{F}_1$、$\boldsymbol{F}_2$ 两力，已知 $F_1=F_2=10$ kN. 欲以过 C 点的一个力 $\boldsymbol{F}$ 代替 $\boldsymbol{F}_1$、$\boldsymbol{F}_2$，求 $\boldsymbol{F}$ 的大小、方向及 B、C 间的距离.

3-5　在图示的刚架中，已知 $q=3$ kN/m，$F=6\sqrt{2}$ kN，$M=10$ kN·m，不计刚架自重. 求固定端 A 处的约束反力.

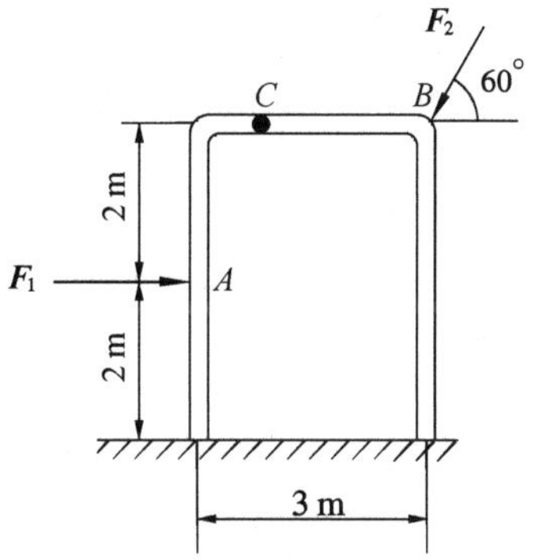

习题 3-4 图

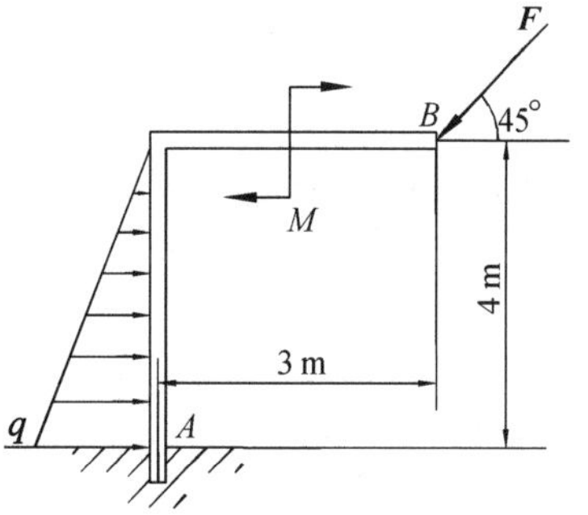

习题 3-5 图

3-6　无重水平梁的支撑和载荷分别如图(a)、图(b)所示. 已知力 **F**、力偶矩为 M 的力偶和集度为 q 的均布载荷. 求支座 A 和 B 处的约束反力.

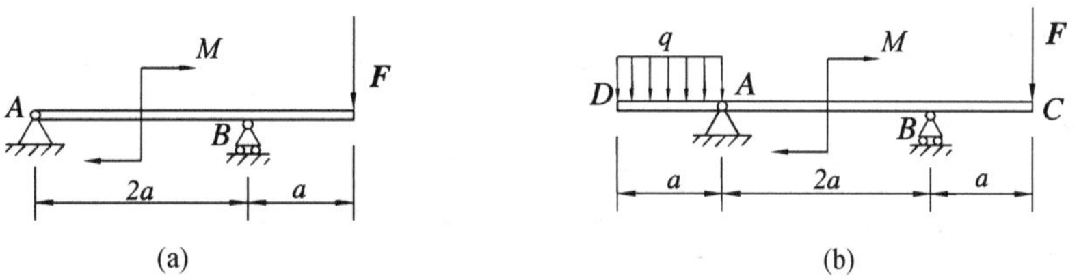

习题 3-6 图

3-7　如图所示，在均质梁 AB 上铺设有起重机轨道. 起重机重 50 kN，其重心在铅直线 CD 上，重物的重量为 $P=10$ kN，梁重 30 kN. 尺寸如图，求当起重机的伸臂和梁 AB 在同一铅直面内时支座 A 和 B 的反力.

3-8　如图所示，行动式起重机不计平衡锤的重为 $P=500$ kN，其重心在离右轨 1.5 m 处. 起重机的起重量为 $P_1=250$ kN，突臂伸出离右轨 10 m. 跑车本身重量略去不计，欲使跑车满载或空载时起重机均不致翻倒，求平衡锤的最小重量 P_2 以及平衡锤到左轨的最大距离 x.

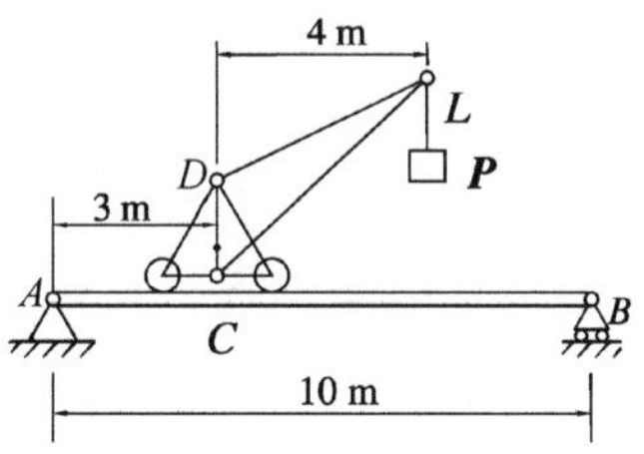

习题 3-7 图

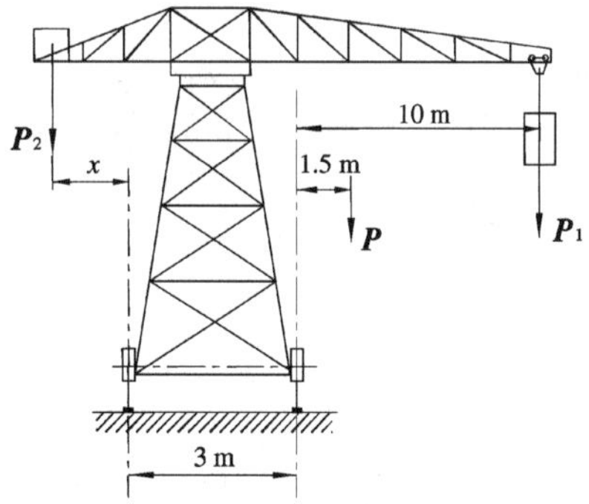

习题 3-8 图

3-9　水平梁 AB 由铰链 A 和杆 BC 所支持，如图所示. 在梁上 D 处用销子安装半径为 $r=0.1$ m 的滑轮. 有一跨过滑轮的绳子，其一端水平地系于墙上，另一端悬挂有重 $P=1\,800$ N 的重物. 如 $\overline{AD}=0.2$ m，$\overline{BD}=0.4$ m，$\alpha=45°$，且不计梁、杆、滑轮和绳的重量. 试求铰链 A 和杆 BC 对梁的反力.

3-10　如图所示，组合梁由 AC 和 DC 两段铰链构成，起重机放在梁上. 已知起重机重 $P_1=50$ kN，重心在铅直线 EC 上，起重载荷 $P_2=10$ kN. 如不计梁重，求支座 A、B 和 D 三处的约束反力.

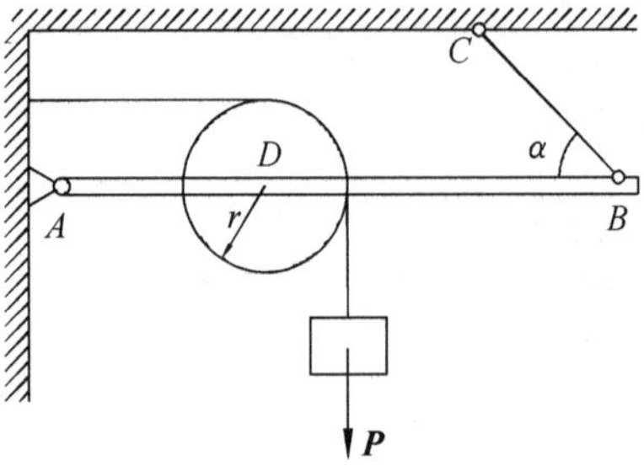

习题 3-9 图

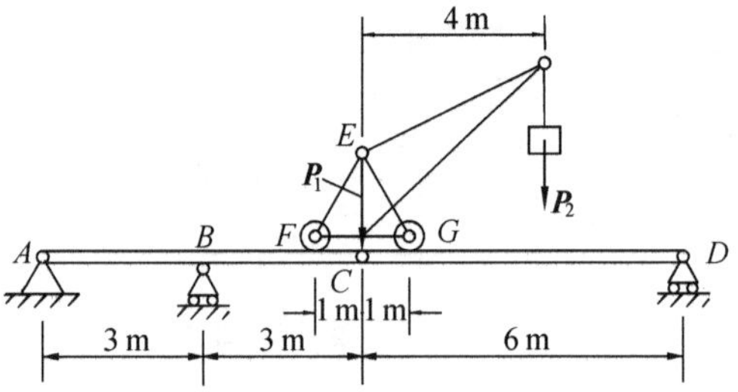

习题 3-10 图

3-11　在图(a)～图(e)各连续梁中，已知 q、M、a 及 α，不计梁的自重，求各连续梁在 A、B、C 三处的约束反力.

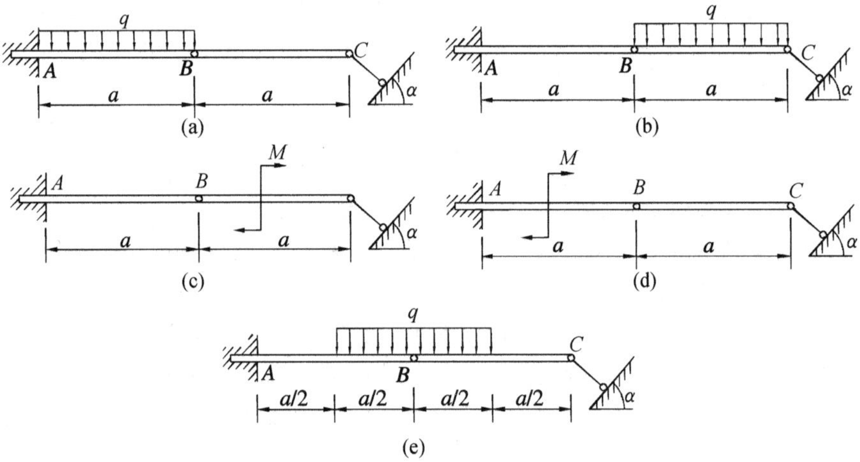

习题 3-11 图

3-12　由 AC 和 CD 构成的组合梁通过铰链 C 连接. 它的支撑和受力如图所示. 已知均布荷载强度 $q=10$ kN/m，力偶矩 $M=40$ kN·m，不计梁重. 求支座 A、B、D 的约束反力和铰链 C 处所受的力.

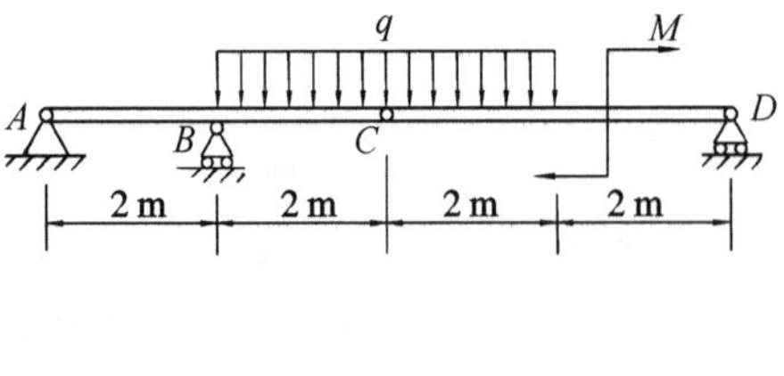

习题 3-12 图

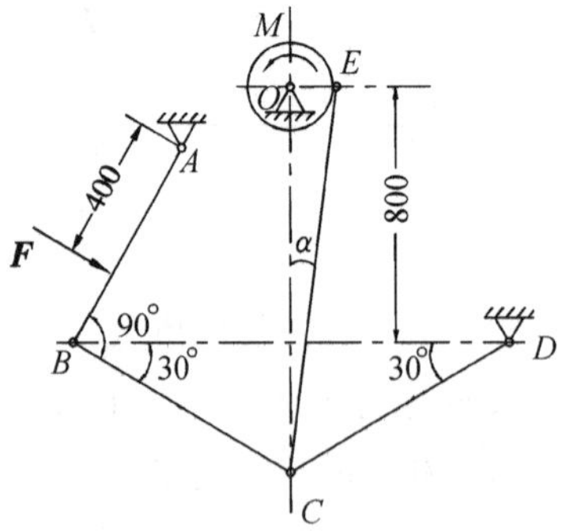

习题 3-13 图

3-13 如图所示，轧碎机的活动颚板 AB 长 600 mm. 设机构工作时石块施于板的垂直力 $F=1\,000$ N. 又 $\overline{BC}=\overline{CD}=600$ mm，$\overline{OE}=100$ mm. 略去各杆的重量，试根据平衡条件计算在图示位置时电机作用力偶矩 M 的大小.

3-14 构架由 AB、AC 和 DF 铰接而成，如图所示，在 DEF 杆上作用一力偶矩为 M 的力偶. 不计各杆的重量，求 AB 杆上铰链 A、D 和 B 所受的力.

3-15 构架由杆 AB、AC 和 DF 组成，如图所示. 杆 DF 上的销子 E 可在杆 AC 的光滑槽内滑动，不计各杆的重量. 在水平杆 DF 的一端作用铅直力 F，求铅直杆 AB 上铰链 A、D 和 B 所受的力.

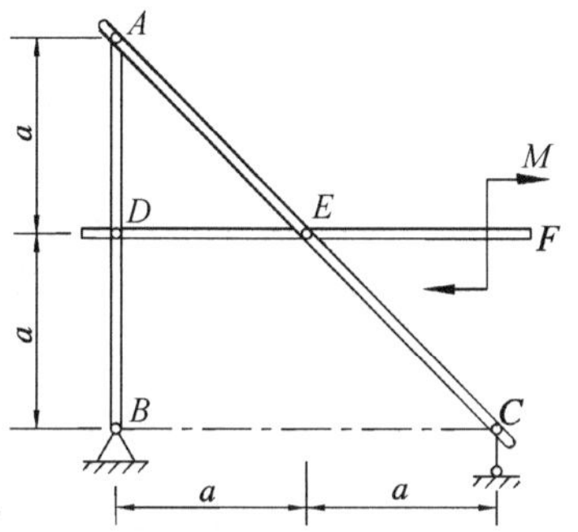

习题 3-14 图

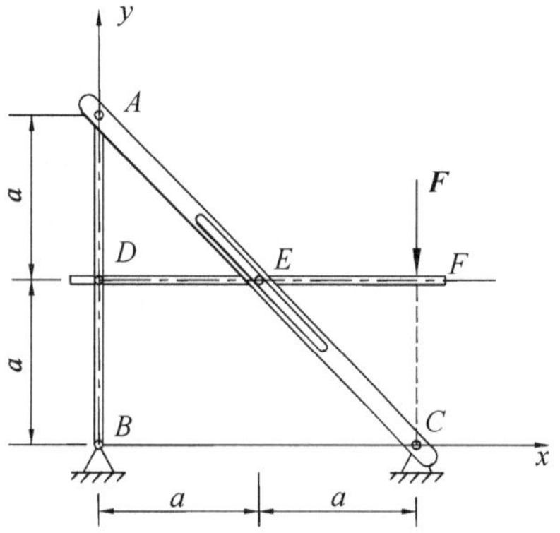

习题 3-15 图

3-16 图示的结构中，A 处为固定端约束，C 处为光滑接触，D 处为铰链连接. 已知 $F_1=F_2=400$ N，$M=300$ N·m，$\overline{AB}=\overline{BC}=400$ mm，$\overline{CD}=\overline{CE}=300$ mm，$\alpha=45°$，不计各构件自重. 求固定端 A 处与铰链 D 处的约束反力.

3-17 图示结构由直角弯杆 DAB 与直杆 BC、CD 铰接而成，并在 A 处与 B 处用固定铰支座和可动铰支座固定. 杆 DC 受均布荷载 q 的作用，杆 BC 受矩为 $M=qa^2$ 的力偶作用. 不计各构件的自重. 求铰链 D 受的力.

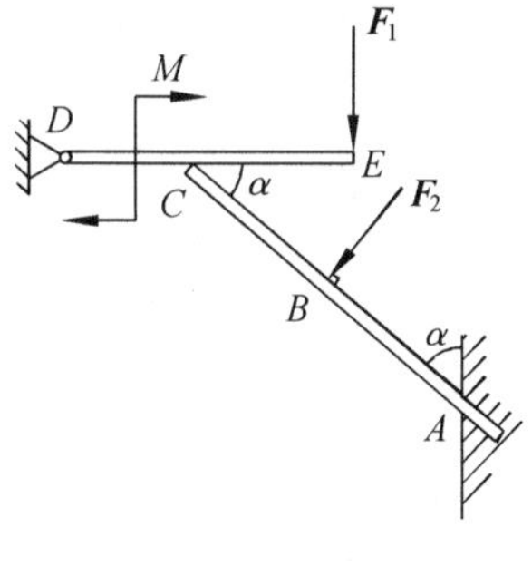

习题 3-16 图

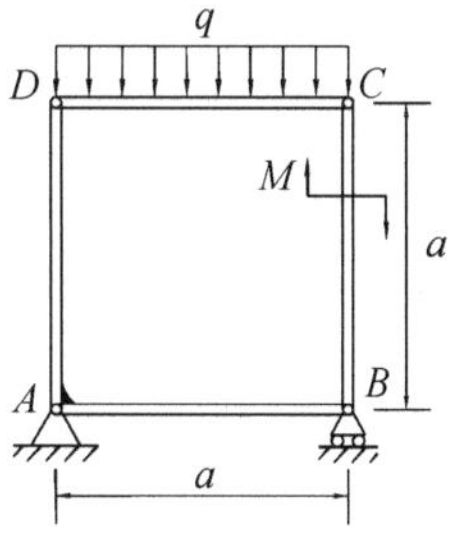

习题 3-17 图

3-18 一物块受重力 $W=1\,000$ N，置于水平面上，接触面间的摩擦因数 $f_s=0.2$，今在物体上作用一个力 $F=250$ N，试指出图示三种情况下，物体处于静止还是发生滑动. 图中 $\alpha=\arcsin\dfrac{3}{5}$.

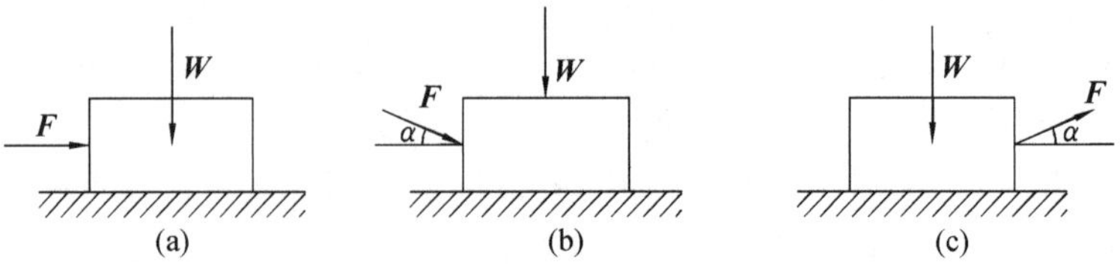

题 3-18 图

3-19 两个物体用绳连接,放在斜面上,如图所示.已知摩擦因数:对于重力为 $W_1=100\ \mathrm{N}$ 的物体,$f_{s1}=0.2$;对于重力为 W 的物体,$f_{s2}=0.4$.试求:

(1) 当重力为 W 的物体能静止于斜面上时,W 的最小值.

(2) 当 $W=800\ \mathrm{N}$ 时,作用于其上的静摩擦力 F_f.

3-20 如图所示为升降机安全装置的计算简图.已知墙壁与滑块间的摩擦因数 $f_s=0.5$,问机构的尺寸比例应为多少,方能确保安全制动?

3-21 圆柱直径 $d=120\ \mathrm{mm}$,重力为 $W=200\ \mathrm{N}$,在力偶作用下紧靠住铅直壁面,如图所示.圆柱与铅直面和水平面之间的摩擦因数均为 $f_s=0.25$.求能使圆柱开始转动所需的力偶矩 M.

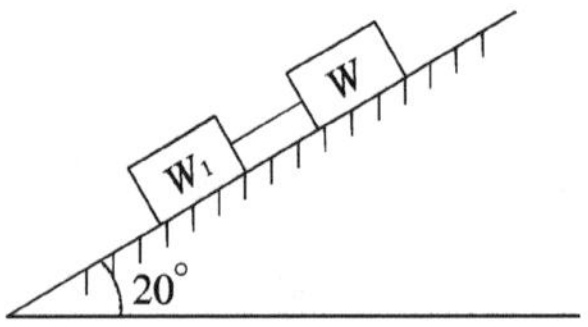

习题 3-19 图

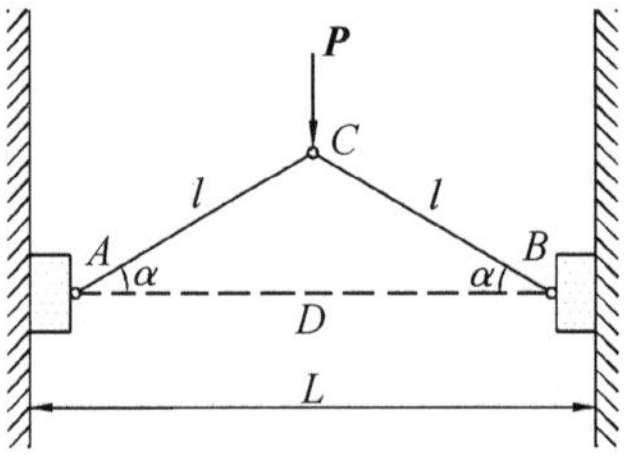

习题 3-20 图

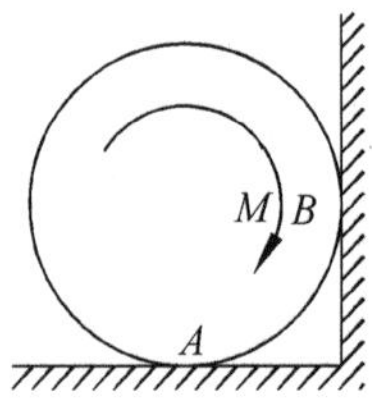

题 3-21 图

第四章 空 间 力 系

在工程实际中，如果作用于物体上的力系，其力的作用线不在同一平面内，而是空间分布的，则这样的力系称为空间力系. 例如，车床主轴、起重设备、高压电线塔和飞机的起落架等结构. 设计这些结构时，需用空间力系的平衡条件进行计算. 本章先提出空间力在坐标轴上的投影、力对轴之矩的概念及计算方法，再研究空间力系的简化和平衡条件.

与平面力系一样，空间力系可以分为空间汇交力系、空间平行力系及空间一般力系来研究.

§4-1 力在空间直角坐标轴上的投影

已知力 $\boldsymbol{F}$ 与三轴 x、y、z 正向间的夹角分别为 α、β、γ，根据力的投影定义，可直接将力 $\boldsymbol{F}$ 向三个坐标轴上投影，如图 4-1 所示，得到

$$F_x = F\cos\alpha,\ F_y = F\cos\beta,\ F_z = F\cos\gamma \tag{4-1}$$

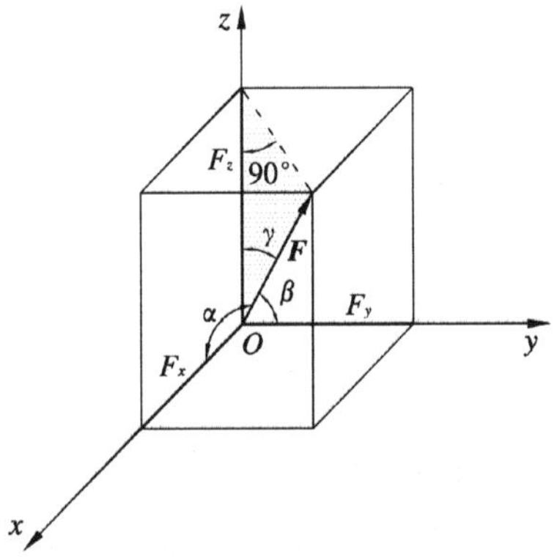

图 4-1

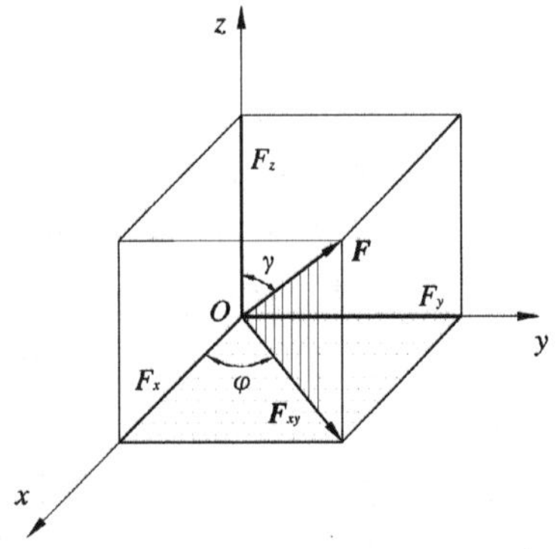

图 4-2

求力在坐标轴上的投影时，也可以采用二次投影的方法. 如图 4-2 所示，先将力 $\boldsymbol{F}$ 投影到 Oxy 坐标平面上，以 $\boldsymbol{F}_{xy}$ 表示，然后再将力 $\boldsymbol{F}_{xy}$ 投影到 x 轴和 y 轴上. 故力在坐标轴上的投影公式又可写成

$$F_x = F\sin\gamma \cdot \cos\varphi,\ F_y = F\cos\gamma \cdot \sin\varphi,\ F_z = F\cos\gamma \tag{4-2}$$

在具体计算时，究竟选取哪种方法求投影，要看问题给出的条件来定.

反过来，如果已知力 $\boldsymbol{F}$ 在三轴 x、y、z 上的投影 F_x、F_y、F_z，也可求出力 $\boldsymbol{F}$ 的大小和方向，即

$$F = \sqrt{F_x{}^2 + F_y{}^2 + F_z{}^2} \tag{4-3}$$

$$\left.\begin{aligned}\cos\alpha&=\frac{F_x}{\sqrt{F_x^2+F_y^2+F_z^2}}\\ \cos\beta&=\frac{F_y}{\sqrt{F_x^2+F_y^2+F_z^2}}\\ \cos\gamma&=\frac{F_z}{\sqrt{F_x^2+F_y^2+F_z^2}}\end{aligned}\right\}\qquad(4\text{-}4)$$

§4-2 力对轴之矩

工程中,经常遇到刚体绕定轴转动的情形,为了度量对绕定轴转动刚体的作用效果,必须了解力对轴的矩的概念.

在一般情况下,设有一力 $\boldsymbol{F}$ 和任一轴 z. 任取一平面 P 与 z 轴垂直,它与 z 轴的交点为 O,如图 4-3 所示. 将该力分解为两个分力 $\boldsymbol{F}_z$ 和 $\boldsymbol{F}_{xy}$,其中 $\boldsymbol{F}_z$ 和 z 轴平行,$\boldsymbol{F}_{xy}$ 与 z 轴垂直. 由经验可知,平行于 z 轴的分力无力矩,只有分力 $\boldsymbol{F}_{xy}$ 才能对 z 轴有矩. 将力 $\boldsymbol{F}$ 投影到平面 P 上,得投影 F_{xy}. 令 O 点到 $\boldsymbol{F}_{xy}$ 的垂直距离为 h,则力 $\boldsymbol{F}$ 对 z 轴之矩,等于 $\boldsymbol{F}_{xy}$ 对 O 点之矩. 如以 $M_z(\boldsymbol{F})$ 表示力 $\boldsymbol{F}$ 对 z 轴之矩,则

$$M_z(\boldsymbol{F})=M_O(\boldsymbol{F}_{xy})=\pm F_{xy}h \qquad (4\text{-}5)$$

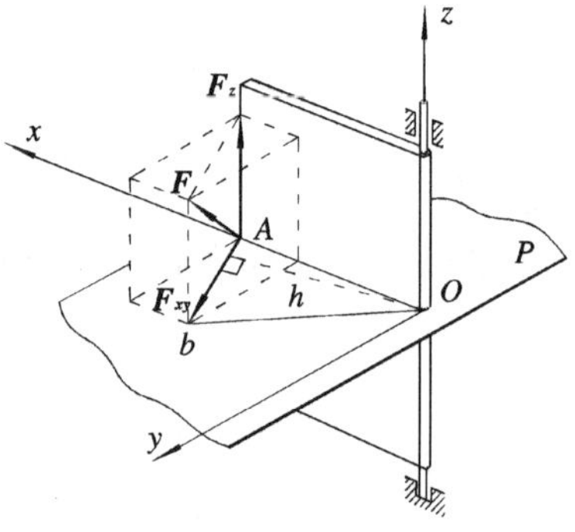

图 4-3

由图 4-3 可知,乘积 $F_{xy}h$ 也是力 F_{xy} 对于 O 点之矩,这与平面力系中力对于点之矩相同. 因此力对于轴之矩可作为代数量来处理;其大小亦可用△OAb 面积的两倍数来表示. 这就表明:力对于任一轴之矩,等于力在垂直于该轴平面上的投影对于轴与平面的交点之矩,其单位与力对点之矩相同,用牛·米(N·m)或牛·厘米(N·cm)等表示. 式中正负号表示力对轴之矩的转向. 通常规定:从 z 轴的正向看去,逆时针方向转动的力矩为正,顺时针方向转动的力矩为负. 或用右手法则来判定:用右手握住 z 轴,使四个指头顺着力矩转动的方向,如果大拇指指向 z 轴的正向则力矩为正;反之,如果大拇指指向 z 轴的负向则力矩为负.

由力对于轴之矩的定义可知:当力的作用线与轴平行或相交时,力对于该轴之矩等于零;当力沿其作用线移动时,力对于轴之矩不变.

与力对于点之矩一样,力对于轴之矩也有合力矩定理,即合力对于任一轴之矩等于各分力对于同一轴之矩的代数和.

力对轴之矩可用解析式表示. 设力在三个坐标轴上的投影分别为 F_x、F_y、F_z. 力作用点的坐标为 x、y、z. 如图 4-4 所示.

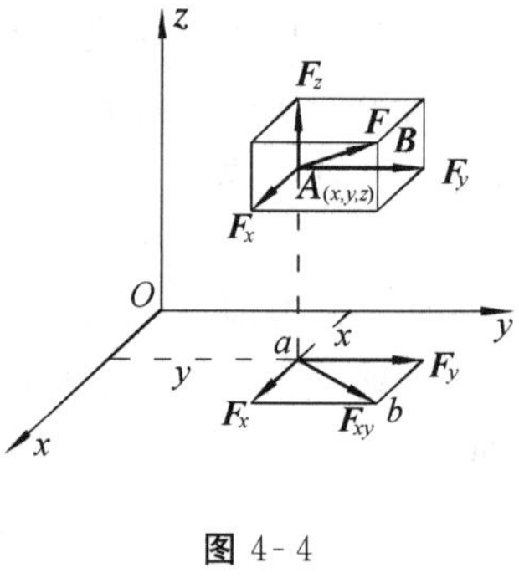

图 4-4

根据平面力系的合力矩定理,得

$$M_z(\boldsymbol{F})=M_O(\boldsymbol{F}_{xy})=M_O(\boldsymbol{F}_x)+M_O(\boldsymbol{F}_y)$$

即

$$M_z(\boldsymbol{F})=xF_y-yF_x \tag{4-6}$$

同理得到其余两式，即

$$M_y(\boldsymbol{F})=zF_x-xF_z \tag{4-7}$$

$$M_x(\boldsymbol{F})=yF_z-zF_y \tag{4-8}$$

以上三式是计算力对轴之矩的解析式.

例 4-1 手柄 $ABCE$ 在平面 Axy 内，在 D 处作用一个力 $\boldsymbol{F}$，如图 4-5 所示，它在垂直于 y 轴的平面内，偏离铅直线的角度为 α. 如果 $\overline{CD}=a$，杆 BC 平行于 x 轴，杆 CE 平行于 y 轴，AB 和 BC 的长度都等于 l. 试求力 $\boldsymbol{F}$ 对 x、y 和 z 三轴的矩.

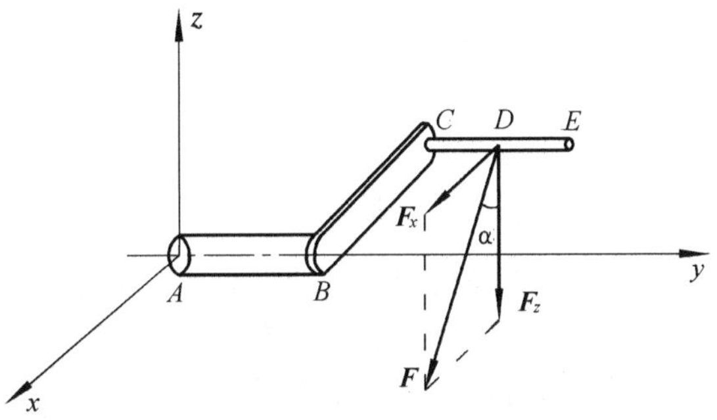

图 4-5

解： 将力 $\boldsymbol{F}$ 沿坐标轴分解为 $\boldsymbol{F}_x$ 和 $\boldsymbol{F}_z$ 两个分力，其中 $F_x=F\sin\alpha$，$F_z=F\cos\alpha$. 根据合力矩定理，力 $\boldsymbol{F}$ 对轴的矩等于分力 $\boldsymbol{F}_x$ 和 $\boldsymbol{F}_z$ 对同一轴的矩的代数和. 于是有

$$M_x(\boldsymbol{F})=M_x(\boldsymbol{F}_z)=-F_z(\overline{AB}+\overline{CD})=-F(l+a)\cos\alpha$$

$$M_y(\boldsymbol{F})=M_y(\boldsymbol{F}_z)=-F_z\cdot\overline{BC}=-Fl\cos\alpha$$

$$M_z(\boldsymbol{F})=M_z(\boldsymbol{F}_x)=-F_x(\overline{AB}+\overline{CD})=-F(l+a)\sin\alpha$$

本题也可用力对轴之矩的解析表达式计算. 力 $\boldsymbol{F}$ 在 x、y、z 上的投影为

$$F_x=F\sin\alpha,\ F_y=0,\ F_z=-F\cos\alpha$$

力作用点 D 的坐标为

$$x=-l,\ y=l+a,\ z=0$$

按式(4-6)～式(4-8)，得

$$M_x(\boldsymbol{F})=yF_z-zF_y=(l+a)(-F\cos\alpha)-0=-F(l+a)\cos\alpha$$

$$M_y(\boldsymbol{F})=zF_x-xF_z=0-(-l)(-F\cos\alpha)=-Fl\cos\alpha$$

$$M_z(\boldsymbol{F})=xF_y-yF_x=0-(l+a)(F\sin\alpha)=-F(l+a)\sin\alpha$$

两种计算方法结果相同.

§ 4-3 空间一般力系的简化

设有空间一般力系 $\boldsymbol{F}_1,\boldsymbol{F}_2,\cdots,\boldsymbol{F}_n$ 分别作用于刚体上 $P_1,P_2,\cdots,P_n$ 各点，如图 4-6(a) 所示. 在刚体上取任意点 O 为简化中心，与平面一般力系相仿，可以得到力系的简化结果，即空间一般力系向任一点 O 简化，可得一个力和一个力偶，这个力 $\boldsymbol{F}_R'$ 作用于简化中心，力

矢 $\boldsymbol{F}_R'$等于原力系的主矢；这个力偶的矩 $\boldsymbol{M}$ 等于原力系对简化中心的主矩$\boldsymbol{M}_O$，如图 4-6(b)所示. 即

$$\boldsymbol{F}_R' = \sum_{i=1}^{n}\boldsymbol{F}_i, \boldsymbol{M} = \boldsymbol{M}_O = \sum_{i=1}^{n}\boldsymbol{M}_O(\boldsymbol{F}_i) \tag{4-9}$$

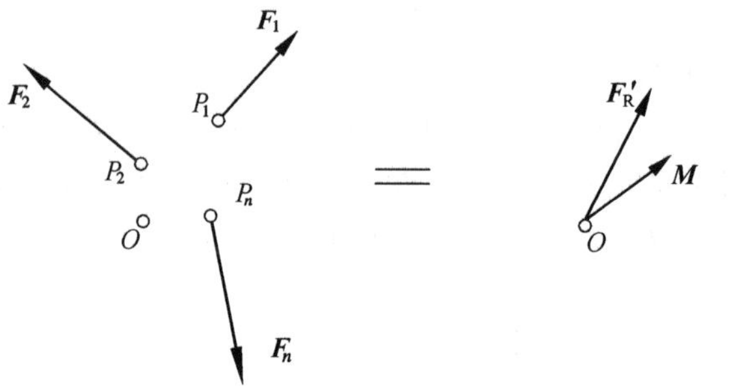

图 4-6

与平面一般力系一样，当选择不同的简化中心时，力与简化中心的位置无关，其矢量总是等于力系的主矢，而力偶的矩则与简化中心位置有关.

空间一般力系向一点简化后，可能出现以下四种情况：

(1) 主矢和主矩都等于零($\boldsymbol{F}_R'=\boldsymbol{0}, \boldsymbol{M}_O=\boldsymbol{0}$)，这说明力系是一零力系.

(2) 主矢等于零，主矩不等于零($\boldsymbol{F}_R'=\boldsymbol{0}, \boldsymbol{M}_O\neq\boldsymbol{0}$)，力系合成为合力偶.

(3) 主矢不等于零，主矩等于零($\boldsymbol{F}_R'\neq\boldsymbol{0}, \boldsymbol{M}_O=\boldsymbol{0}$)，力系合成为作用线通过简化中心的合力.

(4) 主矢和主矩都不等于零($\boldsymbol{F}_R'\neq\boldsymbol{0}, \boldsymbol{M}_O\neq\boldsymbol{0}$)，进一步分析表明，这时，根据主矢是否与主矩相垂直，力系有两种可能的合成结果：合力、力螺旋(对这种情况，本书不展开论证).

综上所述，空间一般力系合成的可能结果有四种：零力系、合力、合力偶、力螺旋. 而对于某个具体给定的力系，其合成结果是唯一的，只能是上述四者之一.

§4-4 空间一般力系的平衡

空间一般力系平衡的充分必要条件与平面一般力系平衡的充分必要条件相似，即力系的主矢和对任意点 O 的主矩同时为零. 写成数学表达式则为

$$\boldsymbol{F}_R' = \sum_{i=1}^{n}\boldsymbol{F}_i = \boldsymbol{0}, \boldsymbol{M} = \boldsymbol{M}_O = \sum_{i=1}^{n}\boldsymbol{M}_O(\boldsymbol{F}_i) = \boldsymbol{0} \tag{4-10}$$

在简化中心 O 建立一直角坐标系 $Oxyz$，将上式分别沿 x、y、z 轴投影得

$$\sum F_x = 0, \sum F_y = 0, \sum F_z = 0 \tag{4-11a}$$

$$\sum M_x(\boldsymbol{F}) = 0, \sum M_y(\boldsymbol{F}) = 0, \sum M_z(\boldsymbol{F}) = 0 \tag{4-11b}$$

这就是空间力系的平衡方程. 上式表明，物体若平衡，则必须满足上述方程. 反之，空间力系如满足上述六个方程，则物体必然保持平衡状态.

空间一般力系的平衡条件包含了各种特殊力系的平衡条件，由空间一般力系的平衡方

程式可以导出各种特殊力系的平衡方程.

1. 空间汇交力系

如果使坐标轴的原点与各力的汇交点重合,上式中$\sum M_x \equiv \sum M_y \equiv \sum M_z \equiv 0$,则空间汇交力系的平衡方程为

$$\sum F_x = 0, \sum F_y = 0, \sum F_z = 0 \tag{4-12}$$

2. 空间平行力系

如果使 z 轴与各力平行,则上式中的$\sum F_x \equiv 0$, $\sum F_y \equiv 0$, $\sum M_z \equiv 0$,则空间平行力系的平衡方程为

$$\sum F_z = 0, \sum M_x(\boldsymbol{F}) = 0, \sum M_y(\boldsymbol{F}) = 0 \tag{4-13}$$

上式表明,空间平行力系平衡的必要与充分条件是:该力系中所有各力在与力线平行的坐标轴上的投影的代数和等于零,以及各力对于两个与力线垂直的轴之矩的代数和等于零.

3. 空间力偶系

式(4-11a)中,$\sum F_x \equiv 0$, $\sum F_y \equiv 0$, $\sum F_z \equiv 0$,则空间力偶系的平衡方程为

$$\sum M_x(\boldsymbol{F}) = 0, \sum M_y(\boldsymbol{F}) = 0, \sum M_z(\boldsymbol{F}) = 0 \tag{4-14}$$

§4-5 空间力系平衡问题举例

空间一般力系的平衡方程有六个,所以对于在空间一般力系作用下平衡的物体,只能求解六个未知量,如果未知量多于六个,就是静不定问题;对于在空间汇交力系或空间平行力系作用下平衡的物体,则只能求解三个未知量.因此,在解题时必须先分析物体受力情况.

例 4-2 图 4-7 所示的三轮小车,自重 $P=8$ kN,作用于点 E,载荷 $P_1=10$ kN,作用于点 C.求小车静止时地面对车轮的反力.

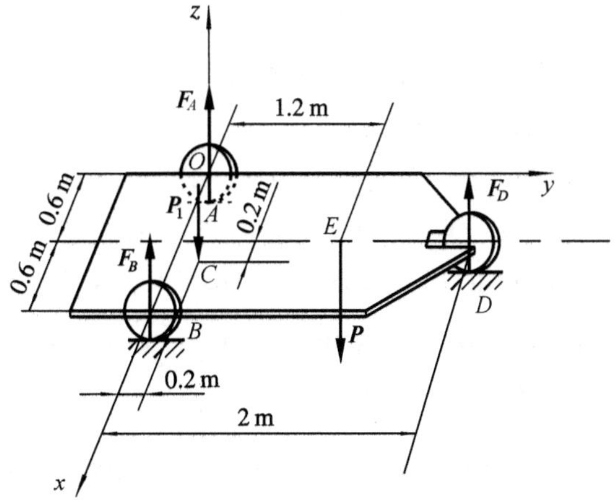

图 4-7

解: 以小车为研究对象,受力如图 4-7 所示. 其中 $\boldsymbol{P}$ 和 $\boldsymbol{P}_1$ 是主动力,$\boldsymbol{F}_A$、$\boldsymbol{F}_B$ 和 $\boldsymbol{F}_D$ 为地面的约束反力,此五个力相互平行,组成空间平行力系.

取坐标系 $Oxyz$,如图所示,列出三个平衡方程:

$$\sum F_z = 0, -P_1 - P + F_A + F_B + F_D = 0 \tag{a}$$

$$\sum M_x(\boldsymbol{F}) = 0, -0.2P_1 - 1.2P + 2F_D = 0 \tag{b}$$

$$\sum M_y(\boldsymbol{F}) = 0, 0.8P_1 + 0.6P - 0.6F_D - 1.2F_B = 0 \tag{c}$$

由式(b)解得

$$F_D = 5.8 \text{ kN}$$

代入式(c),解出

$$F_B = 7.78 \text{ kN}$$

代入式(a),解出

$$F_A = 4.42 \text{ kN}$$

例 4-3 如图 4-8(a)所示,用起重杆吊起重物. 起重杆的 A 端用球铰链固定在地面上,而 B 端则用绳 CB 和 DB 拉住,两绳分别系在墙上的点 C 和 D,连线 CD 平行于 x 轴. 已知 $\overline{CE}=\overline{EB}=\overline{DE}$,$\alpha=30°$,$CDB$ 平面与水平面间的夹角 $\angle EBF=30°$[参见图 4-8(b)],物重 $P=10$ kN. 如起重机的重量不计,试求起重杆所受的压力和绳子的拉力.

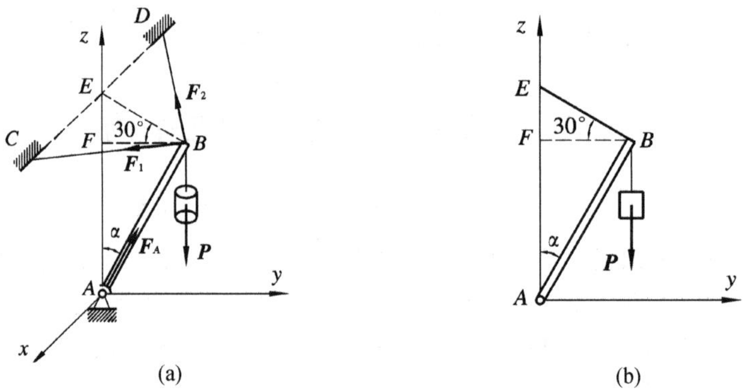

图 4-8

解: 取起重杆 AB 与重物为研究对象,其上受有主动力 $\boldsymbol{P}$,B 处受绳拉力 $\boldsymbol{F}_1$ 和 $\boldsymbol{F}_2$;球铰链 A 的约束反力方向一般不能预先确定,可用三个正交分力表示. 本题中,由于杆重不计,又只在 A、B 两端受力,所以起重杆 AB 为二力构件,球铰链 A 对 AB 杆的反力 F_A 必沿 A、B 连线. $\boldsymbol{P}$、$\boldsymbol{F}_1$、$\boldsymbol{F}_2$ 和 $\boldsymbol{F}_A$ 四个力汇交于点 B,为一空间汇交力系.

取坐标轴如图所示. 由已知条件知 $\angle CBE=\angle DBE=45°$,列平衡方程

$$\sum F_x = 0, \quad F_1\sin45° - F_2\sin45° = 0$$

$$\sum F_y = 0, \quad F_A\sin30° - F_1\cos45°\cos30° - F_2\cos45°\cos30° = 0$$

$$\sum F_z = 0, \quad F_A\cos30° + F_1\cos45°\sin30° + F_2\cos45°\sin30° - P = 0$$

求解上面的三个平衡方程,得

$$F_1 = F_2 = 3.54\ \text{kN}$$
$$F_A = 8.66\ \text{kN}$$

$\boldsymbol{F}_A$为正值，说明图中所设 $\boldsymbol{F}_A$的方向正确，杆 AB 受压力.

例 4-4 在图 4-9(a)中，皮带的拉力 $F_2 = 2F_1$，曲柄上作用有铅垂力 $F = 2\ 000$ N. 已知皮带轮的直径 $D = 400$ mm，曲柄长 $R = 300$ mm，皮带 1 和皮带 2 与铅垂线间夹角分别为 α 和 β，$\alpha = 30°$，$\beta = 60°$[参见图 4-9(b)]，其他尺寸如图所示. 求皮带拉力和轴承反力.

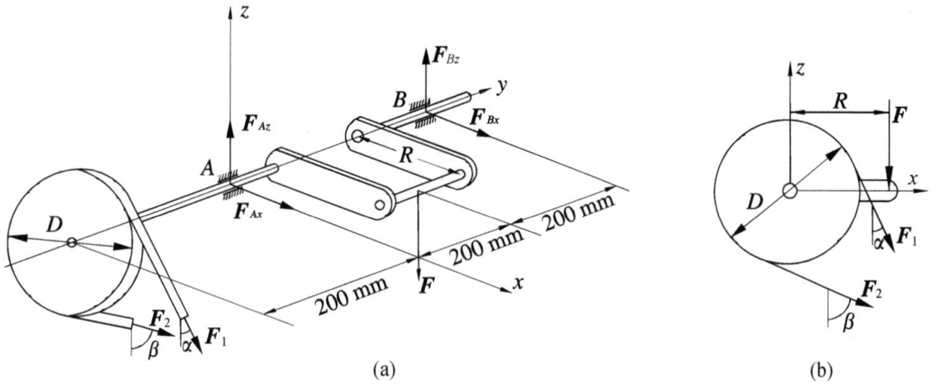

图 4-9

解：以整个轴为研究对象. 在轴上作用的力有：皮带拉力 $\boldsymbol{F}_1$、$\boldsymbol{F}_2$；作用在曲柄上的力 $\boldsymbol{F}$；轴承反力 $\boldsymbol{F}_{Ax}$、$\boldsymbol{F}_{Az}$、$\boldsymbol{F}_{Bx}$ 和 $\boldsymbol{F}_{Bz}$. 轴受空间一般力系作用，取坐标轴如图所示，列出平衡方程

$$\sum F_x = 0, F_1 \sin 30° + F_2 \sin 60° + F_{Ax} + F_{Bx} = 0$$

$$\sum F_y = 0, 0 = 0$$

$$\sum F_z = 0, -F_1 \cos 30° - F_2 \cos 60° - F + F_{Az} + F_{Bz} = 0$$

$$\sum M_x(\boldsymbol{F}) = 0, F_1 \cos 30° \times 200 + F_2 \cos 60° \times 200 - F \times 200 + F_{Bz} \times 400 = 0$$

$$\sum M_y(\boldsymbol{F}) = 0, F \cdot R - \frac{D}{2}(F_2 - F_1) = 0$$

$$\sum M_z(\boldsymbol{F}) = 0, F_1 \times \sin 30° \times 200 + F_2 \sin 60° \times 200 - F_{Bx} \times 400 = 0$$

又有

$$F_2 = 2F_1$$

联立上述方程，解得

$$F_1 = 3\ 000\ \text{N}, F_2 = 6\ 000\ \text{N}$$
$$F_{Ax} = -1\ 004\ \text{N}, F_{Az} = 9\ 397\ \text{N}$$
$$F_{Bx} = 3\ 348\ \text{N}, F_{Bz} = -1\ 799\ \text{N}$$

此题中，平衡方程 $\sum F_y = 0$ 成为恒等式，独立的平衡方程只有 5 个；在题设条件 $F_2 = 2F_1$ 下，才能解出上述六个未知量.

思　考　题

4-1　如何求力在空间坐标轴上的投影?

4-2　怎样计算力对轴的矩?在什么样的情况下力对轴之矩为零?

4-3　力 $\boldsymbol{F}_1$ 和 $\boldsymbol{F}_2$ 分别作用在正方体的顶点 A 和 B 处,如图所示.求此两力在 x、y、z 轴上的投影和对 x、y、z 轴的矩.

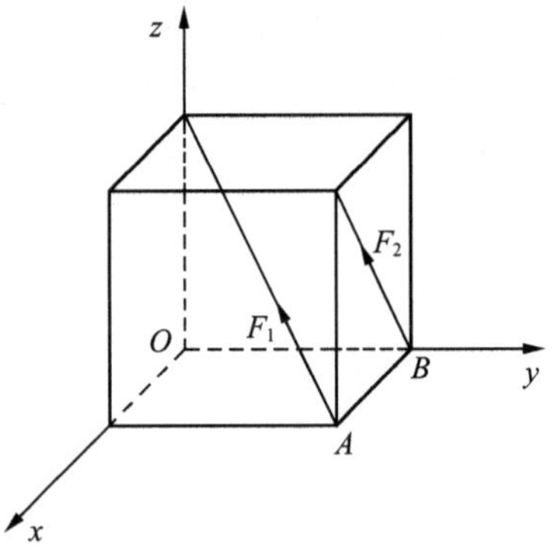

思考题 4-3 图

4-4　分析下列空间力系独立的平衡方程个数:

(1) 空间力系中各力的作用线平行于某一固定平面.

(2) 空间力系中各力的作用线分别汇交于两个固定点.

(3) 各力的作用线都与一直线相交.

4-5　平面力系的合力矩定理与空间力系对轴的合力矩定理有什么区别?

习　　题

4-1　已知力系中 $F_1=100$ N,$F_2=300$ N,$F_3=200$ N,求力系在各坐标轴上的投影的代数和,并求力系对各坐标轴的矩的代数和.

4-2　一平行力系由五个力组成,力的大小和作用线的位置如图所示.图中小正方格的边长为 10 mm.求平行力系的合力.

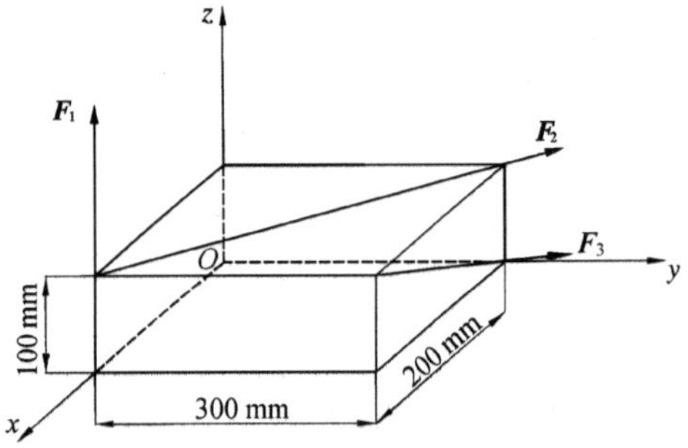

习题 4-1 图

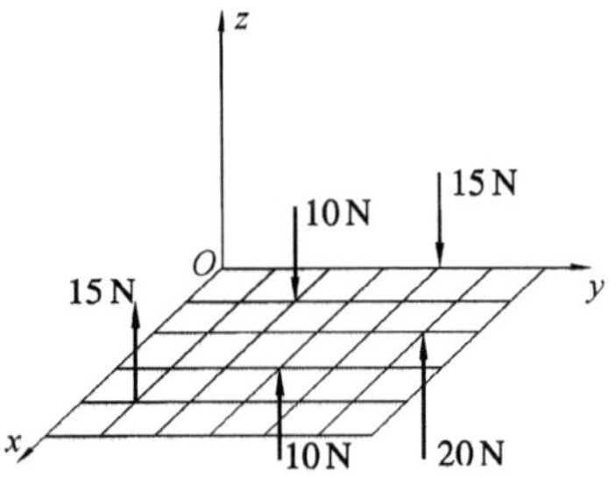

习题 4-2 图

4-3　求图示力 $F=1\,000$ N 对于 z 轴的力矩 M_z.

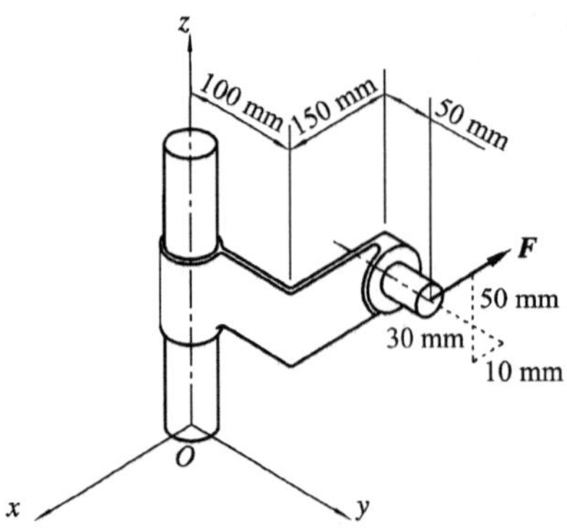

习题 4-3 图

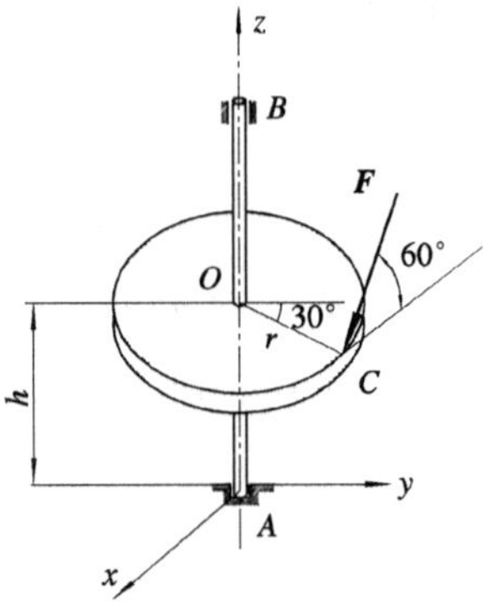

习题 4-4 图

4-4 水平圆盘的半径为 r,外缘 C 处作用有已知力 $\boldsymbol{F}$. 力 $\boldsymbol{F}$ 位于铅垂平面内,且与 C 处圆盘切线夹角为 60°,其他尺寸如图所示. 求力 $\boldsymbol{F}$ 对 x、y、z 轴之矩.

4-5 图示空间构架由三根不相互垂直杆组成,在 D 端用球铰链连接,如图所示. A、B 和 C 端则用球铰链固定在水平地板上. 如果挂在 D 端的物重 $P=10$ kN,试求铰链 A、B 和 C 的反力.

4-6 挂物架如图所示,三杆的重量不计,用球铰链连接于 O 点,平面 BOC 是水平面,且 $\overline{OB}=\overline{OC}$,角度如图. 若在 O 点挂一重物 G,重为 1 000 N,求三杆所受的力.

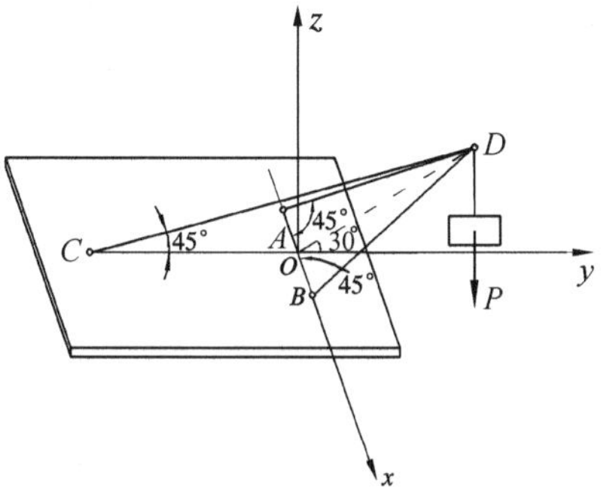

习题 4-5 图

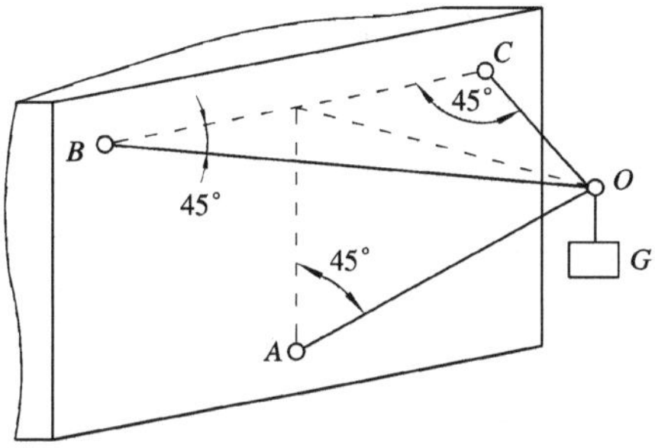

习题 4-6 图

4-7 水平传动轴装有两个皮带轮 C 和 D,可绕 AB 轴转动,如图所示. 皮带轮的半径分别为 $r_1=200$ mm 和 $r_2=250$ mm,皮带轮与轴承间的距离为 $a=b=500$ mm,两皮带轮间的距离为 $c=1\ 000$ mm. 套在轮 C 上的皮带是水平的,其拉力为 $F_1=2F_2=5\ 000$ N;套在轮 D 上的皮带与铅直线成角 $\alpha=30°$,其拉力为 $F_3=2F_4$. 求在平衡情况下,拉力 F_3 和 F_4 的值,并求由皮带拉力所引起的轴承反力.

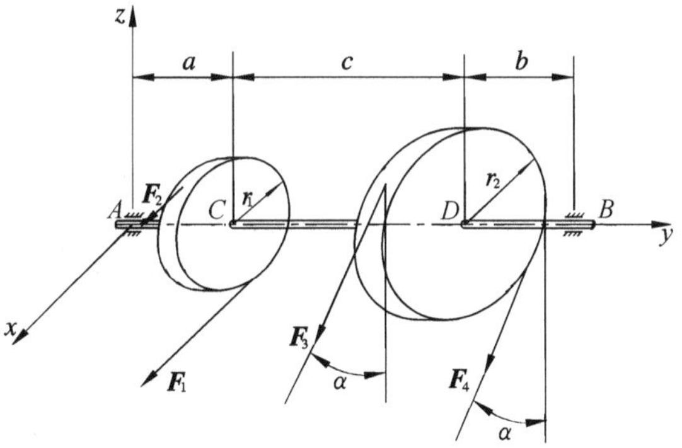

习题 4-7 图

4-8 如图所示,均质长方形薄板重 $P=200$ N,用球铰链 A 和蝶铰链 B 固定在墙上,并用绳子 CE 维持在水平位置. 求绳子的拉力和支座反力.

4-9 边长为 a 的等边三角形板 ABC 用三根铅直杆 1、2、3 和三根与水平面成 30°角的斜杆 4、5、6 撑在水平位置. 在板的平面内作用一力偶,其矩为 M,方向如图所示. 如板和杆的重量不计,求各杆内力.

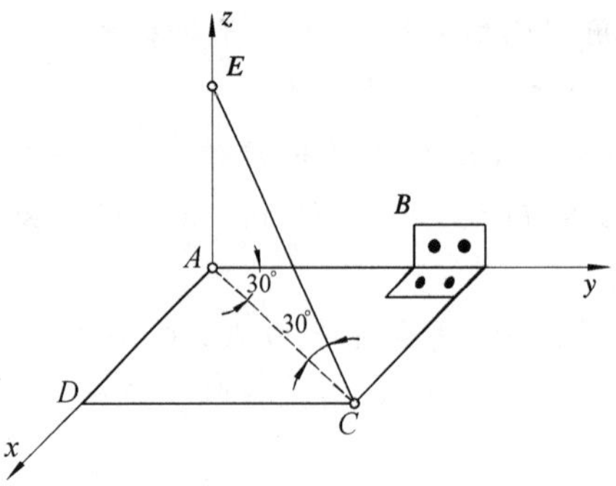

习题 4-8 图

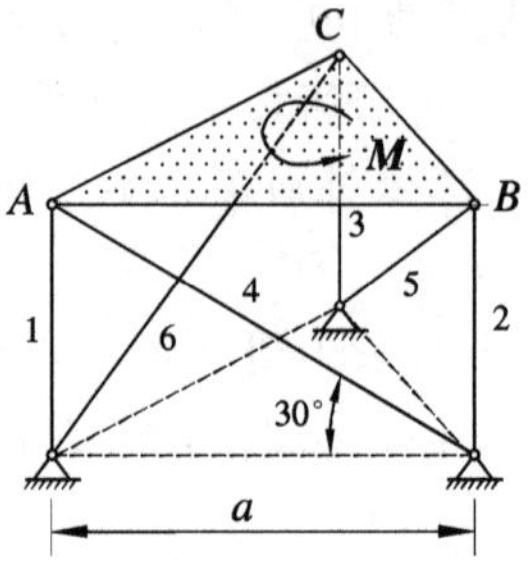

习题 4-9 图

第五章 点的运动学

本章研究点的运动学,先提出点的运动方程、速度和加速度的矢量表示,再推导这些运动学特征在直角坐标系和自然轴系中的表示方式,建立起点的坐标、速度、加速度这三者之间的解析关系,它们是运动学后续章节及动力学的重要基础.

§5-1 运动学基本概念

运动学只是从几何的角度来研究物体的运动,而不研究引起物体运动及其变化的原因.在这里无须建立“力”和“质量”等概念,而把物体抽象简化成点或刚体.所谓点是指没有大小的几何点,如果物体的几何尺寸在运动过程中不起主要作用,就可以简化为点的运动来讨论.而刚体,则是指在任何情况下保持其形状和大小不变的物体.因此,运动学纯粹以几何公理为基础,而无须建立另外的物理定律.

至于物体的运动与作用在物体上的力之间的联系将在动力学中研究.从这方面来看,运动学是动力学的预备知识.但是运动学本身也具有重要意义.运动学为分析机构的运动规律提供必要的基础.

物体的运动表现为它在空间的位置随时间而改变.但是物体的空间位置只能相对地描述,我们只能指出它相对于另一物体(称为参考体)的位置.固连于参考体上的一组任选的坐标系称为参考坐标系或参考系.对于不同的参考系,同一物体表现出颇不相同的运动特征.这就是运动描述的相对性.

必须指出,仅从运动学的角度看,一切参考系都处于平等地位.在工程实际中,经常采用固连于地球的参考系.为了方便,把它看作是固定参考系.相对于固定参考系所得到的运动特征之间的关系,同样适用于相对于其他参考系的运动.

在研究物体的运动时,应区别瞬时和时间间隔这两个概念.与物体运动到某一位置相对应的某一时刻,就是瞬时;时间间隔则是指两个不同瞬时之间的一段时间.

§5-2 矢 量 法

1. 点的运动方程

在选定的参考空间中,任选一个固定点 O,称为参考点.动点 M 在参考空间的位置可以自点 O 向点 M 作矢量 $\boldsymbol{r}$,点的位置与矢量 $\boldsymbol{r}$ 建立起一一对应关系,矢量 $\boldsymbol{r}$ 称为点 M 的矢径,矢径 $\boldsymbol{r}$ 的大小和方向随时间 t 连续改变,是 t 的单值连续函数,即

$$\boldsymbol{r}=\boldsymbol{r}(t) \tag{5-1}$$

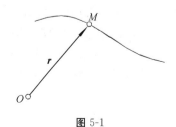

图 5-1

上式称为点的矢量形式的运动方程.

随着点 M 的运动,矢径 $\boldsymbol{r}$ 的矢端在参考空间中画出的曲线就是点 M 的轨迹,这条曲线也称为矢端曲线,如图 5-1 所示.

2. 点的速度和加速度

设动点由瞬时 t 到瞬时 $t+\Delta t$,其位置由 M 运动到 M',点 M 在参考空间中的矢径改变量,称为点 M 在 Δt 时间间隔内的位移,记作 $\Delta\boldsymbol{r}$,如图 5-2 所示,即

$$\Delta\boldsymbol{r}=\boldsymbol{r}'-\boldsymbol{r}$$

位移 $\Delta\boldsymbol{r}$ 与其对应的时间间隔 Δt 的比值 $\dfrac{\Delta\boldsymbol{r}}{\Delta t}$ 反映了点 M 在 Δt 时间内位置改变的平均程度,称为平均速度.平均速度是矢量,沿 $\Delta\boldsymbol{r}$ 方向.令 $\Delta t\to 0$,对平均速度取极限得到一矢量 $\boldsymbol{v}$,将它定义为动点 M 在时刻 t 的瞬时速度,简称速度,即

$$\boldsymbol{v}=\lim_{\Delta t\to 0}\frac{\Delta\boldsymbol{r}}{\Delta t}=\frac{\mathrm{d}\boldsymbol{r}}{\mathrm{d}t}=\dot{\boldsymbol{r}} \tag{5-2}$$

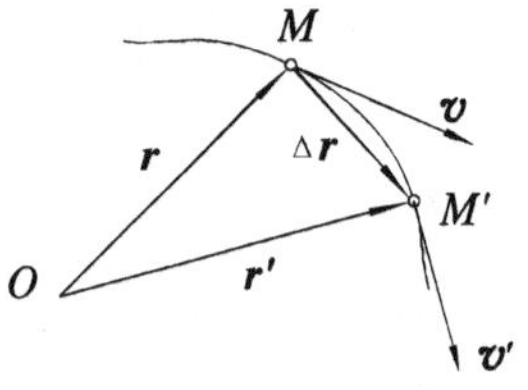

图 5-2

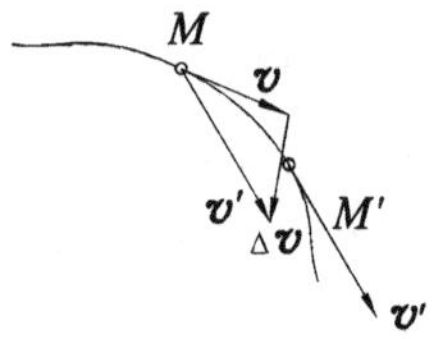

图 5-3

可见,动点的速度等于它的矢径对时间的一阶导数.速度是矢量,它的方向是平均速度,也就是位移 $\Delta\boldsymbol{r}$ 的极限方向,亦即沿着轨迹在 M 点的切线指向点的运动方向.

在国际单位制中,速度的单位是米/秒(m/s).

设动点由瞬时 t 到瞬时 $t+\Delta t$,其位置由点 M 运动到点 M',它的速度分别为 $\boldsymbol{v}$ 和 $\boldsymbol{v}'$,如图 5-3 所示,速度的变化量是 $\Delta\boldsymbol{v}=\boldsymbol{v}'-\boldsymbol{v}$,比值 $\Delta\boldsymbol{v}/\Delta t$ 表明单位时间内速度的变化量,称为动点在时间间隔 Δt 内的平均加速度.平均加速度是矢量,沿 $\Delta\boldsymbol{v}$ 方向.令 $\Delta t\to 0$,对平均加速度取极限得到矢量 $\boldsymbol{a}$,将它定义为动点 M 在时刻 t 的瞬时加速度,简称加速度,即

$$\boldsymbol{a}=\lim_{\Delta t\to 0}\frac{\Delta\boldsymbol{v}}{\Delta t}=\frac{\mathrm{d}\boldsymbol{v}}{\mathrm{d}t}=\ddot{\boldsymbol{r}} \tag{5-3}$$

因此,动点的加速度等于它的速度对时间的一阶导数,也等于它的矢径对时间的二阶导数.点的加速度是矢量.如果把各瞬时动点的速度矢量 $\boldsymbol{v}$ 的始端画在同一点 O' 上,按照时间顺序,这些速度矢量的末端将描绘出一条连续的曲线,称为速度矢端图,如图 5-4 所示.图中 $\overrightarrow{O'M}$、$\overrightarrow{O'M'}$ 分别代表动点在位置 M、M' 时的速度.动点加速度的方向是速度矢端图在 M 点的切线方向,如图 5-4 所示.

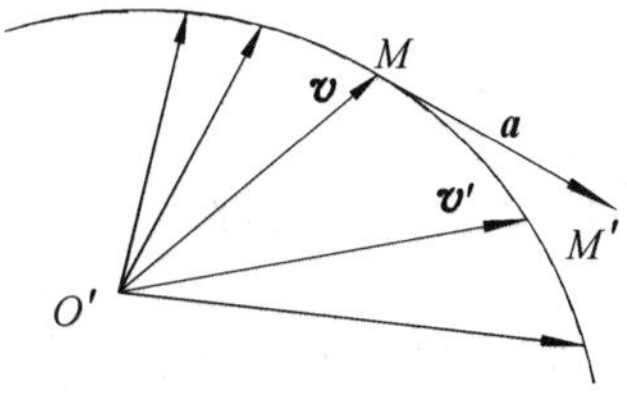

图 5-4

在国际单位制中,加速度的单位是米/秒²(m/s²).

§5-3　直角坐标法

取一固定的直角坐标系 $Oxyz$，则动点 M 在任意瞬时的空间位置可用它的三个坐标 x、y、z 表示，如图 5-5 所示.

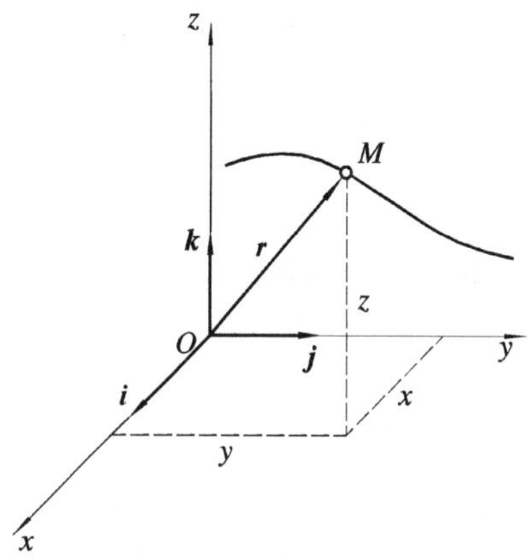

图 5-5

由于矢径的原点与直角坐标系的原点重合，因此有如下关系

$$\boldsymbol{r}=x\boldsymbol{i}+y\boldsymbol{j}+z\boldsymbol{k} \tag{5-4}$$

式中 $\boldsymbol{i}$、$\boldsymbol{j}$、$\boldsymbol{k}$ 分别为沿三个定坐标轴的单位矢量，如图 5-5 所示. 由于 $\boldsymbol{r}$ 是时间的单值连续函数，因此 x、y、z 也是时间的单值连续函数. 由式(5-4)，可以将运动方程(5-1)写成

$$x=f_1(t),y=f_2(t),z=f_3(t) \tag{5-5}$$

这就是动点 M 的直角坐标形式的运动方程. 实际上，它是以时间 t 为参变量的空间曲线方程. 从运动方程中消去参变量 t，可得到点的运动轨迹方程，即

$$f(x,y,z)=0 \tag{5-6}$$

将式(5-4)代入式(5-2)，由于 $\boldsymbol{i}$、$\boldsymbol{j}$、$\boldsymbol{k}$ 是常矢量，得到点的速度在直角坐标系中的表达式

$$\boldsymbol{v}=\frac{\mathrm{d}\boldsymbol{r}}{\mathrm{d}t}=\frac{\mathrm{d}x}{\mathrm{d}t}\boldsymbol{i}+\frac{\mathrm{d}y}{\mathrm{d}t}\boldsymbol{j}+\frac{\mathrm{d}z}{\mathrm{d}t}\boldsymbol{k} \tag{5-7}$$

设动点 M 的速度矢 $\boldsymbol{v}$ 在直角坐标轴上的投影为 v_x、v_y 和 v_z，即

$$\boldsymbol{v}=v_x\boldsymbol{i}+v_y\boldsymbol{j}+v_z\boldsymbol{k}$$

由此得到速度在直角坐标轴上的投影为

$$v_x=\frac{\mathrm{d}x}{\mathrm{d}t},v_y=\frac{\mathrm{d}y}{\mathrm{d}t},v_z=\frac{\mathrm{d}z}{\mathrm{d}t} \tag{5-8}$$

因此，动点速度在各坐标轴上的投影分别等于对应坐标对时间的一阶导数.

如果已知 v_x、v_y 和 v_z，则 $\boldsymbol{v}$ 的大小和方向余弦为

$$v=\sqrt{{v_x}^2+{v_y}^2+{v_z}^2} \tag{5-9}$$

$$\cos(\boldsymbol{v},\boldsymbol{i})=\frac{v_x}{v},\cos(\boldsymbol{v},\boldsymbol{j})=\frac{v_y}{v},\cos(\boldsymbol{v},\boldsymbol{k})=\frac{v_z}{v} \tag{5-10}$$

同理，设

$$\boldsymbol{a}=a_x\boldsymbol{i}+a_y\boldsymbol{j}+a_z\boldsymbol{k}$$

将式(5-7)代入式(5-3)，得到点的加速度在直角坐标系中的表达式

$$\boldsymbol{a}=\frac{\mathrm{d}\boldsymbol{v}}{\mathrm{d}t}=\frac{\mathrm{d}v_x}{\mathrm{d}t}\boldsymbol{i}+\frac{\mathrm{d}v_y}{\mathrm{d}t}\boldsymbol{j}+\frac{\mathrm{d}v_z}{\mathrm{d}t}\boldsymbol{k}=\frac{\mathrm{d}^2x}{\mathrm{d}t^2}\boldsymbol{i}+\frac{\mathrm{d}^2y}{\mathrm{d}t^2}\boldsymbol{j}+\frac{\mathrm{d}^2z}{\mathrm{d}t^2}\boldsymbol{k} \tag{5-11}$$

于是，加速度在直角坐标轴上的投影为

$$a_x=\frac{\mathrm{d}v_x}{\mathrm{d}t}=\frac{\mathrm{d}^2x}{\mathrm{d}t^2},a_y=\frac{\mathrm{d}v_y}{\mathrm{d}t}=\frac{\mathrm{d}^2y}{\mathrm{d}t^2},a_z=\frac{\mathrm{d}v_z}{\mathrm{d}t}=\frac{\mathrm{d}^2z}{\mathrm{d}t^2} \tag{5-12}$$

因此，动点加速度在各坐标轴上的投影分别等于对应速度投影对时间的一阶导数，或对应坐

标对时间的二阶导数.

加速度 $\boldsymbol{a}$ 的大小和方向可由它的三个投影 a_x、a_y 和 a_z 完全确定,即

$$a=\sqrt{a_x^{\ 2}+a_y^{\ 2}+a_z^{\ 2}} \tag{5-13}$$

$$\cos(\boldsymbol{a},\boldsymbol{i})=\frac{a_x}{a},\cos(\boldsymbol{a},\boldsymbol{j})=\frac{a_y}{a},\cos(\boldsymbol{a},\boldsymbol{k})=\frac{a_z}{a} \tag{5-14}$$

§5-4 自 然 法

利用点的运动轨迹建立弧坐标及自然轴系,并用它们来描述和分析点的运动的方法称为自然法.

1. 弧坐标

在许多工程实际问题中,动点的运动轨迹往往是已知的.例如,火车运行的线路即为已知的轨迹.

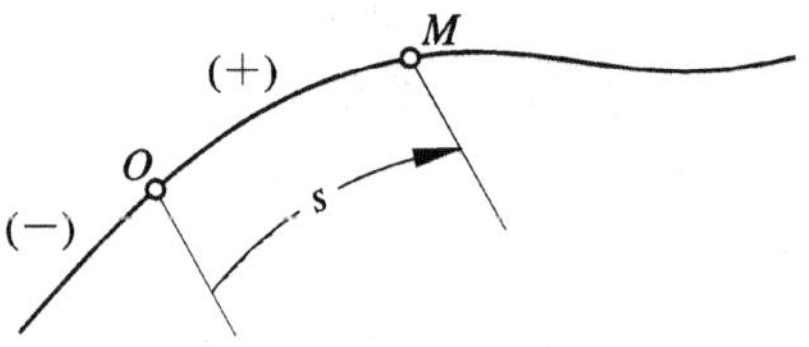

图 5-6

设动点 M 的轨迹为如图 5-6 所示的曲线,则动点 M 在轨迹上的位置可以这样确定:在轨迹上任选一点 O 为参考点,并设点 O 的某一侧为正向,动点 M 在轨迹上的位置由弧长确定,视弧长 s 为代数量,称它为动点 M 在轨迹上的弧坐标.当动点 M 运动时,s 随着时间 t 变化,它是时间 t 的单值连续函数,即

$$s=f(t) \tag{5-15}$$

上式称为以弧坐标表示的点的运动方程.此式表达了动点沿已知轨迹的运动规律.

用弧坐标分析点在曲线上的运动时,点的速度、加速度与轨迹曲线的几何性质有密切关系,因此,先要简单介绍自然轴系的概念.

2. 自然轴系

在点的运动轨迹曲线上取极为接近的两点 M 和 M_1,其间的弧长为 Δs,这两点切线的单位矢量分别为 $\boldsymbol{\tau}$ 和 $\boldsymbol{\tau}_1$,其指向与弧坐标正向一致,如图 5-7 所示.将 $\boldsymbol{\tau}_1$ 平移至点 M,则 $\boldsymbol{\tau}$ 和 $\boldsymbol{\tau}_1$ 确定一平面.令 M_1 无限趋近点 M,则此平面趋近于某一极限位置,此极限平面称为曲线在点 M 的密切面.过点 M 并与切线垂直的平面称为法平面.在法平面内,过 M 点的一切直线都是该曲线在 M 点的法线.在这些法线中,位于密切面内的法线称为曲线在 M 点的主法线.令主法线的单位矢量为 $\boldsymbol{n}$,指向曲线内凹一侧.过点 M 且垂直于切线及主法线的直线称副法线,其单位矢量为 $\boldsymbol{b}$,指向与 $\boldsymbol{\tau}$、$\boldsymbol{n}$ 构成右手系,即

$$\boldsymbol{b}=\boldsymbol{\tau}\times\boldsymbol{n}$$

以点 M 为原点,以切线、主法线和副法线为坐标轴的正交坐标系为曲线在点 M 的自然轴系,这三个轴称为自然轴.

在空间曲线的各点上都有一组对应的自然轴系,所以自然轴系 $\boldsymbol{\tau}$、$\boldsymbol{n}$、$\boldsymbol{b}$ 的方向将随动点在曲线上的位置变化而变化.由此可知,自然轴系的单位矢量 $\boldsymbol{\tau}$、$\boldsymbol{n}$、$\boldsymbol{b}$,不同于固定的直角坐标系的单位矢量 $\boldsymbol{i}$、$\boldsymbol{j}$、$\boldsymbol{k}$.前者是方向在不断变化的单位矢量,后者则是常矢量.

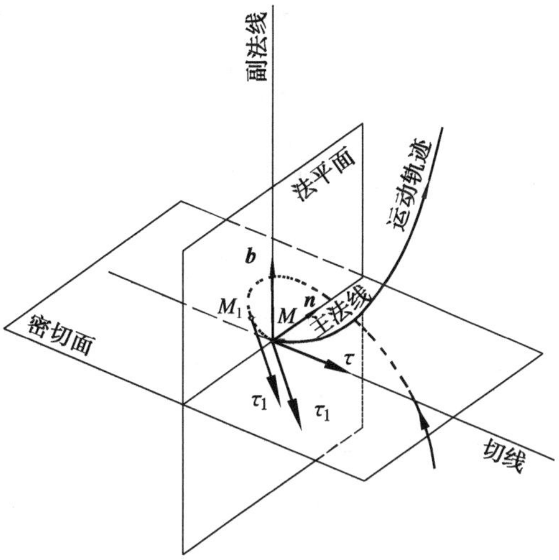

图 5-7

3. 点的速度

为了得到点的速度在自然轴系中的表达式，把速度矢量表达式做如下变换

$$\boldsymbol{v}=\frac{\mathrm{d}\boldsymbol{r}}{\mathrm{d}t}=\frac{\mathrm{d}\boldsymbol{r}}{\mathrm{d}s}\frac{\mathrm{d}s}{\mathrm{d}t} \tag{5-16}$$

式中$\frac{\mathrm{d}\boldsymbol{r}}{\mathrm{d}s}$的大小为

$$\left|\frac{\mathrm{d}\boldsymbol{r}}{\mathrm{d}s}\right|=\lim_{\Delta t\to 0}\left|\frac{\Delta\boldsymbol{r}}{\Delta s}\right|=1$$

它的方向由 $\Delta s\to 0$ 时 $\Delta\boldsymbol{r}$ 的极限方向来决定，而 $\Delta\boldsymbol{r}$ 的极限方向是轨迹在 M 点的切线方向. 由图 5-8 看出，无论 M'点是从弧的正向还是负向趋近于 M 点，$\lim\limits_{\Delta t\to 0}\left|\frac{\Delta\boldsymbol{r}}{\Delta s}\right|$ 总是指向 $\boldsymbol{\tau}$ 的正向，即有

$$\frac{\mathrm{d}\boldsymbol{r}}{\mathrm{d}s}=\boldsymbol{\tau} \tag{5-17}$$

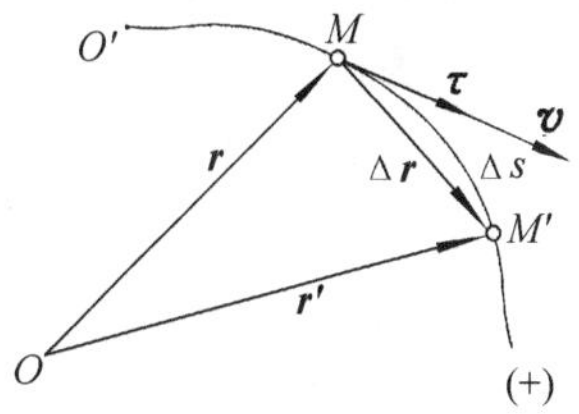

图 5-8

将式(5-17)代入式(5-16)，得

$$\boldsymbol{v}=\frac{\mathrm{d}s}{\mathrm{d}t}\boldsymbol{\tau}=v\boldsymbol{\tau} \tag{5-18}$$

由此可得结论：速度的大小等于动点的弧坐标对时间的一阶导数，方向沿轨迹的切线方向.

4. 点的加速度

将式(5-18)代入式(5-3)，得到动点的加速度为

$$\boldsymbol{a}=\frac{\mathrm{d}\boldsymbol{v}}{\mathrm{d}t}=\frac{\mathrm{d}}{\mathrm{d}t}(v\boldsymbol{\tau})=\frac{\mathrm{d}v}{\mathrm{d}t}\boldsymbol{\tau}+v\frac{\mathrm{d}\boldsymbol{\tau}}{\mathrm{d}t}$$

上式第一个分矢量是$\frac{\mathrm{d}v}{\mathrm{d}t}\boldsymbol{\tau}$，方向沿轨迹的切线，大小等于$\frac{\mathrm{d}v}{\mathrm{d}t}$或$\frac{\mathrm{d}^2s}{\mathrm{d}t^2}$. 当$\frac{\mathrm{d}^2s}{\mathrm{d}t^2}>0$ 时，该矢量与 $\boldsymbol{\tau}$ 同

向；当$\frac{d^2s}{dt^2}<0$时，该矢量与$\boldsymbol{\tau}$反向. 因此，此分矢量称为切向加速度，用$\boldsymbol{a}_\tau$表示，即

$$\boldsymbol{a}_\tau=\frac{dv}{dt}\boldsymbol{\tau}=\frac{d^2s}{dt^2}\boldsymbol{\tau} \tag{5-19}$$

第二个分矢量是$v\frac{d\boldsymbol{\tau}}{dt}$，记为$\boldsymbol{a}_n$，称为法向加速度，则

$$\boldsymbol{a}_n=v\frac{d\boldsymbol{\tau}}{dt}=v\frac{d\boldsymbol{\tau}}{ds}\frac{ds}{dt}=v^2\frac{d\boldsymbol{\tau}}{ds}$$

现在求$\frac{d\boldsymbol{\tau}}{ds}$.

设点M沿轨迹经过弧长Δs到达M'，如图5-9所示. 设点M处曲线的切向单位矢量为$\boldsymbol{\tau}$，点M'处曲线的切向单位矢量为$\boldsymbol{\tau}'$，而切线经过Δs时转过的角度为$\Delta\varphi$. 曲率定义为曲线切线的转角对弧长一阶导数的绝对值. 曲率的倒数称为曲率半径. 如曲率半径以ρ表示，则有

$$\frac{1}{\rho}=\lim_{\Delta s\to 0}\left|\frac{\Delta\varphi}{\Delta s}\right|=\left|\frac{d\varphi}{ds}\right|$$

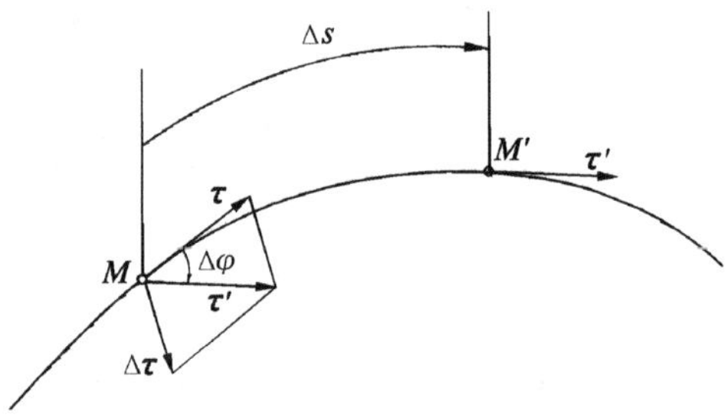

图 5-9

由图5-9可见

$$|\Delta\boldsymbol{\tau}|=2|\boldsymbol{\tau}|\sin\frac{\Delta\varphi}{2}$$

当$\Delta s\to 0$时，$\Delta\varphi\to 0$，$\Delta\boldsymbol{\tau}$与$\boldsymbol{\tau}$垂直，且有$|\boldsymbol{\tau}|=1$，由此可得

$$|\Delta\boldsymbol{\tau}|\approx\Delta\varphi$$

当Δs为正时，点沿切向$\boldsymbol{\tau}$的正方向运动，$\Delta\boldsymbol{\tau}$指向轨迹内凹一侧；当Δs为负时，$\Delta\boldsymbol{\tau}$指向轨迹外凸一侧. 因此有

$$\frac{d\boldsymbol{\tau}}{ds}=\lim_{\Delta s\to 0}\frac{\Delta\boldsymbol{\tau}}{\Delta s}=\lim_{\Delta s\to 0}\frac{\Delta\varphi}{\Delta s}\boldsymbol{n}=\frac{1}{\rho}\boldsymbol{n}$$

所以

$$\boldsymbol{a}_n=\frac{v^2}{\rho}\boldsymbol{n} \tag{5-20}$$

于是

$$\boldsymbol{a}=\frac{dv}{dt}\boldsymbol{\tau}+\frac{v^2}{\rho}\boldsymbol{n}=a_\tau\boldsymbol{\tau}+a_n\boldsymbol{n} \tag{5-21}$$

于是得到结论：切向加速度反映点的速度值对时间的变化率，它的代数值等于速度的代数值对时间的一阶导数，或弧坐标对时间的二阶导数，它的方向沿轨迹切线. 法向加速度反映点的速度方向改变的快慢程度，它的大小等于点的速度平方除以曲率半径，它的方向沿着主法线，指向曲率中心.

当$\boldsymbol{v}$与$\boldsymbol{a}_\tau$的符号相同时，速度的绝对值不断增加，点做加速运动，如图5-10(a)所示；当$\boldsymbol{v}$与$\boldsymbol{a}_\tau$的符号相反时，速度的绝对值不断减小，点做减速运动，如图5-10(b)所示.

由于$\boldsymbol{a}_n$、$\boldsymbol{a}_\tau$均在密切面内，因此全加速度$\boldsymbol{a}$也必在密切面内. 这表明加速度沿副法线上

的分量为零，即

$$\boldsymbol{a}_b = \mathbf{0}$$

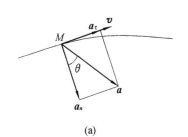

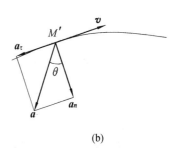

(a)　　　　(b)

图 5-10

全加速度的大小可由下式求出

$$a = \sqrt{a_\tau{}^2 + a_n{}^2} \tag{5-22}$$

它与法线间的夹角的正切为

$$\tan\theta = \frac{a_\tau}{a_n} \tag{5-23}$$

例 5-1　曲柄滑块机构如图 5-11 所示. 曲柄 OA 长为 r，连杆 AB 长为 l. 曲柄绕 O 轴旋转，通过连杆带动滑块 B 在水平槽中运动. 已知 r、l 和 $\varphi = \omega t$（ω 为常量），试求滑块的运动方程、速度和加速度.

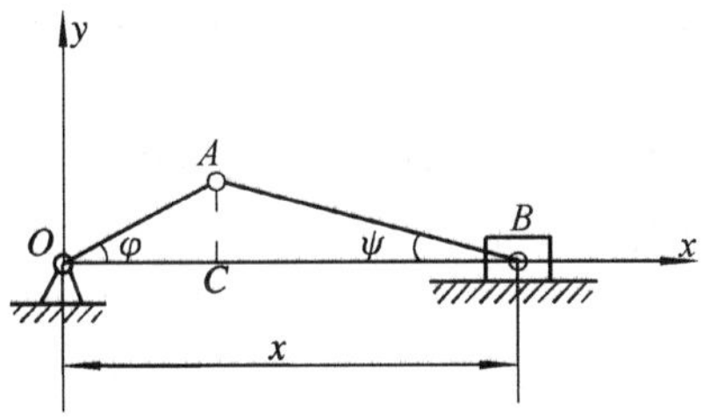

图 5-11

解：取 O 点为坐标原点，x 轴水平向右. 在任意瞬时 t，机构在图示位置，则滑块 B 在任一瞬时的位置为

$$x = \overline{OC} + \overline{CB} = r\cos\varphi + l\cos\psi$$

其中 $\varphi = \omega t$. 在△OAB 中，根据正弦定理

$$\frac{l}{\sin\varphi} = \frac{r}{\sin\psi}$$

所以

$$\sin\psi = \frac{r}{l}\sin\varphi = \lambda\sin\varphi$$

式中 $\lambda = r/l$，于是

$$\cos\psi = \sqrt{1 - \sin^2\psi} = \sqrt{1 - \lambda^2\sin^2\varphi}$$

将上式代入 x 的表示式中，并考虑到 $\varphi = \omega t$，就得到滑块 B 的运动方程

$$x = r\cos\omega t + l\sqrt{1 - \lambda^2\sin^2\omega t}$$

若将此式对时间求导数，其运算较烦琐. 在工程实际中，λ 值通常不大$\left(\lambda \text{ 在} \frac{1}{6} \sim \frac{1}{4} \text{之间}\right)$，故可在上式中将根式展开成 λ^2 的幂级数并略去从 λ^4 起的各项而做近似计算：

$$x = r\cos\omega t + l\left(1 - \frac{1}{2}\lambda^2\sin^2\omega t - \frac{1}{8}\lambda^4\sin^4\omega t - \cdots\right)$$
$$\approx r\cos\omega t + l - \frac{l}{2}\lambda^2\sin^2\omega t$$
$$= r\cos\omega t + l - \frac{l}{4}\lambda^2[1 - \cos(2\omega t)]$$

即

$$x \approx l\left(1 - \frac{\lambda^2}{4}\right) + r\left[\cos\omega t + \frac{\lambda}{4}\cos(2\omega t)\right]$$

上式再对时间求导数，得到速度与加速度分别为

$$v = \dot{x} = -r\omega\left[\sin\omega t + \frac{\lambda}{2}\sin(2\omega t)\right]$$
$$a = \ddot{x} = -r\omega^2[\cos\omega t + \lambda\cos(2\omega t)]$$

由计算结果可知，x、v、a 都是 $\varphi(=\omega t)$ 的周期函数.

例 5-2 小环 M 同时套在半径为 R 的固定大环和直杆 AB 上，如图 5-12 所示. 直杆 AB 以 $\theta=\omega t$ 绕 A 点转动，带动小环 M 沿大环运动. 试求 M 点的运动方程、速度和加速度.

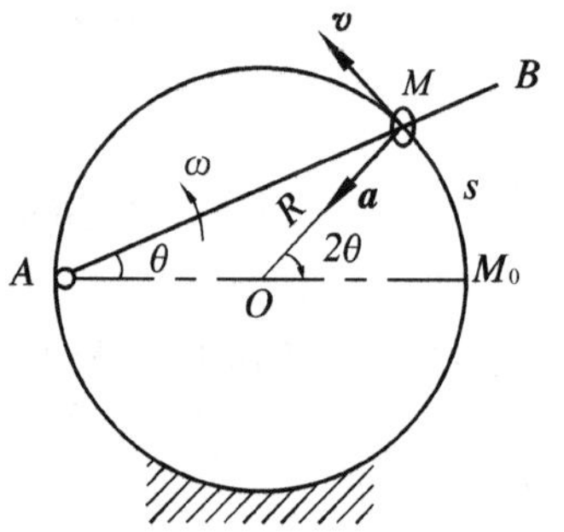

图 5-12

解：由于小环 M 的运动轨迹为半径 R 的圆弧，所以用自然法求解.

当 $t=0$ 时，$\theta=0$，已知起始点为 M_0，取 M_0 为弧坐标 s 的原点，以动点的运动方向为 s 的正向，如图 5-12 所示.

以 M 为动点，它的运动方程为

$$s = 2R\theta = 2R\omega t$$

于是点 M 的速度为

$$v = \dot{s} = 2R\omega$$

加速度为

$$a_\tau = \dot{v} = 0$$
$$a_n = \frac{v^2}{\rho} = \frac{(2R\omega)^2}{R} = 4R\omega^2$$

全加速度为

$$a = \sqrt{a_\tau{}^2 + a_n{}^2} = a_n = 4R\omega^2$$

即加速度 a 的方向沿法线 MO 指向圆心 O.

本题也可用直角坐标法求解，请读者自行求解.

思 考 题

5-1 什么叫参考系？研究物体的运动为什么要选定参考系？

5-2 $\frac{d\boldsymbol{v}}{dt}$和 $\frac{dv}{dt}$是否相同？$\frac{d\boldsymbol{r}}{dt}$和 $\frac{dr}{dt}$是否相同？

5-3 点沿曲线运动，图中所示各点所给出的速度 v 和加速度 a 哪些是可能的？哪些是

不可能的？

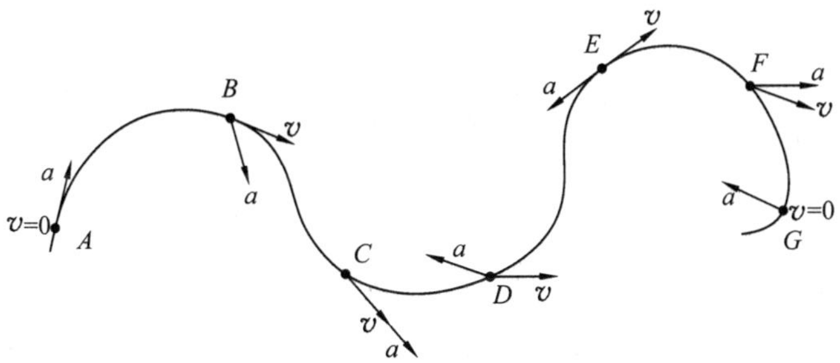

思考题 5-3 **图**

5-4　下述各种情况，动点的全加速度 a、切向加速度 a_τ 和法向加速度 a_n 三个矢量之间有何关系？

(1) 点沿曲线做匀速运动.

(2) 点沿曲线运动，在该瞬时其速度为零.

(3) 点沿直线做变速运动.

(4) 点沿曲线做变速运动.

5-5　点做曲线运动时，下述说法是否正确.

(1) 若切向加速度为正，则点做加速运动.

(2) 若切向加速度与速度的正负号相同，则点做加速运动.

(3) 若切向加速度为零，则速度为常矢量.

5-6　在某瞬时动点的速度等于零，这时动点的加速度是否一定为零？

5-7　判断下列情况下($v\neq0$)，动点做何种运动？

(1) $a_\tau\neq0, a_n\equiv0$.

(2) $a_\tau\equiv0, a_n\neq0$.

(3) $a_\tau\equiv0, a_n\neq0$.

5-8　切向加速度和法向加速度的物理意义有何不同？指出在怎样的运动中会出现下述情况：

(1) $a_\tau=0$.

(2) $a_n=0$.

(3) $a=0$.

5-9　动点 M 做直线运动，在某瞬时的速度 $v=2$ m/s，问这时点的加速度是否为 $a=\frac{\mathrm{d}v}{\mathrm{d}t}=0$？为什么？

习　　题

5-1　已知点的运动方程，求其轨迹方程，并计算点在时间 $t=0$、1 s 和 2 s 时的速度与加速度的大小(位移以米计，时间以秒计，角度均以弧度计).

(1) $x=2t^2+4$
$y=3t^2-3$

(2) $x=5\cos\frac{\pi}{4}t$
$y=4\sin\frac{\pi}{4}t$

(3) $x=3+5\sin t$
$y=5\cos t$

(4) $x=10t$
$y=20t-5t^2$

(5) $x=8t$
$y=4\sin\pi t$

(6) $x=5e^{-t}-1$
$y=5e^{-t}+1$

5-2 图示缆绳一端系在小船上，另一端跨过小滑车为一小孩握住. 设小孩在岸上以匀速 $v_0=1$ m/s 向右行走，试求在 $\varphi=30°$的瞬时小船的速度.

5-3 图示曲线规尺的各杆，长为$\overline{OA}=\overline{AB}=200$ mm，$\overline{CD}=\overline{DE}=\overline{AC}=\overline{AE}=50$ mm. 如杆 OA 以等角速度$\omega=\frac{\pi}{5}$ rad/s 绕 O 轴转动，并且当运动开始时，杆 OA 水平向右，求尺上点 D 的运动方程和轨迹.

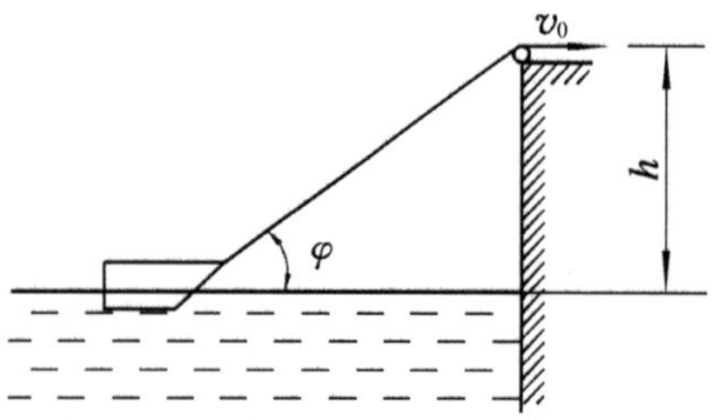

习题 5-2 图

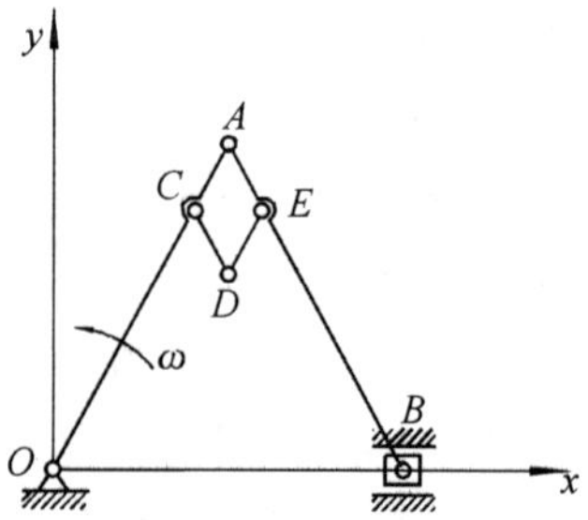

习题 5-3 图

5-4 如图所示，偏心凸轮半径为 R，绕 O 轴转动，转角 $\varphi=\omega t$(ω 为常量)，偏心距$\overline{OC}=e$，凸轮带动顶杆 AB 沿铅垂直线做往复运动. 试求顶杆的运动方程和速度.

5-5 点的运动方程为

$$x=50t$$
$$y=500-5t^2$$

其中 x 和 y 以 m 计. 求当 $t=0$ 时，点的切向和法向加速度以及轨迹的曲率半径.

5-6 图示直杆 AB 在铅垂面内沿相互垂直的墙壁和地面滑下. 已知 $\varphi=\omega t$(ω 为常量). 试求杆上一点 M 的运动方程、轨迹、速度和加速度. 设$\overline{MA}=b$，$\overline{MB}=c$.

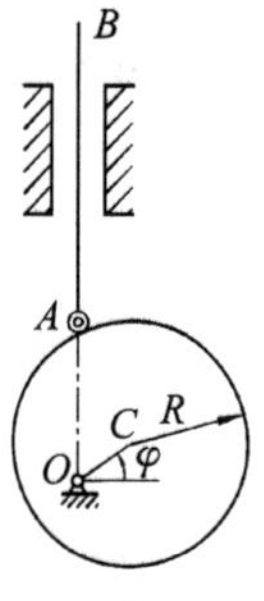

习题 5-4 图

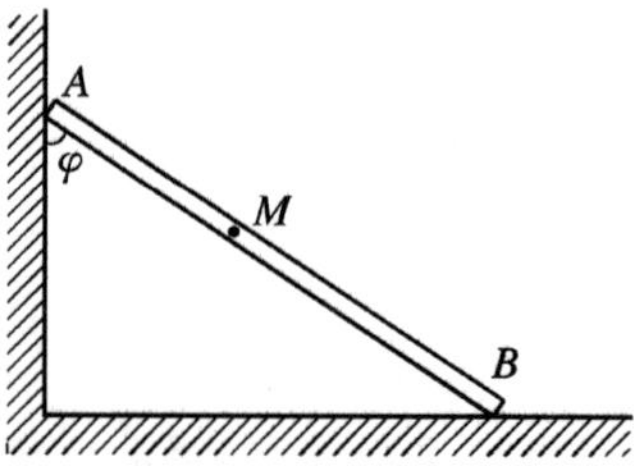

习题 5-6 图

5-7　连接重物 A 的绳索，其另一端绕在半径 $R=0.5\ \text{m}$ 的鼓轮上，如图所示．当 A 沿斜面下滑时带动鼓轮绕 O 轴转动．已知 A 的运动规律为 $s=0.6t^2$，t 以 s 计，求 $t=1\ \text{s}$ 时，鼓轮轮缘最高点 M 的加速度．

5-8　细绳跨过在同一水平线的两小滑轮分别与两物块相连，如图所示．现用手拉住细绳中点 A 以匀速 $\boldsymbol{v}_0$ 从 A_0 开始向下运动．试求物块的运动方程、速度和加速度．

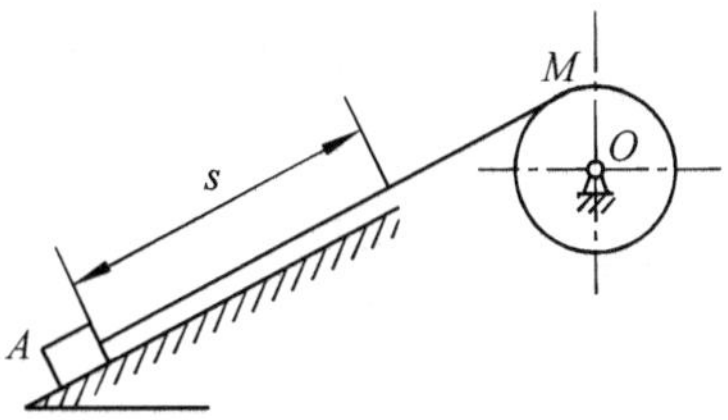

习题 5-7 图

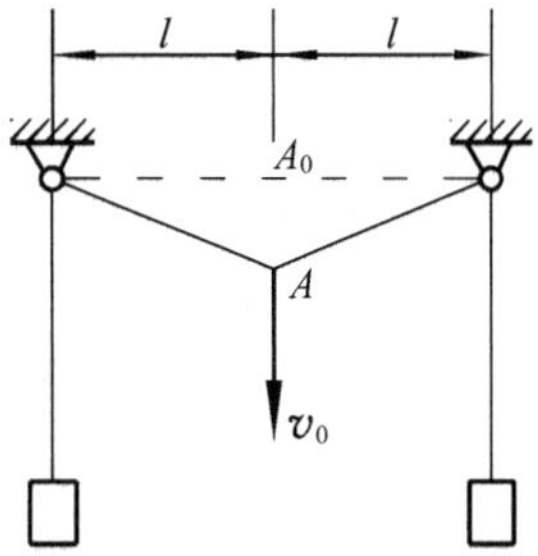

习题 5-8 图

5-9　已知动点的直角坐标形式的运动方程为 $x=2t$，$y=t^2$，式中 x、y 以 m 为单位，t 以 s 为单位．求 $t=0$ 和 $t=2\ \text{s}$ 时动点所在处轨迹的曲率半径．

5-10　动点在 xy 平面内运动，其加速度的方向总是平行于 x 轴的正向，加速度的值 $a=2\ \text{m/s}^2$ 为一常量．在 $t=0$ 时，动点的初速度 $v_0=2\ \text{m/s}$，且 $(\boldsymbol{v}_0,\boldsymbol{i})=60°$，$(\boldsymbol{v}_0,\boldsymbol{j})=30°$．求 $t=1\ \text{s}$ 时动点到达之处轨迹的曲率半径．

5-11　已知动点沿平面曲线轨迹 $y=\mathrm{e}^x$ 朝 x、y 增加的方向运动，其中 x、y 都以 m 为单位．动点速率 $v=12\ \text{m/s}$ 为常量．求此点经过 $y=1\ \text{m}$ 处时，其速度和加速度在坐标轴上的投影．

5-12　动点沿水平直线运动．已知其加速度的变化规律是 $a=(30t-120)\text{mm/s}^2$，其中 t 以 s 为单位，规定向右的方向为正．动点在 $t=0$ 时的初速度的大小为 150 mm/s，方向与初加速度一致．求 $t=10\ \text{s}$ 时动点的速度和位置．

5-13　图示摆杆机构由摆杆 AB、OC 及滑块 C 组成．由于杆 AB 绕 A 轴摆动，通过滑块 C 带动杆 OC 绕 O 轴摆动．$\overline{OA}=\overline{OC}=200\ \text{mm}$．设在开始一段时间内 φ 角的变化规律为 $\varphi=2t^3\ \text{rad}$，其中 t 以 s 计．试求杆 OC 上 C 点的运动方程，并确定 $t=0.5\ \text{s}$ 时 C 点的位置、速度和加速度．

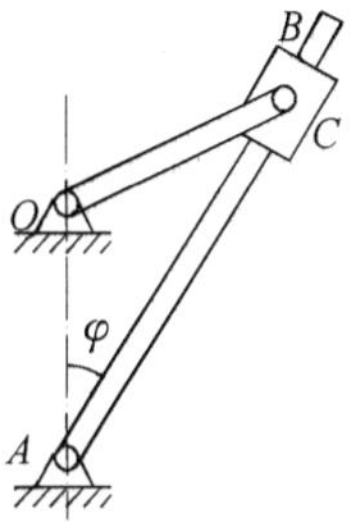

习题 5-13 图

5-14　已知动点的直角坐标形式的运动方程为 $x=\sin t$，$y=2\cos 2t$，式中 x、y 以 m 为单位，t 以 s 为单位．

(1) 求该点运动的轨迹方程．

(2) 定性地描述它的运动情景．

(3) 求该点第一次通过 x 轴时的速度和加速度．

5-15　图示三种机构中，已知尺寸 h 和杆 OA 与铅垂线的夹角 $\varphi=\omega t$（ω 为常量），分析并比较它们的运动．

(1) 图(a)中，穿过小环 M 的杆 OA 绕 O 轴转动，同时拨动小环沿水平导杆滑动，试求

小环 M 的速度和加速度.

(2) 图(b)中,绕 O 轴转动的杆 OA,推动物块 M 沿水平面滑动,试求物块 M 上一点的速度和加速度.

(3) 图(c)中,杆 OA 绕 O 轴转动时,通过套在杆上的套筒 M 带动杆 MN 沿水平轨道运动,试求杆 MN 上一点的速度和加速度.

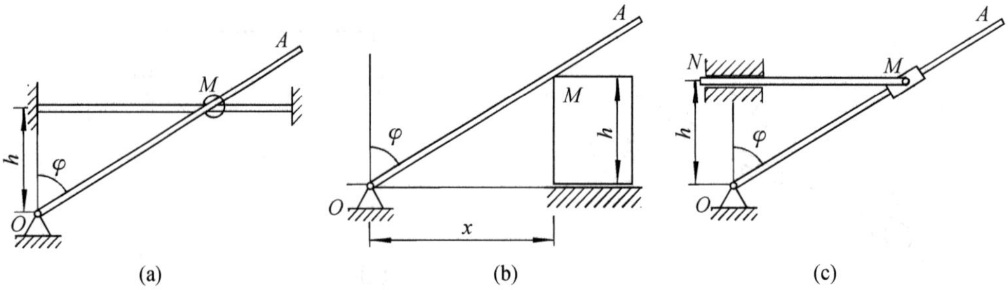

习题 5-15 图

第六章　刚体的基本运动

上一章研究了点的运动，但实际物体都是有几何尺寸并在空间占据一定位置的，因此点的运动不能完全代替实际物体的运动. 本章研究刚体运动的两种基本形式——平行移动和定轴转动. 它们是刚体的最简单的运动，而且刚体的复杂运动总可以看成是这两种运动的合成，所以称之为刚体的基本运动.

§6-1　刚体的平行移动

刚体运动时，如其上任一直线始终与初始位置保持平行，这种运动称为刚体的平行移动，简称平移或平动. 例如，电梯的升降运动、汽缸内活塞的运动和车床上刀架的运动等，都是刚体的平移.

现在研究刚体做平动时其上各点运动的关系. 在刚体上任取两点 A 和 B，如图 6-1 所示. 令点 A 的矢径为 $\boldsymbol{r}_A$，点 B 的矢径为 $\boldsymbol{r}_B$，则两条矢端曲线就是两点的轨迹. 由图 6-1 可知：

$$\boldsymbol{r}_A=\boldsymbol{r}_B+\overrightarrow{BA} \tag{6-1}$$

当刚体平动时，线段 AB 的长度和方向都不改变，所以$\overrightarrow{BA}$为一常矢量.

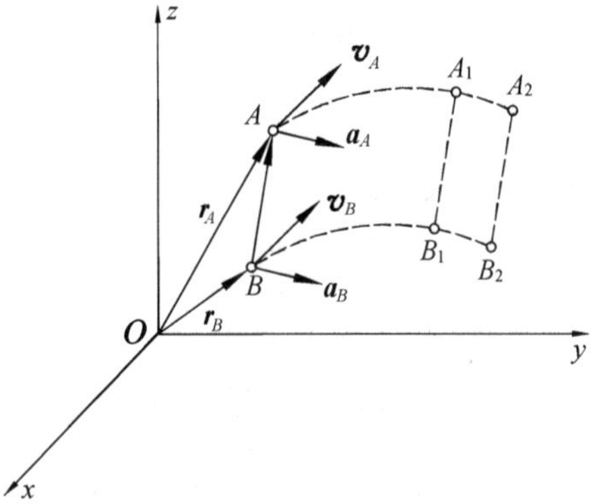

图 6-1

把上式对时间 t 连续取两次导数，因为常矢量$\overrightarrow{BA}$的导数等于零，于是得

$$\boldsymbol{v}_A=\boldsymbol{v}_B \tag{6-2}$$

$$\boldsymbol{a}_A=\boldsymbol{a}_B \tag{6-3}$$

结果表明，刚体平移时，其上各点的轨迹形状相同；在每一瞬时，各点具有相同的速度和加速度. 因此，研究刚体的平动，可以归结为研究刚体内任一点的运动，也就是归结为前一章里所研究过的点的运动学问题.

值得注意的是：由于平移刚体上任一点的轨迹可能是直线或曲线，平移又分为直线平移和曲线平移两种.

§6-2 刚体的定轴转动

刚体运动时，如其上(或其扩大部分)有一条直线始终保持不动，则这种运动称为刚体的定轴转动. 这条固定的直线称为转轴. 电机转子、机床主轴、传动轴、飞轮等的运动都是定轴转动的实例.

为确定转动刚体的位置，取其转轴为 z 轴，如图 6-2 所示. 通过转轴作两个平面：平面Ⅰ是固定的，平面Ⅱ则固连在刚体上随之一起转动. 于是，刚体的位置可由这两个平面的夹角 φ 完全确定. 角 φ 称为刚体的转角，它是一个代数量，它的符号规定如下：自 z 轴的正端往负端看，从固定面起按逆时针转向计算角 φ，取正值；按顺时针转向计算角 φ，取负值，并用弧度(rad)表示. 当刚体转动时，转角 φ 是时间 t 的单值连续函数，即

$$\varphi=f(t) \tag{6-4}$$

上式称为刚体定轴转动的运动方程，简称刚体的转动方程.

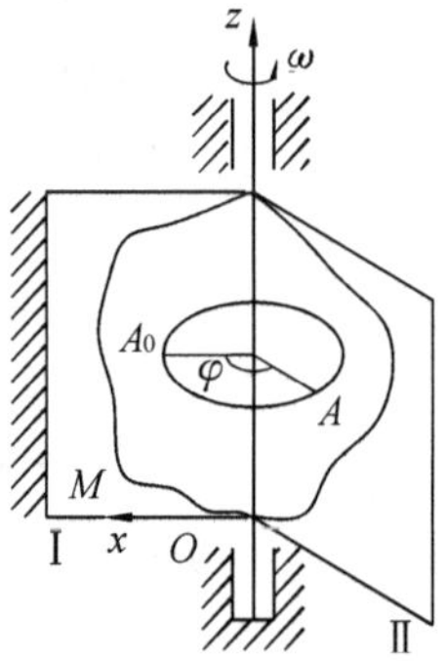

图 6-2

在时间间隔 Δt 中，刚体的角位移(即转角的增量)为 $\Delta\varphi$，则刚体的瞬时角速度定义为

$$\omega=\lim_{\Delta t\to 0}\frac{\Delta\varphi}{\Delta t}=\frac{\mathrm{d}\varphi}{\mathrm{d}t}=\dot{\varphi} \tag{6-5}$$

即刚体的角速度等于其转角对时间的一阶导数. 角速度表征刚体转动的快慢和方向，其单位一般用 rad/s. 工程中也常用 r/min 作为转速的单位. 设刚体的转速为 n r/min，则它在 60 s 的时间内转过角度 $2n\pi$ rad，故以 rad/s 为单位表示的角速度

$$\omega=\frac{2n\pi}{60}=\frac{n\pi}{30}$$

相仿地，刚体的瞬时角加速度由下式定义：

$$\alpha=\lim_{\Delta t\to 0}\frac{\Delta\omega}{\Delta t}=\frac{\mathrm{d}\omega}{\mathrm{d}t} \tag{6-6}$$

亦即

$$\alpha=\dot{\omega}=\ddot{\varphi}$$

即刚体的角加速度等于其角速度对时间的一阶导数，也等于其转角对时间的二阶导数. 角加速度表征角速度变化的快慢，其单位符号为 rad/s^2.

如果 ω 与 α 同号，则转动是加速的；如果 ω 与 α 异号，则转动是减速的.

我们用转角 φ 确定刚体的位置，当刚体的转动方程已知时，通过对时间求导而得出其角速度和角加速度. 反之，若已知刚体的角速度或角加速度的变化规律，则须通过积分才能求出其转动方程. 这时，还要利用初始条件来确定积分常数.

§6-3 转动刚体上各点的速度和加速度

当刚体绕定轴转动时，刚体内任意一点都做圆周运动，圆心在轴线上，圆周所在的平面与轴线垂直，圆周的半径等于该点到轴线的垂直距离，因此，可采用自然法研究各点的运动.

设刚体由定平面 A 绕定轴 O 转动任一角度 φ，到达 B 位置，其上任一点由 O' 运动到 M，

以固定点 O' 为弧坐标 s 的原点，按 φ 角的正向规定弧坐标 s 的正向，如图 6-3 所示. 设 M 点到转轴的垂直距离为 R，则 M 点沿圆周轨迹的运动方程是

$$s=R\varphi \tag{6-7}$$

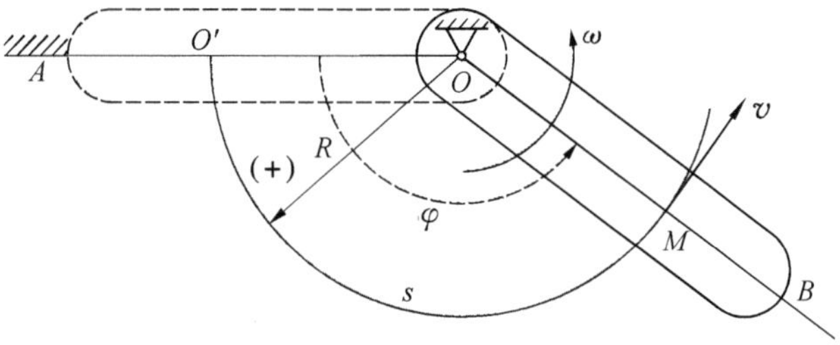

图 6-3

将上式对 t 取一阶导数，得

$$v=\frac{\mathrm{d}s}{\mathrm{d}t}=\frac{\mathrm{d}}{\mathrm{d}t}(R\varphi)=R\dot{\varphi} \tag{6-8}$$

即

$$v=R\omega$$

即转动刚体内任一点的速度的大小，等于刚体的角速度与该点到轴线的垂直距离的乘积，它的方向沿圆周的切线而指向转动的一方，如图 6-3 所示.

根据式(5-19)、(5-20)，求出 M 点的切向、法向加速度的值为

$$a_\tau=\frac{\mathrm{d}v}{\mathrm{d}t}=\frac{\mathrm{d}}{\mathrm{d}t}(R\omega)=R\dot{\omega}$$

$$a_n=\frac{v^2}{\rho}=\frac{(R\omega)^2}{R}$$

即

$$a_\tau=R\alpha \tag{6-9}$$

$$a_n=R\omega^2 \tag{6-10}$$

亦即转动刚体内任一点的切向加速度的大小，等于刚体的角加速度与该点到轴线垂直距离的乘积，指向与角加速度的转向一致；而法向加速度的大小，等于刚体角速度的平方与该点到轴线的垂直距离的乘积，它的方向与速度垂直并指向轴线，因此又称为向心加速度.

点 M 的加速度 a 的大小和方向按下式确定：

$$a=\sqrt{a_\tau{}^2+a_n{}^2}=R\sqrt{\alpha^2+\omega^4} \tag{6-11}$$

$$\theta=\arctan\frac{a_\tau}{a_n}=\arctan\left(\frac{\alpha}{\omega^2}\right) \tag{6-12}$$

在给定瞬时，刚体的 ω 和 α 有确定的值，这些值与各点在刚体上的位置无关. 因此，在同一瞬时，刚体上各点的速度大小与其转动半径成正比，其方向与转动半径垂直，如图 6-4 所示；各点的加速度大小也与其转动半径成正比，且与转动半径成相同的偏角 θ，如图 6-5 所示.

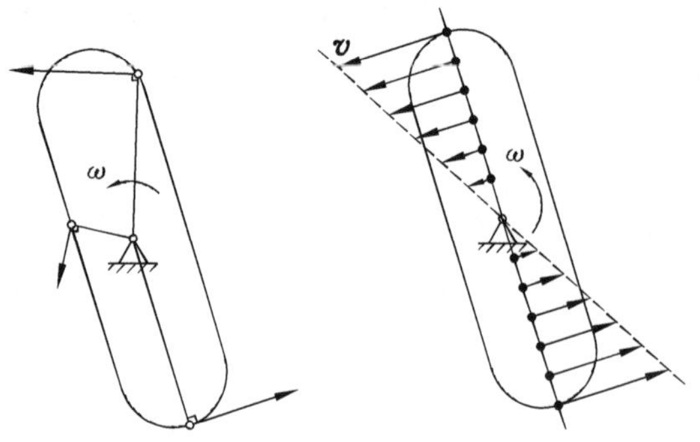

(a) (b)

图 6-4

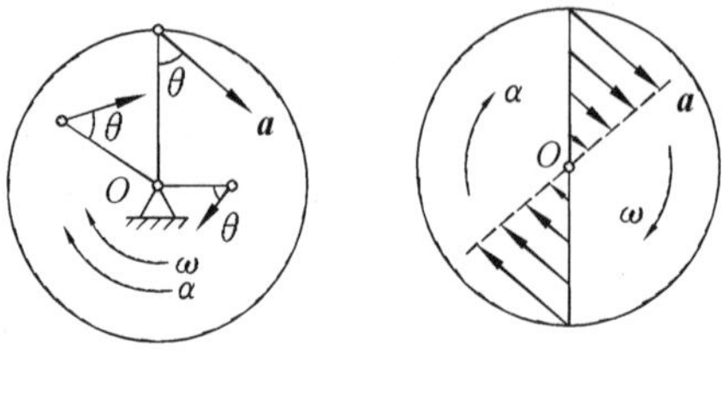

(a) (b)

图 6-5

例 6-1 升降机装置由半径为 $R=50$ cm 的鼓轮带动，如图 6-6 所示. 被升降的物体的运动方程为 $x=5t^2$(t 以秒计，x 以米计). 求鼓轮的转动方程、角速度、角加速度以及任意瞬时轮缘上一点 M 的全加速度的大小和方向.

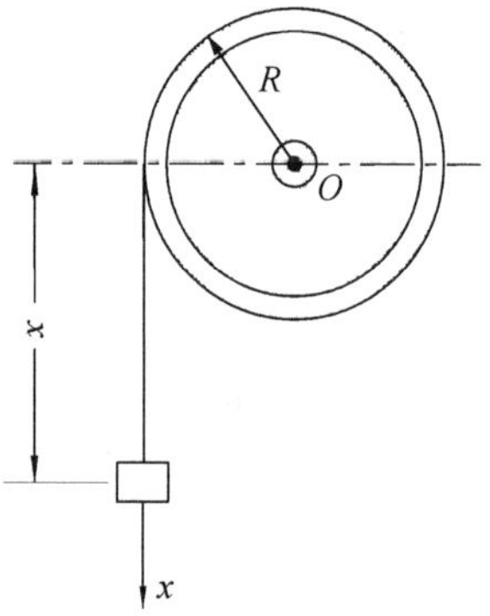

图 6-6

解： 鼓轮做定轴转动，重物做平动，鼓轮的运动和重物的运动相互之间的联系是通过缆绳来实现的.

设缆绳不可伸长，则鼓轮边缘上任一点 M 沿圆周走过的弧长 s 等于重物的位移 x，即 $s=x$，由此可得鼓轮的转动方程为

$$\varphi=\frac{s}{R}=\frac{x}{R}=\frac{5t^2}{0.5}=10t^2\ \text{rad}$$

鼓轮的角速度和角加速度分别为

$$\omega=\frac{\mathrm{d}\varphi}{\mathrm{d}t}=\frac{\mathrm{d}}{\mathrm{d}t}(10t^2)=20t\ \text{rad/s}$$

$$\alpha=\frac{\mathrm{d}\omega}{\mathrm{d}t}=\frac{\mathrm{d}}{\mathrm{d}t}(20t)=20\ \text{rad/s}^2$$

轮缘上点 M 的速度和加速度分别为

$$v_M=R\omega=0.5\times20t=10t\ \text{m/s}$$

$$a_M=R\sqrt{\alpha^2+\omega^4}=0.5\sqrt{20^2+(20t)^4}=10\sqrt{1+400t^4}\ \text{m/s}^2$$

$$\tan\theta=\frac{|\alpha|}{\omega^2}=\frac{1}{20t^2}$$

例 6-2 物块 B 以匀速 v_0 沿水平直线移动. 杆 OA 可绕 O 轴转动，杆保持紧靠在物块的侧棱 b 上，如图6-7所示. 已知物块的高度为 h，试求杆 OA 的转动方程、角速度和角加速度.

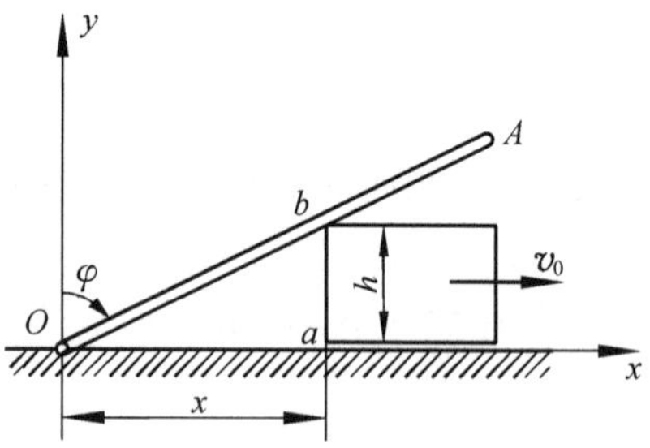

图 6-7

解： 取坐标如图：x 轴以水平向右为正，φ 角则自 y 轴起顺时针度量为正. 取 $x=0$ 的瞬时作为时间的计算起点. 在任意瞬时 t，物块侧面 ab 的坐标为 x. 按题意有 $x=v_0t$.

由三角形 Oab 得

$$\tan\varphi = \frac{x}{h} = \frac{v_0 t}{h}$$

故杆 OA 的转动方程为

$$\varphi = \arctan\left(\frac{v_0 t}{h}\right)$$

根据式(6-5),杆的角速度是

$$\omega = \frac{d\varphi}{dt} = \frac{\frac{v_0}{h}}{1+\left(\frac{v_0 t}{h}\right)^2} = \frac{h v_0}{h^2 + {v_0}^2 t^2}$$

再由式(6-6),杆的角加速度是

$$\alpha = \frac{d\omega}{dt} = -\frac{2h{v_0}^3 t}{(h + {v_0}^2 t^2)^2}$$

因为所得 α 与 ω 异号,说明杆 OA 做减速转动.

思 考 题

6-1 刚体做减速转动时,其角速度与角加速度所应满足的条件是________.

6-2 "刚体做平移时,各点的轨迹一定是直线;刚体做定轴转动时,各点的轨迹一定是圆."这种说法对吗?试举例说明.

6-3 平均速度与瞬时速度有什么不同?在什么情况下相同?

6-4 描述动点的运动有几种方法?试比较各种方法的特点.

6-5 当 $\omega<0$,$\alpha<0$ 时,物体是越转越快还是越转越慢?为什么?

6-6 飞轮做匀速转动.若半径增大一倍,则边缘上点的速度和加速度是否也增大一倍?若飞轮半径不变,而转速增大一倍,则边缘上点的速度和加速度是否也增大一倍?

习 题

6-1 揉茶机的揉桶由三个曲柄支持,曲柄的支座 A、B、C 与支轴 a、b、c 都恰成等边三角形,如图所示.三个曲柄长度相等,均为 $l=150$ mm,并以相同的转速 $n=45$ r/min 分别绕其支座在图示平面内转动.求揉桶中心点 O 的速度和加速度.

6-2 已知搅拌机的主动齿轮 O_1 以 $n=950$ r/min 的转速转动.搅杆 ABC 用销钉 A、B 与齿轮 O_2、O_3 相连,如图所示.且 $\overline{AB}=\overline{O_2O_3}$,$\overline{O_3A}=\overline{O_2B}=0.25$ m,各齿轮齿数为 $z_1=20$,$z_2=50$,$z_3=50$,求搅杆端点 C 的速度和轨迹.

6-3 一飞轮绕固定轴 O 转动,其轮缘上任一点的全加速度在某段运动过程中与轮半径的交角恒为 60°.当运动开始时,其转角 φ_0 等于零,角速度为 ω_0.求飞轮的转动方程以及角速度与转角的关系.

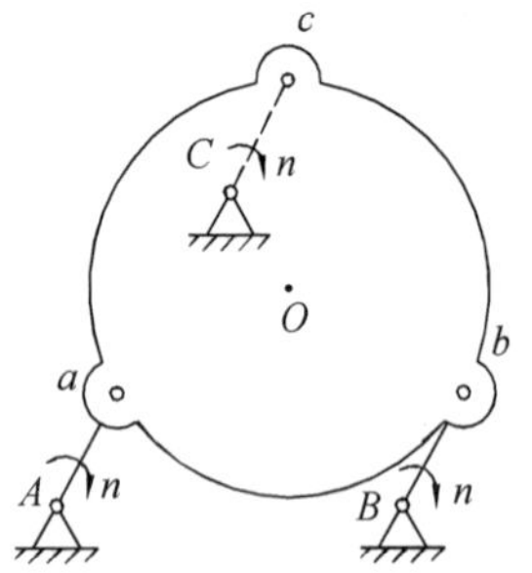

习题 6-1 图

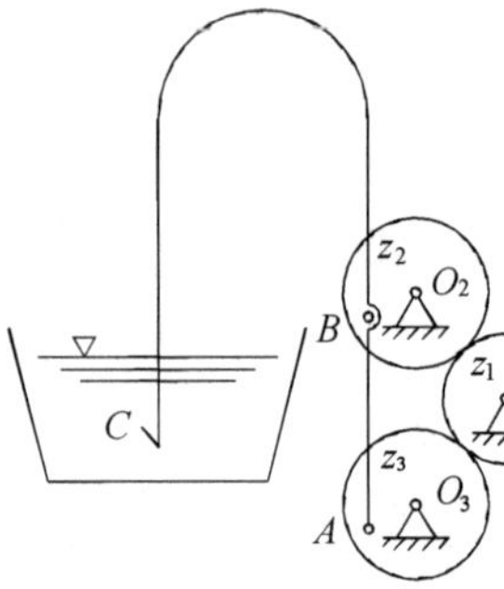

习题 6-2 图

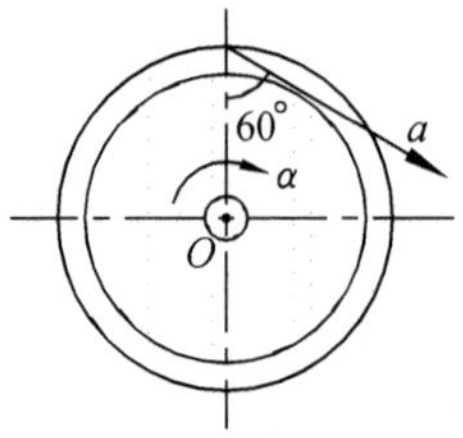

习题 6-3 图

6-4 如图所示,摩擦传动机构的主动轴Ⅰ的转速为 $n=600$ r/min. 轴Ⅰ的轮盘与轴Ⅱ的轮盘接触,接触点按箭头 A 所示的方向移动. 距离 d 的变化规律为 $d=100-5t$,其中 d 以 mm 计,t 以 s 计. 已知 $r=50$ mm,$R=150$ mm. 求:

(1) 以距离 d 表示轴Ⅱ的角加速度.

(2) 当 $d=r$ 时,轮 B 边缘上一点的全加速度.

6-5 一偏心圆盘凸轮机构如图所示. 圆盘 C 的半径为 R,偏心距 $\overline{OC}=e$,设凸轮以匀角速度 ω 绕 O 轴转动. 试问导板 AB 进行何种运动? 写出其运动方程、速度方程和加速度方程.

6-6 如图所示,曲柄 OA 以转速 $n=50$ r/min 做等角速度转动,并通过连杆 AB 带动 $CDEF$ 连杆机构. 当 OA、CD 在垂直位置时,求连杆 DE 中点 M 的速度和加速度. 已知 B 为 CD 的中点,$\overline{OA}=\overline{BC}=\overline{BD}=1$ m,$\overline{EF}=2$ m,$\overline{AB}=\overline{OC}$,$\overline{DE}=\overline{CF}$.

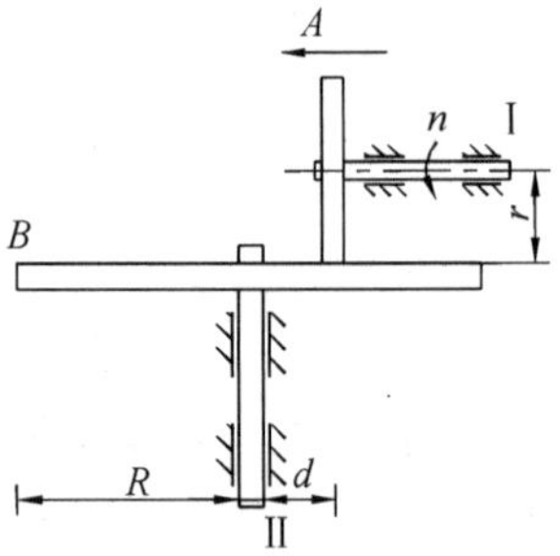

习题 6-4 图

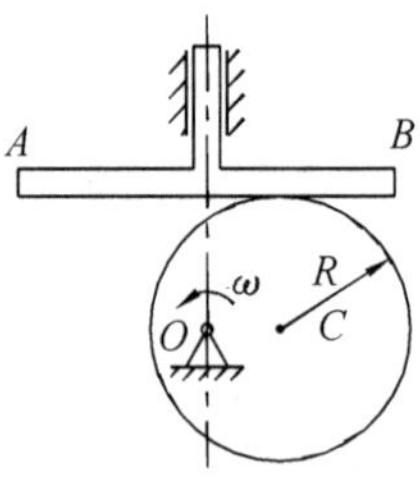

习题 6-5 图

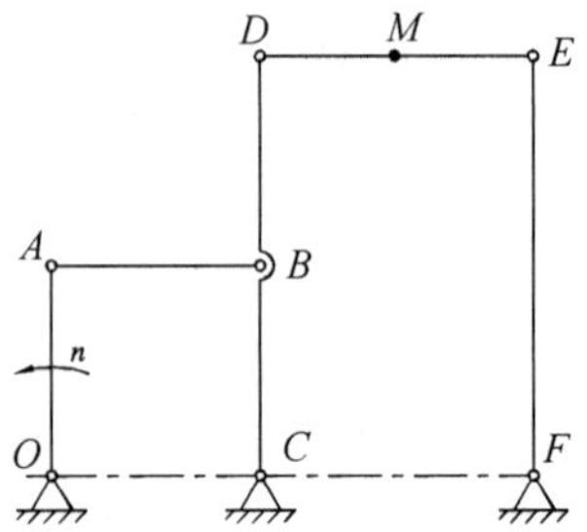

习题 6-6 图

6-7 如图所示,带轮 O_1、O_2 的半径满足 $r_2=2r_1$. 主动轮 O_1 以 $\alpha_1=2\ \mathrm{rad/s^2}$ 做匀加速转动. 问从静止开始多少时间轮 O_1 的转速为 $n_1=400$ r/min? 如为无滑动传动,此时被动轮的转速 n_2 为多少? 当达到 n_2 时,被动轮转了多少转? 传动比 i_{1-2} 为多少?

6-8 飞轮的角加速度规律如图所示,从静止开始运动. 求 t 为 2 s、4 s、6 s、8 s、10 s 末时飞轮的角速度,并求 $t=10$ s 时飞轮的转数.

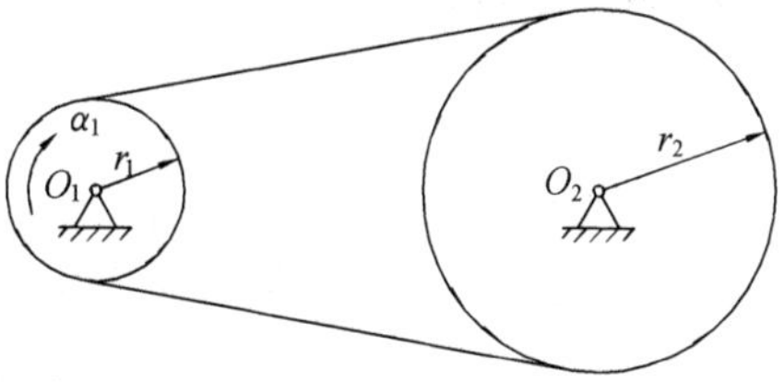

习题 6-7 图

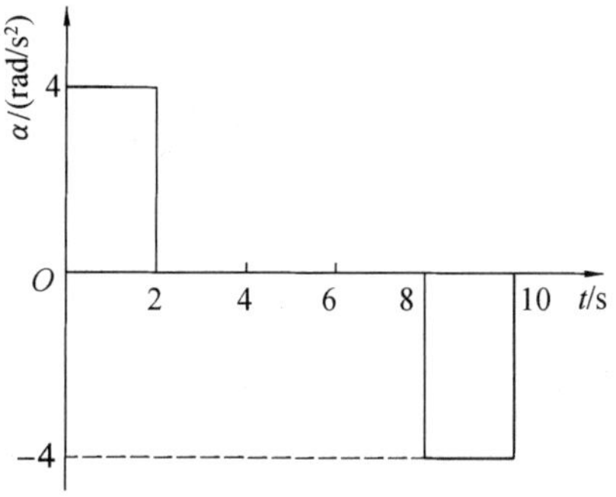

习题 6-8 图

6-9 小环 A 沿半径为 R 的固定圆环以匀速 v_0 运动，带动穿过小环的摆杆 OB 绕 O 轴转动. 试求杆 OB 的角速度和角加速度. 若 $\overline{OB}=l$，试求 B 点的速度和加速度.

6-10 纸带盘由厚度为 b 的纸带卷成，可绕固定轴线 O 转动. 若以匀速 v 水平地拉出纸带，试通过纸盘半径 r 表示纸盘的角加速度.

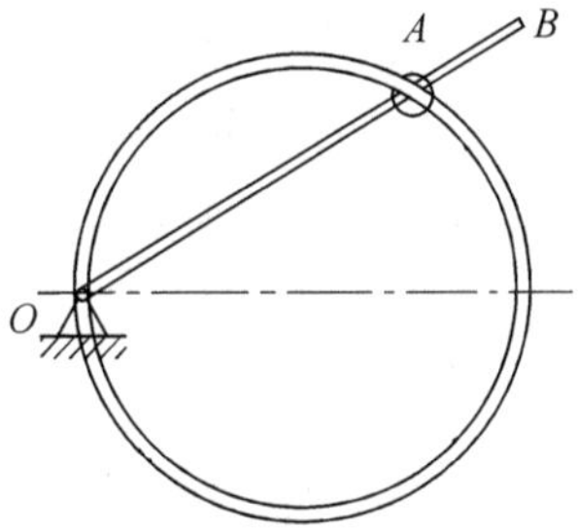

习题 6-9 图

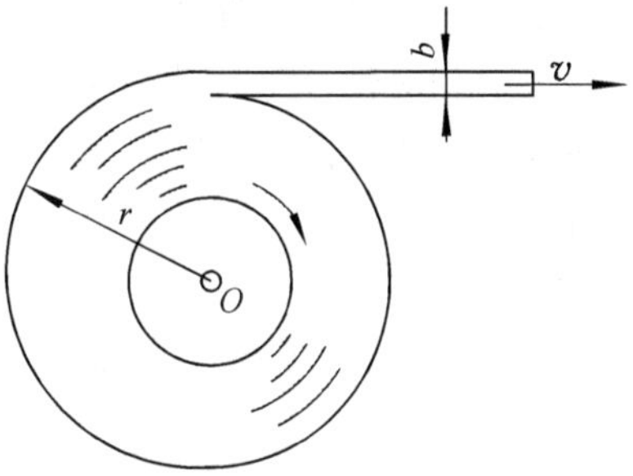

习题 6-10 图

第七章 点的合成运动

物体的运动具有相对性,同一物体相对于不同的参考系(坐标)表现出不同的运动.在前面的章节中,物体运动的研究都是限定在同一参考系下进行.本章将在不同的参考系中讨论同一物体(动点)的运动,内容涉及动点相对于两个不同的参考系所表现出不同的运动学的特征及其相互关系,即速度之间的关系—速度合成定理和加速度之间的关系—加速度合成定理.

本章是研究动点和刚体复杂运动的基础.

§7-1 相对运动、绝对运动和牵连运动

采用不同的参考系来描述同一动点的运动,所得结果将呈现不同的运动特性.这就体现了运动描述的相对性.例如,某人在水平面上沿直线方向骑自行车时,他在车上观察轮胎上一点 M 的运动是圆周运动;但地面上的观察者却看到该点做的是旋轮线(摆线)的运动,如图 7-1 所示.又如,一昆虫 M 沿相对于地面定轴转动的圆盘的径向向外爬行,如图 7-2 所示,如观察者站在圆盘上并随之一起转动,则他看到的昆虫的运动是沿径向向外的直线运动;但当他站在地面上观察时,昆虫做的是较复杂的曲线运动.

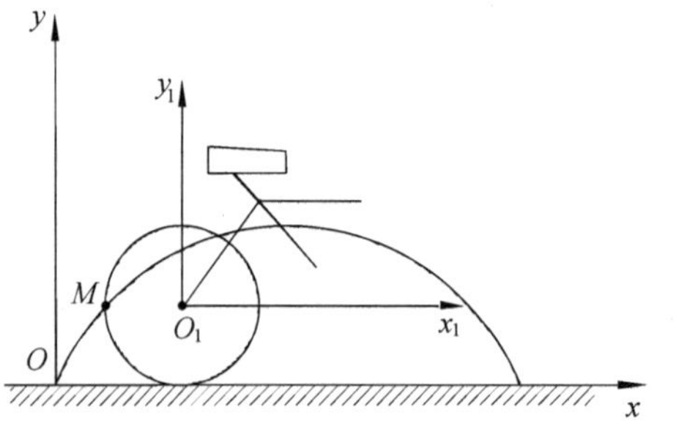

图 7-1

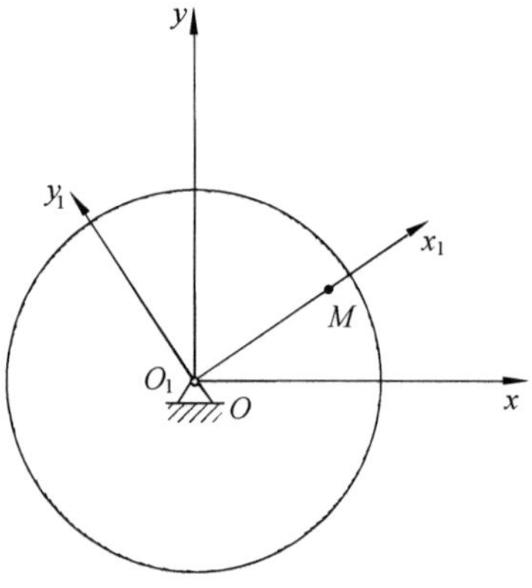

图 7-2

通过上面两例可以看出,研究的对象(轮胎上的一点或昆虫)在不同的参考系中的运动是不同的.那么,它们之间又有什么内在联系呢? 为了寻求这种联系,现约定:在只涉及两个参考系时,把其中的一个参考系看作是固定的,称为固定参考系,简称定系,将另一相对于定系运动的参考系定义为动参考系,简称动系.在工程上,我们一般是从地面上观察物体的运动的,因此,虽然在原则上可以随意地确定一个参考系作为定系,但习惯上常取固连于地面的参考系为定系.在后续内容中如无特别规定,即按上述习惯进行理解.

从上面的两例也可看出,将 M 作为动点,则动点相对于定系的运动,可以看成是它相对

于动系的运动(绕自行车轮轴做的圆周运动或随圆盘沿径向向外的直线运动)和动点随动系相对于定系的运动(自行车的直线运动或圆盘的定轴转动)两者合成的结果.

为了区别以上几种运动,引入三个重要的概念:相对运动、牵连运动和绝对运动.动点相对于定系的运动称为该点的绝对运动,动点相对于动系的运动称为该点的相对运动.动系本身相对于定系的运动称为牵连运动.

以图 7-1 为例,为了描述轮胎上一点 M 的运动,取动系 $x_1O_1y_1$ 固连于车架上,定系 xOy 固连于地面.这样,动点 M 的相对运动是圆周运动(犹如人坐在车上看 M 点的运动),绝对运动则是旋轮线的运动(犹如人站在地面上观察 M 点的运动).牵连运动则是车的直线运动.同样地,对于图 7-2 所示问题,可取动系 $x_1O_1y_1$ 固连于定轴转动的圆盘上,定系 xOy 固连于定轴(与地面相连)上.则昆虫 M 的相对运动是沿圆盘的径向直线运动,绝对运动是曲线运动,牵连运动是圆盘绕 O 轴的转动.

从上面的分析可知,要分析点的复合运动,首先要抓住运动的主体——动点 M 本身,再逐步建立定系、动系,随后进行绝对运动、相对运动的分析;而牵连运动的主体是动系所固连的刚体(注意:在分析中,读者不应局限于具体的刚体对象,可将其假想地扩大或缩小),其运动可以是平动、定轴转动或其他较复杂的运动.

点在绝对运动中的位移、速度和加速度,分别称为该点的绝对位移、绝对速度和绝对加速度.类似地,点在相对运动中的位移、速度和加速度则称为该点的相对位移、相对速度和相对加速度.在某一瞬时,动系上与动点 M 重合的一点 m 称为牵连点.牵连点的位移、速度和加速度分别称为牵连位移、牵连速度和牵连加速度.注意:牵连运动是动系(理解为与其相连的刚体)的运动;而牵连位移、牵连速度及牵连加速度则代表着动系上特定的点(牵连点 m,而非动点 M)的位移、速度及加速度.由于动点相对运动的进行,牵连点在动系上将取一系列不同的位置,即在不同的瞬时牵连点是不同的.

由此可得出一般结论:动点的相对运动与其随动系的牵连运动合成为动点的绝对运动.那么,上述合成的逆过程是否存在呢?回答是肯定的,也即动点的绝对运动可分解成动点的相对运动和其随动系的牵连运动.分解与合成的表达形式如下:

$$(\text{绝对运动})\underset{\text{合成}}{\overset{\text{分解}}{\rightleftarrows}}(\text{相对运动})+(\text{牵连运动})$$

某些比较复杂的运动,通过恰当地选择动系,可以将复杂问题简单化,这种利用动系和定系来分析运动的方法,无论在理论上还是工程应用上都具有重要的意义.

§7-2 速度合成定理

速度合成定理是运动学中的一个重要定理,它将建立起动点的绝对速度、相对速度和牵连速度之间的关系.

设定系为 $Oxyz$,动系 $O'x'y'z'$ 固连于运动物体上.动点 M 相对于动系的运动轨迹为 AB.在某一瞬时,动点 M 及其相对轨迹的位置如图 7-3 所示.该瞬时动点 M 重合于 AB 上 m 点.经过 Δt 时间后,对于定系 $Oxyz$ 而言,曲线 AB 随同动系一起运动到新位置 $A'B'$,同时动点 M 沿相对轨迹运动到另一点 M' 处,并与动系中曲线 $A'B'$ 上另一点 m'' 相重合,而 m 点对应于 $A'B'$ 上的 m' 点.此时动点的绝对位移为 $\overrightarrow{MM'}$,相对位移为 $\overrightarrow{m'M'}$,由几何关

系可知

$$\overrightarrow{MM'}=\overrightarrow{Mm'}+\overrightarrow{m'M'}$$

因 t 时刻 M 与 m 重合,有

$$\overrightarrow{MM'}=\overrightarrow{mm'}+\overrightarrow{m'M'}$$

式中,$\overrightarrow{mm'}$为动系上与动点 M 在瞬时 t 重合的点 m 在 Δt 时间后随动系一起运动的位移. 将两边分别除以 Δt 并取 $\Delta t\to 0$ 时的极限得

$$\lim_{\Delta t\to 0}\frac{\overrightarrow{MM'}}{\Delta t}=\lim_{\Delta t\to 0}\frac{\overrightarrow{mm'}}{\Delta t}+\lim_{\Delta t\to 0}\frac{\overrightarrow{m'M'}}{\Delta t}$$

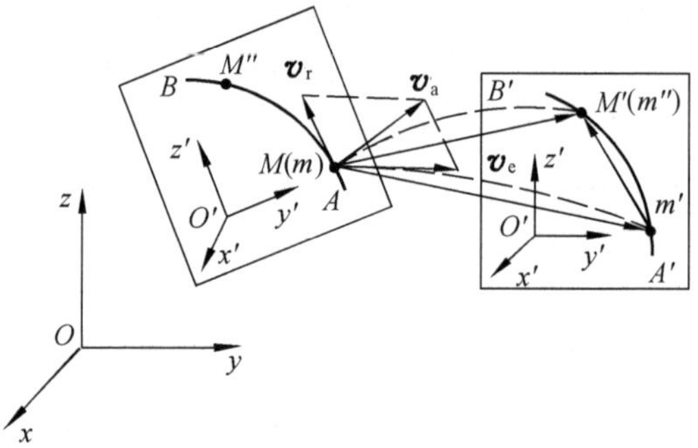

图 7-3

根据速度的定义,等式左端就是动点在瞬时 t 相对于定系运动的速度,为动点的绝对速度 $\boldsymbol{v}_a$,即有

$$\boldsymbol{v}_a=\lim_{\Delta t\to 0}\frac{\overrightarrow{MM'}}{\Delta t}$$

其方向沿绝对轨迹 MM'在 M 点的切线. 等式右端第二项是动点在瞬时 t 相对于动系运动的速度,为动点的相对速度 $\boldsymbol{v}_r$,即

$$\boldsymbol{v}_r=\lim_{\Delta t\to 0}\frac{\overrightarrow{m'M'}}{\Delta t}$$

其方向沿相对轨迹在 M 点的切线. 等式右端第一项是动系上在瞬时 t 与动点 M 重合的点 m 相对于静系的速度,为动点的牵连速度 $\boldsymbol{v}_e$,有

$$\boldsymbol{v}_e=\lim_{\Delta t\to 0}\frac{\overrightarrow{mm'}}{\Delta t}$$

其方向沿曲线 mm'在 M 点的切线.

最后将上述式子一并代入原式,得

$$\boldsymbol{v}_a=\boldsymbol{v}_e+\boldsymbol{v}_r \tag{7-1}$$

这就是点的速度合成定理:动点的绝对速度等于它的牵连速度与相对速度的矢量和,该定理也称为速度平行四边形定理. 定理表明了同一动点相对于两个不同的参考系的速度($\boldsymbol{v}_a$,$\boldsymbol{v}_r$)之间的关系. 按此定理,可由牵连速度和相对速度求绝对速度,也可由绝对速度和牵连速度求相对速度,等等.

下面将通过例题说明速度合成定理的应用.

例 7-1 正弦机构如图 7-4(a)所示. 曲柄长$\overline{OA}=r$,以匀角速度 ω 绕 O 旋转,端点 A 用铰链和滑块相连,带动滑道 BC 做往复运动. 求曲柄与水平线成 φ 角时滑道的速度.

解: 由于滑块相对于滑道的运动明显直观,故取 A 作为动点进行分析,动系固连于 BC 上. 此时,滑块 A 与滑道 BC 间存在相对运动(直线运动).

A 点的绝对运动是绕 O 点的圆周运动,绝对速度的方向与 OA 垂直,大小 $v_a=r\omega$.

A 点的相对运动是沿滑道的直线运动,相对速度的方向沿铅垂方向,大小未知.

牵连运动为滑道 BC 的平动. 根据定义,动点 A 的牵连速度是动系(滑道 BC)上与动点 A 重合的点的速度. 由于 BC 为平动,则其上各点的速度皆相同,所以最终 A 点的牵连速度方向沿水平方向,大小未知. 显然,A 点的牵连速度即为待求的滑道速度.

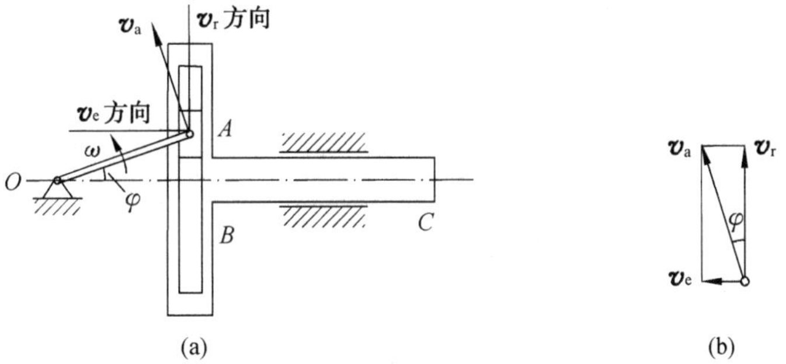

图 7-4

根据速度合成定理，作出速度平行四边形，如图 7-4(b)所示. 最终

$$v_{BC}=v_e=v_a\sin\varphi=r\omega\sin\varphi$$

注意：初学者进行分析时，切忌将动系随意固连于运动的刚体上进行分析，因为点的合成运动分析的目的是将较复杂的运动简单化(分解)或将一般的运动明确化、特殊化(分解). 例如，在上面的分析中，读者若一开始就将动系固连在 OA 杆上，动点采用点 A 进行分析，显然，点 A 相对于 OA 杆是不动的，这样也就失去了相对运动的意义，此时，运动的合成定理也就失去了存在的价值. 如不选择点 A 作为动点分析，那动点又将在何处？显然，动点的确定变得十分不明确，反而给分析工作带来了麻烦.

例 7-2 偏心轮机构如图 7-5(a)所示. 偏心轮圆心为 C 点，半径为 R，偏心距 $\overline{OC}=e$ 并以角速度 ω 绕 O 轴转动，推动对心直动杆上下往复运动. 当 OC 线与水平线的夹角成 α 时，试求直动杆的速度.

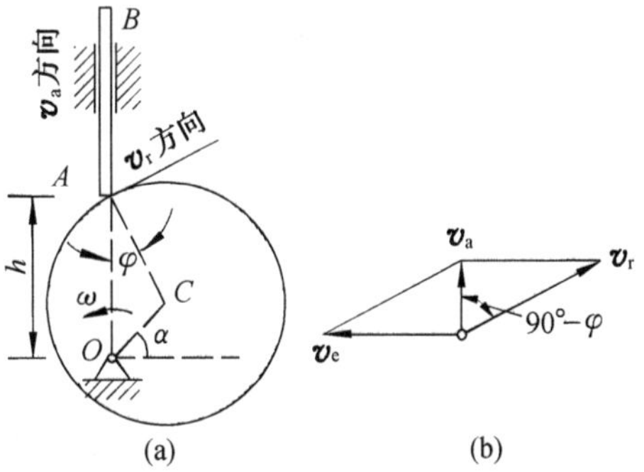

图 7-5

解：此题首先要确定动点(运动体). 由于题目要求杆 AB 的速度，且 AB 杆与偏心轮存在相对运动，故取杆的 A 点为动点，动系固连于偏心轮上. 这样相对运动就一目了然，相对运动的轨迹即为偏心轮轮廓曲线.

A 点的绝对运动为随 AB 杆的铅直直线运动. 绝对速度的方向为铅垂方向，大小 v_a 未知，即为待求的 AB 杆的速度.

A 点的相对运动为 A 点沿偏心轮轮廓的曲线运动(犹如人站在偏心轮上观察点 A 一样). 相对速度的方向沿轮廓曲线在 A 点的切线方向，大小 v_r 也未知.

由于动系是固连于偏心轮上，牵连运动则为偏心轮绕 O 轴的转动. 而动点 A 的牵连速度应是偏心轮(动系)上与 A 点重合的那点(牵连点)速度，其方向垂直 OA，大小 $v_e=h\omega$.

根据图 7-5(a)的几何关系并运用正弦、余弦定理，可得出

$$\varphi=\arcsin\left(\frac{e}{R}\cos\alpha\right)$$

$$h=\sqrt{R^2+e^2-2Re\sin(\varphi-\alpha)}$$

画出速度合成的平行四边形，如图 7-5(b)所示. 由此求得

$$v_a=v_e\tan\varphi=h\omega\tan\varphi$$

与上题类似,读者有可能会有这样一个问题:为什么不将动系固连在 AB 杆上呢?建议读者在提出此问题的时候首先考虑一下动点该如何确定,这样建立动系对问题的求解是否有利?

例 7-3 运输带上的下料装置如图 7-6(a)所示.为了卸下运输带上的物料,装设挡板把物料推向旁边.挡板与输送带运动方向的夹角 $\alpha=60°$.设运输带运动速度 $v_1=0.6$ m/s,物料被阻挡后沿挡板运动的速度 $v_2=0.14$ m/s.试求物料对运输带的相对速度的大小以及它与运输带前进方向间的角度.

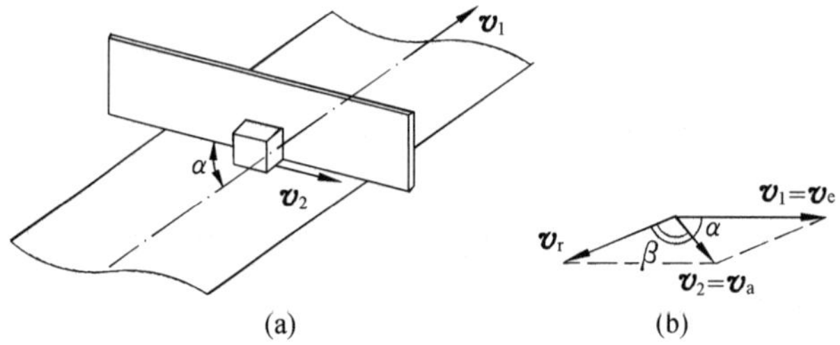

图 7-6

解: 将物料作为动点,动系固连在运输带上.则动点的绝对运动方向沿挡板方向,其绝对运动的速度大小 $v_a=v_2=0.14$ m/s.

由于动系固连在运输带上,故动点的牵连速度即为与动点重合的运输带上那点的速度,方向与运输带的运动方向一致,大小为 $v_e=v_1=0.6$ m/s.

画出速度合成的平行四边形,如图 7-6(b)所示.根据余弦定理,求得 v_r 的大小为

$$v_r=\sqrt{v_1{}^2+v_2{}^2-2v_1v_2\cos\alpha}=0.543\,7\text{ m/s}$$

再根据余弦定理,有

$$\cos\beta=(v_a{}^2+v_r{}^2-v_e{}^2)/2v_av_r=-0.294\,2$$

即

$$\beta=107.11°$$

最终,求得物料与运输带前进方向间的角度为 167.11°.

例 7-4 急回机构如图 7-7(a) 所示,曲柄 OA 长 R,以匀角速度 ω 转动.当机构夹角分别为 α、β 时,求摆杆 O_1B 的角速度 ω_1.

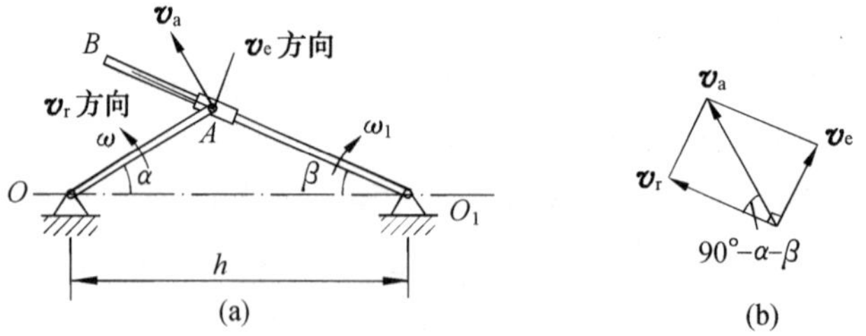

图 7-7

解: 取滑块上销子 A 为动点,定系固连于机架上,动系固连于摆杆 O_1B 上.动点 A 的绝对运动为绕 O 点的圆周运动,其速度大小为 $v_a=\omega R$,方向垂直 OA 杆.

由于动系固连于杆 O_1B 上,牵连运动为绕 O_1 轴的转动,故牵连速度 v_e 即为与 A 点重合的 O_1B 杆上那点的速度,其方向垂直 O_1B 杆,大小未知.

A 点的相对运动显然是沿 O_1B 杆的滑动，相对速度 v_r 方向沿 O_1B 杆方向，大小未知.

画出速度合成的平行四边形，如图 7-7(b)所示. 由几何关系可知

$$v_r = v_a \cos\left[\frac{\pi}{2} - (\alpha+\beta)\right] = R\omega\sin(\alpha+\beta)$$

$$v_e = v_a \sin\left[\frac{\pi}{2} - (\alpha+\beta)\right] = R\omega\cos(\alpha+\beta)$$

又

$$v_e = \omega_1 \overline{O_1A}$$

所以

$$\omega_1 = \frac{v_e}{\overline{O_1A}} = \frac{R\cos(\alpha+\beta)}{\overline{O_1A}}\omega = \frac{R\,\overline{O_1A}\cos(\alpha+\beta)}{(\overline{O_1A})^2}\omega$$

其中

$$\overline{O_1A}\cos(\alpha+\beta) = h\cos\alpha - R$$

$$(\overline{O_1A})^2 = R^2 + h^2 - 2Rh\cos\alpha$$

最终得到

$$\omega_1 = \frac{R(h\cos\alpha - R)}{R^2 + h^2 - 2Rh\cos\alpha}\omega$$

综上例题分析，关键在于正确选取动点和动系. 在动系的选择上，必须使动点的相对运动轨迹一目了然. 具体分析三种运动及三种速度时，由于速度是矢量(有大小及方向 2 个要素)，故三种速度含 6 个要素，在利用速度合成定理时一般要知道其中的 4 个要素才能确定具体的解.

§7-3　牵连运动为平动时的加速度合成定理

设动系 $O'x'y'z'$ 相对于定系 $Oxyz$ 做平动. 动点 M 在动系中的坐标为 x'、y'、z'，如图 7-8 所示，则动点 M 的矢径为

$$\begin{aligned}\boldsymbol{r} &= \boldsymbol{r}_{O'} + \boldsymbol{r}' \\ &= \boldsymbol{r}_{O'} + (x'\boldsymbol{i}' + y'\boldsymbol{j}' + z'\boldsymbol{k}')\end{aligned}$$

其中 $\boldsymbol{r}_{O'}$ 是动系原点 O' 的矢径，$\boldsymbol{i}'$、$\boldsymbol{j}'$、$\boldsymbol{k}'$ 是动系的单位矢量.

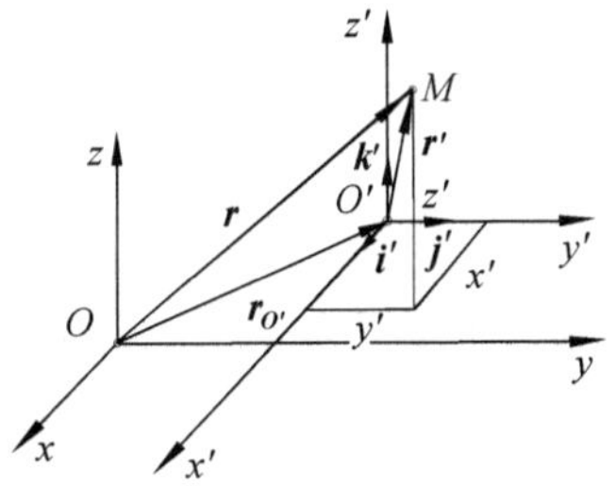

图 7-8

由前面章节有关点的运动的描述可知，动点 M 在绝对坐标系 $Oxyz$ 中的速度及加速度的求解可通过对运动方程的求导进行. 为此，对上式求导即可获得相应的速度及加速度. 求导时应注意：由于动系做平动，故单位矢量 $\boldsymbol{i}'$、$\boldsymbol{j}'$、$\boldsymbol{k}'$ 方向不变，其对时间的导数为零. 上式对时间的一阶导数结果为

$$\begin{aligned}\boldsymbol{v}_a &= \frac{d\boldsymbol{r}}{dt} = \frac{d\boldsymbol{r}_{O'}}{dt} + \left(\frac{dx'}{dt}\boldsymbol{i}' + \frac{dy'}{dt}\boldsymbol{j}' + \frac{dz'}{dt}\boldsymbol{k}'\right) \\ &= \dot{\boldsymbol{r}}_{O'} + (\dot{x}'\boldsymbol{i}' + \dot{y}'\boldsymbol{j}' + \dot{z}'\boldsymbol{k}')\end{aligned} \tag{7-2}$$

现对式(7-2)右侧各符号进行分析. 因动系做平动，故动系上各点的运动速度应相同，因此，根据牵连速度的定义，第一项实际上体现了动点的牵连速度，即

$$\boldsymbol{v}_{e}=\boldsymbol{v}_{O'}=\dot{\boldsymbol{r}}_{O'}$$

第二大项(括号内各项总和)则体现了动点相对于动系的运动速度,即

$$\boldsymbol{v}_{r}=\dot{x}'\boldsymbol{i}'+\dot{y}'\boldsymbol{j}'+\dot{z}'\boldsymbol{k}'$$

由此可见,式(7-2)实际上就是动点在牵连运动为平动时的速度合成定理.

式(7-2)对时间再次求导,有

$$\begin{aligned}\boldsymbol{a}_{a}&=\frac{\mathrm{d}\boldsymbol{v}_{a}}{\mathrm{d}t}=\frac{\mathrm{d}^{2}\boldsymbol{r}}{\mathrm{d}t^{2}}=\frac{\mathrm{d}^{2}\boldsymbol{r}_{O'}}{\mathrm{d}t^{2}}+\left(\frac{\mathrm{d}^{2}x'}{\mathrm{d}t^{2}}\boldsymbol{i}'+\frac{\mathrm{d}^{2}y'}{\mathrm{d}t^{2}}\boldsymbol{j}'+\frac{\mathrm{d}^{2}z'}{\mathrm{d}t^{2}}\boldsymbol{k}'\right)\\&=\ddot{\boldsymbol{r}}_{O'}+(\ddot{x}'\boldsymbol{i}'+\ddot{y}'\boldsymbol{j}'+\ddot{z}'\boldsymbol{k}')\end{aligned}$$

同理,对上式右侧各符号进行分析.右侧第一项为动系平动时的加速度,即牵连加速度.第二大项为动点的相对加速度:

$$\boldsymbol{a}_{e}=\boldsymbol{a}_{O'}=\ddot{\boldsymbol{r}}_{O'}$$

$$\boldsymbol{a}_{r}=\ddot{x}'\boldsymbol{i}'+\ddot{y}'\boldsymbol{j}'+\ddot{z}'\boldsymbol{k}'$$

最终,有

$$\boldsymbol{a}_{a}=\boldsymbol{a}_{e}+\boldsymbol{a}_{r}\tag{7-3}$$

上式就是牵连运动为平动时点的加速度合成定理:当动系做平动时,动点的绝对加速度等于其牵连加速度与相对加速度的矢量和.

现举例说明牵连运动为平动时点的加速度合成定理的应用.

例 7-5 正弦机构如图 7-9(a)所示.曲柄长$\overline{OA}=r$,以匀角速度 ω 绕 O 旋转,端点 A 用铰链和滑块相连,带动滑道 BC 做往复运动.求曲柄与水平线成 φ 角时滑道的加速度.

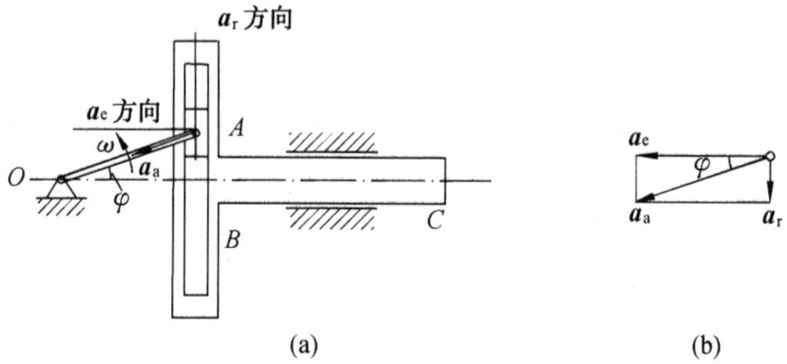

图 7-9

解: 此题为例 7-1 的延伸.仍取 A 为动点,动系固连于滑道连杆 BC.A 点的绝对运动为已知的圆周运动,A 点的绝对加速度为切向加速度与法向加速度的矢量和.由于 OA 做匀速圆周运动,故 A 点的切向加速度为零,只存在法向加速度,其方向沿 AO 指向 O 点,大小为

$$a_{a}=a_{a}^{n}=r\omega^{2}$$

A 点的相对运动是沿滑道的直线运动.因此,相对加速度的方向沿铅垂方向,大小 a_r 未知.

因动系固连在 BC 上.A 点的牵连加速度的方向水平,大小 a_e 就是待求的滑道 BC 的加速度.

利用式(7-3)加速度合成定理,画出加速度合成的平行四边形,如图 7-9(b)所示.最终解得

$$a_{e}=a_{a}\cos\varphi=r\omega^{2}\cos\varphi$$

例 7-6　盘型凸轮在水平面上向右做减速运动，如图 7-10(a)所示. 设凸轮半径为 r，在图示位置的速度及加速度分别为 $\boldsymbol{v}$ 及 $\boldsymbol{a}$. 求杆 AB 在图示位置的加速度.

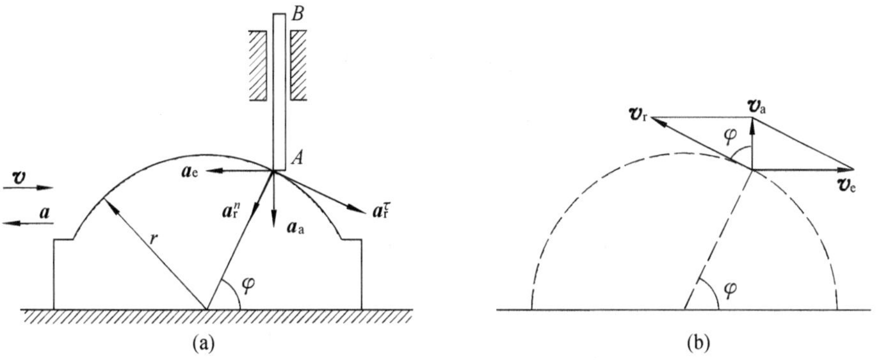

图 7-10

解：以与凸轮接触的杆上 A 点为动点，动系固连在凸轮上，则动点 A 的绝对运动轨迹为上下运动的直线，相对运动轨迹为凸轮轮廓曲线. 绝对加速度 $\boldsymbol{a}_a$ 的方向为铅垂方向，大小未知.

根据定义，点 A 的牵连加速度为凸轮上与动点重合的那一点的加速度，即为凸轮运动的加速度

$$\boldsymbol{a}_e = \boldsymbol{a}$$

点 A 的相对运动轨迹为圆弧，故相对加速度分为两个分量：切向分量 $\boldsymbol{a}_r^\tau$ 的大小未知，法向分量 $\boldsymbol{a}_r^n$ 的方向如图所示，大小为

$$a_r^n = \frac{{v_r}^2}{r}$$

式中的相对速度 v_r 可根据速度合成定理求出，其方向如图 7-10(b)所示，大小为

$$v_r = \frac{v_e}{\sin\varphi} = \frac{v}{\sin\varphi}$$

代入上式，有

$$a_r^n = \frac{1}{r}\frac{v^2}{\sin^2\varphi}$$

加速度合成定理可写成如下形式：

$$\boldsymbol{a}_a = \boldsymbol{a}_e + \boldsymbol{a}_r^\tau + \boldsymbol{a}_r^n$$

假设 $\boldsymbol{a}_r^\tau$、$\boldsymbol{a}_a$ 的方向如图所示，为计算 $\boldsymbol{a}_a$ 的大小，将上面矢量式投影到法线 n 上（这样可使未知量 $\boldsymbol{a}_r^\tau$ 不出现在所列等式中，便于解题），有

$$a_a \sin\varphi = a_e \cos\varphi + a_r^n$$

最终解得

$$a_e = \frac{1}{\sin\varphi}\left(a\cos\varphi + \frac{v^2}{r\sin^2\varphi}\right) = a\cot\varphi + \frac{v^2}{r\sin^3\varphi}$$

应用加速度合成定理解题时应注意，式(7-3)中各加速度皆为全加速度，一般情况下有法向及切向加速度之分，这一点与用速度合成定理解题有较大的区别，形式上也更烦琐.

最后必须指出的是，牵连运动为转动时，加速度合成定理不再是式(7-3)，还需在等式

右边加上一项所谓的科氏加速度 $\boldsymbol{a}_C$，其大小及方向由所给的矢量形式 $\boldsymbol{a}_C=2\boldsymbol{\omega}_e\times\boldsymbol{v}_r$ 决定.读者若希望进一步了解其导出过程及理论依据，请参阅有关理论力学教材.

思 考 题

7-1 举例说明什么是动点的绝对运动、相对运动和牵连运动.

7-2 什么是牵连速度？什么是牵连加速度？是否动参考系中任一点速度(或加速度)就是牵连速度(或加速度)？

7-3 图中的速度平行四边形有无错误？错在哪里？

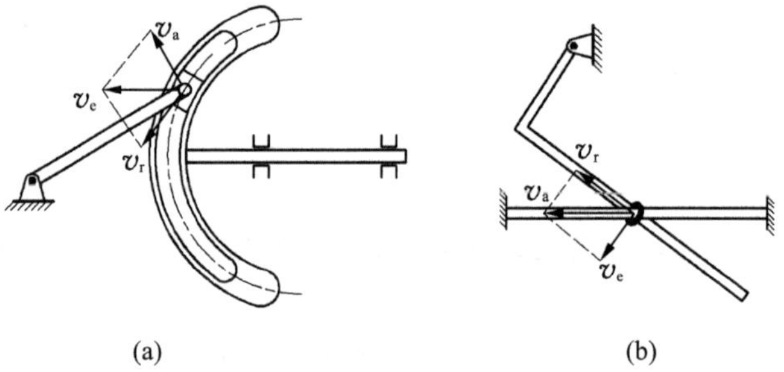

思考题 7-3 图

7-4 如下计算对不对？错在哪里？

图(a)中，取动点为滑块 A，动参考系为杆 OC，则

$$v_e=\overline{OA}\cdot\omega, v_a=v_e\cos\varphi$$

图(b)中，有

$$v_{BC}=v_e=v_a\cos60°, v_a=r\omega$$

因为 $\omega=$常量，所以 $v_{BC}=$常量，$a_{BC}=\dfrac{\mathrm{d}v_{BC}}{\mathrm{d}t}=0$.

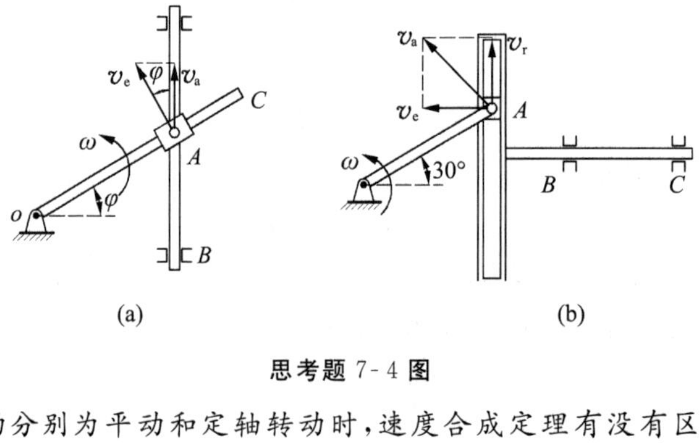

思考题 7-4 图

7-5 牵连运动分别为平动和定轴转动时，速度合成定理有没有区别？加速度合成定理有没有区别？为什么？

7-6 某瞬时动参考系上与动点 M 重合的点为 M'，试问动点 M 与点 M' 在此瞬时的绝对速度是否相等？为什么？

习 题

7-1 牵连速度、牵连加速度是否等于动系的速度和加速度？为什么？

7-2 试举例说明运动描述的相对性.什么是牵连速度、牵连加速度？

7-3 根据下列图形说明其中的绝对运动、相对运动及牵连运动，并在图中画出牵连速度的方向.定系一律固定于地面.

(1) 图(a)中动点是车 1，动系固连于车 2.

(2) 图(b)中动点为小环 M，动系固连于 OA 杆.

(3) 图(c)中动点为 L 形杆的端点 M，动系固连于矩形滑块上.

(4) 图(d)中动点为踏板 M，动系固连于自行车车架.

(5) 图(e)中动点为滑块上销钉 M，动系固连于 L 形杆 OAB.

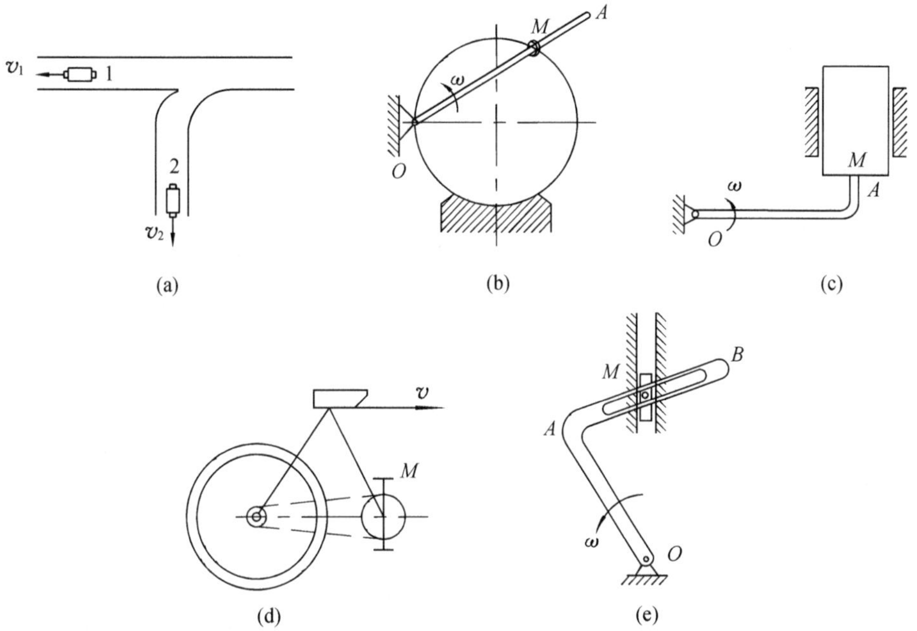

习题 7-3 图

7-4 两船从同一地点 O 出发，匀速行驶，夹角为 α，B 船的速度 v_2 为已知.问：A 船以多大的速度 v_1 行驶才能使 B 船始终处于 A 船左方？此时两船间的距离以多大的速度 v_r 在增大？

(1) 取 A 船为动点，动系随 B 船平动.

(2) 取 B 船为动点，动系随 A 船平动.

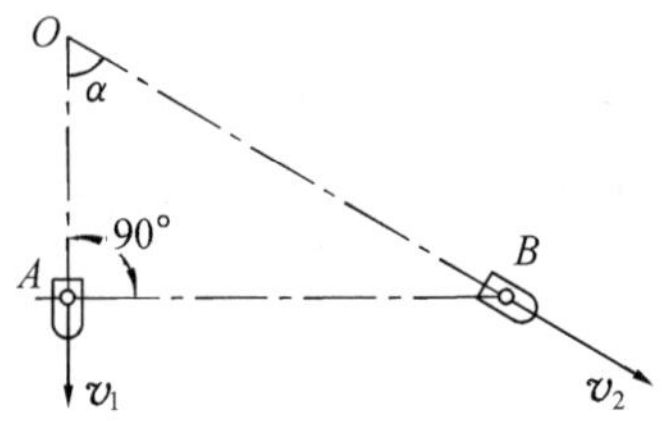

习题 7-4 图

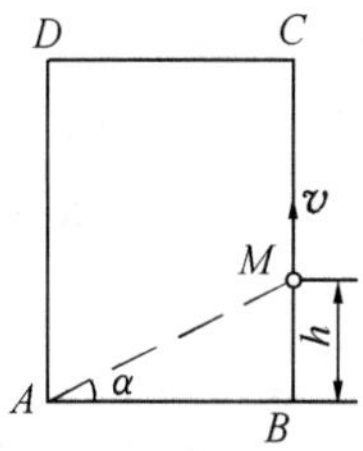

习题 7-5 图

7-5　动点 M 以匀速沿矩形板的 BC 边运动，速度为 $\boldsymbol{v}$. 已知在图示位置，$\overline{BM}=h$，$\alpha=30°$，求下列情况下动点的绝对速度.

(1) 矩形板以速度 $\boldsymbol{v}'=\boldsymbol{v}$ 平行于 AB 方向向右平动.

(2) 板绕通过 A 点且垂直于板面的固定轴线以角速度 $\omega=v/h$ 按逆时针转动.

(3) 板绕固定轴线 AD 以角速度 $\omega=v/h$ 转动.

7-6　车床车削直径 $d=40$ mm 的工件，主轴转速 $n=120$ r/min，车刀走刀速度 $v_1=5$ mm/s. 求车刀刀刃与工件的相对速度.

7-7　两种曲柄摆杆机构如图所示. 已知 $\overline{O_1O_2}=250$ mm，$\omega_1=0.3$ rad/s. 求图示位置 O_2A 的角速度 ω_2.

7-8　半圆形凸轮以匀速 $\boldsymbol{v}$ 向右平动，杆 OA 长 l，凸轮半径 $r=l/\sqrt{2}$. 直杆与凸轮轮廓始终保持接触. 求当 $\varphi=30°$ 时杆 OA 的角速度.

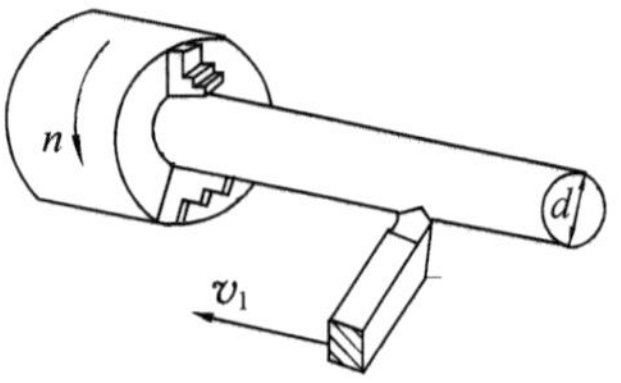

习题 7-6 图

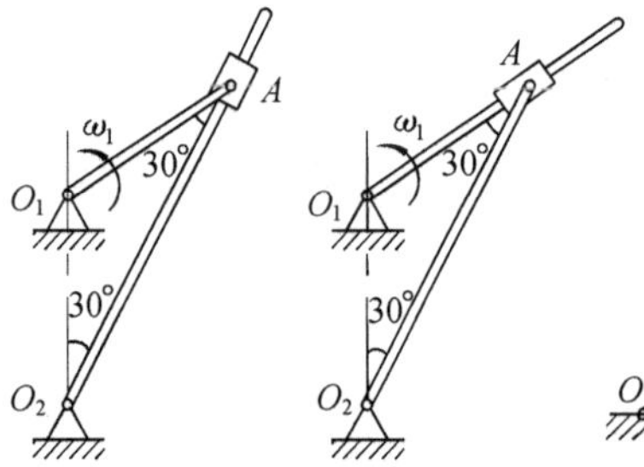

习题 7-7 图

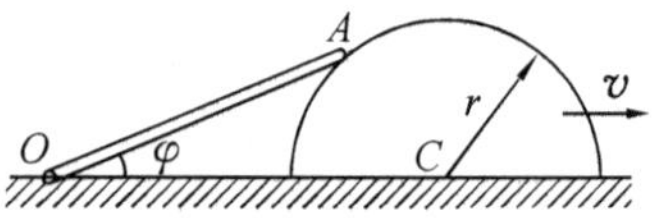

习题 7-8 图

7-9　图示 L 形杆 BCD 以匀速沿导槽向右平动，速度值为 $\boldsymbol{v}$. BC 与 CD 垂直. BC 长为 h. OA 长为 l 且始终与 BCD 接触. 求在图示 BCD 为 x 距离时 A 点的速度.

7-10　杆 OB 以角速度 ω 绕 O 轴转动，使滑块 A 沿水平直线导轨运动. 求图示位置滑块 A 的速度.

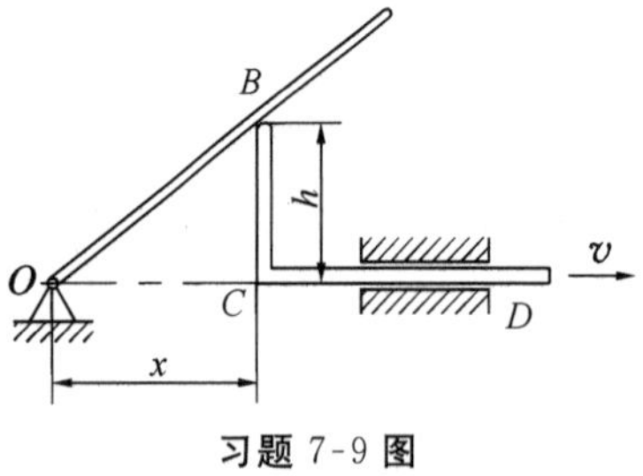

习题 7-9 图

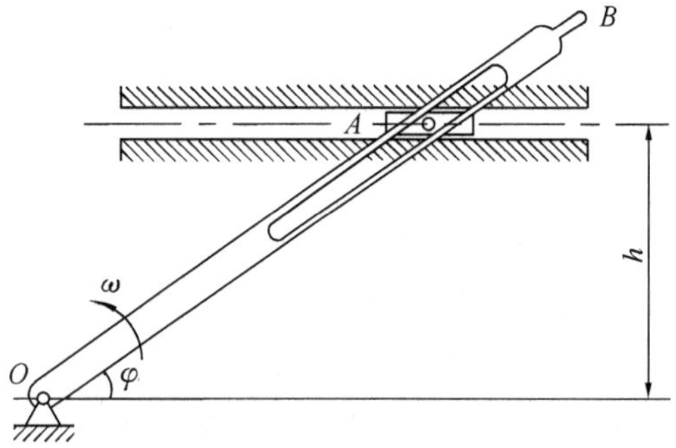

习题 7-10 图

7-11　图示机构中曲柄 OA 以角速度 ω_0 绕 O 轴转动，通过滑块 A 带动半径为 R 的扇形齿轮 Ⅰ，继而带动半径为 $r=R/6$ 的小齿轮 Ⅱ. 若 $\overline{OA}=R/3$，$\overline{OO_1}=R/2$，求当 $\alpha=\pi/6$ 时齿轮 Ⅱ 的角速度.

7-12　摆杆复合机构如图所示. 曲柄 $\overline{OA}=R$，以匀速 n 转动，使滑套 A 带动摆杆 O_1D 绕 O_1 轴转动，摆杆再通过滑块 B 带动直动杆 BC 沿铅垂导轨运动. 现 OO_1 处于水平位置，$\overline{O_1A}=\overline{AB}=2R$，$\angle OAO_1=\alpha$，$\angle O_1BC=\beta$，求杆 BC 的速度.

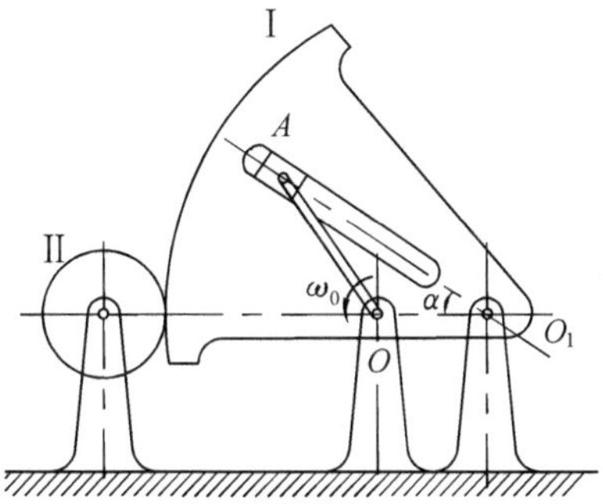

习题 7-11 图

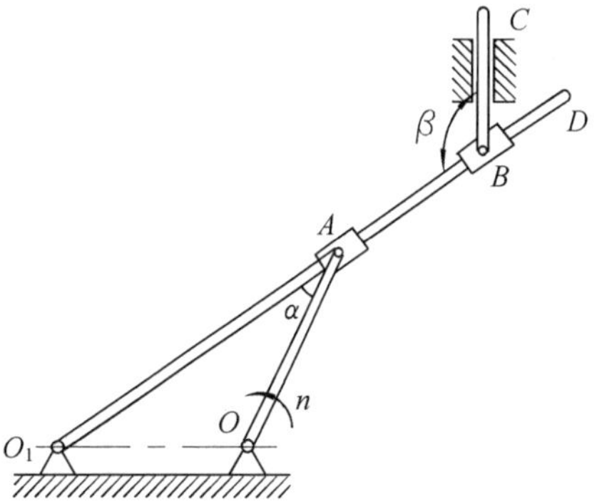

习题 7-12 图

7-13 弯头杠杆 OAB 以角速度 ω 绕 O 轴转动，$\overline{OA}=l$，OA 与 AB 垂直. 当 OA 转动时带动滑套 C 推动杆 CD 沿铅垂导槽运动. 在图示位置时，$\angle AOC=\varphi$，求杆 CD 的速度.

7-14 摆杆 OC 绕 O 轴转动，带动固定于齿条 AB 上的销钉 K 使齿条在铅垂导槽内滑动，齿条再带动半径 $r=100$ mm 的齿轮 D. OO_1 连线处于水平，$l=400$ mm. 在图示位置，角速度 $\omega=0.5$ rad/s，$\varphi=30°$，求此时齿轮 D 的角速度.

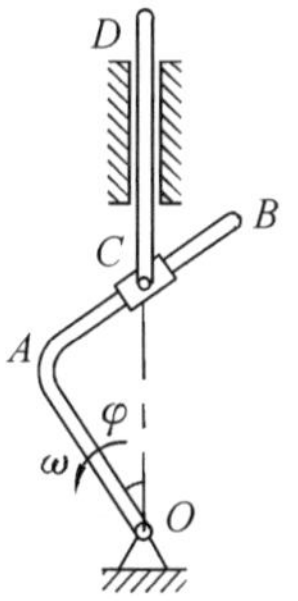

习题 7-13 图

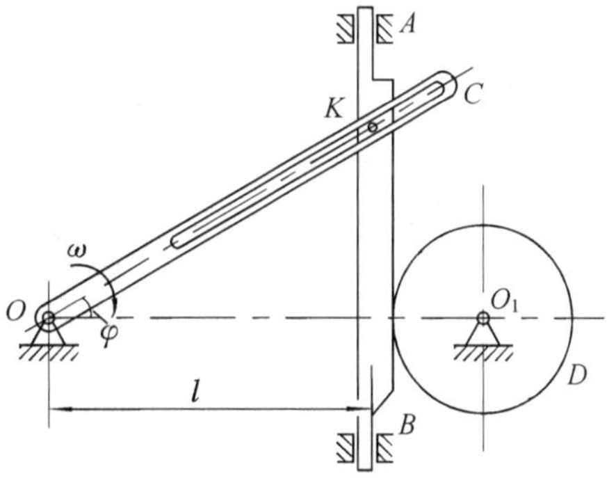

习题 7-14 图

7-15 离心泵叶片以转速 $n=1\ 450$ r/min 绕 O 轴转动，水沿叶片做相对运动. 叶片上一点 M 离 O 轴距离 $r=75$ mm. 当 OM 位于铅垂位置时，叶片在 M 点的切线与水平线的夹角为 $\beta=20°11'$. 已知在 M 点处水的绝对速度方向与水平线的夹角为 $\alpha=75°$，求在 M 处的水的绝对速度和相对速度大小.

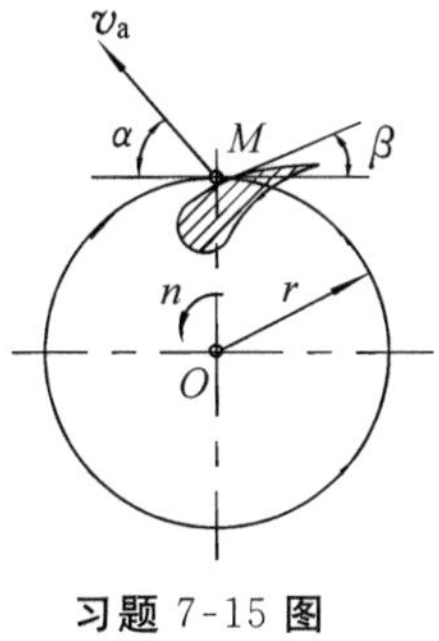

习题 7-15 图

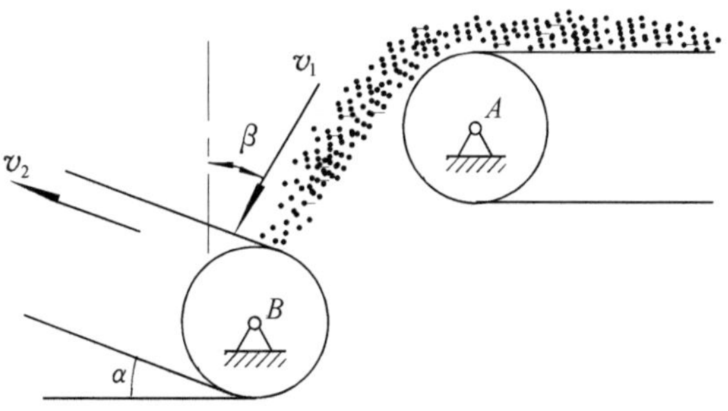

习题 7-16 图

7-16　矿砂从传动带 A 落到另一传动带 B 上，其绝对速度为 $v_1=4$ m/s，方向与铅垂线成 $\beta=30°$ 角.

(1) 如传送带 B 与水平面成 $\alpha=15°$ 角，其速度 $v_2=2$ m/s，求矿砂落到传送带 B 时的相对速度.

(2) 传送带 B 的速度应为多大，才能使矿砂落到 B 上时的相对速度与它垂直?

7-17　小环 M 同时套在半径为 $R=120$ mm 的半圆环和固定的直杆 AB 上. 半圆环向右运动，当 $\varphi=30°$，其速度为 $v=300$ mm/s，加速度为 $a=30$ mm/s^2，求此时 M 的相对速度、相对加速度、绝对速度和绝对加速度.

7-18　图示平行四边形机构中，$\overline{O_1A}=\overline{O_2B}=100$ mm，$\overline{O_1O_2}=\overline{AB}$. 曲柄 O_1A 以匀角速度 $\omega=2$ rad/s 绕 O_1 轴转动，通过连杆 AB 上的滑套 C 带动杆 CD 沿垂直于 O_1O_2 的导轨运动. 求当 $\varphi=60°$ 时杆 CD 的速度及加速度.

7-19　正弦机构的曲柄长 $\overline{OA}=100$ mm. 在图示位置 $\varphi=30°$ 时，曲柄的瞬时角速度 $\omega=2$ rad/s，角加速度 $\alpha=1$ rad/s^2. 求此时导杆 BC 的加速度以及滑块 A 对滑道的相对加速度.

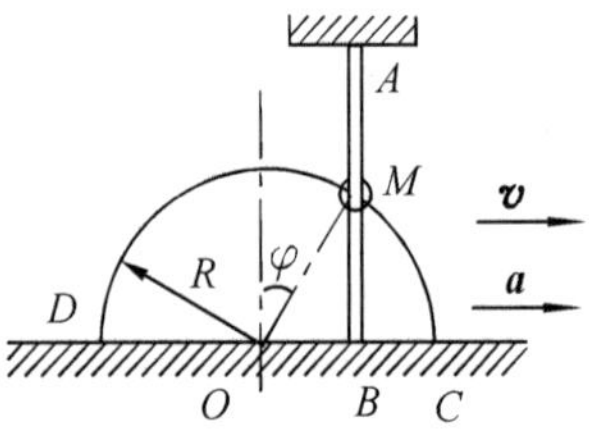

习题 7-17 图

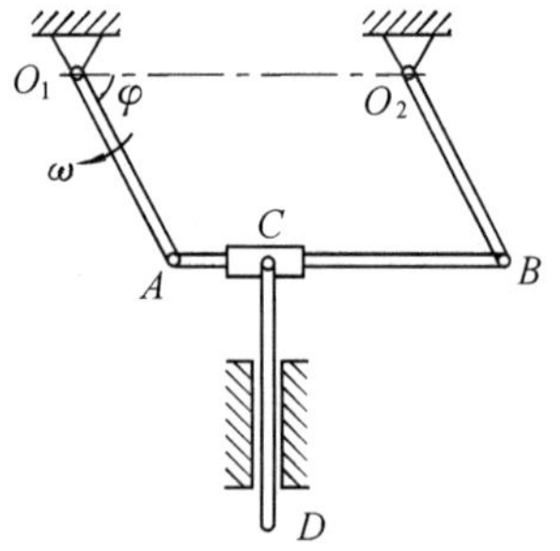

习题 7-18 图

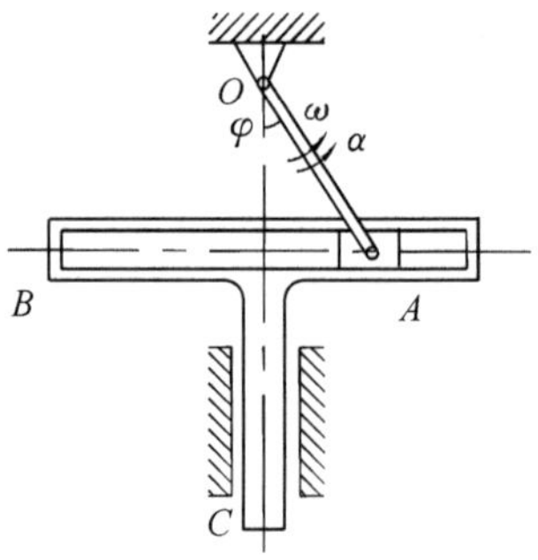

习题 7-19 图

第八章 刚体的平面运动

刚体的平面运动是刚体的一种较复杂的运动，可以看成是平动（牵连运动）与转动（相对运动）的合成. 前面章节研究了刚体的基本运动——刚体的平动和定轴转动，本章将以此为基础，运用运动分解与合成的概念和方法，进一步研究这种较复杂的运动，包括刚体平面运动时位置的确定、刚体上各点的速度和加速度的分布规律，并由此引出瞬时速度中心这一重要概念.

刚体的平面运动是机构中常见的一种运动.

§ 8-1 平面运动的基本概念

工程中许多机构的运动属于平面运动，如车轮沿直线轨道做纯滚动、曲柄滑块机构中的连杆等. 以上例子中的运动刚体既非平动，又非定轴转动，但具有共同的运动特征：刚体运动过程中，刚体内任意一点与其固定平面的距离始终保持不变，这种运动称为刚体的平面运动.

设刚体 R 做平面运动，其上各点到固定面 N_0 的距离保持不变，如图 8-1 所示. 作平面 N 平行于平面 N_0，平面 N 与刚体相交并在刚体上截出一平面图形 S. 按平面运动的定义，刚体运动时平面图形 S 始终在平面 N 内运动. 若再在刚体内取与图形 S 相垂直的直线 A_1A_2，它与图形 S 的交点记为 A，刚体运动时，直线 A_1A_2 显然做平行移动. 因而，直线上各点的运动都相同，可以用其上一点 A 的运动来代表. 由此可见，平面图形 S 的运动就代表了整个刚体的运动，即刚体的平面运动可以简化为平面图形在其自身平面内的运动来研究.

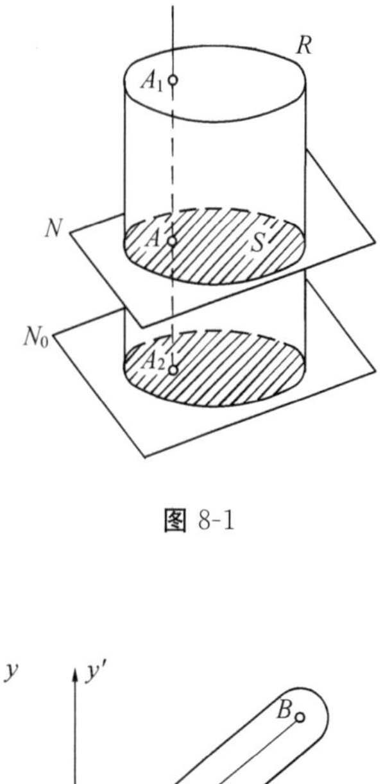

图 8-1

为了确定平面图形 S 在任意瞬时 t 的位置，只需确定图形内任一线段 AB 的位置. 在图形 S 所在的平面内取固定直角坐标系 Oxy，如图 8-2 所示，则线段 AB 的位置可由线段上点 A 的坐标 x_A、y_A 和线段 AB 与 x 轴之间的夹角 φ 来确定. 所选的 A 点称为基点，当图形 S 在平面内运动时，基点 A 的坐标 x_A、y_A 和 φ 角都随时间而变化：

$$\begin{cases} x_A = x_A(t) \\ y_A = y_A(t) \\ \varphi = \varphi(t) \end{cases} \tag{8-1}$$

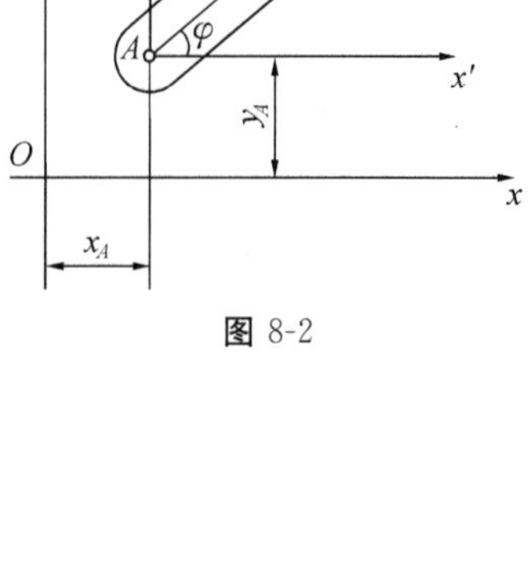

图 8-2

这就是平面图形的运动方程，也为刚体平面运动的方程. 读者从中可以完全确定平面图形的运动学特征.

§8-2 平面运动分解为平动和转动

现将运动的合成和分解概念应用于刚体的平面运动.重新考虑图 8-2 的平面图形 S 的运动,图中选择的是以基点 A 为原点的动坐标系 $Ax'y'$,也即动系是在其原点 A 与图形相固连,而坐标 x'、y'的方向分别与定系的 x、y 保持平行,这说明动系 $Ax'y'$是一个随 A 点做平动的动系.根据上一章内容,读者不难发现:图形 S 的绝对运动正是所研究的平面运动,它的相对运动是绕基点的转动,而它的牵连运动则是以基点 A 为代表的平动.因此,从上面的分析可以得出结论:平面图形 S 的运动可以分解为随基点的平动和绕基点的转动.由于 A 点的选择具有随意性,读者不禁要问:基点 A 的选择是否对平面运动的分解有影响?

在回答此问题前,先考虑图 8-3 中黑板擦的运动状况.设在时间间隔 Δt 内,平面图形(黑板擦)由位置Ⅰ运动到位置Ⅱ,对应图形内任取的线段则从 AB 位置运动到 A_1B_1.上述运动可先看作为线段 AB 随基点 A 平行移动到达 A_1B_1'位置(牵连运动),随后由位置 A_1B_1'绕 A_1点转动 $\Delta\varphi$ 角后到达 A_1B_1位置(相对运动);也可看作为线段 AB 随基点 B 平行移动到达 $A_1'B_1$ 位置(牵连运动),随后由位置 $A_1'B_1$ 绕 B_1点转动 $\Delta\varphi'$角后到达 A_1B_1位置(相对运动).当然,还可以选择其他不同的点作为基点做上述类似的分析并得出相同的运动结果.

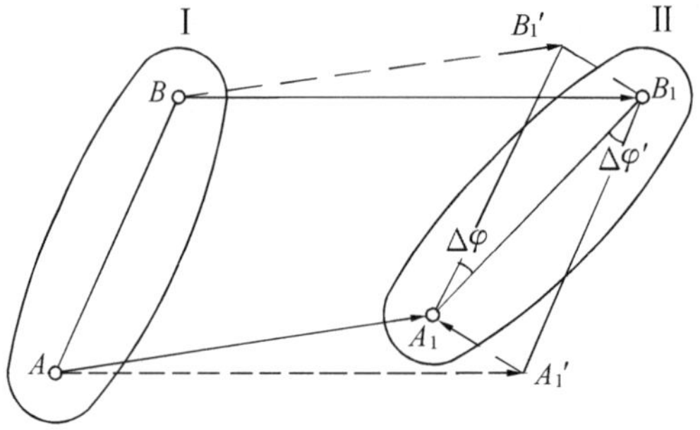

图 8-3

由上图及分析可以看出,基点的选择可以不同,所导出的平动部分的位移一般而言也不同,相应的平动的速度和加速度也不一样.所以读者不难得出如下结论:平面运动可分解为平动和转动,其中平动部分的速度和加速度与基点的选择有关.但转动部分的角位移却是相同的,即 $\Delta\varphi$ 和 $\Delta\varphi'$大小相等,转向一致.按角速度的定义,平面图形绕 A 或 B 点的角速度分别为

$$\omega=\lim_{\Delta t\to 0}\frac{\Delta\varphi}{\Delta t}=\frac{\mathrm{d}\varphi}{\mathrm{d}t}=\dot{\varphi}$$

$$\omega'=\lim_{\Delta t\to 0}\frac{\Delta\varphi'}{\Delta t}=\frac{\mathrm{d}\varphi'}{\mathrm{d}t}=\dot{\varphi}'$$

即

$$\omega=\omega' \tag{8-2}$$

同理,角加速度有

$$\alpha=\alpha' \tag{8-3}$$

所以,虽然上述分析中可取不同的基点,但在同一瞬时,平面图形绕任何基点的转动角

速度(角加速度)都相同,换言之,平面图形的角速度(角加速度)与基点的选择无关.以后如涉及平面图形在平面内运动时其角速度(角加速度)等内容时,首先应建立它(们)与基点的选择(存在与否)无关的概念.

§8-3　平面图形内各点的速度　基点法及速度投影定理

设在某一瞬时,平面图形上 A 点的速度为 $\boldsymbol{v}_A$,平面图形的角速度为 ω,如图 8-4 所示.现以 A 为基点,并以动系随 A 做平动,分析平面图形上任一点 B 的速度.根据上一章的速度合成定理,B 点的速度可看成两部分的组合:(a) 与基点 A 相同的牵连速度 $\boldsymbol{v}_A$;(b) 绕基点 A 转动的相对速度 $\boldsymbol{v}_{BA}$,其大小为 $v_{BA}=\overline{AB}\cdot\omega$,方向垂直于 AB 且与平面图形的转动方向一致.则 B 点的速度可表示为

$$\boldsymbol{v}_B=\boldsymbol{v}_A+\boldsymbol{v}_{BA} \tag{8-4}$$

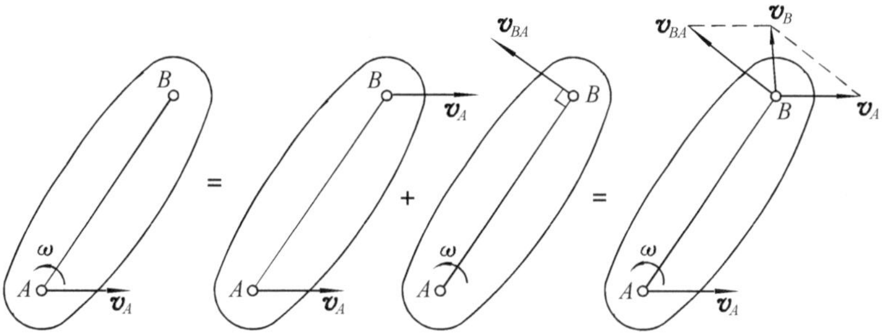

图 8-4

上式表明:平面图形内任一点的速度等于基点速度与该点绕基点转动速度的矢量和.这种求平面图形上任一点速度的方法称为基点法.读者应区分 $\boldsymbol{v}_{BA}$ 与 $\boldsymbol{v}_{AB}$ 在表述上的不同及其代表的物理意义上的差异.

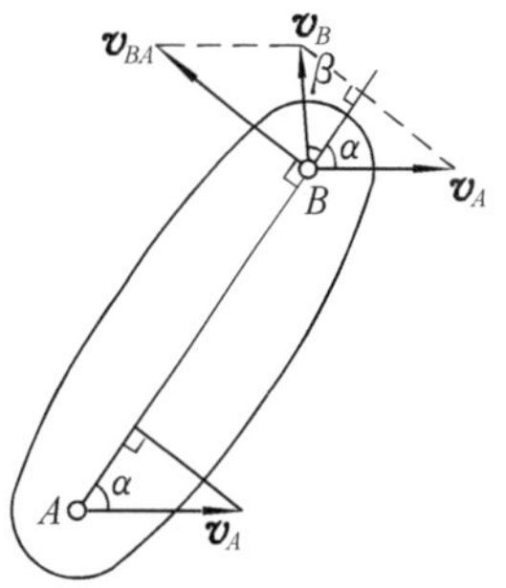

图 8-5

试想,将上图 A、B 点的速度向 AB 连线上投影,会出现什么样的结果呢? 由于 $\boldsymbol{v}_{BA}$ 在 AB 连线上的投影为零,所以根据式(8-4)得出一个很有意思的结果:$\boldsymbol{v}_B$ 在 AB 连线上投影的大小等同于 $\boldsymbol{v}_A$.由此得出速度投影定理:平面图形上任意两点的速度在其连线上的投影相等.借助于图 8-5,相应的表达式为

$$v_B\cos\beta=v_A\cos\alpha \tag{8-5}$$

如果已知平面图形上一点的速度大小及方向,又知另一点速度的方向,则利用此定理可迅速求出其速度的大小.

例 8-1　直杆 AB 的长度 $l=200$ mm,其两端分别沿相互垂直的两条固定直线滑动,如图 8-6 所示.在图示位置 A 端速度 $v_A=20$ mm/s,杆 AB 与水平线的夹角恰好是 30°,求该瞬时杆 AB 的角速度 ω 和 B 端速度 v_B.

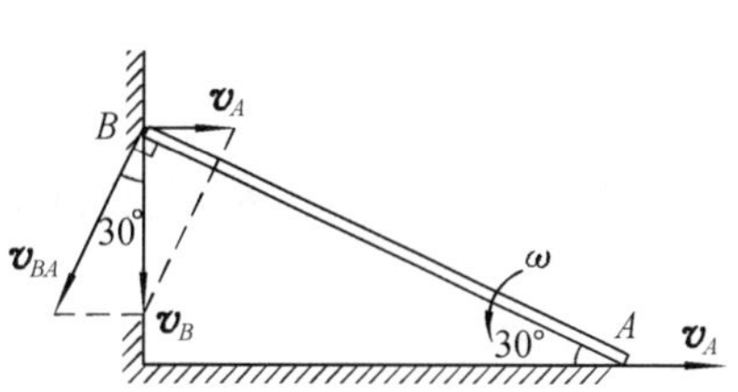

图 8-6

解:根据题意,杆 AB 做平面运动.取 A 为基点,根据基点法,由式(8-4)得

$$\boldsymbol{v}_B=\boldsymbol{v}_A+\boldsymbol{v}_{BA}$$

现基点速度 $\boldsymbol{v}_A$已知;B 点绕基点 A 转动的相对速度 $\boldsymbol{v}_{BA}$的方向已知(垂直于 AB),大小 $v_{BA}=l\omega$ 未知;B 点的速度 $\boldsymbol{v}_B$方向为铅垂,大小未知. 作如图所示的平行四边形,由几何关系可得

$$v_B=v_A\cot30°=34.64\ \text{mm/s}$$

则

$$v_{BA}=v_A/\sin30°=40\ \text{mm/s}$$

最终

$$\omega=v_{BA}/l=0.2\ \text{rad/s}$$

再根据速度 $\boldsymbol{v}_{BA}$的指向及相对于 A 的位置,可以判断角速度 ω 的转向为逆时针方向.

同样也可应用速度投影定理求 v_B. 由于 $\boldsymbol{v}_A$方向水平、$\boldsymbol{v}_B$方向铅垂,将它们向 AB 连线投影,根据式(8-5)有

$$v_B\cos60°=v_A\cos30°$$

所以

$$v_B=v_A\cos30°/\cos60°=34.64\ \text{mm/s}$$

建议读者思考能否利用速度投影定理求本题的角速度 ω.

例 8-2 四连杆机构如图 8-7 所示. 曲柄 OA 以匀角速度 ω_0 绕 O 轴转动. 已知$\overline{OA}=\overline{O_1B}=r$. 在图示位置 OA 垂直于 OO_1,$\angle OAB=\angle BO_1O=45°$. 求此时 B 点的速度及 AB 杆的角速度与 O_1B 杆的角速度.

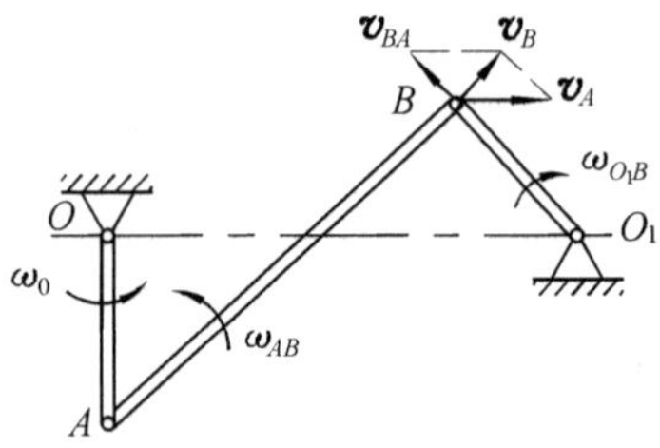

图 8-7

解: 进行运动分析,OA 杆及 O_1B 杆做定轴转动,AB 杆做平面运动. 根据式(8-4)得

$$\boldsymbol{v}_B=\boldsymbol{v}_A+\boldsymbol{v}_{BA}$$

因点 A 的速度为已知,即 $v_A=\omega_0 r$,方向垂直于 OA,指向与 ω_0 转向一致,故取 A 为基点. $\boldsymbol{v}_B$方向垂直于 O_1B,但大小未知;相对速度 $\boldsymbol{v}_{BA}$的方向已知(垂直于 AB),大小 $v_{BA}=\overline{AB}\cdot\omega_{AB}$未知. 由几何关系可知

$$v_B=v_A\cos45°=(\sqrt{2}/2)\omega_0 r$$

$$v_{BA}=v_A\sin45°=(\sqrt{2}/2)\omega_0 r$$

$$\omega_{O_1B}=v_B/r=(\sqrt{2}/2)\omega_0$$

从而求得

$$\omega_{AB}=v_{BA}/\overline{AB}=\frac{\omega_0 r}{\sqrt{2}(1+\sqrt{2})r}=\frac{\omega_0}{2+\sqrt{2}}$$

§8-4 平面图形的瞬时速度中心 速度瞬心法

在采用式(8-4)求平面图形内任一点的速度时会发现:选择点 A 作为基点具有较大的随意性,但如果此时 A 点的速度为零,则以此来进行各点的速度计算就会方便许多. 下面就其存在性进行证明.

设在某瞬时，平面图形的角速度为 ω，其上一点 A 的速度为 $\boldsymbol{v}_A$，如图 8-8(a)所示. 过 A 点沿 $\boldsymbol{v}_A$ 方向引直线 AL，再将 AL 绕 A 点依 ω 转向转 $90°$ 到 AL' 位置，在 AL' 上按长度 $\overline{AP}=v_A/\omega$ 定于一点 P. 采用基点法，取 A 点为基点来计算 P 点的速度，有

$$\boldsymbol{v}_P=\boldsymbol{v}_A+\boldsymbol{v}_{PA}$$

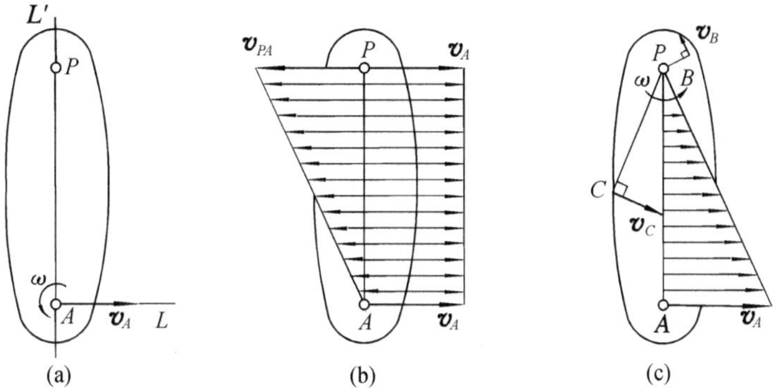

图 8-8

其中绕 A 点转动的速度 $\boldsymbol{v}_{PA}$ 方向与 $\boldsymbol{v}_A$ 相反，大小相等，如图 8-8(b)所示. 因此，从上式不难证明 P 点的瞬时速度大小为零. 由此可见，当 $\omega\neq 0$ 时，瞬时速度等于零的一点 P 是存在的，如以它为基点来计算其他各点的速度，则平面图形上各点的绝对速度就等于它们绕 P 点相对转动的速度，如图 8-8(c)中 A、B、C 各点的速度分布(大小及方向).

由此可得结论：平面图形上瞬时速度为零的一点 P 称为平面图形的瞬时速度中心，简称速度瞬心. 在此瞬时，平面图形上各点的速度分布如同绕 P 点做定轴转动一样，其速度大小等于该点随图形绕瞬时速度中心转动的速度. 读者应注意：速度瞬心的位置一般是随时间而变的，即平面图形在不同瞬时具有位置不同的速度瞬心.

应用速度瞬心法时，首先需要确定速度瞬心的位置. 下面介绍几种确定速度瞬心位置的方法.

(1) 如果已知某瞬时平面图形上两点的速度的方位 Aa、Bb 且互不平行，如图 8-9 所示. 因为平面图形上各点的速度都垂直于该点与速度瞬心的连线，所以过 A、B 两点分别作直线垂直于 Aa、Bb，它们的交点 P 就是速度瞬心. 如果知道 $\boldsymbol{v}_A$ 的大小，则不难求得平面图形的角速度

$$\omega=\frac{v_A}{\overline{AP}}$$

(2) 平面图形沿固定平面(或曲面)做纯滚动，如图 8-10 所示. 由于没有滑动，所以平面图形与固定面的接触点 P 的速度为零，接触点 P 就是速度瞬心.

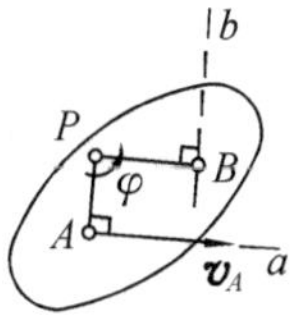

图 8-9

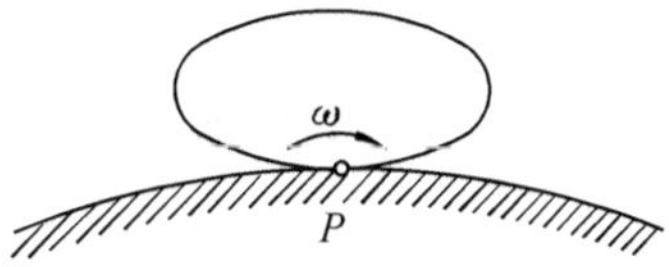

图 8-10

(3) 已知某瞬时平面图形上两点速度的方位相互平行，且都垂直于这两点的连线，而速

度大小不相等.设两速度分别为 $\boldsymbol{v}_A$、$\boldsymbol{v}_B$,则速度瞬心 P 在 AB 连线和速度 $\boldsymbol{v}_A$ 与 $\boldsymbol{v}_B$ 矢端连线的交点上,如图 8-11 所示.

(4) 在特殊情况下,已知某瞬时两点速度平行但不垂直于两点连线,如图 8-12(a)所示;或已知两点速度垂直于连线,且 $\boldsymbol{v}_A=\boldsymbol{v}_B$,如图 8-12(b)所示,则可推知速度瞬心位置趋于无穷远处.这时,平面图形的瞬时角速度 $\omega=0$,即平面图形做瞬时平动,其上各点的瞬时速度彼此相等.但应注意:瞬时平动只表明该瞬时平面图形内各点的速度相同,下一瞬时则各点速度不相同,因此平面图形上各点的加速度此时并不相等.读者必须严格区分瞬时平动与平动所代表的不同的物理现象.

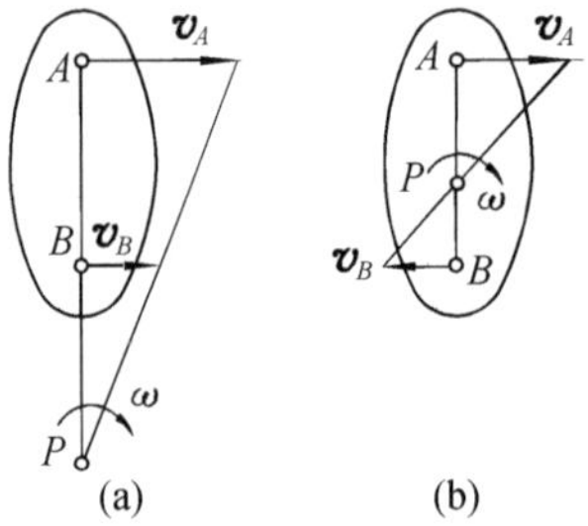

图 8-11

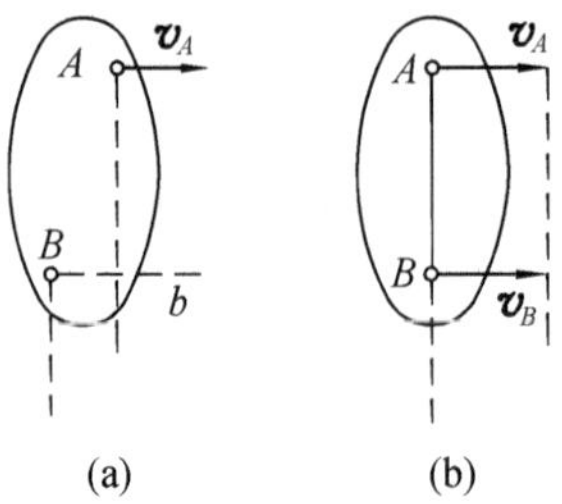

图 8-12

例 8-3 用速度瞬心法解例 8-1.

解:先求出直杆在该瞬时位置的速度瞬心.根据上述速度瞬心判别法(1),由于 A、B 两点的速度方位已知,故作对应方位线的垂线,交点 P 就是所求的速度瞬心,如图 8-13 所示.此时

$$v_A=\overline{AP}\cdot\omega \qquad v_B=\overline{BP}\cdot\omega$$

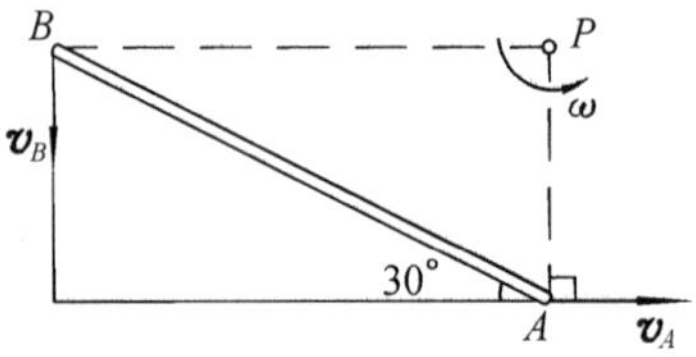

图 8-13

由此

$$\omega=v_A/\overline{AP}=v_A/(\overline{AB}\sin30^\circ)=0.2\ \text{rad/s}$$

$$v_B=\overline{BP}\cdot\omega=\overline{AB}\cos30^\circ\omega=34.64\ \text{mm/s}$$

速度及角速度方向如图所示.

例 8-4 半径为 r 的火车轮沿直线轨道做无滑动滚动,如图 8-14 所示.已知轮心速度为 $\boldsymbol{v}_O$,车轮凸缘的半径为 R,求其上 1、2、3、4 各点的速度.

解:车轮沿轨道做无滑动滚动,根据上述速度瞬心判别法(2),故车轮与轨道的接触点 P 就是速度瞬心.设车轮的角速度为 ω,对于 O 点,有 $v_O=r\omega$,即得

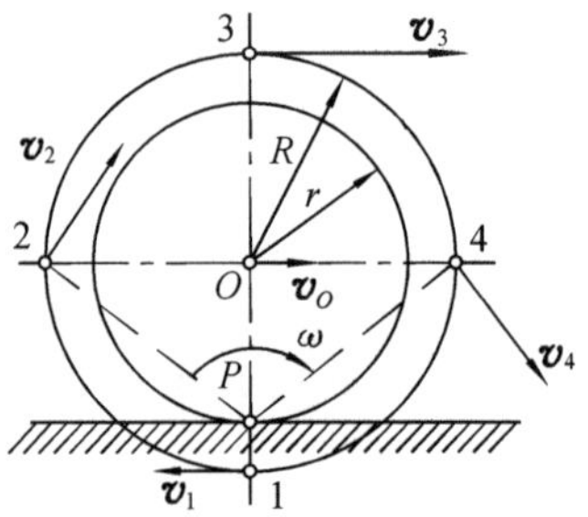

图 8-14

$$\omega=\frac{v_O}{r}$$

其转向如图所示.同理,可获得其他各点的速度分别为

$$v_1=\omega\cdot\overline{1P}=\frac{R-r}{r}v_O$$

$$v_2=\omega\cdot\overline{2P}=\frac{\sqrt{R^2+r^2}}{r}v_O$$

$$v_3=\omega \cdot \overline{3P}=\frac{R+r}{r}v_O$$

$$v_4=\omega \cdot \overline{2P}=\frac{\sqrt{R^2+r^2}}{r}v_O$$

各速度方向如图所示.

例 8-5　曲柄滑块机构如图 8-15(a)所示. 曲柄 OA 长为 r，以 ω_0 匀速转动，连杆 AB 长为 l. 求在图示位置时连杆的角速度 ω_1 和滑块的速度 $\boldsymbol{v}_B$.

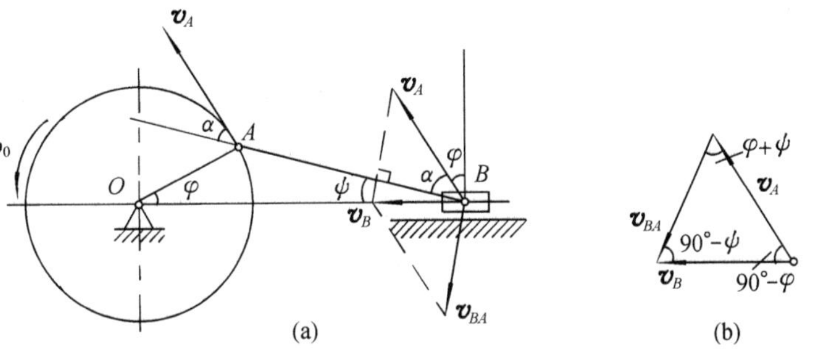

图 8-15

解：现分别采用两种方法求解.

方法一：基点法. 由于曲柄 OA 做定轴转动，其上任意点的速度皆可获得，由此，A 点的速度为 $v_A=r\omega_0$，方向垂直于 OA，如图 8-15(a)所示. 现以 A 点为基点分析 AB 杆的运动. 由式(8-4)得

$$\boldsymbol{v}_B=\boldsymbol{v}_A+\boldsymbol{v}_{BA} \tag{a}$$

其中基点速度 $\boldsymbol{v}_A$已知；B 点绕基点 A 的相对速度 $\boldsymbol{v}_{BA}$方向垂直于 AB，其大小 $v_{BA}=l \cdot \omega_1$ 未知；B 点(滑块)速度 $\boldsymbol{v}_B$方向水平，大小未知. 根据速度矢量的合成关系，可形成图 8-15(a)中的平行四边形或图 8-15(b)中的速度三角形，再由正弦定理得

$$\frac{v_B}{\sin(\varphi+\psi)}=\frac{v_A}{\sin(90^\circ-\psi)}=\frac{v_{BA}}{\sin(90^\circ-\varphi)} \tag{b}$$

继而有

$$v_B=v_A\frac{\sin(\varphi+\psi)}{\sin(90^\circ-\psi)}=r\omega_0\frac{\sin(\varphi+\psi)}{\cos\psi} \tag{c}$$

$$v_{BA}=v_A\frac{\sin(90^\circ-\varphi)}{\sin(90^\circ-\psi)}=r\omega_0\frac{\cos\varphi}{\cos\psi} \tag{d}$$

最终有

$$\omega_1=\frac{v_{BA}}{l}=\omega_0\frac{r\cos\varphi}{l\cos\psi} \tag{e}$$

方法二：速度瞬心法. 由于连杆 AB 两点 A、B 的速度方位已知，根据上述速度瞬心判别法(1)，分别作 $\boldsymbol{v}_A$、$\boldsymbol{v}_B$的垂线交于点 P，即为连杆 AB 的速度瞬心，如图 8-16 所示. 由于 A 点既是 AB 杆上的点，又是 OA 杆上的点，所以 $v_A=r\omega_0$，可求得连杆 AB 的角速

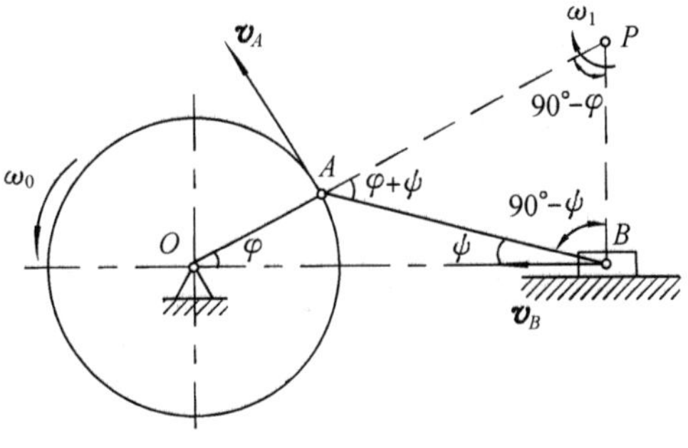

图 8-16

度 ω_1 及 B 点的速度 v_B 分别为

$$\omega_1=\frac{v_A}{\overline{AP}}=\frac{r\omega_0}{\overline{AP}} \tag{f}$$

$$v_B=\overline{BP}\cdot\omega_1=r\omega_0\ \frac{\overline{BP}}{\overline{AP}} \tag{g}$$

在△ABP 中应用正弦定理,可求得长度$\overline{AP}$、$\overline{BP}$.

$$\frac{\overline{BP}}{\sin(\varphi+\psi)}=\frac{\overline{AP}}{\sin(90°-\psi)}=\frac{\overline{AB}}{\sin(90°-\varphi)} \tag{h}$$

随即求得

$$\overline{AP}=\overline{AB}\frac{\cos\psi}{\cos\varphi}=l\ \frac{\cos\psi}{\cos\varphi} \tag{i}$$

$$\frac{\overline{BP}}{\overline{AP}}=\frac{\sin(\varphi+\psi)}{\cos\psi} \tag{j}$$

将式(i)、(j)分别代入式(f)、(g),就得到式(c)、(c).

建议读者用速度投影定理进行分析、求解.

§8-5 用基点法确定平面图形内各点的加速度

在前面章节中已得出结论:平面运动可分解为随基点 A 的平动和绕基点 A 的转动.因此,平面图形内任一点 B 的加速度可以应用牵连运动为平动时的加速度合成定理,此时,基点 A 的加速度 $\boldsymbol{a}_A$ 即为牵连加速度 $\boldsymbol{a}_e$,B 点绕 A 点的加速度 $\boldsymbol{a}_{BA}$ 成为相对加速度 $\boldsymbol{a}_r$,如图 8-17 所示.特别要注意的是,相对加速度(即绕 A 点的转动加速度)可分解为两个分量:相对转动的切向加速度 $\boldsymbol{a}_{BA}^{\tau}$,方向垂直于 AB,大小等于$\overline{AB}\cdot\alpha$;法向加速度 $\boldsymbol{a}_{BA}^{n}$,方向由 B 点指向 A 点,大小等于$\overline{AB}\cdot\omega^2$.故相应的加速度矢量式为

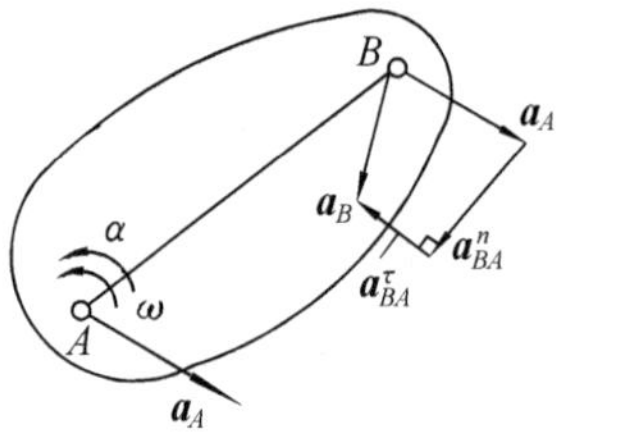

图 8-17

$$\boldsymbol{a}_B=\boldsymbol{a}_A+\boldsymbol{a}_{BA}=\boldsymbol{a}_A+\boldsymbol{a}_{BA}^{\tau}+\boldsymbol{a}_{BA}^{n} \tag{8-6}$$

上式表明:平面图形内任一点的加速度,等于随基点平动的加速度(牵连加速度)与绕基点转动的加速度(分解为法向、切向加速度)的矢量和.读者在具体分析相关加速度时应以全加速度代入.

例 8-6 半径为 r 的车轮,沿直线轨道做纯滚动,如图 8-18(a)所示.已知轮心的速度为 $\boldsymbol{v}_O$,加速度为 $\boldsymbol{a}_O$,求该瞬时轮缘上 A、B、C、D 各点的加速度.

解:欲求车轮上各点的加速度,必先求出车轮的角速度 ω 和角加速度 α.类似例 8-4,A 点为速度瞬心,则车轮的角速度为 $\omega=v_O/r$.注意到车轮做纯滚动时,车轮的角速度在任意时刻均满足 $\omega=v_O/r$,如把 ω 和 v_O看作为时间的函数,此式仍然成立,因此将此式对时间求导,从而获得车轮的角加速度

$$\alpha=\frac{d\omega}{dt}=\frac{1}{r}\frac{dv_O}{dt}=\frac{a_O}{r} \tag{a}$$

现以 O 点为基点,求 A、B、C、D 各点的加速度.根据式(8-6),有

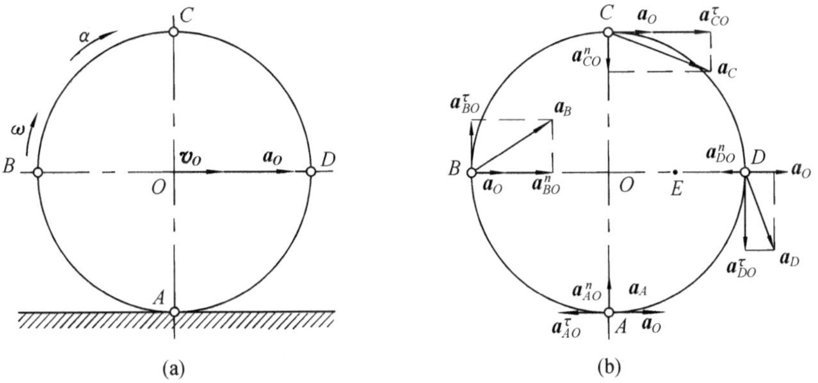

图 8-18

$$\boldsymbol{a}_A=\boldsymbol{a}_O+\boldsymbol{a}_{AO}^{\tau}+\boldsymbol{a}_{AO}^{n} \tag{b}$$

$$\boldsymbol{a}_B=\boldsymbol{a}_O+\boldsymbol{a}_{BO}^{\tau}+\boldsymbol{a}_{BO}^{n} \tag{c}$$

$$\boldsymbol{a}_C=\boldsymbol{a}_O+\boldsymbol{a}_{CO}^{\tau}+\boldsymbol{a}_{CO}^{n} \tag{d}$$

$$\boldsymbol{a}_D=\boldsymbol{a}_O+\boldsymbol{a}_{DO}^{\tau}+\boldsymbol{a}_{DO}^{n} \tag{e}$$

其中基点加速度 $\boldsymbol{a}_O$为已知,相对加速度大小分别为

$$a_{AO}^{\tau}=a_{BO}^{\tau}=a_{CO}^{\tau}=a_{DO}^{\tau}=r\alpha=a_O \tag{f}$$

$$a_{AO}^{n}=a_{BO}^{n}=a_{CO}^{n}=a_{DO}^{n}=r\omega^2=\frac{{v_O}^2}{r} \tag{g}$$

最终,各点的加速度分别为

$$a_A=\frac{{v_O}^2}{r} \tag{h}$$

$$a_B=\sqrt{\left(a_O+\frac{{v_O}^2}{r}\right)^2+{a_O}^2} \tag{i}$$

$$a_C=\sqrt{(2a_O)^2+\left(\frac{{v_O}^2}{r}\right)^2} \tag{j}$$

$$a_D=\sqrt{\left(a_O-\frac{{v_O}^2}{r}\right)^2+{a_O}^2} \tag{k}$$

读者从上例可发现,A 点虽是车轮的速度瞬心,但其加速度并不等于零($={v_O}^2/r$),这说明速度瞬心与固定的转动中心有本质区别.

例 8-7 求例 8-5 中滑块 B 的加速度.

解:曲柄做匀速转动,因而

$$a_A=r\omega^2 \tag{a}$$

其方向由 A 指向 O.

现以 A 点为基点,分析 B 点的加速度,其矢量式为

$$\boldsymbol{a}_B=\boldsymbol{a}_A+\boldsymbol{a}_{BA}^{\tau}+\boldsymbol{a}_{BA}^{n} \tag{b}$$

其中相对转动法向加速度 $\boldsymbol{a}_{BA}^{n}$ 方向由 B 指向 A,大小为

$$a_{BA}^{n}=\overline{AB}\cdot{\omega_1}^2={\omega_0}^2\ \frac{r^2\cos^2\varphi}{l\cos^2\psi} \tag{c}$$

相对转动切向加速度 $\boldsymbol{a}_{BA}^{\tau}$ 方向垂直于 AB 杆，大小未知；B 点加速度 $\boldsymbol{a}_B$ 方向水平，大小未知。加速度矢量多边形如图 8-19 所示.

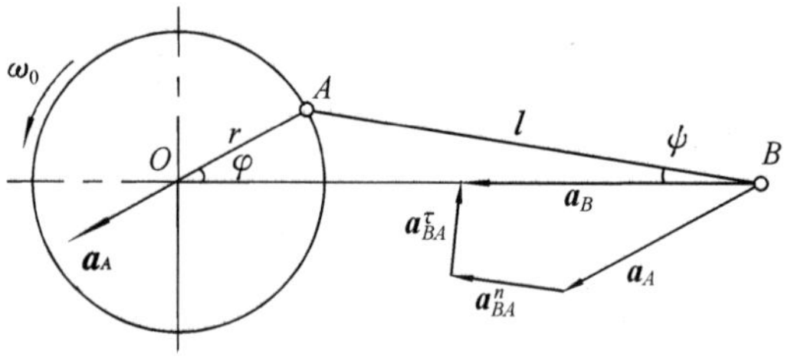

图 8-19

由于题中只要求 B 的加速度，故将矢量式(b)向 AB 杆投影，使得 $\boldsymbol{a}_{BA}^{\tau}$ 在待求方程中不出现，有

$$a_B\cos\psi = a_A\cos(\varphi+\psi) + a_{BA}^n$$

解得

$$a_B = r{\omega_0}^2\left[\frac{\cos(\varphi+\psi)}{\cos\psi} + \frac{r\cos^2\varphi}{l\cos^3\psi}\right] \tag{d}$$

读者在将矢量式(b)向 AB 上投影时一定要保持等式两边符号与方向的一致性，即规定了 AB 上的正(负)方向后，矢量式(b)左(右)边矢量应与其统一.

例 8-8　四连杆机构 $ABCD$ 中，$\overline{AB}=\overline{BC}=\overline{CD}=b$，$\overline{AD}=2b$. 在图 8-20 所示的位置时，$AB$ 杆的瞬时角速度及角加速度分别为 $\omega_{AB}=\omega_0$，$\alpha_{AB}=0$. 求 BC、CD 杆的角加速度 α_{BC} 和 α_{CD}.

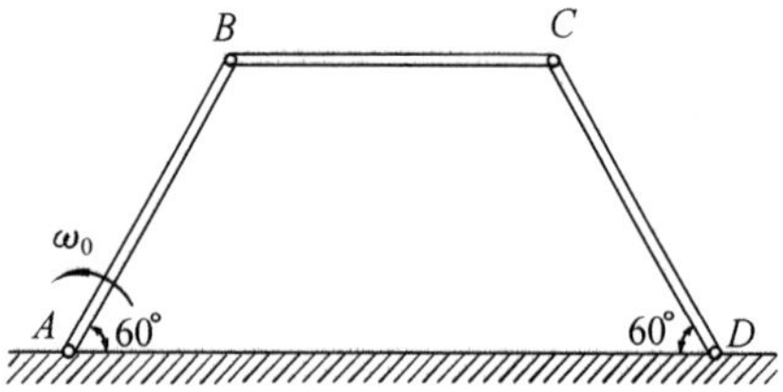

图 8-20

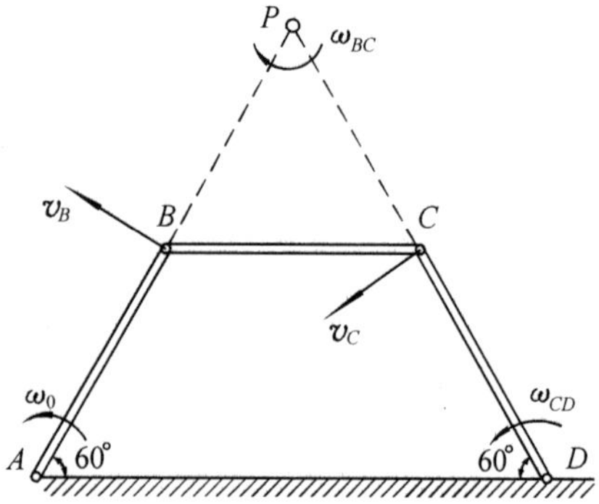

图 8-21

解：先做速度分析. AB、CD 杆做定轴转动，BC 杆做平面运动，采用速度瞬心法，延长 AB、DC 交于 P 点，点 P 即为 BC 杆的速度瞬心，如图 8-21 所示. 此时，$\triangle BPC$ 为正三角形，$\overline{BP}=\overline{CP}=b$，有

$$\omega_{BC} = \frac{v_B}{\overline{BP}} = \frac{b\omega_0}{b} = \omega_0 \tag{a}$$

其转向为顺时针方向，由此得

$$v_C = \overline{CP}\cdot\omega_{BC}$$

则 CD 杆的角速度 ω_{CD} 为

$$\omega_{CD} = \frac{v_C}{\overline{CD}} = \frac{b\omega_0}{b} = \omega_0 \tag{b}$$

其转向为逆时针.

再做加速度分析. AB 杆的角加速度为零，故 $\boldsymbol{a}_B$ 只有法向分量 $\boldsymbol{a}_B^n$，即 $a_B = a_B^n = b\omega_0^2$，方向由 B 指向 A. C 点属于做平面运动的刚体 BC，取 B 点为基点分析 C 点的加速度 $\boldsymbol{a}_C$，有

$$\boldsymbol{a}_C = \boldsymbol{a}_B + \boldsymbol{a}_{CB}^{\tau} + \boldsymbol{a}_{CB}^n = \boldsymbol{a}_B^n + \boldsymbol{a}_{CB}^{\tau} + \boldsymbol{a}_{CB}^n$$

其中 $a_{CB}^n = \overline{BC} \cdot \omega_{BC}^2 = b\omega_0^2$，方向由 C 指向 B，a_{CB}^{τ} 方向垂直 BC 杆，大小未知.

C 点又属于 CD 杆上一点，而 CD 杆做定轴转动，故 $\boldsymbol{a}_C$ 只有法向与切向两个分量，即

$$\boldsymbol{a}_C = \boldsymbol{a}_C^n + \boldsymbol{a}_C^{\tau}$$

其中 $a_C^n = \overline{CD} \cdot \omega_{CD}^2 = b\omega_0^2$，方向由 C 指向 D，a_C^{τ} 方向垂直 CD 杆，大小未知. 结合以上两式，有

$$\boldsymbol{a}_C^n + \boldsymbol{a}_C^{\tau} = \boldsymbol{a}_B^n + \boldsymbol{a}_{CB}^{\tau} + \boldsymbol{a}_{CB}^n \tag{c}$$

各加速度矢量图如图 8-22 所示.

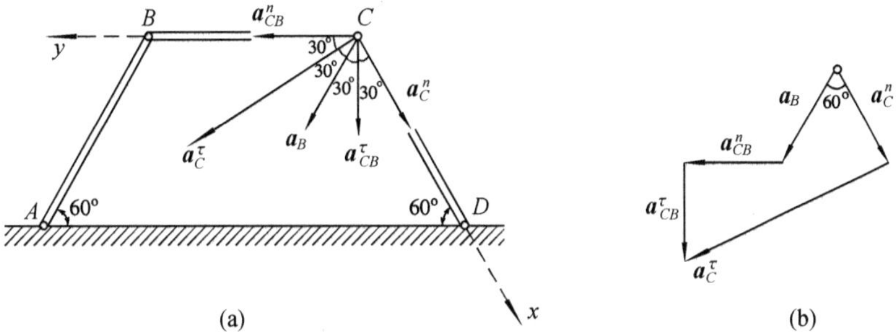

图 8-22

现取 x 轴沿 CD 杆，将矢量式(c)向 x 轴投影，得

$$a_C^n = a_B^n \cos 60° - a_{CB}^n \cos 60° + a_{CB}^{\tau} \cos 30° \tag{d}$$

即得

$$a_{CB}^{\tau} = \frac{a_C^n + a_{CB}^n \cos 60° - a_B^n \cos 60°}{\cos 30°} = \frac{b\omega_0^2 + \frac{1}{2}b\omega_0^2 - \frac{1}{2}b\omega_0^2}{\sqrt{3}/2} = \frac{2\sqrt{3}}{3}b\omega_0^2$$

$$\alpha_{BC} = \frac{a_{CB}^{\tau}}{\overline{BC}} = \frac{2\sqrt{3}}{3}\omega_0^2 \tag{e}$$

其转向为顺时针方向.

再取 y 轴沿 CB 杆，将矢量式(c)向 y 轴投影，得

$$a_C^{\tau} \cos 30° - a_C^n \cos 60° = a_B^n \cos 60° + a_{CB}^n \tag{f}$$

有

$$a_C^{\tau} = \frac{a_B^n \cos 60° + a_{CB}^n + a_C^n \cos 60°}{\cos 30°} = \frac{\frac{1}{2}b\omega_0^2 + b\omega_0^2 + \frac{1}{2}b\omega_0^2}{\sqrt{3}/2} = \frac{4\sqrt{3}}{3}b\omega_0^2$$

$$\alpha_{CD} = \frac{a_C^{\tau}}{\overline{CD}} = \frac{4\sqrt{3}}{3}\omega_0^2 \tag{g}$$

其转向为逆时针方向.

由于运动学问题大多是求点的速度、加速度和刚体的角速度、角加速度，所以解决这些问题常用两种方法——合成法与解析法，建议读者采用解析法对上题进行分析.

思 考 题

8-1 何谓平面运动？试举例说明.

8-2 怎样把刚体平面运动图形分解为平移和转动？图形的平移与基点的选择有关吗？图形的转动与基点的选择有关吗？为什么？

8-3 研究构件运动时，在什么情况下用点的合成运动定理？在什么情况下用刚体平面运动理论？

8-4 求平面图形任意点的速度有几种方法？

8-5 如图所示，平面图形上两点 A、B 的速度方向可能是这样的吗？为什么？

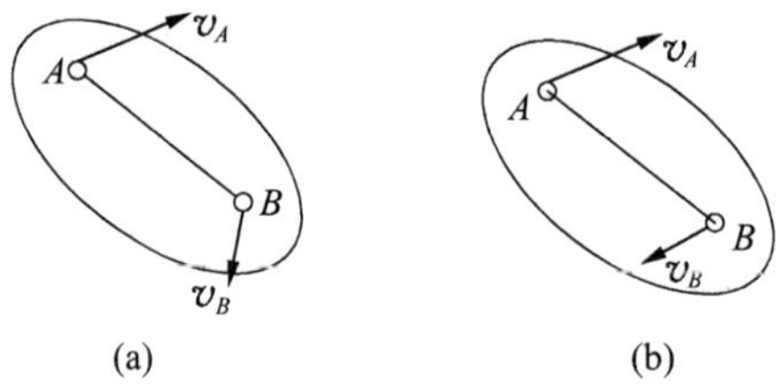

思考题 8-5 图

8-6 “平面运动刚体的速度瞬心的速度等于零，则该点的加速度也等于零.”这种说法对吗？为什么？

8-7 如图所示的瞬时，已知 O_1A 和 O_2B 平行，且$\overline{O_1A}=\overline{O_2B}$，问 ω_1 与 ω_2、α_1 与 α_2 是否相等？

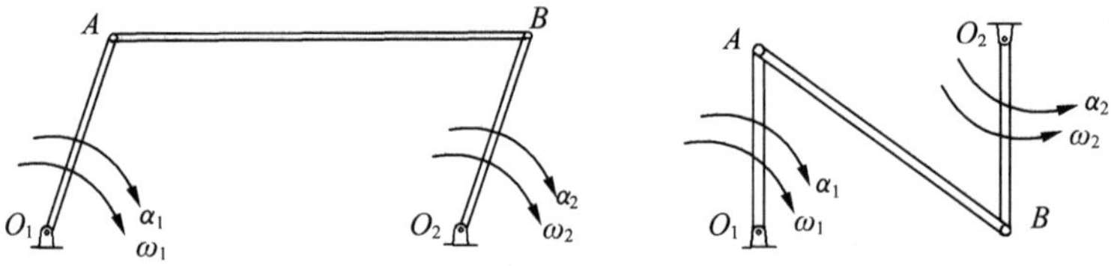

思考题 8-7 图

8-8 判断下述说法是否正确：

(1) 运动的刚体内，有一平面始终与某一固定平面平行，则此刚体做平面运动.

(2) 刚体的平移和刚体的定轴转动都是刚体平面运动的特例.

(3) 刚体运动时，其上任意两点的速度在该两点连线上的投影相等；而该两点的加速度在该两点连线上的投影不相等.

8-9 如图所示，O_1A 的角速度为 ω_1，板 ABC 和图中 O_1A 铰接. 在图示瞬时，因为杆 O_1A 与板的 AC 边在同一直线上. 问图中杆 O_1A 和板 AC 上各点的速度分布规律对不对？

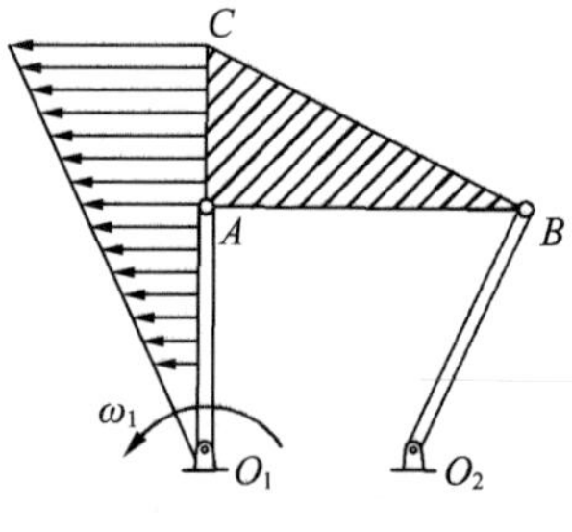

思考题 8-9 图

习　题

8-1　图示平面图形的三种速度分布情况是否可能？为什么？

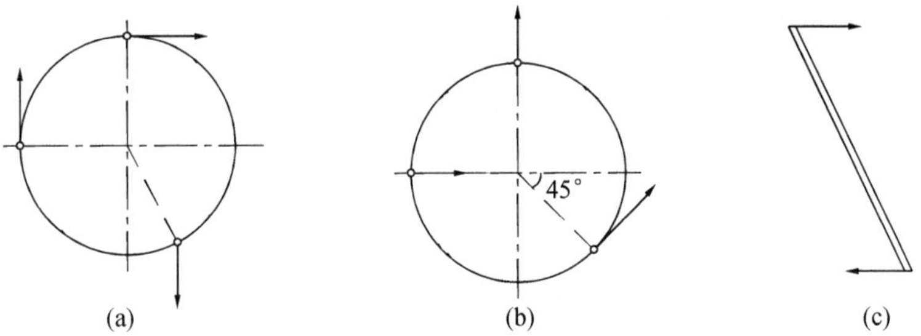

习题 8-1 图

8-2　小车的车轮 A 与滚柱 B 的半径都是 r. 设 A、B 与地面及 B 与车板间都没有滑动，问小车前进时，车轮 A 和滚柱 B 的角速度是否相等？

8-3　直杆 AB 的 A 端以匀速 v_0 沿半径为 R 的半圆弧轨道运动，杆右端自身始终与轨道尖角保持接触. 你能用几种方法求出杆的角速度？

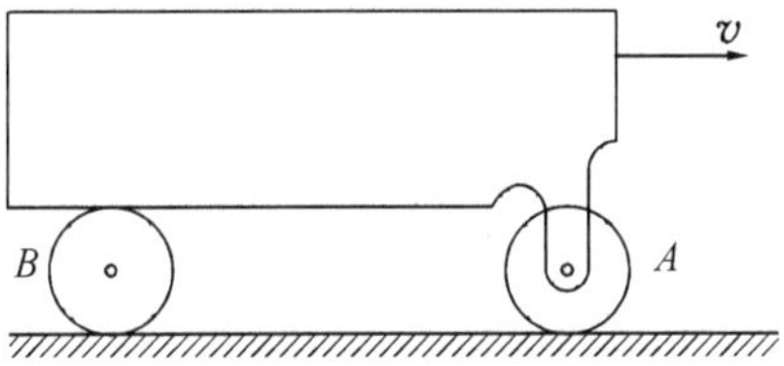

习题 8-2 图

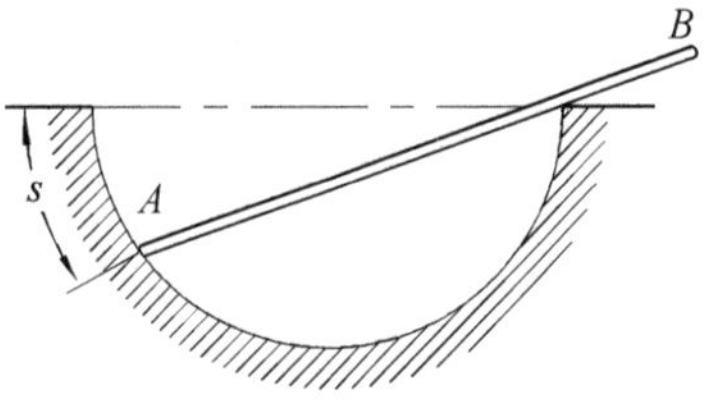

习题 8-3 图

8-4　四连杆机构 $OABO_1$ 中，$\overline{OA}=\overline{O_1B}=\overline{AB}/2$. 曲柄 AO 以角速度 $\omega_0=3$ rad/s 转动. 在图示位置，$\varphi=90^\circ$，OO_1B 正好在同一水平线上. 求此时杆 AB 和 O_1B 的角速度.

8-5　活塞泵简图如图(a)所示. 半径为 R 的偏心轮以匀角速度 ω 绕固定轴 O 转动，偏心距 $\overline{OA}=e$，A 点为圆心. 偏心轮在 B 点与活塞铰接，$\overline{AB}=l$. 其机构示意图如同一曲柄滑块机构[图(b)]. 求活塞的速度.

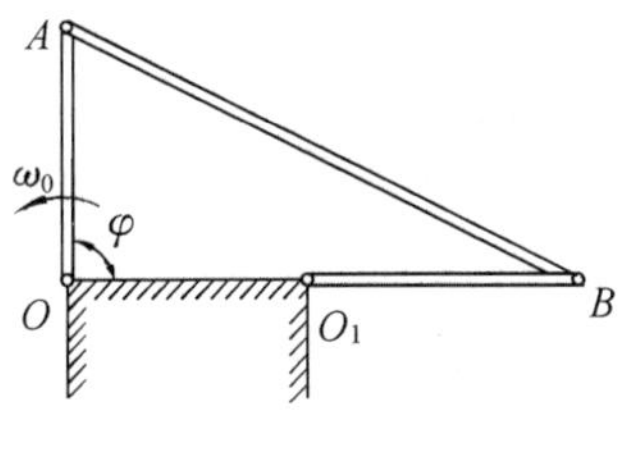

习题 8-4 图

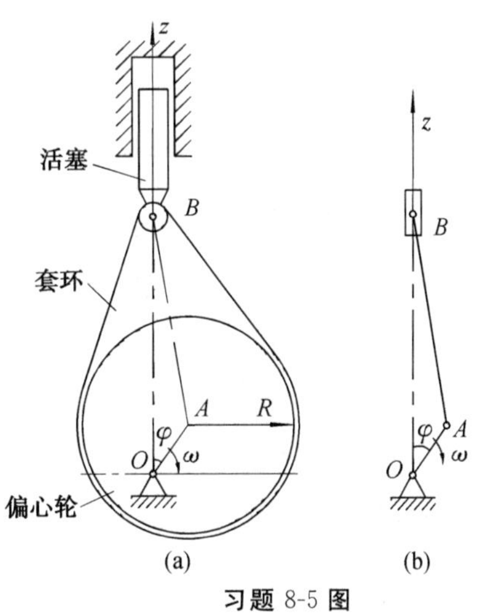

习题 8-5 图

8-6　径向柱塞泵简图如图所示. 固定的定子圆弧圆心在 O 点，半径为 R. 转子以匀角速度 ω_0 绕 O_1 转动. 柱塞安装在转子的径向槽内，A 端与定子圆弧始终保持接触，求：

(1) 柱塞的角速度及角加速度.

(2) 图示位置柱塞的速度瞬心.

8-7　齿轮刨床的刨刀机构如图所示. 曲柄 OA 以角速度 ω_0 绕 O 转动，通过齿条 AB 带动齿轮 I 绕 O_1 转动. 已知 $\overline{OA}=R$，齿轮 I 的节圆半径 $\overline{O_1C}=r=R/2$. 求图示 $\alpha=60°$ 时齿轮 I 的角速度.

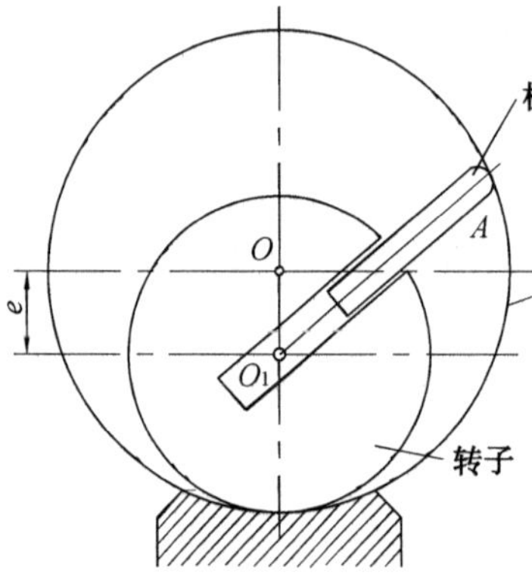

习题 8-6 图

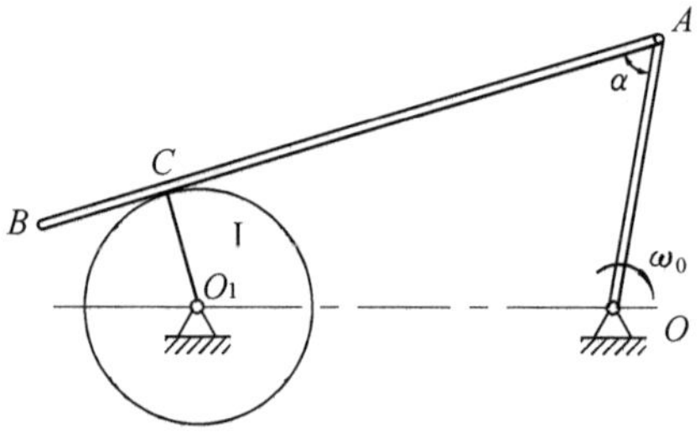

习题 8-7 图

8-8　图示机构中滑块 C 可沿铅直导槽运动，通过连杆 AC 推动摆杆 OA 绕 O 轴转动，再通过连杆 AB 推动滑块 B 沿导槽运动. 在图示位置，杆 OA 成水平位置，而杆 AB 与滑块 B 的导槽方向一致. 已知 $v_C=0.5\ \text{m/s}$，求 OA 杆的角速度和滑块 B 的速度.

8-9　图示机构中曲柄 OA 绕 O 轴顺时针转动，通过连杆 AB 带动杆 BD 绕 C 轴转动，借助套管 E 带动 O_1E 绕 O_1 轴摆动. 已知 $\overline{OA}=\overline{BC}=\overline{O_1E}=200\ \text{mm}$，$C$ 点和 O_1 点在同一铅垂线上. 在图示位置，曲柄 OA 的角速度 $\omega=5\ \text{rad/s}$，AB 和 O_1E 都为水平位置，OA 和 BD 分别与水平线成 $\varphi_1=30°$ 和 $\varphi_2=60°$. 求图示位置 BD 和 O_1E 的角速度.

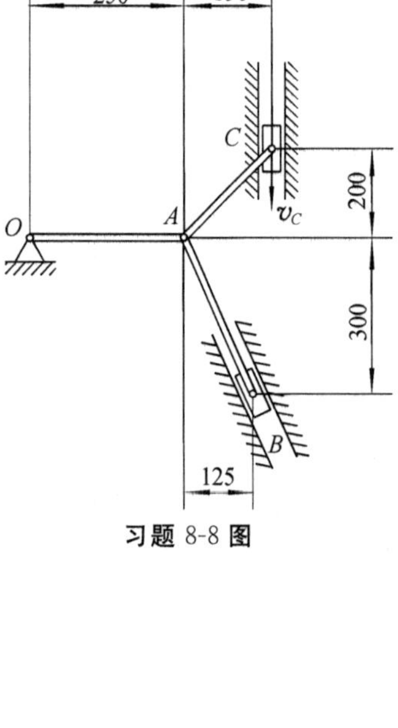

习题 8-8 图

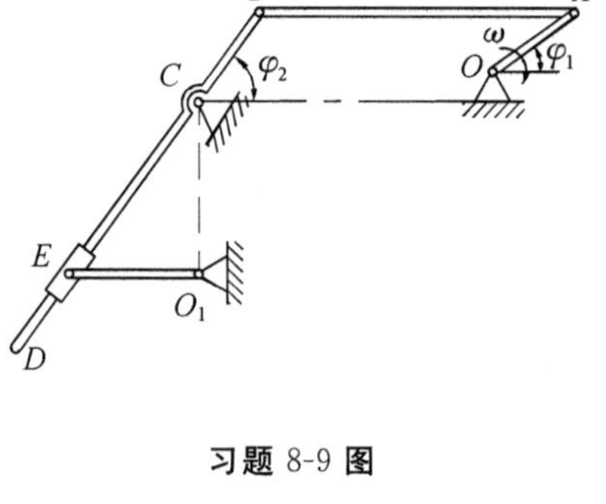

习题 8-9 图

8-10　插齿机的传动机构如图所示．曲柄 OA 绕 O 轴转动时，通过连杆 AB 使摆杆 BC 绕 O_1 轴摆动．摆杆另一端的扇形齿轮装有插刀 M 的齿条上下运动．已知 $\overline{OA}=r$，其余尺寸如图所示，曲柄 OA 的角速度为 ω．求图示位置插刀 M 的速度．

8-11　曲柄 OA 长 50 mm，以匀角速度 $\omega=10$ rad/s 绕 O 轴转动，通过连杆 AD 和滑块 B、D 使摆杆 O_1C 绕 O_1 轴转动．在图示位置，曲柄 OA 垂直于水平线 OBO_1，摆杆 O_1C 与水平线成 60°，$\overline{O_1D}=70$ mm．求此时摆杆 O_1C 的角速度．

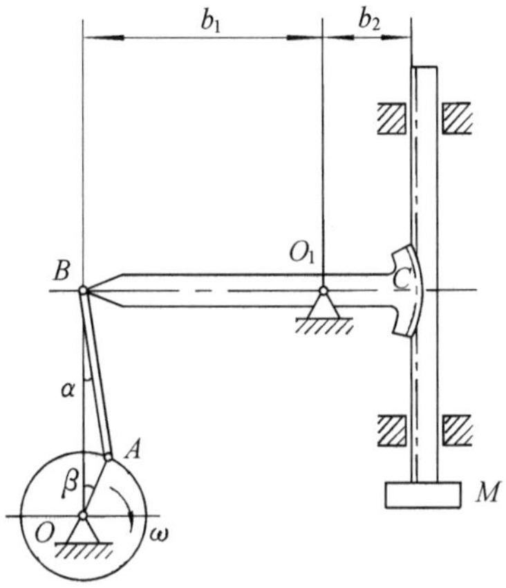

习题 8-10 图

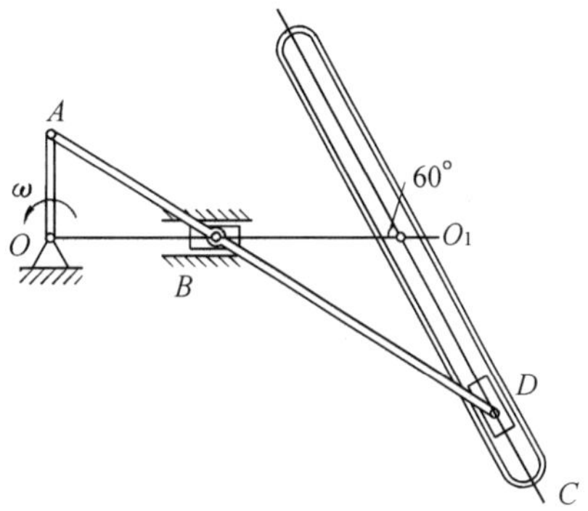

习题 8-11 图

8-12　小型锻压机如图所示．$\overline{OA}=\overline{O_1B}=r=100$ mm，$\overline{EB}=\overline{BD}=\overline{AD}=l=400$ mm，在图示位置，$OA\perp AD$，$O_1B\perp BD$，O_1D 与 OD 恰好分别在水平与铅垂位置．若 OA 的转速 $n=120$ r/min，求此时重锤 F 的速度．

8-13　曲柄 OA 长 150 mm，以匀速 $\omega=5$ rad/s 绕 O 轴转动，通过铰接于 A 点的套筒带动摆杆 O_1B 绕 O_1 轴转动．在图示瞬时，摆杆 O_1B 处于铅垂位置．求此时摆杆的角速度．

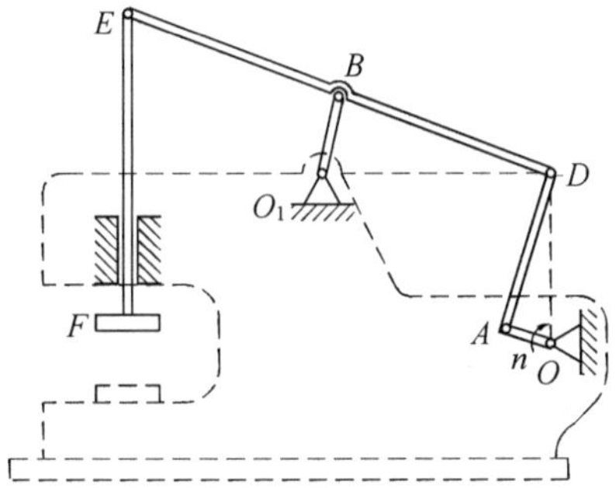

习题 8-12 图

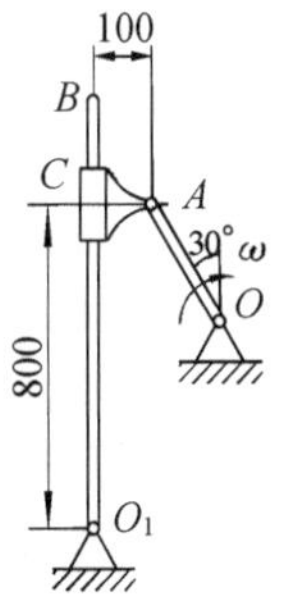

习题 8-13 图

8-14　曲柄 OA 长 0.2 m，绕 O 轴以匀角速度 $\omega_0=10$ rad/s 转动，通过长 $\overline{AB}=1$ m 的连杆带动滑块 B 沿铅垂槽运动．在图示位置，曲柄与连杆分别与水平线成 $\alpha=45°$，$\beta=45°$．求此时连杆 AB 的角速度、角加速度，以及 B 的速度和加速度．

8-15　四连杆机构如图所示．曲柄 OA 以匀角速度 ω_0 绕 O 轴转动．已知 $\overline{OA}=\overline{O_1B}=r$．在图示位置 OA 垂直于 OO_1，$\angle OAB=\angle BO_1O=45°$．求此时 B 点的加速度及 AB 杆的角速度与 O_1B 杆的角加速度．

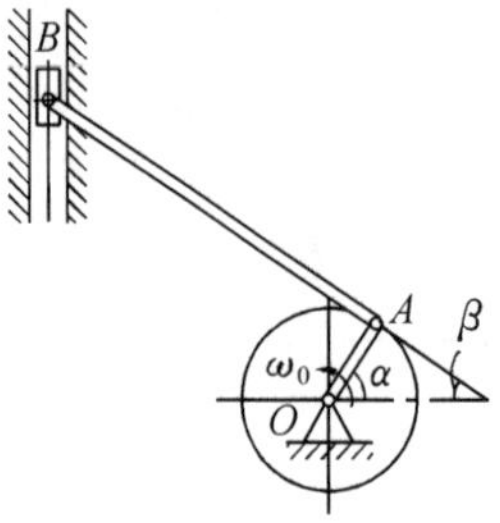

习题 8-14 图

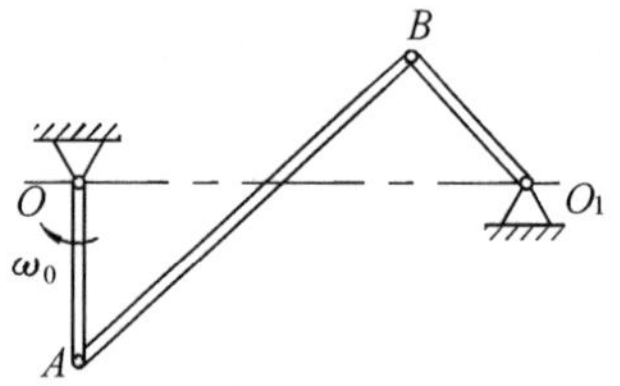

习题 8-15 图

8-16　图示机构中，$\overline{AB}=250$ mm，$\overline{CD}=200$ mm. AB 与 CD 相互平行且处于水平位置；AB 杆角速度 $\omega=2$ rad/s，角加速度 $\alpha=6$ rad/s^2. 求此时 BC、CD 杆的角速度、角加速度.

8-17　曲柄 OA 以匀速 $n=60$ r/min 绕 O 轴转动，由 AB 杆带动齿轮做无滑动水平滚动，并带动齿条 DE 沿水平方向运动. 已知$\overline{OA}=100$ mm，$\overline{AB}=300$ mm，齿轮节圆半径 $R=100$ mm，O、B 点在同一水平线上. 求图示 OA 处于铅垂位置时，齿条 DE 的速度、加速度.

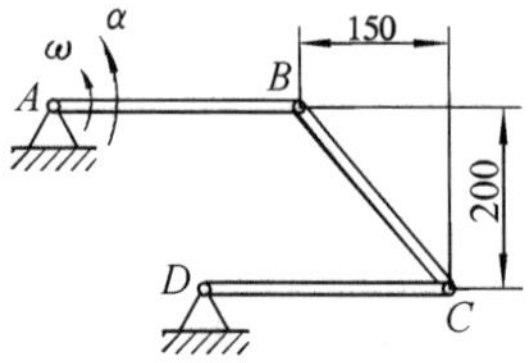

习题 8-16 图

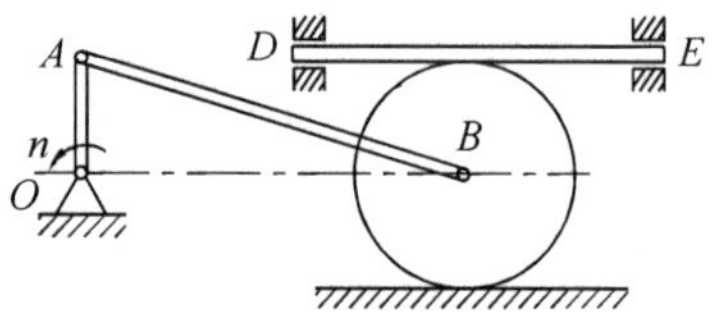

习题 8-17 图

8-18　两相同齿轮 A、B 在中心与杆 AB 连接，两齿轮分别与水平及铅垂齿条啮合. 现 $\overline{AB}=500$ mm，齿轮节圆半径 $r=100$ mm. 在图示位置齿轮 A 的角速度 $\omega_1=4$ rad/s，角加速度 $\alpha_1=2$ rad/s^2. 求图示位置直杆 AB 及齿轮 B 的角速度、角加速度.

8-19　图示机构中，$\overline{O_1A}=\overline{O_2B}=r$，均以匀角速度 ω 转动，$\overline{O_1O_2}=2r$，$\overline{AC}=\overline{BC}$. 在图示位置时，$AO_1O_2B$ 处于同一水平线上，$\varphi=45°$，求 C 点的速度及加速度.

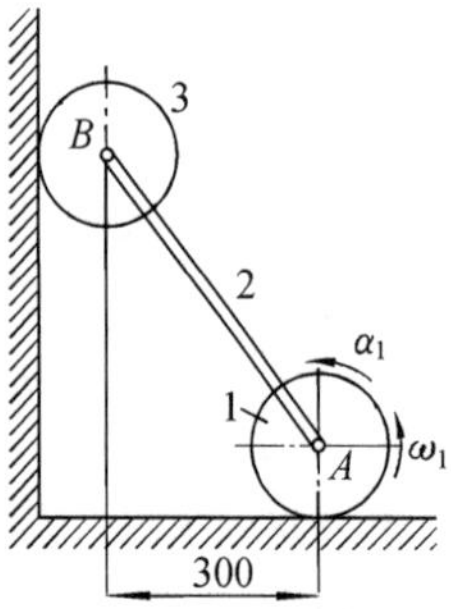

习题 8-18 图

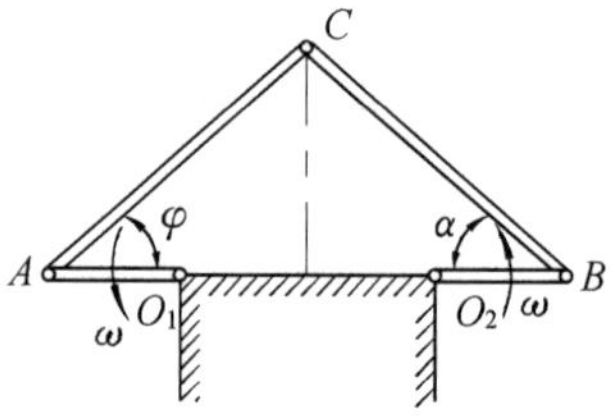

习题 8-19 图

第九章　动力学基本定律

本章将涉及机械运动的一般规律，研究物体的动态变化与作用于物体上的力之间的关系，即动力学. 动力学的基础是牛顿提出的动力学基本定律. 由于读者在有关的物理课程中已或多或少接触过有关内容，故本章简要地介绍这些定律，并导出质点运动的微分方程，继而讨论质点动力学两类问题的解法.

在动力学中，把所研究的物体抽象为质点和质点系. 在某些问题中，物体形状和大小的影响可以忽略. 如研究地球绕太阳运行的轨道时，尽管地球的直径很大，但可以将它看成是一个具有很大质量的点——质点. 质点是一个抽象概念，所代表的是具有一定质量而其几何形状和尺寸大小可以忽略不计的物体. 有限或无限个质点的集合称为质点系. 在力学中，任何物体（固体、液体、气体）都可看作质点系，刚体可以看成是由无限多个质点组成的不变质点系.

§9-1　动力学基本定律

动力学中许多重要概念和定律首先是由伽利略（1564—1642）建立起来的. 牛顿（1642—1727）继续了伽利略的工作，在他的著作《自然哲学的数学原理》中总结了经典力学的基本定律. 这些定律是动力学的基础.

第一定律（惯性定律）

质点如不受任何力的作用，则将保持静止或匀速直线运动.

上述定律也称为牛顿第一定律. 该定律陈述了两个重要概念：一是质点有保持其原有运动状态（速度的大小及方向）不变的属性，这种属性称为惯性；二是若质点的运动状态发生变化，则必定受到其他物体的作用，这种机械作用就是力.

第一定律是第二定律不可缺少的前提，它为整个力学体系选定了一类特殊的参考系——惯性参考系. 对于一般工程问题，我们可选地球为惯性参考系（忽略了地球的自转影响），所得结果已有足够精度了. 本书所涉及的动力学问题，如无特别说明，均指与地球固连的参考系为惯性参考系.

第二定律（力与加速度间的关系定律）

质点受力作用时，其加速度方向与力相同，大小与力成正比.

上述定律也称为牛顿第二定律. 设质点 M 的质量为 m，作用于质点上的力为 $\boldsymbol{F}$，质点受力作用后做曲线运动，其加速度为 $\boldsymbol{a}$，如图 9-1 所示. 在选择适当单位后，第二定律的数学表达式为

$$\boldsymbol{F}=m\boldsymbol{a} \tag{9-1}$$

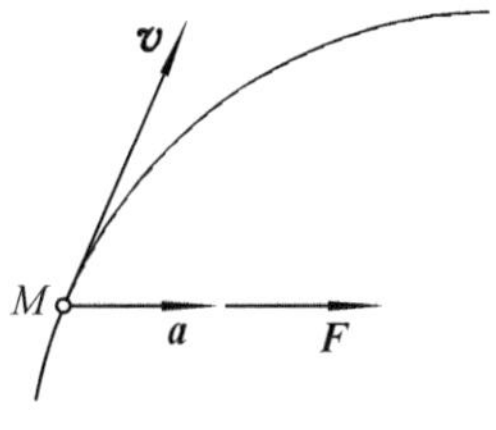

图 9-1

式中 m 称为质点的质量，$\boldsymbol{a}$ 是相对于惯性坐标系的绝对加速

度.由定律可知:质点的质量越大,就越难以改变它的运动状态.因此,质量是质点惯性的度量.上式称为动力学基本方程,是牛顿理论的精华.

质点在重力 $\boldsymbol{P}$ 作用下自由下落时的加速度为 $\boldsymbol{g}$,则根据上式有

$$\boldsymbol{P}=m\boldsymbol{g} \tag{9-2}$$

根据实验测定,在不同的地点,g 的数值并不相同,它与当地的纬度、高度等因素有关.例如,在北京,$g=9.801\ 22\ \mathrm{m/s^2}$,在上海,$g=9.794\ 36\ \mathrm{m/s^2}$,而在广州,$g=9.788\ 31\ \mathrm{m/s^2}$.不过在一般的工程实际中,可以认为 g 是一个常数,并取 $g=9.800\ 00\ \mathrm{m/s^2}$.

在国际单位制中,以质量、长度和时间的单位作为力学量的基本单位,分别为千克(kg)、米(m)及秒(s),而力的单位为导出单位.物理中规定能使质量为 1 kg 的质点获得 $1\ \mathrm{m/s^2}$ 加速度的力,作为力的单位,用基本单位则表示为 $\mathrm{kg\cdot m/s^2}$,特命名为牛顿(N).

在工程单位制中,长度单位是米(m),力的单位是千克力(kgf),时间单位是秒(s),而质量单位为导出单位,是千克力·秒^2/米($\mathrm{kgf\cdot s^2/m}$).

两种单位制间的换算关系为

$$1\ \mathrm{kgf}=9.8\ \mathrm{N}$$

牛顿第二定律表达了质点的加速度、所受力以及质量间的基本关系.

第三定律(作用与反作用定律)

两质点间相互作用的力,总是大小相等,方向相反,沿着两点连线分别作用于两质点上.

这一定律在静力学中已涉及过.今后,无论在静力学问题还是动力学问题中,牛顿第三定律总是适用的.

针对第二定律还需补充一点,即为力的独立作用原理:如质点上同时受到 n 个力作用,则质点的加速度等于每个力单独作用于质点所得加速度的矢量和.

§9-2 质点运动的微分方程

设质量为 m 的质点 M 在力 $\boldsymbol{F}_1,\boldsymbol{F}_2,\cdots,\boldsymbol{F}_n$ 作用下运动,作用力的合力为 $\boldsymbol{F}_{\mathrm{R}}$,运动的加速度为 $\boldsymbol{a}$,如图 9-2 所示.根据力的独立作用原理有

$$m\boldsymbol{a}=\boldsymbol{F}_{\mathrm{R}}=\sum \boldsymbol{F}_i \tag{9-3a}$$

或写成

$$m\frac{\mathrm{d}\boldsymbol{v}}{\mathrm{d}t}=\sum \boldsymbol{F}_i \tag{9-3b}$$

$$m\frac{\mathrm{d}^2\boldsymbol{r}}{\mathrm{d}t^2}=\sum \boldsymbol{F}_i \tag{9-3c}$$

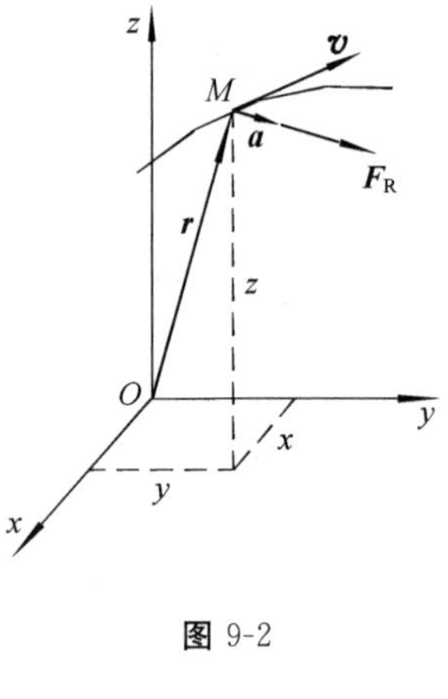

图 9-2

式中 $\boldsymbol{v}$ 为质点的速度,$\boldsymbol{r}$ 是质点在固定参考系中对于原点的矢径.

上式即为矢量形式的质点运动的微分方程.矢量式简洁明了,书写方便,适用于定理的推导及证明.如涉及具体的计算,则常将上式向某种轴系投影,得到标量形式.例如,向固定直角坐标系投影时可得

$$m\ddot{x}=\sum F_{xi},\ m\ddot{y}=\sum F_{yi},m\ddot{z}=\sum F_{zi} \tag{9-4}$$

式中 x、y、z 为质点的坐标，F_{xi}、F_{yi}、F_{zi} 为质点所受力 $\boldsymbol{F}_i$ 在各坐标轴上的投影. 这就是读者熟悉的直角坐标形式的质点运动微分方程.

类似地，也可将式(9-3)向质点做曲线运动的运动轨迹的切线、法线方向投影，有

$$m\frac{\mathrm{d}v}{\mathrm{d}t}=\sum F_{i\tau},m\frac{v^2}{\rho}=\sum F_{in} \tag{9-5}$$

式中 v 为质点沿曲线轨迹运动时的速率(速度的代数值)，ρ 为质点运动轨迹的曲率半径，$F_{i\tau}$、F_{in} 为力 $\boldsymbol{F}_i$ 在轨迹的切向、法向上的投影. 这就是自然坐标形式下质点的运动微分方程. 当运动轨迹已知时，采用式(9-5)往往较为方便.

无论什么形式的运动方程，总包含两类基本问题：一类是已知运动规律，求作用力；另一类是已知力，求运动规律. 通常称这两类问题分别为动力学的第一类问题和第二类问题. 显然第一类问题较简单，只要进行微分运算求出加速度即可求出未知力. 对于第二类问题则要进行积分甚至求解微分方程，不仅要给出运动的初始条件，而且问题的解还取决于函数的属性，因此问题比较复杂，一般只有一些简单的力函数可求得解析解.

应用上述方程解题时，应按照下列基本步骤进行：

(1) 根据题意明确研究对象.

(2) 分析受力情况与运动情况，画出受力图.

(3) 选取坐标轴，列出运动微分方程，然后求解.

例 9-1 质量为 m 的小球 M 在水平面内做曲线运动，轨迹为一椭圆，如图 9-3(a)所示. 在图示坐标系中，运动方程为 $x=A\cos(\omega t)$，$y=B\sin(\omega t)$(A、B、ω 均为已知常数). 求小球所受的力.

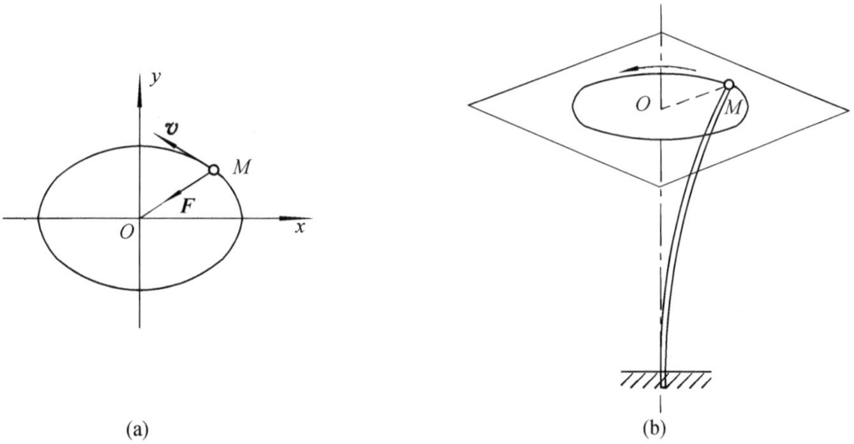

图 9-3

解：小球的运动已知，由运动方程求出相应的加速度

$$a_x=\ddot{x}=-A\omega^2\cos(\omega t)=-\omega^2 x \tag{a}$$

$$a_y=\ddot{y}=-B\omega^2\sin(\omega t)=-\omega^2 y \tag{b}$$

根据式(9-4)，得

$$F_x=ma_x=-mA\omega^2\cos(\omega t)=-m\omega^2 x \tag{c}$$

$$F_y=ma_y=-mB\omega^2\sin(\omega t)=-m\omega^2 y \tag{d}$$

因此,作用于小球的力 $\boldsymbol{F}$ 的矢量表示式为

$$\boldsymbol{F}=F_x\boldsymbol{i}+F_y\boldsymbol{j}=-m\omega^2 x\boldsymbol{i}-m\omega^2 y\boldsymbol{j}=-m\omega^2(x\boldsymbol{i}+y\boldsymbol{j})=-m\omega^2\boldsymbol{r} \tag{e}$$

由上式可知,小球所受力 $\boldsymbol{F}$ 的大小与 OM 大小成正比,方向沿 MO 指向中心 O.

例 9-2 曲柄连杆机构如图 9-4(a)所示.曲柄 OA 以匀角速度 ω 绕 O 轴转动.已知 $\overline{OA}=r,\overline{AB}=l$,当 $\lambda=r/l$ 比较小时,以 O 为坐标原点,滑块 B 的运动方程可近似写成

$$x=l\left(1-\frac{\lambda^2}{4}\right)+r\left(\cos\omega t+\frac{\lambda}{4}\cos 2\omega t\right)$$

若滑块的质量为 m,忽略摩擦及杆 AB 的质量,求当 $\varphi=\omega t=0$ 和 $\pi/2$ 时连杆 AB 所受的力.

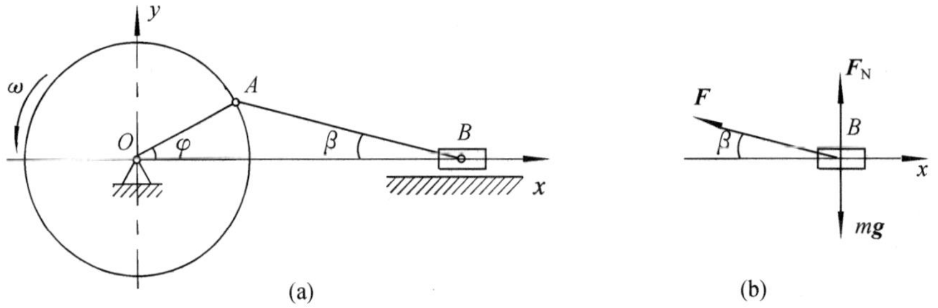

图 9-4

解:以滑块 B 为研究对象,当 $\varphi=\omega t$ 时,受力图如图 9-4(b)所示.连杆应受平衡力系作用,由于不计连杆质量,AB 为二力杆,它对滑块 B 的拉力 $\boldsymbol{F}$ 沿 AB 方向.根据式(9-4),得

$$ma_x=-F\cos\beta$$

根据题意,有

$$a_x=\frac{\mathrm{d}^2x}{\mathrm{d}t^2}=-r\omega^2(\cos\omega t+\lambda\cos 2\omega t)$$

$\varphi=\omega t=0$ 时,$a_x=-r\omega^2(1+\lambda)$,且 $\beta=0$,得

$$F=mr\omega^2(1+\lambda)$$

AB 杆受到拉力.

$\varphi=\omega t=\pi/2$ 时,$a_x=r\omega^2\lambda$,而 $\cos\beta=\sqrt{l^2-r^2}/l$,得

$$F=-mr^2\omega^2/\sqrt{l^2-r^2}$$

AB 杆受到压力.

以上两例都属于动力学第一类基本问题.

例 9-3 物体在空气中运动,当速度不是很大时,所受的阻力大小 F 与速度的关系近似表示为 $F=\alpha v$(α 为常数).现设质量为 m 的物体 M 在重力作用下自静止开始做铅垂下落,求物体的运动规律.

解:取物体的初始位置为原点,坐标轴 Ox 垂直向下,如图 9-5 所示.则物体的初始条件为 $x_0=0,v_0=0$.现 M 受两个力的作用:重力,方向垂直向下,大小为 mg;空气阻力 $\boldsymbol{F}$,方向向上,大小为 αv.应用式(9-4),得

$$m\frac{\mathrm{d}v}{\mathrm{d}t}=mg-\alpha v \tag{a}$$

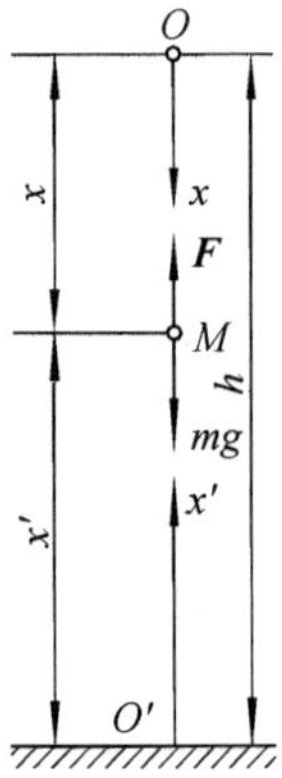

图 9-5

设

$$\mu=\frac{mg}{\alpha}$$

有

$$\frac{\mathrm{d}v}{\mathrm{d}t}=\frac{g}{\mu}(\mu-v) \tag{b}$$

对式(b)两边求定积分

$$\int_0^v \frac{\mathrm{d}v}{\mu-v}=\int_0^t \frac{g}{\mu}\mathrm{d}t$$

得

$$v=\mu(1-\mathrm{e}^{-\frac{g}{\mu}t}) \tag{c}$$

再对式(c)两边求定积分,得

$$x=\mu t-\frac{\mu^2}{g}(1-\mathrm{e}^{-\frac{g}{\mu}t}) \tag{d}$$

式(c)、(d)就是物体 M 的速度及运动规律.

针对式(c),当 t 增大时,v 趋于某个极限速度 $v^*=\mu=mg/\alpha$,这一特点具有重要的实际意义.例如,跳伞运动员打开降落伞后,由于空气阻力很大,故能以一不大的极限速度安全着落.另外,根据运动的相对性,如果空气以速度 v^* 向上运动,则颗粒物能在气流中保持悬浮不动状态.因此,速度 v^* 也称为悬浮速度.

例 9-4 一质量-弹簧系统(简称 m-k 系统)如图 9-6 所示,弹簧原长 l,质量不计,弹簧的刚度系数为 k,重物的质量为 m.求重物的运动规律.

解:将重物作为研究对象,现取坐标轴 Ox 铅垂向下.为简化计算,令坐标原点位于重物的静平衡位置,此时弹簧静伸长 δ_{st},重物受重力 mg 和弹簧约束力 $F=k(\delta_{st}+x)$的相互作用,显然有

$$mg=k\delta_{st}$$

根据式(9-4),得

$$m\frac{\mathrm{d}^2x}{\mathrm{d}t^2}=mg-F=-kx$$

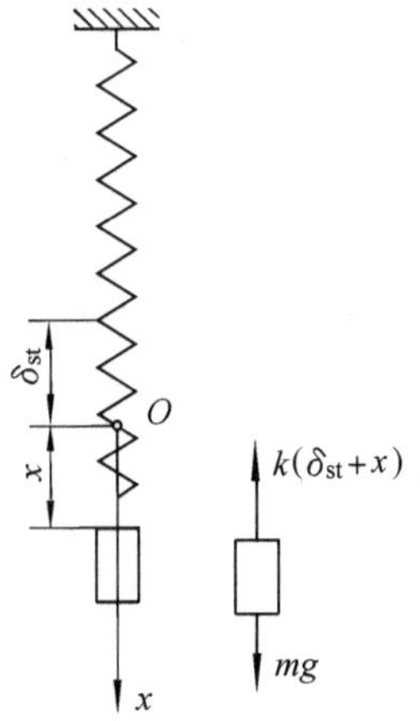

图 9-6

或写成

$$\ddot{x}+\omega_n{}^2x=0 \tag{a}$$

式中 $\omega_n=\sqrt{k/m}$称为系统的固有频率.由常微分方程理论知,式(a)的通解为

$$x=A\sin(\omega_n t+\varphi) \tag{b}$$

式中 A 为振幅,φ 为相角,均由运动的初始条件决定.

设运动的初始条件为 $x(0)=x_0$,$\dot{x}(0)=\dot{x}_0$.代入式(b)中,得

$$A=\sqrt{x_0{}^2+\left(\frac{\dot{x}_0}{\omega_n}\right)^2},\varphi=\tan\frac{\omega_n x_0}{\dot{x}_0} \tag{c}$$

最终,重物的运动方程可写成

$$x=A\sin(\omega t+\varphi)=x_0\cos\omega t+\frac{\dot{x}_0}{\omega_n}\sin\omega t \tag{d}$$

思 考 题

9-1 什么是惯性？是否任何物体都具有惯性？

9-2 质点的运动方向是否一定与质点所受合力的方向相同？某一瞬时，质点的速度越大，是否说明该瞬时质点所受的合力越大？

9-3 如图所示，绳拉力 $F=2$ kN，物块Ⅱ重 1 kN，物块Ⅰ重 2 kN. 若滑轮质量不计，问在图中(a)、(b)两种情况下，重物Ⅱ的加速度是否相同？两根绳中的张力是否相同？

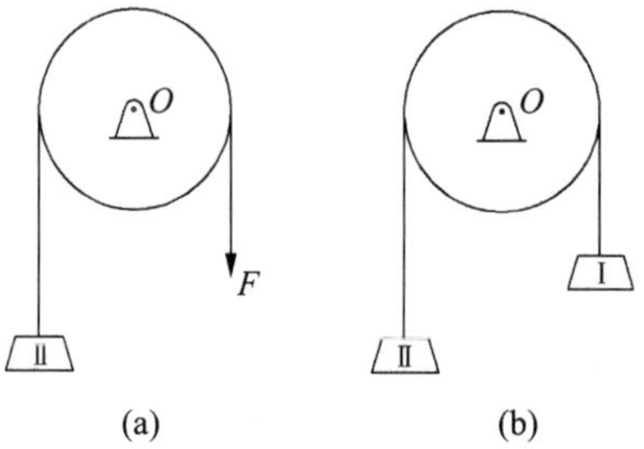

思考题 9-3 图

9-4 质点在平面内运动，已知作用力，为求质点的运动方程需要几个运动初始条件？

习 题

9-1 质点在空间运动，已知作用力，为求质点的运动规律，需要几个运动初始条件？如在平面内运动，需要几个运动初始条件？沿给定的轨道运动需要几个运动初始条件？

9-2 三个质量相同的质点，在某瞬时的速度分布如图所示，若对它们作用了大小、方向相同的力 $\boldsymbol{F}$，问质点的运动状况是否相同？

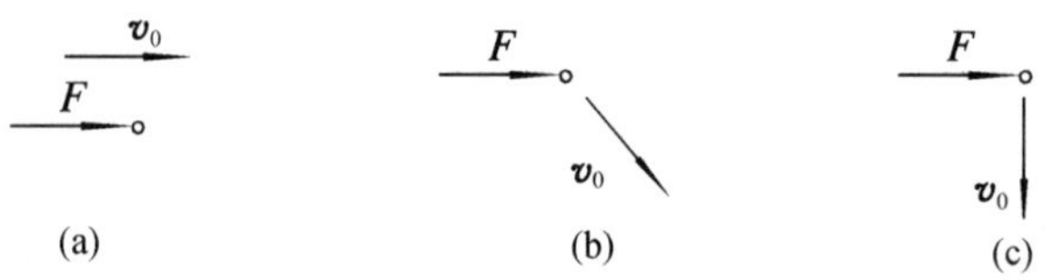

习题 9-2 图

9-3 试判断下列说法正确与否：

(1) 质点运动的方向就是受力方向.

(2) 质点受到的力大则速度也大，反之则速度也小.

(3) 两个质量相同的质点，如果所受到的力完全相同，则它们在同一坐标系中的运动微分方程完全相同，运动规律也完全相同.

9-4 如图所示，在桥式起重机的小车上用长度为 l 的钢丝绳悬吊着质量为 m 的重物 A. 小车以匀速 v_0 向右运动，钢丝绳保持铅垂方向. 如小车被突然卡住，重物 A 因惯性而绕悬挂点 O 摆动. 求刚开始摆动的瞬时钢丝绳的拉力 $\boldsymbol{F}_1$. 设重物摆到最高位置时的偏角为 φ，求此时绳的拉力 $\boldsymbol{F}_2$.

9-5 一质量为 m 的物体放在以匀角速度 ω 转动的水平转台上，它与转轴的距离为 r，设物体与转台表面的摩擦系数为 f，求当物体不致因转台旋转而滑出时水平台的最大转速.

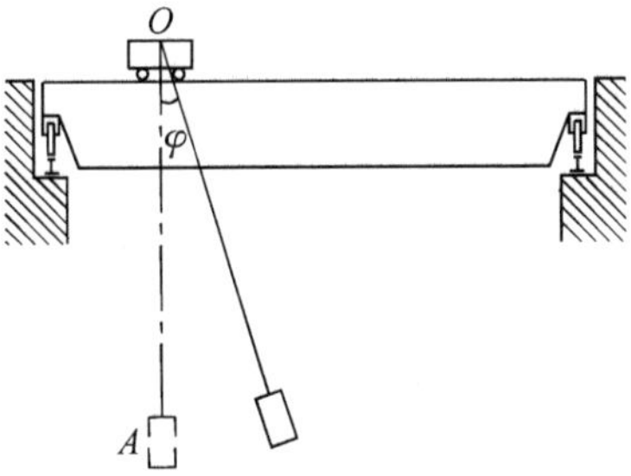

习题 9-4 图

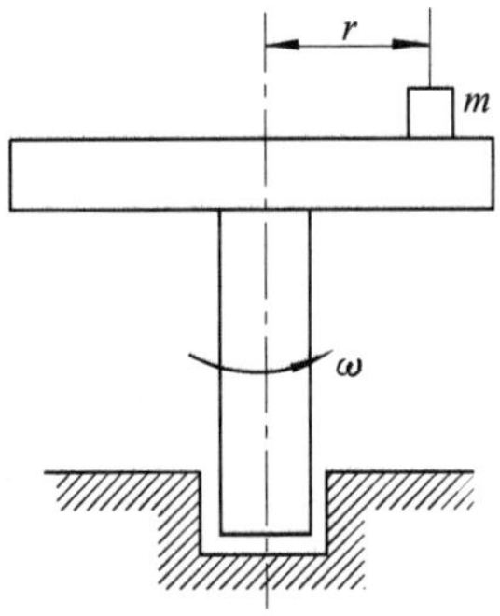

习题 9-5 图

9-6　质量为 200 kg 的加料小车沿倾斜角为 75°的轨道被提升. 小车速度随时间而变化的规律如图所示. 不计车轮和轨道间的摩擦. 求 t 在 0～3 s、3～15 s、15～20 s 这三个时间段内钢丝绳的拉力.

9-7　图示一质点无初速地从位于铅垂面内的圆的顶点 O 出发，在重力作用下沿通过 O 点的弦运动. 设圆的半径为 R，摩擦不计. 试证明质点走完任何一条弦所需的时间相同，并求出时间.

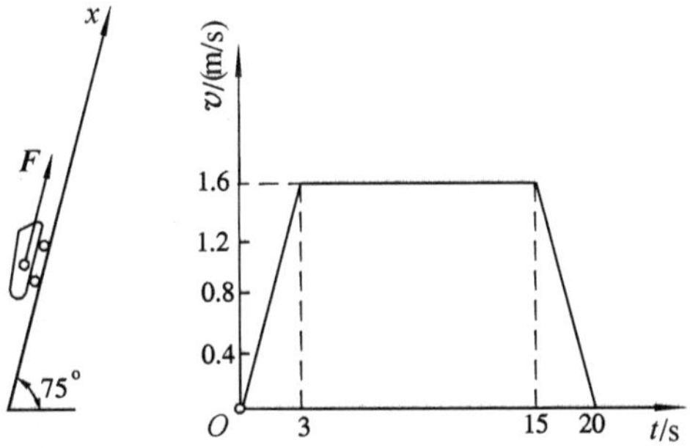

习题 9-6 图

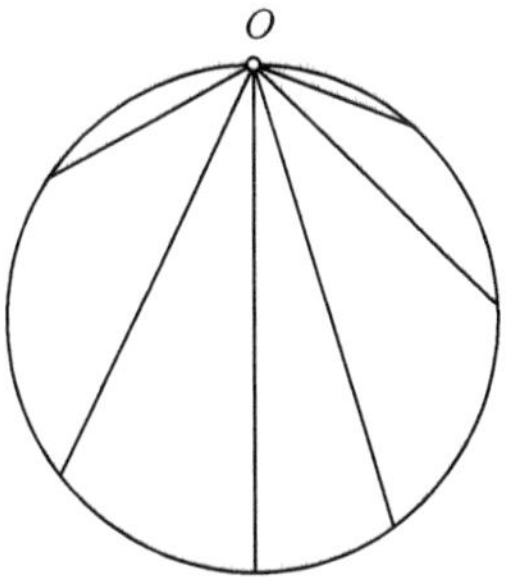

习题 9-7 图

9-8　图示两根细杆的两端分别与铅垂轴 AB 及小球 C 光滑铰接，已知 $\overline{AB}=2b$. 现铅垂轴以匀角速度 ω 转动. 设细杆长为 l，质量不计. 小球质量为 m. 求两杆所受的力.

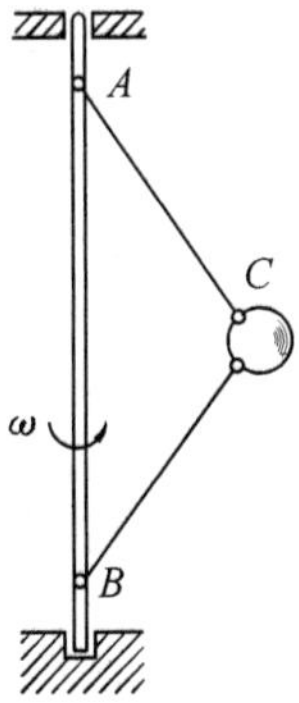

习题 9-8 图

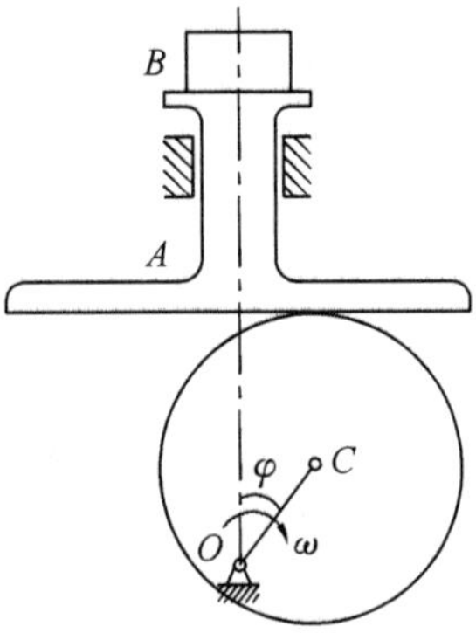

习题 9-9 图

9-9　偏心轮半径为 R，以匀角速度 ω 绕 O 轴转动，圆心为 C 点，偏心距 $\overline{OC}=e$，顶杆 A

的上面放置质量为 m 的重物 B，开始时 OC 沿水平线，如图所示. 由于偏心轮转动而使物块 B 做上下运动. 求：

(1) 物块 B 对顶杆的最大压力.

(2) 使物块不致脱离顶杆的 ω 的最大值.

9-10 小方块 A 以 $v=10$ m/s 的初速沿斜面向上运动，斜面角度 $\alpha=30°$. 设摩擦系数为 0.25. 求方块回到原来位置时的速度和所需时间.

9-11 重为 W 的方块 A 置于光滑斜面 B 上，斜面倾斜角为 α，设斜面以加速度 $\boldsymbol{a}$ 运动. 求方块沿斜面下滑时的加速度以及方块与斜面间的约束反力. 并讨论什么条件下 A 上滑、静止或自由落体.

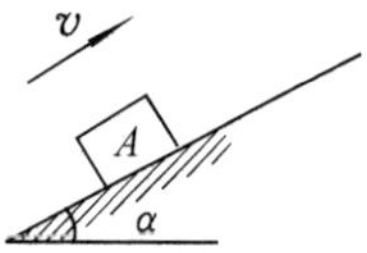

习题 9-10 图

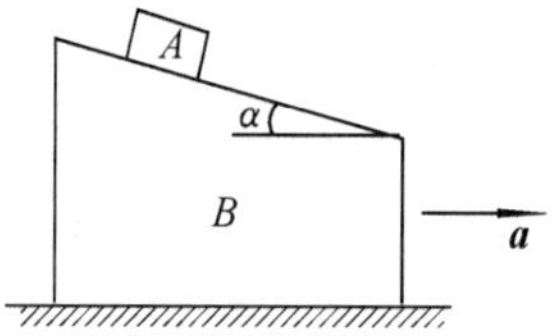

习题 9-11 图

9-12 图示质量为 m 的小球从光滑斜面上的 A 点以平行于 CD 的初速度开始运动. 已知 $v_0=5$ m/s，斜面的倾角为 30°，试求小球运动到 CD 边上的 B 点所需的时间 t 和距离 d.

9-13 一人站在高度 $h=2$ m 的河岸上，用绳缆拉动质量为 $m=40$ kg 的小船，如图所示. 设他所用力大小不变，$F=150$ N. 开始时小船位于 B 点，$\overline{OB}=b=7$ m，初速度为零. 试求小船被拉至 C 点时所具有的速度. $\overline{OC}=c=3$ m，水的阻力忽略不计.

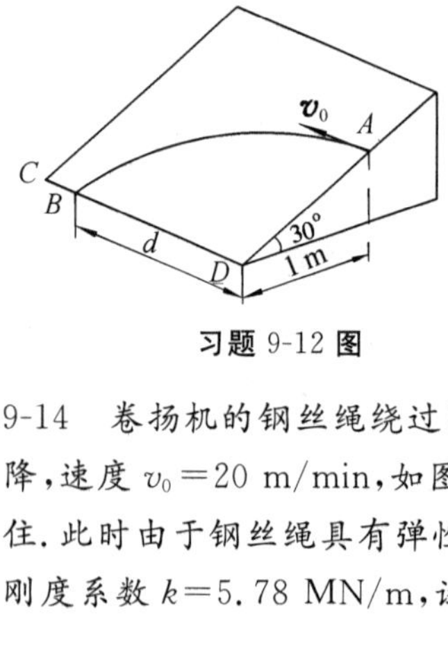

习题 9-12 图

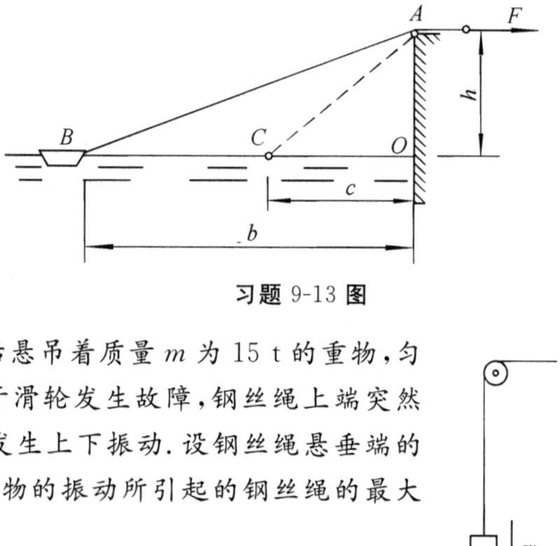

习题 9-13 图

9-14 卷扬机的钢丝绳绕过固定滑轮后悬吊着质量 m 为 15 t 的重物，匀速下降，速度 $v_0=20$ m/min，如图所示. 由于滑轮发生故障，钢丝绳上端突然被卡住. 此时由于钢丝绳具有弹性，重物将发生上下振动. 设钢丝绳悬垂端的弹簧刚度系数 $k=5.78$ MN/m，试求由于重物的振动所引起的钢丝绳的最大拉力.

习题 9-14 图

第十章 动能定理

动能定理表达了动能(机械运动的一种度量)与功(力的作用的一种度量)之间的关系.

§10-1 概述与基本概念

质点动力学问题可以应用质点动力学微分方程基本上得到解决,但是,对于动力学第二类问题一般求解比较困难,这在前面章节中已经陈述.如果质点系有 n 个质点,则对于每个质点均可列出三个直角坐标形式的运动微分方程,n 个质点就是 $3n$ 个微分方程,再加上各质点间的约束关系,组成一个微分方程组.从理论上看似乎可以解决,但在实际问题的求解中却困难重重.而且对某些质点系的动力学问题,往往不需要研究系统中各质点的运动状况,只需研究质点系的整体的运动特征即可.

为此,在描述质点系动力学问题时,必须建立与质点系运动特征有关的物理量,如动量、动量矩、动能以及与作用力有关的物理量,如冲量、力矩、功之间的普遍关系,这些物理量具有明确的物理意义.它们之间的关系表示为动量定理、动量矩定理和动能定理.这三个定理称为动力学普遍定理.动量定理与动量矩定理属于矢量形式一类.动能定理则属于标量形式一类.因此,不管质点系如何运动,动能定理始终是一个代数方程(组),因而在实际工程中被广泛使用.限于课程体系及篇幅,本书只涉及动能定理,读者如需全面了解动力学普遍定理的内容乃至更深入地学习动力学的知识,请参阅理论力学及分析力学中的有关章节.下面先介绍与此相关的基本概念.

1. 外力与内力

对于质点系中的每个质点,可将作用于质点上的力分成内力及外力,它们的定义形式类似于静力学中的相关内容,略有不同的是外力完全取决于质点系的定义范围.

2. 质点系的质心

质点系的运动除了与作用于质点系上的外力有关外,还与质点系中各质点的位置和质量的大小有关.设质点系由 n 个质点组成,各质点的质量分别为 $m_1, m_2, \cdots, m_n$,其相应的坐标分别为 $(x_1, y_1, z_1), (x_2, y_2, z_2), \cdots, (x_n, y_n, z_n)$,质点系的总质量为各质点的质量总和,即 $M=\sum m_i$.存在一个几何点 C,可用以表征质点系的质量分布情况和各质点的位置,称 C 为质点系的质量中心(简称质心),该点坐标为

$$x_C=\frac{\sum m_i x_i}{M} \tag{10-1a}$$

$$y_C=\frac{\sum m_i y_i}{M} \tag{10-1b}$$

$$z_C = \frac{\sum m_i z_i}{M} \tag{10-1c}$$

读者不妨将此质点系放入重力场中,此时会发现质心与重心是重合的.但应注意,质心与重心是两个概念,质心只表示了质点系质量分布情况的一个几何点,与所受力无关,而重心必须在重力场中才能体现出来.

3. 刚体对轴的转动惯量　平行轴定理

刚体对轴的转动惯量是刚体绕轴转动时惯性的度量,它是刚体一个很重要的物理特征,反映了刚体对轴转动的惯性,其大小等于各质量(点)到该轴垂直距离的平方的乘积之和,以 J_z 表示刚体对 z 轴的转动惯量,有

$$J_z = \sum m_i r_i^2 \tag{10-2}$$

如果刚体的质量分布是连续的,则上式可写成积分形式

$$J_z = \int r^2 \mathrm{d}m \tag{10-3}$$

由此可见,转动惯量的大小不仅与质量大小有关,而且与质量的分布有关,但与物体所处的运动状态无关.转动惯量的单位为 $\mathrm{kg \cdot m^2}$.

工程实际中,经常根据工作需要来确定转动惯量的大小.例如,机器上的飞轮,设计成中间薄边缘厚,以增大转动惯量,并保持机器比较稳定的运动状态.又如,仪表仪器中的某些零件必须具有较高的灵敏度,以提高仪器的精确度,因此必须尽可能减小转动惯量.

工程实际中常将刚体的转动惯量 J_z 表示为刚体质量与某一长度 ρ_z 的平方的乘积:

$$J_z = m\rho_z^2 \tag{10-4}$$

式中 ρ_z 称为刚体对 z 轴的回转半径(也称为惯性半径).

对于形状复杂的非匀质物体,不便于用计算方法求出它的转动惯量,必须通过实验方法测量求得.

现将几种常见简单形状匀质物体的转动惯量及回转半径列于表 10-1.

表 10-1　匀质物体的转动惯量及回转半径(式中 m 为物体质量)

形状	简　　图	转动惯量 J_z	回转半径 ρ_z
细杆	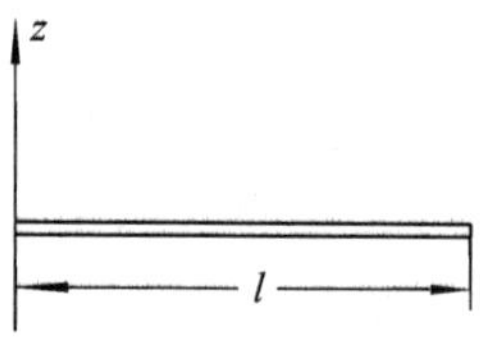	$\frac{1}{3}ml^2$	$\frac{\sqrt{3}}{3}l$
细杆	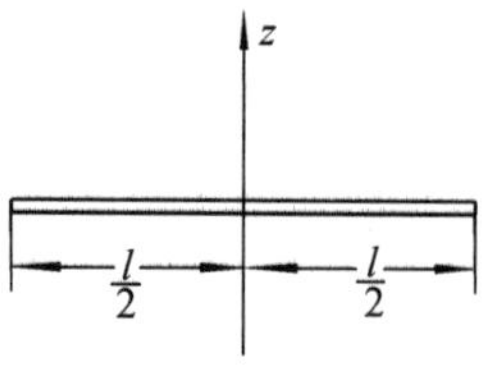	$\frac{1}{12}ml^2$	$\frac{\sqrt{3}}{6}l$

续表

形状	简　　图	转动惯量 J_z	回转半径 ρ_z
长方体	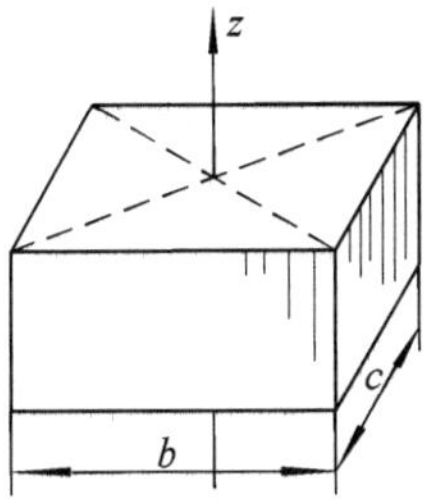	$\frac{1}{12}m(b^2+c^2)$	$\frac{1}{6}\sqrt{3(b^2+c^2)}$
薄壁圆筒	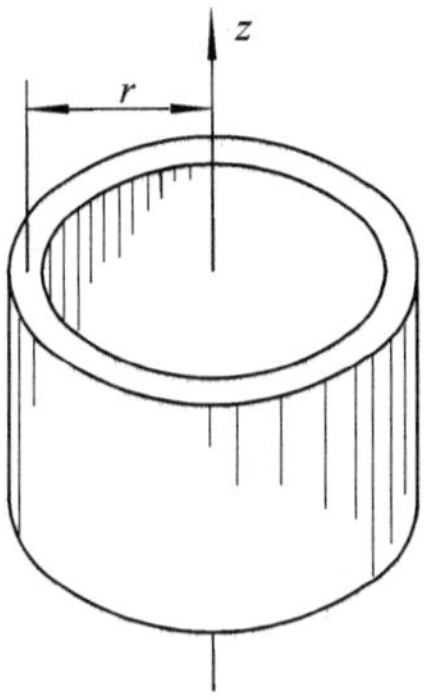	mr^2	r
圆柱	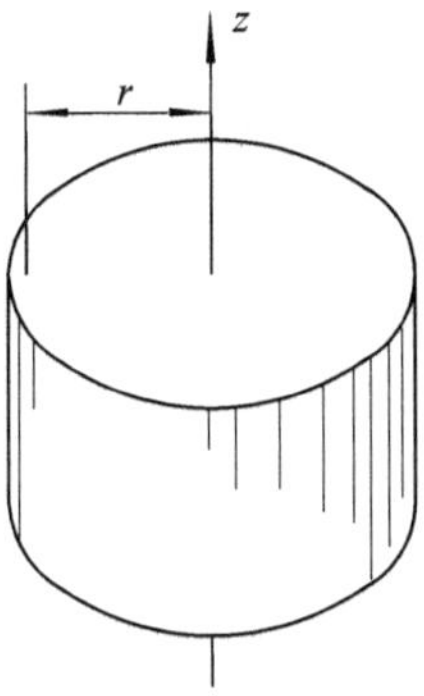	$\frac{1}{2}mr^2$	$\frac{\sqrt{2}}{2}r$
圆柱	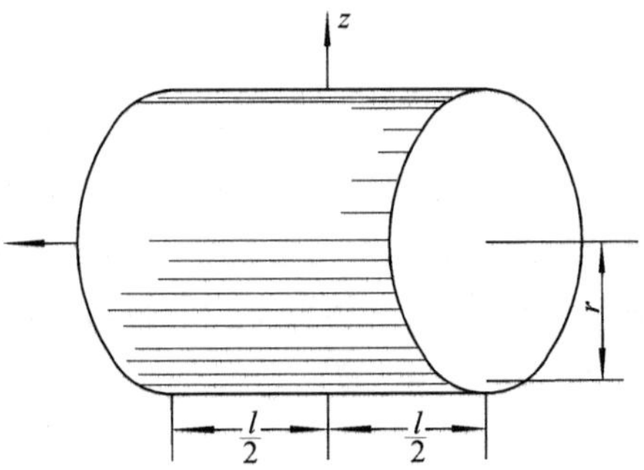	$\frac{1}{12}m(l^2+3r^2)$	$\frac{1}{6}\sqrt{3(l^2+3r^2)}$

续表

形状	简　　图	转动惯量 J_z	回转半径 ρ_z
薄壁球壳	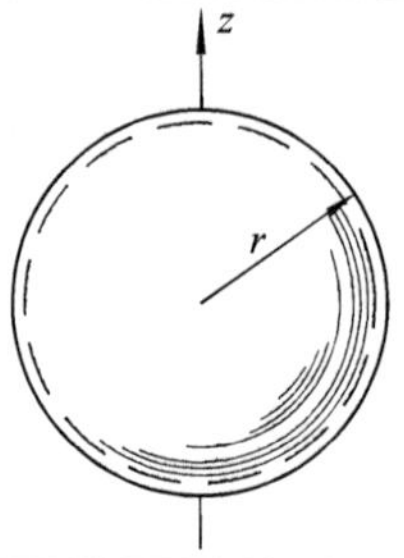	$\frac{2}{3}mr^2$	$\frac{\sqrt{6}}{3}r$
球	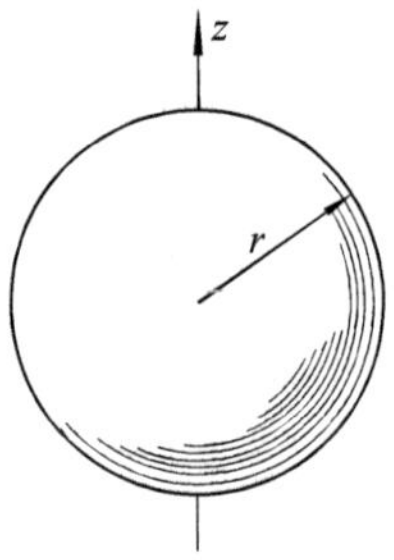	$\frac{2}{5}mr^2$	$\frac{\sqrt{10}}{5}r$
圆锥	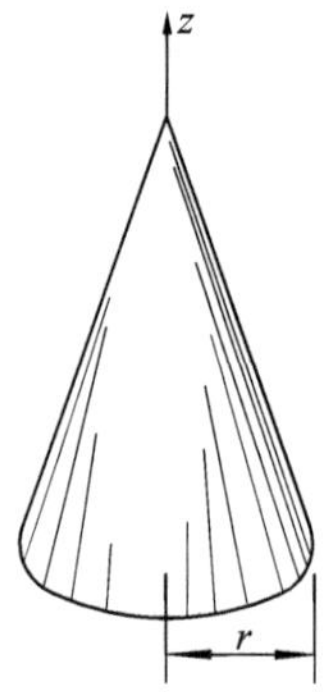	$\frac{3}{10}mr^2$	$\frac{\sqrt{30}}{10}r$
圆环	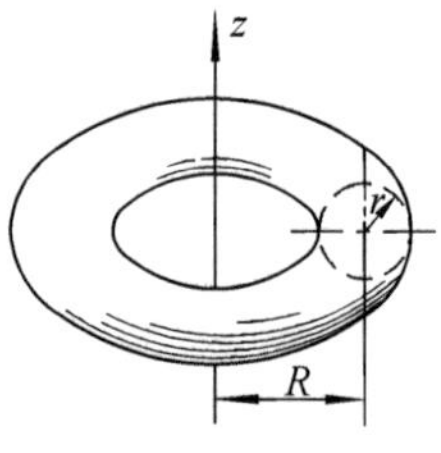	$m\left(R^2+\frac{3r^2}{4}\right)$	$\frac{1}{2}\sqrt{4R^2+3r^2}$

应当指出，同一刚体与不同轴线的转动惯量之间是有联系的. 现在来推导刚体与各平行轴的转动惯量之间的关系. 设 z 轴通过刚体的质心 C（简称为质心轴），z' 轴平行于 z 轴，两轴间的距离设为 h，如图 10-1 所示. 取 x、y 轴如图所示，则刚体对 z 轴的转动惯量为

$$J_z = \sum m_i r_i^2 = \sum m_i (x_i^2 + y_i^2)$$

而刚体对 z' 轴的转动惯量为

$$J_{z'} = \sum m_i r_i'^2 = \sum m_i [x_i^2 + (y_i - h)^2]$$

式中各符号见图示. 将上式展开，有

$$J_{z'}=\sum m_i r_i'^2=\sum m_i(x_i^2+y_i^2-2hy_i+h^2)$$
$$=J_z-2h(\sum m_i y_i)+(\sum m_i)h^2=J_z-2h(my_C)+mh^2$$

式中 m 为刚体的质量；y_C为质心 C 在坐标系 $Oxyz$ 中的 y 坐标. 因 z 轴通过质心，故 $y_C=0$，从而有

$$J_{z'}=J_z+mh^2 \tag{10-5}$$

上式说明：刚体对任一轴的转动惯量，等于刚体对平行于该轴的质心轴的转动惯量加上刚体质量与两轴间距离的平方的乘积. 这就是转动惯量的平行轴定理. 从上式可见，在一组平行轴中，刚体对质心轴的转动惯量最小.

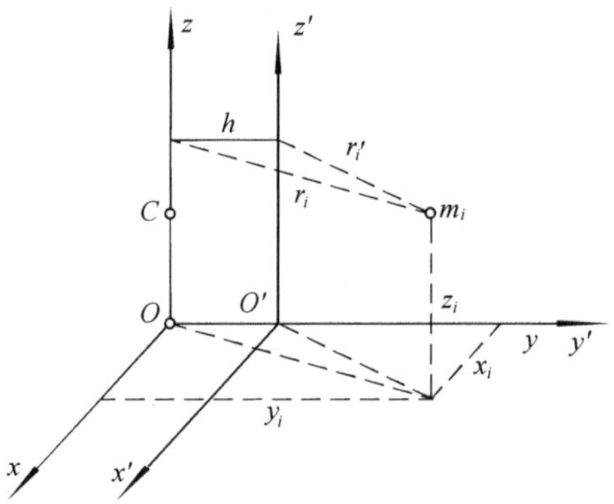

图 10-1

§10-2 力 的 功

功是度量力的作用的一个物理量. 设有大小和方向都不变的力 $\boldsymbol{F}$ 作用在物体上，力的作用点 M 向右做直线运动. 在某段时间内，M 点的位移 $\boldsymbol{s}=\overrightarrow{M_1M_2}$，如图 10-2 所示. 则力 $\boldsymbol{F}$ 在位移 $\boldsymbol{s}$ 上做功为

$$W=\boldsymbol{F}\cdot\boldsymbol{s} \tag{10-6}$$

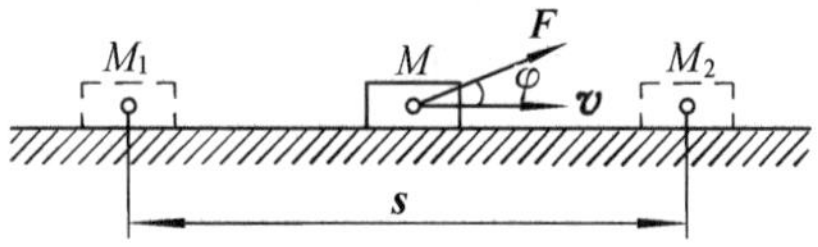

图 10-2

即常力在直线路程上所做的功等于力矢与位移矢的标量积. 因此，上式也可写成

$$W=Fs\cos\varphi \tag{10-7}$$

由上式可知：当 $\varphi<90°$，$\varphi>90°$和 $\varphi=90°$时，功分别为正、负和零.

在国际单位制中，功的单位名称为焦耳(符号为 J)，即

$$1\ \mathrm{J}=1\ \mathrm{N\cdot m}=1\ \mathrm{kg\cdot m^2/s^2}$$

现考虑变力的情况. 设变力 $\boldsymbol{F}$ 作用在物体上，在某段时间内，力的作用点 M 沿曲线从轨迹 M_1 运动到 M_2，如图 10-3 所示. 将整个路程分为许多微小的路程. 当力作用点 M 在任一微段上运动时，其元位移为 $\mathrm{d}\boldsymbol{r}$. 在每一微段上，力 $\boldsymbol{F}$ 可看成不变. 因此，力 $\boldsymbol{F}$ 在元位移 $\mathrm{d}\boldsymbol{r}$ 上所做的元功为

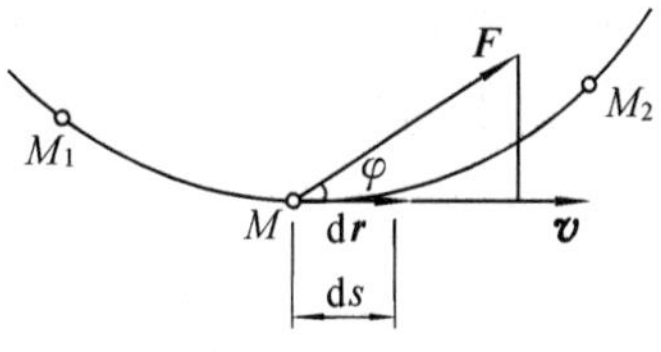

图 10-3

$$d'W=\boldsymbol{F}\cdot d\boldsymbol{r} \tag{10-8}$$

即力的元功等于力矢与元位移的标量积. 类似地,可写成

$$d'W=F\cos\varphi ds \tag{10-9}$$

力在全部路程 C 上的功则为每一小段路程上的元功的总和,最终写成积分形式,有

$$W=\int_{(C)}\boldsymbol{F}\cdot d\boldsymbol{r} \tag{10-10}$$

$$W=\int_{(C)}F\cos\varphi ds \tag{10-11}$$

同样也可在直角坐标系中写成

$$W=\int_{(C)}(F_x dx+F_y dy+F_z dz) \tag{10-12}$$

因此,力的功一般与力作用点的运动轨迹有关.

下面推导一些常见力的功.

1. 重力的功

设质量为 m 的质点 M 在均匀重力场中沿曲线 M_1 运动到 M_2,如图 10-4 所示. 取 Oz 轴铅垂向上,根据式(10-12)知,重力在路程 M_1M_2 中所做的功为

$$W=-mg(z_2-z_1)$$

或

$$W=mg(z_1-z_2)=mgh \tag{10-13}$$

式中 $h=z_1-z_2$ 为质点始末位置的高度差. 可见重力的功取决于重力大小和路程始末的质点位置,而与质点在其间运动的轨迹无关.

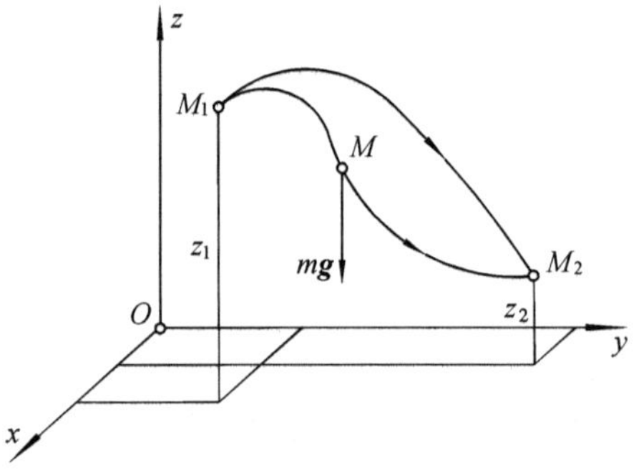

图 10-4

上述结论可推广到刚体(质点系),即作用于刚体(质点系)上的重力的功为

$$W=mg(z_{C1}-z_{C2})=mgh_C \tag{10-14}$$

式中 m 为刚体(质点系)的质量,$h_C=z_{C1}-z_{C2}$ 是刚体(质点系)质心(与重心重合)在始末位置的高度差.

2. 弹性力的功

设物体连接于弹簧的一端,如图 10-5 所示,弹簧原长为 l_0. 弹性力 $\boldsymbol{F}$ 的大小与弹簧的变形 δ 成正比,$F=k\delta$,其中 k 为弹簧刚度系数.

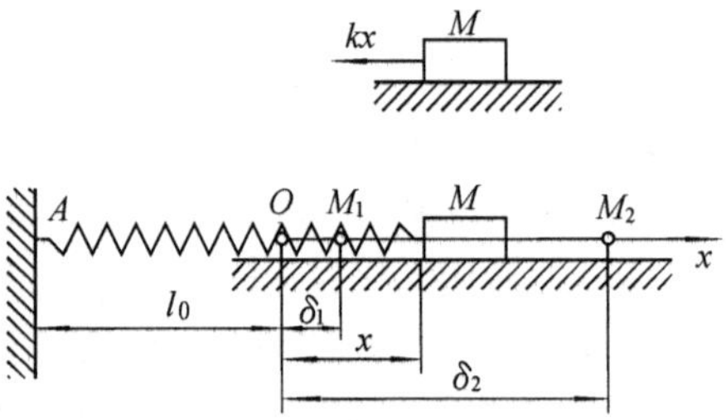

图 10-5

现求物体由位置 M_1 到位置 M_2 的过程中,作用于物体上的弹性力所做的功. 取坐标如图 10-5 所示,弹簧的变形为 x,作用于物体的弹性力在 x 轴上的投影为 $F_x=-kx$. 因此,根据式(10-12),在此过程中弹性力所做的全功为

$$W = -\int_{\delta_1}^{\delta_2} kx\,\mathrm{d}x = -\frac{k}{2}x^2\Big|_{\delta_1}^{\delta_2}$$

即

$$W=\frac{k}{2}(\delta_1{}^2-\delta_2{}^2) \tag{10-15}$$

上式表明，若变形减小，弹性力的功为正，反之为负.

当物体上弹性力的作用点 M 沿曲线运动时，如图 10-6 所示，上式仍成立，读者可自行证明. 由此可见，弹性力的功取决于弹簧刚度系数和作用点的初、终位置，而与该点在其间运动的轨迹无关.

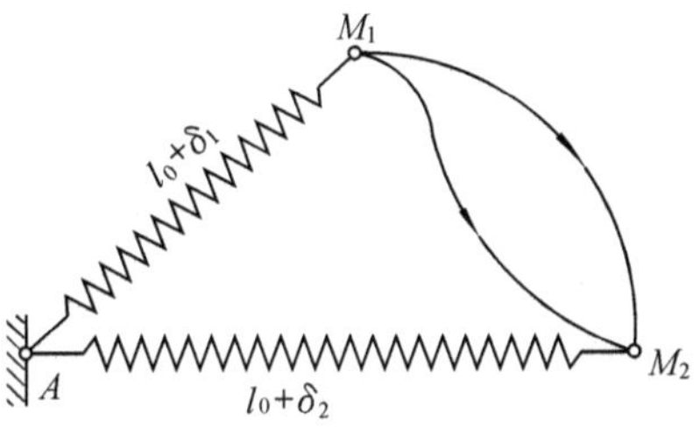

图 10-6

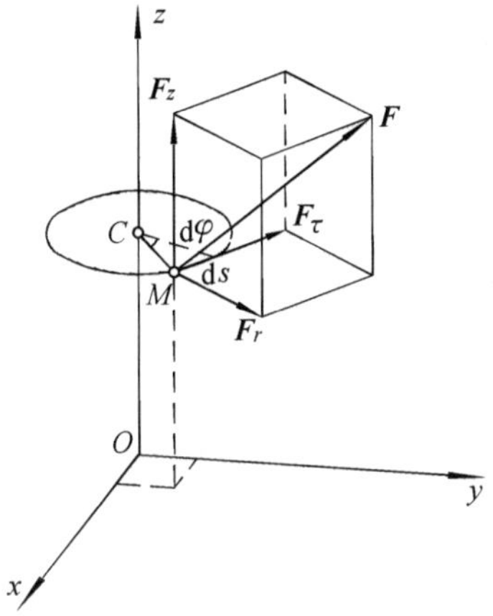

图 10-7

3. 作用于定轴转动刚体上的力的功

当刚体做定轴转动时，将作用于 M 上的力 $\boldsymbol{F}$ 分解成相互正交的三个分力：平行于 z 轴的轴向力 $\boldsymbol{F}_z$，沿转动半径 CM 的径向力 $\boldsymbol{F}_r$ 及沿 M 点轨迹切线的切向力 $\boldsymbol{F}_\tau$，如图 10-7 所示. 作用于刚体上的元功为

$$\mathrm{d}'W=\boldsymbol{F}\cdot\mathrm{d}\boldsymbol{r}=F_\tau\mathrm{d}s=F_\tau r\,\mathrm{d}\varphi$$

式中乘积 $F_\tau r$ 就是力 $\boldsymbol{F}$ 对 z 轴的矩 M_z，因此

$$\mathrm{d}'W=M_z\mathrm{d}\varphi \tag{10-16}$$

当刚体转过角度 φ 时，力 $\boldsymbol{F}$ 的全功为

$$W=\int_0^{\varphi}M_z\mathrm{d}\varphi \tag{10-17}$$

当 M_z 为常数时，有

$$W=M_z\varphi \tag{10-18}$$

4. 几类约束反力的功

现在着重分析几类理想情况下约束反力的功.

(1) 光滑固定面反力的功.

物体受到光滑的固定面[图 10-8(a)]或固定曲面(如固定铰链、销钉)[图 10-8(b)]的约束时，固定面反力 $\boldsymbol{F}_\mathrm{N}$ 沿接触面的公法线方向，而反力作用点 M 的元位移 $\mathrm{d}\boldsymbol{r}$ 总是垂直于

$\boldsymbol{F}_N$，因此 $\boldsymbol{F}_N$的元功恒等于零.

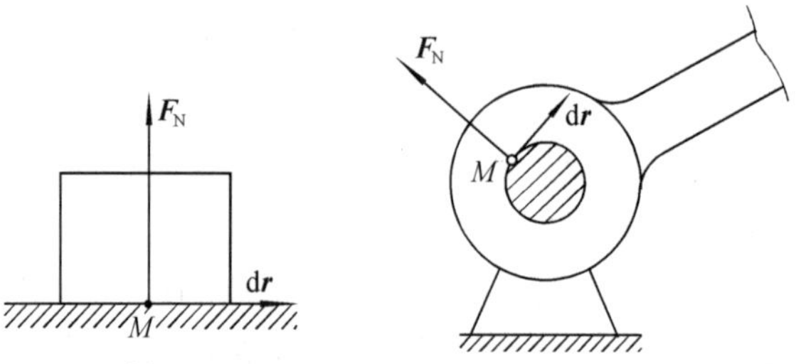

(a) (b)

图 10-8

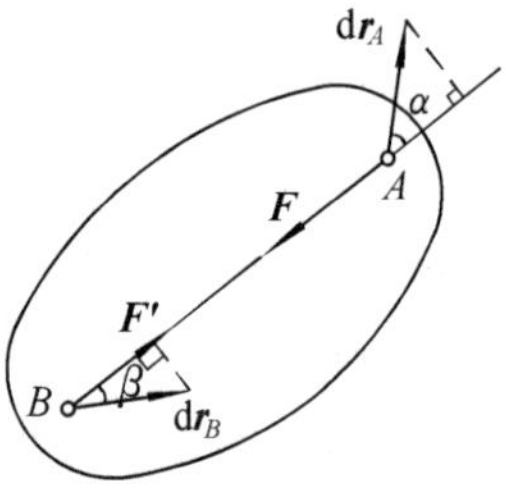

图 10-9

(2) 刚体内力的功.

如图 10-9 所示，刚体上任意两点 A、B 的相互作用力 $\boldsymbol{F}$ 和 $\boldsymbol{F}'$ 一定等值、反向、共线. 设 A、B 的元位移分别为 $\mathrm{d}\boldsymbol{r}_A$、$\mathrm{d}\boldsymbol{r}_B$，则一对作用与反作用力 $\boldsymbol{F}$、$\boldsymbol{F}'$的元功之和为

$$\begin{aligned}\sum \mathrm{d}'W &= \boldsymbol{F}\cdot \mathrm{d}\boldsymbol{r}_A + \boldsymbol{F}'\cdot \mathrm{d}\boldsymbol{r}_B \\ &= -F|\mathrm{d}\boldsymbol{r}_A|\cos\alpha + F|\mathrm{d}\boldsymbol{r}_B|\cos\beta \\ &= F(|\mathrm{d}\boldsymbol{r}_B|\cos\beta - |\mathrm{d}\boldsymbol{r}_A|\cos\alpha)\end{aligned}$$

由于刚体上两点间的距离保持不变，可以证明，两点的元位移 $\mathrm{d}\boldsymbol{r}_A$、$\mathrm{d}\boldsymbol{r}_B$在连线 AB 上的投影相等(读者如对此理解存在困难，不妨将此与前面章节中的速度投影定理进行类比)，即

$$|\mathrm{d}\boldsymbol{r}_A|\cos\alpha = |\mathrm{d}\boldsymbol{r}_B|\cos\beta$$

最终得

$$\sum \mathrm{d}'W = 0$$

所以，整个刚体内力系元功之和恒等于零. 对一般质点系，任意点间的距离可以改变，上式不成立，因此质点系内力系元功之和一般不等于零.

(3) 滚子沿固定面纯滚动时滑动摩擦力的功.

根据图 10-3 及式(10-8)，元功的另一种表达方式为

$$\mathrm{d}'W = \boldsymbol{F}\cdot \boldsymbol{v}\mathrm{d}t \qquad (10\text{-}19)$$

固定面作用于滚子的滑动摩擦力，其作用点就是滚子的速度瞬心，因此此力的元功恒为零，所以它在运动过程中的全功也恒为零.

类似地可以证明，用光滑铰链连接的两物体间的相互作用力的元功之和恒等于零；不可伸长的柔索内力的元功之和也恒等于零. 在力学上，将约束反力的元功之和恒等于零的约束称为理想约束.

§10-3 动能及其表达式

动能是表征机械运动的一个物理量. 设质点的质量为 m，速度值为 v，则质点的动能为

$$T = \frac{1}{2}mv^2 \qquad (10\text{-}20)$$

动能是以机械运动转化为一定量的其他形式的运动的能力来度量机械运动强弱的. 动能是一个标量，且恒为正值，其国际单位为 $\mathrm{kg}\cdot\mathrm{m}^2/\mathrm{s}^2$，因此，动能单位与功的单位相同，也用 J.

设质点系中任一质点的质量为 m_i，速度值为 v_i，则各质点动能的总和称为质点系的动

能，即

$$T = \frac{1}{2}\sum m_i {v_i}^2 \tag{10-21}$$

刚体是工程实际中常见的质点系，因此研究刚体的动能具有重要的意义.

1. 刚体做平动的动能

由于刚体做平动时刚体上任一点的速度都相等，记作 v，由上式得到

$$T = \frac{1}{2}(\sum m_i)v^2$$

即

$$T=\frac{1}{2}mv^2 \tag{10-22}$$

式中 $\sum m_i = m$ 为刚体的质量. 因此，刚体平动时的动能等于与其质量相同、速度相同的质点的动能.

2. 刚体绕定轴转动的动能

由运动学知，刚体以角速度 ω 绕轴 z 转动，刚体内任一点到该轴的距离为 r_i，则该点的速度值为 $v_i=r_i\omega$，由式(10-21)得

$$T = \frac{1}{2}\sum m_i(r_i\omega)^2 = \frac{1}{2}(\sum m_i {r_i}^2)\omega^2 = \frac{1}{2}J_z\omega^2 \tag{10-23}$$

式中 $J_z = \sum m_i {r_i}^2$ 为刚体对转轴的转动惯量.

读者应注意式(10-22)与式(10-23)形式上的一致性，即 m 与 J_z、v 与 ω 广义上的同一性.

3. 刚体做平面运动的动能

由运动学知，刚体做平面运动可以看作随基点 A 的平动与绕 A 转动的合成或看作刚体绕瞬时轴(速度瞬心为 P 点，过 P 点并与运动平面相垂直的轴)的转动，如图 10-10 所示. 设刚体瞬时角速度为 ω，刚体上任一点 M_i 到瞬时轴的垂直距离为 ρ_i，类似于上式，有

$$T = \frac{1}{2}\sum m_i(\rho_i\omega)^2 = \frac{1}{2}(\sum m_i{\rho_i}^2)\omega^2 = \frac{1}{2}J_P\omega^2 \tag{10-24}$$

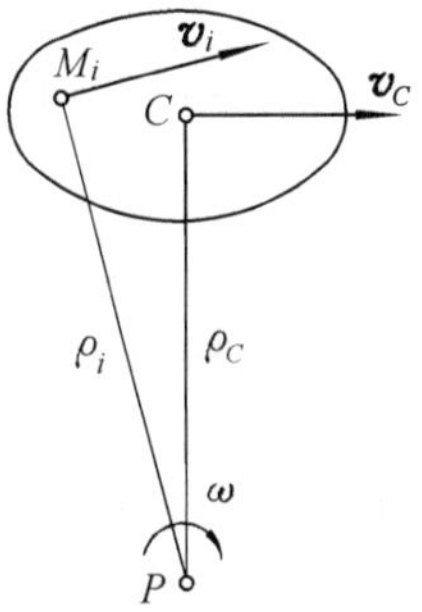

图 10-10

式中 $J_P = \sum m_i{\rho_i}^2$ 为刚体对瞬时转轴的转动惯量. 由于速度瞬心的位置随时间而变，所以 J_P 的值也是随时间变化的.

应用转动惯量的平行轴定理：

$$J_P=J_C+m{\rho_C}^2$$

式中 J_C 为刚体对平行于瞬时转轴的质心轴的转动惯量，ρ_C 为刚体质心到瞬时转轴的垂直距离. 代入式(10-24)得

$$T=\frac{1}{2}(J_C+m{\rho_C}^2)\omega^2=\frac{1}{2}J_C\omega^2+\frac{1}{2}m(\rho_C\omega)^2=\frac{1}{2}J_C\omega^2+\frac{1}{2}m{v_C}^2 \tag{10-25}$$

式中 $v_C=\rho_C\omega$ 为质心的速度值. 由此可知,刚体做平面运动的动能等于其随质心的平动动能与绕质心转动的动能之和.

§10-4 质点的动能定理

设质量为 m 的质点 M 在力 $\boldsymbol{F}$ 作用下沿曲线从 M_1 到 M_2 点,如图 10-11 所示. 在任一时刻,根据牛顿第二定律有

$$m\boldsymbol{a}=\boldsymbol{F}$$

将上式向轨迹的切向投影,得

$$ma_\tau=m\frac{\mathrm{d}v}{\mathrm{d}t}=F\cos\varphi$$

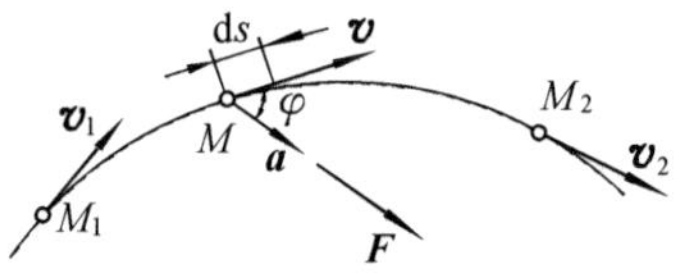

图 10-11

上式两边同乘以元弧长 ds,则

$$m\frac{\mathrm{d}v}{\mathrm{d}t}\mathrm{d}s-F\cos\varphi\mathrm{d}s$$

上式右边为力 $\boldsymbol{F}$ 的元功 $\mathrm{d}'W$,左边为

$$m\frac{\mathrm{d}s}{\mathrm{d}t}\mathrm{d}v=mv\mathrm{d}v=\mathrm{d}\left(\frac{1}{2}mv^2\right)=\mathrm{d}T$$

最终有

$$\mathrm{d}\left(\frac{1}{2}mv^2\right)=\mathrm{d}'W \tag{10-26}$$

扩展为全过程,得

$$\frac{1}{2}mv_2{}^2-\frac{1}{2}mv_1{}^2=W \tag{10-27a}$$

或记作

$$T_2-T_1=W \tag{10-27b}$$

上式表明:质点动能在某一路程上的改变等于质点上的力在同一路程上所做的功. 这就是积分形式的质点动能定理. 读者应注意:动能是机械运动的度量,是在某个瞬态上的定义,而功是力的作用的度量,是在一段过程(路程)上的定义,两者的单位相同,但物理意义不同.

此定理将作用力、质点的速度和路程三者联系起来,因此在分析与此三者有关的动力学问题时特别方便,它适合求与速度、位置有关的问题,但也可以在此基础上求加速度问题. 由于在计算力的功时,不做功的力(包括主动力和约束力)会自动消失,故动能定理不能用于求不做功的力.

例 10-1 如图 10-12 所示,质量为 m 的物体,以向下的初速度 v_0 碰到弹簧刚度系数为 k 的弹簧末端并一起运动. 如在碰撞的瞬时弹簧无变形,弹簧质量不计,试求物体此后下降的最大距离 s.

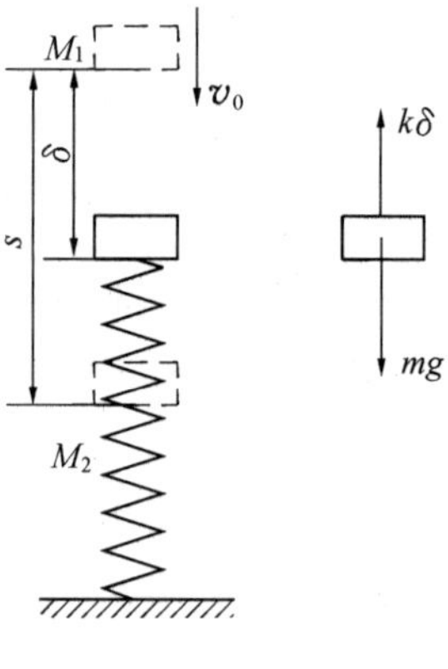

图 10-12

解:将物体作为质点,物体刚触及弹簧时的位置记作 M_1,压缩弹簧到达的最低位置记作 M_2,此时质点的速度为零. 根据质点动能定理,有

$$0-\frac{1}{2}mv_0{}^2=mgs-\frac{1}{2}ks^2 \tag{a}$$

解得

$$s=\frac{mg\pm\sqrt{(mg)^2+kmv_0{}^2}}{k} \tag{b}$$

根据题意 s 应取正值，故舍去一个负解，并令

$$\delta_{st}=\frac{mg}{k}$$

为静变形，相当于物体放置在弹簧上处于静止时弹簧的变形. 最终式(b)可写成

$$s=\delta_{st}\left(1+\sqrt{1+\frac{v_0{}^2}{g\delta_{st}}}\right) \tag{c}$$

显然，最大动变形 s 总是超过静变形 δ_{st}. 从振动的角度出发，静变形是整个系统(质点与弹簧)的静平衡位置，如果不考虑阻尼，系统将围绕静平衡位置上下振荡. 请读者考虑：当物体无初速地突然放置在弹簧上，弹簧的最大变形量是否等于静变形量？为什么？当物体又很缓慢地放置在弹簧上，变形情况又会如何？

§10-5 质点系的动能定理

设质点系中任一质点 M_i 的质量为 m_i，速度值为 v_i，它所受外力的合力为 F_i，内力的合力为 F_i^*. 当质点有元位移 $\mathrm{d}\boldsymbol{r}_i$ 时，根据式(10-26)有

$$\mathrm{d}\left(\frac{1}{2}m_iv_i{}^2\right)=\boldsymbol{F}_i\cdot\mathrm{d}\boldsymbol{r}_i+\boldsymbol{F}_i^*\cdot\mathrm{d}\boldsymbol{r}_i=\mathrm{d}'W_i+\mathrm{d}'W_i^*$$

式中 $\mathrm{d}'W_i$ 和 $\mathrm{d}'W_i^*$ 分别表示外力和内力的元功. 对每一质点列出的方程进行相加，可得

$$\sum\mathrm{d}\left(\frac{1}{2}m_iv_i{}^2\right)=\mathrm{d}\sum\left(\frac{1}{2}m_iv_i{}^2\right)=\sum\mathrm{d}'W_i+\sum\mathrm{d}'W_i^*$$

即

$$\mathrm{d}T=\sum\mathrm{d}'W_i+\sum\mathrm{d}'W_i^* \tag{10-28}$$

上式说明质点系动能的微分等于质点系所受的外力和内力的元功之和，这就是微分形式的质点系动能定理.

设质点系由位置Ⅰ运动到位置Ⅱ，将式(10-28)在全过程中积分，得到

$$T_2-T_1=\sum W_i+\sum W_i^* \tag{10-29}$$

式中 T_1、T_2分别代表质点系在位置Ⅰ、Ⅱ时的动能. 上式表明：质点系动能在某力学过程中的增量，等于质点系所受的外力和内力在此过程中所做的功的代数和，这就是积分形式的质点系动能定理.

一般情况下质点系内力的功的和不等于零. 例如，自行车刹车时闸块对钢圈作用的摩擦力，对自行车来说都是内力且成对出现，但是它们做功之和不等于零，这样才能使自行车车速减慢乃至停止运动.

例 10-2 两匀质细杆 AD、BD 的重量为 W，长度都是 l，以铰链 D 连接，放置在光滑水平面上，如图 10-13(a)所示. 开始时，D 点高度为 h. 由于两端向外滑动，两杆从静止开始在

铅垂面内对称地滑下. 试求 D 点到达地面时的速度.

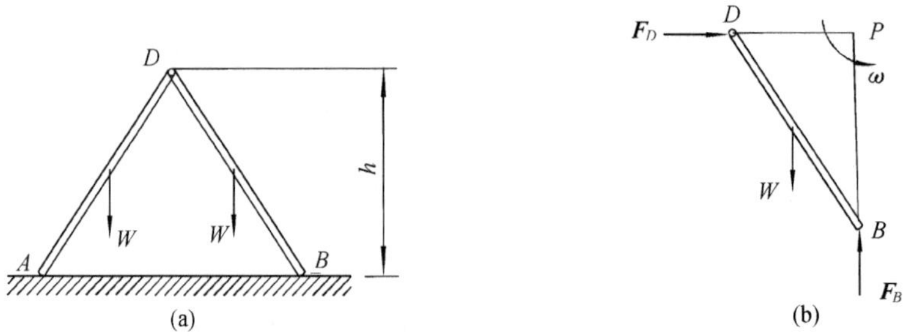

图 10-13

解：由于对称缘故，根据题意可知，D 点沿铅垂线运动. 现取 DB 杆作为研究对象，其受力及速度瞬心 P 点如图 10-13(b)所示. 由前面分析知，F_D、F_B 不做功，因此，在细杆滑下的过程中，只有重力做功.

根据平行轴定理，现细杆 DB 绕速度瞬心 P 的转动惯量为

$$J_P = J_C + \frac{W}{g}\left(\frac{l}{2}\right)^2 = \frac{1}{12}\frac{W}{g}l^2 + \frac{1}{4}\frac{W}{g}l^2 = \frac{1}{3}\frac{W}{g}l^2 \tag{a}$$

根据式(10-29)，设细杆到达地面时的角速度为 ω，有

$$W\frac{h}{2} = \frac{1}{2}J_P\omega^2 - 0 \tag{b}$$

将式(a)代入式(b)，解得

$$\omega = \frac{\sqrt{3gh}}{l}$$

在细杆 DB 到达地面的瞬间，速度瞬心 P 点与 B 点重合，故 D 点的速度 v_D 为

$$v_D = \omega \cdot \overline{DB} = \omega l = \sqrt{3gh}$$

例 10-3 滚子的重量为 G，半径为 R，在常力 $\boldsymbol{F}$ 作用下从静止开始沿斜面做无滑动的滚动，如图 10-14 所示. 设斜面与水平面成 α 角，力 $\boldsymbol{F}$ 作用于滚子的中心 C，其方向与斜面成 φ 角. 若滚子可以看作匀质圆柱，试求当滚子中心 C 沿斜面上升距离 s 时滚子的角速度值 ω.

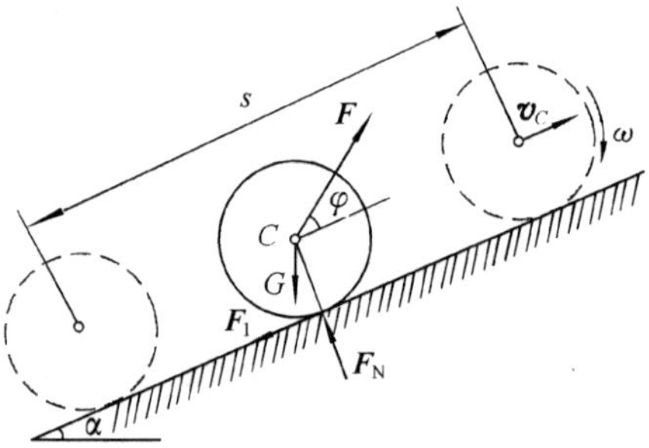

图 10-14

解：以滚子为研究对象，考虑滚子沿斜面滚动而上升距离 s 这段过程. 开始时，滚子静止，其动能 $T_1 = 0$，过程结束时，其动能为

$$T_2 = \frac{1}{2}J_C\omega^2 + \frac{1}{2}\frac{G}{g}v_C^2 \tag{a}$$

滚子对质心轴的转动惯量 $J_C = \frac{1}{2}\frac{G}{g}R^2$. 由于滚子沿斜面做无滑动的滚动，所以 $v_C = R\omega$. 代入上式得

$$T_2 = \frac{3}{4}\frac{G}{g}R^2\omega^2 \tag{b}$$

根据式(12-29)，可得

$$\frac{3}{4}\frac{G}{g}R^2\omega^2-0=Fs\cos\varphi-Gs\sin\alpha \tag{c}$$

解得

$$\omega=\frac{1}{R}\sqrt{\frac{4sg}{3G}(F\cos\varphi-G\sin\alpha)} \tag{d}$$

例 10-4　如图 10-15 所示的系统，已知物块 A 的质量为 m_1，滑轮 B 与 C（滚子 C 沿固定平面做纯滚动）均视为均质圆盘，半径均为 r，质量均为 m_2. 设系统在开始时处于静止. 试求物块 A 在下降 h 高度时的速度和加速度. 绳索的质量、滚动摩擦和轴承摩擦均忽略不计.

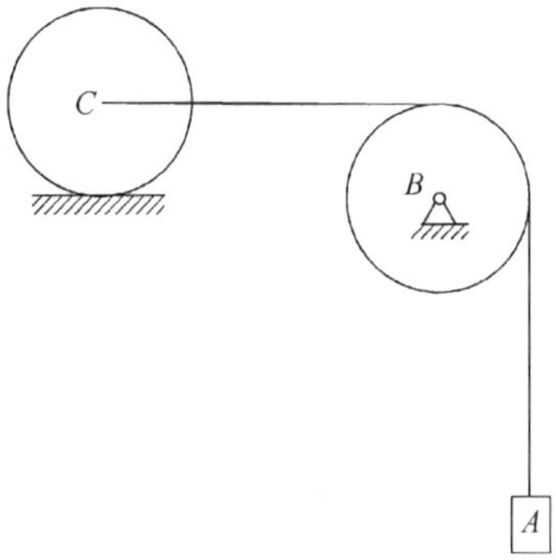

图 10-15

解：取整个系统为研究对象. 物块下降时，系统的动能为

$$T_2=T_A+T_B+T_C \tag{a}$$

将物块 A 视为质点，则

$$T_A=\frac{1}{2}m_Av_A{}^2 \tag{b}$$

B 轮做定轴转动，有

$$T_B=\frac{1}{2}J_B\omega_B{}^2 \tag{c}$$

C 滚子做平面运动，则

$$T_C=\frac{1}{2}m_2v_C{}^2+\frac{1}{2}J_C\omega_C{}^2 \tag{d}$$

由运动学关系得

$$\omega_B=\frac{v_A}{r},v_C=v_A,\omega_C=\frac{v_C}{r}=\frac{v_A}{r} \tag{e}$$

注意到 $J_B=J_C=\frac{1}{2}m_2r^2$，从而有

$$T_2=\frac{1}{2}(m_1+2m_2)v_A{}^2 \tag{f}$$

由于系统开始时处于静止，故 $T_1=0$. 根据式(10-29)得

$$\frac{1}{2}(m_1+2m_2)v_A{}^2=m_1gh \tag{g}$$

即

$$v_A=\sqrt{\frac{2m_1gh}{m_1+2m_2}}$$

将式(g)两端对时间求导，所以有

$$(m_1+2m_2)v_A\frac{\mathrm{d}v_A}{\mathrm{d}t}=(m_1+2m_2)v_Aa_A=m_1g\frac{\mathrm{d}h}{\mathrm{d}t}=m_1gv_A$$

最终有

$$a_A=\frac{m_1g}{m_1+2m_2} \tag{h}$$

思考题

10-1　摩擦力可能做正功吗？举例说明.

10-2　在弹性范围内,把弹簧的伸长加倍,则拉力做的功也加倍.这个说法对不对？为什么？

10-3　当质点做匀速圆周运动时,其动能有无变化？

10-4　三个质量相同的质点,同时由点 A 以大小相同的初速度 $\boldsymbol{v}_0$ 抛出,但其方向各不相同,如图所示.如不计空气阻力,这三个质点落到水平面 H-H 时,三者的速度大小是否相等？三者重力做的功是否相等？

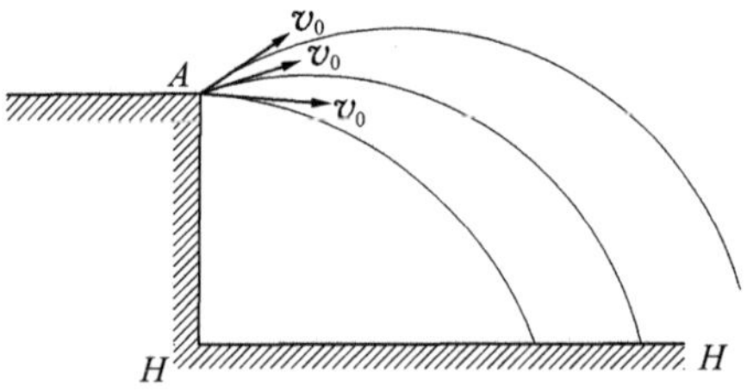

思考题 10-4 图

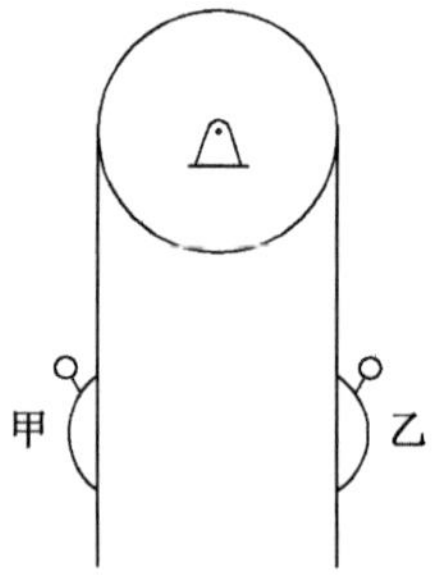

思考题 10-5 图

10-5　甲、乙两人重量相同,沿绕过无重滑轮的细绳,由静止起同时向上爬升,如图所示.如甲比乙更努力上爬,问:

(1) 谁先到达上端？

(2) 谁的动能最大？

(3) 谁做的功多？

习题

10-1　图示手推车在水平力 $\boldsymbol{F}_1$ 和铅垂力 $\boldsymbol{F}_2$ 的作用下,沿倾斜角 $\alpha=30°$ 的斜面上行 6 m.已知 $F_1=150$ N,$F_2=200$ N,求此两力做功之和.

10-2　小车的质量为 m_1,车轮 A、B 可视为半径 r 的均质圆盘,质量皆为 m_2.设 A、B 与地面间没有滑动,求小车以速度 $\boldsymbol{v}$ 前进时整个系统的动能.

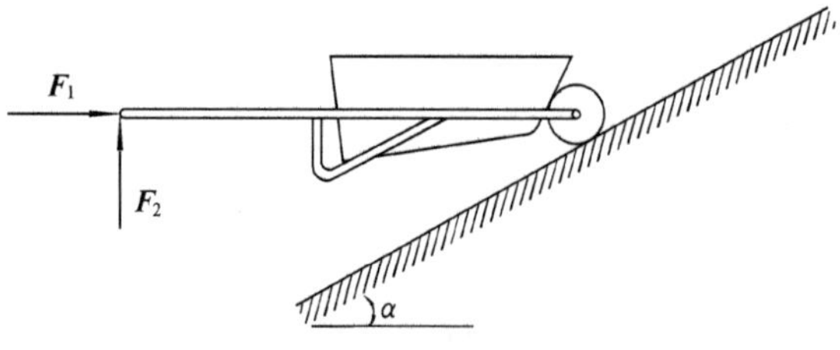

习题 10-1 图

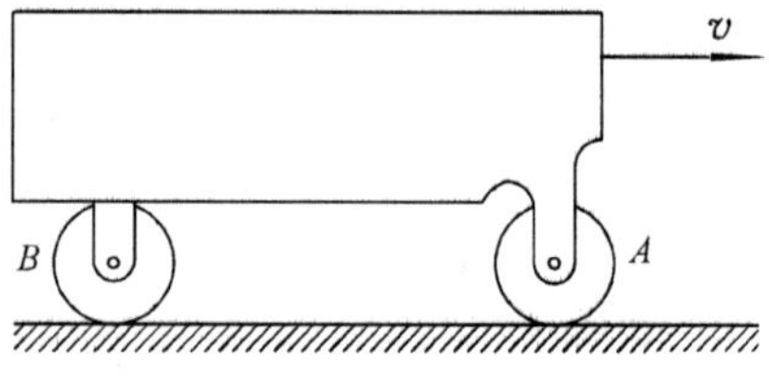

习题 10-2 图

10-3　汽车以速度 $v=60$ km/h 行驶.设紧急制动时车轮被完全刹住而沿路面滑动,轮胎与路面间的摩擦系数 $f=0.5$.问在制动阶段汽车将滑行多远？又若汽车前灯的有效照明距离为 20 m，为安全行车应将夜间行驶的最大车速限制为多少？

10-4 匀质杆 OA 重为 W，长为 l，可绕通过其一端 O 的水平轴无摩擦转动. 如图所示，欲使杆从铅垂位置转动到水平位置，试问必须给予 A 端以多大的水平初速？

10-5 处于同一铅垂面内质量均为 m、长度均为 l 的均质细杆 OA 和 AB 的连接如图所示，试以图示的 φ 和 α 为广义坐标写出系统的动能.

10-6 质量 $m=50$ kg 的物体放在光滑的水平面上，紧靠于弹簧的一端. 弹簧原长 0.9 m，弹簧刚度系数 $k=3$ kN/m. 现将物体推向左方将弹簧压缩到长度为 0.6 m 时突然释放，如图所示，弹簧伸展将物体弹射落到地面的 B 点. 求弹射距离 s.

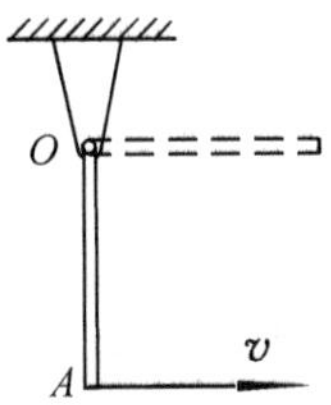

习题 10-4 图

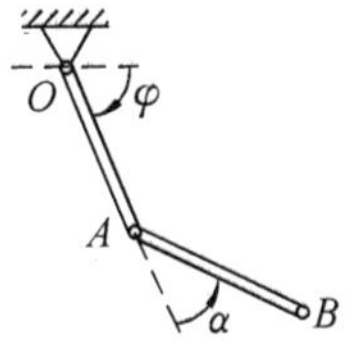

习题 10-5 图

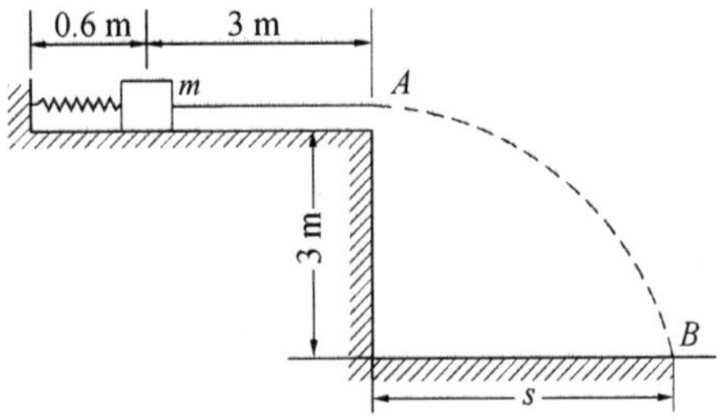

习题 10-6 图

10-7 图示质量 $m=50$ kg 的滑块 A 与弹簧相连接，弹簧刚度系数 $k=1$ kN/m，无变形时的长度 $l_0=380$ mm. 开始时滑块在位置 Ⅰ，初速度 $v_0=2$ m/s，方向向右. 试求滑块沿光滑水平面运动到位置 Ⅱ 的速度.

10-8 重量 $m=2$ kg 的小球悬挂在细绳上，小球的两侧与两根相同的弹簧相连接. 弹簧刚度系数 $k=2$ kN/m，在图示水平初始位置，弹簧无变形. 现剪断细绳，同时使小球得到初速度 $v_0=1$ m/s，其方向恰能使小球在以后的运动中通过 M 点. M 点位于通过 AB 直线的铅垂平面内，位置如图所示. 求小球通过 M 点时的速度.

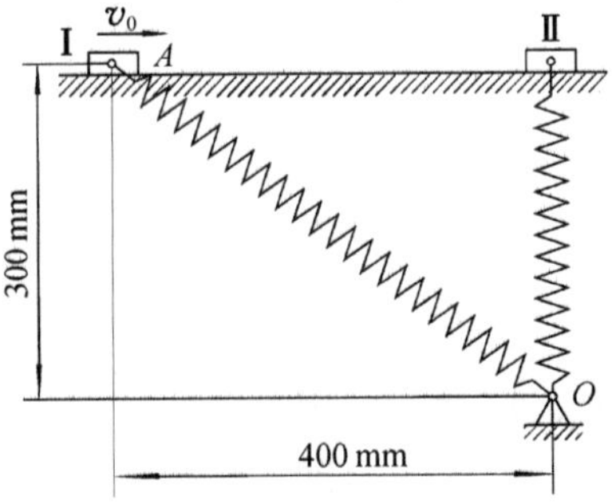

习题 10-7 图

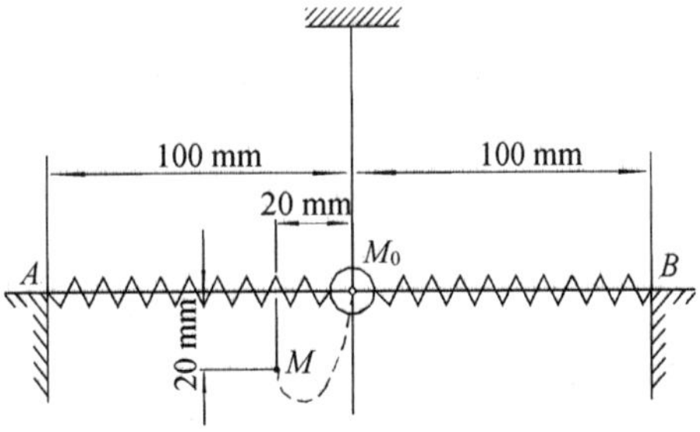

习题 10-8 图

10-9 图示曲柄滑块机构中，曲柄 OA 与连杆 AB 均为匀质杆，质量分别为 m_1 和 m_2，长均为 l，滑块质量略去不计，初始时曲柄静止处于水平向右位置，OA 上作用一不变的转动力矩 M. 求曲柄转过一周时的角速度.

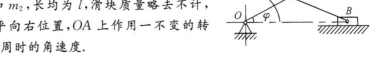

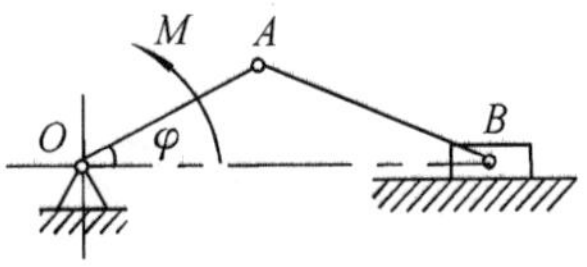

习题 10-9 图

10-10 图示同一铅垂平面内的均质细杆 AC 和 BC 的重量均为 P，长度均为 l，由光滑铰链 C 相连接并置于光滑水平面上. 现在两杆中点接一根刚度系数为 k 的弹簧，当 $\alpha=60^\circ$ 时弹簧为原长. 若系统从该位置无初速释放,试求 $\alpha=30°$时,点 C 速度的大小.

10-11　上题中,设杆 AC 一端用光滑铰链固定于水平面上,其他条件相同,试求当 $\alpha=30°$时,两杆的角速度.

10-12　匀质细杆长为 l,质量为 $2m$,其一端固连质量为 m 的小球,小球可看作质点,如图所示.此系统可绕水平轴 O 转动.开始时杆与小球位于最低位置,并获得初角速度 ω_0.试问 ω_0 取何值时才能使杆与小球到达铅垂最高位置 OA 时角速度为零?

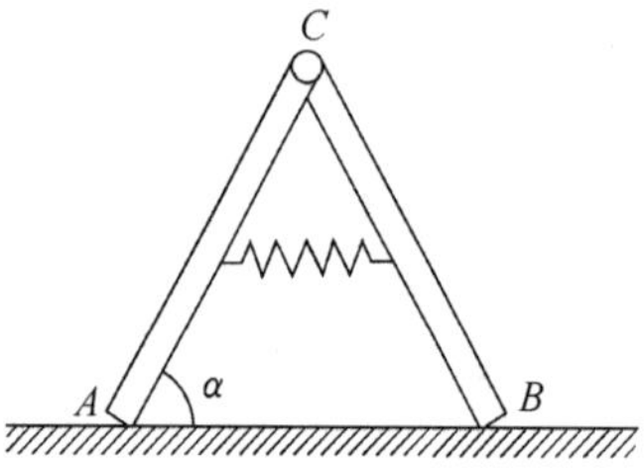

习题 10-10 图

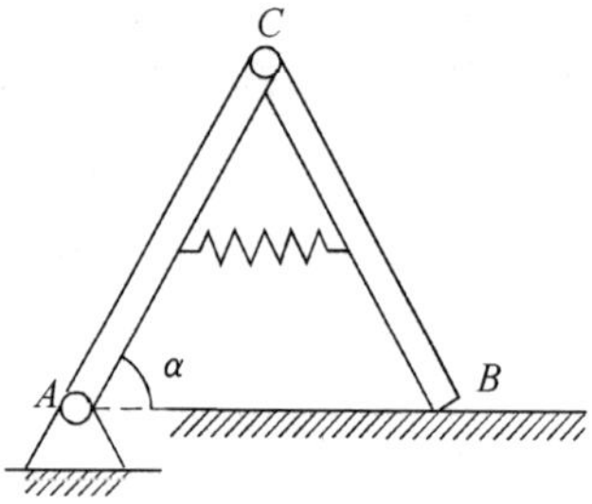

习题 10-11 图

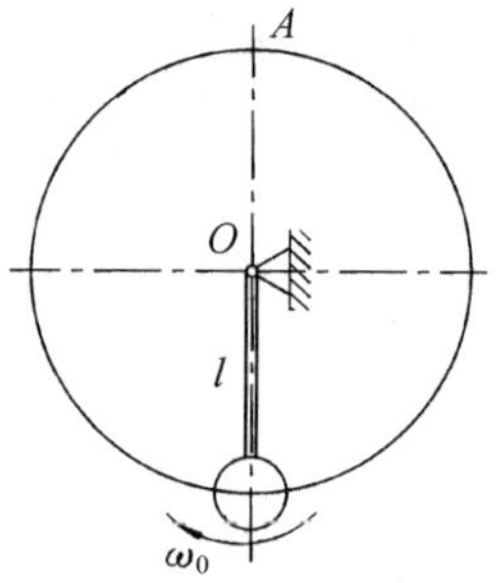

习题 10-12 图

10-13　如图所示,质量为 m_1的滑块以匀速 v 沿水平直线运动.滑块上的 O 点悬挂一单摆,摆长为 l,摆锤质量为 m_2.单摆的转动方程 $\varphi=\varphi(t)$已知.试写出滑块与单摆所组成的质点系的动能表达式.

10-14　图示鼓轮的半径为 R,对水平轴 O 的转动惯量为 J.鼓轮上作用一力偶,其矩 M 为常量.重物质量为 m,从静止开始被提升.绳索质量和摩擦均可不计.试求当鼓轮转过 φ 角时重物的速度与加速度.

10-15　如图所示,轴Ⅰ和轴Ⅱ(含上面所有零件)对各自转轴的转动惯量分别为 $J_1=5\ \text{kg}\cdot\text{m}^2$和 $J_2=4\ \text{kg}\cdot\text{m}^2$.两轴的传动比 $\omega_2/\omega_1=3/2$.在轴Ⅰ上作用一力偶 $M=50\ \text{N}\cdot\text{m}$,使轮系由静止开始转动.求:

(1) 轴Ⅱ经过多少转后,其转速达到 $n_2=120\ \text{r/min}$.

(2) 在此过程中轴Ⅱ的角加速度.

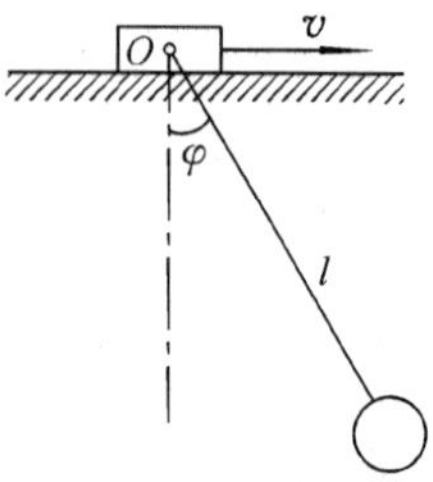

习题 10-13 图

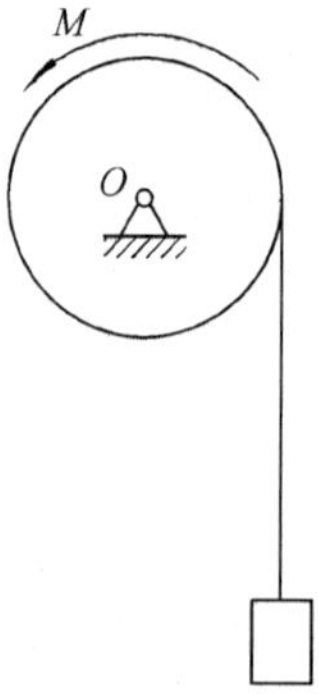

习题 10-14 图

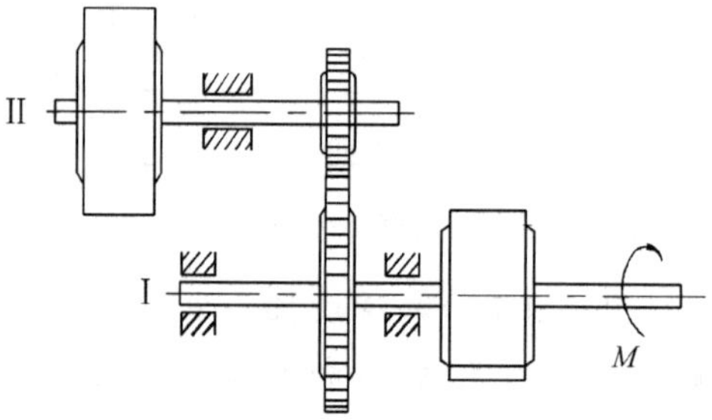

习题 10-15 图

10-16　半径为 r、重量为 W 的匀质圆柱体沿半径为 R 的固定圆柱内表面上做无滑动滚动.试以角 φ 为自变量,写出圆柱体的动能表达式.

10-17　图示匀质板 D 的重量为 W,放置在两个滚子 A、B 上.滚子重量各为 $W/2$,半径

均为 r，可看作匀质圆柱. 在板上作用水平力 $\boldsymbol{F}$. 设滚子与水平面和平板间都没有滑动，试求平板 D 的加速度.

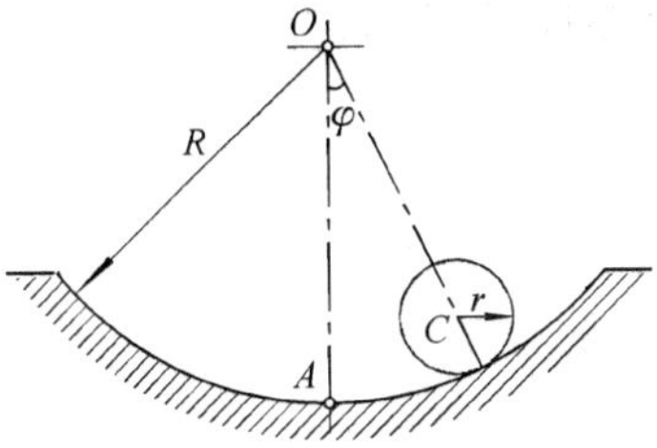

习题 10-16 图

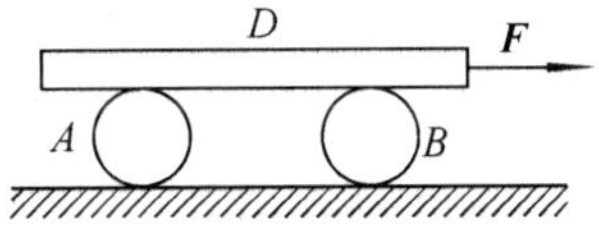

习题 10-17 图

10-18 图示的曲柄滑块机构，设曲柄 OA、连杆 AB 及滑块都为均质，质量都为 m，杆 OA 长为 l，杆 AB 长为 $2l$，曲柄上作用有力偶矩为 M 的常力偶. 当杆 OA 处于铅垂位置时，它的角速度为 ω_1，试求该瞬时曲柄的角加速度(所有摩擦力不计).

10-19 图示系统处于同一铅垂面内，物块 A、B 的质量都为 m_1，定滑轮和圆盘都为均质，质量都为 m_2，半径都为 r. 刚度系数为 k 的水平线弹簧的一端与圆盘中心 C 相连，另一端与铅垂墙相连. 当系统处于平衡时将连接 B 的绳索剪断，若各接触处无相对滑动，不计绳索和弹簧质量及轴承 O 处摩擦，当物块 A 上升了 h 距离时，试求物块 A 的速度和加速度的大小.

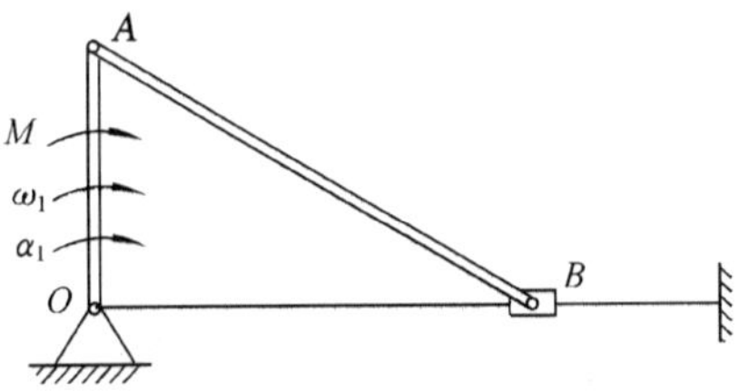

习题 10-18 图

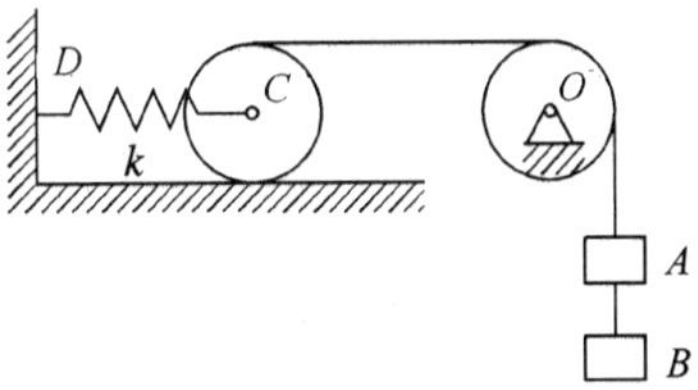

习题 10-19 图

10-20 图示均质杆 AB 和 BC 的质量都为 m，长度都为 l，均质圆盘的中心为 C，其质量也为 m，半径为 r. 它们处于同一铅垂面内，且与光滑圆柱铰链相互连接. 圆盘可沿水平面做纯滚动，点 A、C 处于同一水平线上，且连接一根原长为 $2l$、刚度系数为 $k=mg/l$ 的弹簧. 当 $\alpha=60^\circ$ 时，系统无初速释放，试求杆 AB 分别在 $\alpha=30^\circ$、0° 时的角速度.

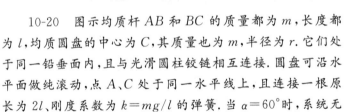

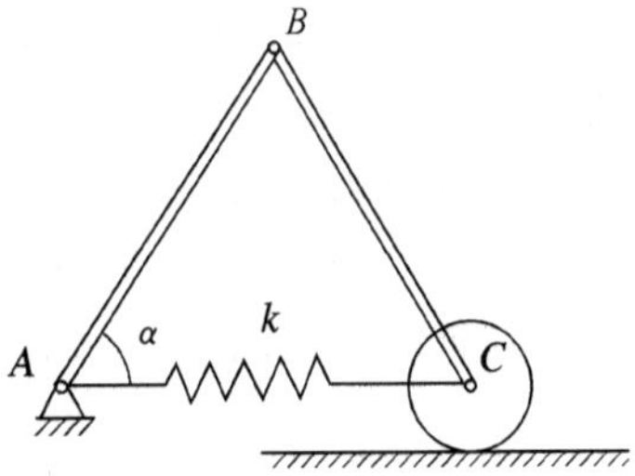

题 10-20 图

第十一章　达朗伯原理

达朗伯原理是为解决约束质点系统动力学问题而提出的.这个原理提供了研究动力学的一个新的普遍的方法,即用静力学中研究平衡问题的方法来研究动力学问题,所以又称为动静法.这是工程中常用的方法.

本章将引入惯性力概念,推证达朗伯原理,并用平衡方程的形式求解动力学问题.

§11-1　惯性力　质点的达朗伯原理

设一质点的质量为 m,加速度为 $\boldsymbol{a}$,作用于质点的力有主动力 $\boldsymbol{F}$ 和约束反力 $\boldsymbol{F}_N$,如图 11-1 所示.根据质点动力学第二定律有

$$m\boldsymbol{a}=\boldsymbol{F}+\boldsymbol{F}_N$$

若将上式左端 $m\boldsymbol{a}$ 移到等号右端,可写成

$$\boldsymbol{F}+\boldsymbol{F}_N-m\boldsymbol{a}=\boldsymbol{0}$$

令

$$\boldsymbol{F}_g=-m\boldsymbol{a} \tag{11-1}$$

则有

$$\boldsymbol{F}+\boldsymbol{F}_N+\boldsymbol{F}_g=\boldsymbol{0} \tag{11-2}$$

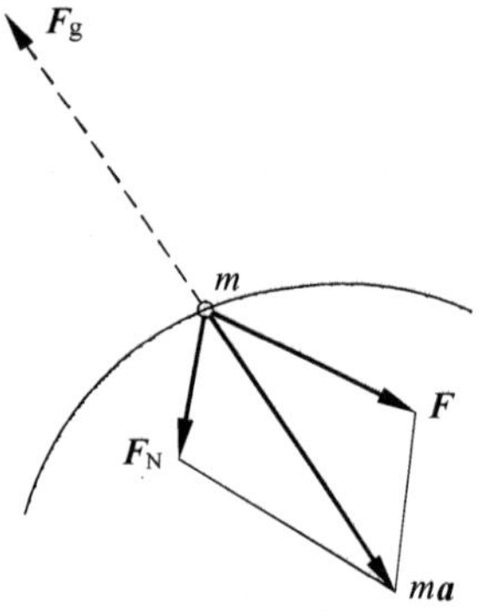

图 11-1

式(11-2)在形式上是一个平衡方程.此处可以假想 $\boldsymbol{F}_g$ 是一个力,它的方向与质点加速度的方向相反.因为这个力与质点的质量有关,所以称为质点的惯性力.式(11-2)可叙述如下:如果在质点上除了作用有真实的主动力和约束反力外,再假想地加上惯性力,则这些力在形式上组成一平衡力系.这就是质点的达朗伯原理.

应该强调指出,这里的质点并非处于平衡状态,实际上,质点也并没有受到这种惯性力的作用.在质点上假想地再加上惯性力,只是为了借用静力学的方法求解动力学问题,这种方法常称之为动静法,其工程应用十分广泛.

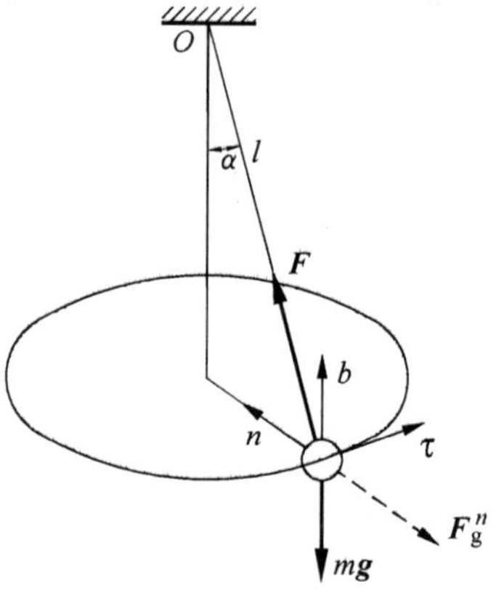

图 11-2

例 11-1　一圆锥摆如图 11-2 所示.质量 $m=0.1$ kg 的小球系于长 $l=0.3$ m 的绳上,绳的另一端系在固定点 O,并与铅直线成 $\alpha=60°$角.如小球在水平面内做匀速圆周运动,求小球的速度 $\boldsymbol{v}$ 与绳的张力 $\boldsymbol{F}$ 的大小.

解:将小球作为质点来研究.小球做匀速圆周运动,只有法向加速度,在质点上除作用有重力 $m\boldsymbol{g}$ 和绳拉力 $\boldsymbol{F}$ 外,再加上法向惯性力 $\boldsymbol{F}_g^n$,如图 11-2 所示.

$$F_g^n = ma_n = m\frac{v^2}{l\sin\alpha}$$

根据达朗伯原理，这三个力在形式上组成平衡力系，即

$$\boldsymbol{F} + m\boldsymbol{g} + \boldsymbol{F}_g^n = \boldsymbol{0}$$

取上式在自然轴上的投影式，有

$$\sum F_b = 0, F\cos\alpha - mg = 0$$

$$\sum F_n = 0, F\sin\alpha - F_g^n = 0$$

解得

$$F = \frac{mg}{\cos\alpha} = 19.6\ \text{N}$$

$$v = \sqrt{\frac{Fl\sin^2\alpha}{m}} = 2.1\ \text{m/s}$$

§11-2 质点系的达朗伯原理

把质点达朗伯原理向质点系推广，就可得出质点系的达朗伯原理.

设质点系由 n 个质点组成，其中任一质点 i 的质量为 m_i，加速度为 $\boldsymbol{a}_i$，作用于此质点的主动力为 $\boldsymbol{F}_i$，约束反力为 $\boldsymbol{F}_{Ni}$. 如果对这个质点假想加上它的惯性力 $\boldsymbol{F}_{gi} = -m_i\boldsymbol{a}_i$，根据质点的达朗伯原理，有

$$\boldsymbol{F}_i + \boldsymbol{F}_{Ni} + \boldsymbol{F}_{gi} = \boldsymbol{0} \quad (i = 1, 2, \cdots, n) \tag{11-3}$$

因为作用于每个质点的主动力、约束反力与惯性力构成形式上的平衡力系，所以作用于质点系上所有的主动力、约束反力与惯性力也组成形式上的平衡力系. 这就是质点系的达朗伯原理. 由静力学可知，任意力系的平衡条件是力系的主矢和对任一点 O 的主矩分别等于零. 即

$$\sum \boldsymbol{F}_i + \sum \boldsymbol{F}_{Ni} + \sum \boldsymbol{F}_{gi} = \boldsymbol{0}$$

$$\sum \boldsymbol{M}_O(\boldsymbol{F}_i) + \sum \boldsymbol{M}_O(\boldsymbol{F}_{Ni}) + \sum \boldsymbol{M}_O(\boldsymbol{F}_{gi}) = \boldsymbol{0}$$

在应用质点系的达朗伯原理求解动力学问题时，可取投影方程. 对于平面任意力系，有

$$\left.\begin{aligned}&\sum F_x + \sum F_{Nx} + \sum F_{gx} = 0\\&\sum F_y + \sum F_{Ny} + \sum F_{gy} = 0\\&\sum M_O(\boldsymbol{F}) + \sum M_O(\boldsymbol{F}_N) + \sum M_O(\boldsymbol{F}_g) = 0\end{aligned}\right\} \tag{11-4}$$

必须指出，应用该方程时，在确定研究对象后要正确分析系统上的主动力、约束反力，惯性力则要根据系统中每一个质点的加速度来决定.

例 11-2 如图 11-3 所示，滑轮的半径为 r，质量 m 均匀分布在轮缘上，可绕水平轴转动. 轮缘上跨过的软绳的两端各挂质量为 m_1 和 m_2 的重物，且 $m_1 > m_2$. 绳的重量不计，绳与滑轮之间无相对滑动，轴承摩擦忽略不计. 求重物的加速度.

解： 以滑轮与两重物一起组成所研究的质点系. 作用在该系统上的外力有重力 $m_1\boldsymbol{g}$、$m_2\boldsymbol{g}$、$m\boldsymbol{g}$ 和轴承约束反力 $\boldsymbol{F}_N$. 在系统中每个质点上假想地加上惯性力后，可以应用达朗伯原理.

已知 $m_1>m_2$，则重物的加速度 $\boldsymbol{a}$ 方向如图所示. 重物的惯性力方向均与加速度 $\boldsymbol{a}$ 的方向相反，大小分别为

$$F_{g1}=m_1 a$$

$$F_{g2}=m_2 a$$

设滑轮边缘上某点的质量为 m_i，切向惯性力的大小为 $F_{gi}^{\tau}=m_i a_i^{\tau}$，方向沿轮缘切线，指向如图所示. 当绳与轮之间无相对滑动时，$a_i^{\tau}=a$；法向惯性力的大小为 $F_{gi}^{n}=m_i a_i^{n}=m_i\dfrac{v^2}{r}$，方向沿半径背离中心.

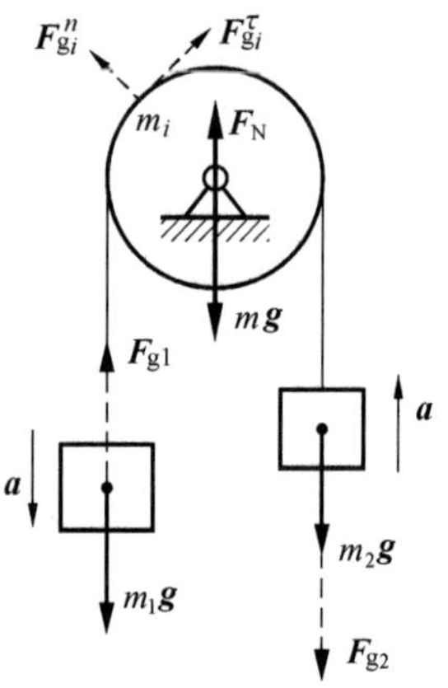

图 11-3

应用对转轴的力矩方程，得

$$(m_1 g-m_1 a-m_2 a-m_2 g)r-\sum m_i a r=0$$

因为

$$\sum m_i a r=ar\sum m_i=arm$$

解得

$$a=\frac{m_1-m_2}{m_1+m_2+m}g$$

§11-3　刚体惯性力系的简化

应用达朗伯原理求解刚体动力学问题时，需要对刚体内每个质点加上它的惯性力，这些惯性力组成一惯性力系. 如果用静力学中力系简化的方法先将刚体的惯性力系加以简化，再用于解题就方便得多. 下面分别对刚体做平动、绕定轴转动和做平面运动时的惯性力系进行简化.

1. 刚体做平动

刚体做平动时各点的加速度都是相同的，即与质心加速度相等，因此各点的惯性力组成一个同向的平行力系，如图 11-4 所示. 任一质点的惯性力为 $\boldsymbol{F}_{gi}=-m_i\boldsymbol{a}_i=-m_i\boldsymbol{a}_C$，由平行力系合成结果，这个惯性力系可以简化为通过质心的合力

$$\boldsymbol{F}_{gR}=\sum\boldsymbol{F}_{gi}=\sum(-m_i\boldsymbol{a}_i)=-\boldsymbol{a}_C\sum m_i$$

设刚体质量为 $m=\sum m_i$，则

$$\boldsymbol{F}_{gR}=-m\boldsymbol{a}_C \tag{11-5}$$

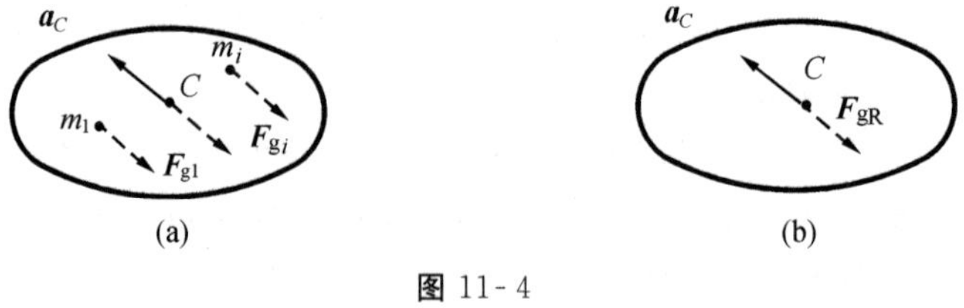

图 11-4

由此可知，平动刚体的惯性力系可以简化为通过质心的合力，其大小等于刚体的质量与加速度的乘积，合力的方向与加速度方向相反.

2. 刚体绕定轴转动

工程中大多数的转动物体具有与转轴垂直的质量对称面，如机床主轴、齿轮、电机转子等. 因而刚体转动时，其惯性力系对于此平面是对称分布的. 如图 11-5(a)所示，将刚体的惯性力系简化到通过质心的对称面上，原来的空间惯性力系就成为平面力系.

将该平面力系向对称平面与转轴的交点 O 简化. 质点的惯性力为 $\boldsymbol{F}_{gi}=-m_i\boldsymbol{a}_i$，又 $\boldsymbol{a}_i=\boldsymbol{a}_i^\tau+\boldsymbol{a}_i^n$，则有 $\boldsymbol{F}_{gi}^\tau=-m_i\boldsymbol{a}_i^\tau$，$\boldsymbol{F}_{gi}^n=-m_i\boldsymbol{a}_i^n$，如图 11-5(a)所示.

先求惯性力系的主矢

$$\boldsymbol{F}_{gR}=\sum\boldsymbol{F}_{gi}=-\sum m_i\boldsymbol{a}_i=-m\boldsymbol{a}_C \tag{11-6}$$

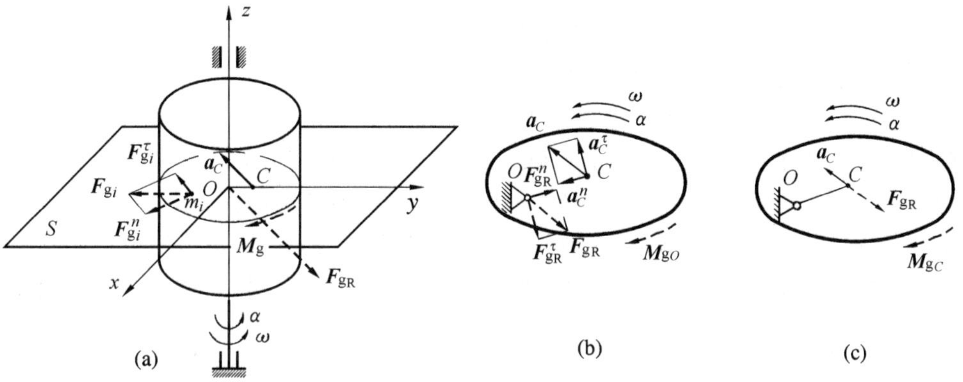

图 11-5

再求惯性力系对 O 点的主矩

$$M_{gO}=\sum M_O(\boldsymbol{F}_{gi})=\sum M_O(\boldsymbol{F}_{gi}^\tau)=-\sum(m_ir_i\alpha)\cdot r_i=-\alpha\sum m_ir_i^2$$

即

$$M_{gO}=-J_z\alpha \tag{11-7}$$

式中 J_z 为刚体对转轴 z 的转动惯量，负号表示惯性力偶 M_{gO} 的方向与角加速度 α 的转向相反.

由此可知，刚体定轴转动时，惯性力系简化为对称面内的一个力和一个力偶. 这个力等于刚体质量与质心加速度的乘积，方向与质心加速度方向相反，作用线通过转轴；这个力偶的矩等于刚体转动惯量与角加速度的乘积，方向与角加速度相反.

对称平面内的惯性力系也可以向质心 C 简化，如图 11-5(c)所示.

$$\boldsymbol{F}_{gR}=-\sum m_i\boldsymbol{a}_i=-m\boldsymbol{a}_C$$

$$M_{gC}=-J_C\alpha$$

其中 J_C 为刚体对通过质心 C 且与转轴 z 平行的轴的转动惯量，负号表示 M_{gC} 的转向与 α 相反.

当转轴 z 恰好通过刚体的质心 C 时，因 $a_C=0$，惯性力系向质心 C 简化时只得到一个力偶 $M_g=-J_C\alpha$.

3. 刚体做平面运动

这里限于讨论具有质量对称平面的刚体平面运动问题. 由运动学知,刚体的平面运动可以分解为随质心 C 的平动与绕质心 C 的转动. 因此刚体做平面运动时,惯性力系可简化为一个通过质心的力和该平面内的一个力偶,如图 11-6 所示. 该力为

$$\boldsymbol{F}_{gR}=-m\boldsymbol{a}_C \tag{11-8}$$

力偶矩为

$$M_{gC}=-J_C\alpha \tag{11-9}$$

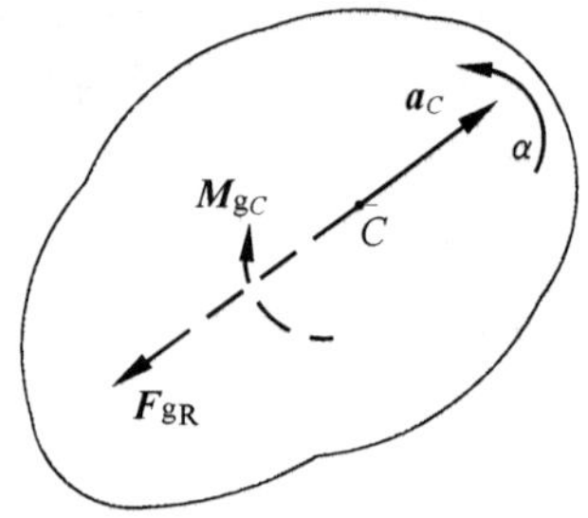

图 11-6

由以上分析可知,刚体运动形式不同,惯性力系简化的结果也不相同. 所以在应用达朗伯原理解决动力学问题时,必须先分析刚体的运动形式,然后在刚体上加上相应的惯性力系的主矢和主矩,这样就使解题过程大为简化.

例 11-3 均质平板的质量 $m=100$ kg,用两根软绳悬挂,如图 11-7(a)所示. 已知软绳等长,质量不计. 设在图示位置无初速释放平板,试求此瞬时两绳的张力.

解: (1) 以平板为研究对象,其上受重力 $m\boldsymbol{g}$ 和软绳张力 $\boldsymbol{F}_A$、$\boldsymbol{F}_B$ 的作用.

(2) 运动分析,加惯性力. 平板做曲线平动,质心 C 的轨迹与点 A 或点 B 的轨迹相同,但在释放瞬时,平板的速度为零,则质心 C 的法向加速度 $a_C^n=a_A^n=\dfrac{v^2}{\overline{O_1A}}=0$,所以此瞬时质心加速度 $\boldsymbol{a}_C=\boldsymbol{a}_C^\tau$ 沿质心轨迹的切线,如图 11-7(b)所示. 于是平板的惯性力 $\boldsymbol{F}_{gR}$ 通过质心,方向与 $\boldsymbol{a}_C$ 相反,其大小为 $F_{gR}=F_g^\tau=ma_C^\tau$.

(3) 根据达朗伯原理,列平衡方程

$$\sum F_\tau=0,-F_g^\tau+mg\cos60^\circ=0 \tag{a}$$

$$\sum F_n=0,F_A+F_B-mg\sin60^\circ=0 \tag{b}$$

$$\sum M_A(\boldsymbol{F})=0,F_B\cos30^\circ\cdot\overline{AB}-mg\cdot\frac{\overline{AB}}{2}+F_g^\tau\cos60^\circ\cdot\frac{\overline{AB}}{2}+F_g^\tau\sin60^\circ\cdot\frac{\overline{AD}}{2}=0 \tag{c}$$

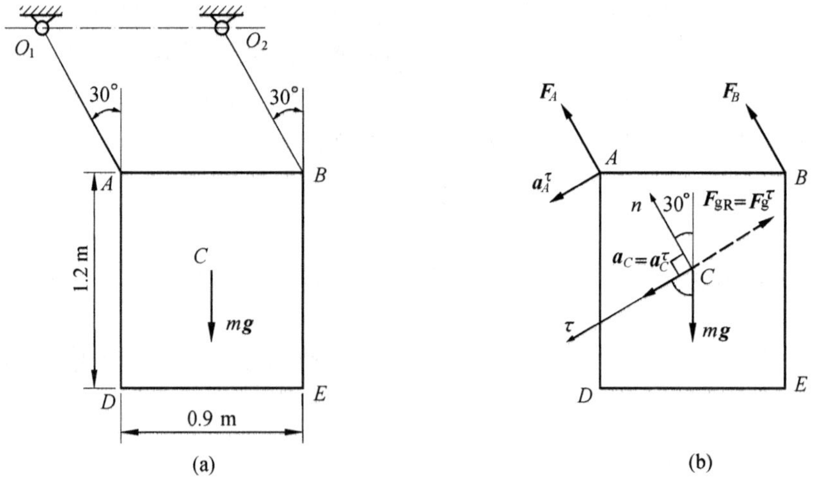

图 11-7

由式(a)得质心 C 的加速度为

$$a_C^\tau=\frac{g}{2}=4.9\ \mathrm{m/s^2}$$

由式(c)得

$$F_B=\frac{1}{\sqrt{3}}\left[mg-ma_C^\tau\left(\frac{1}{2}+\frac{2\sqrt{3}}{3}\right)\right]=99.5\ \mathrm{N}$$

再代入式(b),得

$$F_A=mg\sin60^\circ-F_B=749\ \mathrm{N}$$

例 11-4　如图 11-8(a)所示,质量 $m=10$ kg、半径 $R=20$ cm 的均质圆盘绕垂直于盘面的水平轴 O 摆动.圆盘半径 OC 处于图示水平位置,为起始位置,设由静止开始转动.求初瞬时轴承 O 处的动反力及圆盘的角加速度.

解:(1) 以圆盘为研究对象,其上受重力 mg,约束反力 $\boldsymbol{F}_{Ox}$、$\boldsymbol{F}_{Oy}$ 作用.

(2) 运动学分析,加惯性力.圆盘将绕 O 轴做定轴转动,初瞬时,圆盘角速度 ω 为零,角加速度 α 不等于零.因此质心仅有切向加速度 a_C^τ,方向铅直向下.将假想作用在圆盘上的惯性力系向转轴 O 简化,可得一个作用线通过 O 点的主矢 $\boldsymbol{F}_{\mathrm{gR}}$ 和一个作用面在圆盘平面内的主矩 $M_{\mathrm{g}O}$,其大小分别为 $F_{\mathrm{gR}}=mR\alpha$,$M_{\mathrm{g}O}=J_O\alpha$,方向如图 11-8(b)所示.

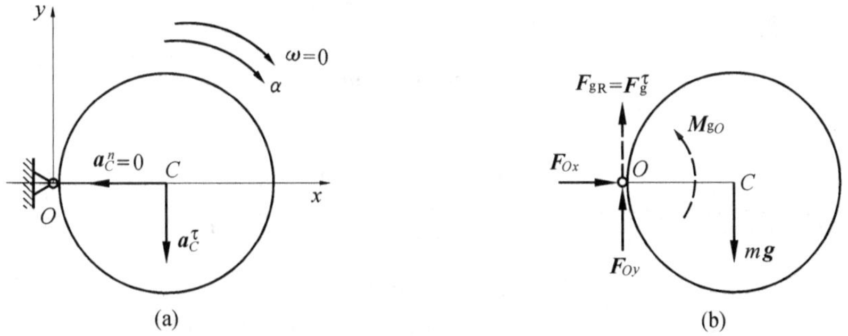

图 11-8

(3) 根据达朗伯原理,列平衡方程

$$\sum M_O(\boldsymbol{F})=0,M_{\mathrm{g}O}-mgR=0 \tag{a}$$

$$\sum F_x=0,F_{Ox}=0 \tag{b}$$

$$\sum F_y=0,F_{Oy}+F_{\mathrm{gR}}-mg=0 \tag{c}$$

由以上三式,可解得

$$\alpha=\frac{mgR}{J_O}=\frac{mgR}{\frac{3}{2}mR^2}=\frac{2g}{3R}=32.7\ \mathrm{rad/s^2}$$

$$F_{Ox}=0$$

$$F_{Oy}=mg-ma_C^\tau=m(g-R\alpha)=32.7\ \mathrm{N}$$

例 11-5　均质圆盘质量为 m_A,半径为 r.细长杆长 $l=2r$,质量为 m.杆端 A 点与轮心为光滑铰接,如图 11-9(a)所示.如在 A 处加一水平拉力 $\boldsymbol{F}$,使轮沿水平面纯滚动.问:$\boldsymbol{F}$ 力多大能使杆的 B 端刚刚离开地面?又为保证纯滚动,轮与地面间的静滑动摩擦系数应为多大?

解:细杆刚离地面时仍为平动,而地面约束力为零,设其加速度为 $\boldsymbol{a}$.以杆为研究对象,

杆承受的力并加上惯性力如图 11-9(b)所示,其中 $F_{gC}=ma$. 按动静法列方程

$$\sum M_A(\boldsymbol{F})=0, mar\sin 30^\circ - mgr\cos 30^\circ = 0$$

解得

$$a=\sqrt{3}g$$

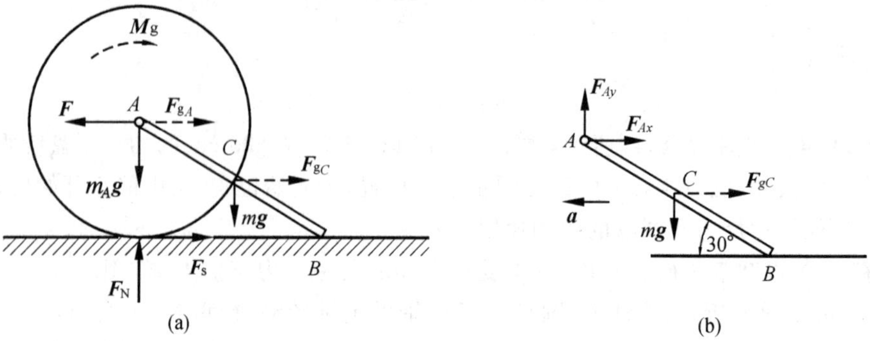

图 11-9

整个系统承受的力并加上惯性力如图 11-9(a),其中 $F_{gA}=m_A a$, $M_g=\frac{1}{2}m_A r^2 \frac{a}{R}$. 由方程 $\sum F_y=0$, 得

$$F_N=(m_A+m)g$$

地面摩擦力

$$F_S \leqslant f_S F_N = f_S g(m_A+m)$$

为求摩擦力,应以圆盘为研究对象,由方程 $\sum M_A(\boldsymbol{F})=0$, 得

$$F_S r = M_g = \frac{1}{2}m_A r a$$

解得

$$F_S=\frac{1}{2}m_A a=\frac{\sqrt{3}}{2}m_A g$$

由此,地面摩擦系数

$$f_S \geqslant \frac{F_S}{F_N}=\frac{\sqrt{3}m_A}{2(m_A+m)}$$

再以整个系统为研究对象,由方程 $\sum F_x=0$, 得

$$F=F_{gA}+F_{gC}+F_S=\left(\frac{3m_A}{2}+m\right)\sqrt{3}g$$

由以上例题可见,应用动静法求解动力学问题的步骤与求解静力学平衡问题相似,只是在分析研究对象受力时,应再加上惯性力;对于刚体,则应按其运动形式的不同,加上惯性力系简化的结果.

§11-4 静平衡与动平衡的概念

工程中许多机械是做高速旋转运动的，如内圆磨床主轴，转速可达 10 000 r/min，这样高的转速常常会产生很大的惯性力，使轴承承受巨大的附加压力，以致损坏机器零件或引起剧烈的振动. 因此，研究出现附加压力的原因和避免出现附加压力的条件，具有实际意义.

现通过一简单的例子加以说明.

两个质量皆为 m 的小球以细杆相连并绕铅直轴匀速转动，如图 11-10 所示. 如果两球的中心连线与转轴垂直，且质心 C 在轴线上，则两球的惯性力大小相等、方向相反、作用在一条直线上，成为平衡力系，因此轴承水平反力 $\boldsymbol{F}_A$ 和 $\boldsymbol{F}_B$ 等于零，惯性力系未使轴承受到径向压力.

如果两球的质心 C 不在轴线上，如图 11-11 所示，惯性力 $F_{g2}>F_{g1}$，这时由惯性力引起的轴承反力 $\boldsymbol{F}_A$ 和 $\boldsymbol{F}_B$ 都不等于零. 由于惯性力引起的轴承反力，称为附加动反力. 根据达朗伯原理：

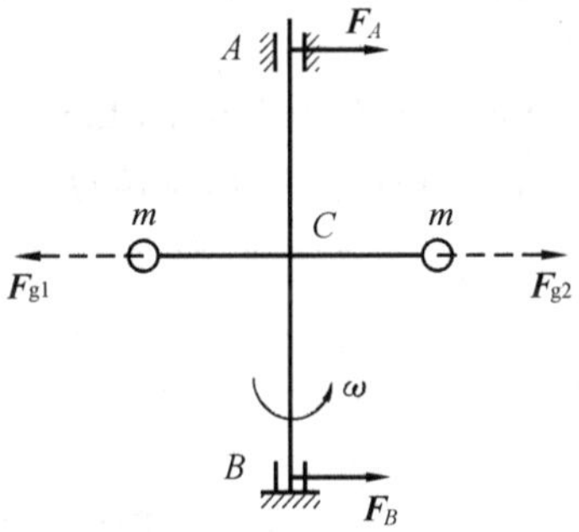

图 11-10

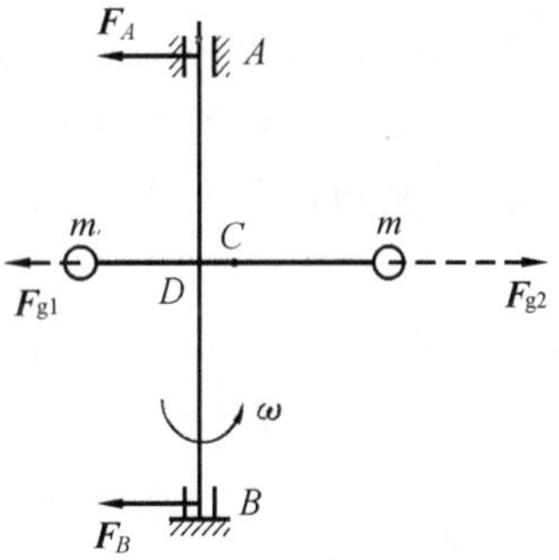

图 11-11

$$F_A=\frac{\overline{DB}}{\overline{AB}}(F_{g2}-F_{g1})=\frac{\overline{DB}}{\overline{AB}}(r_2-r_1)\omega^2=\frac{2\,\overline{DB}}{\overline{AB}}mr_C\omega^2$$

$$F_B=\frac{2\,\overline{AD}}{\overline{AB}}mr_C\omega^2$$

式中 r_1、r_2、r_C 分别是两球中心和质心 C 到轴的距离. 轴承受到 $\boldsymbol{F}_A$ 和 $\boldsymbol{F}_B$ 的反作用力 $\boldsymbol{F}'_A$ 和 $\boldsymbol{F}'_B$ 称为附加压力.

$$F'_A=-F_A,\ F'_B=-F_B$$

附加压力与小球质量 m、质心的偏心距 r_C、角速度 ω 的平方有关. 对于高速转子，即使质心的偏心量很小，轴承受到的附加压力也相当大，致使轴承被破坏；又因为轴旋转时，附加压力的方向不断改变，因此将引起机器振动.

如果两球的质心虽在轴线上，但两球的中心连线与转轴不垂直，如图 11-12 所示，惯性力系组成力偶，因此轴承附加动反力 F_A 和 F_B 也不等于零，轴承仍然受到附加压力.

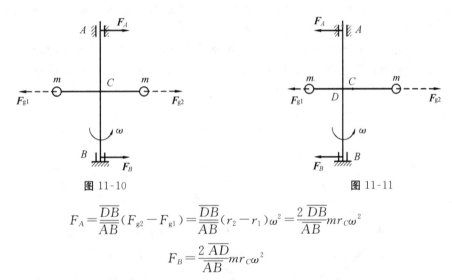

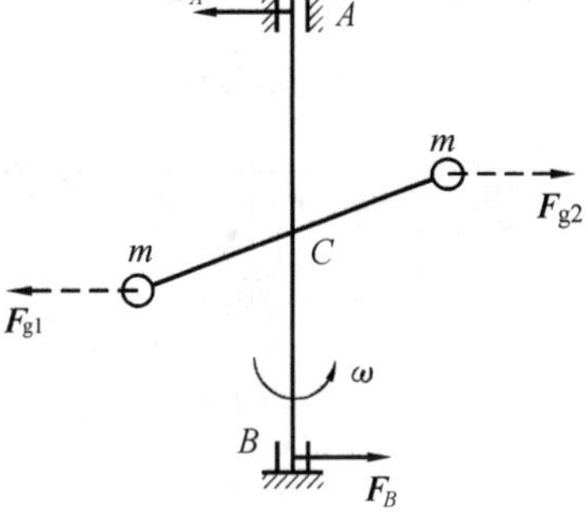

图 11-12

由上述分析可见,轴承附加动反力的大小和方向取决于惯性力系的分布情形,当转轴是质点系的对称轴,且通过质心时,轴承的附加动反力等于零.

设刚体的转轴通过质心,且刚体除重力外,没有受到其他主动力作用,则刚体可以在任意位置静止不动,这种现象称为静平衡.当刚体为轴对称,转轴通过质心且与对称轴重合,刚体转动时不出现轴承附加动反力,这种现象称为动平衡.能够静平衡的转子,不一定能实现动平衡.

事实上,由于转子材料的不均匀或制造误差、安装误差等,都可能使转子的转轴偏离对称轴.为了确保机器运行安全可靠,避免出现轴承动反力,对于高速转动的刚体首先要保证静平衡,还要在专门的试验机上进行动平衡试验,根据试验数据,在刚体的适当位置附加质量或去掉一些质量,使其达到动平衡.

思　考　题

11-1　应用动静法时,对静止的质点是否需要加惯性力?对运动着的质点是否都需要加惯性力?

11-2　质点在空中运动,只受到重力作用,当质点做自由落体运动、质点被上抛、质点从楼顶水平弹出时,质点惯性力的大小和方向是否相同?

11-3　如图所示,均质滑轮对轴 O 的转动惯量为 J_O,重物质量为 m,拉力为 $\boldsymbol{F}$,绳与轮间不打滑.当重物以等速度 $\boldsymbol{v}$ 上升和下降、以加速度 $\boldsymbol{a}$ 上升和下降时,轮两边绳的拉力是否相同?

11-4　在如图所示的平面机构中,$AC /\!/ BD$,且 $\overline{AC}=\overline{BD}=a$,均质杆 AB 的质量为 m,长为 l.问杆 AB 做何种运动?其惯性力系简化结果是什么?若杆 AB 是非均质杆又如何?

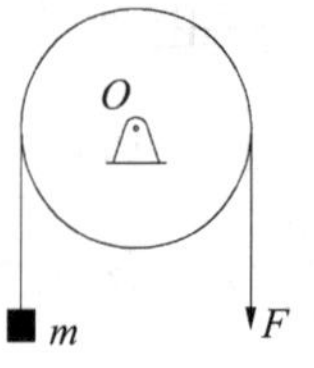

思考题 11-3 图

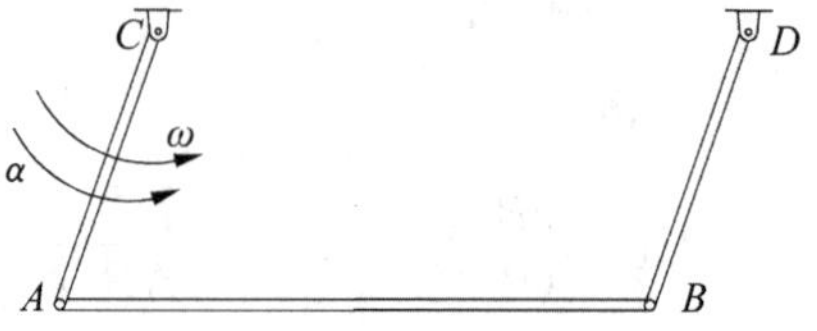

思考题 11-4 图

11-5　任意形状的均质等厚薄板,垂直于板面的轴都是惯性主轴,对吗?不与板面垂直的轴都不是惯性主轴,对吗?

11-6　如图所示,不计质量的轴上用不计质量的细杆固连着几个质量均等于 m 的小球,当轴以匀角速度 ω 转动时,图示各种情况中哪些属于动平衡?哪些只属于静平衡?哪些既不属于动平衡也不属于静平衡?

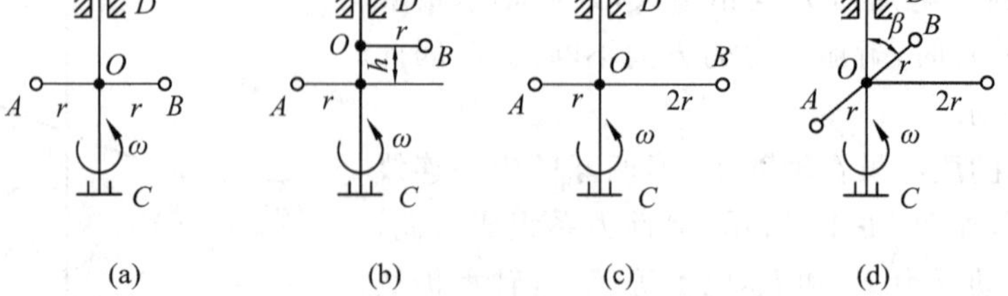

思考题 11-6 图

习　　题

11-1　图示是由相互铰接的水平臂连成的传送带，将圆柱形零件从一高度传送到另一个高度．设零件与臂之间的摩擦系数 $f_s=0.2$．问：

(1) 降落加速度 $\boldsymbol{a}$ 为多大时，零件不致在水平臂上滑动？

(2) 比值 h/d 等于多少时，零件在滑动之前先倾倒？

11-2　曲柄滑道机构如图所示，已知圆轮半径为 r，对转轴的转动惯量为 J，轮上作用一不变的力偶 M，ABD 滑槽的质量为 m，不计摩擦．求圆轮的转动微分方程．

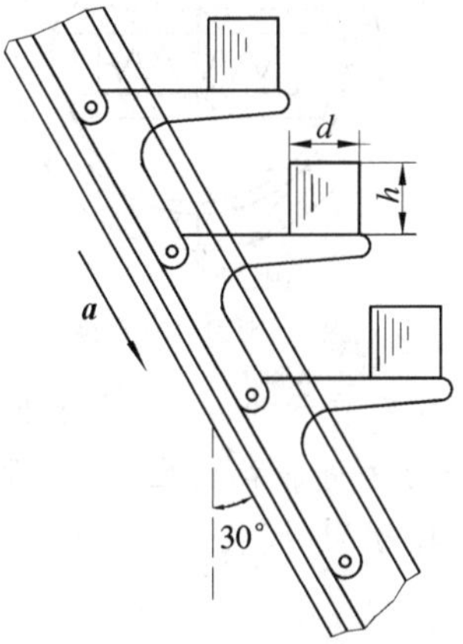

习题 11-1 图

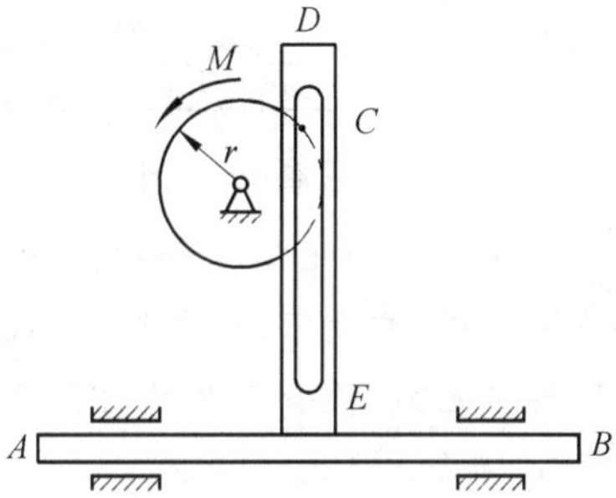

习题 11-2 图

11-3　两重物质量 $m_1=2\ 000$ kg，$m_2=800$ kg，连接如图所示，并由电动机 A 拖动．如电动机转子的绳的张力为 3 kN，不计滑轮重量，求重物 E 的加速度和绳 FD 的张力．

11-4　图示汽车总质量为 m，以加速度 $\boldsymbol{a}$ 做水平直线运动．汽车质心 G 离地面的高度为 h，汽车的前后轴到通过质心垂线的距离分别等于 c 和 b．求其前后轮的正压力．又汽车应如何行驶方能使前后轮的压力相等？

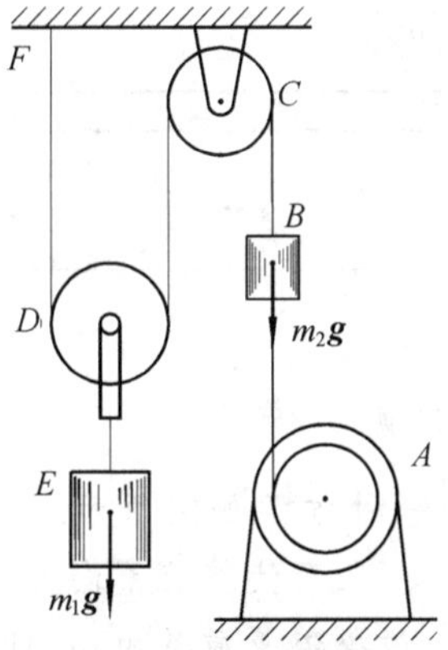

习题 11-3 图

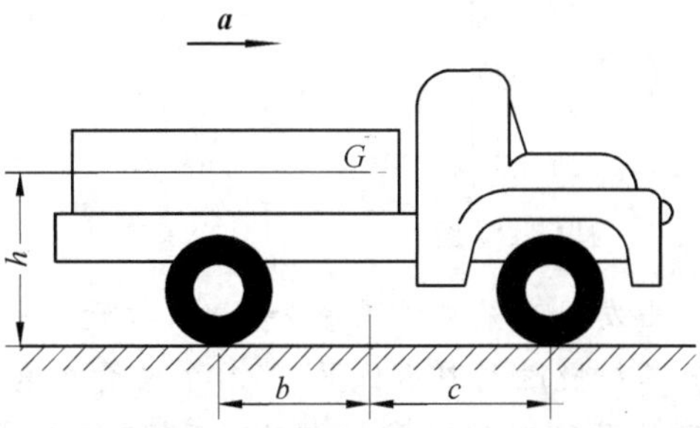

习题 11-4 图

11-5　图示矩形块质量 $m_1=100$ kg，置于平台车上．车质量为 $m_2=50$ kg，此车沿光滑的水平面运动．车和矩形块在一起由质量为 m_3 的物体牵引，使之做加速运动．设物块与车之间的摩擦力足够阻止相互滑动，求能够使车加速运动的质量 m_3 的最大值，以及此时车的加速度大小.

11-6　图示为一摩擦块离合器，当转轴1达到一定转速时，滑块 C 和 D 压在空心的从动轴2的内缘上，由此产生摩擦力而带动轴2. 设每个滑块的质量为 $m=0.3$ kg，从动轴2内缘半径 $R=0.1$ m，当滑块压在从动轴内缘上时，弹簧拉力 $F=200$ N，滑块与内缘间的摩擦系数 $f_s=0.2$. 试求当轴转速 $n=1\,500$ r/min 时，滑块能传给从动轴的最大摩擦力矩.

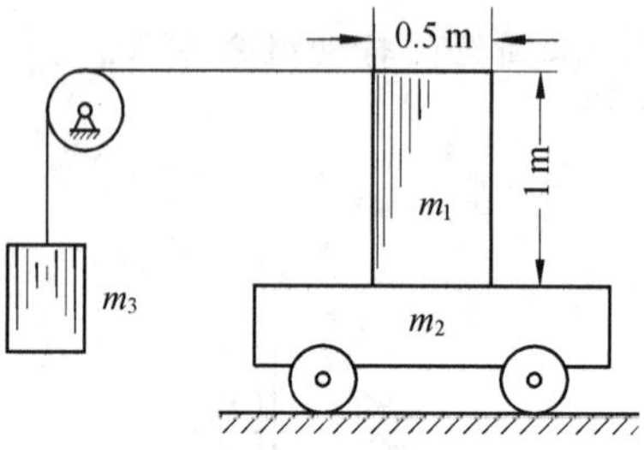

习题 11-5 图

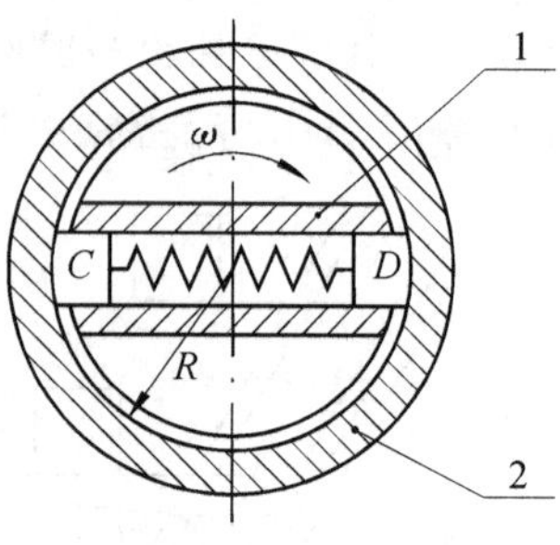

习题 11-6 图

11-7　转速表的简化模型如图所示. 杆 CD 的两端各有质量为 m 的 C 球和 D 球，CD 杆与转轴 AB 铰接，质量不计. 当转轴 AB 转动时，CD 杆的转角 φ 就发生变化. 设 $\omega=0$ 时，$\varphi=\varphi_0$，且弹簧中无力. 弹簧产生的力矩 M 与转角 φ 的关系为 $M=k(\varphi-\varphi_0)$，k 为弹簧刚度. 试求角速度 ω 与角 φ 之间的关系.

11-8　一等截面均质杆 OA，长为 l，质量为 m，在水平面内以匀角速度 ω 绕铅直轴 O 转动，如图所示. 试求在距转动轴 h 处断面上的轴向力，并分析在哪个截面上的轴向力最大.

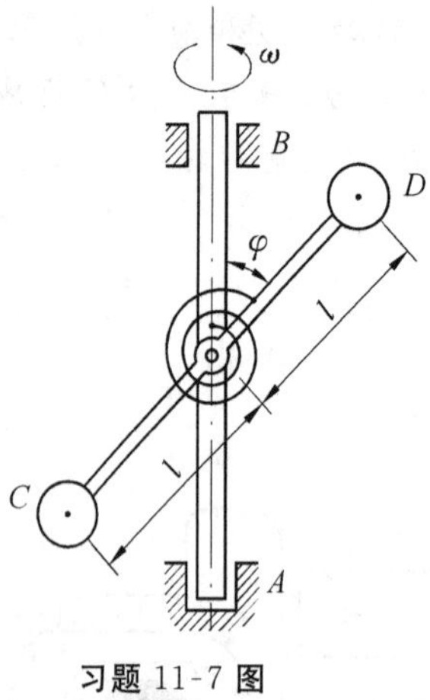

习题 11-7 图

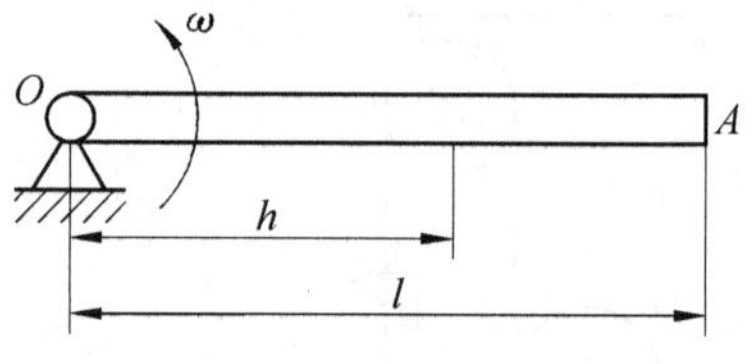

习题 11-8 图

11-9　当发射卫星实现星箭分离时，打开卫星整流罩的一种方案如图所示. 先由释放机构将整流罩缓慢送到图示位置，然后令火箭加速，加速度为 $\boldsymbol{a}$，从而使整流罩向外转. 当其质心 C 转到位置 C' 时 O 处铰链自动脱开，使整流罩离开火箭. 设整流罩质量为 m，对轴 O 的回转半径为 ρ，质心到轴 O 的距离 $\overline{OC}=r$. 问整流罩脱落时，角速度为多大?

11-10　图示长方形匀质平板，质量为 27 kg，由两个销 A 和 B 悬挂. 如果突然撤去销 B，求在撤去销 B 的瞬时平板的角加速度和销 A 的约束反力.

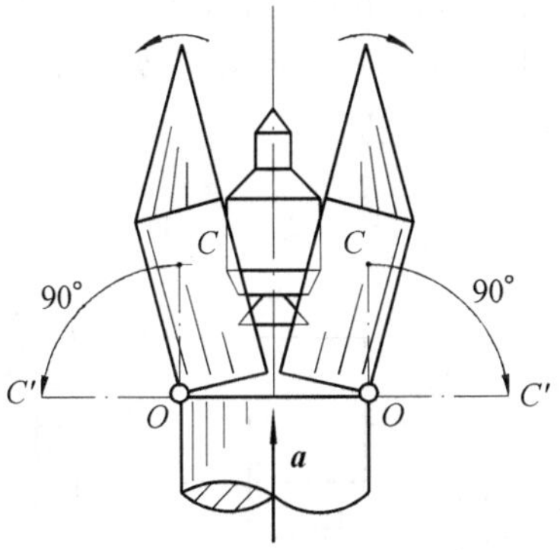

习题 11-9 图

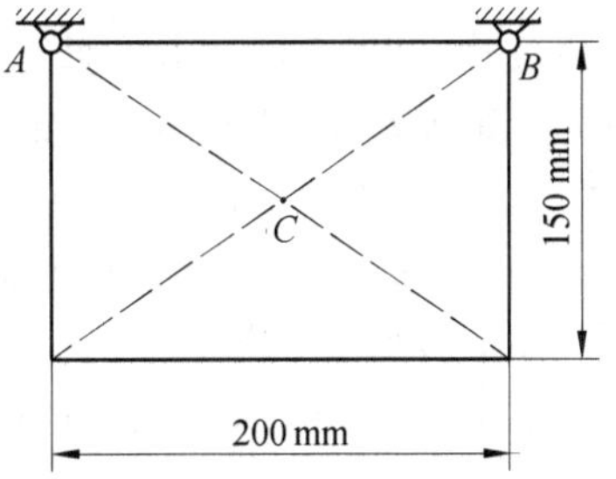

习题 11-10 图

11-11 如图所示，轮轴对轴 O 的转动惯量为 J. 在轮轴上系有两个物体，质量分别为 m_1 和 m_2. 若此轮轴依顺时针转向转动，试求转轴的角加速度 α，并求轴承 O 的附加动反力.

11-12 图示曲柄 OA 的质量为 m_1，长为 r，以等角速度 ω 绕水平的 O 轴按逆时针方向转动. 曲柄的 A 端推动水平板 B，使质量为 m_2 的滑杆 C 沿铅直方向运动. 忽略摩擦，求当曲柄与水平方向夹角为 30°时的力偶矩 M 及轴承 O 的反力.

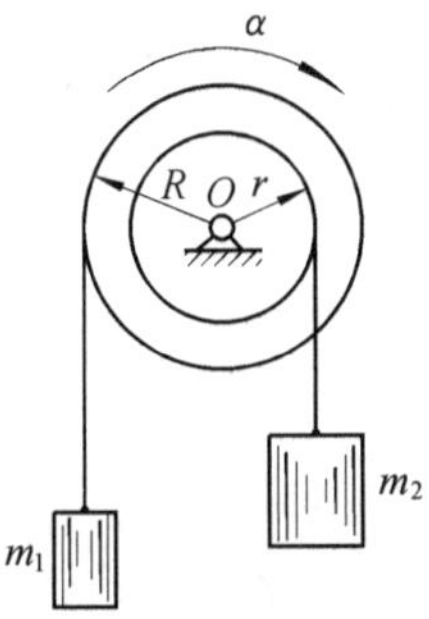

习题 11-11 图

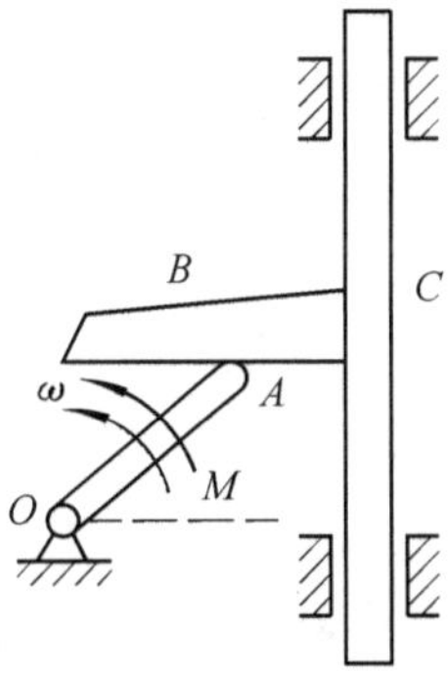

习题 11-12 图

11-13 圆柱形滚子质量为 20 kg，其上绕有细绳，绳沿水平方向拉出，跨过无重滑轮 B 系有质量为 10 kg 的重物 A，如图所示. 如滚子沿水平面只滚不滑，求滚子中心 C 的加速度.

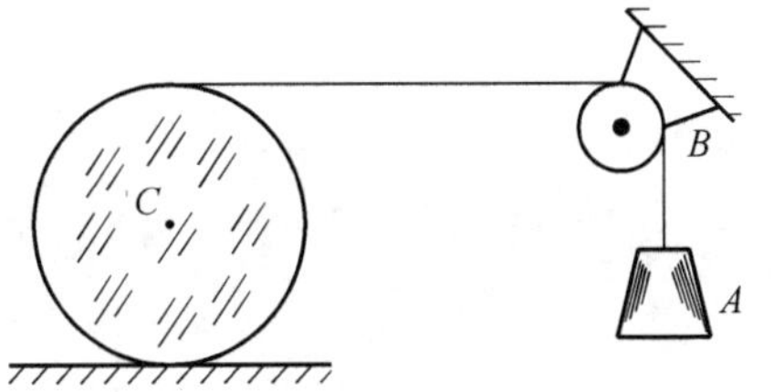

习题 11-13 图

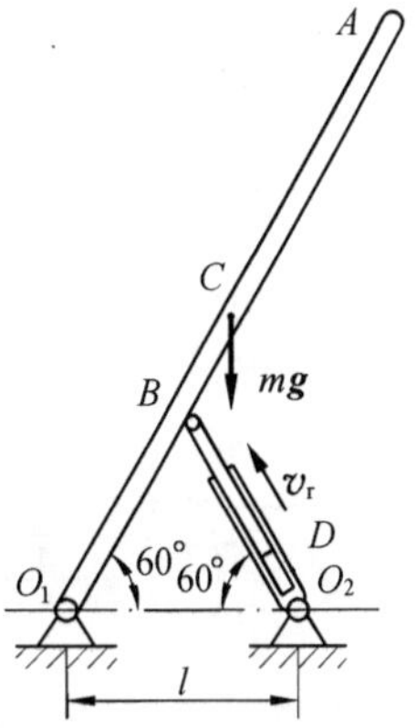

习题 11-14 图

11-14　图示为铅垂面内的起重机，起重臂 O_1A 长为 $3l$，质量为 m，可视为均质直杆，在液压油缸 O_2B 的柱塞 BD 的推动下抬起. 设柱塞从油缸中伸出的相对速度 v_r 是常量，不计油缸柱塞的质量，求图示瞬时柱塞的推力和支座 O_1 的约束反力.

11-15　图示磨刀砂轮 Ⅰ 的质量 $m_1 = 1$ kg，其偏心距 $e_1 = 0.5$ mm. 小砂轮 Ⅱ 的质量 $m_2 = 0.5$ kg，偏心距 $e_2 = 1$ mm. 电机转子 Ⅲ 的质量 $m_3 = 8$ kg，无偏心，带动砂轮旋转，转速 $n = 3\ 000$ r/min. 求转动时轴承 A、B 的附加动反力.

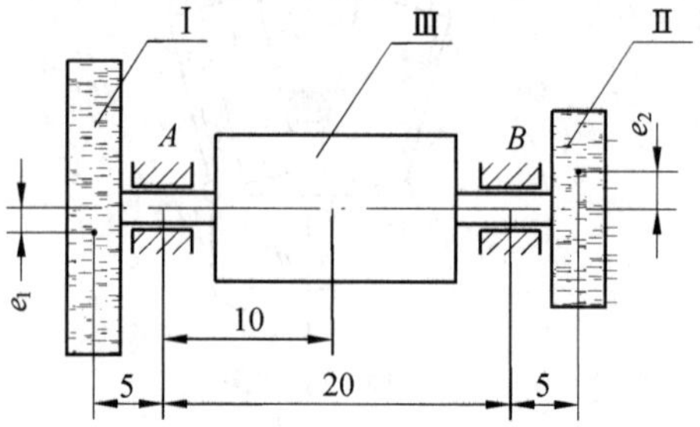

习题 11-15 图

第十二章 轴向拉伸和压缩

当结构或机械零部件承受载荷或传递运动时，每一构件都会产生变形，因此在分析这类问题时，必须将物体作为变形固体. 自本章至十八章，我们将研究简单变形固体在载荷作用下的变形和破坏的规律，为工程构件的设计提供理论依据和计算方法.

§12-1 概 述

为保证整个结构或机械的正常工作，首先要求构件在受载荷作用时不发生破坏. 如机床主轴因载荷过大而断裂时，整个机床就无法使用. 但只是不发生破坏，并不一定就能保证构件或整个结构的正常工作. 例如，机床主轴若发生过大的变形，则将影响机床的加工精度. 此外，有一些构件在载荷作用下，其原有的平衡形态可能丧失稳定性. 例如，房屋中受压柱如果是细长的，则在压力超过一定限度后，就有可能显著地变弯，甚至可能使房屋倒塌. 针对上述三种情况，对构件正常工作的要求可以归纳为如下三点：

(1) 在载荷作用下构件应不至于破坏(断裂)，即应具有足够的强度.

(2) 在载荷作用下构件所产生的变形应不超过工程上允许的范围，也就是要具有足够的刚度.

(3) 承受载荷作用时，构件在其原有形态下的平衡应保持为稳定的平衡，也就是要满足稳定性的要求.

工程力学的任务之一，是研究构件在外力作用下的变形、受力与破坏的规律，为合理设计构件提供有关强度、刚度与稳定性分析的基本理论与方法.

实际构件的形状很多，当它的长度远大于横向尺寸时称为杆. 杆的各横截面形心的连线称为杆的轴线. 因为载荷和约束不同，杆件的变形也是各种各样的，可归纳成以下四种形式.

(1) 轴向拉伸或轴向压缩.

在一对作用线与直杆轴线重合的外力 F 作用下，直杆的主要变形是长度的改变. 这种变形形式称为轴向拉伸[图 12-1(a)]或轴向压缩[图 12-1(b)]. 简单桁架在载荷作用下，桁架中的杆件就发生轴向拉伸或轴向压缩.

(2) 剪切.

在一对相距很近的大小相同、指向相反的横向外力 F 作用下，直杆的主要变形是横截面沿外力作用方向发生相对错动[图 12-1(c)]. 这种变形形式称为剪切. 一般在发生剪切变形的同时，杆件还存在其他的变形形式.

(3) 扭转.

在一对转向相反、作用面垂直于直杆轴线的外力偶(其矩为 M)作用下，直杆的相邻横截面将绕轴线发生相对转动，杆件表面纵向线将成螺旋线，而轴线仍维持直线. 这种变形形式称为扭转[图 12-1(d)]. 机械中传动轴的主要变形就包括扭转.

(4) 弯曲.

在一对转向相反、作用面在杆件的纵向平面(即包含杆轴线在内的平面)内的外力偶(其矩为 M)作用下,直杆的相邻横截面将绕垂直于杆轴线的轴发生相对转动,变形后的杆件轴线将弯成曲线.这种变形形式称为纯弯曲[图 12-1(e)].梁在横向力作用下的变形将是纯弯曲与剪切的组合,通常称为横力弯曲.传动轴的变形往往是扭转与横力弯曲的组合.

对于变形比较复杂的杆件,也只是这几种基本变形的组合.

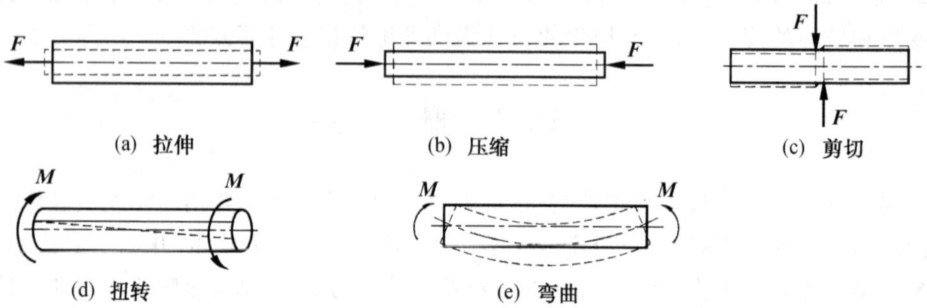

图 12-1

为了简化计算,我们常采用以下三个基本假设作为理论分析的基础.

(1) 连续性假设.认为物体在其整个体积内充满了物质而毫无空隙,其结构是密实的.根据这一假设,就可在受力构件内任意一点处截取一体积单元来进行研究.

(2) 均匀性假设.认为从物体内任意一点处取出的体积单元,其力学性能都能代表整个物体的力学性能.

(3) 各向同性假设.认为材料沿各个方向的力学性能是相同的.

本章先研究杆件拉伸与压缩时的强度、刚度计算以及材料拉伸与压缩时的力学性质,并适当介绍连接件的强度计算.

§12-2 轴向拉伸和压缩的概念

工程中有很多构件,例如,钢木组合桁架中的钢拉杆(图 12-2)和做材料试验用的万能试验机的立柱等,除连接部分外都是等直杆,作用于杆上的外力(或外力合力)的作用线与杆轴线重合.等直杆在这种受力情况下,其主要变形是纵向伸长或缩短.这类构件称为拉(压)杆.

实际拉(压)杆的端部可以有各种连接方式.如果不考虑其端部的具体连接情况,则其计算简图即如图 12-3(a)、(b)所示.计算简图从几何上讲是等直杆;其受力情况是杆在两端各受一集中力 F 作用,两个 F 力大小相等,指向相反,且作用线与杆轴线重合.

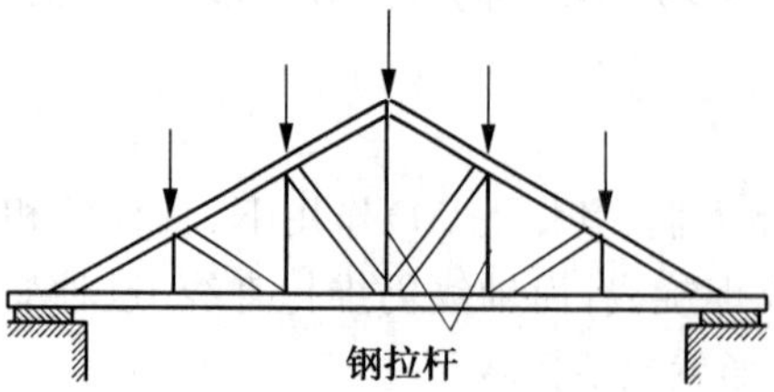

图 12-2

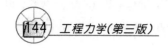

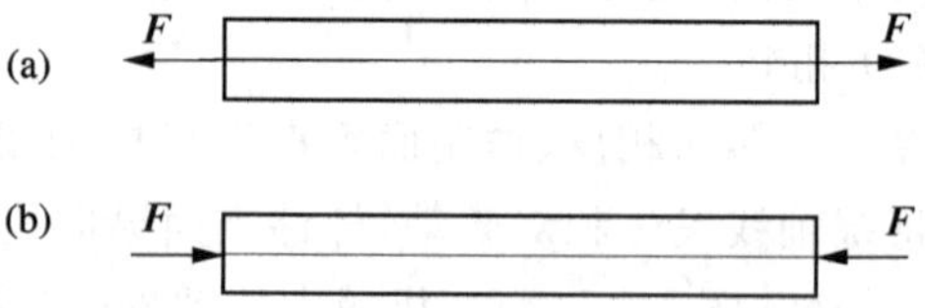

图 12-3

§12-3　内力　截面法　轴力及轴力图

1. 内力

物体在受到外力作用而变形时，其内部各质点间的相对位置将有变化. 与此同时，各质点间相互作用的力发生了改变. 上述相互作用力由于物体受到外力作用而引起的改变量，就是变形体力学中所研究的内力. 由于已假设物体是均匀连续的可变形固体，因此在物体内部相邻部分之间相互作用的内力，实际上是一个连续分布的内力系，而将分布内力系的合成(力或力偶)，简称为内力. 也就是说，内力是指由外力作用所引起的、物体内相邻部分之间分布内力系的合成.

2. 截面法　轴力及轴力图

由于内力是物体内相邻部分之间的相互作用力，为了显示内力，可应用截面法. 设一等直杆在两端轴向拉力的作用下处于平衡，欲求杆件横截面 m-m 的内力[图 12-4(a)]. 为此，假想一平面沿横截面 m-m 将杆件截分为Ⅰ、Ⅱ两部分，任取一部分(如部分Ⅰ)，弃去另一部分(如部分Ⅱ)，并将弃去部分对留下部分的作用以截开面上的内力来代替.

对于留下部分Ⅰ来说，截开面 m-m 上的内力 F_N 就成为外力. 由于整个杆件处于平衡状态，杆件的任一部分均保持平衡，故其留下部分Ⅰ也应保持平衡. 于是，杆件横截面 m-m 上的内力必定是与其左端外力 F 共线的轴向力 F_N[图 12-4(b)]. 内力 F_N 的数值可由平衡条件求得.

由平衡方程

$$\sum F_x = 0, F_N - F = 0$$

得

$$F_N = F$$

式中，F_N 为杆件任一横截面 m-m 上的内力，其作用线也与杆的轴线重合，即垂直于横截面并通过其形心. 这种内力称为轴力，并规定用记号 F_N 表示.

若取部分Ⅱ为留下部分，则由作用与反作用原理可知，部分Ⅱ在截开面上的轴力与前述部分Ⅰ上的轴力数值相等而指向相反[图 12-4(b)、(c)]. 当然，同样也可从部分Ⅱ的平衡条件来确定.

对于压杆，也可通过上述过程求得其任一横截面 m-m 上的轴力 F_N，其指向如图 12-5 所示. 为了使由部分Ⅰ和部分Ⅱ所得同一截面 m-m 上的轴力具有相同的正负号，结合变形情况，规定：引起纵向伸长变形的轴力为正，称为拉力，由图 12-4(b)、(c)可见拉力是背离截面的；引起纵向缩短变形的轴力为负，称为压力，由图 12-5(b)、(c)可见压力是指向截面的.

上述分析轴力的方法称为截面法，它是求内力的一般方法. 截面法包括三个步骤：

(1) 截开. 在需要求内力的截面处，假想地将杆截分为两部分.

(2) 代替. 将两部分中的任一部分留下，并把弃去部分对留下部分的作用代之以作用在截开面上的内力(力或力偶).

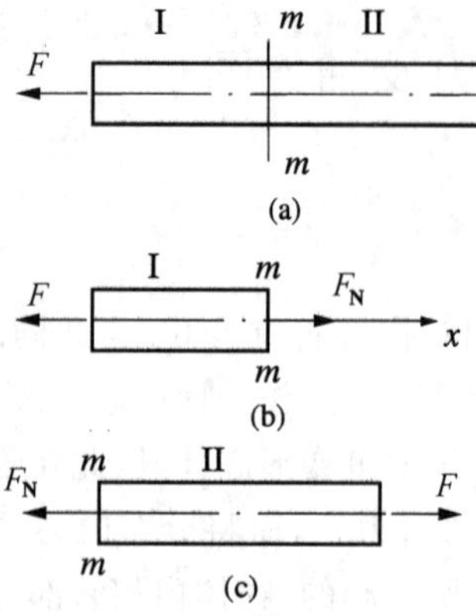

图 12-4

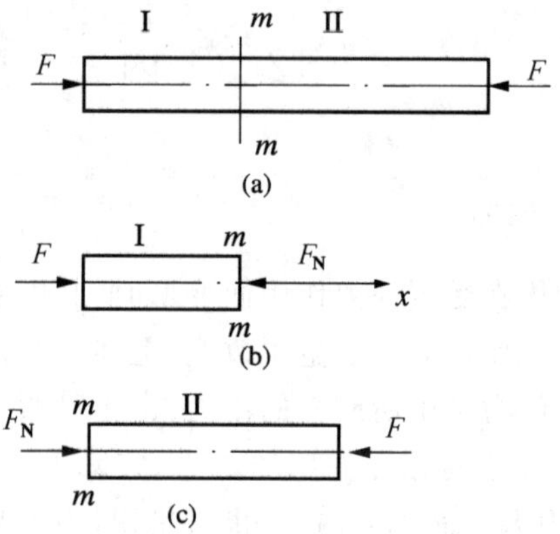

图 12-5

(3) 平衡.对留下的部分建立平衡方程,根据其上的已知外力来计算杆在截开面上的未知内力.应该注意,截开面上的内力对留下部分而言已属外力了.

当杆受到多个轴向外力作用时,在杆的不同横截面上的轴力将各不相同.为了表明横截面上的轴力随横截面位置而变化的情况,可用平行于杆轴线的坐标表示横截面的位置,用垂直于杆轴线的坐标表示横截面上轴力的数值,从而绘出表示轴力与截面位置关系的图线,称为轴力图.从该图上即可确定最大轴力的数值及其所在横截面的位置.习惯上将正值的轴力画在上侧,负值的轴力画在下侧.

例 12-1 一等直杆及其受力情况如图 12-6(a)所示,其中 $F_1=40$ kN,$F_2=55$ kN,$F_3=25$ kN,$F_4=20$ kN.试作杆的轴力图.

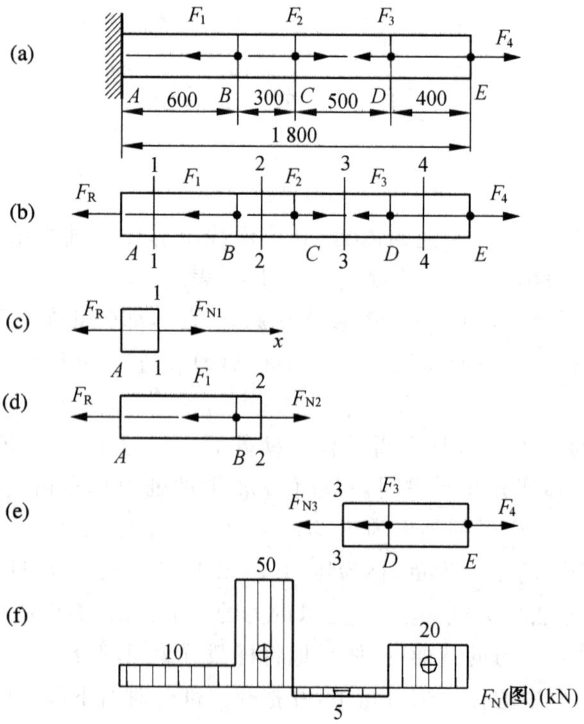

图 12-6

解： 首先求出支反力 F_R[图 12-6(b)]. 由整个杆的平衡方程

$$\sum F_x = 0, -F_R - F_1 + F_2 - F_3 + F_4 = 0$$

得

$$F_R = 10 \text{ kN}$$

在求 AB 段内任一横截面上的轴力时，应用截面法研究截开后左段杆的平衡. 假定轴力 F_{N1} 为拉力[图 12-6(c)]，由平衡方程求得 AB 段内任一横截面上的轴力为

$$F_{N1} = F_R = 10 \text{ kN}$$

结果为正值，故 F_{N1} 为拉力.

同理，可求得 BC 段内任一横截面上的轴力[图 12-6(d)]为

$$F_{N2} = F_R + F_1 = 50 \text{ kN}$$

在求 CD 段内的轴力时，将杆截开后宜研究其右段的平衡，因为右段杆比左段杆上包含的外力较少，并假定轴力 F_{N3} 为拉力[图 12-6(e)]. 由

$$\sum F_x = 0, -F_{N3} - F_3 + F_4 = 0$$

得

$$F_{N3} = -F_3 + F_4 = -5 \text{ kN}$$

结果为负值，说明原先假定的 F_{N3} 指向不对，即应为压力.

同理，可得 DE 段内任一横截面上的轴力 F_{N4} 为

$$F_{N4} = F_4 = 20 \text{ kN}$$

按前述作轴力图的规则，作出杆的轴力图如图[图 12-6(f)]所示. $F_{N,max}$ 发生在 BC 段内的任一横截面上，其值为 50 kN.

§12-4　应力　拉(压)杆内的应力

在确定了拉(压)杆的轴力以后，还不能判断杆是否会因强度不足而破坏. 因为轴力只是杆横截面上分布内力系的合力，而要判断杆是否会因强度不足而破坏，还必须知道度量分布内力大小的分布内力集度，以及材料承受载荷的能力. 杆件截面上的分布内力集度，称为应力.

1. 应力的概念

应力是受力杆件某一截面上一点处的内力集度. 若考察受力杆截面 m-m 上 M 点处的应力[图 12-7(a)]，则可在 M 点周围取一很小的面积 ΔA，设 ΔA 面积上分布的合力为 $\Delta \boldsymbol{F}$，于是，在面积 ΔA 上内力 $\Delta \boldsymbol{F}$ 的平均集度为

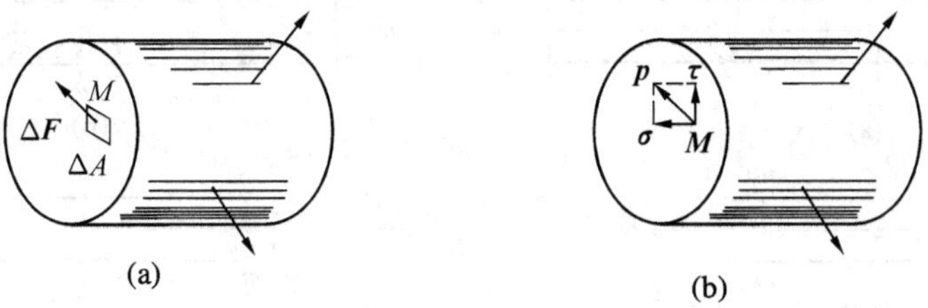

图 12-7

$$\boldsymbol{p}_{\mathrm{m}}=\frac{\Delta \boldsymbol{F}}{\Delta A}$$

式中 $\boldsymbol{p}_{\mathrm{m}}$ 称为面积 ΔA 上的平均应力. 一般地,截面 m-m 上的分布内力并不是均匀的,因而,平均应力 $\boldsymbol{p}_{\mathrm{m}}$ 的大小和方向将随所取的微小面积 ΔA 的大小而不同. 为表明分布内力在 M 点处的集度,令微小面积 ΔA 无限缩小而趋于零,则其极限值

$$\boldsymbol{p}=\lim_{\Delta A \to 0}\frac{\Delta \boldsymbol{F}}{\Delta A}=\frac{\mathrm{d}\boldsymbol{F}}{\mathrm{d}A} \tag{12-1}$$

即为 M 点处的内力集度,称为截面 m-m 上 M 点处的总应力. 由于 $\Delta \boldsymbol{F}$ 是矢量,因而总应力 $\boldsymbol{p}$ 也是矢量,其方向一般既不与截面垂直,也不与截面相切. 通常,将总应力 $\boldsymbol{p}$ 分解为与截面垂直的法向分量 $\boldsymbol{\sigma}$ 和与截面相切的切向分量 $\boldsymbol{\tau}$[图 12-7(b)]. 法向分量 $\boldsymbol{\sigma}$ 称为正应力,切向分量 $\boldsymbol{\tau}$ 称为切应力.

从应力的定义可见,应力具有如下特征:

(1) 应力定义在受力物体的某一点处,因此,讨论应力必须明确是在哪一个截面上的哪一点处.

(2) 在某一截面上一点处的应力是矢量. 对于应力分量,通常规定离开截面的正应力为正,指向截面的正应力为负,即拉应力为正,压应力为负;而对截面内部(靠近截面)的一点产生顺钟向力矩的切应力为正,反之为负[图 12-7(b)中表示的正应力和切应力均为正].

(3) 应力的单位为 Pa.

(4) 整个截面上各点处的应力与微面积 $\mathrm{d}A$ 之乘积的合成,即为该截面上的内力.

2. 拉(压)杆横截面上的应力

要确定拉(压)杆横截面上各点的应力,必须了解横截面上内力的分布规律,而内力的分布规律又与杆的变形情况有关. 为此,可先通过实验来观察杆件的变形.

取一等直杆[图 12-8(a)],在其侧面作相邻的两条横向线 ab 和 cd,然后在杆两端施加一对轴向拉力 F 使杆发生变形. 此时,可观察到该两横向线移到 $a'b'$ 和 $c'd'$[图 12-8(b)中的虚线]. 根据这一现象,设想横向线代表杆的横截面,于是,可假设原为平面的横截面在杆变形后仍为平面,称为平面假设. 根据平面假设,拉杆变形后两横截面将沿杆轴线做相对平移,也就是说,拉杆在其任意两个横截面之间纵向线段的伸长变形是均匀的.

由于假设材料是均匀的,而杆的分布内力集度又与杆纵向线段的变形相对应,因而,拉杆在横截面上的分布内力也是均匀分布的,即横截面上各点处的正应力 σ 都相等[图 12-8(c)、(d)]. 然后,按静力学求合力的概念,有

$$F_{\mathrm{N}}=\int_{A}\sigma \mathrm{d}A=\sigma\int_{A}\mathrm{d}A=\sigma A$$

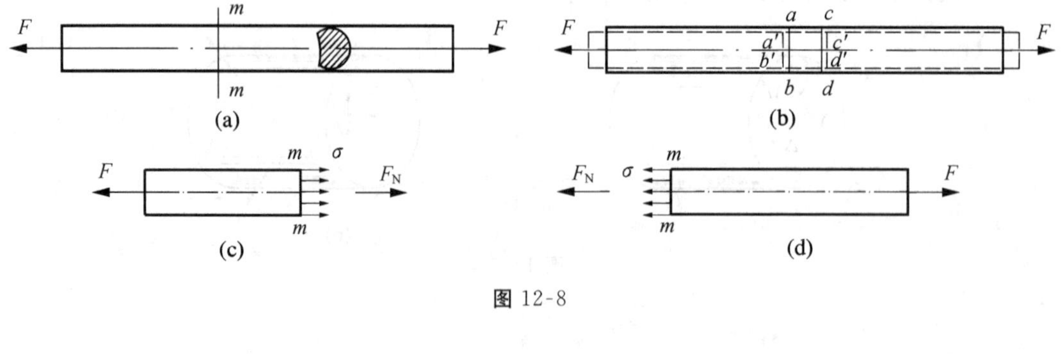

图 12-8

即得拉杆横截面上正应力 σ 的计算公式为

$$\sigma=\frac{F_N}{A} \tag{12-2}$$

式中 F_N 为轴力，A 为杆的横截面面积.

对轴向压缩的杆，上式同样适用. 由于已规定了轴力的正负号，由式(12-2)可知，正应力的正负号与轴力的正负号是一致的.

式(12-2)是根据正应力在杆横截面上各点处相等这一结论而导出的. 应该指出，这一结论实际上只在杆上离外力作用点稍远的部分才正确，而在外力作用点附近，由于杆端连接方式的不同，其应力情况较为复杂. 但圣维南原理指出，力作用于杆端的分布方式，只影响杆端局部范围的应力分布，影响区的轴向范围约离杆端 1～2 个杆的横向尺寸. 这一原理已被实验所证实，故在拉(压)杆的应力计算中，都以式(12-2)为准.

当等直杆受几个轴向外力作用时，由轴力图可求得其最大轴力 $F_{N,max}$，代入式(12-2)即得杆内的最大正应力为

$$\sigma_{max}=\frac{F_{N,max}}{A} \tag{12-3}$$

最大轴力所在的横截面称为危险截面，危险截面上的正应力称为最大工作应力.

例 12-2 一横截面为正方形的砖柱分上、下两段，其受力情况、各段长度及横截面尺寸如图 12-9(a)所示. 已知 $F=50$ kN，试求载荷引起的最大工作应力.

解：首先作柱的轴力图如图 12-9(b)所示.

由于砖柱为变截面杆，故须利用式(12-2)求出每段柱的横截面上的正应力，从而确定全柱的最大工作应力.

Ⅰ、Ⅱ两段柱[图 12-9(a)]横截面上的正应力，分别由轴力图及横截面尺寸算得：

$$\sigma_1=\frac{F_{N1}}{A_1}=\frac{-50\times10^3\ \text{N}}{(0.24\ \text{m})(0.24\ \text{m})}=-0.87\times10^6\ \text{Pa}=-0.87\ \text{MPa}(\text{压应力})$$

和

$$\sigma_2=\frac{F_{N2}}{A_2}=\frac{-150\times10^3\ \text{N}}{(0.37\ \text{m})(0.37\ \text{m})}=-1.1\times10^6\ \text{Pa}(\text{压应力})$$

由上述结果可见，砖柱的最大工作应力在柱的下段，其值为 1.1 MPa，是压应力.

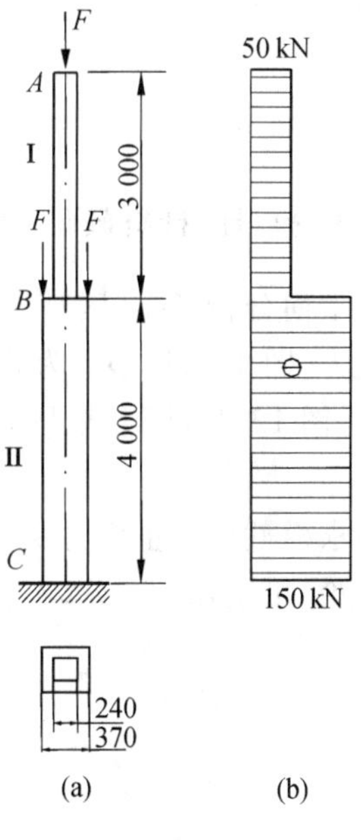

图 12-9

例 12-3 长为 b、内径 $d=200$ mm、壁厚 $\delta=5$ mm 的薄壁圆环，承受 $p=2$ MPa 的内压力作用，如图 12-10(a)所示. 试求圆环径向截面上的拉应力.

解：薄壁圆环在内压力作用下要均匀胀大，故在包含圆环轴线的任何径向截面上，作用有相同的法向拉力 F_N. 为求该拉力，可假想地用一直径平面将圆环截分为二，并研究留下的半环[图 12-10(b)]的平衡. 半环上的内压力沿 y 方向的合力 F_R 为

$$F_R=\int_0^{\pi}\left(pb\cdot\frac{d}{2}d\varphi\right)\sin\varphi=\frac{pbd}{2}\int_0^{\pi}\sin\varphi d\varphi=pbd$$

其作用线与 y 轴重合.

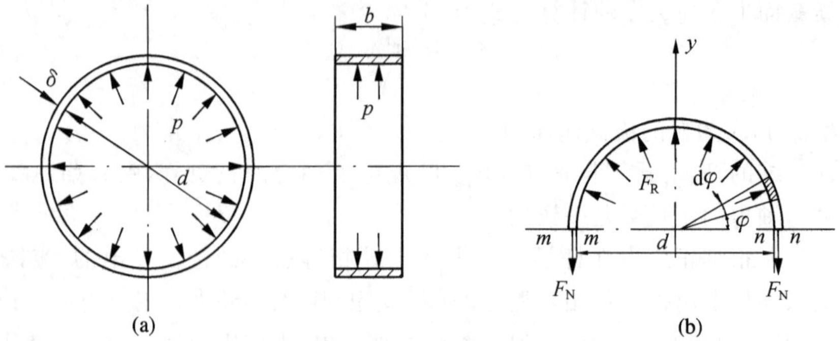

图 12-10

因壁厚远小于内径 d,故可近似地认为在环的每一个横截面 m-m 或 n-n 上各点处的正应力相等(如果 $\delta \leqslant d/20$,这种近似足够精确).又由对称关系可知,此两横截面上的正应力必组成数值相等的合力 F_N.由平衡方程 $\sum F_y = 0$,求得

$$F_N = \frac{F_R}{2} = \frac{pbd}{2}$$

于是横截面上的正应力 σ 为

$$\sigma = \frac{F_N}{A} = \frac{pbd}{2b\delta} = \frac{pd}{2\delta}$$
$$= \frac{(2\times 10^6\ \text{Pa})(0.2\ \text{m})}{2(5\times 10^{-3}\ \text{m})} = 40\times 10^6\ \text{Pa} = 40\ \text{MPa}$$

3. 拉(压)杆斜截面上的应力

上面分析了拉(压)杆横截面上的正应力,现研究与横截面成 α 角的任一斜截面 k-k 上的应力[图 12-11(a)].为此,假想地用一平面沿斜截面 k-k 将杆截分为二,并研究左段杆的平衡[图 12-11(b)].于是,可得斜截面 k-k 上的内力 F_α 为

$$F_\alpha = F \qquad \text{(a)}$$

仿照求横截面上正应力变化规律的分析过程,同样可得到斜截面上各点处的总应力 p_α 相等的结论.于是,有

$$p_\alpha = \frac{F_\alpha}{A_\alpha} \qquad \text{(b)}$$

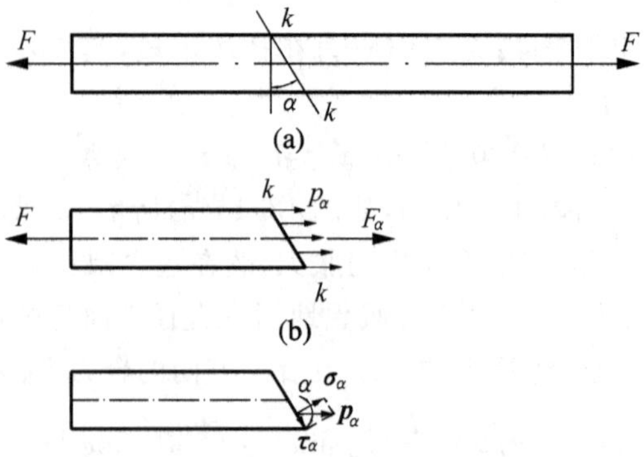

图 12-11

式中 A_α 是斜截面面积. A_α 与横截面面积 A 的关系为 $A_\alpha=A/\cos\alpha$，代入式(b)，并利用式(a)，即得

$$p_\alpha=\frac{F}{A}\cos\alpha=\sigma\cos\alpha \tag{c}$$

式中 $\sigma=F/A$，即拉杆在横截面上的正应力.

总应力 $\boldsymbol{p}_\alpha$ 是矢量，分解为两个分量：沿截面法线方向的正应力和沿截面切线方向的切应力，并分别用 $\boldsymbol{\sigma}_\alpha$、$\boldsymbol{\tau}_\alpha$ 表示，如图 12-11(c)所示.

上述两个应力分量可表示为

$$\sigma_\alpha=p_\alpha\cos\alpha=\sigma\cos^2\alpha \tag{d}$$

和

$$\tau_\alpha=p_\alpha\sin\alpha=\frac{\sigma}{2}\sin2\alpha \tag{e}$$

上述两式表达了通过拉杆内任一点处不同方位斜截面上的正应力 σ_α 和切应力 τ_α 随 α 角而改变的规律. 通过一点的所有不同方位截面上应力的全部情况，称为该点处的应力状态. 由(d)、(e)两式可知，在所研究的拉杆中，一点处的应力状态由其横截面上的正应力 σ 即可完全确定，这样的应力状态称为单向应力状态. 关于应力状态的问题将在第十五章中详细讨论.

由(d)、(e)两式可见，通过拉(压)杆内任意一点不同方位截面上的正应力 σ_α 和切应力 τ_α，其数值随 α 角做周期性变化，它们的最大值及其所在截面的方位如下：

(1) 当 $\alpha=0°$ 时，$\sigma_\alpha=\sigma$ 是 σ_α 中的最大值. 即通过拉(压)杆内某一点的横截面上的正应力，是通过该点的所有不同方位截面上正应力中的最大值.

(2) 当 $\alpha=45°$ 时，$\tau_\alpha=\frac{\sigma}{2}$ 是 τ_α 中的最大值，即与横截面成 45°的斜截面上的切应力，是拉(压)杆所有不同方位截面上切应力中的最大值.

§12-5　拉(压)杆的变形　胡克定律

设拉杆的原长为 l，承受一对轴向拉力 F 的作用而伸长后，其长度增为 l_1(图 12-12)，则杆的纵向伸长为

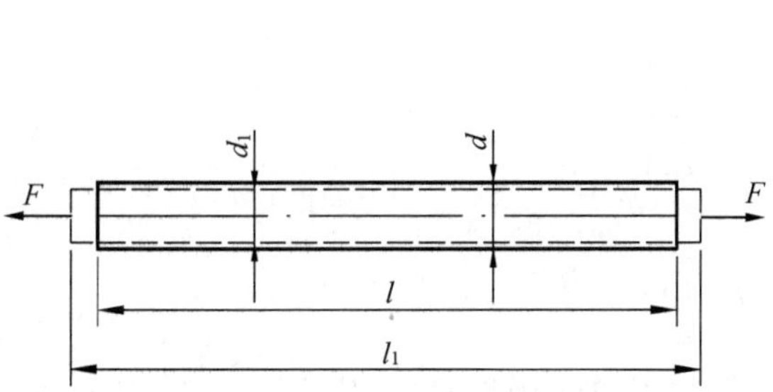

图 12-12

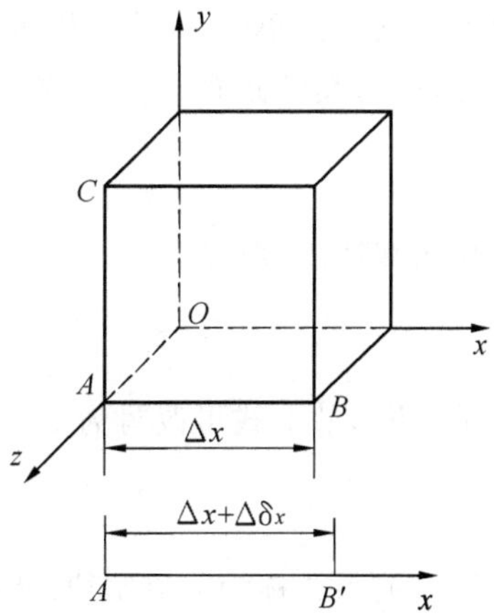

图 12-13

$$\Delta l = l_1 - l \tag{a}$$

纵向伸长 Δl 只反映杆的总变形量,而无法说明沿杆长度方向上各段的变形程度.由于拉杆各段的伸长是均匀的,因此,其变形程度可以每单位长度的纵向伸长(即 $\Delta l/l$)来表示.每单位长度的伸长(或缩短),称为线应变,并用记号 ε 表示.于是,拉杆的纵向线应变为

$$\varepsilon = \frac{\Delta l}{l} \tag{b}$$

由式(a)可知,拉杆的纵向伸长 Δl 为正,压杆的纵向缩短 Δl 为负.故线应变在伸长时为正,缩短时为负.

必须指出,式(b)所表达的是在长度 l 内的平均线应变,当沿杆长度均匀变形时,就等于沿长度各点处的纵向线应变.当沿杆长度为非均匀变形时(如一等直杆在自重作用下的变形),式(b)并不反映沿长度各点处的纵向线应变.为研究一点处的线应变,可围绕该点取一个很小的正六面体(图 12-13).设所取正六面体沿 x 轴方向 AB 边的原长为 Δx,变形后其长度的改变量为 $\Delta\delta_x$,对于非均匀变形,比值 $\Delta\delta_x/\Delta x$ 为 AB 边的平均线应变.当 Δx 无限缩小而趋于零时,其极限值

$$\varepsilon_x = \lim_{\Delta x \to 0}\frac{\Delta\delta_x}{\Delta x} = \frac{\mathrm{d}\delta_x}{\mathrm{d}x} \tag{12-4}$$

称为 A 点处沿 x 轴方向的线应变.

拉杆在纵向变形的同时将有横向变形.设拉杆为圆截面杆,其原始直径为 d,受力变形后缩小为 d_1(图 12-12),则其横向变形为

$$\Delta d = d_1 - d \tag{c}$$

在均匀变形情况下,拉杆的横向线应变为

$$\varepsilon' = \frac{\Delta d}{d} \tag{d}$$

由式(c)可见,拉杆的横向线应变显然为负,即与其纵向线应变的正负号相反.

以上有关拉杆变形的一些基本概念同样适用于压杆,但压杆的纵向线应变 ε 为负值,而其横向线应变 ε' 则为正值.

拉(压)杆的变形量与其所受力之间的关系与材料的性能有关,只能通过实验来获得.对工程中常用的材料,如低碳钢、合金钢所制成的拉杆,由一系列实验证明.当杆内的应力不超过材料的某一极限值,即比例极限(见§12-6)时,杆的伸长 Δl 与其所受外力 F、杆的原长 l 成正比,而与其横截面面积 A 成反比,即有

$$\Delta l \propto \frac{Fl}{A}$$

引进比例常数 E,则有

$$\Delta l = \frac{Fl}{EA} \tag{12-5a}$$

由于 $F=F_N$,故上式可改写为

$$\Delta l = \frac{F_N l}{EA} \tag{12-5b}$$

这一关系式称为胡克定律.式中的比例常数 E 称为弹性模量,其单位为 Pa.E 的数值随材料而异,是通过实验测定的,其值表征材料抵抗弹性变形的能力.式(12-5a)或(12-5b)同

样适用于压杆. 轴力 F_N 和变形 Δl 的正负号是相对应的，即当轴力 F_N 是拉力为正时，求得的变形 Δl 是伸长也为正，反之亦然.

EA 称为杆的拉伸(压缩)刚度，对于长度相等且受力相同的拉杆，其拉伸刚度越大则拉杆的变形越小.

将上述公式改写成

$$\frac{\Delta l}{l}=\frac{1}{E}\cdot\frac{F_N}{A} \tag{e}$$

式中 $\frac{\Delta l}{l}$ 为杆内任一点处的纵向线应变 ε；$\frac{F_N}{A}$ 为杆横截面上的正应力 σ. 于是，得胡克定律的另一表达形式

$$\varepsilon=\frac{\sigma}{E} \tag{12-6}$$

显然，上式中的纵向线应变 ε 和横截面上的正应力 σ 的正负号也是相对应的，即拉应力引起纵向伸长线应变. 式(12-6)是经过改写后的胡克定律，它不仅适用于拉(压)杆，而且还可以更普遍地用于所有的单向应力状态，故通常又称其为单向应力状态下的胡克定律.

对于横向线应变 ε'，实验结果指出，当拉(压)杆内的应力不超过材料的比例极限时，它与纵向线应变 ε 的绝对值之比为一常数，此比值称为横向变形系数或泊松比，通常用 μ 表示，即

$$\mu=\left|\frac{\varepsilon'}{\varepsilon}\right| \tag{12-7a}$$

μ 是量纲为 1 的量，其数值随材料而异，也是通过实验测定的.

考虑到纵向线应变与横向线应变的正负号恒相反，故有

$$\varepsilon'=-\mu\varepsilon$$

将式(12-6)中的 ε 代入上式，则得

$$\varepsilon'=-\mu\frac{\sigma}{E} \tag{12-7b}$$

上式说明一点处的横向线应变与该点处的纵向正应力也成正比，但正负号相反.

弹性模量 E 和泊松比 μ 都是材料的弹性常数. 表 12-1 给出了一些材料的 E 和 μ 的约值.

表 12-1 弹性模量及泊松比的约值

材料名称	牌　号	E/GPa	μ
低碳钢	Q235	200～210	0.24～0.28
中碳钢	45	205	
低合金钢	16Mn	200	0.25～0.30
合金钢	40CrNiMoA	210	
灰口铸铁		60～162	0.23～0.27
球墨铸铁		150～180	
铝合金	LY12	71	0.33
硬质合金		380	
混凝土		15.2～36	0.16～0.18
木材(顺纹)		9～12	

例 12-4 求例 12-3 中薄壁圆环在内压力 p 作用下的径向应变和圆环直径的改变量，已知材料的弹性模量 $E=210$ GPa.

解：在例 12-3 中已经求出圆环在任一横截面上的正应力 σ，若正应力不超过材料的比例极限，则可按式(12-6)算出沿正应力 σ 方向(即沿圆周方向)的线应变 ε 为

$$\varepsilon=\frac{\sigma}{E}=\frac{40\times10^{6}\ \text{Pa}}{210\times10^{9}\ \text{Pa}}=1.9\times10^{-4}$$

圆环的周向应变 ε 就等于其径向应变 ε_d，因为

$$\varepsilon=\frac{\pi(d+\Delta d)-\pi d}{\pi d}=\frac{\Delta d}{d}=\varepsilon_d$$

根据上式即可算出圆环在内压力 p 作用下的直径增大量为

$$\begin{aligned}\Delta d&=\varepsilon_d d=1.9\times10^{-4}\times0.2\ \text{m}\\&=3.8\times10^{-5}\ \text{m}=0.038\ \text{mm}\end{aligned}$$

例 12-5 图 12-14(a)所示杆系由钢杆 1 和 2 组成. 已知杆端铰接，两杆与铅垂线均成 $\alpha=30°$的角度，长度均为 $l=2$ m，直径均为 $d=25$ mm，钢的弹性模量为 $E=210$ GPa. 设在节点 A 处悬挂一重量为 $P=100$ kN 的重物，试求节点 A 的位移 Δ_A.

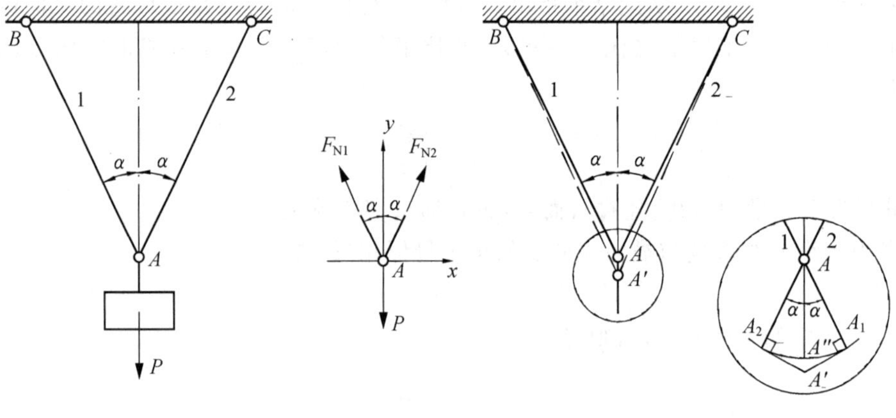

(a) (b) (c)

图 12-14

解：由于两杆受力后伸长，而使 A 点有位移，为求出各杆的伸长，先求出各杆的轴力. 在微小变形情况下，求各杆的轴力时可将 α 角的微小变化忽略不计. 假定各杆的轴力均为拉力[图 12-14(b)]，由节点 A 的平衡

$$\sum F_x=0,\quad F_{N2}\sin\alpha-F_{N1}\sin\alpha=0$$

和

$$\sum F_y=0,\quad F_{N1}\cos\alpha+F_{N2}\cos\alpha-P=0$$

解得各杆的轴力为

$$F_{N1}=F_{N2}=\frac{P}{2\cos\alpha}\tag{a}$$

结果都是正值，说明原先假定的拉力是正确的. 将 F_{N1} 和 F_{N2} 代入式(12-5b)，得每杆的伸长为

$$\Delta l_1=\Delta l_2=\frac{F_{N1}l}{\overline{EA}}=\frac{Pl}{2\,\overline{EA}\cos\alpha} \tag{b}$$

式中 $A=\frac{\pi}{4}d^2$ 为杆的横截面面积.

为了求位移 Δ_A，可假想地将两杆在 A 点处拆开，并在其原位置上分别增加长度 Δl_1 和 Δl_2. 显然，变形后两杆仍应铰接在一起，即应满足变形的几何相容条件. 于是，分别以 B、C 为圆心，以两杆伸长后的长度$\overline{BA_1}$、$\overline{CA_2}$为半径作圆弧，它们的交点 A''[图 12-14(c)]即为 A 点的新位置. $\overline{AA''}$即为 A 点的位移. 但因变形微小，故可过 A_1，A_2分别作 1、2 两杆的垂线以代替圆弧，两垂线交于 A'[图 12-14(c)]，略去高阶微量，可认为$\overline{AA'}=\overline{AA''}$. 由于问题在几何、物性及受力情况方面的对称性，故 A'必与 A 在同一铅垂线上，因而由图 12-14(c)可得

$$\Delta_A=\overline{AA'}=\frac{\Delta l_1}{\cos\alpha} \tag{c}$$

将式(b)代入式(c)，得

$$\Delta_A=\frac{Pl}{2\,\overline{EA}\cos^2\alpha} \tag{d}$$

再将已知数据代入式(d)，得

$$\begin{aligned}\Delta_A&=\frac{(100\times10^3\ \text{N})(2\ \text{m})}{2(210\times10^9\ \text{Pa})\left[\frac{\pi}{4}(25\times10^{-3}\ \text{m})^2\right]\cos^2 30^\circ}\\&=0.001\,293\ \text{m}=1.293\ \text{mm}(\downarrow)\end{aligned}$$

从上述计算可见，由于杆件的变形而引起点的位移. 点的位移是指点位置的移动，其值根据杆件的变形，并由变形的几何相容条件求得. 因此，变形与位移既有联系又有区别. 变形是标量，而位移是矢量.

§12-6　材料在拉伸和压缩时的力学性能

构件的强度、刚度与稳定性，不仅与构件的形状、尺寸及所受外力有关，而且与材料的力学性能有关，本节研究材料在拉伸和压缩时的力学性能.

1. 拉伸试验与应力-应变图

在进行拉伸试验时，应将材料做成标准的试样，使其几何形状和受力条件都能符合轴向拉伸的要求. 试验以前，先在试样的中间等直部分划两条横线(图 12-15). 当试样受力时，横线之间的一段杆中任何横截面上的应力均相同，这一段为杆的工作段. 在试验时就测量工作段的变形. 为了能比较不同粗细的试样在拉断后工作段的变形程度，通常对圆截面标准试样的工作段长度(称为标距)l 与其横截面直径 d 的比例加以规定. 对矩形截面标准试样，则规定其工作段长度 l 与横截面面积 A 的比例. 常用的标准比例有两种，即

$$l=10d \text{ 和 } l=5d$$

或

$$l=11.3\sqrt{A} \text{ 和 } l=5.65\sqrt{A}\text{（对矩形截面试样）}$$

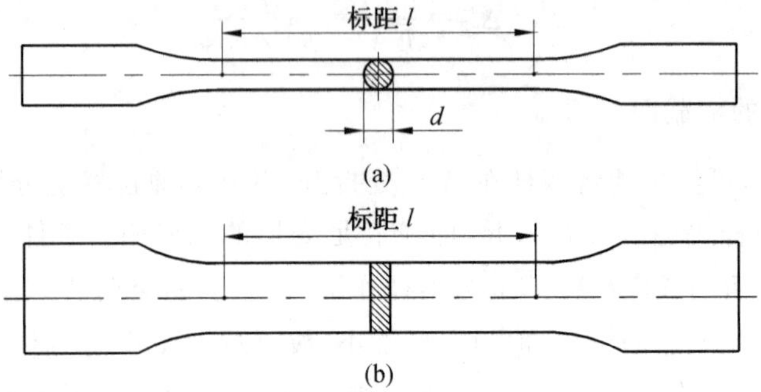

图 12-15

试验时,首先将试样安装在材料试验机的上、下夹头内(图 12-16),并在标记 m 和 n 处安装测量变形的仪器.然后开动机器,缓慢加载.随着载荷 F 的增大,试样逐渐被拉长,试验段的拉伸变形用 Δl 表示.拉力 F 与变形 Δl 间的关系曲线如图所示,称为试样的力-伸长曲线或拉伸图.试验一直进行到试样断裂为止.

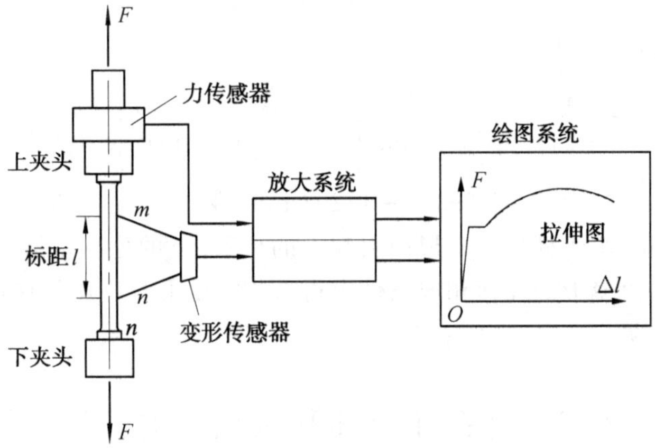

图 12-16

显然,试样的力-伸长曲线不仅与试样的材料有关,而且与试样横截面尺寸有关.例如,试验段的横截面面积越大,将其拉断所需的拉力越大;在同一拉力作用下,标距越大,拉伸变形 Δl 也越大.因此,不宜用试样的力-伸长曲线表征材料的拉伸性能.

将力-伸长曲线的纵坐标 F 除以试样横截面的原面积 A,将其横坐标 Δl 除以试验段的原长 l,由此所得应力、应变的关系曲线,称为材料的应力-应变图.

2. 低碳钢拉伸时的力学性能

低碳钢是工程上使用最广泛的材料,同时,低碳钢试样在拉伸试验中所表现出的应力与应变间的关系也比较典型.

图 12-17 所示为低碳钢 Q235 的应力-应变图.由图可见,低碳钢在整个拉伸试验过程中,其应力与应变关系呈现如下四个阶段.

(1) 线性阶段.

在拉伸的初始阶段,应力-应变为一直线(图中 OA),说明在此阶段内,正应力与正应变成正比,即遵循胡克定律

$$\sigma = E\varepsilon$$

线性阶段最高点 A 所对应的应力,称为材料的比例极限,以 σ_p 表示;而直线 OA 的斜率,数值上即等于材料的弹性模量 E. 低碳钢 Q235 的比例极限 $\sigma_p \approx 200$ MPa,弹性模量 $E \approx 200$ GPa.

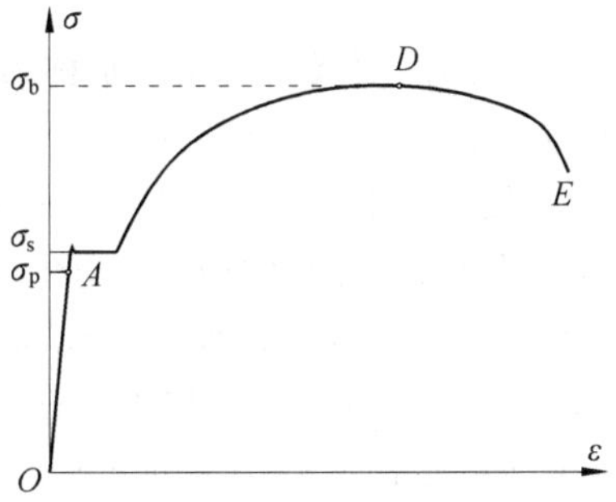

图 12-17

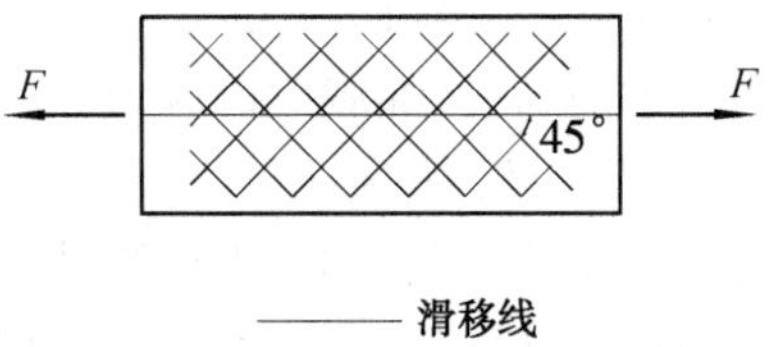

图 12-18

(2) 屈服阶段.

超过比例极限之后,应力与应变之间不再保持正比关系. 当应力增加至某一定值时,应力-应变曲线出现水平线段(可能有微小波动). 在此阶段内,应力几乎不变,而变形却急剧增长,材料失去抵抗继续变形的能力,此种现象,称为屈服. 使材料发生屈服的应力,称为材料的屈服应力或屈服极限,并用 σ_s 表示. 低碳钢 Q235 的屈服应力 $\sigma_s \approx 235$ MPa. 如果试样表面光滑,则当材料屈服时,试样表面将出现与轴线约成 45°的线纹(图 12-18). 如前所述,在杆件的 45°斜截面上,作用有最大切应力,因此,上述线纹可能是由材料沿该截面发生滑移而造成的,称为滑移线.

(3) 硬化阶段.

经过屈服阶段后,材料又增强了抵抗变形的能力. 这时,要使材料继续变形需要增大应力. 经过屈服滑移之后,材料重新呈现抵抗继续变形的能力,称为应变硬化. 硬化阶段的最高点 D 所对应的应力,称为材料的强度极限,并用 σ_b 表示. 低碳钢 Q235 的强度极限 $\sigma_b \approx 380$ MPa. 强度极限是材料所能承受的最大应力.

(4) 颈缩阶段.

当应力增大至最大值 σ_b 之后,可以看到试样某一段内的横截面面积显著地收缩,出现如图 12-19 所示的颈缩现象. 在试样继续伸长的过程中,由于"颈缩"部分的横截面面积急剧缩小,因此,载荷读数反而降低,一直到试样被拉断.

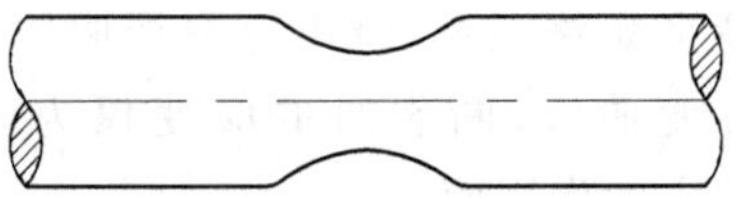

图 12-19

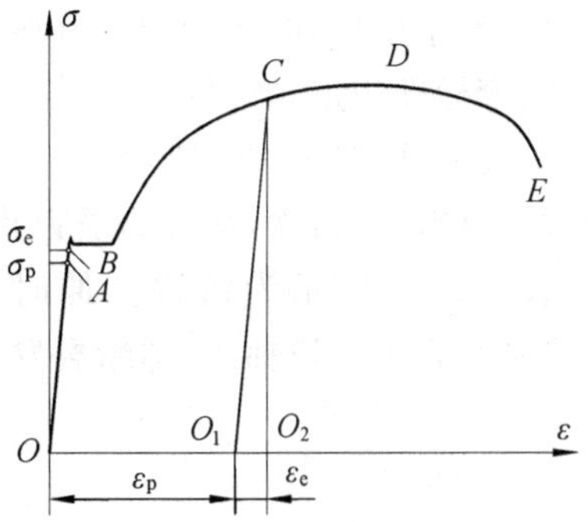

图 12-20

试验表明,如果当应力小于比例极限时停止加载,并将载荷逐渐减小至零,即卸去载荷,则可以看到,在卸载过程中应力与应变保持正比关系,并沿直线 AO 回到 O 点(图 12-20),变形完全消失.这种仅产生弹性变形的现象,一直持续到应力-应变曲线的某点 B,与该点对应的正应力,称为材料的弹性极限,并用 σ_e 表示.

对于钢等许多材料,其弹性极限与比例极限非常接近,因而线性阶段又常称为线性弹性阶段或线弹性阶段.应该说,弹性极限与比例极限的物理意义是完全不同的.

若对试样预先施加轴向拉力,使之达到强化阶段,然后卸载(如在图 12-20 中的 C 点处卸载),则当再加载荷时,加载时的应力、应变关系基本沿卸载时的直线 O_1C 变化,过 C 点后仍沿原曲线 CDE 变化,并至 E 点断裂.因此,如果将卸载后已有塑性变形的试样当作新试样重新进行拉伸试验,其比例极限或弹性极限提高,而试样所能经受的塑性变形降低.这一现象称为材料的冷作硬化.在工程上常利用冷作硬化来提高钢筋和钢缆绳等构件在线弹性范围内所能承受的最大载荷.

试样断裂时的残余变形最大.材料能经受较大塑性变形而不破坏的能力,称为材料的延性或塑性.材料的延性用伸长率或断面收缩率度量.

试样拉断后的长度 l_1 与其原长 l 之差除以 l,用 δ 表示,称为伸长率,即

$$\delta=\frac{l_1-l}{l}\times 100\% \tag{12-8}$$

此值的大小表示材料在拉断前能发生的最大的塑性变形程度,是衡量材料塑性的一个重要指标.

伸长率大的材料,在轧制或冷压成型时不易断裂,并能承受较大的冲击载荷.在工程中,通常将伸长率较大(如 $\delta \geqslant 5\%$)的材料称为延性材料或塑性材料;将伸长率较小的材料称为脆性材料.结构钢与硬铝等为塑性材料;而工具钢、铸铁与陶瓷等则属于脆性材料.

衡量材料塑性的另一个指标为断面收缩率 ψ,其定义为

$$\psi=\frac{A-A_1}{A}\times 100\% \tag{12-9}$$

式中 A_1 代表试样在拉断后断口处的最小横截面面积.

低碳钢 Q235 的断面收缩率 $\psi \approx 60\%$.

3. 其他材料拉伸时的力学性能

图 12-21 所示为铬锰硅钢与硬铝等金属材料的应力-应变图.可以看出,它们在断裂时均具有较大的残余变形,即属于塑性材料;不同的是,有些材料不存在明显的屈服阶段.对于这类材料,国家标准规定,取对应于试样产生 0.2%的塑性应变时的应力值为材料的屈服强度,并用 $\sigma_{p0.2}$ 表示.如图 12-22 所示.

至于脆性材料,如铸铁,从开始受力直至断裂,变形始终很小,既不存在屈服阶段,也无缩颈现象.图 12-23 所示为铸铁拉伸时的应力-应变曲线,断裂时的应变仅为 0.4%～0.5%,断口则垂直于试样轴线,即断裂发生在最大拉应力作用面.

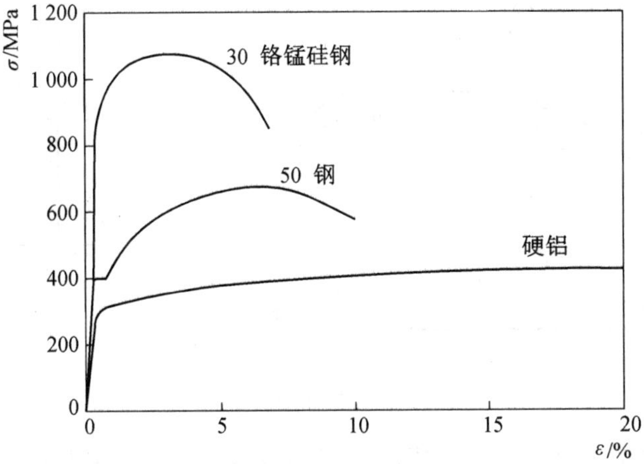

图 12-21

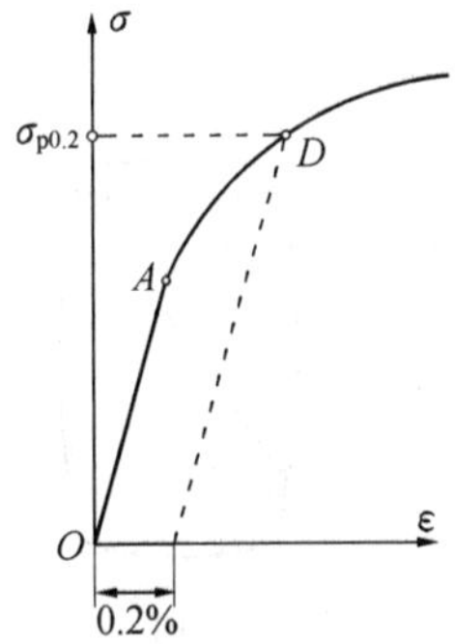

图 12-22

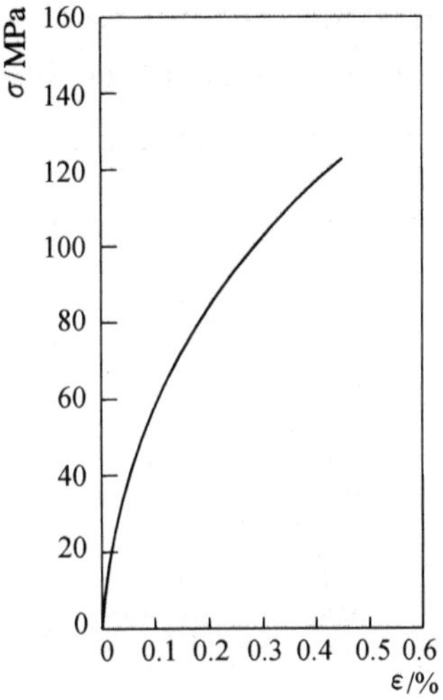

图 12-23

4. 材料压缩时的力学性能

材料受压时的力学性能由压缩试验测定. 一般细长杆件压缩时容易产生失稳现象，因此在金属压缩试验中，常采用短粗圆柱形试样.

低碳钢压缩时的应力-应变曲线如图 12-24(a)所示，为便于比较，图中还画出了拉伸时的应力-应变曲线. 可以看出，在屈服阶段以前，两曲线基本上是重合的，压缩与拉伸时的屈服应力与弹性模量大致相同. 不同的是，随着压力不断增加，低碳钢试样将越压越“扁平”[图 12-24(b)].

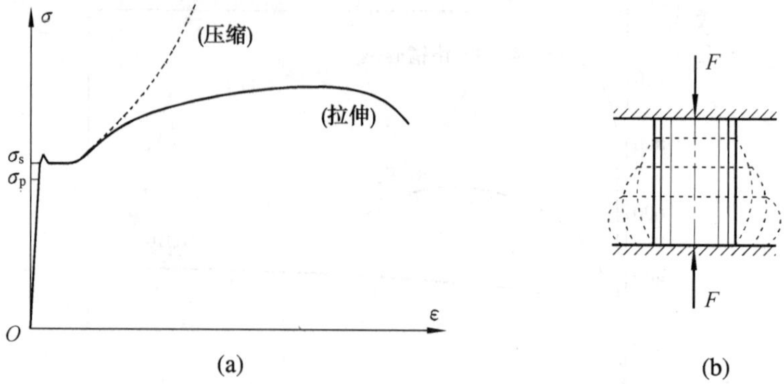

图 12-24

铸铁压缩时的应力-应变曲线如图 12-25(a)所示,压缩强度极限比在拉伸时要大得多(约为 3～4 倍).其他脆性材料如混凝土与石料等也具有上述特点,所以,脆性材料适宜作承压件.铸铁压缩破坏的形式如图 12-25(b)所示,断口的方位角约为 55°～ 60°.由于该截面上存在较大切应力,所以,铸铁压缩破坏的方式是剪断.

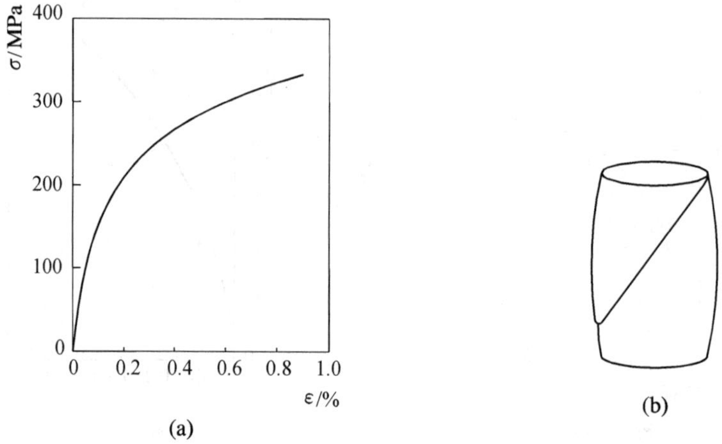

图 12-25

§12-7 强度条件 安全系数 许用应力

1. 拉(压)杆的强度条件

由式(12-3)求得拉(压)杆的最大工作应力后,并不能判断杆件是否会因强度不足而发生破坏.只有把杆件的最大工作应力与材料的强度指标联系起来,才有可能做出判断.

为便于说明问题,将材料的两个强度指标 σ_s 和 σ_b 统称为极限应力,并用 σ_u 表示.为确保拉(压)杆不致因强度不足而破坏,杆件的最大工作应力 σ_{max}应小于材料的极限应力 σ_u,可规定为极限应力 σ_u 的若干分之一,并称为材料在拉伸(压缩)时的许用应力,以[σ]表示

$$[\sigma]=\frac{\sigma_u}{n} \tag{12-10}$$

式中 n 是一个大于 1 的系数，称为安全系数. 关于安全系数的确定，将在下面进一步讨论. 于是，为确保拉(压)杆不致因强度不足而破坏的强度条件为

$$\sigma \leqslant [\sigma] \tag{12-11}$$

对于等截面直杆，拉伸(压缩)时的强度条件可改写为

$$\frac{F_{N,max}}{A} \leqslant [\sigma] \tag{12-12}$$

根据拉(压)杆的强度条件，可对其进行强度计算. 通常强度计算有以下三种类型：一是强度校核；二是截面选择；三是计算许可载荷.

在已知拉(压)杆的材料、尺寸及所受载荷的情况下，检验构件能否满足上述强度条件，称为强度校核.

已知拉(压)杆所受载荷及所用材料，按强度条件选择杆件的横截面面积或尺寸，称为截面选择. 为此可将式(12-12)改写为

$$A \geqslant \frac{F_{N,max}}{[\sigma]}$$

当选用标准截面时，可能会遇到为满足强度条件而采用过大截面的情况. 为经济起见，此时可以考虑采用小一号的截面，但由此而引起的最大工作应力超过许用应力的百分数，在设计规范上有具体规定，一般限制在 5% 以内.

已知拉(压)杆的材料和尺寸，也可以按强度条件来确定杆所能允许的最大轴力，从而计算出它所允许承受的载荷，称为许可载荷计算. 此时式(12-12)可改写为

$$F_{N,max} \leqslant A[\sigma]$$

在以上计算中，都要用到材料的许用应力. 工程上常用材料在一般情况下的许用拉(压)应力的约值在表 12-2 中给出.

表 12-2　常用材料的许用拉(压)应力约值

材料名称	牌　号	许用应力/MPa	
		轴向拉伸	轴向压缩
低碳钢	Q235	170	170
低合金钢	16Mn	230	230
灰口铸铁		34～54	160～200
混凝土	C20	0.44	7
混凝土	C30	0.6	10.3
红松(顺纹)		6.4	10

注：适用于常温、静载荷和一般工作条件下的拉杆和压杆.

例 12-6　三铰屋架的主要尺寸如图 12-26(a)所示，承受长度为 $l=9.3$ m 的竖向均布载荷沿水平方向的集度为 $q=4.2$ kN/m. 屋架中的钢拉杆直径 $d=16$ mm，许用应力 $[\sigma]=170$ MPa. 试校核拉杆的强度.

解：(1) 作计算简图. 由于两屋面板之间和拉杆与屋面板之间的接头难以阻止微小的相对运动，故可将接头看作铰接，于是得屋架的计算简图如图 12-26(b)所示.

(2) 求支反力. 从屋架整体[图 12-26(b)]的平衡方程 $\sum F_x = 0$，得

$$F_{Ax}=0$$

为了简便，可利用对称关系得

$$F_{Ay}=F_{By}=\frac{1}{2}ql=\frac{1}{2}(4.2\times10^3\ \text{N/m})(9.3\ \text{m})=19.5\times10^3\ \text{N}$$
$$=19.5\ \text{kN}$$

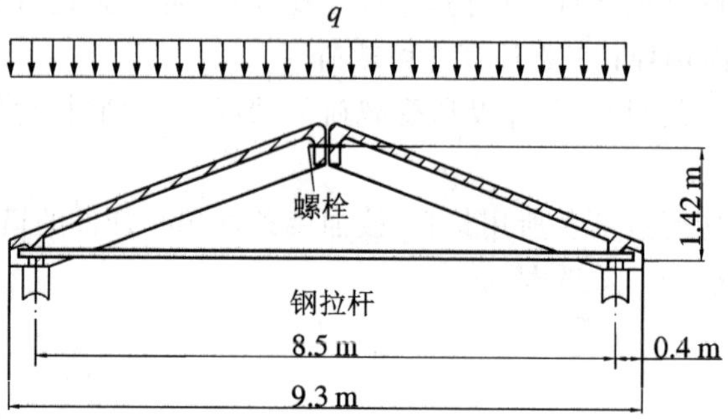

(a)

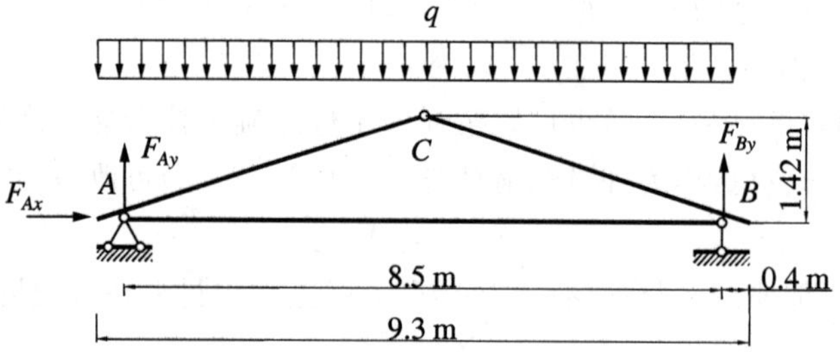

(b)

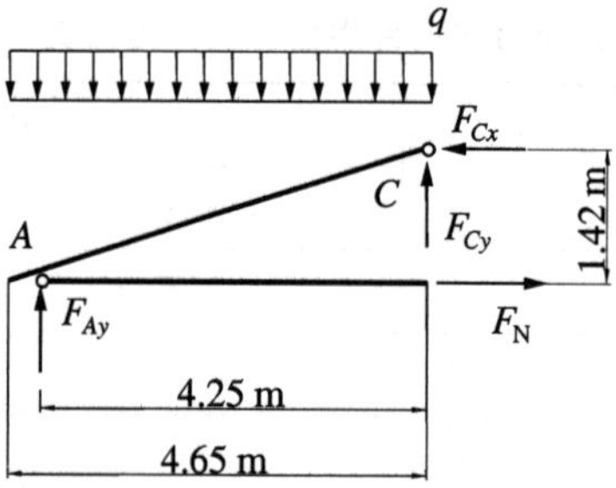

(c)

图 12-26

(3) 求拉杆的轴力 F_N. 取半个屋架为分离体[图 12-26(c)]，从平衡方程

$$\sum M_C = 0,(1.42\ \text{m})F_N+\frac{(4.65\ \text{m})^2}{2}q-(4.25\ \text{m})F_{Ay}=0$$

及 $q=4.2$ kN/m 和 $F_{Ay}=19.5$ kN 求得

$$F_N=26.3\ \text{kN}$$

(4) 求拉杆横截面上的工作应力 σ. 由拉杆直径 $d=16$ mm 及轴力 F_N 得

$$\sigma=\frac{F_N}{A}=\frac{26.3\times10^3\ \text{N}}{\frac{\pi}{4}(16\times10^{-3}\ \text{m})^2}=131\times10^6\ \text{Pa}=131\ \text{MPa}$$

（5）强度校核.因为

$$\sigma=131\ \mathrm{MPa}<[\sigma]$$

满足强度条件，故钢拉杆的强度是安全的.

2. 许用应力和安全系数

首先研究极限应力 σ_u 的选用.对于塑性材料制成的拉(压)杆，当它发生显著的塑性变形时，往往影响到它的正常工作，所以通常取屈服极限 σ_s 作为 σ_u；对于无明显屈服阶段的塑性材料，则用 $\sigma_{p0.2}$ 作为 σ_u.至于脆性材料，由于它直到破坏为止都不会产生明显的塑性变形，只有在真正断裂时才丧失正常工作能力，所以应取强度极限 σ_b 作为 σ_u.

选定了材料在拉伸压缩时的极限应力后，再研究安全系数 n 的选取.以不同的强度指标作为极限应力，所用的安全系数 n 也就不同.塑性材料的安全系数是对应于屈服极限 σ_s 或 $\sigma_{p0.2}$ 的，以 n_s 表示.于是，塑性材料的许用拉(压)应力为

$$[\sigma]=\frac{\sigma_s}{n_s}\text{或}[\sigma]=\frac{\sigma_{p0.2}}{n_s} \tag{12-13}$$

脆性材料的安全系数则对应于拉伸(压缩)强度 σ_b，用 n_b 表示.所以，脆性材料的许用拉(压)应力为

$$[\sigma]=\frac{\sigma_b}{n_b} \tag{12-14}$$

由此可见，对许用应力数值的规定实质上是如何选择适当的安全系数.安全系数实质上包括了两方面的考虑：一方面是在强度条件中有些量本身就存在着主观认识与客观实际间的差异；另一方面则是给构件以必要的强度储备.

主观认识与客观实际间的差异主要有以下几方面：

（1）极限应力的差异.材料的极限应力值是根据材料试验结果按统计方法得到的，材料产品的合格与否也只能凭抽样检查来确定，所以，实际使用中材料的极限应力值有低于给定值的可能.

（2）横截面尺寸的差异.个别构件在经过加工后，其实际横截面尺寸有可能比规定的尺寸小.

（3）载荷值的差异.实际载荷有可能超过在计算中所采用的标准载荷，例如百年难遇的风、雪载荷就可能超过在计算中所选用的数值.

（4）实际结构与其计算简图间的差异.将实际结构简化为计算简图，往往会忽略了一些次要因素而带来偏于不安全的后果.例如，例 12-6 中三铰屋架的钢拉杆，其两端并非光滑铰接，拉力作用线也未必正好与杆轴线重合，但在计算简图中，这些次要因素都被略去了.

这些差异都造成了偏于不安全的后果，因此，为从强度上确保构件能正常工作，就在强度条件中以安全系数的形式加以补偿.

至于强度储备，是考虑到构件在使用期内可能遇到意外的事故或其他不利的工作条件.对这些因素的考虑，应该和构件的重要性以及当构件损坏时后果的严重性等联系起来.这种强度储备也是以安全系数的形式加以考虑的.

从以上分析可见，规定安全系数的数值并不单纯是个力学问题，这里面同时还包括了工程上的考虑以及复杂的经济问题.下面粗略地给出安全系数的大致范围.在静载荷下，n_s 一般取 1.25～2.5；在对载荷的考虑较全面、材料质量较均匀等有利条件下，n_s 可取较低值，反之则应取较高值.同样在静载荷下，n_b 一般取 2.5～3.0；有时可大到 4～14.由于脆性材料的破坏以断

裂为标志,而塑性材料的破坏则以发生一定程度的塑性变形为标志,两者的危险性显然不同,且脆性材料的强度指标值的分散度较大.因此,对脆性材料要多给一些强度储备.

§ 12-8 应力集中的概念

在工程实际中,由于结构或工艺上的要求,经常会碰到一些截面有骤然改变的杆件,如具有螺栓孔的钢板、带有螺纹的拉杆等.在杆件的截面突然变化处,将出现局部的应力骤增现象.如图 12-27 所示的具有小圆孔的均匀拉伸板,在通过圆心的横截面上的应力分布就不再是均匀的,在孔的附近处应力骤然增加,而离孔稍远处应力就迅速下降并趋于均匀.这种由杆件截面骤然变化(或几何外形局部不规则)而引起的局部应力骤增现象,称为应力集中.

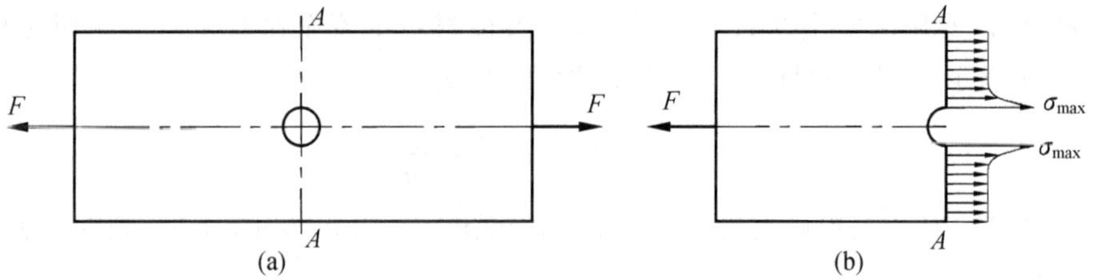

图 12-27

在杆件外形局部不规则处的最大局部应力 σ_{max},必须借助于弹性理论、计算力学或实验应力分析的方法求得.在工程实际中,应力集中的程度用最大局部应力 σ_{max} 与该截面上的名义应力 σ_{nom}(轴向拉压时即为截面上的平均应力)的比值来表示,即

$$K_{t\sigma}=\frac{\sigma_{max}}{\sigma_{nom}} \tag{12-15}$$

这一比值 $K_{t\sigma}$ 称为理论应力集中因数,其下标 σ 表示是正应力.

值得注意的是,应力集中并不是单纯由截面积的减少所引起的,杆件外形的骤然变化,是造成应力集中的主要原因.一般来说,杆件外形的骤变越是剧烈(即相邻截面的刚度差越大),应力集中的程度就越严重.同时,应力集中是一种局部的应力骤增现象.图 12-27 中具有小圆孔的均匀受拉平板,在孔边处的最大应力约为平均应力的 3 倍,而距孔稍远处,应力即趋于均匀.而且,应力集中处不仅最大应力急剧增长,其应力状态也与无应力集中时不同.

由塑性材料制成的杆件受静载荷作用时,由于一般塑性材料存在屈服阶段,当局部的最大应力达到材料的屈服极限时,若继续增加载荷,则其应力不增加,应变可继续增大,而所增加的载荷将由其余部分的材料来承受,直至整个截面上各点处的应力都达到屈服极限时,杆件才因屈服而丧失正常的工作能力.因此,由塑性材料制成的杆件,在静载荷作用下通常可不考虑应力集中的影响.对于由脆性材料或塑性差的材料(如高强度钢)制成的杆件,在静载荷作用下,局部的最大应力就可能引起材料的开裂,因而应按局部的最大应力来进行强度计算.但是,脆性材料中的铸铁由于其内部组织很不均匀,本身就存在气孔、杂质等引起应力集中的因素,因此外形骤变引起的应力集中的影响反而很不明显,就可不考虑应力集中的影响.但在动载荷作用下,则不论是塑性材料还是脆性材料制成的杆件,都应考虑应力集中的影响.

§12-9 连接部分的强度计算

拉(压)杆与其他构件之间，或一般构件与构件之间，常采用销钉、耳片或螺栓等相连接(图 12-28)，本节介绍连接件的强度计算.

连接件的受力与变形一般均较复杂，而且在很大程度上还受到加工工艺的影响，要精确分析其应力比较困难，同时也不实用，因此，工程中通常均采用简化分析方法.其要点是：一方面对连接件的受力与应力分布进行某些简化，从而计算出各部分的名义应力；同时，对同类连接件进行破坏实验，并采用同样的计算方法，由破坏载荷确定材料的极限应力.实验表明，只要简化合理，并有充分的试验依据，这种简化分析方法仍然是可靠的.现以销钉、耳片连接为例，介绍有关概念与计算方法.

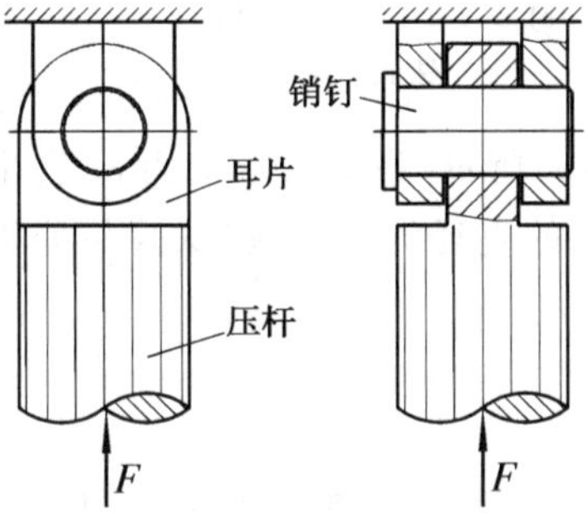

图 12-28

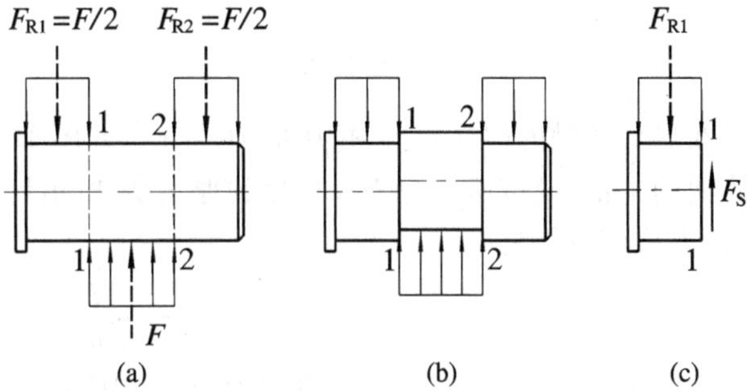

图 12-29

1. 剪切与剪切强度条件

考虑图 12-28 所示的销钉，其受力如图 12-29(a)所示.可以看出，作用在销钉上的外力垂直于销钉轴线，且作用线之间的距离很小.试验表明，当上述外力过大时，销钉将沿横截面 1-1 与 2-2 被剪断[图 12-29(b)].横截面 1-1 与 2-2 称为剪切面.因此，对于销钉等受剪连接件，必须考虑其剪切强度问题.

首先分析销钉的内力.利用截面法，沿剪切面 1-1 假想地将销钉切开，并选左段为研究对象[图 12-29(c)]，显然，横截面上的内力等于外力 F_{R1}，并位于该截面内.作用线位于所切横截面的内力，即前述剪力，并用 F_S 表示.

在工程计算中，通常均假定剪切面上的切应力均匀分布.于是，剪切面上的切应力与相应剪切强度条件分别为

$$\tau=\frac{F_S}{A} \tag{12-16}$$

$$\frac{F_S}{A}\leqslant[\tau] \tag{12-17}$$

式中 A 为剪切面的面积；$[\tau]$为许用切应力，其值等于连接件的剪切强度极限 τ_b 除以安全系数.如上所述，剪切强度极限之值，也是按式(12-16)并由剪切破坏载荷确定.

2. 挤压与挤压强度条件

在外力作用下，销钉与孔直接接触，接触面上的应力称为挤压应力.试验表明，当挤压应

力过大时，在孔、销接触的局部区域内，将产生显著塑性变形(图 12-30)，以致影响孔、销间的正常配合，显然，这种显著塑性变形通常也是不容许的.

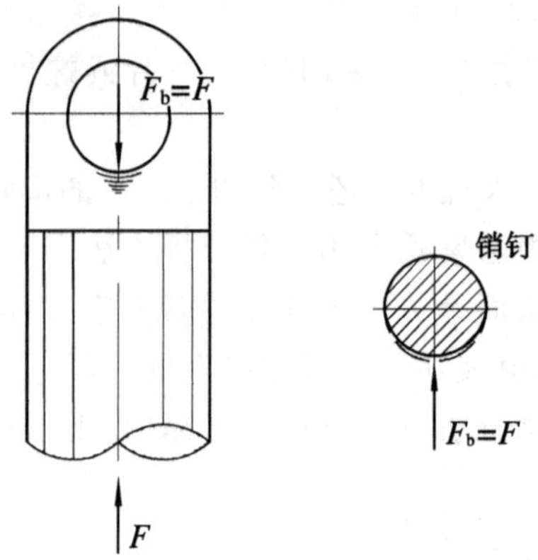

图 12-30

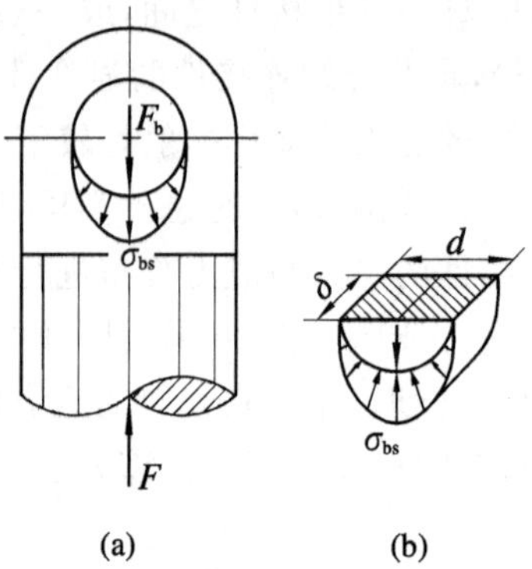

图 12-31

在局部接触的圆柱面上，挤压应力的分布如图 12-31(a)所示，最大挤压应力 σ_{bs} 发生在该表面的中部. 设挤压力为 F_b，耳片的厚度为 δ，销钉或孔的直径为 d，根据试验与分析结果，最大挤压应力为

$$\sigma_{bs} \approx \frac{F_b}{\delta d} \tag{12-18}$$

由图 12-31(b)可以看出，受压圆柱面在相应径向平面上的投影面积也为 δd，因此，最大挤压应力 σ_{bs} 数值上即等于上述径向截面的平均压应力.

由此可见，为防止挤压破坏，最大挤压应力 σ_{bs} 不得超过连接件的许用挤压应力 $[\sigma_{bs}]$，即挤压强度条件为

$$\sigma_{bs} \leqslant [\sigma_{bs}] \tag{12-19}$$

许用挤压应力等于连接件的挤压极限应力除以安全系数.

应该指出，对于不同类型的连接件，其受力与应力分布也不相同，应根据其具体特点进行分析计算.

例 12-7 图 12-32 所示的铆接接头，承受轴向拉力 F 作用. 试求该拉力的许用值. 已知板厚 $\delta=2$ mm，板宽 $b=15$ mm，铆钉直径 $d=4$ mm，许用切应力 $[\tau]=100$ MPa，许用挤压应力 $[\sigma_{bs}]=300$ MPa，许用拉应力 $[\sigma]=160$ MPa.

解：(1) 接头破坏形式分析.

铆接接头的破坏形式可能有以下四种：铆钉沿横截面 1-1 被剪断[图 12-32(a)]；铆钉与孔壁互相挤压，产生显著塑性变形[图 12-32(b)]；板沿截面 2-2 被拉断[图 12-32(b)]；板沿截面 3-3 被剪断[图 12-32(c)].

试验表明，当边距 a 足够大[图 12-32(c)]，如大于铆钉直径 d 的两倍，最后一种形式的破坏通常即可避免. 因此，铆接接头的强度分析，主要是针对前三种破坏而言.

(2) 剪切强度分析.

铆钉剪切面 1-1 上的切应力为

$$\tau = \frac{4F}{\pi d^2}$$

根据剪切强度条件式(12-17)，要求

$$F \leqslant \frac{\pi d^2[\tau]}{4} = \frac{\pi(4\times10^{-3}\ \mathrm{m})^2(100\times10^6\ \mathrm{Pa})}{4} = 1\ 257\ \mathrm{N}$$

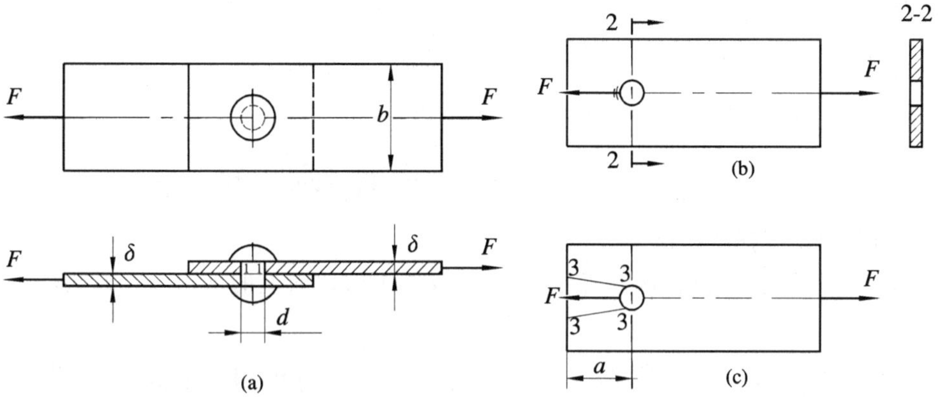

图 12-32

(3) 挤压强度分析.

铆钉与孔壁的最大挤压应力为

$$\sigma_{bs} = \frac{F}{\delta d}$$

根据挤压强度条件(12-19)，要求

$$F \leqslant \delta d[\sigma_{bs}] = (2\times10^{-3}\ \mathrm{m})(4\times10^{-3}\ \mathrm{m})(300\times10^6\ \mathrm{Pa}) = 2\ 400\ \mathrm{N}$$

(4) 拉伸强度分析.

横截面 2-2 上的正应力最大，其值为

$$\sigma_{max} = \frac{F}{(b-d)\delta}$$

由此得

$$F \leqslant (b-d)\delta[\sigma] = (15\times10^{-3}\ \mathrm{m} - 4\times10^{-3}\ \mathrm{m})(2\times10^{-3}\ \mathrm{m})(160\times10^6\ \mathrm{Pa}) = 3\ 520\ \mathrm{N}$$

综合考虑以上三方面，可见接头的许用拉力为

$$[F] = 1.257\ \mathrm{kN}$$

例 12-8　图 12-33 所示的接头，由两块钢板用四个直径相同的钢铆钉搭接而成. 已知载荷 $F=80\ \mathrm{kN}$，板宽 $b=80\ \mathrm{mm}$，板厚 $\delta=10\ \mathrm{mm}$，铆钉直径 $d=16\ \mathrm{mm}$，许用切应力 $[\tau]=100\ \mathrm{MPa}$，许用挤压应力 $[\sigma_{bs}]=300\ \mathrm{MPa}$，许用拉应力 $[\sigma]=160\ \mathrm{MPa}$. 试校核接头的强度.

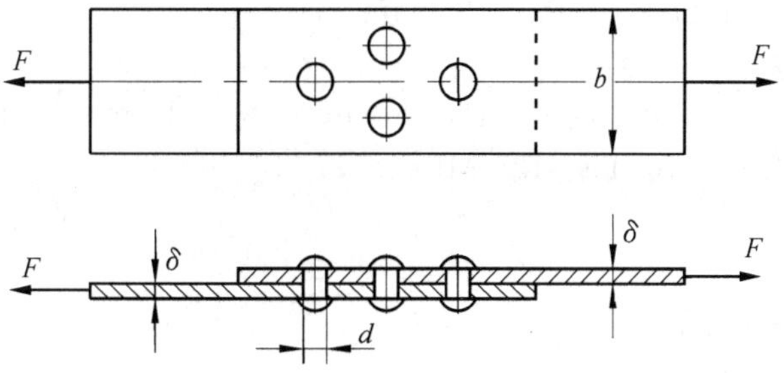

图 12-33

解：(1) 铆钉的剪切强度校核.

分析表明，当各铆钉的材料与直径均相同，且外力作用线通过铆钉群剪切面的形心时，通常即认为各铆钉剪切面上的剪力相等.因此，对于图 12-33 所示的铆钉群，各铆钉剪切面上的剪力均为

$$F_S=\frac{F}{4}=\frac{80\times10^3\ \text{N}}{4}=2\times10^4\ \text{N}$$

而相应的切应力则为

$$\tau=\frac{4F_S}{\pi d^2}=\frac{4(2\times10^4\ \text{N})}{\pi(0.016\ \text{m})^2}=9.95\times10^7\ \text{Pa}=99.5\ \text{MPa}<[\tau]$$

(2) 铆钉的挤压强度校核.

由铆钉的受力可以看出，铆钉所受挤压力 F_b 等于剪切面上的剪力 F_S，因此，最大挤压应力为

$$\sigma_{bs}=\frac{F_b}{\delta d}=\frac{F_S}{\delta d}=\frac{2\times10^4\ \text{N}}{(0.010\ \text{m})(0.016\ \text{m})}=1.25\times10^8\ \text{Pa}=125\ \text{MPa}<[\sigma_{bs}]$$

(3) 板的拉伸强度校核.

板的受力如图 12-34(a)所示.以横截面 1-1、2-2 与 3-3 为分界面，将板分为四段，分段利用截面法即可求出各段的轴力.

设以平行于板件轴线的坐标 x 表示横截面的位置，以垂直于轴线的另一坐标表示轴力，根据上述计算，得轴力沿板件轴线的变化情况如图 12-34(b)所示.由图 12-34 可以看出，截面 1-1 的轴力最大，截面 2-2 削弱最严重，因此，应对此二截面进行强度校核.

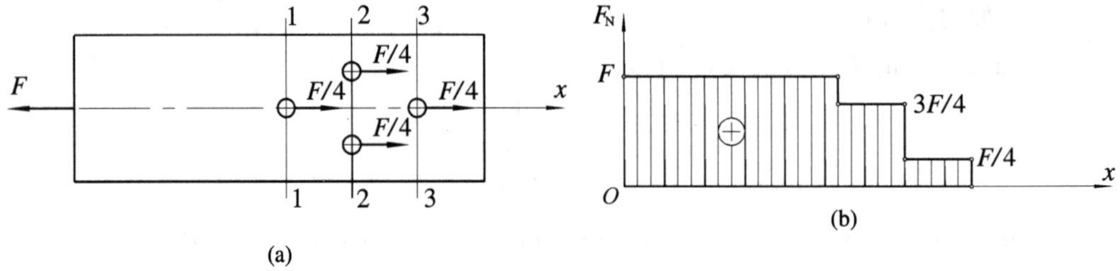

图 12-34

表示轴力沿板或杆件轴线变化情况的图线(即 F_N-x 曲线)，称为轴力图.截面 1-1 与 2-2的拉应力分别为

$$\sigma_1=\frac{F_{N1}}{A_1}=\frac{F}{(b-d)\delta}=\frac{80\times10^3\ \text{N}}{(0.080\ \text{m}-0.016\ \text{m})(0.010\ \text{m})}$$
$$=1.25\times10^8\ \text{Pa}=125\ \text{MPa}$$

$$\sigma_2=\frac{F_{N2}}{A_2}=\frac{3F}{4(b-2d)\delta}=\frac{3(80\times10^3\ \text{N})}{4(0.080\ \text{m}-2\times0.016\ \text{m})(0.010\ \text{m})}$$
$$=1.25\times10^8\ \text{Pa}=125\ \text{MPa}$$

可见

$$\sigma_1=\sigma_2<[\sigma]$$

即板的拉伸强度也符合要求.

思　考　题

12-1　如图所示为三种材料的拉伸应力-应变曲线，试比较它们的强度、刚度和塑性. 其中强度最高的材料是(　　)；弹性模量最小的材料是(　　)；塑性最好的材料是(　　).

12-2　有低碳钢和灰口铸铁的杆件可选用，试问怎样构造如图所示的桁架结构比较合适?

12-3　如图所示，两个相同的多节桁架受不同的载荷作用，其中各相交斜杆互不接触. 试问两种载荷对各节杆件内力的影响是否相同? 为什么?

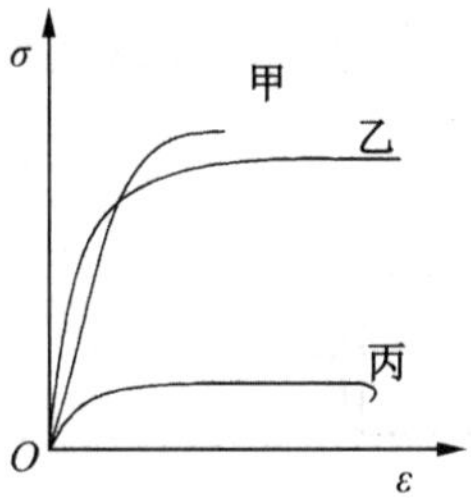

思考题 12-1 图

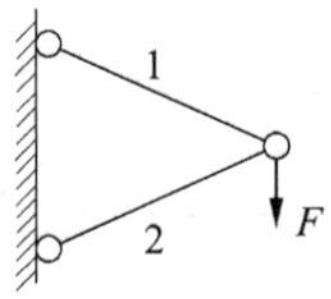

思考题 12-2 图

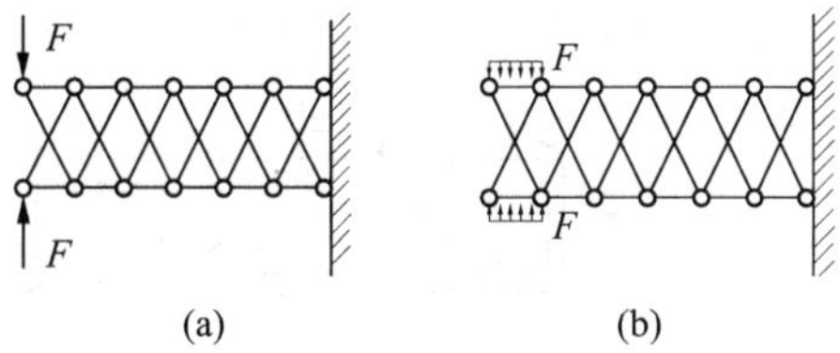

思考题 12-3 图

12-4　通常把伸长率 $\delta \geqslant 5\%$ 的材料叫作塑性材料. 是否塑性材料的屈服极限 σ_s 或屈服强度 $\sigma_{0.2}$ 在拉伸与压缩时都几乎相等? 可否举出一些塑性材料的例子，说明拉伸与压缩的屈服应力存在着不容忽视的差异?

12-5　通常把伸长率 $\delta < 5\%$ 的材料叫作脆性材料，$\delta \geqslant 5\%$ 的叫作塑性材料. 是否塑性材料制成的圆柱形试件都只能被压成薄圆饼状而不能被压至破裂，因而得不到压缩强度极限? 是否脆性材料必定被压破而不会被压成薄圆饼状?

12-6　如图所示，将压缩试件制成两端有凹锥的圆筒形，同时压块亦制成与之吻合的圆锥体. 这样做有什么好处? 如何确定合适的角度 α?

12-7　对于如图所示的杆件，若刚好在外力 F 作用的截面 a-a 上把它假想切开，那么力 F 应算是作用在哪一段上? 这样能否得到截面上确定的内力值? 为什么?

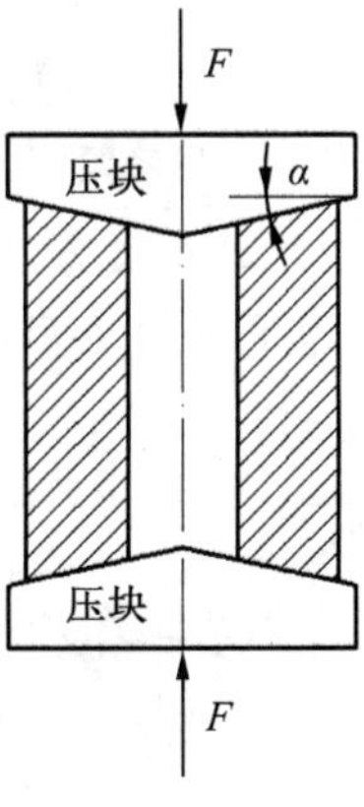

思考题 12-6 图

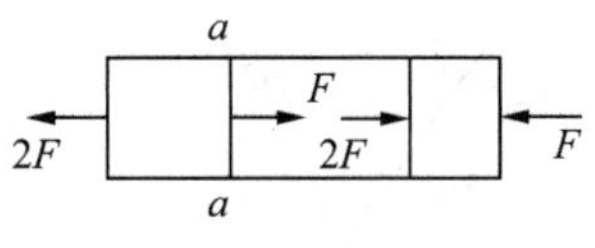

思考题 12-7 图

12-8　杆件受拉如图所示,由于截面1-1和2-2上的轴力为 $F_{N1}=F_{N2}=F$,截面面积 $A_1=2A_2$,所以正应力分别为 $\sigma_1=\frac{F_{N1}}{A_1}=\frac{F}{2A_2}$,$\sigma_2=\frac{F_{N2}}{A_2}=\frac{F}{A_2}$,即 $\sigma_2=2\sigma_1$. 以上结论对吗?如果你认为不对,那么在什么条件下可以得到以上结果?

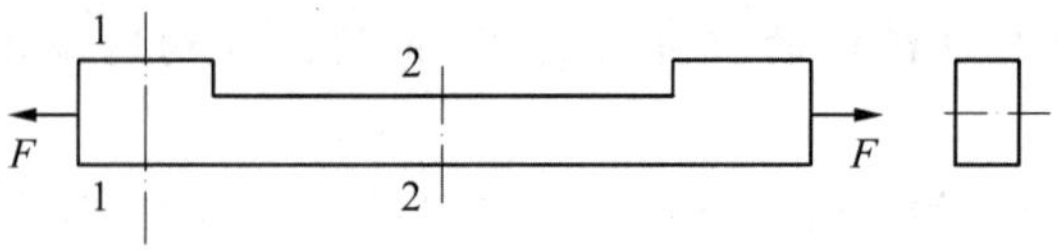

思考题 12-8 图

12-9　特制受拉圆杆如图所示,采用简单拉伸的正应力公式 $\sigma=\frac{F_N}{A}$ 对它进行强度校核时,应注意哪些问题?杆中有直径为 d 和 d_1 的两个圆孔.

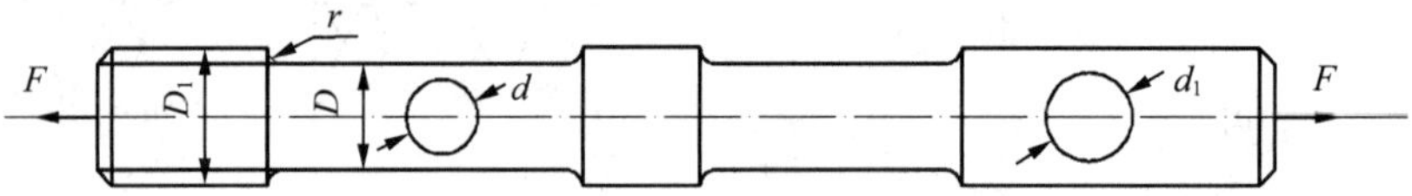

思考题 12-9 图

12-10　已知一等直杆的重量 W、长度 l、弹性模量 E 和泊松比 μ,当按如图所示的不同方式放置时,两者的体积是增大还是缩小?

12-11　变截面圆杆受力如图所示,已知集中力 F、均布力 q、杆的长度 l、截面面积 $A(x)$、弹性模量 E 和泊松比 μ. 若认为杆件均匀拉伸,问如何求距底端为 x 处的轴向线应变 ε_x、面积变化率 $\Delta A(x)/A(x)$ 和总体积变化?

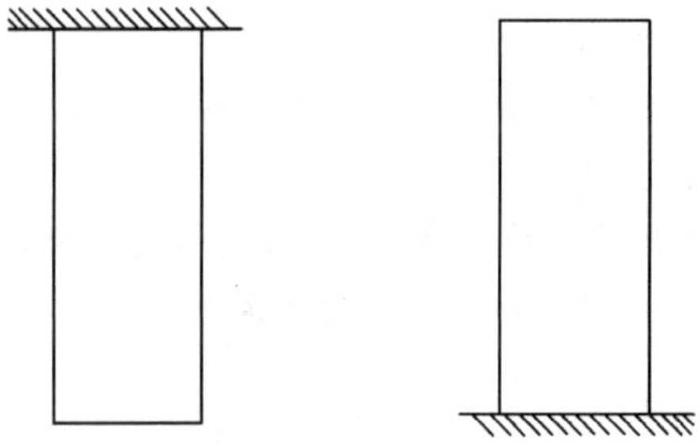

思考题 12-10 图

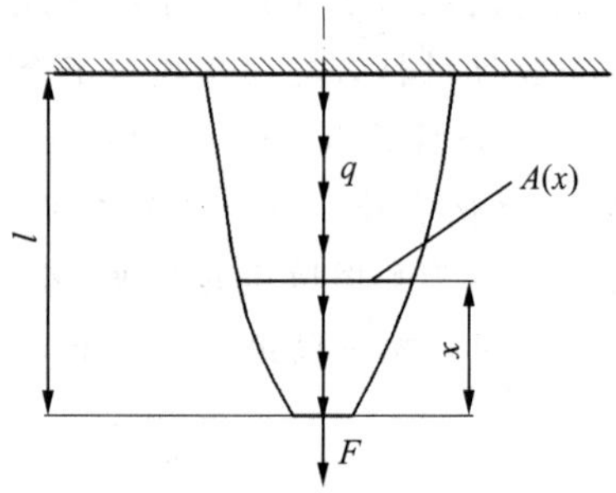

思考题 12-11 图

12-12　已算得如图所示两杆的伸长分别为 Δl_1 和 Δl_2. 有人认为,节点位移是向量,所以按照平行四边形定律,以"位移分量"Δl_1 和 Δl_2 为两边作平行四边形,则对角线就表示 A 点的"总位移". 这样做对吗?为什么?

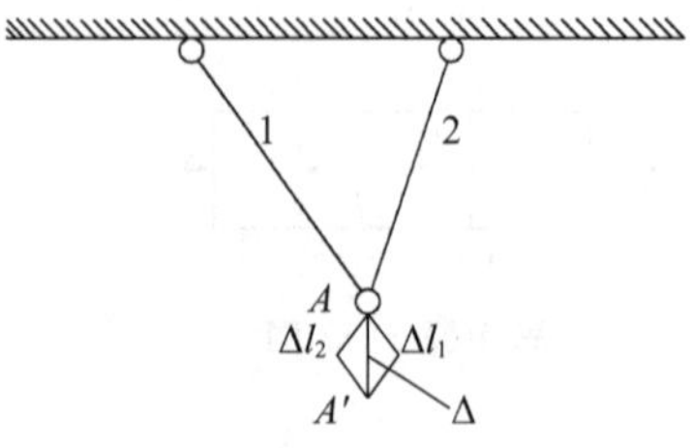

思考题 12-12 图

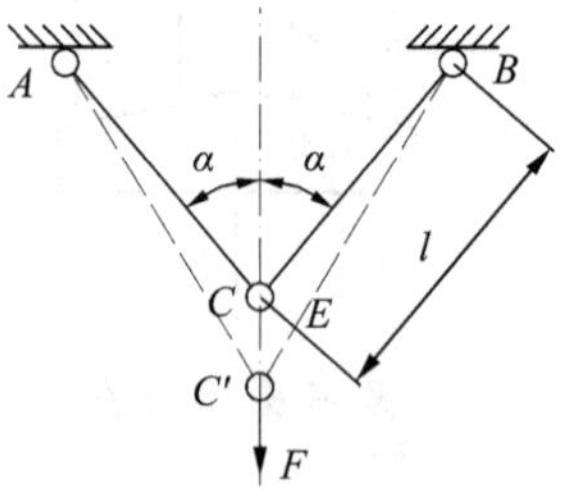

思考题 12-13 图

12-13　如图所示的对称结构，CC'为点C在铅垂力F作用下的位移，CE垂直于BC'，由“小变形”知EC'等于BC杆的伸长Δl_{BC}，$\angle EC'C$仍近似等于α. 指出下列两种算法正确与否. 若有错误则指出错在哪里.

(1) $\overline{C'C}=\dfrac{\overline{EC'}}{\cos\alpha}=\dfrac{\Delta l_{BC}}{\cos\alpha}$.

(2) $\overline{C'C}=\overline{BC'}\cos\alpha-\overline{EB}\cos\alpha=(l+\Delta l_{BC})\cos\alpha-l\cos\alpha=\Delta l_{BC}\cos\alpha$.

12-14　取一张长约 240 mm、宽约 60 mm 的纸条，在其中剪一直径为 10 mm 的圆孔和长为 10 mm 的横向缝隙，如图所示. 当用手拉纸条的两端时，问破裂从哪里开始？为什么？

12-15　如图所示的三根杆的横截面积相同. 但杆 1 与杆 3 的弹性模量不相等($E_1>E_3$). 有人从平衡的角度出发，认为杆 1 与杆 3 的内力相等，有人则从超静定体系的特点出发，因内力按刚度分配，认为杆 1 的内力要比杆 3 大. 你认为应该怎样呢？此结构的变形协调方程是否为$\Delta l_1=\Delta l_3=\Delta l_2\cos\theta$？

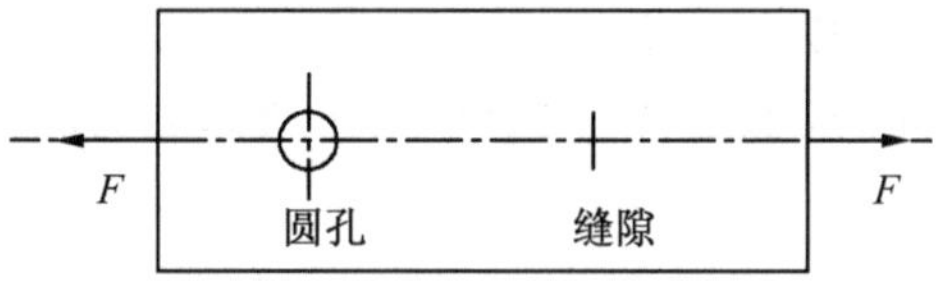

思考题 12-14 图

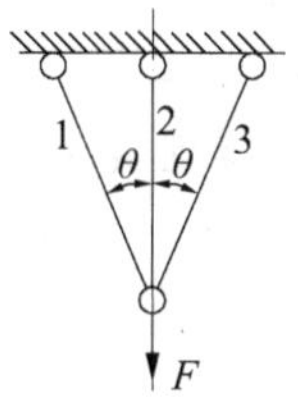

思考题 12-15 图

12-16　以上图为参考对象，设结构中三根杆的材料和横截面面积均相同，已知各杆横截面上的正应力分别为$\sigma_1<[\sigma]$，$\sigma_2<1.5[\sigma]$，$\sigma_3<[\sigma]$. 鉴于杆 2 强度不够，有人认为只要把杆 2 横截面面积增加 50%，即可保证结构强度足够. 你认为他的意见如何？为什么？

12-17　为求如图所示的超静定结构中杆 1、2 和 3 的内力(假设AB为刚性杆)，有人画出受力图和变形图分别如图(b)和图(c)所示，你认为这样正确吗？为什么？

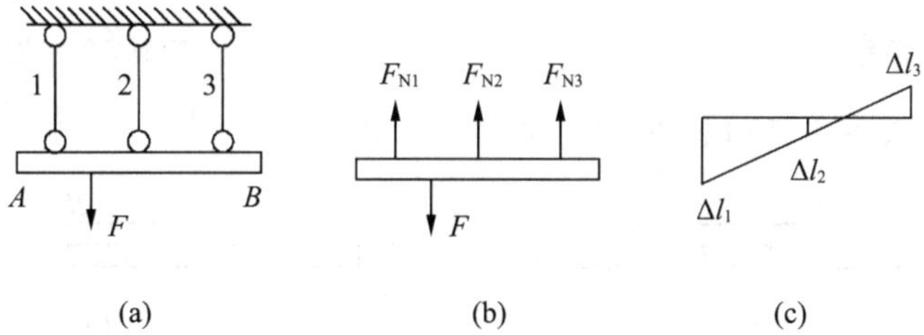

思考题 12-17 图

12-18　在有输送热气管道的工厂里，可以看到每隔一段距离，管道就弯成一个如图所示的门框形状. 这种做法的力学意义是什么？

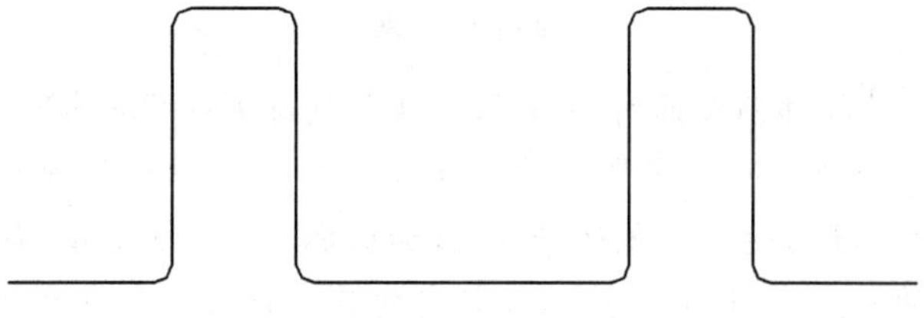

思考题 12-18 图

习　题

12-1　如图所示，圆截面杆两端承受一对方向相反、力偶矩矢量沿轴线且大小均为 M 的力偶作用. 试问在杆件的任一横截面 m-m 上存在何种内力分量? 并确定其大小.

12-2　如图所示，在杆件的斜截面 m-m 上，任一点 A 处的应力 $p=120$ MPa，其方位角 $\theta=20°$，试求该点处的正应力 σ 与切应力 τ.

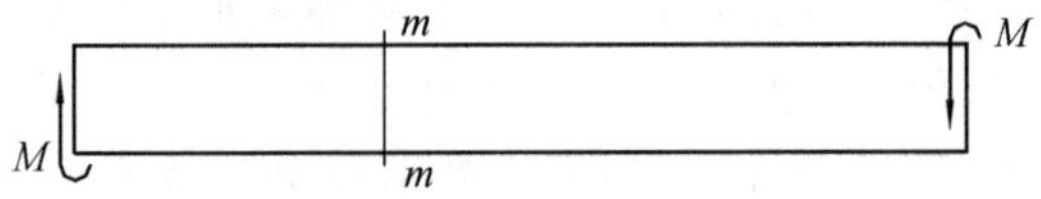

习题 12-1 图

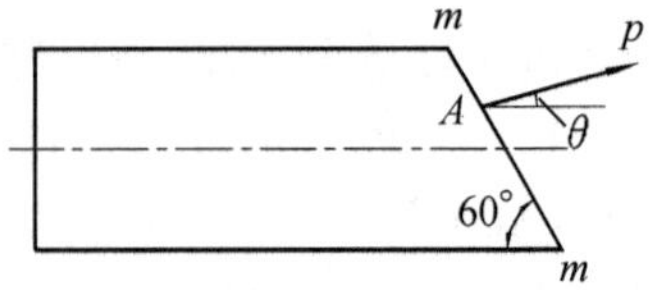

习题 12-2 图

12-3　如图所示的矩形截面杆，横截面上的正应力沿截面高度线性分布，截面顶边各点处的正应力均为 $\sigma_{max}=100$ MPa，底边各点处的正应力均为零. 试问杆件横截面上存在何种内力分量? 并确定其大小. 图中的 C 点为截面形心.

12-4　板件的变形如图中虚线所示，试求边 AB 与 AD 的平均正应变以及 A 点处直角 BAD 的切应变.

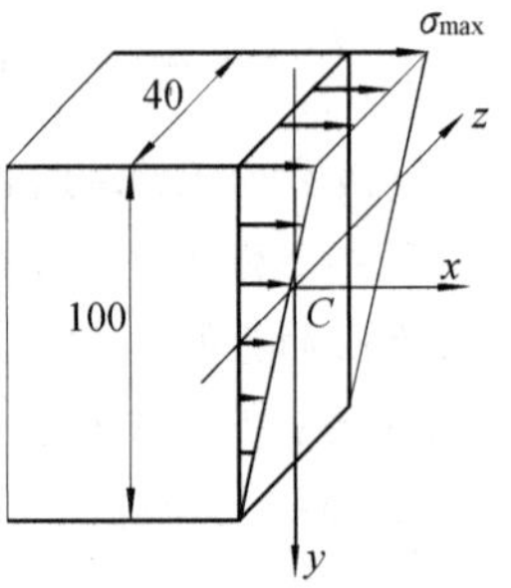

习题 12-3 图

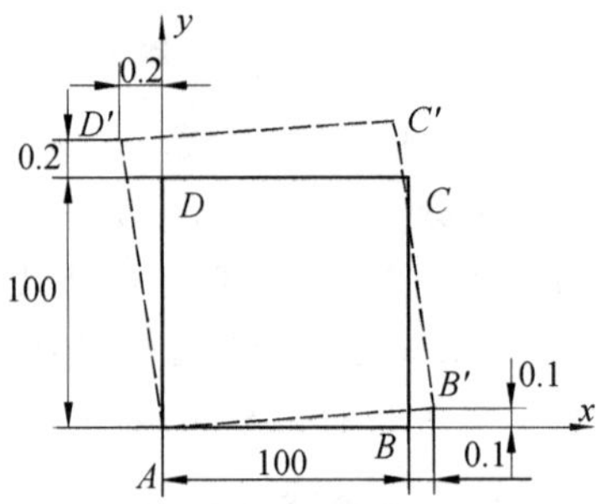

习题 12-4 图

12-5　试计算图示各杆的轴力，并指出其最大值.

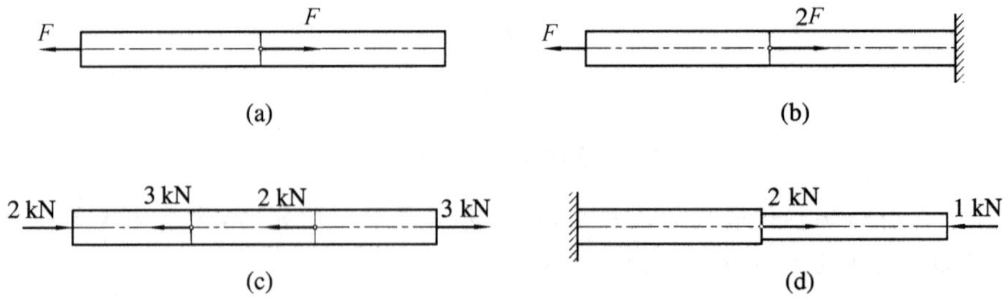

习题 12-5 图

12-6　如图所示的阶梯圆截面杆 AC，承受轴向载荷 $F_1=200$ kN，$F_2=100$ kN，AB 段的直径 $d_1=40$ mm. 如欲使 BC 与 AB 段的正应力相同，试求 BC 段的直径.

12-7　如图所示的轴向受拉等截面杆，横截面面积 $A=500\ mm^2$，载荷 $F=50$ kN. 试求图示斜截面 m-m 上的正应力与切应力，以及杆内的最大正应力与最大切应力.

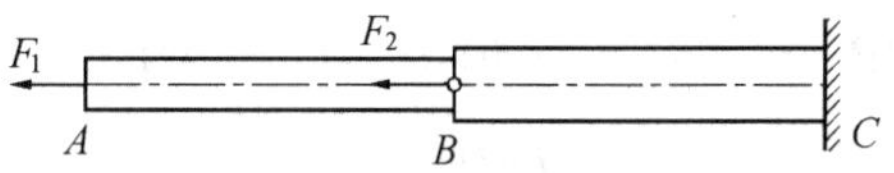

习题 12-6 图

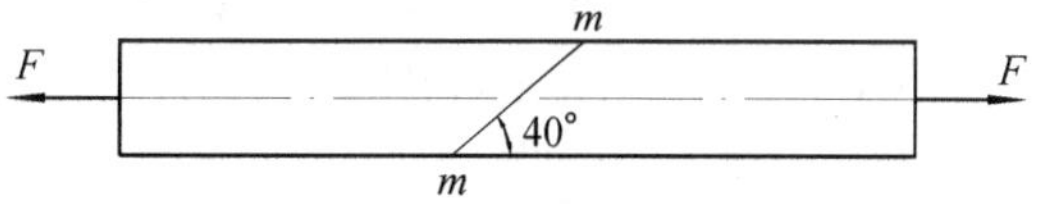

习题 12-7 图

12-8　如图所示的杆件，承受轴向载荷 F 作用. 该杆由两根木杆粘接而成，若欲使粘接面上的正应力为其切应力的 2 倍，则粘接面的方位角 θ 应为何值？

12-9　某材料的应力-应变曲线如图所示. 试根据该曲线确定：

（1）材料的弹性模量 E、比例极限 σ_{p} 与屈服极限 $\sigma_{p0.2}$.

（2）当应力增加到 $\sigma=350$ MPa 时，材料的正应变 ε，以及相应的弹性应变 ε_{e} 与塑性应变 ε_{p}.

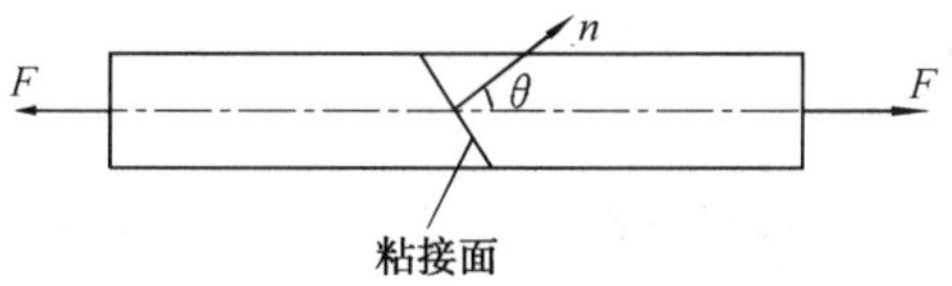

习题 12-8 图

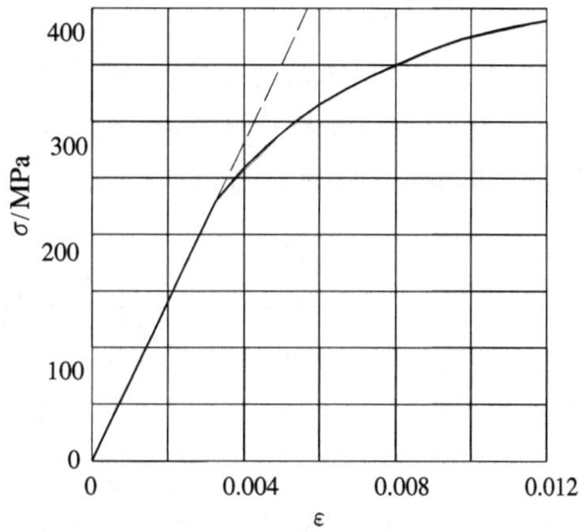

习题 12-9 图

12-10　如图所示的含圆孔板件，承受轴向载荷 F 作用. 试求板件横截面上的最大拉应力（考虑应力集中）. 已知载荷 $F=32$ kN，板宽 $b=100$ mm，板厚 $\delta=15$ mm，孔径 $d=20$ mm.

12-11　如图所示的桁架，由圆截面杆 1 与杆 2 组成，并在节点 A 承受载荷 $F=80$ kN 作用. 杆 1、杆 2 的直径分别为 $d_1=30$ mm 和 $d_2=20$ mm，两杆的材料相同，屈服极限 $\sigma_{s}=320$ MPa，安全系数 $n_{s}=2.0$. 试校核桁架的强度.

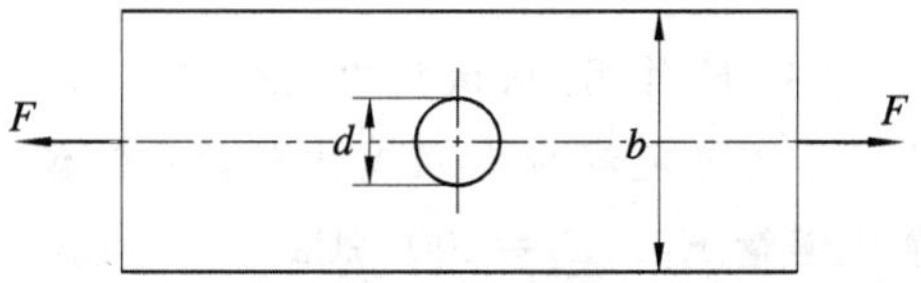

习题 12-10 图

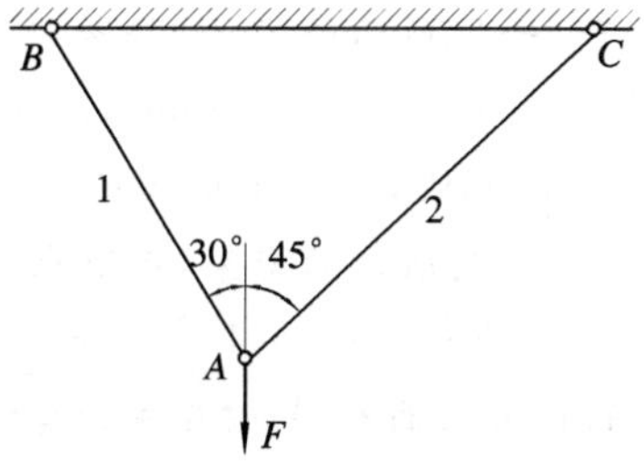

习题 12-11 图

12-12　如图所示的桁架，杆 1 为圆截面钢杆，杆 2 为方截面木杆，在节点 A 承受载荷 F 作用. 试确定钢杆的直径 d 与木杆截面的边宽 b. 已知载荷 $F=50$ kN，钢的许用应力 $[\sigma_{s}]=160$ MPa，木的许用应力 $[\sigma_{w}]=10$ MPa.

12-13　如图所示的摇臂，承受载荷 F_1 与 F_2 作用. 试确定轴销 B 的直径 d. 已知载荷 $F_1=50$ kN，$F_2=35.4$ kN，许用切应力 $[\tau]=100$ MPa，许用挤压应力 $[\sigma_{bs}]=240$ MPa.

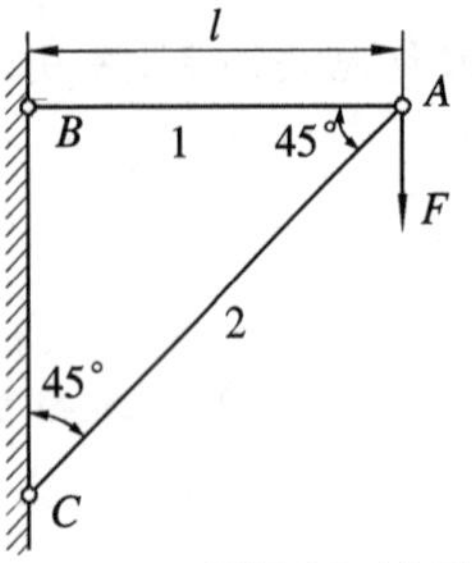

习题 12-12 图

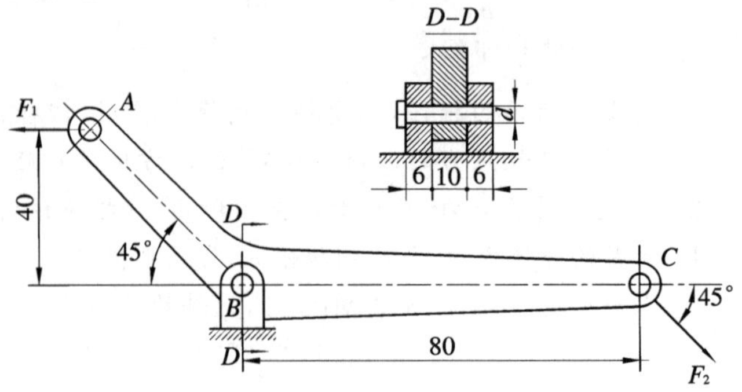

习题 12-13 图

12-14　如图所示的硬铝试样，厚度 $\delta=2$ mm，试验段板宽 $b=20$ mm，标距 $l=70$ mm. 在轴向拉力 $F=6$ kN 的作用下，测得试验段伸长 $\Delta l=0.15$ mm，板宽缩短 $\Delta b=0.014$ mm. 试计算硬铝的弹性模量 E 与泊松比 μ.

习题 12-14 图

12-15　一外径 $D=60$ mm、内径 $d=20$ mm 的空心圆截面杆，杆长 $l=400$ mm，两端承受轴向拉力 $F=200$ kN 作用. 若弹性模量 $E=80$ GPa，泊松比 $\mu=0.30$. 试计算该杆外径的改变量 ΔD 及体积改变量 ΔV.

12-16　如图所示的圆截面阶梯形杆，$F=4$ kN，$F_1=F_2=2$ kN，$l=100$ mm，$d=10$ mm，$E=200$ GPa. 试求轴向变形 Δl.

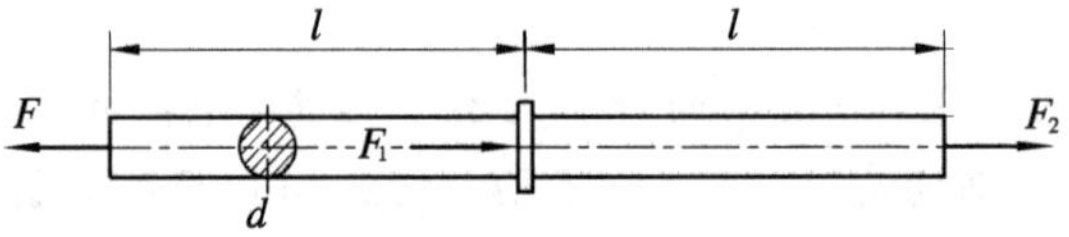

习题 12-16 图

12-17　如图所示的螺栓，拧紧时产生 $\Delta l=0.10$ mm 的轴向变形. 试求预紧力 F，并校核螺栓的强度. 已知 $d_1=8.0$ mm，$d_2=6.8$ mm，$d_3=7.0$ mm；$l_1=6.0$ mm，$l_2=29$ mm，$l_3=8$ mm；$E=210$ GPa，$[\sigma]=500$ MPa.

12-18　如图所示的桁架，在节点 A 处承受载荷 F 作用. 从试验中测得杆 1 与杆 2 的纵向正应变分别为 $\varepsilon_1=4.0\times10^{-4}$ 与 $\varepsilon_2=2.0\times10^{-4}$. 试确定载荷 F 及其方位角 θ 的值. 已知杆 1 与杆 2 的横截面面积 $A_1=A_2=200$ mm^2，弹性模量 $E_1=E_2=200$ GPa.

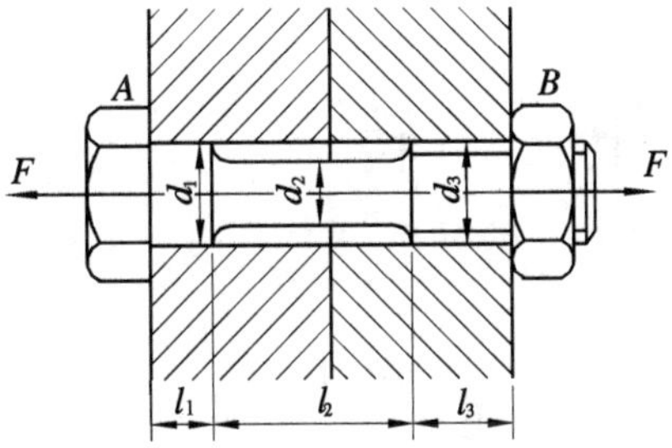

习题 12-17 图

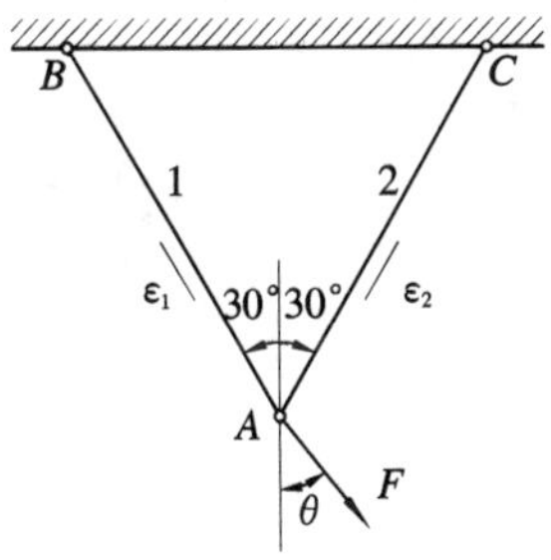

习题 12-18 图

12-19　如图(a)所示的桁架，材料的应力-应变关系可用方程 $\sigma^n=B\varepsilon$ 表示[图(b)]，其中 n 和 B 为由实验测定的已知常数. 试求节点 C 的铅垂位移. 设各杆的横截面面积均为 A.

12-20　如图所示的结构，杆 1 与杆 2 的弹性模量均为 E，横截面面积均为 A，梁 BC 为刚体，载荷 $F=20$ kN，许用拉应力 $[\sigma_t]=160$ MPa，许用压应力 $[\sigma_c]=110$ MPa. 试确定各杆的横截面面积.

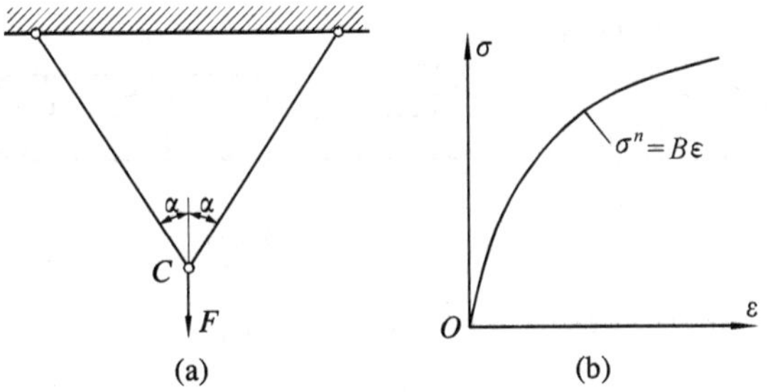

习题 12-19 图

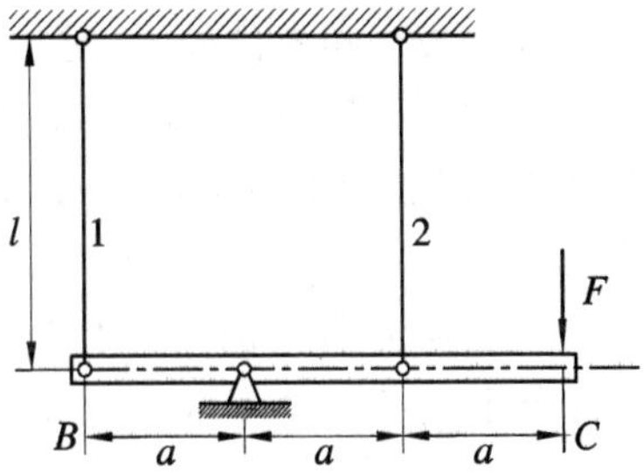

习题 12-20 图

12-21　如图所示的钢杆，横截面面积 $A=2\ 500$ mm^2，弹性模量 $E=210$ GPa，轴向载荷 $F=200$ kN. 试在下列两种情况下确定杆端的支反力.

(1) 间隙 $\delta=0.6$ mm.

(2) 间隙 $\delta=0.3$ mm.

12-22　如图所示的组合杆，由直径为 30 mm 的钢杆套以外径为 50 mm、内径为 30 mm 的铜管组成，二者由两个直径为 10 mm 的铆钉连接在一起. 铆接后，温度升高 40°，试计算铆钉剪切面上的切应力. 钢与铜的弹性模量分别为 $E_s=200$ GPa 与 $E_c=100$ GPa，线膨胀系数分别为 $\alpha_{ls}=12.5\times10^{-6}$ ℃$^{-1}$ 与 $\alpha_{lc}=16\times10^{-6}$ ℃$^{-1}$.

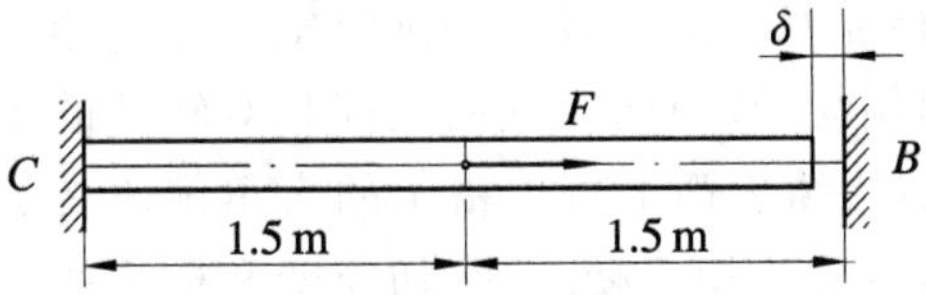

习题 12-21 图

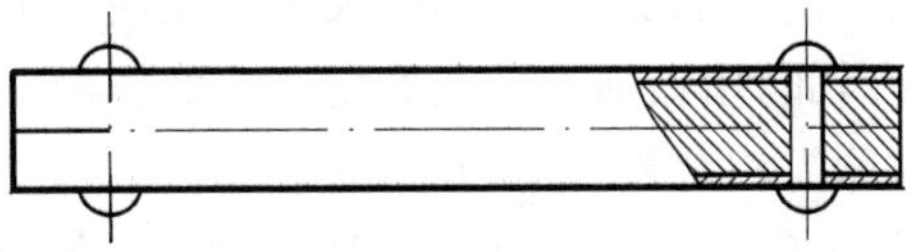

习题 12-22 图

第十三章　扭　　转

§13-1　概　　述

工程中有一类等直杆，它所受到的外力是作用在垂直于杆轴线的平面内的力偶，这时，杆发生扭转变形.单纯发生扭转的杆件不多，但扭转为其主要变形之一的则不少，如机器中的传动轴、水轮发电机的主轴、石油钻机中的钻杆、桥梁及空间结构中的某些构件等.若这些构件的变形是以扭转为主，其他变形为次而可忽略不计的，则可按扭转变形对其进行强度和刚度计算.有些构件除扭转外还伴随着其他的主要变形(如传动轴还有弯曲、钻杆还受压等)，这类问题将在第十六章组合变形中讨论.

使直杆发生扭转的外力，是作用面垂直于杆件轴线的外力偶系，最简单的如图 13-1 所示.在这种外力偶作用下，杆表面的纵向线将变成螺旋线，即发生扭转变形.这种以扭转变形为主要变形的直杆称为轴.

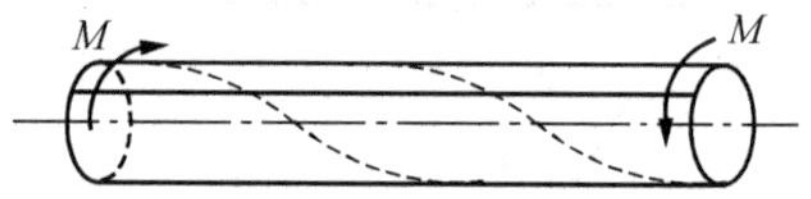

图 13-1

本章先研究薄壁圆筒的扭转，介绍有关切应力、切应变及其关系等基本概念.在此基础上研究圆轴的应力与变形，讨论其强度与刚度问题.

§13-2　薄壁圆筒的扭转

设一薄壁圆筒的壁厚 δ 远小于其平均半径 r_0($\delta \leqslant r_0/10$)，其两端面承受产生扭转变形的外力偶矩 M[图 13-2(a)].由截面法可知，圆筒任一横截面 n-n 上的内力将是作用在该截面上的力偶[图 13-2(b)]，该内力偶矩称为扭矩，并用 T 表示.由截面上的应力与微面积 $\mathrm{d}A$ 之乘积的合成等于截面上的扭矩可知，横截面上的应力只能是切应力.

为得到沿横截面圆周上各点处切应力的变化规律，可预先在圆筒表面画上等间距的圆周线和纵向线，从而形成一系列的正方格子.在圆筒两端施加外力偶矩 M 以后，可以发现圆周线保持不变，而纵向线发生倾斜，在小变形时仍保持为直线.于是可设想，薄壁圆筒扭转变形后，横截面保持为形状、大小均无改变的平面，相邻两横截面只是绕圆筒轴线发生相对转动.因此，横截面上各点处切应力的方向必与圆周相切.圆筒两端截面之间相对转动的角位移，称为相对扭转角，并用 φ 表示[图 13-2(c)].而圆筒表面上每个格子的直角都改变了相同的角度 γ[图 13-2(c)、(d)]，这种直角的改变量 γ 称为切应变.这个切应变和横截面上沿圆周切线方向的切应力是相对应的.由于相邻两圆周线间每个格子的直角改变量相等，并根据材料均匀连续的假设，可以推知，沿圆周各点处切应力的方向与圆周相切，且其数值相等.至于切应力沿壁厚方向的变化规律，由于壁厚 δ 远小于其平均半径 r_0，故可近似地认为沿壁厚方向各点处的数值无变化.

根据上述分析，可得薄壁圆筒扭转时，横截面上任一点处的切应力 τ 都相等，其方向与

圆周相切. 于是,由横截面上内力与应力间的静力关系[图 13-2(e)],得

$$\int_A \tau \mathrm{d}A \cdot r = T$$

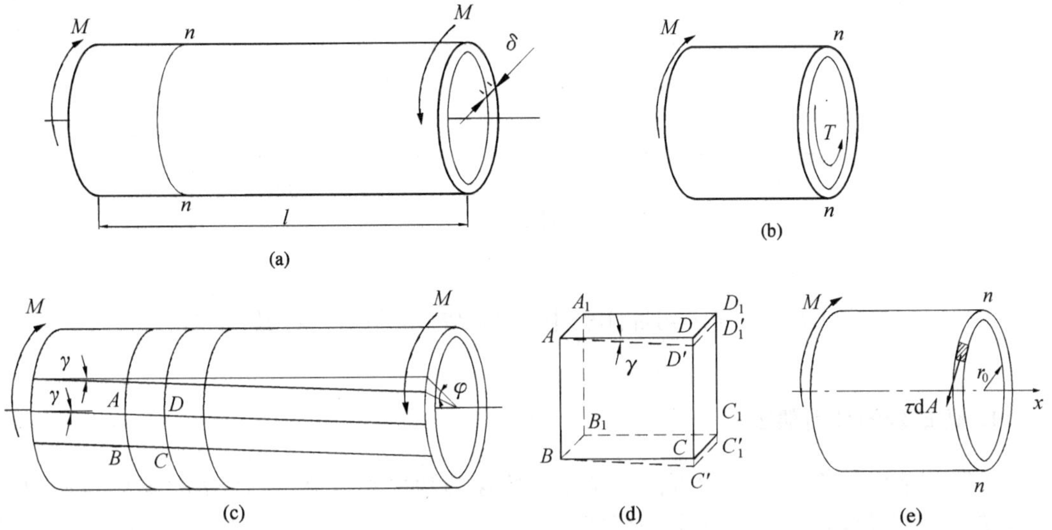

图 13-2

由于 τ 为常量,且对于薄壁圆筒,r 可用其平均半径 r_0 代替,而积分 $\int_A \mathrm{d}A = A$ 为圆筒横截面面积,将其代入上式,并引入 $A_0 = \pi r_0{}^2$,从而得

$$\tau = \frac{T}{2A_0\delta} \tag{13-1}$$

由图 13-2(c)所示的几何关系,可得薄壁圆筒表面上的切应变 γ 和相距为 l 的两端面间的相对扭转角 φ 之间的关系式:

$$\gamma = \varphi r / l \tag{13-2}$$

式中 r 为薄壁圆筒的外半径.

通过薄壁圆筒的扭转实验可以发现,当外力偶矩在某一范围内时,相对扭转角 φ 与外力偶矩 M(在数值上等于扭矩 T)成正比,如图 13-3(a)所示. 利用式(13-1)和(13-2),即得 τ 与 γ 间的线性关系[图 13-3(b)]为

$$\tau = G\gamma \tag{13-3}$$

上式称为材料的剪切胡克定律,式中的比例常数 G 称为材料的切变模量,其量纲与弹性模量 E 的量纲相同,单位为 Pa. 钢材切变模量的约值为 G=80 GPa.

应当注意,剪切胡克定律式(13-3)只有在切应力不超过材料的某一极限值时才是适用的. 该极限值称为材料的剪切比例极限 τ_p. 即适用于切应力不超过材料剪切比例极限的线弹性范围.

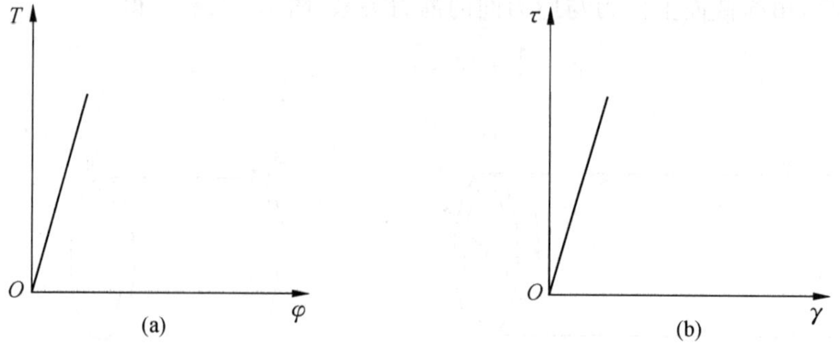

图 13-3

§13-3 传动轴的外力偶矩 扭矩及扭矩图

1. 传动轴的外力偶矩

工程中常用的传动轴,往往是只知道它所传递的功率和转速.为此,需根据所传递的功率和转速,求出使轴发生扭转的外力偶矩.

设一传动轴,其转速为 n,轴传递的功率由主动轮输入,然后通过从动轮分配出去(图 13-4).设通过某一轮所传递的功率为 P,在工程实际中,其常用单位为 kW.当轴在稳定转动时,外力偶在 t 秒内所做的功等于其矩 M 与轮在 t 秒内的转角 α(图 13-5)之乘积.因此,外力偶矩每秒所做的功即功率 P 为

$$
\begin{aligned}
\{P\}_{\mathrm{kW}} &= \{M\}_{\mathrm{N\cdot m}}\frac{\{\alpha\}_{\mathrm{rad}}}{\{t\}_{\mathrm{s}}}\times 10^{-3} \\
&= \{M\}_{\mathrm{N\cdot m}}\{\omega\}_{\mathrm{rad/s}}\times 10^{-3} \\
&= \{M\}_{\mathrm{N\cdot m}}\times 2\pi\times\frac{\{n\}_{\mathrm{r/min}}}{60}\times 10^{-3}
\end{aligned}
$$

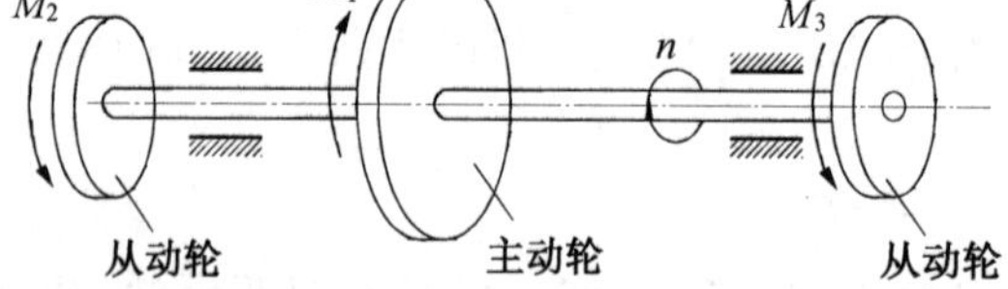

图 13-4

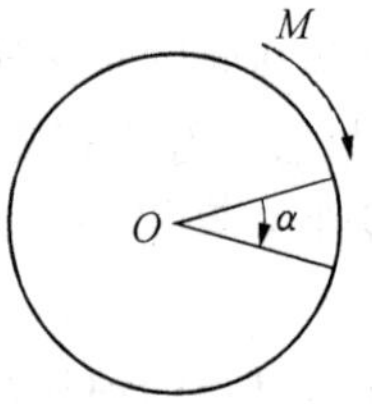

图 13-5

于是,即得作用在该轮上的外力偶矩为

$$
\{M\}_{\mathrm{N\cdot m}} = \frac{\{P\}_{\mathrm{kW}}\times 10^{3}\times 60}{2\pi\{n\}_{\mathrm{r/min}}} = 9.55\times 10^{3}\ \frac{\{P\}_{\mathrm{kW}}}{\{n\}_{\mathrm{r/min}}} \qquad (13\text{-}4)
$$

对于外力偶矩的转向,主动轮上的外力偶的转向与轴的转动方向相同,而从动轮上的外力偶的转向与轴的转动方向相反,如图 13-4 所示.

2. 扭矩及扭矩图

作用在传动轴上的外力偶矩往往有多个，因此，不同轴段上的扭矩也各不相同，可用截面法来计算轴横截面上的扭矩.

设一等直圆杆如图 13-6(a)所示，作用在杆上的外力偶矩分别为 $M_1=6M, M_2=M, M_3=2M, M_4=3M$. 先求杆中间 BC 段中任一横截面 1-1 上的扭矩，用截面法将杆沿横截面 1-1 处假想地截分为二，并研究其左半段杆[图 13-6(b)]的平衡. 由平衡方程

$$\sum M_x = 0, T_1 - M_1 + M_2 = 0$$

得

$$T_1 = M_1 - M_2 = 6M - M = 5M$$

扭矩 T_1 的转向如图 13-6(b)所示.

如果研究其右半段杆的平衡，则在同一横截面上可求得扭矩的数值相等而转向相反[图 13-6(c)]. 为使从两段杆所求得的同一横截面上的扭矩在正负号上一致，按杆的变形情况，规定杆因扭转而使其纵向线在某一段内有变成右手螺旋线的趋势时，则该段杆横截面上的扭矩为正，反之为负. 也可将扭矩按右手螺旋法则用力偶矩矢来表示，并规定当力偶矢的指向离开截面时扭矩为正，反之为负. 两者对扭矩正负号的规定是一致的. 按上述规定，横截面 1-1 上的扭矩 T_1 应为正号.

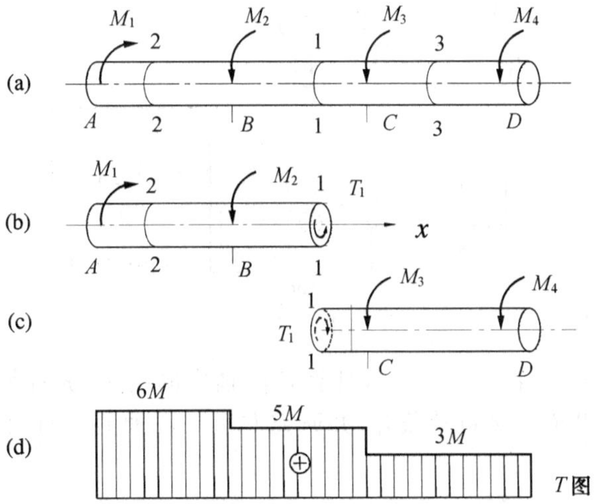

图 13-6

同理，用截面法求得图 13-6(a)中 2-2 和 3-3 两横截面上的扭矩均为正，其数值分别为

$$T_2 = M_1 = 6M$$

和

$$T_3 = M_4 = 3M$$

在本例中，每一段杆内各横截面上的扭矩分别等于 T_1、T_2 和 T_3.

为了表明沿杆轴线各横截面上的扭矩的变化情况，从而确定最大扭矩及其所在横截面的位置，可仿照轴力图的作法绘制扭矩图. 图 13-6(a)所示的杆的扭矩图，如图 13-6(d)所示. 由该图可见，最大扭矩 T_{max} 在杆 AB 段内任一横截面上，其值为 $6M$.

例 13-1 一传动轴如图 13-7(a)所示，其转速 $n=300$ r/min，主动轮输入的功率 $P_1=500$ kW. 若不计轴承摩擦所耗的功率，三个从动轮输出的功率分别为 $P_2=150$ kW，$P_3=150$ kW 及 $P_4=200$ kW. 试作轴的扭矩图.

解：首先，计算外力偶矩[图 13-7(a)].

$$M_1=\left(9.55\times10^3\times\frac{500}{300}\right)\text{N}\cdot\text{m}=15.9\times10^3\ \text{N}\cdot\text{m}$$
$$=15.9\ \text{kN}\cdot\text{m}$$

$$M_2=M_3=\left(9.55\times10^3\times\frac{150}{300}\right)\text{N}\cdot\text{m}=4.78\times10^3\ \text{N}\cdot\text{m}$$
$$=4.78\ \text{kN}\cdot\text{m}$$

$$M_4=\left(9.55\times10^3\times\frac{200}{300}\right)\text{N}\cdot\text{m}=6.37\times10^3\ \text{N}\cdot\text{m}=6.37\ \text{kN}\cdot\text{m}$$

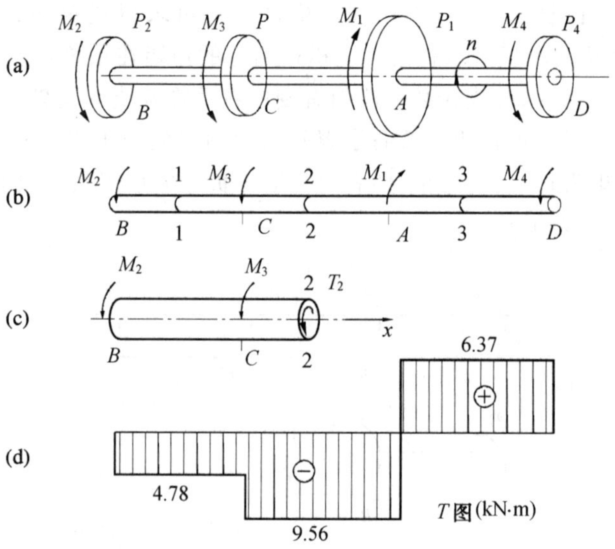

图 13-7

然后，由轴的计算简图[图 13-7(b)]，计算各段轴内的扭矩. 先计算 CA 段内任一横截面 2-2 上的扭矩. 沿横截面 2-2 将轴截开，并研究左边一段轴的平衡，假设 T_2 为正值扭矩，由平衡方程

$$\sum M_x=0,\ M_2+M_3+T_2=0$$

得

$$T_2=-M_2-M_3=-9.56\ \text{kN}\cdot\text{m}$$

结果为负号，说明 T_2 为负值扭矩[图 13-7(c)].

同理，在 BC 段内

$$T_1=-M_2=-4.78\ \text{kN}\cdot\text{m}$$

在 AD 段内

$$T_3=M_4=6.37\ \text{kN}\cdot\text{m}$$

根据这些扭矩即可作出扭矩图[图 13-7(d)]. 从图可见，最大扭矩 T_{max} 发生在 CA 段内，其值为 9.56 kN·m.

§13-4 圆轴扭转时的应力与强度条件

1. 横截面上的应力

与薄壁圆筒相仿，在小变形条件下，圆轴在扭转时横截面上也只有切应力. 为求得圆轴在扭转时横截面上的切应力计算公式，先从变形几何方面和物理关系方面求得切应力在横截面上的变化规律，然后再考虑从静力学方面来求解.

几何方面　为研究横截面上任一点处切应变随点的位置而变化的规律，在圆轴的表面上作出任意两个相邻的圆周线和纵向线[图 13-8(a)]. 当圆轴的两端施加一对其矩为 M 的外力偶后，可以发现：两圆周线绕圆轴的轴线相对旋转了一个角度，圆周线的大小和形状均未改变；在变形微小的情况下，圆周线的间距也未变化，纵向线则倾斜了一个角度 γ[图 13-8(b)]. 根据所观察到的现象，可假设横截面如同刚性平面般绕圆轴的轴线转动，即平面假设.

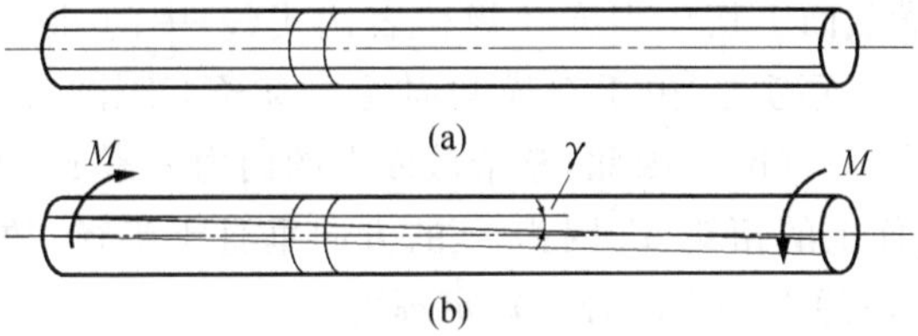

图 13-8

为确定横截面上任一点处的切应变随点的位置而变化的规律，假想地截取长为 dx 的轴段进行分析. 由平面假设可知，轴段变形后的情况如图 13-9(a)所示. 截面 b-b 相对于截面 a-a 绕杆轴转动了一个角度 $d\varphi$，因此其上的任意半径 O_2D 也转动了同一角度 $d\varphi$. 由于截面转动，轴表面上的纵向线 AD 倾斜了一个角度 γ[图 13-9(a)]. 纵向线的倾斜角 γ 就是横截面周边上任一点 A 处的切应变(参看 §13-2). 同时，经过半径 O_2D 上任意点 G 的纵向线 EG 在轴变形后也倾斜了一个角度 γ_ρ，即为横截面半径上任一点 E 处的切应变. 应该注意，上述切应变均在垂直于半径的平面内. 设 G 点至横截面圆心的距离为 ρ，由图 13-9(a)所示的几何关系可得

$$\gamma_\rho \approx \tan\gamma_\rho = \frac{\overline{GG'}}{\overline{EG}} = \frac{\rho d\varphi}{dx}$$

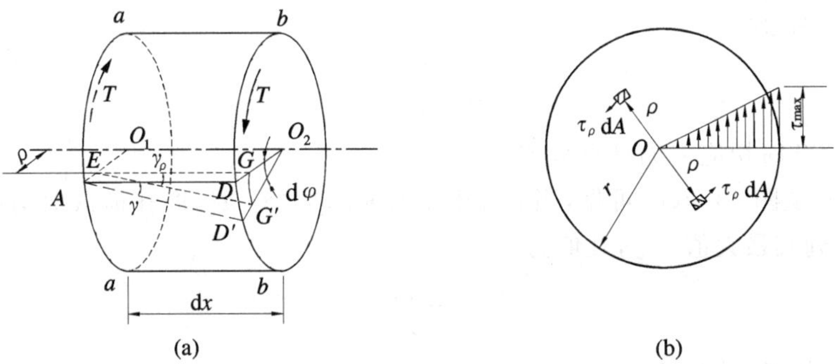

图 13-9

即
$$\gamma_\rho=\rho\frac{\mathrm{d}\varphi}{\mathrm{d}x} \tag{a}$$

上式表示圆轴横截面上任一点处的切应变随该点在横截面上的位置而变化的规律.式中的$\frac{\mathrm{d}\varphi}{\mathrm{d}x}$表示相对扭转角$\varphi$沿轴长度的变化率,对于给定的横截面是个常量.因此,在同一半径ρ的圆周上各点处的切应变γ_ρ均相同,且与ρ成正比.

物理方面　由剪切胡克定律可知,在线弹性范围内,切应力与切应变成正比,即
$$\tau=G\gamma \tag{b}$$
将式(a)代入式(b),并令相应点处的切应力为τ_ρ,即得横截面上切应力变化规律的表达式
$$\tau_\rho=G\gamma_\rho=G\rho\frac{\mathrm{d}\varphi}{\mathrm{d}x} \tag{c}$$

由上式可知,在同一半径ρ的圆周上各点处的切应力τ_ρ均相同,其值与ρ成正比.τ_ρ的方向应垂直于半径,因γ_ρ为垂直于半径平面内的切应变.切应力沿任一半径的变化情况如图13-9(b)所示.

静力学方面　横截面上切应力变化规律表达式(c)中的$\mathrm{d}\varphi/\mathrm{d}x$是个待定参数,为确定该参数,需从静力学方面考虑.由于在横截面任一直径上距圆心等距的两点处的内力元素$\tau_\rho\mathrm{d}A$等值而反向[图13-9(b)],因此,整个截面上的内力元素$\tau_\rho\mathrm{d}A$的合力必等于零,并组成一个力偶,即为横截面上的扭矩T.因为τ_ρ的方向垂直于半径,故内力元素$\tau_\rho\mathrm{d}A$对圆心的力矩为$\rho\tau_\rho\mathrm{d}A$.于是,由静力学中的合力矩定理可得
$$\int_A\rho\tau_\rho\mathrm{d}A=T \tag{d}$$

将式(c)代入式(d),经整理后即得
$$G\frac{\mathrm{d}\varphi}{\mathrm{d}x}\int_A\rho^2\mathrm{d}A=T \tag{e}$$
上式中的积分$\int_A\rho^2\mathrm{d}A$仅与横截面的几何量有关,称为横截面的极惯性矩,并用I_p表示,即
$$I_\mathrm{p}=\int_A\rho^2\mathrm{d}A \tag{f}$$
其单位为m^4.将式(f)代入式(e),即得
$$\frac{\mathrm{d}\varphi}{\mathrm{d}x}=\frac{T}{GI_\mathrm{p}} \tag{13-5}$$
将其代入式(c),即得
$$\tau_\rho=\frac{T\rho}{I_\mathrm{p}} \tag{13-6}$$
上式即圆轴在扭转时切应力的计算公式.

由式(13-6)及图13-9(b)可见,当ρ等于横截面的半径r时,即在横截面周边上的各点处,切应力将达到其最大值$\tau_{\max}$,其值为
$$\tau_{\max}=\frac{Tr}{I_\mathrm{p}}$$

在上式中若用W_p代表I_p/r,则有
$$\tau_{\max}=\frac{T}{W_\mathrm{p}} \tag{13-7}$$

式中 W_p 称为扭转截面系数，其单位为 m^3.

推导切应力计算公式的主要依据为平面假设，且材料符合胡克定律. 因此公式仅适用于在线弹性范围内的圆截面轴.

为计算极惯性矩 I_p 和扭转截面系数 W_p，在圆截面上距圆心为 ρ 处取厚度为 $d\rho$ 的环形面积作为面积元素[图 13-10(a)]，并由式(f)可得圆截面的极惯性矩为

$$I_p = \int_A \rho^2 dA = \int_0^{\frac{d}{2}} 2\pi\rho^3 d\rho = \frac{\pi d^4}{32} \tag{13-8}$$

圆截面的扭转截面系数为

$$W_p = \frac{I_p}{d/2} = \frac{\pi d^3}{16} \tag{13-9}$$

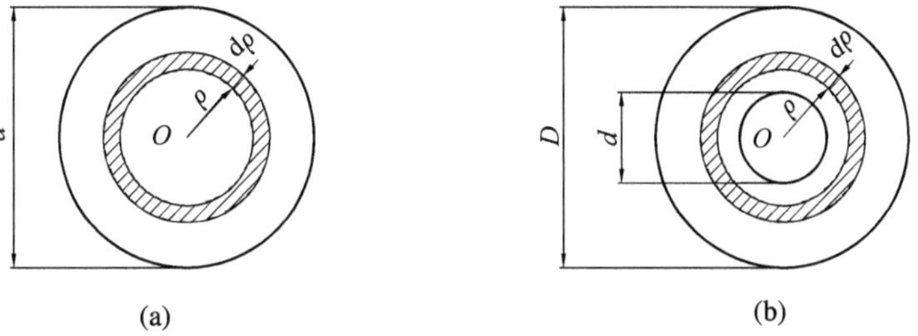

图 13-10

由于平面假设同样适用于空心圆截面杆，因此，切应力公式也适用于空心圆截面杆. 设空心圆截面的内、外直径分别为 d 和 D[图 13-10(b)]，其比值 $\alpha = \dfrac{d}{D}$，则从式(f)可得空心圆截面的极惯性矩为

$$I_p = \int_A \rho^2 dA = \int_{\frac{d}{2}}^{\frac{D}{2}} 2\pi\rho^3 d\rho = \frac{\pi}{32}(D^4 - d^4) = \frac{\pi D^4}{32}(1 - \alpha^4) \tag{13-10}$$

扭转截面系数为

$$W_p = \frac{I_p}{D/2} = \frac{\pi(D^4 - d^4)}{16D} = \frac{\pi D^3}{16}(1 - \alpha^4) \tag{13-11}$$

2. 强度条件

圆轴在扭转时，杆内各点均处于纯剪切应力状态. 其强度条件应该是横截面上的最大工作切应力 τ_{max} 不超过材料的许用切应力$[\tau]$，即

$$\tau_{max} \leqslant [\tau] \tag{13-12}$$

由于圆轴的最大工作应力 τ_{max} 存在于最大扭矩所在横截面即危险截面的周边上任一点处，故强度条件公式(13-12)应以这些点即危险点处的切应力为依据. 于是，上述强度条件可写作

$$\frac{T_{max}}{W_p} \leqslant [\tau] \tag{13-13}$$

将式(13-9)和式(13-11)中的 W_p 代入强度条件公式(13-13)，就可以对实心或空心圆截面的传动轴进行强度计算，即校核强度、选择截面或计算许可载荷.

实验指出，在静载荷作用下，同一种材料在纯剪切和拉伸时的力学性能之间存在着一定

的关系,因而通常可以从材料的许用拉应力[σ]值来确定其许用切应力[τ]值. 但对于像传动轴这类构件,由于在计算最大工作应力中往往略去了次要的弯曲影响和其他一些因素,故强度条件中所采用的[τ]应取较静载荷作用下的[τ]略低的值.

对于用铸铁一类脆性材料制成的杆件,在扭转时,其破坏形式是沿斜截面发生脆性断裂. 按理应按斜截面上的最大拉应力建立强度条件,但由于斜截面上的最大拉应力与横截面上的最大切应力间有固定关系,所以,习惯上仍按式(13-12)进行强度计算.

例 13-2 图 13-11(a)所示的阶梯状圆轴,AB 段直径 $d_1=120$ mm,BC 段直径 $d_2=100$ mm,扭转力偶矩为 $M_A=22$ kN·m,$M_B=36$ kN·m,$M_C=14$ kN·m. 已知材料的许用切应力[τ]=80 MPa,试校核该轴的强度.

解: 用截面法求得 AB、BC 段扭矩并绘出扭矩图如图 13-11(b)所示. 由扭矩图可见,AB 段的扭矩比 BC 段的扭矩大,但两段轴的直径不同,因此需分别校核两段轴的强度.

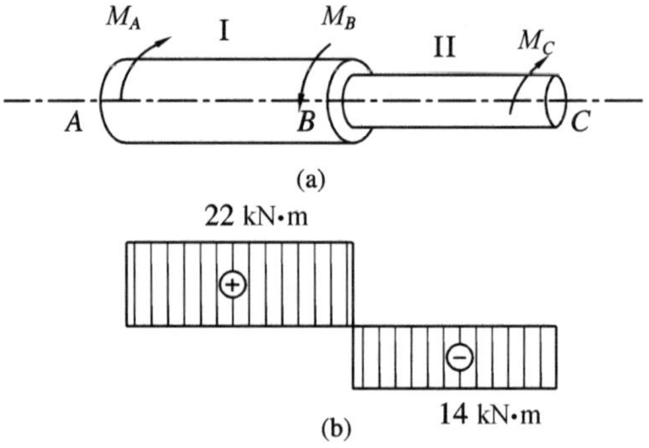

图 13-11

AB 段内

$$\tau_{1,\max}=\frac{T_1}{W_{p1}}=\frac{22\times10^3\ \text{N}\cdot\text{m}}{\frac{\pi}{16}(0.12\ \text{m})^3}=64.84\times10^6\ \text{Pa}=64.84\ \text{MPa}<[\tau]$$

BC 段内

$$\tau_{2,\max}=\frac{T_2}{W_{p2}}=\frac{14\times10^3\ \text{N}\cdot\text{m}}{\frac{\pi}{16}(0.1\ \text{m})^3}=71.3\times10^6\ \text{Pa}=71.3\ \text{MPa}<[\tau]$$

因此,该轴满足强度条件的要求.

§13-5 圆轴扭转时的变形与刚度条件

1. 扭转时的变形

圆轴的扭转变形,是用两个横截面绕杆轴转动的相对角位移即相对扭转角 φ 来度量的. 式(13-5)是计算圆轴相对扭转角的依据. 其中 $\mathrm{d}\varphi$ 为相距 $\mathrm{d}x$ 的两横截面间的相对扭转角. 因此,长为 l 的一段杆两端面间的相对扭转角为

$$\varphi=\int \mathrm{d}\varphi=\int_0^l \frac{T}{GI_p}\mathrm{d}x$$

当圆轴仅在两端受一对外力偶作用时，则所有横截面上的扭矩 T 均相同，且等于轴端的外力偶矩 M. 此外，对于用同一材料制成的等截面，G 及 I_{p}亦为常量. 于是由上式可得

$$\varphi=\frac{Ml}{GI_{\mathrm{p}}} \tag{13-14a}$$

或

$$\varphi=\frac{Tl}{GI_{\mathrm{p}}} \tag{13-14b}$$

φ 的单位为 rad. 由上式可见，相对扭转角 φ 与 GI_{p}成反比，GI_{p}称为圆轴的扭转刚度.

由于圆轴在扭转时各横截面上的扭转可能并不相同，且杆的长度也各不相同，因此，在工程中，对于圆轴的刚度通常用相对扭转角沿轴长度的变化率 $\mathrm{d}\varphi/\mathrm{d}x$ 来度量. 用 θ 来表示这个量，称为单位长度扭转角. 由式(13-5)可得

$$\theta=\frac{\mathrm{d}\varphi}{\mathrm{d}x}=\frac{T}{GI_{\mathrm{p}}} \tag{13-15}$$

显然，以上计算公式都只适用于材料在线弹性范围内的圆轴，因为作为计算依据的式(13-5)，是在这样的条件下导出的.

例 13-3 传动轴系钢制实心圆截面轴如图 13-12 所示. 已知 $M_1=1\ 592\ \mathrm{N\cdot m}$，$M_2=955\ \mathrm{N\cdot m}$，$M_3=637\ \mathrm{N\cdot m}$. 截面 A 与 B，C 之间的距离分别为 $l_{\mathrm{AB}}=300\ \mathrm{mm}$ 和 $l_{\mathrm{AC}}=500\ \mathrm{mm}$. 轴的直径 $d=70\ \mathrm{mm}$，钢的切变模量 $G=80\ \mathrm{GPa}$. 试求截面 C 相对于 B 的扭转角.

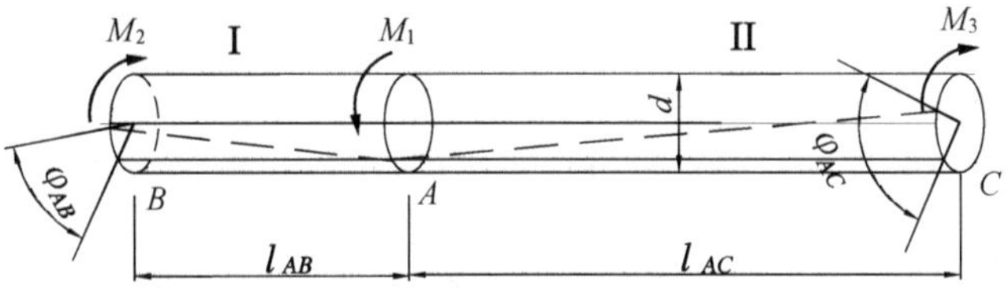

图 13-12

解： 由截面法求得轴Ⅰ、Ⅱ两段内的扭矩分别为 $T_1=955\ \mathrm{N\cdot m}$，$T_2=-637\ \mathrm{N\cdot m}$.

分别计算截面 B、C 相对于截面 A 的扭转角 φ_{AB}、φ_{AC}. 为此，可假想截面 A 固定不动. 由式(13-14b)可得

$$\varphi_{AB}=\frac{T_1 l_{AB}}{GI_{\mathrm{p}}}$$

和

$$\varphi_{AC}=\frac{T_2 l_{AC}}{GI_{\mathrm{p}}}$$

式中 $I_{\mathrm{p}}=\frac{\pi d^4}{32}$. 将有关数据代入以上两式，即得

$$\varphi_{AB}=\frac{(955\ \mathrm{N\cdot m})(0.3\ \mathrm{m})}{(80\times10^9\ \mathrm{Pa})\frac{\pi}{32}(7\times10^{-2}\ \mathrm{m})^4}=1.52\times10^{-3}\ \mathrm{rad}$$

和

$$\varphi_{AC}=\frac{(637\ \mathrm{N\cdot m})(0.5\ \mathrm{m})}{(80\times10^9\ \mathrm{Pa})\frac{\pi}{32}(7\times10^{-2}\ \mathrm{m})^4}=1.69\times10^{-3}\ \mathrm{rad}$$

由于假想截面 A 固定不动,故截面 B、C 相对于截面 A 的相对转动应分别与扭转力偶矩 M_2、M_3的转向相同(图 13-12). 由此,截面 C 相对于 B 的扭转角 φ_{BC} 为

$$\varphi_{BC}=\varphi_{AC}-\varphi_{AB}=1.7\times10^{-4}\ \text{rad}$$

其转向与扭转力偶 M_3 相同.

2. 刚度条件

圆轴扭转时,除需满足强度条件外,有时还需满足刚度条件,例如,机器的传动轴若扭转角过大,将会使机器在运转时产生较大的振动;精密机床的轴若变形过大,将影响机床的加工精度等. 通常是限制单位长度扭转角 θ 中的最大值 $\theta_{\max}$不超过某一规定的许用值$[\theta]$,即

$$\theta_{\max}\leqslant[\theta] \tag{13-16}$$

所以,圆轴扭转的刚度条件为

$$\theta_{\max}=\frac{T_{\max}}{GI_{\text{p}}}\leqslant[\theta] \tag{13-17}$$

式中$[\theta]$称为单位长度许用扭转角,常用单位是(°)/m. 对精密机器的轴,其$[\theta]$常取在 0.15 (°)/m～0.30 (°)/m 之间;对于一般的传动轴,则可放宽到 2 (°)/m 左右.

由于按式(13-17)计算所得结果的单位是 rad/m,故须先将其单位换算为(°)/m,再代入上式,于是可得

$$\theta_{\max}=\frac{T_{\max}}{GI_{\text{p}}}\times\frac{180}{\pi}\leqslant[\theta] \tag{13-18}$$

式中 $T_{\max}$、G、I_{p}的单位分别为 N·m、Pa 和 m^4. 将式(13-8)或(13-10)中的 I_{p}代入上式,即可对实心或空心圆截面的等截面圆轴进行扭转刚度计算,如选择截面、计算许可载荷或进行刚度校核.

例 13-4 例 13-1 中的传动轴[图 13-7(a)]是由 45 号钢制成的空心圆截面轴,其内、外直径之比 $\alpha=\frac{1}{2}$. 钢的许用切应力$[\tau]$为 40 MPa,切变模量 G 为 80 GPa. 许可单位长度扭转角$[\theta]$为 0.3 (°)/m. 试按强度条件和刚度条件选择轴的直径.

解: 例 13-1 中已求得 $T_{\max}=9.56$ kN·m. 由

$$W_{\text{p}}=\frac{\pi D^3}{16}(1-\alpha^4)=\frac{\pi D^3}{16}\left[1-\left(\frac{1}{2}\right)^4\right]=\frac{\pi D^3}{16}\times\frac{15}{16}$$

$$I_{\text{p}}=\frac{\pi D^4}{32}(1-\alpha^4)=\frac{\pi D^4}{32}\times\frac{15}{16}$$

将 W_{p}代入式(13-13),可得空心圆轴按强度条件所需的外直径为

$$D=\sqrt[3]{\frac{16T_{\max}}{\pi(1-\alpha^4)[\tau]}}=\sqrt[3]{\frac{16[9.56\times10^3\ (\text{N}\cdot\text{m})]\times16}{15\pi(40\times10^6\ \text{Pa})}}=109\times10^{-3}\ \text{m}$$
$$=109\ \text{mm}$$

将上面的 I_{p}代入式(13-18),即得按刚度条件所必需的外直径为

$$D=\sqrt[4]{\frac{T_{\max}}{G\times\frac{\pi}{32}(1-\alpha^4)}\times\frac{180}{\pi}\times\frac{1}{[\theta]}}$$
$$=\sqrt[4]{\frac{32[9.56\times10^3\ (\text{N}\cdot\text{m})]\times16}{(80\times10^9\ \text{Pa})\pi\times15}\times\frac{180}{\pi}\times\frac{1}{0.3\ (°)/\text{m}}}$$

$$=125.5\times10^{-3}\ \text{m}=125.5\ \text{mm}$$

故空心圆轴的外径不应小于 125.5 mm，内径不能小于 62.75 mm.

思 考 题

13-1 在如图(a)所示的受扭圆轴上，用横截面 ABE 和 CDF 以及水平截面 $ABCD$ 截出一部分，如图(b)所示. 由切应力互等定律可知，截面上的切应力分布如图(b)所示. 试问在截面 $ABCD$ 上由切应力所构成的合力偶与什么力偶相平衡？

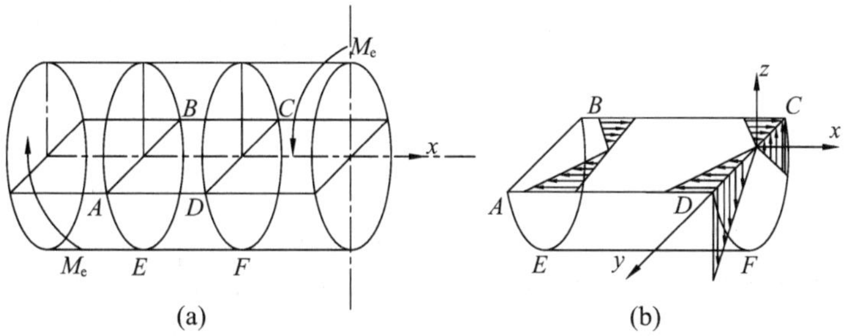

思考题 13-1 图

13-2 圆试件受扭如图所示，试说明 a、b、c 和 d 四种破坏形式各发生在什么材料制成的试件上，并说明它们破坏的原因.

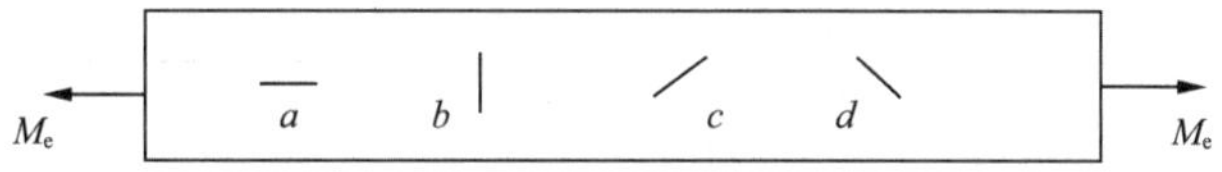

思考题 13-2 图

13-3 如图所示，同一平面内的三根圆杆 AB、CD 和 EF，直径和材料都相同，下端焊接在刚块 BDF 上. 当在 A 处作用力偶 M_e 时，问 A、E 两个面的角位移和线位移是否相等？

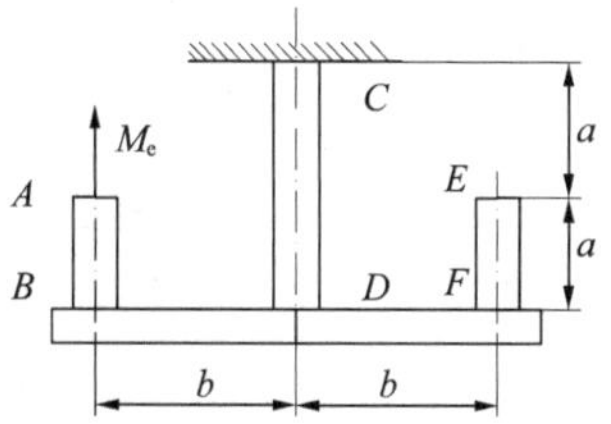

思考题 13-3 图

13-4 用软钢或某种塑性很好的塑性材料制成的扭转圆试件，在扭转之后，试件表面的母线变成了螺旋线. 问母线有没有伸长？试件的长度和直径有没有变化？

13-5 在扭转时，开口和闭口薄壁管中切应力的分布情况有什么不同？如图所示，三种横截面薄壁管的材料、长度、壁厚和管壁周长均相同，哪一根管子的抗扭能力最强？哪一根最弱？

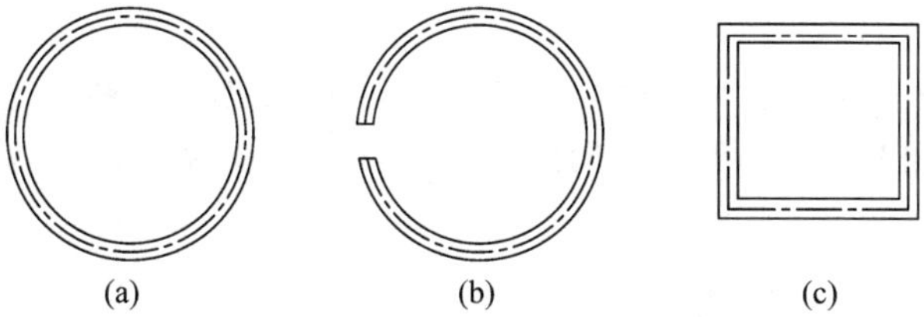

思考题 13-5 图

习　题

13-1　试求图示各轴的扭矩,并指出其最大值.

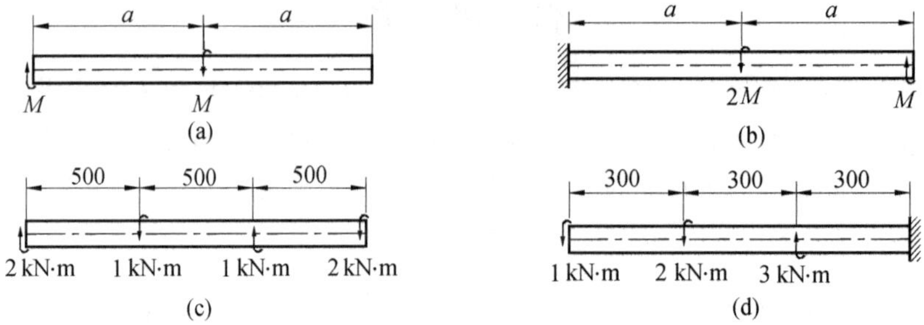

习题 13-1 图

13-2　如图所示的圆截面轴,直径 $d=50$ mm,扭矩 $T=1$ kN·m. 试计算横截面上的最大扭转切应力以及 A 点处($\rho_A=20$ mm)的扭转切应力.

13-3　如图所示的空心圆截面轴,外径 $D=40$ mm,内径 $d=20$ mm,扭矩 $T=1$ kN·m. 试计算横截面上的最大、最小扭转切应力,以及 A 点处($\rho_A=15$ mm)的扭转切应力.

13-4　如图所示的圆截面轴,AB 与 BC 段的直径分别为 d_1 与 d_2,且 $d_1=4d_2/3$. 试求轴内的最大扭转切应力.

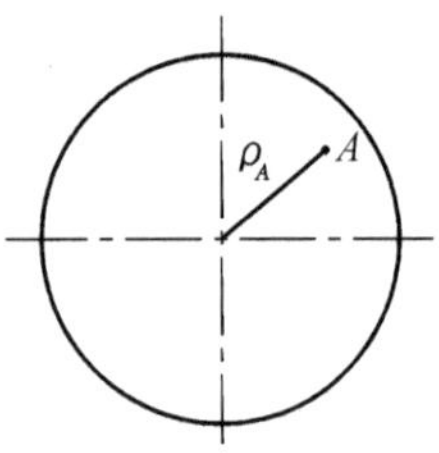

习题 13-2 图

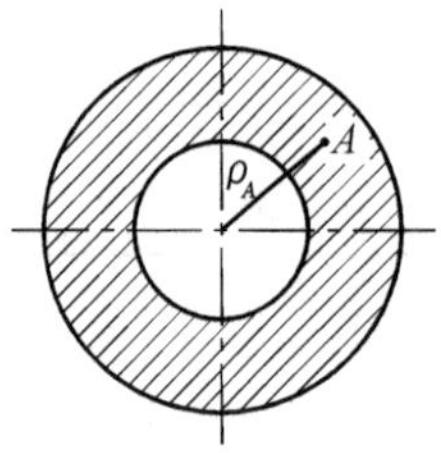

习题 13-3 图

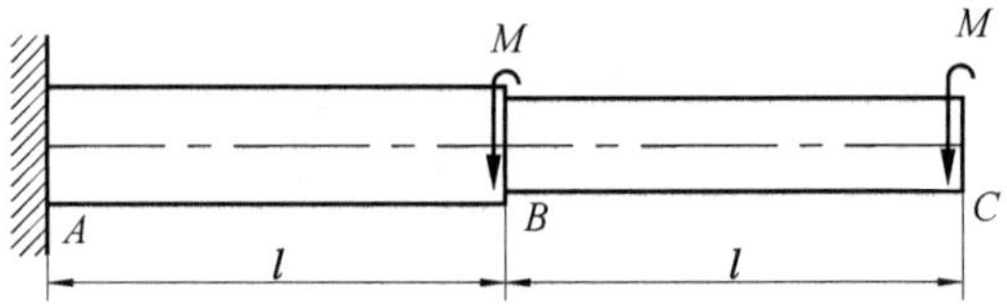

习题 13-4 图

13-5　一受扭薄壁圆管,外径 $D=42$ mm,内径 $d=40$ mm,扭力矩 $M=500$ N·m,切变模量 $G=75$ GPa. 试计算圆管横截面与纵截面上的扭转切应力,并计算管表面纵线的倾斜角.

13-6　一受扭薄壁圆管,外径 $D=32$ mm,内径 $d=30$ mm,材料的弹性模量 $E=200$ GPa,泊松比 $\mu=0.25$. 设圆管表面纵线的倾斜角 $\gamma=1.25\times10^{-3}$ rad,试求管承受的扭力矩.

13-7　试建立薄壁圆管的扭转切应力公式,即式(13-1),并证明当 $r_0/\delta\geqslant10$ 时,该公式的最大误差不超过 4.53%.

13-8　实心圆轴与空心圆轴通过牙嵌离合器相连接. 已知轴的转速 $n=100$ r/min,传递功率 $P=10$ kW,许用切应力 $[\tau]=80$ MPa,$d_1/d_2=0.6$. 试确定实心轴的直径 d,空心轴的内、外径 d_1 和 d_2.

13-9　某传动轴转速 $n=300$ r/min,轮 1 为主动轮,输入功率 $P_1=50$ kW,轮 2、轮 3 与轮 4 为从动轮,输出功率分别为 $P_2=10$ kW,$P_3=P_4=20$ kW.

(1) 试求轴内的最大扭矩.

(2) 若将轮 1 与轮 3 的位置对调，试分析对轴的受力是否有利.

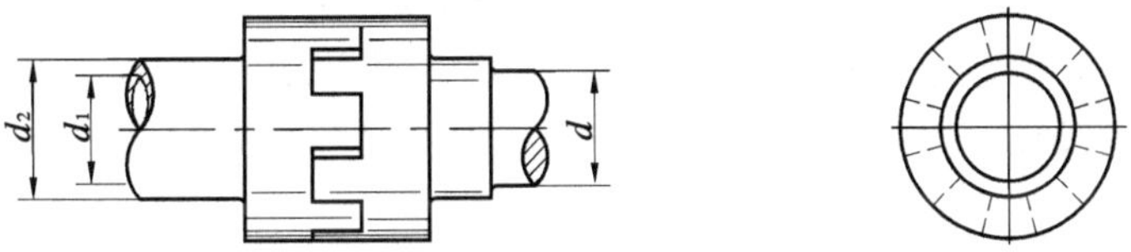

习题 13-8 图

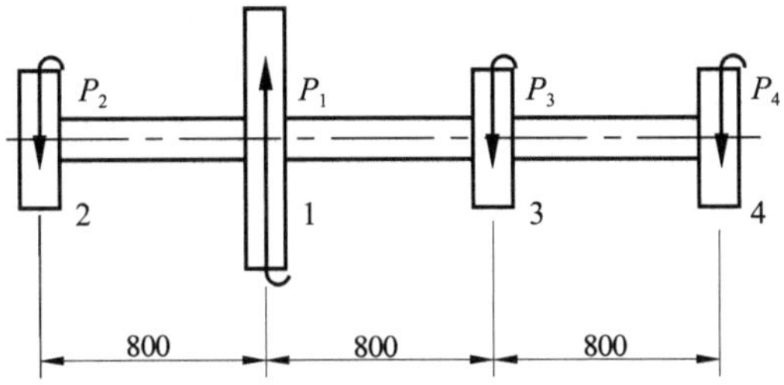

习题 13-9 图

13-10 习题 13-4 所述轴，若扭力矩 $M=1$ kN·m，许用切应力 $[\tau]=80$ MPa，单位长度许用扭转角 $[\theta]=0.5(°)/\mathrm{m}$，切变模量 $G=80$ GPa，试确定轴径 d_1 与 d_2.

13-11 一薄壁圆管两端承受扭力矩作用. 设管的平均半径为 R_0，壁厚为 δ，管长为 l，切变模量为 G，试证明薄壁圆管的扭转角为

$$\varphi=\frac{Ml}{2G\pi R_0{}^3\delta}$$

13-12 如图所示的圆锥形薄壁轴 AB，两端承受扭力矩 M 作用. 设壁厚为 δ，横截面 A 与 B 的平均直径分别为 d_A 与 d_B，轴长为 l，切变模量为 G. 试证明截面 A 和 B 间的扭转角为

$$\varphi_{A/B}=\frac{2Ml}{\pi G\delta}\frac{(d_A+d_B)}{d_A{}^2 d_B{}^2}$$

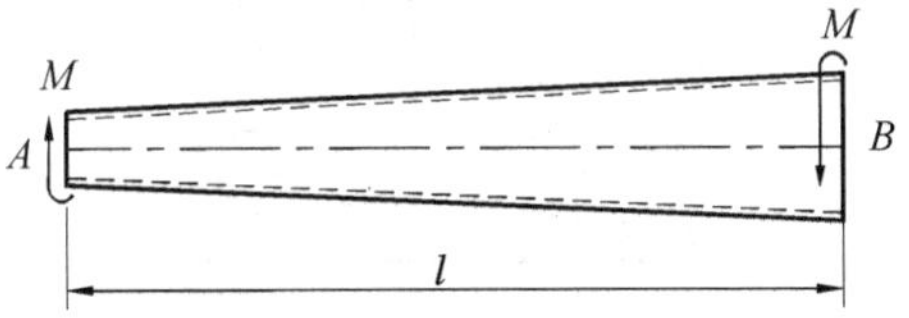

习题 13-12 图

13-13 试确定图示轴的直径. 已知扭力矩 $M_1=400$ N·m，$M_2=600$ N·m，许用切应力 $[\tau]=40$ MPa，单位长度的许用扭转角 $[\theta]=0.25\ (°)/\mathrm{m}$，切变模量 $G=80$ GPa.

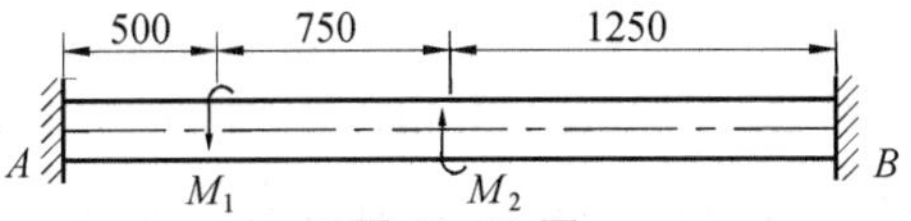

习题 13-13 图

13-14 图示二轴用突缘与螺栓相连接，各螺栓的材料、直径相同，并均匀地排列在直径为 $D=100$ mm 的圆周上，突缘的厚度为 $\delta=10$ mm，轴所承受的扭力矩为 $M=5.0$ kN·m，螺栓的许用切应力 $[\tau]=100$ MPa，许用挤压应力 $[\sigma_{bs}]=300$ MPa. 试确定螺栓

的直径 d.

13-15　图示阶梯形轴由 AB 与 BC 两段等截面圆轴组成,并承受集度为 m 的均匀分布的扭力矩作用.为使轴的重量最轻,试确定 AB 与 BC 段的长度 l_1 与 l_2 以及直径 d_1 与 d_2.已知轴总长为 l,许用切应力为$[\tau]$.

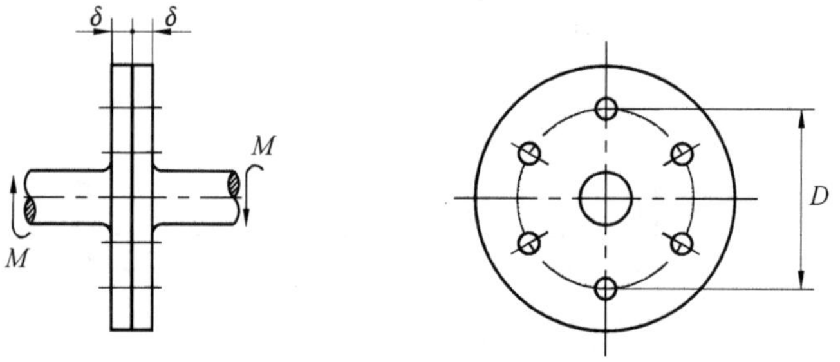

习题 13-14 图

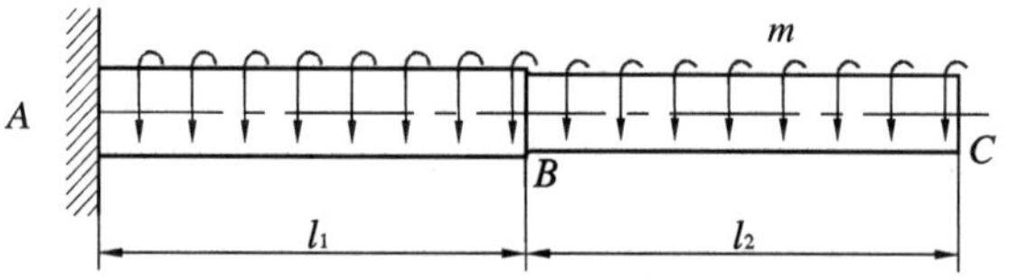

习题 13-15 图

13-16　图示密圈螺旋弹簧承受轴向载荷 $F=1$ kN 作用.设弹簧的平均直径 $D=40$ mm,弹簧丝的直径 $d=7$ mm,许用切应力$[\tau]=480$ MPa,试校核弹簧的强度.

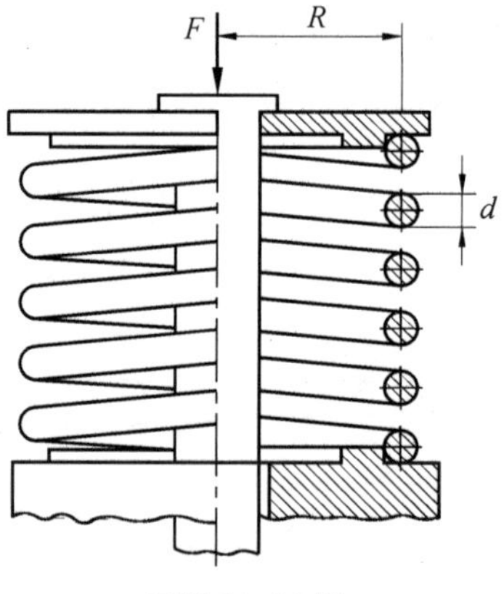

习题 13-16 图

13-17　一圆截面试样直径 $d=20$ mm,两端承受扭力矩 $M=230$ N · m 作用.设由试验测得标距 $l_0=100$ mm,内轴的扭转角 $\varphi=0.0174$ rad,试确定切变模量 G.

13-18　某圆截面钢轴转速 $n=250$ r/min,所传功率 $P=60$ kW,许用切应力$[\tau]=40$ MPa,单位长度的许用扭转角$[\theta]=0.5$ (°)/m,切变模量 $G=80$ GPa.试设计轴径.

第十四章　梁的弯曲

本章研究梁的弯曲问题.先根据梁承受的外力确定梁横截面上内力,画内力图表明各横截面内力变化的情况;然后分析横截面上的应力分布规律和计算公式,建立强度条件;再讨论弯曲变形和刚度计算.

§14-1　对称弯曲的概念和实例

工程中有许多承受弯曲的杆件,例如火车轮轴(图14-1).这类杆件在轴线平面内受到外力偶或垂直于轴线的横向力作用,杆的轴线将由直线变为曲线.这种变形称为弯曲.以弯曲为主要变形的杆件,称为梁.

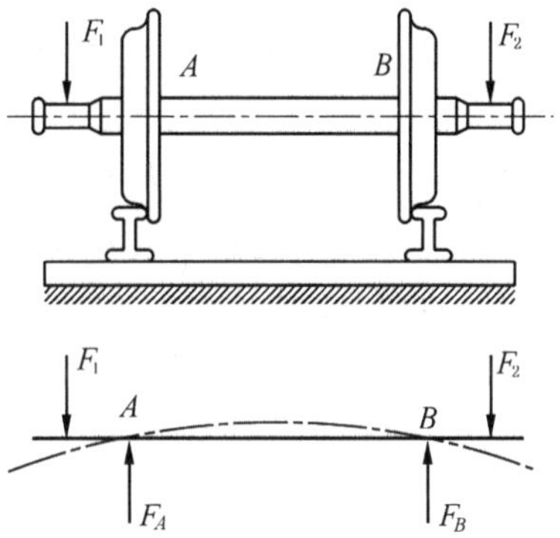

图 14-1

工程实际中常见的梁,其横截面一般都具有一个对称轴(图14-2),外力都作用在通过梁轴线和截面对称轴的纵向对称面内,这时,梁的轴线将弯成一条位于纵向对称面内的平面曲线(图14-3).这种弯曲称为对称弯曲.

为便于分析计算,须将实际的梁简化为计算简图.

梁的几何形状一般简化为一直杆,以其轴线来表示.梁上的载荷有三种形式:集中力、集中力偶和分布载荷.均匀分布的载荷称为均布载荷,常以梁单位长度的载荷集度 q 来表示,单位为 N/m 或 kN/m.

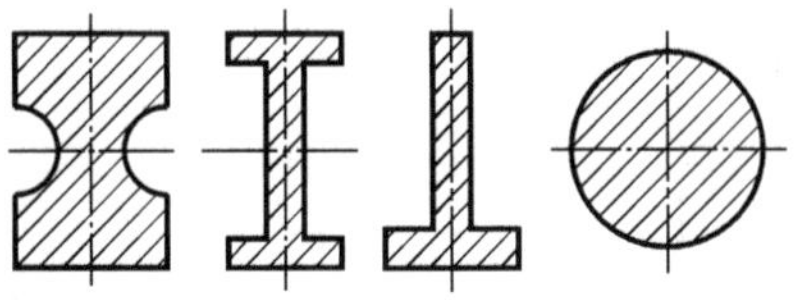

图 14-2

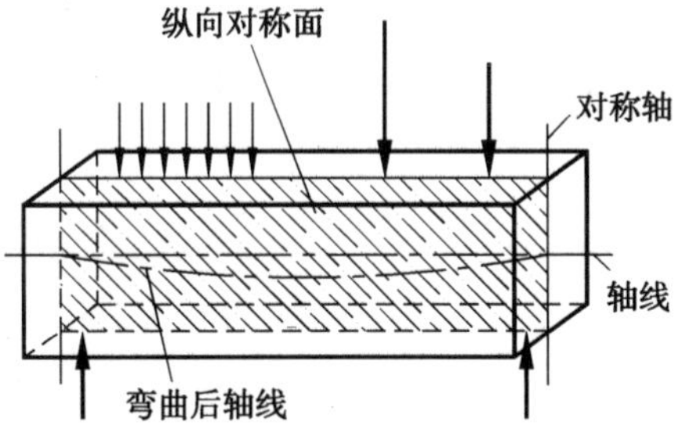

图 14-3

梁上受载荷作用,必须有支座支承,梁的支座按它对梁在载荷平面内的约束作用不同而简化为三种典型形式:可动铰支座[图14-4(a)]、固定铰支座[图14-4(b)]和固定端[图14-4(c)].相应地其支座反力情况如图14-4所示.

梁的计算简图可归纳为三种基本形式:简支梁[图14-5(a)]、悬臂梁[图14-5(b)]、外伸梁[图14-5(c)].这三种梁的支座反力都可用静力平衡方程求得,统称为静定梁.梁在两支座间的长度称为跨度.

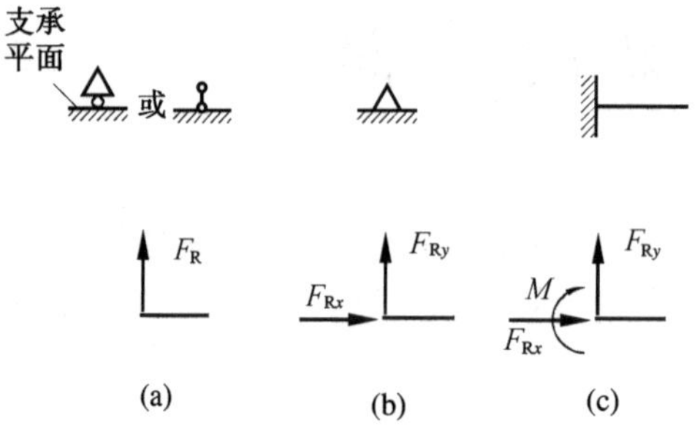

图 14-4

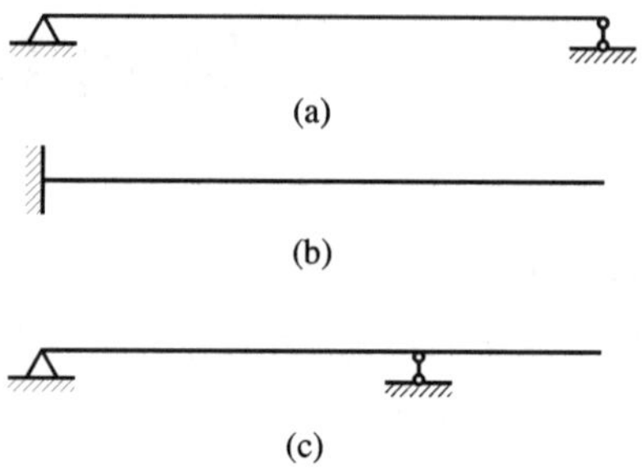

图 14-5

§ 14-2 梁的内力——剪力和弯矩

静定梁在载荷作用下,根据平衡方程求得支座反力后,便可进一步研究各横截面上的内力.

设简支梁 AB 受集中力 F_1、F_2、F_3 作用,如图 14-6(a)所示.先用平衡条件求出梁的支座反力 F_{Ay} 和 F_{By}.现分析距 A 端 x 处横截面 m-m 上的内力.由截面法,假想将梁在截面 m-m 处截开,取左边部分研究[图 14-6(b)].左段梁上作用有外力 F_1 和 F_{Ay},为保持梁段的平衡,在截开面上必有右段对它作用的内力,应为一个平行于横截面的力 F_S 和一个位于载荷平面内的力偶,其矩用 M 表示,F_S 称为剪力,M 称为弯矩.

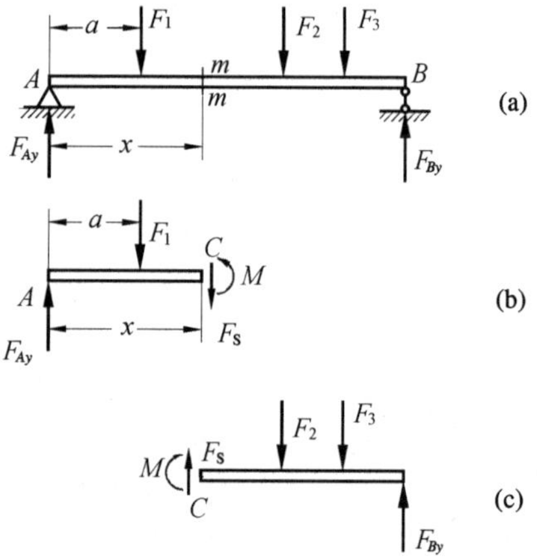

图 14-6

根据左段梁的平衡方程

$$\sum F_y = 0, F_{Ay} - F_1 - F_S = 0$$

得

$$F_S = F_{Ay} - F_1$$

即剪力 F_S 等于左段梁上所有外力的代数和.由平衡方程

$$\sum M_C = 0, M - F_{Ay}x + F_1(x-a) = 0$$

得

$$M = F_{Ay}x - F_1(x - a)$$

即弯矩 M 等于左段梁上所有外力对截面 m-m 形心 C 的力矩的代数和.

若取右段梁为研究对象[图 14-6(c)],同样由平衡条件也可求得截面 m-m 上的剪力 F_S 和弯矩 M. 与考虑左段时所得为同一截面的内力,其数值相同,而方向或转向则相反,符合作用力与反作用力的关系.

为使左右两段梁在同一截面上的内力正负号一致,按梁的变形情况来规定内力的正负. 取一紧靠截面的微段,当其相邻两截面有左上右下相对错动趋势时,截面上的剪力为正,反之为负[图 14-7(a)];当此微段弯曲呈凹形时,截面弯矩为正,弯曲呈凸形时,弯矩为负,如图 14-7(b)所示.

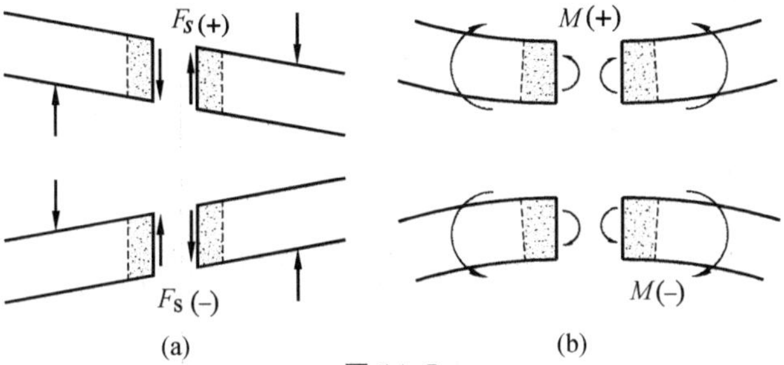

图 14-7

根据截面法的计算结果和正负号规定,在求内力时,可不必将梁截开,而直接从横截面的任一边梁上外力来求得该截面上的剪力和弯矩. 规律如下:

(1) 横截面上的剪力在数值上等于此截面一边梁段上外力的代数和. 按左段梁,向上的外力产生正值剪力,向下的外力引起负值剪力;按右段梁时则相反.

(2) 横截面上的弯矩在数值上等于此截面一边梁段上所有外力对该截面形心的力矩的代数和. 向上的外力产生正值弯矩,向下的外力产生负值弯矩.

例 14-1 图 14-8 所示的简支梁 AB,受载荷 $F=8$ kN,$q=12$ kN/m,长度 $a=1.5$ m,求距左端 A 为 $3a$ 处截面上的剪力和弯矩.

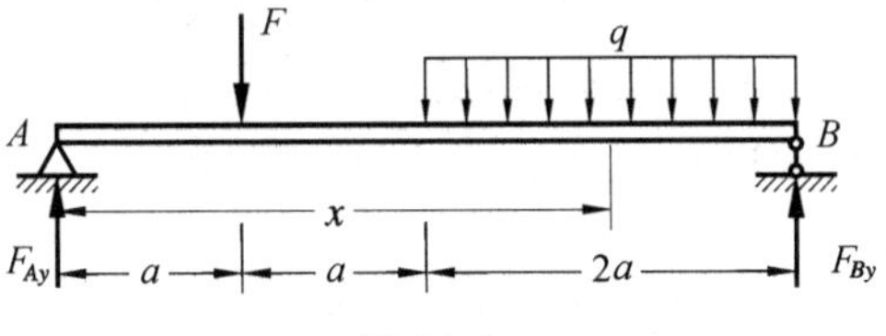

图 14-8

解:(1) 先由整体梁的平衡条件求出支座反力.

$$\sum M_B = 0, -F_{Ay} \cdot 4a + F \cdot 3a + q \cdot 2a \cdot a = 0$$

$$\sum F_y = 0, F_{Ay} + F_{By} - F - q \cdot 2a = 0$$

得

$$F_{Ay} = 15\ \text{kN}, F_{By} = 29\ \text{kN}$$

所得值为正值,表明实际支反力的方向与图示假设方向一致.

(2) 求截面的剪力和弯矩.

对 $x=3a$ 的截面,从其左侧梁段上所有外力考虑,故可直接列出

$$F_S=F_{Ay}-F-q\cdot(x-2a)=15\ \text{kN}-8\ \text{kN}-(12\ \text{kN/m})(3\times1.5\ \text{m}-2\times1.5\ \text{m})=-11\ \text{kN}$$

$$M=F_{Ay}\cdot x-F\cdot(x-a)-q(x-2a)\cdot\frac{(x-2a)}{2}$$
$$=(15\ \text{kN})\times(4.5\ \text{m})-(8\ \text{kN})\times(3\times1.5\ \text{m}-1.5\ \text{m})-(12\ \text{kN/m})\times(1.5\ \text{m})\times\left(\frac{1.5}{2}\ \text{m}\right)=30\ \text{kN}\cdot\text{m}$$

如从截面右侧的外力考虑,则

$$F_S=-F_{By}+q\cdot(4a-x)=-29\ \text{kN}+(12\ \text{kN/m})(4\times1.5\ \text{m}-3\times1.5\ \text{m})=-11\ \text{kN}$$

$$M=F_{By}(4a-x)-q(4a-x)\cdot\frac{(4a-x)}{2}$$
$$=(29\ \text{kN})\times(1.5\ \text{m})-(12\ \text{kN/m})\times(1.5\ \text{m})\times\left(\frac{1.5}{2}\ \text{m}\right)=30\ \text{kN}\cdot\text{m}$$

可见结果是相同的.

§14-3 剪力图和弯矩图

梁横截面上的剪力 F_S 和弯矩 M 一般将随截面位置不同而变化.若以坐标 x 表示横截面的位置,则截面内力可表示为 x 的函数,即

$$F_S=F_S(x)$$
$$M=M(x)$$

上述关系式分别称为剪力方程与弯矩方程.

为直观地表示出沿梁轴线各截面上剪力和弯矩的变化情况,以平行于轴线的横坐标 x 表示截面位置,以剪力 F_S 或弯矩 M 为纵坐标,根据方程画出其图线,分别称为剪力图和弯矩图.

研究剪力与弯矩沿梁轴的变化情况,对于解决梁的强度与刚度问题都是必不可少的.因此,剪力、弯矩方程与剪力、弯矩图是分析弯曲问题的重要基础.

例 14-2 图 14-9(a)所示的简支梁,承受均布载荷作用.设梁单位长度内的载荷即载荷集度为 q,试建立梁的剪力、弯矩方程,并画剪力图、弯矩图.

解:(1) 计算支反力.

分布载荷的合力为 $F_R=ql$,并作用在梁的中点,所以,A 端与 B 端的支反力为

$$F_{Ay}=F_{By}=\frac{ql}{2}$$

(2) 建立剪力、弯矩方程.

如图所示,以截面 A 的形心为坐标 x 的原点,并在截面 x 处切取左段为研究对象[图 14-9(b)],可以看出,在左段梁上,分布载荷的合力为 qx,并作用在该梁段的中点,根据平衡条件,得

$$F_S=-F_{Ay}+qx=-\frac{ql}{2}+qx\quad(0<x<l)\tag{a}$$

$$M = -F_{Ay}x + qx \cdot \frac{x}{2} = -\frac{ql}{2}x + \frac{q}{2}x^2 \quad (0 \leqslant x \leqslant l) \tag{b}$$

(3) 画剪力图、弯矩图.

由式(a)可知,剪力 F_S 为 x 的线性函数,且 $F_S(0) = -ql/2$,$F_S(l) = ql/2$,所以,梁的剪力图如图 14-9(c)所示.

由式(b)可知,弯矩 M 为 x 的二次函数,其图像为二次抛物线.由式(b)求出 x 和 M 的一些对应值后,即可画出梁的弯矩图[图 14-9(d)].

由剪力图、弯矩图可知

$$F_{S,\max} = \frac{ql}{2}$$

$$|M|_{\max} = \frac{ql^2}{8}$$

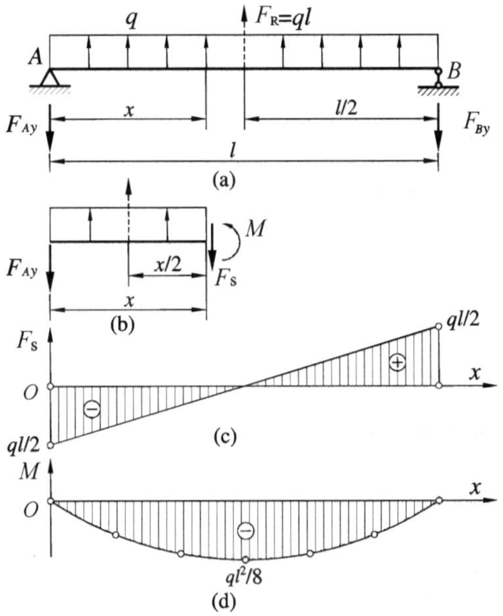

图 14-9

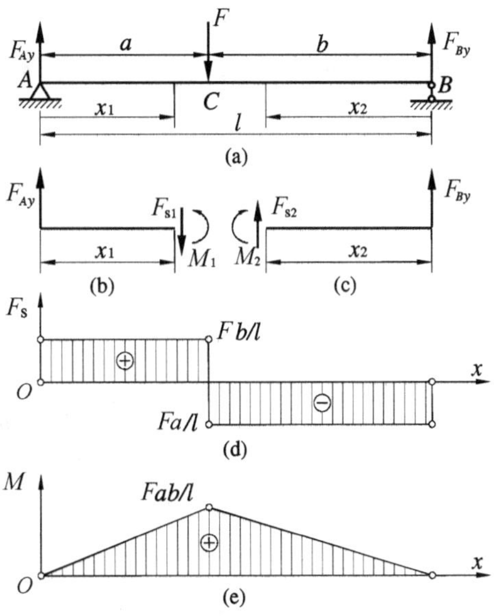

图 14-10

例 14-3 图 14-10 所示的简支梁,在截面 C 处承受集中载荷的作用.试建立梁的剪力、弯矩方程,并画剪力图、弯矩图.

解: (1) 计算支反力.

由平衡方程 $\sum M_B = 0$ 与 $\sum M_A = 0$,得 A 端与 B 端的支反力分别为

$$F_{Ay} = \frac{bF}{l}, F_{By} = \frac{aF}{l}$$

(2) 建立剪力、弯矩方程.

由于在截面 C 处作用有集中载荷 F,故应以该截面为分界面,将梁划分为 AC 与 CB 两段,分段建立剪力与弯矩方程.

对于 AC 段,选 A 点为原点,并用坐标 x_1 表示横截面的位置,则由图 14-10(b)可知,该梁段的剪力与弯矩方程分别为

$$F_{S1}=F_{Ay}=\frac{bF}{l}\quad(0<x_1<a)\tag{a}$$

$$M_1=F_{Ay}x_1=\frac{bF}{l}x_1\quad(0\leqslant x_1\leqslant a)\tag{b}$$

对于 CB 段,为计算简单,选 B 点为原点,并用坐标 x_2 表示横截面的位置,则由图 14-10(c)可知,该梁段的剪力与弯矩方程分别为

$$F_{S2}=-F_{By}=-\frac{aF}{l}\quad(0<x_2<b)\tag{c}$$

$$M_2=F_{By}x_2=\frac{aF}{l}x_2\quad(0\leqslant x_2\leqslant a)\tag{d}$$

(3) 画剪力图、弯矩图.

根据式(a)和式(c)画剪力图,如图 14-10(d)所示;根据式(b)和式(d)画弯矩图,如图 14-10(e)所示.

例 14-4 图 14-11(a)所示的悬臂梁,承受均布载荷 q 与矩为 $M_e=qa^2$ 的集中力偶作用,试建立梁的剪力、弯矩方程,并画剪力、弯矩图.

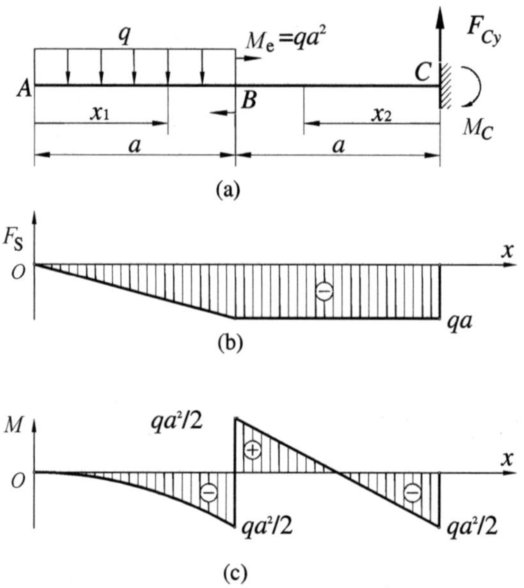

图 14-11

解:(1) 计算支反力.

设固定端 C 处的支反力与支反力偶矩分别为 F_{Cy} 与 M_C,则由平衡方程 $\sum F_y=0$ 与 $\sum M_C=0$,得

$$F_{Cy}=qa,M_C=\frac{qa^2}{2}$$

(2) 建立剪力、弯矩方程.

以外力偶的作用面为分界面,将梁划分为 AB 与 BC 两段,并选坐标 x_1 及 x_2 如图所示.可以看出:AB 段的剪力、弯矩方程分别为

$$F_{S1}=-qx_1\quad(0\leqslant x_1\leqslant a)\tag{a}$$

$$M_1=-\frac{qx_1^{\ 2}}{2}\quad(0\leqslant x_1<a)\tag{b}$$

而 BC 段的剪力、弯矩方程则分别为

$$F_{S2}=-qa\quad(0<x_2\leqslant a)\tag{c}$$

$$M_2=qa\cdot x_2-\frac{qa^2}{2}\quad(0<x_2<a)\tag{d}$$

(3) 画剪力图、弯矩图.

根据式(a)和式(c)画剪力图,如图 14-11(b)所示;根据式(b)和式(d)画弯矩图,如图 14-11(c)所示.

由剪力图、弯矩图中可以看出,在集中力偶作用处,其左、右两侧横截面上的剪力相同,而弯矩则发生突变,突变量等于该力偶之矩.

§14-4 弯曲时的正应力

在求出梁横截面上的剪力和弯矩后,为了解决梁的强度问题,必须研究横截面上各点的应力分布规律. 由截面上分布内力的合成关系可知,横截面上只有与正应力有关的法向微内力才能合成为弯矩;而与切应力有关的切向微内力才能合成为剪力.

若梁在某段内各横截面上的剪力为零,弯矩为常量,则该段梁的弯曲称为纯弯曲,这是弯曲理论中最基本的情况.

在机械与工程结构中,最常见的梁往往至少具有一个纵向对称面(图 14-2),而外力则作用在该对称面内(图 14-3). 在这种情况下,梁的变形对称于纵向对称面,即为对称弯曲. 本节研究对称弯曲时弯曲正应力的分布规律.

1. 试验与假设

首先观察变形现象. 取一根矩形截面梁,在其侧面画两条相邻的横向线 1-1 和 2-2[图 14-12(a)],并在两横向线间靠近底面和顶面处分别画纵线 ab 和 cd,然后在梁端加一对矩为 M 的外力偶,使梁处于所谓的纯弯曲状态. 根据实验观察,在梁变形后,侧面上的纵线 ab 和 cd 弯曲成弧线,而横向线 1′-1′和 2′-2′则仍为直线,并在相对旋转了一个角度后仍与弧线 $a'b'$ 和 $c'd'$ 保持正交[图 14-12(b)]. 这时,靠近底面的纵线伸长,而靠近顶面的纵线缩短. 根据上述变形的表面现象,可做出如下假设:梁在变形前的横截面变形后仍保持为平面,并仍垂直于梁变形后的轴线,只是绕截面内的某一轴线旋转了一个角度. 这就是弯曲问题中的平面假设.

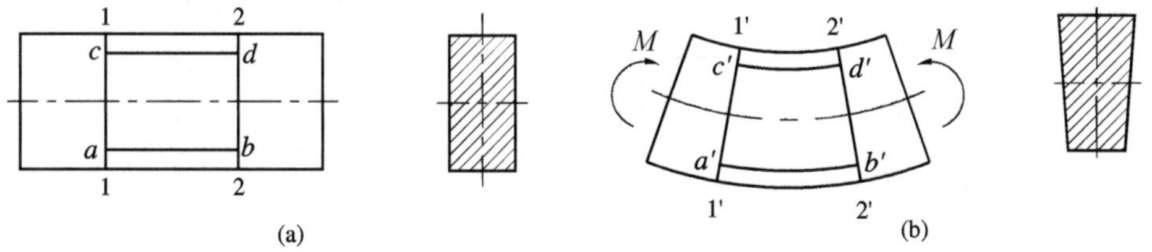

图 14-12

根据平面假设,横截面上各点处均无切应变,因此,纯弯曲时梁的横截面上不存在切应力.

根据平面假设,梁弯曲时部分"纤维"伸长,部分"纤维"缩短,由伸长区到缩短区,其间必存在一长度不变的过渡层,称为中性层(图 14-13).中性层与横截面的交线,称为中性轴.对称弯曲时,梁的变形对称于纵向对称面,因此,中性轴必垂直于截面的纵向对称轴.

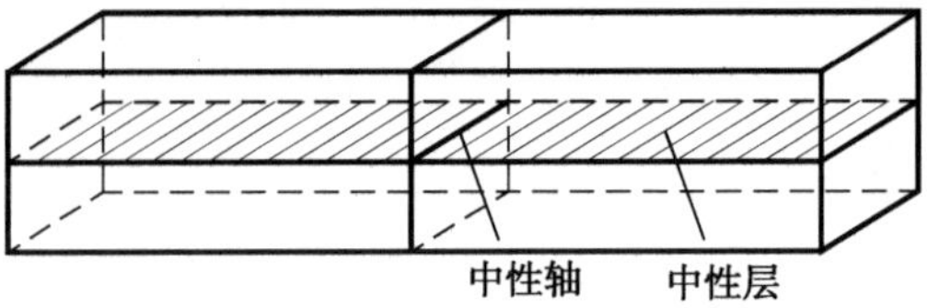

图 14-13

2. 弯曲正应力的一般公式

现研究纯弯曲时梁横截面上的正应力,也要综合考虑几何、物理和静力学三方面知识.

(1) 变形几何关系.

用横截面 1-1 与 2-2 从梁中切取长为 $\mathrm{d}x$ 的微段梁,并沿截面纵向对称轴与中性轴分别建立 y 轴与 z 轴[图 14-14(a)].分析截面上距中性轴为 y 的纵向纤维 ab 的变形.相距为 $\mathrm{d}x$ 的两截面转动后夹角为 $\mathrm{d}\theta$,中性层的曲率半径为 ρ,两截面间距原长 $\overline{ab}=\overline{O_1O_2}$,变形后弧长 $O_1O_2=\rho\mathrm{d}\theta$,而弧长 $a'b'=(\rho+y)\mathrm{d}\theta$,则纵向纤维 ab 的线应变:

$$\varepsilon=\frac{\text{弧长 } a'b'-\overline{ab}}{\overline{ab}}=\frac{(\rho+y)\mathrm{d}\theta-\rho\mathrm{d}\theta}{\rho\mathrm{d}\theta}=\frac{y}{\rho} \tag{a}$$

(2) 物理关系.

假设梁各层间无挤压作用,纵向纤维是单向应力状态,当应力不超过比例极限时可应用胡克定律,由此得横截面上 y 处的正应力为

$$\sigma=E\varepsilon=\frac{Ey}{\rho} \tag{b}$$

可见,横截面上任意点的正应力与该点到中性轴的距离成正比,即正应力沿截面高度线性变化,而中性轴上各点处的正应力则为零[图 14-14(c)].

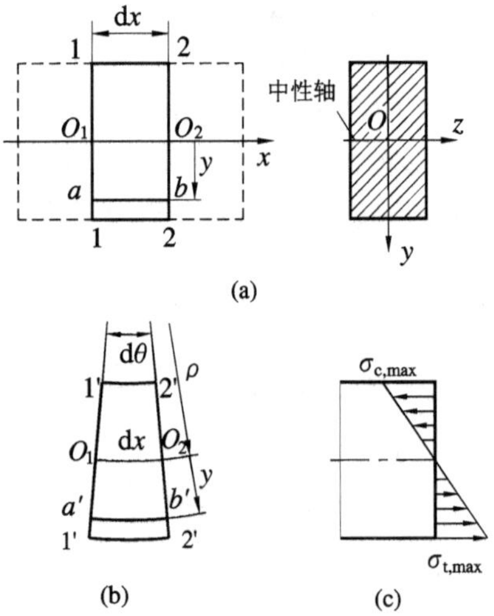

图 14-14

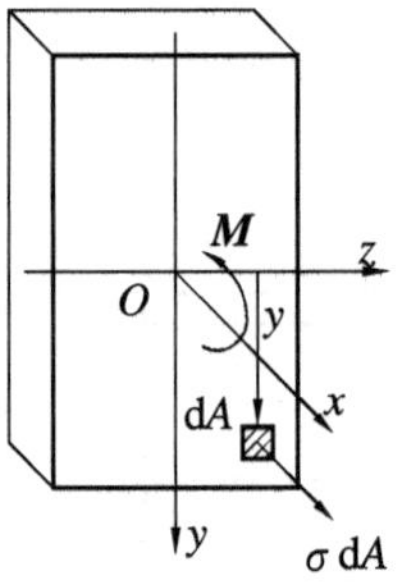

图 14-15

(3) 静力学方面.

求出了截面正应力分布规律[式(b)],但中性轴的位置和中性层曲率半径 ρ 尚未确定.由图 14-15,在横截面的各微小面积 dA 上的微内力 σdA 组成了垂直于截面的空间平行力系.但由于梁截面上没有轴力,只有位于梁对称面内的弯矩 M,因此

$$\int_A \sigma \mathrm{d}A = 0 \tag{c}$$

$$\int_A y\sigma \mathrm{d}A = M \tag{d}$$

将式(b)代入式(c),得

$$\int_A y \mathrm{d}A = 0 \tag{e}$$

上式左边中的积分代表截面对 z 轴的静矩 S_z. 仅当 z 轴通过截面形心时,静矩 S_z 才为零(参阅下节). 由此可见,中性轴通过截面形心.

将式(b)代入式(d),得

$$\frac{E}{\rho}\int_A y^2 \mathrm{d}A = M$$

令

$$I_z = \int_A y^2 \mathrm{d}A \tag{14-1}$$

上式中的积分代表截面对 z 轴的惯性矩 I_z,是仅与截面形状和尺寸有关的量. 于是得

$$\frac{1}{\rho} = \frac{M}{EI_z} \tag{14-2}$$

此即用曲率表示的弯曲变形公式.

上式表明,中性层的曲率 $1/\rho$ 与弯矩 M 成正比,与 EI_z 成反比. 乘积 EI_z 称为梁截面的弯曲刚度. 惯性矩 I_z 综合地反映了横截面的形状与尺寸对弯曲变形的影响.

将式(14-2)代入式(b),于是得横截面上 y 处的正应力为

$$\sigma = \frac{My}{I_z} \tag{14-3}$$

此即弯曲正应力的一般公式.

应该指出,以上公式虽然是在纯弯曲的情况下建立的,但在一定条件下,同样适用于非纯弯曲.

3. 最大弯曲正应力

由式(14-3)可知,在 $y = y_{\max}$ 即横截面上离中性轴最远的各点处,弯曲正应力最大,其值为

$$\sigma_{\max} = \frac{My_{\max}}{I_z} = \frac{M}{\dfrac{I_z}{y_{\max}}}$$

式中,比值 $I_z/y_{\max}$ 仅与截面的形状和尺寸有关,称为抗弯截面系数,并用 W_z 表示,即

$$W_z = \frac{I_z}{y_{\max}} \tag{14-4}$$

于是,最大弯曲正应力即为

$$\sigma_{\max}=\frac{M}{W_z} \tag{14-5}$$

可见,最大弯曲正应力与弯矩成正比,与抗弯截面系数成反比.抗弯截面系数综合地反映了横截面的形状与尺寸对弯曲正应力的影响.

§14-5 截面的惯性矩 平行轴定理

在杆的轴向拉压和圆轴扭转的强度、刚度计算中,需要用到横截面面积以及极惯性矩等几何量,它们与横截面的尺寸和形状有关.与此相似,在进行梁的弯曲应力和弯曲变形计算时,还将用到静矩、惯性矩等截面的另外一些几何量,本节将对此加以讨论.

1. 截面的静矩

图 14-16 为一任意截面的图形,其面积为 A.建立平面直角坐标系 yOz,在坐标(y,z)处取一微面积 $\mathrm{d}A$,将下列积分

$$\left.\begin{aligned}S_z&=\int_A y\,\mathrm{d}A\\ S_y&=\int_A z\,\mathrm{d}A\end{aligned}\right\} \tag{14-6}$$

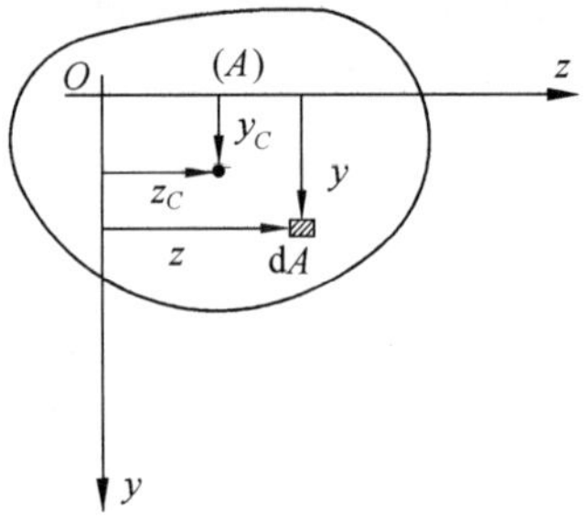

图 14-16

分别定义为图形对 z 轴和 y 轴的静矩.显然,平面图形的静矩是对某一坐标轴而言的,同一图形对不同的坐标轴,其静矩也不相同.静矩的数值可正可负,也可能为零,单位为 m^3.

平面图形的形心的坐标分别是

$$\left.\begin{aligned}y_C&=\frac{S_z}{A}\\ z_C&=\frac{S_y}{A}\end{aligned}\right\} \tag{14-7}$$

由式(14-7)可以看出,若 $S_z=0$ 或 $S_y=0$,则 $y_C=0$ 或 $z_C=0$,说明图形对某一轴的静矩如果等于零,则该轴必然通过图形的形心.反之,若某一轴通过形心,则图形对该轴的静矩必等于零.通过形心的坐标轴称为形心轴.

2. 简单截面的惯性矩计算

(1) 矩形截面的惯性矩.

图 14-17(a)所示的矩形截面,高度为 h,宽度为 b,z 轴和 y 轴为截面形心轴,且 z 轴平行于截面底边.

如图所示,取平行于轴的狭长条微面积 $\mathrm{d}A=b\mathrm{d}y$,则

$$I_z=\int_A y^2\,\mathrm{d}A=\int_{-h/2}^{h/2} y^2 b\,\mathrm{d}y=\frac{bh^3}{12} \tag{14-8}$$

其抗弯截面系数为

$$W_z=\frac{I_z}{y_{\max}}=\frac{bh^3/12}{h/2}=\frac{bh^2}{6} \tag{14-9}$$

同理,得矩形截面对 y 轴的惯性矩为

$$I_y=\frac{hb^3}{12}$$

(2) 圆形截面的惯性矩.

图 14-17(b)所示的圆形截面,直径为 d,z 轴和 y 轴为截面形心轴. 由坐标关系 $\rho^2=y^2+z^2$,截面的极惯性矩

$$I_p=\int_A\rho^2\mathrm{d}A=\int_A y^2\mathrm{d}A+\int_A z^2\mathrm{d}A=I_z+I_y$$

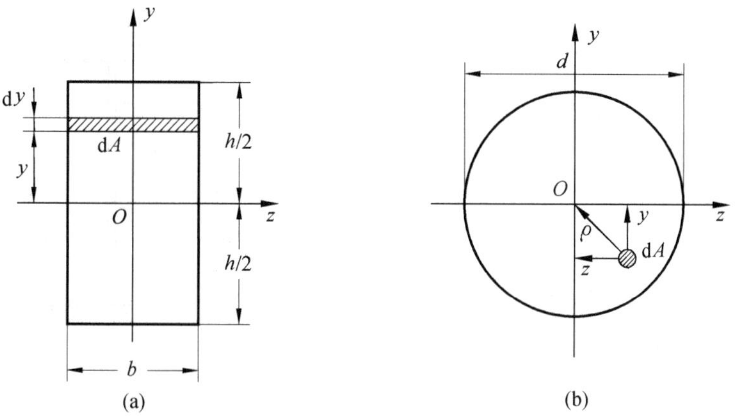

图 14-17

因圆截面对任一形心轴的惯性矩均相等,且由式(14-8)有

$$I_z=I_y=\frac{1}{2}I_p=\frac{\pi d^4}{64} \tag{14-10}$$

其抗弯截面系数则为

$$W_z=\frac{\pi d^4/64}{d/2}=\frac{\pi d^3}{32} \tag{14-11}$$

型钢截面的惯性矩等几何量,可从附录 I 型钢表中查得.

3. 组合截面及平行轴定理

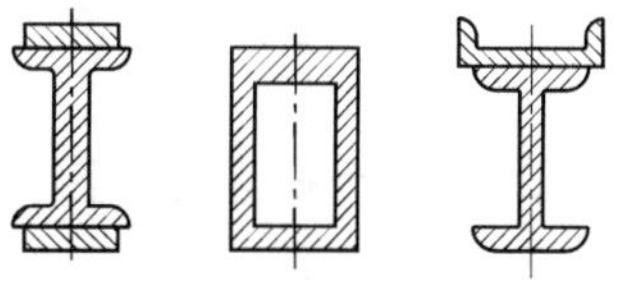

图 14-18

工程中,还常应用一些形状比较复杂的截面(图 14-18). 这些截面可看成是由几个简单截面或型钢等组合而成,称为组合截面. 组合截面对某一轴的惯性矩等于其组成部分对同一轴的惯性矩之和,即

$$I_z=I_{z1}+I_{z2}+\cdots=\sum_{i=1}^{n}I_{zi} \tag{14-12}$$

计算截面对任一轴的惯性矩时,还常需要用平行轴定理. 如图 14-19 所示的任意截面面积 A,设 z_0 轴为形心轴,z 轴与 z_0 轴平行,相距为 a,微面积 $\mathrm{d}A$ 在 Oyz 与 Cy_0z_0 坐标系中的纵坐标分别为 y 和 y_0,则截面对 z 轴的惯性矩

$$I_z=\int_A y^2\mathrm{d}A=\int_A(y_0+a)^2\mathrm{d}A$$

即

$$I_z=\int_A {y_0}^2\mathrm{d}A+2a\int_A y_0\mathrm{d}A+Aa^2$$

上式中:右端第一项代表截面对形心轴 z_0 的惯性矩 I_{z0};第二项中的积分即 $\int_A y_0 \mathrm{d}A$,代表截面对形心轴的静矩,应等于零.上式结果为

$$I_z = I_{z0} + Aa^2 \tag{14-13}$$

即截面对任一轴的惯性矩,等于截面对平行于该轴形心轴的惯性矩,加上截面面积与两轴间距离的平方之乘积.该结论称为平行轴定理.

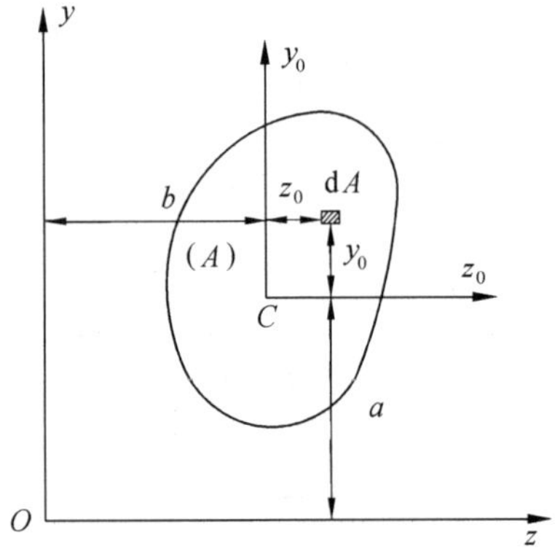

图 14-19

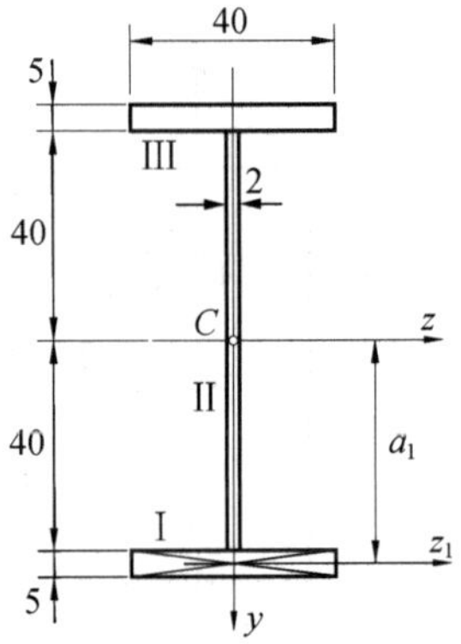

图 14-20

例 14-5 图 14-20 所示的工字形截面,由上、下翼缘与腹板组成,试计算截面对水平形心轴 z 的惯性矩 I_z.

解: 将截面分解为矩形Ⅰ、矩形Ⅱ与矩形Ⅲ.

设矩形Ⅰ的水平形心轴为 z_1,则由式(14-13)可知,矩形Ⅰ对 z 轴的惯性矩为

$$I_z^{\mathrm{I}} = I_{z1}^{\mathrm{I}} + A_1 a_1{}^2 = \frac{(0.040\ \mathrm{m})(0.005\ \mathrm{m})^3}{12} + (0.040\ \mathrm{m})(0.005\ \mathrm{m})\left(0.040\ \mathrm{m} + \frac{0.005\ \mathrm{m}}{2}\right)^2$$

$$= 3.62 \times 10^{-7}\ \mathrm{m}^4$$

矩形Ⅱ的形心与整个截面的形心 C 重合,故该矩形对 z 轴的惯性矩为

$$I_z^{\mathrm{II}} = \frac{(0.002\ \mathrm{m})(0.080\ \mathrm{m})^3}{12} = 8.53 \times 10^{-8}\ \mathrm{m}^4$$

于是,整个截面对 z 轴的惯性矩为

$$I_z = 2I_z^{\mathrm{I}} + I_z^{\mathrm{II}} = 2(3.62 \times 10^{-7}\ \mathrm{m}^4) + 8.53 \times 10^{-8}\ \mathrm{m}^4 = 8.09 \times 10^{-7}\ \mathrm{m}^4$$

§14-6 梁的强度条件

工程中常见的梁,多为横力弯曲变形,梁内同时存在弯曲正应力和弯曲切应力,并沿截面高度非均匀分布.根据实验和精确理论分析结果,一般细长梁如梁的跨度与截面高度之比 $l/h > 5$ 时,剪力对于正应力分布规律影响很小,故由纯弯曲得出的正应力公式(14-3)可以推广应用于受横力弯曲的梁.对受横力弯曲的等截面直梁,最大弯矩所在截面最危险,梁内最大正应力在该截面上距中性轴最远的边缘各点处,而在截面上下边缘点处切应力为零,则最大正应力作用点可看成是处于单向受力状态,故梁的正应力强度条件为

$$\sigma_{\max} = \frac{M_{\max}}{W_z} \leqslant [\sigma] \tag{14-14}$$

应用式(14-14)强度条件，可按弯曲正应力对梁进行强度校核，选择截面尺寸或确定许可载荷值.

例 14-6 图 14-21(a)所示的外伸梁，用铸铁制成，横截面为 T 字形，并承受均布载荷 q 作用. 试校核梁的强度. 已知载荷集度 $q=25\ \text{N/mm}$，截面形心离底边与顶边的距离分别为 $y_1=45\ \text{mm}$ 和 $y_2=95\ \text{mm}$，惯性矩 $I_z=8.84\times10^{-6}\ \text{m}^4$，许用拉应力 $[\sigma_t]=35\ \text{MPa}$，许用压应力 $[\sigma_c]=140\ \text{MPa}$.

解：(1) 危险截面与危险点判断.

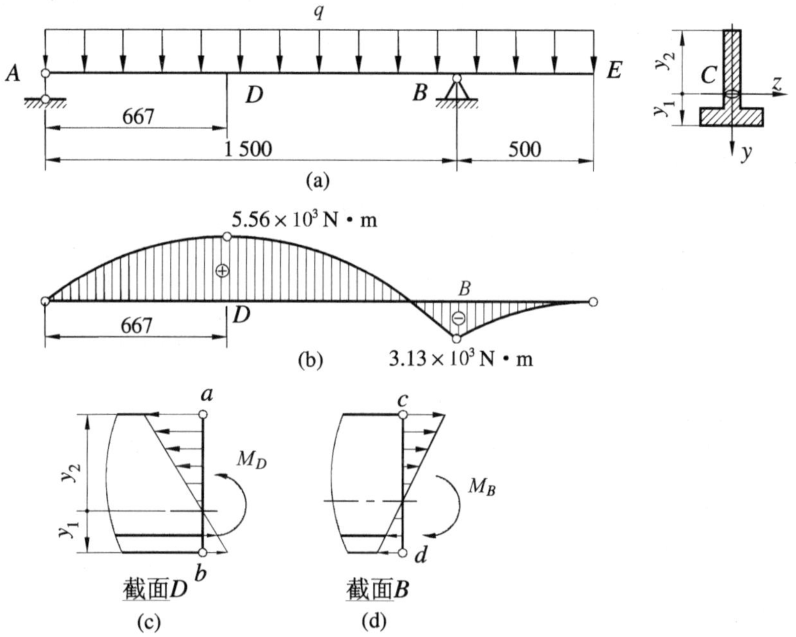

图 14-21

梁的弯矩如图 14-21(b)所示，在横截面 D 与 B 上，分别作用有最大正弯矩与最大负弯矩，因此，这两个截面均为危险截面.

截面 D 与 B 的弯曲正应力分布分别如图 14-21(c)与(d)所示. 截面 D 的 a 点与截面 B 的 d 点处均受压；而截面 D 的 b 点与截面 B 的 c 点处则均受拉. 由于 $|M_D|>|M_B|$，$|y_a|>|y_d|$，因此

$$|\sigma_a|>|\sigma_d|$$

即梁内的最大弯曲压应力 $\sigma_{c,\max}$ 发生在截面 D 的 a 点处. 至于最大弯曲拉应力 $\sigma_{t,\max}$ 究竟发生在 b 点处，还是 c 点处，则须经计算后才能确定. 概言之，a、b、c 三点处为可能最先发生破坏的部位，简称为危险点.

(2) 强度校核.

由式(14-3)得 a、b、c 三点处的弯曲正应力分别为

$$\sigma_a=\frac{M_D y_a}{I_z}=\frac{(5.56\times10^3\ \text{N}\cdot\text{m})(0.095\ \text{m})}{8.84\times10^{-6}\ \text{m}^4}=5.98\times10^7\ \text{Pa}=59.8\ \text{MPa}$$

$$\sigma_b=\frac{M_D y_b}{I_z}=\frac{(5.56\times10^3\ \text{N}\cdot\text{m})(0.045\ \text{m})}{8.84\times10^{-6}\ \text{m}^4}=2.83\times10^7\ \text{Pa}=28.3\ \text{MPa}$$

$$\sigma_c=\frac{M_B y_c}{I_z}=\frac{(3.13\times10^3\ \text{N}\cdot\text{m})(0.095\ \text{m})}{8.84\times10^{-6}\ \text{m}^4}=3.36\times10^7\ \text{Pa}=33.6\ \text{MPa}$$

由此得

$$\sigma_{c,\max}=\sigma_a=59.8\ \text{MPa}<[\sigma_c]$$
$$\sigma_{t,\max}=\sigma_c=33.6\ \text{MPa}<[\sigma_t]$$

可见,梁的弯曲强度符合要求.

§14-7 弯曲时的切应力及其强度条件简介

当梁受弯曲时,横截面上内力还有剪力 F_S,相应地就有切应力 τ. 根据分析,横截面上任一点的切应力方向与剪力 F_S 方向一致,并沿截面宽度均匀分布. 弯曲切应力的计算公式为

$$\tau=\frac{F_S S_z}{I_z b} \tag{14-15}$$

式中 τ 为横截面上离中性轴 z 为 y 处的切应力;F_S 为该截面上的剪力;b 为该截面上所求切应力处的宽度;I_z 为整个横截面对中性轴 z 的惯性矩;S_z 为截面上距中性轴为 y 的横线一侧部分面积对中性轴的静矩.

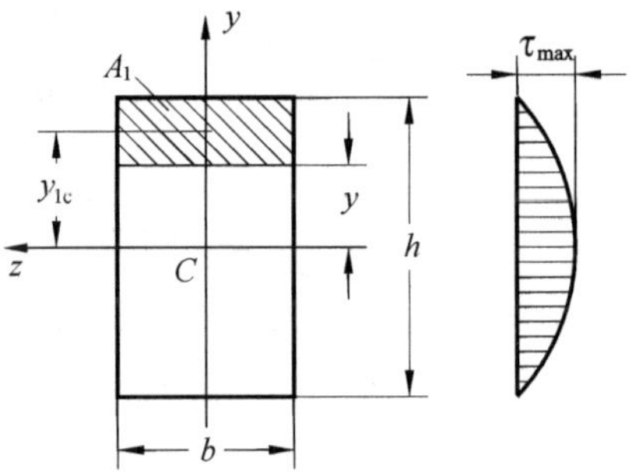

图 14-22

现以图 14-22 中的矩形截面为例,说明切应力的计算和沿截面高度的分布规律. 要求截面上距中性轴为 y 处的切应力,先计算图中阴影面积 A_1 对中性轴的静矩

$$S_z=\int_{A_1} y_1\,\mathrm{d}A=A_1\cdot y_{1c}=b\left(\frac{h}{2}-y\right)\left[y+\frac{1}{2}\left(\frac{h}{2}-y\right)\right]=\frac{b}{2}\left(\frac{h^2}{4}-y^2\right)$$

代入式(14-15),得切应力为

$$\tau=\frac{F_S}{2I_z}\left(\frac{h^2}{4}-y^2\right)$$

可见弯曲切应力沿截面高度按抛物线规律分布. 当 $y=\pm\frac{h}{2}$时,即在横截面的上下边缘点处,有 $\tau=0$;当 $y=0$ 时,即在中性轴上,τ 有最大值为

$$\tau_{\max}=\frac{F_S}{2I_z}\cdot\frac{h^2}{4}=\frac{F_S}{2\times\frac{bh^3}{12}}\times\frac{h^2}{4}=\frac{3}{2}\frac{F_S}{bh}=\frac{3}{2}\frac{F_S}{A} \tag{14-16}$$

即矩形截面梁的最大切应力为截面上平均切应力的 1.5 倍.

对常用的其他形状的截面,最大切应力也在中性轴处.

对于一般细而长的实心截面梁,常只按弯曲正应力强度进行计算. 对于短跨度梁、薄壁截面梁或承受剪力较大的梁,还应考虑切应力强度. 因最大剪应力在中性轴上,而该处正应力为零,故强度条件为

$$\tau_{\max}\leqslant[\tau] \tag{14-17}$$

在梁的计算中需要同时满足正应力和切应力强度条件时,可分别进行校核;如选择截面,通常先按正应力强度条件确定尺寸,再做切应力强度校核.

例 14-7 工字钢截面的简支梁受载如图 14-23(a)所示. 已知 $F_1=50$ kN, $F_2=$

100 kN，$[\sigma]=160$ MPa，$[\tau]=100$ MPa. 要求选定工字钢型号.

解：(1) 危险截面与危险点判断.

求出支座反力并画出梁的剪力图和弯矩图，分别如图 14-23(b)、(c)所示. 可知在集中力作用处有最大正弯矩，因此该截面为危险截面. 由于截面上下对称，故危险点在截面的上下边缘处，分别作用最大弯曲压应力和拉应力，其数值相等

$$|F_S|_{max}=88.1 \text{ kN}$$

$$M_{max}=35.2 \text{ kN}\cdot\text{m}$$

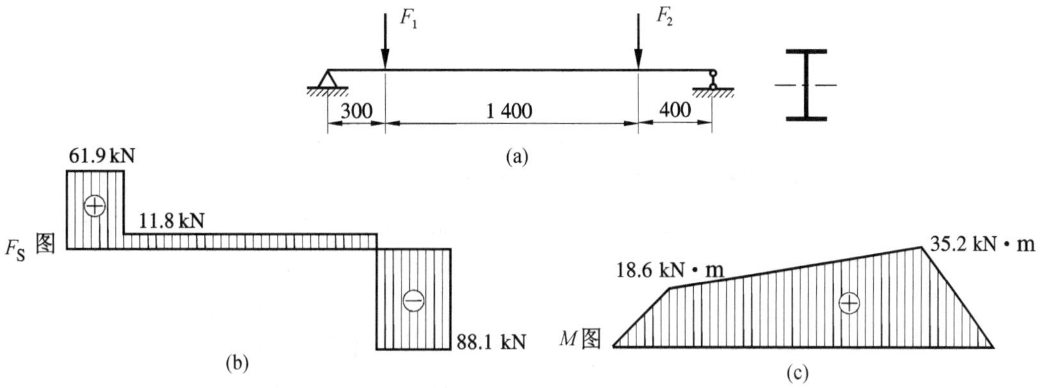

图 14-23

(2) 按弯曲正应力强度条件选择截面.

按弯曲正应力强度条件，由载荷引起的最大弯曲正应力必须不超过材料的许用应力

$$\sigma_{max}=\frac{M_{max}}{W_z}\leqslant[\sigma]$$

此梁所需的抗弯截面系数为

$$W_z\geqslant\frac{M_{max}}{[\sigma]}=\frac{35.2\times10^3 \text{ N}\cdot\text{m}}{160\times10^6 \text{ Pa}}=220\times10^{-6} \text{ m}^3=220 \text{ cm}^3$$

从型钢规格表查得，20a 号工字钢截面的抗弯截面系数为 $W_z=237$ cm^3，所以选 20a 号工字钢符合弯曲正应力强度条件.

(3) 校核梁的剪切强度.

由于载荷 F_1、F_2 靠近支座，数值较大，梁的弯曲切应力可能较大，应按切应力强度条件进行校核. 按公式(14-15)，并仍从型钢表查得 20a 号工字钢的 $I_z/S_{z,max}=17.2$ cm，腹板宽度 $d=7$ mm，则工字梁的最大切应力为

$$\tau_{max}=\frac{|F_S|_{max}S_{z,max}}{I_z d}=\frac{|F_S|_{max}}{\dfrac{I_z}{S_{z,max}}d}$$

$$=\frac{88.1\times10^3 \text{ N}}{(17.2\times10^{-2} \text{ m})(7\times10^{-3} \text{ m})}=73\times10^6 \text{ N/m}^2$$

$$=73 \text{ MPa}<[\tau]$$

可见，选用 20a 号工字钢将同时满足弯曲正应力与弯曲切应力强度条件.

§14-8 提高弯曲强度的主要措施

由前述分析可知，设计梁的主要依据是弯曲正应力强度条件[式(14-14)]. 从该条件可以看出，要提高梁的弯曲强度，可从两方面考虑. 一方面是合理安排梁的受力情况，以降低最大弯矩 M_{max} 的数值；另一方面是采用合理的截面形状，以提高抗弯截面系数 W_z，并且充分利用材料的性能.

1. 合理安排梁的受力情况

合理布置梁的支座，可以降低梁内最大弯矩 M_{max} 的数值.

例如，图 14-24(a)所示的简支梁，承受均布载荷作用，如果将梁的铰支座各向内移动 $0.2l$[图 14-24(b)]，则后者的最大弯矩仅为前者的 1/5.

又如，图 14-25(a)所示的简支梁 AB，在跨度中点承受集中载荷作用，如果在梁的中部设置一长为 $l/2$ 的辅助梁 CD[图 14-25(b)]，这时，梁内的最大弯矩将减小一半.

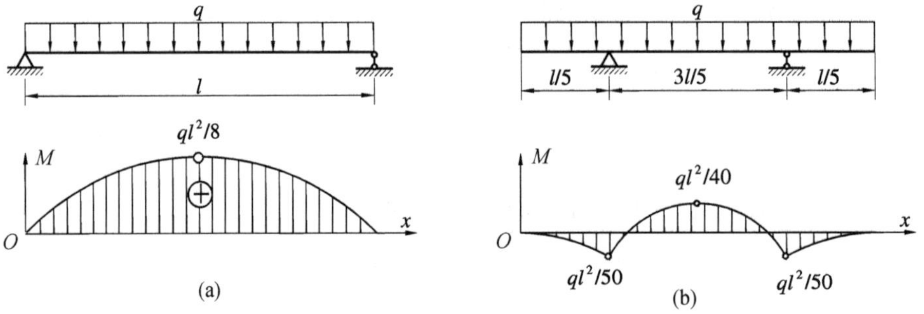

图 14-24

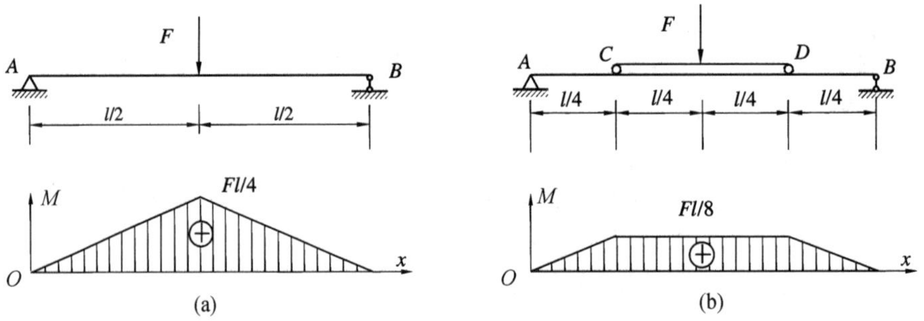

图 14-25

2. 选择合理的截面形状

从弯曲强度考虑，比较合理的截面形状，是使用较小的截面面积，却能获得较大抗弯截面系数的截面. 例如，矩形截面梁，在抵抗垂直平面内的弯曲变形时，竖放比横放合理.

从梁弯曲正应力的分布规律来看，在截面的上下缘正应力最大，而在近中性轴的地方，正应力很小. 因此应当尽可能使横截面面积分布在距中性轴较远处，以提高材料的利用率. 这就是工字形截面梁比矩形截面梁经济合理的原因.

此外，还应考虑材料的特性.合理的截面应该使截面上的最大拉应力和最大压应力同时接近材料的许用应力.对于抗拉与抗压强度相同的塑性材料梁，宜采用对中性轴对称的截面，如工字形或盒形等截面.而对于抗拉强度低于抗压强度的脆性材料梁，则最好采用中性轴偏于受拉一侧的截面，如T字形截面(图 14-26).在后述情况下，理想的设计是使

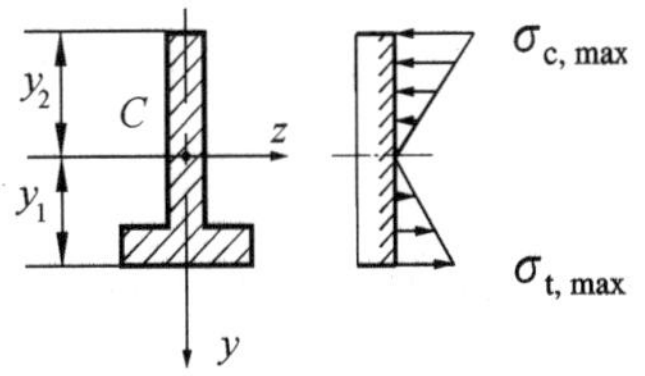

图 14-26

$$\frac{\sigma_{t,\max}}{\sigma_{c,\max}}=\frac{[\sigma_t]}{[\sigma_c]}$$

即

$$\frac{y_1}{y_2}=\frac{[\sigma_t]}{[\sigma_c]}$$

式中 y_1 与 y_2 分别代表最大拉应力与最大压应力所在点至中性轴的距离.

§14-9 弯曲变形

为了保证梁正常工作，不但要求满足强度条件，而且还要求满足刚度条件.例如，如果机床主轴的变形过大，将影响加工精度；齿轮轴的变形过大，将影响齿间的正常啮合，还会使轴颈和轴承产生不均匀的磨损.有些情况下，为满足特定的工作要求，如车辆上的板弹簧，却要求刚度小，有足够大的变形，以缓和车辆受到的冲击和振动.

此外，研究弯曲变形也为解决弯曲静不定问题提供必要的基础.

1. 弯曲变形的量度

设简支梁在外力作用下发生对称弯曲(图 14-27)，xw 平面为梁的纵向对称面，则梁的轴线由直线变成在 xw 平面内的一条光滑而连续的曲线，称为梁的挠曲线.

当梁发生弯曲变形时，各横截面仍保持平面，仍与变弯后的梁轴垂直，并绕中性轴转动.梁的变形可用横截面形心的线位移及截面的角位移描述.

横截面的形心在垂直于梁轴方向的位移，称为挠度，并用 w 表示.不同截面的挠度一般不同，所以，如果沿变形前的梁轴建立坐标轴 x，则

$$w=w(x)$$

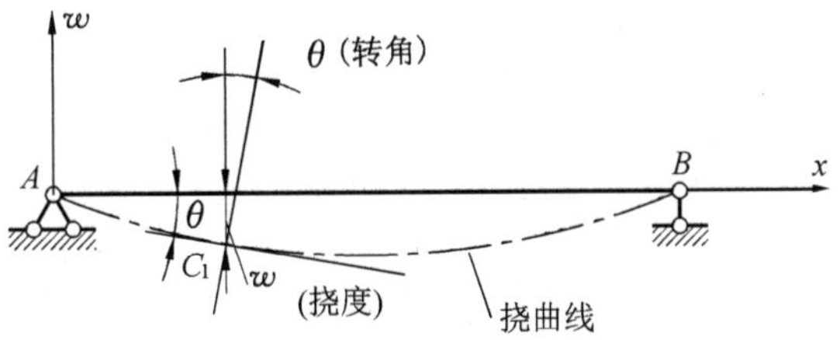

图 14-27

上式称为挠曲线方程.

横截面的角位移称为转角，并用 θ 表示.任一横截面的转角 θ 也等于挠曲线在该截面处

的切线与 x 轴的夹角(图 14-27).

在工程实际中,梁的转角一般均很小,如不超过 1°或 0.017 5 rad,于是得

$$\theta \approx \tan\theta = \frac{\mathrm{d}w}{\mathrm{d}x} \tag{14-18}$$

即横截面的转角等于挠曲线在该截面处的斜率.可见,转角与挠度相互关联.

2. 挠曲线近似微分方程

在建立纯弯曲正应力公式时,曾得到用中性层曲率表示的弯曲变形公式:

$$\frac{1}{\rho} = \frac{M}{EI}$$

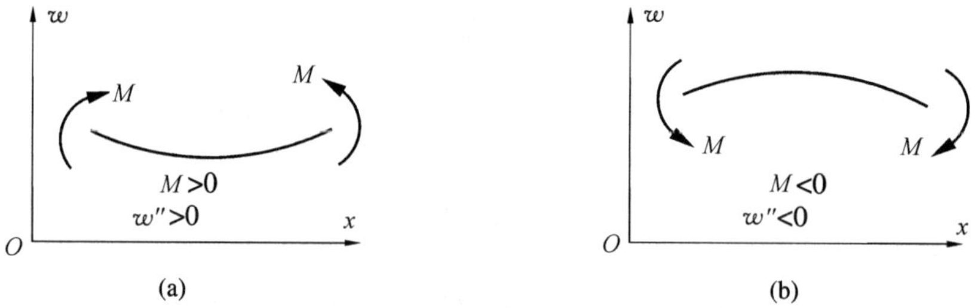

图 14-28

如果忽略剪力对梁变形的影响,则上式也可用于横力弯曲.在这种情况下,由于弯矩 M 与曲率半径 ρ 均为 x 的函数,上式变为

$$\frac{1}{\rho(x)} = \frac{M(x)}{EI} \tag{a}$$

即挠曲线上任一点的曲率 $1/\rho(x)$ 与该点横截面上的弯矩 $M(x)$ 成正比,而与该截面的弯曲刚度 EI 成反比.

由高等数学知识可知,平面曲线 $w=w(x)$ 上任一点的曲率为

$$\frac{1}{\rho(x)} = \pm \frac{\dfrac{\mathrm{d}^2 w}{\mathrm{d}x^2}}{\left[1+\left(\dfrac{\mathrm{d}w}{\mathrm{d}x}\right)^2\right]^{3/2}}$$

将上述关系用于分析梁的变形,于是由式(a)得

$$\frac{\dfrac{\mathrm{d}^2 w}{\mathrm{d}x^2}}{\left[1+\left(\dfrac{\mathrm{d}w}{\mathrm{d}x}\right)^2\right]^{3/2}} = \pm \frac{M(x)}{EI} \tag{b}$$

上式称为挠曲线微分方程,它是一个二阶非线性常微分方程.

由于在工程实际中,梁的转角一般均很小,因此,$(\mathrm{d}w/\mathrm{d}x)^2$ 之值远小于 1,所以,上式可简化为

$$\frac{\mathrm{d}^2 w}{\mathrm{d}x^2} = \pm \frac{M(x)}{EI} \tag{c}$$

上式称为挠曲线近似微分方程.实践表明,由此方程求得的挠度与转角,对于工程应用已足够精确.

由图 14-28 可以看出,当梁段承受正弯矩时,挠曲线为凹曲线,$\mathrm{d}^2 w/\mathrm{d}x^2$ 为正;反之,当

梁段承受负弯矩时，挠曲线为凸曲线，$\mathrm{d}^2w/\mathrm{d}x^2$ 也为负. 可见，如果弯矩的正负号仍按以前的规定，并选用 w 轴向上的坐标系，则弯矩 M 与 $\mathrm{d}^2w/\mathrm{d}x^2$ 恒为同号，式(c)的右端应取正号，即挠曲线近似微分方程为

$$\frac{\mathrm{d}^2w}{\mathrm{d}x^2}=\frac{M(x)}{EI} \tag{14-19}$$

上式是研究弯曲变形的基本方程式.

§14-10 用积分法计算梁的变形

对于等截面梁，EI 为一常数. 现将式(14-19)改写成

$$EI\frac{\mathrm{d}^2w}{\mathrm{d}x^2}=M(x) \tag{a}$$

对式(a)积分一次，得转角方程为

$$EI\theta=EI\frac{\mathrm{d}w}{\mathrm{d}x}=\int M(x)\mathrm{d}x+C \tag{b}$$

再积分一次，得挠曲线方程为

$$EIw=\iint M(x)\mathrm{d}x\mathrm{d}x+Cx+D \tag{c}$$

式中 C 与 D 为积分常数.

上述积分常数可利用梁上某些截面的已知位移来确定. 例如，在铰支座处[图 14-29(a)]，横截面的挠度为零，即

$$w_A=w_B=0$$

在固定端处[图 14-29(b)]，横截面的挠度与转角均为零，即

$$w_A=0, \theta_A=0$$

梁截面的已知位移条件或约束条件，称为梁位移的边界条件.

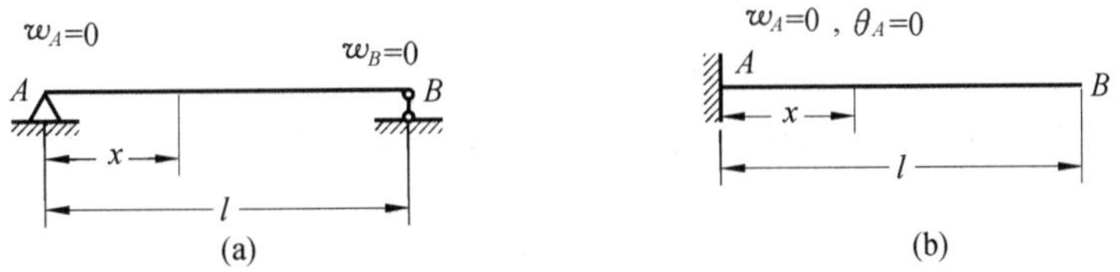

图 14-29

当弯矩方程需要分段建立时，各梁段的挠度、转角方程也将不同，但在相邻梁段的交接处，相连两截面应具有相同的挠度与转角，即应满足连续、光滑条件. 分段处挠曲线所应满足的连续、光滑条件，称为梁位移的连续条件.

由以上分析可以看出，梁的位移不仅与梁的弯曲刚度及弯矩有关，而且与梁位移的边界条件及连续条件有关.

例 14-8 图 14-30 所示的简支梁 AB 在 C 处受集中力 F 作用，其 EI 及长度 l 均已知，求梁的挠曲线方程.

解：(1) 建立挠曲线微分方程并积分.

A 端和 B 端的支反力分别为

$$F_{Ay}=\frac{Fb}{l},F_{By}=\frac{Fa}{l}$$

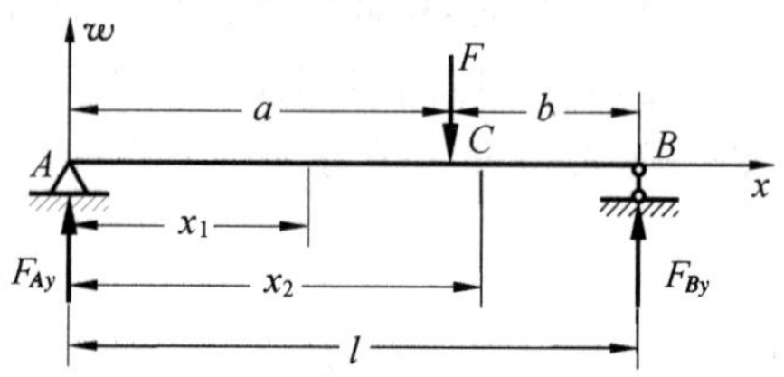

图 14-30

取坐标系如图所示,因梁上载荷不连续,需分段列弯矩:

$$M_1(x)=\frac{Fb}{l}x \quad (0\leqslant x\leqslant a)$$

$$M_2(x)=\frac{Fb}{l}x-F(x-a) \quad (a\leqslant x\leqslant l)$$

所以梁的挠曲线近似微分方程应分段列出,并分别进行积分:

$$EI\frac{d^2w_1}{dx^2}=\frac{Fb}{l}x$$

$$EI\frac{dw_1}{dx}=\frac{Fb}{2l}x^2+C_1 \tag{a}$$

$$EIw_1=\frac{Fb}{6l}x^3+C_1x+D_1 \tag{b}$$

$$EI\frac{d^2w_2}{dx^2}=\frac{Fb}{l}x-F(x-a)$$

$$EI\frac{dw_2}{dx}=\frac{Fb}{2l}x^2-\frac{F}{2}(x-a)^2+C_2 \tag{c}$$

$$EIw_2=\frac{Fb}{6l}x^3-\frac{F}{6}(x-a)^3+C_2x+D_2 \tag{d}$$

(2) 确定积分常数.

梁的边界条件为

在 $x=0$ 处,$w_1=0$ (1)

在 $x=l$ 处,$w_2=0$ (2)

梁的连续光滑条件为

在 $x=a$ 处,$w_1=w_2$ (3)

在 $x=a$ 处,$\theta_1=\theta_2$ (4)

利用边界条件、连续光滑条件及式(a)、(b)、(c)、(d),得

$$D_1=D_2=0$$

$$C_1=C_2=-\frac{Fb}{6l}(l^2-b^2)$$

(3) 建立挠曲线方程.

将所得积分常数值代入式(b)和式(d),得 AC 与 CB 段的挠曲线方程分别为

$$w_1=-\frac{Fbx}{6EIl}(l^2-x^2-b^2)$$

$$w_2=-\frac{Fb}{6EIl}\left[(l^2-b^2)x-x^3+\frac{l}{b}(x-a)^3\right]$$

§14-11 用叠加法计算梁的变形

直接积分法是求梁变形的基本方法，其优点是可以求出任一截面的挠度和转角. 但在载荷复杂的情况下，运算较烦琐，工程技术中常采用较简便的叠加法来计算. 由于挠曲线近似微分方程为线性微分方程，而弯矩又与载荷呈线性齐次关系，故截面转角和挠度都与载荷呈线性关系，梁上每一载荷对弯曲变形的作用是相互独立的. 由此可见，当梁上同时作用几个载荷时，可分别计算每个载荷单独作用时所引起的某截面的变形，求其代数和，即为这些载荷共同作用下该截面的变形量. 这就是求梁的变形叠加法.

对等截面梁在各简单载荷作用下的挠曲线方程、最大挠度和梁端转角等，详见梁的挠度与转角表(表 14-1).

例 14-9 起重机大梁跨长为 l，如起重时承受的载荷 F 作用在梁跨中点，梁自重作为均布载荷 q [图 14-31(a)]. 梁的弯曲刚度为 EI，试求梁的最大挠度.

解：由梁的受力情况可判断最大挠度发生在梁跨中点 C [图 14-31(c)]，按叠加法，应为集中力 F[图 14-31(b)] 和均布载荷 q 单独作用时，在 C 点引起的挠度的代数和. 即

$$w_C = w_{CF} + w_{Cq}$$

查表 14-1 知

$$w_{CF} = -\frac{Fl^3}{48EI}$$

$$w_{Cq} = -\frac{5ql^4}{384EI}$$

则梁的最大挠度为

$$w_C = -\frac{Fl^3}{48EI} - \frac{5ql^4}{384EI} = -\frac{l^3}{48EI}\left(F + \frac{5}{8}ql\right)$$

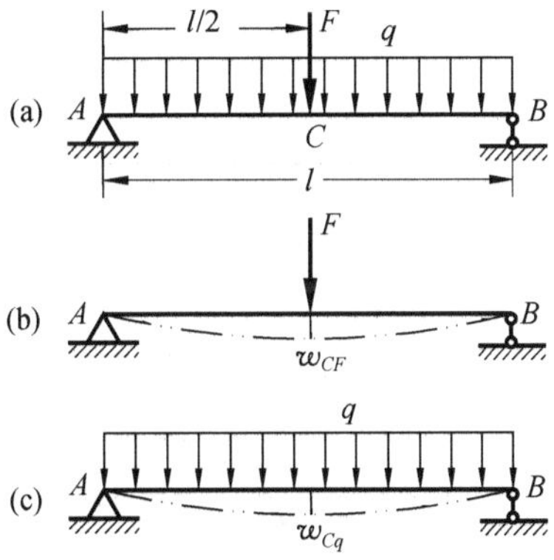

图 14-31

例 14-10 图 14-32 所示的悬臂梁，在梁的右半长度上作用均布载荷 q. 试计算梁自由端的挠度 w_B 和转角 θ_B. 设弯曲刚度 EI 为常数.

解：设想在 CB 段内距左端 A 为 x 处，取微段长 dx，在该微段上作用的载荷为 qdx，可看作一集中力. 查表 14-1 可知，悬臂梁在此集中力作用下，梁自由端处的挠度 dw 和转角 $d\theta$ 分别为

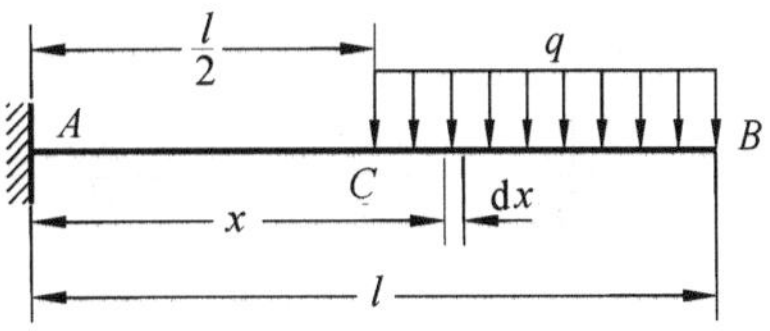

图 14-32

$$dw = -\frac{(qdx)x^2(3l-x)}{6EI}$$

$$d\theta = -\frac{(qdx)x^2}{2EI}$$

则梁在 CB 段上载荷 q 作用下，自由端的总变形按叠加法可用积分计算求得

$$w_B = \int_{\frac{l}{2}}^{l} -\frac{q}{6EI}x^2(3l-x)dx = -\frac{41ql^4}{384EI}$$

$$\theta_B=\int_{\frac{l}{2}}^{l}-\frac{q}{2EI}x^2\,\mathrm{d}x=-\frac{7ql^3}{48EI}$$

表 14-1 梁的挠度与转角

序号	梁的简图	挠曲线方程	挠度和转角
1	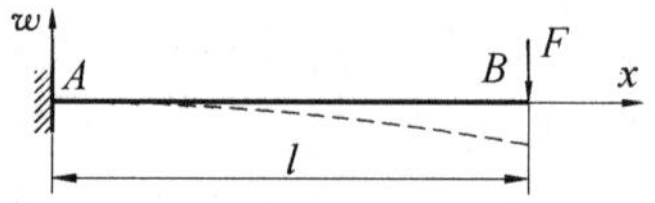	$w=\frac{Fx^2}{6EI}(x-3l)$	$w_B=-\frac{Fl^3}{3EI}$ $\theta_B=-\frac{Fl^2}{2EI}$
2	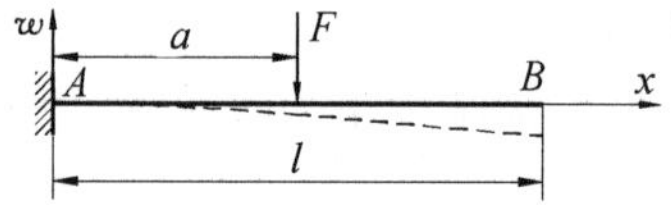	$w=\frac{Fx^2}{6EI}(x-3a)\ (0\leqslant x\leqslant a)$ $w=\frac{Fa^2}{6EI}(a-3x)\ (a\leqslant x\leqslant l)$	$w_B=-\frac{Fa^2}{6EI}(3l-a)$ $\theta_B=-\frac{Fa^2}{2EI}$
3	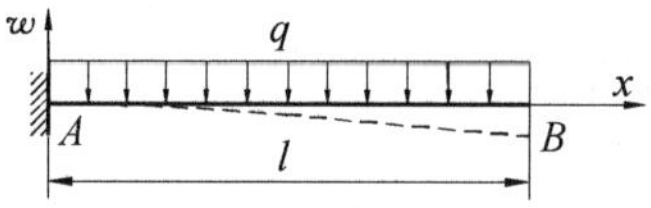	$w=\frac{qx^2}{24EI}(4lx-6l^2-x^2)$	$w_B=-\frac{ql^4}{8EI}$ $\theta_B=-\frac{ql^3}{6EI}$
4	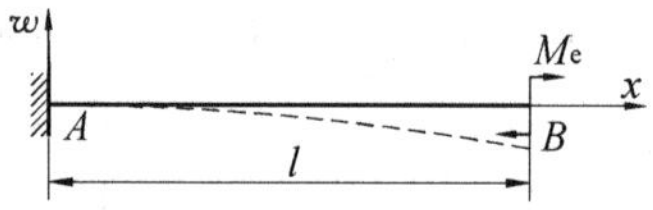	$w=-\frac{M_e x^2}{2EI}$	$w_B=-\frac{M_e l^2}{2EI}$ $\theta_B=-\frac{M_e l}{EI}$
5	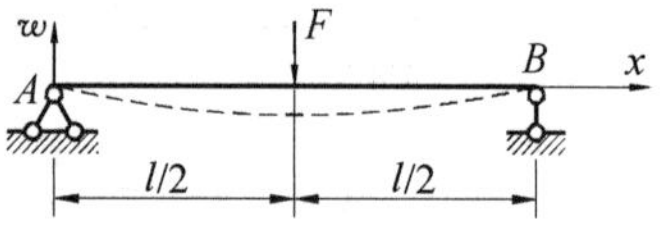	$w=\frac{Fx}{12EI}\left(x^2-\frac{3l^2}{4}\right)$ $\left(0\leqslant x\leqslant\frac{1}{2}\right)$	$w_C=-\frac{Fl^3}{48EI}$ $\theta_A=-\theta_B=-\frac{Fl^2}{16EI}$
6	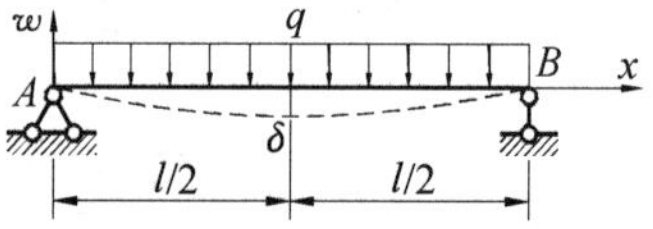	$w=\frac{qx}{24EI}(2lx^2-x^3-l^3)$	$\delta=-\frac{5ql^4}{384EI}$ $\theta_A=-\theta_B=-\frac{ql^3}{24EI}$
7	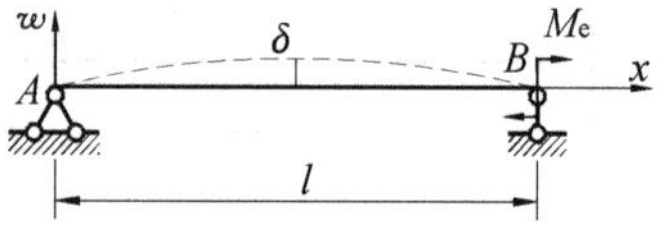	$w=\frac{M_e x}{6lEI}(l^2-x^2)$	$\delta=\frac{M_e l^2}{9\sqrt{3}EI}$ (位于 $x=l/\sqrt{3}$处) $\theta_A=\frac{M_e l}{6EI}$ $\theta_B=-\frac{M_e l}{3EI}$

§14-12 梁的刚度条件与提高弯曲刚度的措施

对梁进行刚度计算,即要求控制梁的变形,使最大挠度或最大转角在规定的许可范围内.

设以$[\delta]$表示许用挠度,$[\theta]$表示许用转角,则梁的刚度条件为

$$|w|_{\max}\leqslant[\delta] \tag{14-20}$$

$$|\theta|_{max} \leqslant [\theta] \tag{14-21}$$

即要求梁的最大挠度与最大转角分别不超过各自的许用值.在有些情况下,则限制梁上某些截面的挠度或转角不超过各自的许用值.

许用挠度与许用转角之值随梁的工作要求而异.例如,对跨度为 l 的桥式起重机梁,其许用挠度 $[\delta]$ 的范围为

$$\frac{l}{750} \sim \frac{l}{500}$$

对于一般用途的轴,其许用挠度 $[\delta]$ 的范围为

$$\frac{3l}{10\,000} \sim \frac{5l}{10\,000}$$

在安装齿轮或滑动轴承处,轴的许用转角则为

$$[\theta] = 0.001 \text{ rad}$$

至于其他梁或轴的许用位移值,可从有关设计规范或手册中查得.

例 14-11 一简支梁跨度中点承受集中载荷 F.已知载荷 $F=35$ kN,跨度 $l=4$ m,许用应力 $[\sigma]=160$ MPa,许用挠度 $[\delta]=l/500$.弹性模量 $E=200$ GPa,试选择工字钢型号.

解: 梁的最大弯矩为

$$M_{max} = \frac{Fl}{4} = \frac{(35\times10^3\ \text{N})(4\ \text{m})}{4} = 3.5\times10^4\ \text{N}\cdot\text{m}$$

根据弯曲正应力强度条件,要求

$$W_z \geqslant \frac{M_{max}}{[\sigma]} = \frac{3.5\times10^4\ \text{N}\cdot\text{m}}{160\times10^6\ \text{Pa}} = 2.19\times10^{-4}\ \text{m}^3$$

梁的最大挠度位于梁的中点,查表 14-1,得

$$|w|_{max} = \frac{Fl^3}{48EI_z}$$

因此梁的刚度条件为

$$\frac{Fl^3}{48EI_z} \leqslant \frac{l}{500}$$

由此得

$$I_z \geqslant \frac{500Fl^2}{48E} = \frac{500(35\times10^3\ \text{N})(4\ \text{m})^2}{48(200\times10^9\ \text{Pa})} = 2.92\times10^{-5}\ \text{m}^4$$

由型钢表查得,22a 号工字钢的抗弯截面系数 $W_z=3.09\times10^{-4}$ m^3,惯性矩 $I_z=3.40\times10^{-5}$ m^4,可见,选择 22a 号工字钢作梁将同时满足强度和刚度要求.

在讨论了梁的刚度计算以后,下面进一步研究提高梁的刚度所应采取的措施.

由于梁的弯曲变形与弯矩及抗弯刚度有关,而影响弯矩的因素又包括载荷、支承情况及梁的长度,因此,为提高梁的刚度,可以采取 §14-8 所述的一些措施:一是选用合理的截面形状或尺寸,从而增大截面惯性矩;二是合理安排载荷的作用位置,以尽量降低弯矩的作用;三是在条件许可时,减小梁的跨度或增加支座.其中第三条措施效果最为显著.

最后应当注意,各种钢材(或各种铝合金)的极限应力虽然差别很大,但它们的弹性模量 E 却十分接近.因此,在设计中,若选择普通钢材已经满足强度要求,只是为了提高梁的刚度而改用优质钢材,显然是不明智的.

思 考 题

14-1 如图所示的两梁长度相同,其上作用的载荷总重量均为 F,试比较它们的剪力和转矩的分布有何异同.

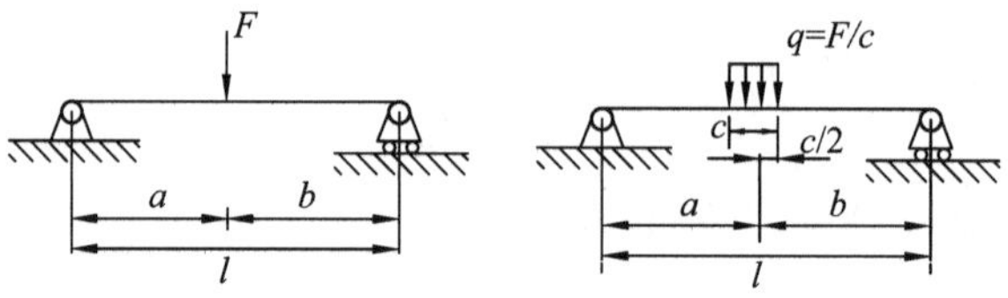

思考题 14-1 图

14-2 一承受均布载荷的简支梁 AB,发现其上的弯矩比较大,有人建议加上一根辅助梁 CD,就可以使最大弯矩减少.试说明其效果如何.如图所示,已知 l、a、b 和 q,问在辅助梁 CD 的跨中弯矩为多大?原始梁 AB 在相应的位置上弯矩减少为多少?

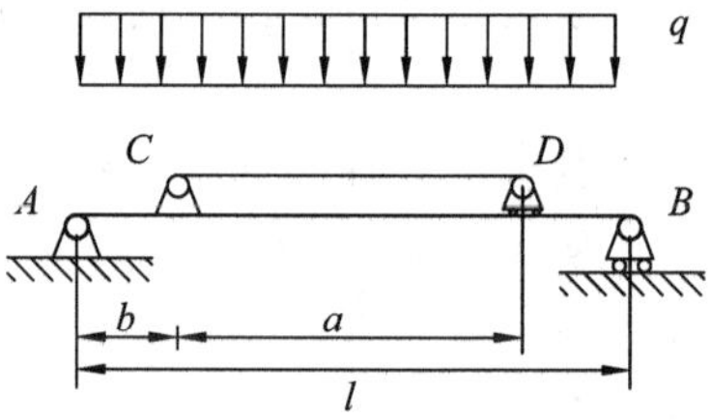

思考题 14-2 图

14-3 带中间铰的梁和刚架,中间铰处的内力有何特点?根据你对中间铰性质的理解,试画出图中梁和刚架的弯矩图.

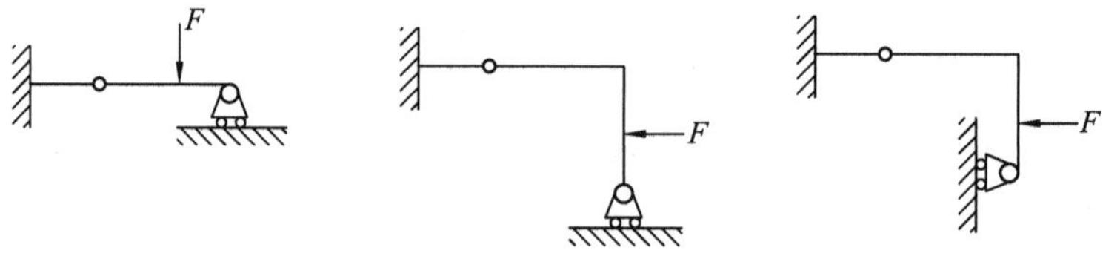

(a) (b) (c)

思考题 14-3 图

14-4 一圆柱体绕 z 轴弯曲时,适当地削去一层,如图所示,在同样的弯矩下反而降低了最大正应力,试说明其中的道理.

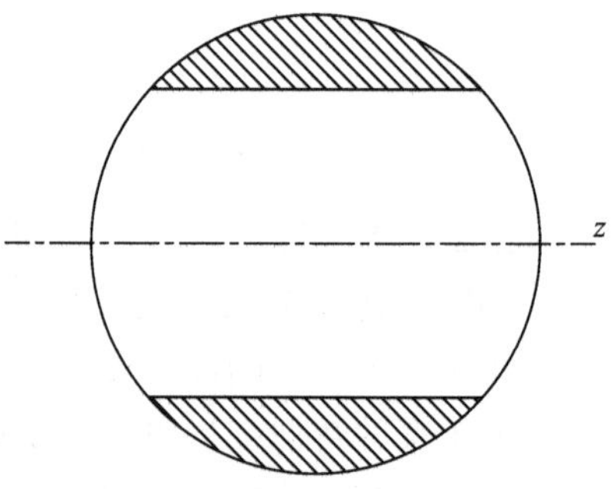

思考题 14-4 图

14-5 有一直径为 d 的钢丝,绕在直径为 D 的圆筒上,钢丝仍然处于弹性范围.为了减少弯曲应力,有人认为要加大钢丝的直径,你说对吗?试说明其理由.

14-6 在弹性梁的小挠度弯曲中,微分方程 $EIv''(x)=\pm M(x)$ 中右边正负号按什么规则选定?比如在如图所示的各坐标系中如何确定?

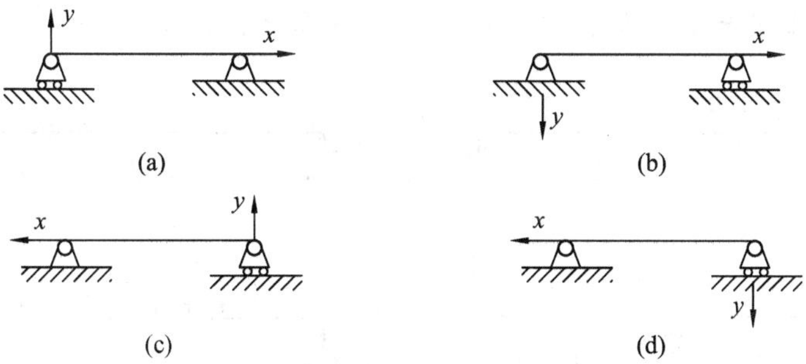

思考题 14-6 图

14-7 试对比图中的两种约束，阐述它们提供的边界条件有何异同.

14-8 由$\frac{1}{\rho}=\pm\frac{M}{EI}$可知，当 M 为常量即纯弯曲时，全梁的曲率不变，ρ 为常量，所以挠曲线是一条圆弧线. 今取如图所示的悬臂梁，自由端作用有集中力偶 M_e，亦为纯弯曲，但解得 $v=\frac{M_e x^2}{2EI}$，即挠曲线是一条抛物线. 为什么会这样？试说明其理由.

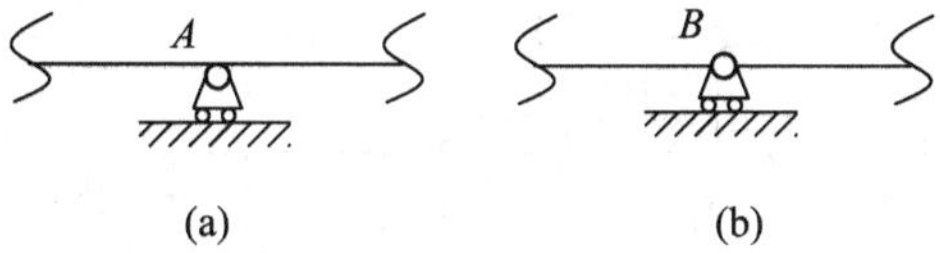

思考题 14-7 图

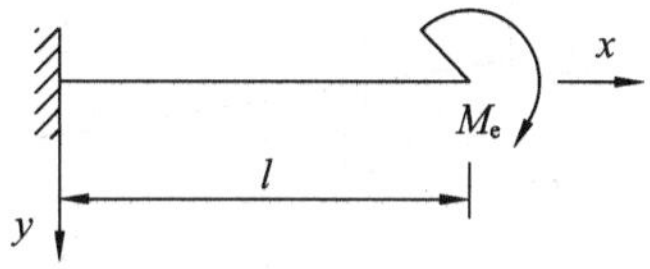

思考题 14-8 图

14-9 对如图(a)所示的简支梁：

(1) 按所选定截面，发现跨度中间处强度不够. 于是设计者采用图(b)所示的局部补强的办法，使跨度中截面满足强度要求. 这个方案是否可行？

(2) 若发现跨度中间挠度超过了设计的允许值，也采用这种局部增加刚度的办法是否合理？为什么？

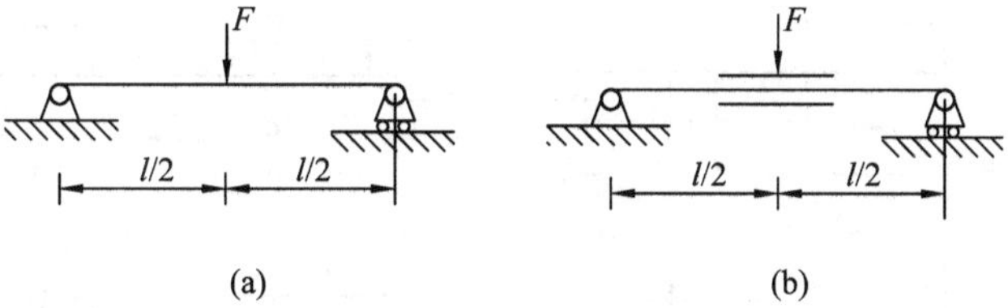

思考题 14-9 图

习　　题

14-1 试计算图示各梁横截面 C 的剪力与弯矩.

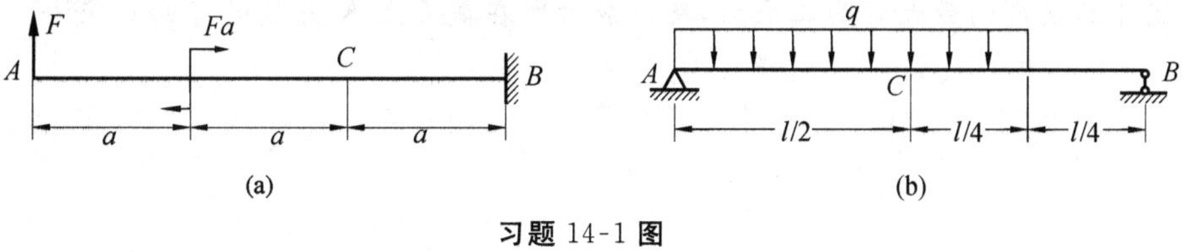

习题 14-1 图

14-2　试建立图示各梁的剪力、弯矩方程,并画剪力图、弯矩图.

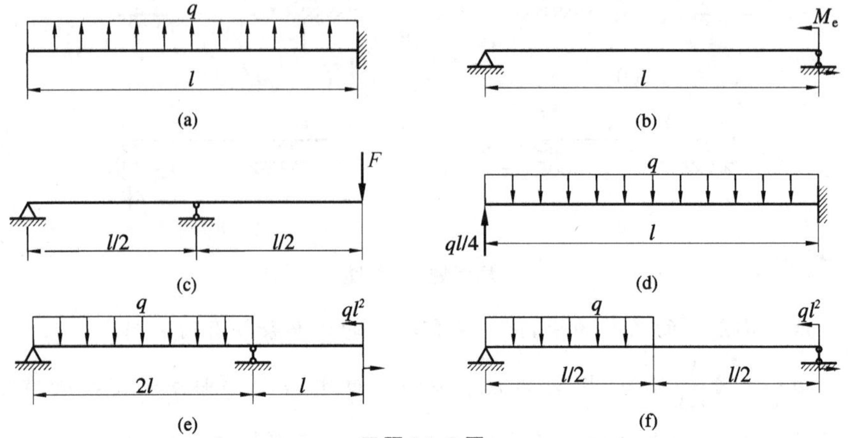

习题 14-2 图

14-3　已知梁的剪力、弯矩图如图所示,试画梁的外力图.

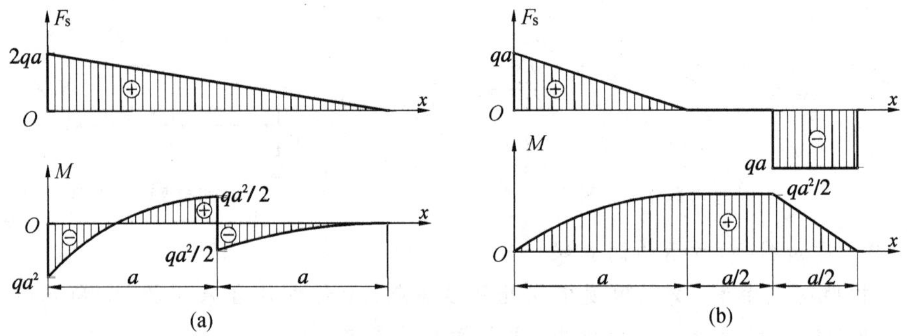

习题 14-3 图

14-4　如图所示的各梁,试利用剪力、弯矩与载荷集度间的关系画剪力图、弯矩图.

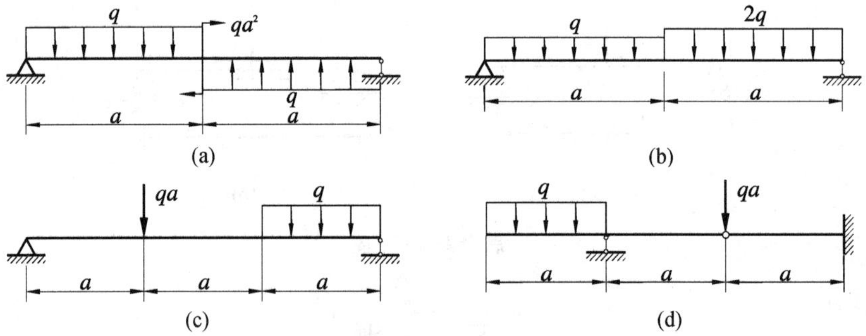

习题 14-4 图

14-5　如图所示的悬臂梁,横截面为矩形,承受载荷 F_1 与 F_2 作用,且 $F_1=2F_2=5$ kN. 试计算梁内的最大弯曲正应力,及该应力所在截面上 K 点处的弯曲正应力.

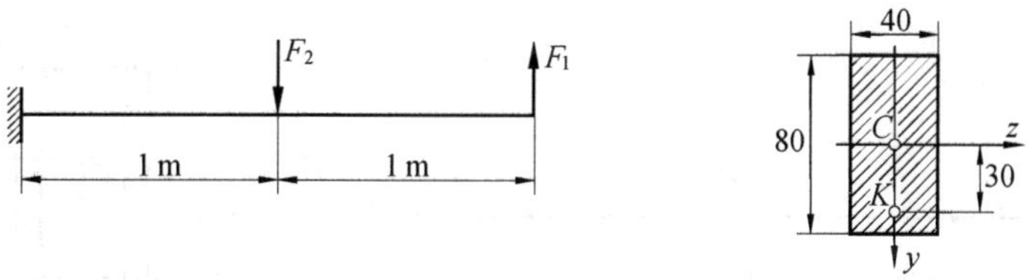

习题 14-5 图

14-6 如图所示的梁，由 22 号槽钢制成，弯矩 $M=80\ \mathrm{N\cdot m}$，并位于纵向对称面（即 xy 平面）内．试求梁内的最大弯曲拉应力与最大弯曲压应力．

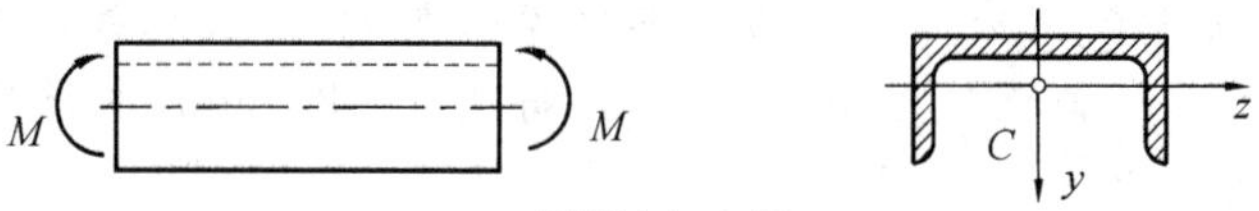

习题 14-6 图

14-7 如图所示的简支梁，由 18 号工字钢制成，在外载荷作用下，测得横截面 A 底边的纵向正应变 $\varepsilon=3.0\times10^{-4}$，试计算梁内的最大弯曲正应力．已知钢的弹性模量 $E=200\ \mathrm{GPa}$，$a=1\ \mathrm{m}$.

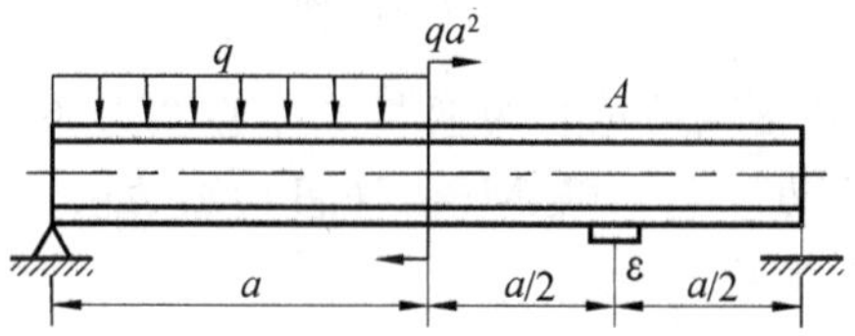

习题 14-7 图

14-8 如图所示的截面梁，剪力 $F_S=300\ \mathrm{kN}$，并位于 xy 平面内．试计算腹板上的最大弯曲切应力，以及腹板与翼缘（或盖板）交界处的弯曲切应力．

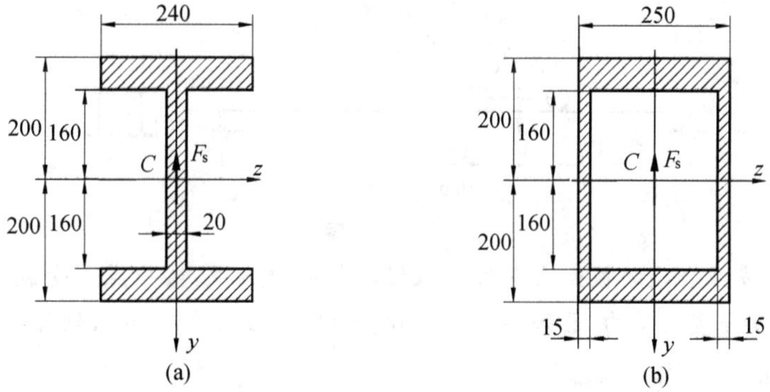

习题 14-8 图

14-9 如图所示的槽形截面铸铁梁，$F=10\ \mathrm{kN}$，$M_e=70\ \mathrm{kN\cdot m}$，许用拉应力 $[\sigma_t]=35\ \mathrm{MPa}$，许用压应力 $[\sigma_c]=120\ \mathrm{MPa}$．试校核梁的强度．

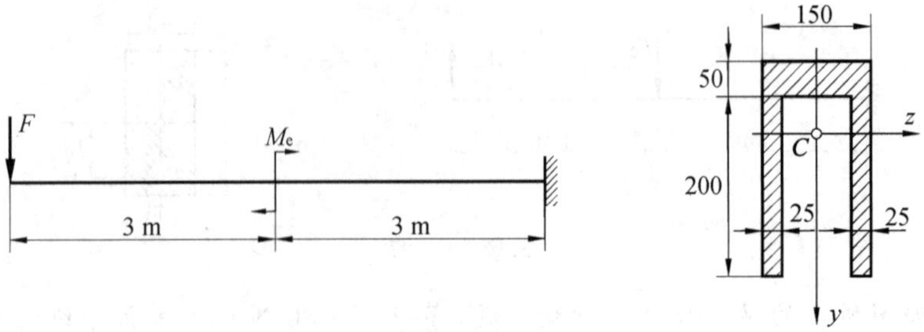

习题 14-9 图

14-10　图示简支梁由四块尺寸相同的木板胶接而成,试校核其强度. 已知载荷 $F=4$ kN,梁跨度 $l=400$ mm,截面宽度 $b=50$ mm,高度 $h=80$ mm,木板的许用应力$[\sigma]=7$ MPa,胶缝的许用切应力$[\tau]=5$ MPa.

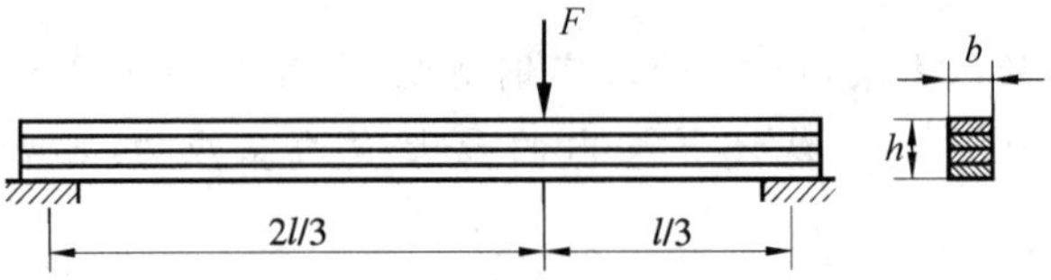

习题 14-10 图

14-11　图示四轮吊车起重机的道轨为两根工字形截面梁,设吊车自重 $W=50$ kN,最大起重梁 $F=10$ kN,许用应力$[\sigma]=160$ MPa,许用切应力$[\tau]=80$ MPa. 试选择工字钢型号. 由于梁较长,需考虑梁自重的影响.

提示:首先按载荷 W 与 F 选择工字钢型号,然后根据载荷 W 与 F 以及工字钢的自重校核梁的强度,并根据需要进一步修改设计.

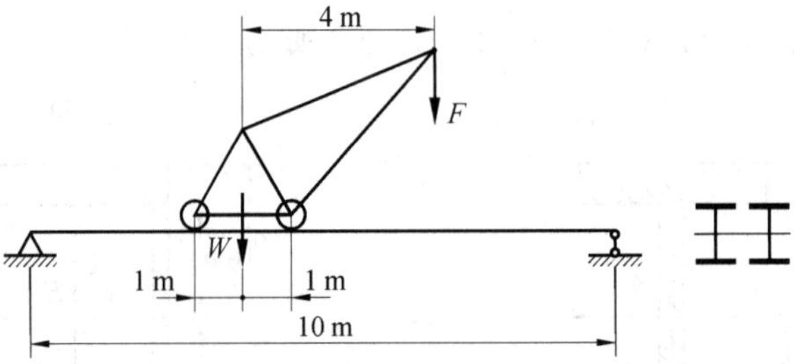

习题 14-11 图

14-12　一简支组合梁的截面由两块木板经螺钉连接而成,梁中点承受载荷 $F=10$ kN 作用. 试求螺钉剪切面承受的剪力. 已知梁长 $l=3$ m,螺钉的间距 $e=70$ mm,截面尺寸如图所示.

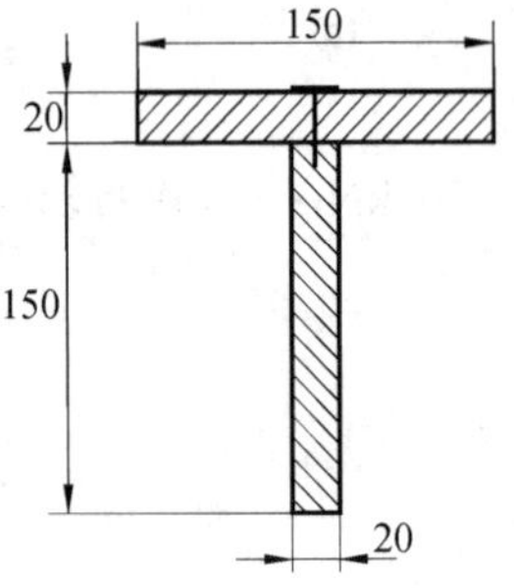

习题 14-12 图

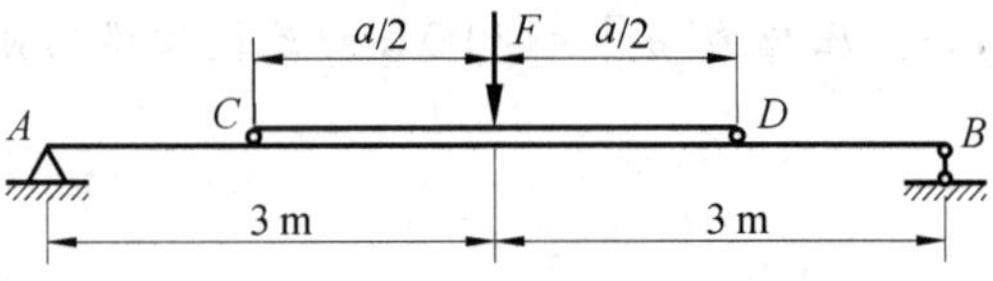

习题 14-13 图

14-13 当载荷 F 直接作用在简支梁 AB 的跨度中点时，梁内最大弯曲正应力超过许用应力的 30%. 为了消除此种过载，配置一辅助梁 CD，试求辅助梁的最小长度 a.

14-14 如图所示的矩形截面钢杆，用应变片测得上、下表面的纵向正应变分别为 $\varepsilon_a=1.0\times10^{-3}$ 与 $\varepsilon_b=0.4\times10^{-3}$，材料的弹性模量 $E=210$ GPa. 试绘出横截面上的正应力分布图，并求拉力 F 及其偏心距 e 的数值.

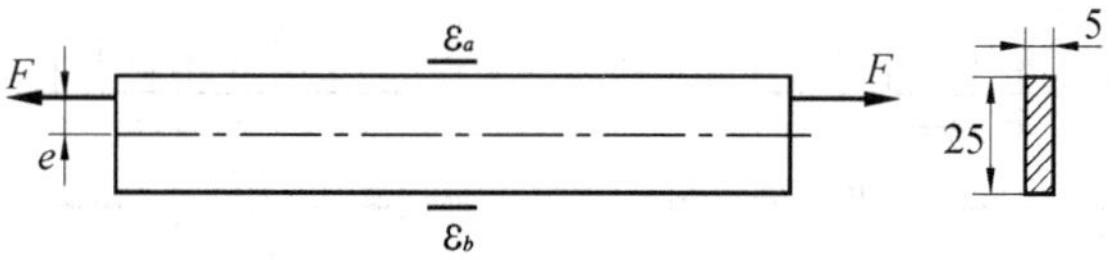

习题 14-14 图

14-15 如图所示的各梁，弯曲刚度 EI 均为常数.

(1) 试根据梁的弯矩图与约束条件画出挠曲线的大致形状.

(2) 利用积分法计算截面 B 的转角与最大挠度.

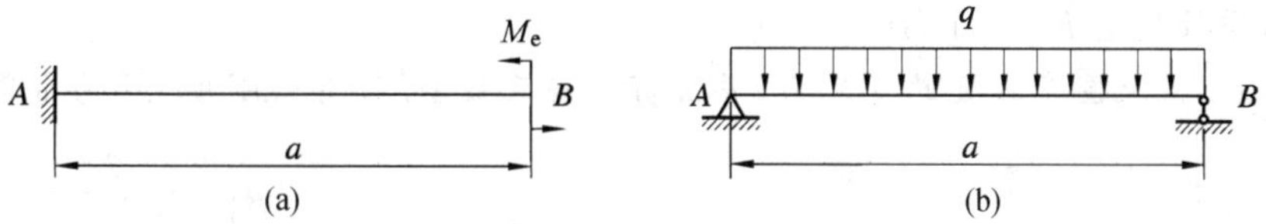

习题 14-15 图

14-16 如图所示的各梁，弯曲刚度 EI 均为常数. 试根据梁的弯矩图与约束条件画出挠曲线的大致形状.

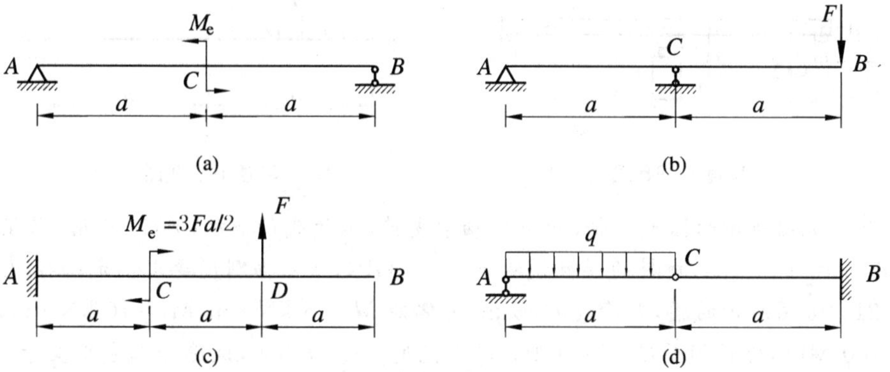

习题 14-16 图

14-17 如图所示的各梁，弯曲刚度 EI 均为常数. 试用叠加法计算截面 B 的转角与截面 C 的挠度.

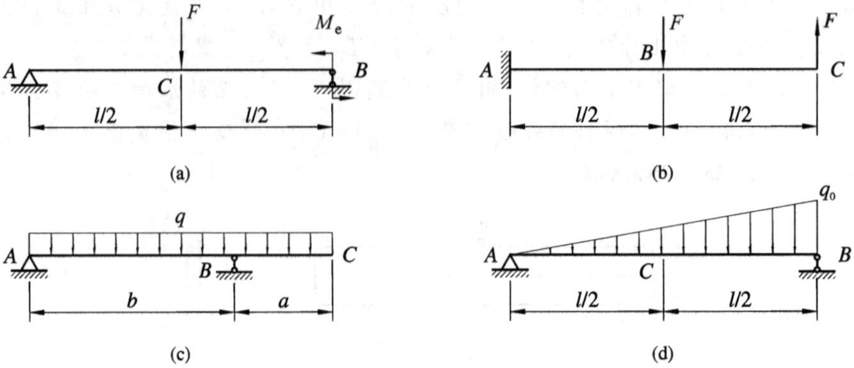

习题 14-17 图

14-18 如图所示的电磁开关，由铜片 AB 与电磁铁 S 组成. 为使端点 A 与触点 C 接触，试求电磁铁 S 所需吸力的最小值 F 以及间距 a 的尺寸. 铜片横截面的惯性矩 $I_z=0.18\times10^{-12}\ \mathrm{m}^4$，弹性模量 $E=101$ GPa.

14-19 试求图示各梁的支反力，并画剪力与弯矩图. 设弯曲刚度 EI 为常数.

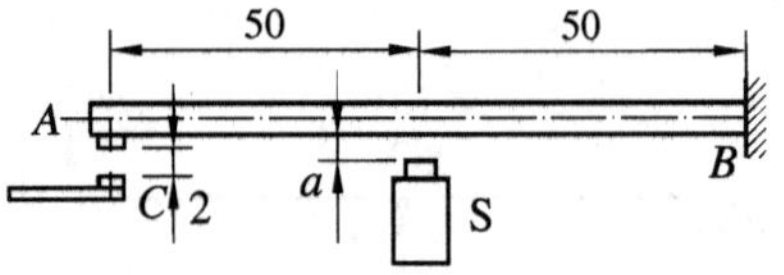

习题 14-18 图

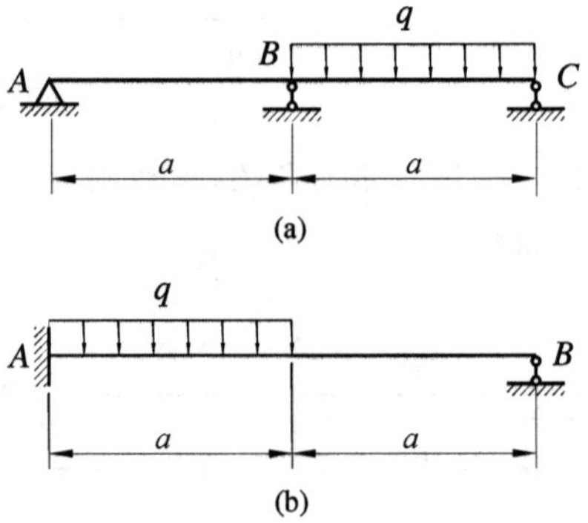

习题 14-19 图

14-20 如图所示的圆截面轴，两端用轴承支持，承受载荷 $F=10$ kN 作用. 若轴承处的许用转角 $[\theta]=0.05$ rad，材料的弹性模量 $E=200$ GPa，试根据刚度要求确定轴径 d.

14-21 如图所示的梁，若跨度 $l=5$ m，力偶矩 $M_1=5\ \mathrm{kN\cdot m}$，$M_2=10\ \mathrm{kN\cdot m}$，许用应力 $[\sigma]=160$ MPa，弹性模量 $E=200$ GPa，许用挠度 $[w]=l/500$，试选择工字钢型号.

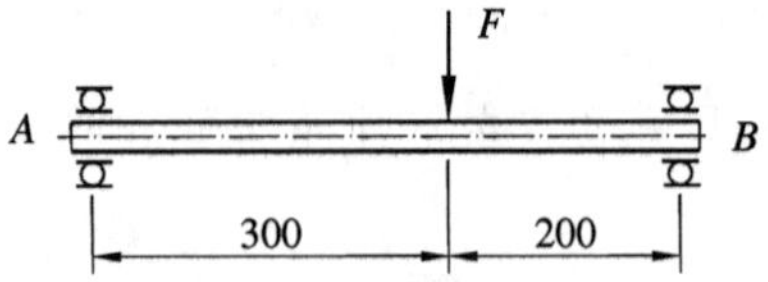

习题 14-20 图

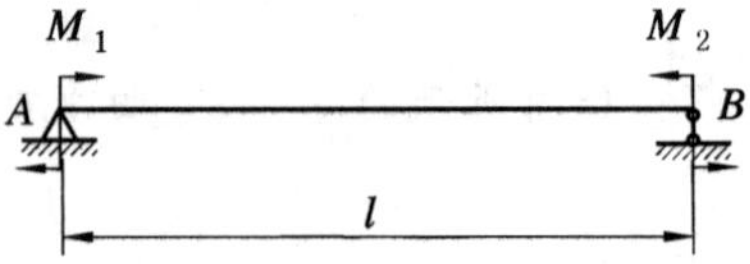

习题 14-21 图

第十五章　应力状态和强度理论

本章说明应力状态概念，主要对平面应力状态进行分析，介绍三向应力状态下的最大切应力、广义胡克定律以及强度理论的概念和应用.

§15-1　应力状态的概念

1. 一点的应力状态

前面研究构件在基本变形下的强度问题时知道，这些构件横截面上的危险点处只有正应力或切应力，属于单向受力或纯剪切. 工程实际中，还常遇到一些复杂的强度问题. 例如，车床主轴就同时存在扭转和弯曲变形，其横截面危险点处不仅有正应力 σ，还有切应力 τ. 对于这类构件，是否可以仍用强度条件分别对正应力和切应力进行强度计算呢？实践证明，这将导致错误的结果. 因为这些截面上的正应力和切应力并不是单独对构件的破坏起作用，而是有一定的关联的，因而应考虑它们的综合影响. 这促使人们联系到构件的破坏现象.

事实上，构件在拉压、扭转、弯曲等基本变形情况下，并不都是沿构件的横截面破坏的. 例如，在拉伸试验中，低碳钢屈服时在与试件轴线成 45°的方向出现滑移线；铸铁压缩时，试件却沿着与轴线成接近 45°的斜截面破坏. 这表明杆件的破坏还与斜截面上的应力有关. 因此，为了分析各种破坏现象，建立组合变形情况下构件的强度条件，还必须研究构件各个不同斜截面上的应力；对于应力非均匀分布的构件，则须研究危险点处的应力状态. 所谓一点的应力状态，就是通过受力构件内某一点的各个截面上的应力情况.

应力状态的理论，不仅是组合变形情况下构件的强度计算的理论基础，在研究金属材料的强度问题时，在采用实验方法来测定构件应力的实验应力分析中，以及在断裂力学、塑性力学等学科的研究中，都要广泛地应用到应力状态的理论和由它得出的一些结论.

2. 应力状态的研究方法

由于构件内的应力分布一般是不均匀的，所以在分析各个不同方向截面上的应力时，不宜截取构件的整个截面来研究，而是在构件中的危险点处，截取一个微小的正六面体，即单元体来分析，以此来代表一点的应力状态. 例如，图 15-1(a)所示的轴向拉伸构件，为了分析 A 点处的应力状态，可以围绕 A 点以横向和纵向截面切取出一个单元体来考虑，其应力情况如该图所示. 在图 15-1(b)所示的梁上，在上、下边缘的 B 和 B' 点处，也可截取出类似的单元体. 又如圆轴扭转时，若在轴表层用纵、横截面切取单元体，其应力情况如图 15-1(c)所示. 显然，对于同时产生弯曲和扭转变形的圆轴，如图 15-1(d)所示，若在 D 点处截取单元体，则除有因弯曲而产生的正应力 σ_x 外，还存在因扭转而产生的切应力 τ_x、τ_y. 上述这些单元体，都是由受力构件中取出的. 因为单元体所截取的边长很小，所以可以认为单元体上的应力是均匀分布的. 若令单元体的边长趋于零，则单元体上各截面的应力情况就代表这一点的应力状态.

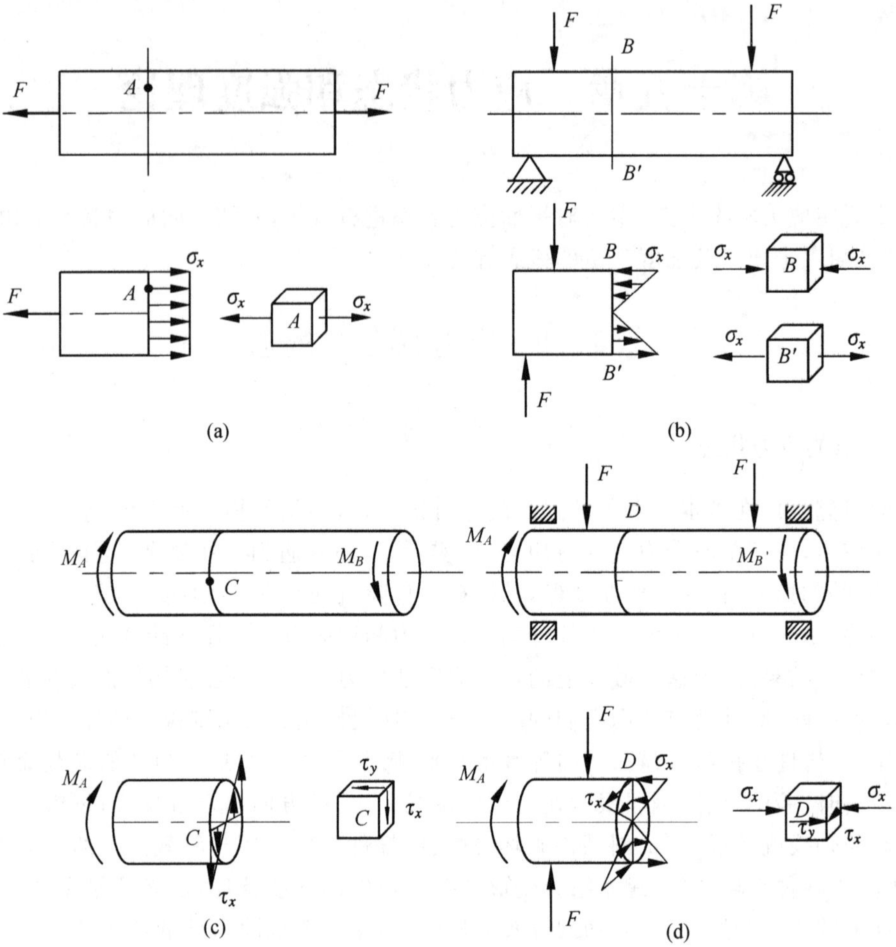

图 15-1

若已知单元体三对互相垂直面上的应力,则此点的应力状态也就确定了.由于在一般工作条件下,构件处于平衡状态,显然从构件中截取的单元体也必须满足平衡条件.因此,可以利用静力平衡条件来分析单元体各截面上的应力.这就是研究应力状态的基本方法.

上面所截取的单元体有一个共同的特点,就是单元体各平面上的应力都平行于单元体的某一对平面,而在这一对平面上却没有应力,这样的应力状态称为平面应力状态,又叫二向应力状态.其中图 15-1(a)、(b)所示的单元体只在一对平面上有正应力作用,而其他两对平面上都没有应力,这样的应力状态称为单向应力状态.若围绕构件内一点所截取的单元体,不管取向如何,在其三对平面上都有应力作用,这种应力状态则称为空间应力状态,或三向应力状态.

平面应力状态和空间应力状态统称为复杂应力状态.

§15-2　平面应力状态

许多工程构件受力时，危险点处于平面应力状态. 现着重分析讨论如何确定斜截面上的应力，以及主应力和主平面.

1. 斜截面上的应力

设一平面应力状态单元体如图 15-2(a)所示，四个侧面上分别作用有已知应力 σ_x、τ_x 及 σ_y、τ_y，其前后两平面上无应力作用，故可用平面图表示，并建立 x、y 坐标如图 15-2(b)所示. 取斜截面 BC，其外法线 n 与 x 轴的夹角以 α 表示. 应用截面法，截取楔形体 ABC 为研究对象，斜截面 BC 上作用的应力表示为 σ_α、τ_α[图 15-2(c)].

设斜截面 BC 的面积为 $\mathrm{d}A$，侧面 AB 和底面 AC 的面积分别为 $\mathrm{d}A\cos\alpha$ 和 $\mathrm{d}A\sin\alpha$. 作用于楔形,体 ABC 上的各力如图 15-2(d)所示，该楔形体沿斜截面法向与切向的平衡方程分别为

$$\sum F_{\mathrm{n}} = 0$$

$$\sigma_\alpha \mathrm{d}A - (\sigma_x \mathrm{d}A\cos\alpha)\cos\alpha + (\tau_x \mathrm{d}A\cos\alpha)\sin\alpha - (\sigma_y \mathrm{d}A\sin\alpha)\sin\alpha + (\tau_y \mathrm{d}A\sin\alpha)\cos\alpha = 0$$

$$\sum F_{\mathrm{t}} = 0$$

$$\tau_\alpha \mathrm{d}A - (\sigma_x \mathrm{d}A\cos\alpha)\sin\alpha + (\tau_x \mathrm{d}A\cos\alpha)\cos\alpha + (\sigma_y \mathrm{d}A\sin\alpha)\cos\alpha + (\tau_y \mathrm{d}A\sin\alpha)\sin\alpha = 0$$

由此得

$$\sigma_\alpha = \sigma_x\cos^2\alpha + \sigma_y\sin^2\alpha - (\tau_x + \tau_y)\sin\alpha\cos\alpha \tag{a}$$

$$\tau_\alpha = (\sigma_x - \sigma_y)\sin\alpha\cos\alpha + \tau_x\cos^2\alpha - \tau_y\sin^2\alpha \tag{b}$$

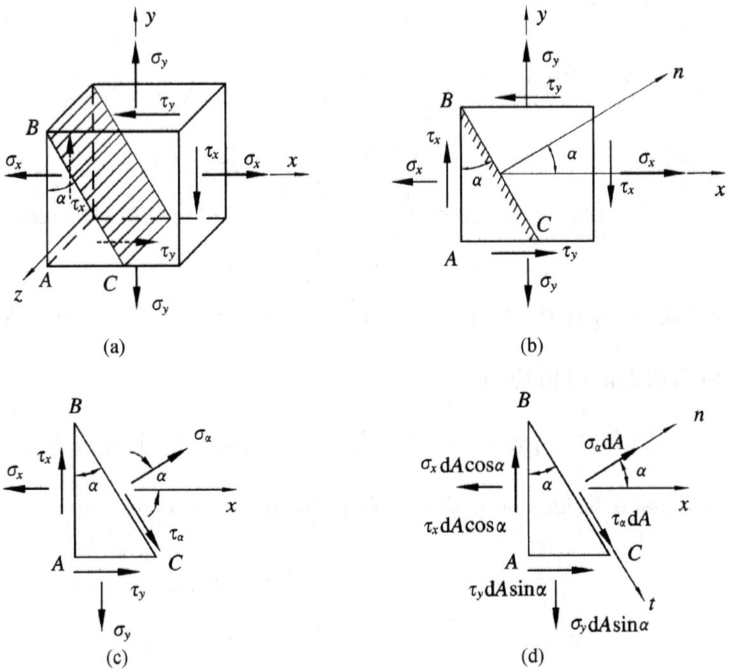

图 15-2

由切应力互等定理，$\tau_x=\tau_y$；又由三角关系

$$\cos^2\alpha=\frac{1+\cos2\alpha}{2}$$

$$\sin^2\alpha=\frac{1-\cos2\alpha}{2}$$

$$\sin2\alpha=2\sin\alpha\cos\alpha$$

代入式(a)和(b)，于是得

$$\sigma_\alpha=\frac{\sigma_x+\sigma_y}{2}+\frac{\sigma_x-\sigma_y}{2}\cos2\alpha-\tau_x\sin2\alpha \tag{15-1}$$

$$\tau_\alpha=\frac{\sigma_x-\sigma_y}{2}\sin2\alpha+\tau_x\cos2\alpha \tag{15-2}$$

此即平面应力状态下斜截面应力的一般公式.

应用上述公式时，正应力以拉伸为正；切应力以绕单元体内的点顺时针方向旋转为正(即与剪力 F_S 的符号规定相同)；方位角 α 则规定以 x 轴为始边、指向沿逆时针方向为正.

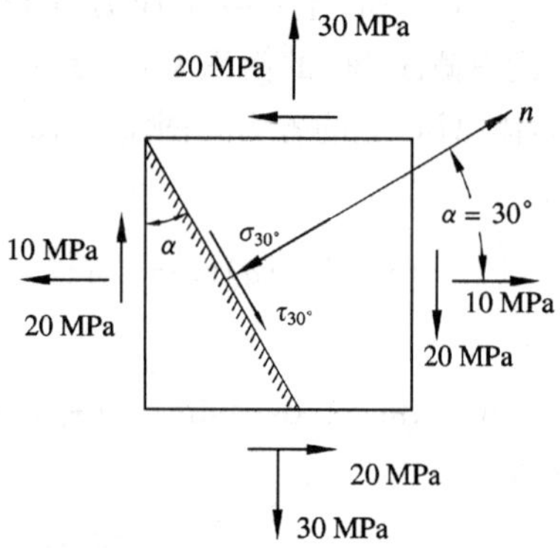

图 15-3

例 15-1 一单元体如图 15-3 所示，试求在 $\alpha=30^\circ$ 的斜截面上的应力.

解：按应力和夹角的符号规定，此题中，$\sigma_x=10$ MPa，$\sigma_y=30$ MPa，$\tau_x=20$ MPa，$\tau_y=-20$ MPa，$\alpha=30^\circ$.

将上述数据代入式(15-1)与式(15-2)，得

$$\begin{aligned}\sigma_\alpha&=\frac{\sigma_x+\sigma_y}{2}+\frac{\sigma_x-\sigma_y}{2}\cos2\alpha-\tau_x\sin2\alpha\\&=\frac{(10+30)\text{MPa}}{2}+\frac{(10-30)\text{MPa}}{2}\cos60^\circ-(20\text{ MPa})\sin60^\circ\\&=(20-10\times0.5-20\times0.866)\text{MPa}=-2.32\text{ MPa}\end{aligned}$$

$$\begin{aligned}\tau_\alpha&=\frac{\sigma_x-\sigma_y}{2}\sin2\alpha+\tau_x\cos2\alpha=\frac{(10-30)\text{MPa}}{2}\sin60^\circ+(20\text{ MPa})\cos60^\circ\\&=(-10\times0.866+20\times0.5)\text{MPa}=1.34\text{ MPa}\end{aligned}$$

所得的正应力 σ_α 为负值，表明它是压应力；切应力 τ_α 为正值，其方向如图 15-3 所示.

2. 平面应力状态的极值应力

由式(15-1)、式(15-2)可知，平面应力状态下斜截面上的应力 σ_α 和 τ_α 是方位角 α 的函数，若令 $\frac{d\sigma_\alpha}{d\alpha}=0$，可求出极值正应力及其所在平面. 由式(15-1)得

$$\frac{d\sigma_\alpha}{d\alpha}=\frac{\sigma_x-\sigma_y}{2}(-2\sin2\alpha)-\tau_x(2\cos2\alpha)=0$$

即

$$\frac{\sigma_x-\sigma_y}{2}\sin2\alpha+\tau_x\cos2\alpha=0$$

将上式与式(15-2)比较可知,极值正应力所在的平面,就是切应力 τ_α 为零的平面. 这个切应力等于零的平面,叫作主平面. 主平面上的正应力,叫作主应力. 该主平面的外法线 n 与 x 轴所成夹角 α_0,可由下式确定:

$$\tan 2\alpha_0 = -\frac{2\tau_x}{\sigma_x - \sigma_y} \tag{15-3}$$

应注意,此时夹角 α_0 只代表 x 轴与主平面外法线的夹角. 由式(15-3)求出 $\cos 2\alpha_0$ 和 $\sin 2\alpha_0$,代入式(15-1),得到两主平面上的最大正应力和最小正应力为

$$\left.\begin{matrix}\sigma_{\max}\\ \sigma_{\min}\end{matrix}\right\} = \frac{\sigma_x + \sigma_y}{2} \pm \sqrt{\left(\frac{\sigma_x - \sigma_y}{2}\right)^2 + \tau_x{}^2} \tag{15-4}$$

按照上式求得单元体的两极值正应力和前后两面上的零值正应力,按照代数值大小顺序排列,就得到三个主应力,即 $\sigma_1 \geqslant \sigma_2 \geqslant \sigma_3$.

由式(15-3)求得的方位角与两极值正应力的对应关系除了直接代入式(15-1)验证外,还可用以下规则简单判定,最大正应力所在截面的方位角位于切应力所指向棱边的象限内,如图 15-4(a)所示.

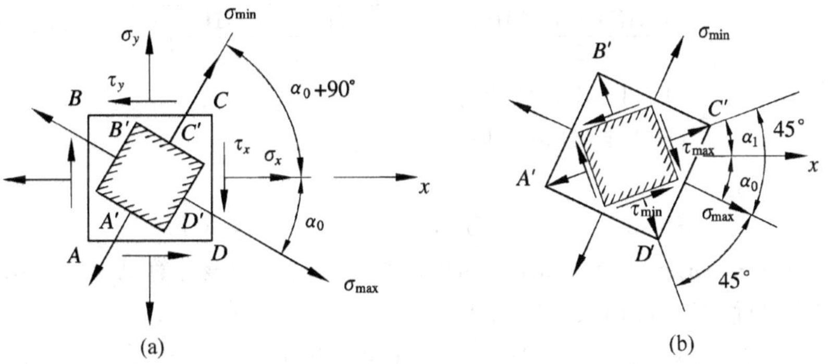

图 15-4

若取 $\frac{d\tau_\alpha}{d\alpha}=0$,同样可求出最大及最小切应力所在的平面,与主平面各成 45°[图 15-4(b)].

最大与最小切应力分别为

$$\left.\begin{matrix}\tau_{\max}\\ \tau_{\min}\end{matrix}\right\} = \pm\sqrt{\left(\frac{\sigma_x - \sigma_y}{2}\right)^2 + \tau_x{}^2} \tag{15-5}$$

再由式(15-4),上式也可写成

$$\left.\begin{matrix}\tau_{\max}\\ \tau_{\min}\end{matrix}\right\} = \frac{\sigma_{\max} - \sigma_{\min}}{2} \tag{15-6}$$

例 15-2　试求例 15-1 中的单元体(图 15-5)的主应力和最大切应力.

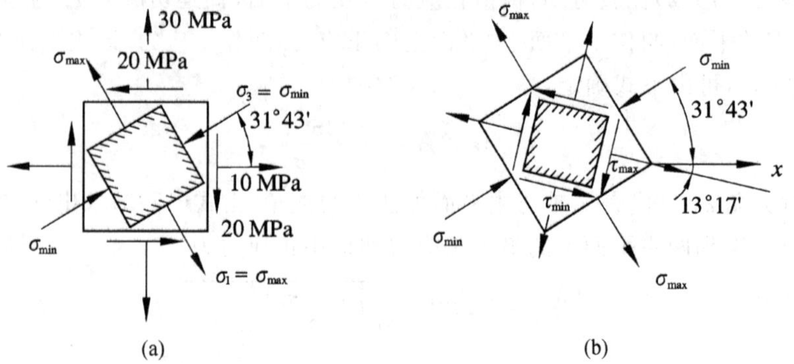

图 15-5

解：(1) 求主应力.

已知 $\sigma_x=10\ \text{MPa}$，$\sigma_y=30\ \text{MPa}$，$\tau_x=20\ \text{MPa}$，将其代入式(15-4)，得主应力之值为

$$\left.\begin{matrix}\sigma_{\max}\\ \sigma_{\min}\end{matrix}\right\}=\frac{\sigma_x+\sigma_y}{2}\pm\sqrt{\left(\frac{\sigma_x-\sigma_y}{2}\right)^2+\tau_x{}^2}$$

$$=\frac{10\ \text{MPa}+30\ \text{MPa}}{2}\pm\sqrt{\left(\frac{10\ \text{MPa}-30\ \text{MPa}}{2}\right)^2+(20\ \text{MPa})^2}$$

$$=\begin{cases}42.4\ \text{MPa}(\text{拉应力})\\ -2.4\ \text{MPa}(\text{压应力})\end{cases}$$

故

$$\sigma_1=\sigma_{\max}=42.2\ \text{MPa},\sigma_2=0,\sigma_3=-2.4\ \text{MPa}$$

不难得到 $\sigma_1+\sigma_2=\sigma_x+\sigma_y=40\ \text{MPa}$. 利用这个关系可以校核计算结果的正确性.

(2) 确定主平面的位置. 由式(15-3)得

$$\tan 2\alpha_0=-\frac{2\tau_x}{\sigma_x-\sigma_y}=\frac{-2(20\ \text{MPa})}{(10-30)\text{MPa}}=\frac{-2}{-1}=2$$

即

$$\alpha_0=31°43'$$

将 $\alpha_0=31°43'$代入式(15-1)，得 $\sigma_{\alpha_0}=-2.4\ \text{MPa}$，因此 $\sigma_{\min}$所在的主平面位于第一、三象限. 同样从单元体上切应力的作用情况可见，最大正应力 $\sigma_{\max}$位于切应力共同指向的第二、四象限内，如图 15-5(a)所示.

(3) 求极值切应力. 将 σ_x、σ_y 和 τ_x 之值代入式(15-5)，得

$$\left.\begin{matrix}\tau_{\max}\\ \tau_{\min}\end{matrix}\right\}=\pm\sqrt{\left(\frac{\sigma_x-\sigma_y}{2}\right)^2+\tau_x^2}=\pm\sqrt{\left(\frac{10\ \text{MPa}-30\ \text{MPa}}{2}\right)^2+(20\ \text{MPa})^2}=\pm 22.4\ \text{MPa}$$

即

$$\tau_{\max}=22.4\ \text{MPa}$$

3. 纯剪切状态的最大应力

圆轴扭转时，如在轴表层用纵、横截面切取单元体，则该单元体处于纯剪切状态，如图 15-6(a)、(b)所示. 显然在单元体的纵、横截面上，切应力取极值，其绝对值均等于 τ，即

$$\tau_{\max}=-\tau_{\min}=\tau$$

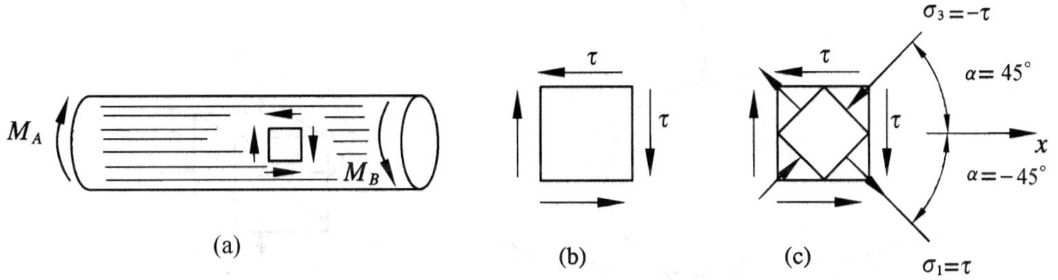

图 15-6

由式(15-3)、式(15-4)得最大拉应力与最大压应力分别为

$$\sigma_{t,\max}=\tau, \sigma_{c,\max}=-\tau$$

并分别位于 $\alpha=-45°$ 与 $\alpha=45°$ 的截面上，如图 15-6(c)所示.

低碳钢圆轴扭转屈服时，在其纵、横方向出现滑移线，铸铁圆轴扭转破坏时，在与轴线约成 45°倾角的螺旋面发生断裂，即分别与最大切应力及最大拉应力有关.

§15-3　空间应力状态

1. 空间应力状态的概念和实例

空间应力状态的单元体，其三个互相垂直平面上的应力可能是任意方向的，但都可以将其分解为垂直于其作用面的正应力和平行于单元体棱边的两个切应力，如图 15-7(a)所示. 理论分析证明，可以找到三对相互垂直的平面，在这些平面上没有切应力，而只有正应力. 也就是说，按这三对平面截取的单元体只有三个主应力作用，如图 15-7(b)所示.

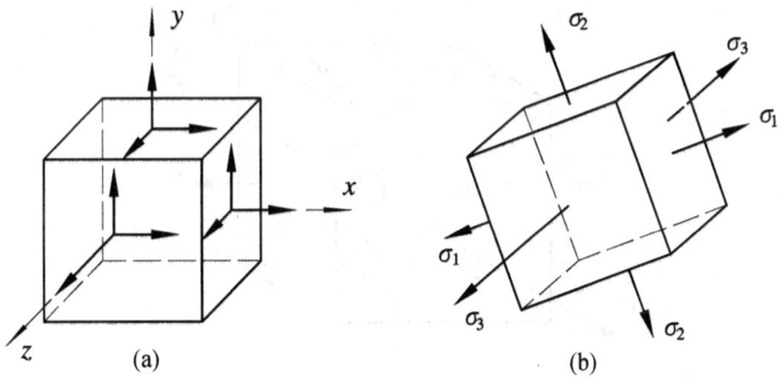

图 15-7

在工程实际中，也常接触空间应力状态. 例如，滚珠轴承与内环的接触处(图 15-8)，为三向压缩应力状态.

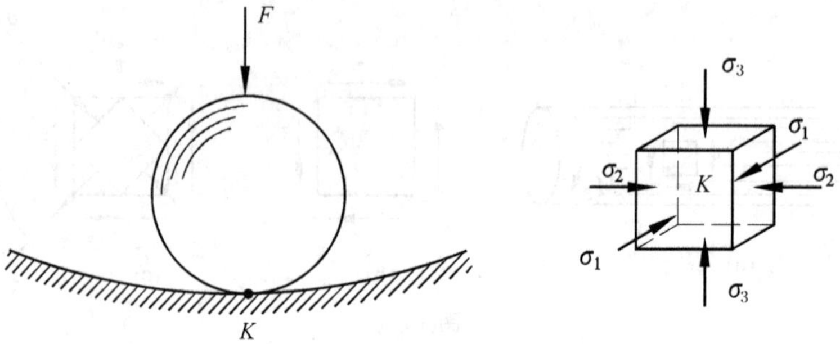

图 15-8

2. 三向应力状态的最大应力

设受力构件内某一点处于三向应力状态，按三个主平面方位切出单元体，如图 15-9 所示，主应力分别为 σ_1、σ_2 与 σ_3.

由平面应力状态分析可知，主应力是单元体所有截面上正应力中的最大值和最小值. 对三向应力状态，则有最大正应力 $\sigma_{\max}=\sigma_1$，最小正应力 $\sigma_{\min}=\sigma_3$.

理论分析证明，三向应力状态下该点所有截面上的最大切应力为

$$\tau_{\max}=\frac{\sigma_1-\sigma_3}{2} \tag{15-7}$$

并位于与 σ_1 及 σ_3 均成 45°的截面，如图 15-9 所示. 最大切应力作用面上的正应力值为$\frac{\sigma_1+\sigma_3}{2}$.

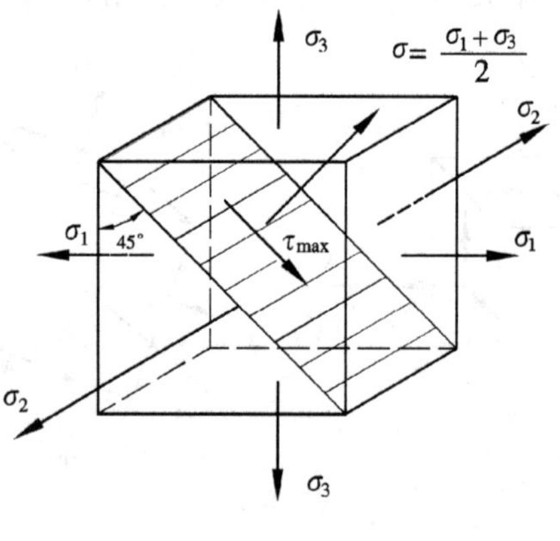

图 15-9

3. 广义胡克定律

现在研究三向应力状态下应力与应变的关系. 仍以三对主平面切取单元体，并设各主平面上作用着主应力 σ_1、σ_2、σ_3，如图 15-10(a)所示，单元体沿三个主应力方向所产生的线应变分别为 ε_1、ε_2、ε_3. 若计算沿 σ_1 方向的线应变，根据单向拉伸时的应力和应变关系，在单独作用 σ_1 时[图 15-10(b)]为

$$\varepsilon_1' = \frac{\sigma_1}{E}$$

由 σ_2 和 σ_3 单独作用在 σ_1 方向产生的横向应变[图 15-10(c)、(d)]分别为

$$\varepsilon_1'' = -\mu\frac{\sigma_2}{E}, \varepsilon_1''' = -\mu\frac{\sigma_3}{E}$$

根据叠加原理，单元体沿主应力 σ_1 方向的线应变为

$$\varepsilon_1 = \frac{1}{E}[\sigma_1 - \mu(\sigma_2 + \sigma_3)] \tag{15-8a}$$

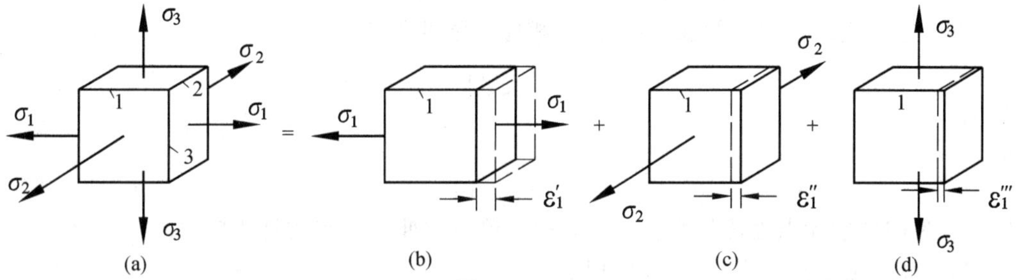

图 15-10

同理可得

$$\varepsilon_2 = \frac{1}{E}[\sigma_2 - \mu(\sigma_3 + \sigma_1)] \tag{15-8b}$$

$$\varepsilon_3 = \frac{1}{E}[\sigma_3 - \mu(\sigma_1 + \sigma_2)] \tag{15-8c}$$

上式称为广义胡克定律，它只在线弹性条件下才能成立.

§15-4　强 度 理 论

1. 强度理论的概念

当材料处于单向应力状态时，其极限应力 σ_u 可利用拉伸与压缩实验测定. 然而，工程中许多构件的危险点，处于二向或三向应力状态. 二向或三向应力状态的实验一般比较复杂，而且，由于主应力 σ_1、σ_2 与 σ_3 之间存在无数种数值组合或比例，要测出每种情况下的相应极限应力 σ_{1u}、σ_{2u} 与 σ_{3u}，实际上很难实现. 因此，研究材料在复杂应力状态下的破坏或失效的规律极为必要.

材料在静载荷作用下的失效形式主要有两种：一为断裂，另一为屈服. 许多试验表明，断裂常常是拉应力或拉应变过大所引起的. 例如，铸铁试样拉伸时沿横截面断裂，扭转时沿与轴线约成 45°倾角的螺旋面断裂，砖、石试样受压时沿纵截面断裂，即均与最大拉应力或最大拉应变有关. 而屈服或出现显著塑性变形常常是切应力过大所引起的. 例如，低碳钢试样拉伸屈服时在与轴线约成 45°的方向出现滑移线，扭转屈服时沿纵、横方向出现滑移线，即均与切应力有关.

上述情况表明，材料失效是存在规律的. 长期以来，人们根据对破坏现象的分析与研究，提出了种种假设或学说，通常称为强度理论.

2. 常用的强度理论

(1) 最大拉应力理论(第一强度理论).

最大拉应力理论认为,引起材料发生断裂的主要因素是最大拉应力.无论材料处于何种应力状态,只要最大拉应力 σ_1 达到材料单向拉伸断裂时的最大拉应力即强度极限 σ_b,材料即发生断裂.按此理论,材料的断裂条件为

$$\sigma_1=\sigma_b \tag{a}$$

试验表明,这一理论对于脆性材料,如铸铁、陶瓷、工具钢等较为合适.

将上述理论用于构件的强度计算,得相应的强度条件为

$$\sigma_1\leqslant\frac{\sigma_b}{n}$$

或

$$\sigma_1\leqslant[\sigma] \tag{15-9}$$

式中 σ_1 为构件危险点处的最大拉应力;$[\sigma]$为单向拉伸时材料的许用应力.

(2) 最大拉应变理论(第二强度理论).

最大拉应变理论认为,引起材料断裂的主要因素是最大拉应变.无论材料处于何种应力状态,只要最大拉应变 ε_1 达到材料单向拉伸断裂时的最大拉应变值 ε_u 时,材料即发生断裂.按此理论,材料的断裂条件为

$$\varepsilon_1=\varepsilon_{1u} \tag{b}$$

对于铸铁等脆性材料,从开始受力直到断裂,其应力、应变关系近似符合胡克定律,所以,复杂应力状态下的最大拉应变为

$$\varepsilon_1=\frac{1}{E}[\sigma_1-\mu(\sigma_2+\sigma_3)]$$

而材料在单向拉伸断裂时的最大拉应变则为

$$\varepsilon_{1u}=\frac{\sigma_b}{E}$$

因此断裂条件为

$$\sigma_1-\mu(\sigma_2+\sigma_3)=\sigma_b$$

考虑安全系数后,得相应的强度条件为

$$\sigma_1-\mu(\sigma_2+\sigma_3)\leqslant[\sigma] \tag{c}$$

试验指出,这个理论对于脆性材料如合金铸铁、低温回火的高强度钢和石料等是大致符合的.

上式表明,当根据强度理论建立构件的强度条件时,形式上是将主应力的某一综合值与材料单向拉伸许用应力相比较.主应力的上述综合值称为相当应力.第二强度理论的相当应力用 σ_{r2} 表示,因此,上式又可写为

$$\sigma_{r2}=\sigma_1-\mu(\sigma_2+\sigma_3)\leqslant[\sigma] \tag{15-10}$$

(3) 最大切应力理论(第三强度理论).

最大切应力理论认为,引起材料塑性屈服的主要因素是最大切应力.无论材料处于何种应力状态,只要最大切应力 τ_{max} 达到材料单向拉伸屈服时的最大切应力值 τ_s,材料即发生屈服.按此理论,材料的屈服条件为

$$\tau_{max}=\tau_s \tag{d}$$

由式(15-7)可知，复杂应力状态下的最大切应力为

$$\tau_{max}=\frac{\sigma_1-\sigma_3}{2}$$

而材料单向拉伸屈服时的最大切应力则为

$$\tau_s=\frac{\sigma_s}{2}$$

于是，得材料的屈服条件为

$$\sigma_1-\sigma_3=\sigma_s$$

考虑安全系数后，相应的强度条件为

$$\sigma_{r3}=\sigma_1-\sigma_3\leqslant[\sigma] \tag{15-11}$$

一些试验结果表明，对于塑性材料，如常用的低碳钢、铜、铝等，这个理论是符合的. 因此，对于由塑性材料制成的构件进行强度计算时，经常采用这个理论.

(4) 畸变能理论(第四强度理论).

构件受力后发生变形，载荷在相应位移上做功，构件因变形而储存能量即所谓的应变能. 因构件的变形有形状和体积的改变，相应地变形能也可分为两部分. 单位体积内的形状改变能即所谓的畸变能密度 v_d，在复杂应力状态下的表达式为

$$v_d=\frac{(1+\mu)}{6E}[(\sigma_1-\sigma_2)^2+(\sigma_2-\sigma_3)^2+(\sigma_3-\sigma_1)^2] \tag{e}$$

畸变能理论认为，引起材料屈服的主要因素是畸变能密度. 无论材料处于何种应力状态，只要畸变能密度达到材料单向拉伸屈服时的畸变能密度值 v_{ds}时，材料即发生屈服. 按此理论，材料的屈服条件为

$$v_d=v_{ds} \tag{f}$$

材料单向拉伸屈服时的应力为 $\sigma=\sigma_s$，由式(e)得相应的畸变能密度为

$$v_{ds}=\frac{(1+\mu)\sigma_s{}^2}{3E}$$

将式(e)与上式代入式(f)，得材料的屈服条件为

$$\sqrt{\frac{1}{2}[(\sigma_1-\sigma_2)^2+(\sigma_2-\sigma_3)^2+(\sigma_3-\sigma_1)^2]}=\sigma_s$$

由此得相应的强度条件为

$$\sigma_{r4}=\sqrt{\frac{1}{2}[(\sigma_1-\sigma_2)^2+(\sigma_2-\sigma_3)^2+(\sigma_3-\sigma_1)^2]}\leqslant[\sigma] \tag{15-12}$$

对于塑性材料，如钢材、铝、铜等，这个理论与实验结果基本上是符合的. 这也是目前对塑性材料广泛采用的一个强度理论.

一般来说，受力构件处于复杂应力状态时，在常温、静载的条件下，脆性材料多数是发生脆性断裂，所以通常采用最大拉应力理论与最大拉应变理论. 由于最大拉应力理论应用简单，所以比最大拉应变理论使用得更为广泛. 在通常情况下，塑性材料的破坏形式多为塑性屈服，所以应该采用最大切应力理论与畸变能理论. 前者应用比较简单，后者可以得到较为经济的截面尺寸.

例 15-3　试分别根据第三与第四强度理论，确定如图 15-11(a)所示的塑性材料在纯剪

切时的许用切应力.

解: 如图 15-11(a)所示的纯剪切应力状态,单元体的三个主应力为

$$\sigma_1=\tau_x, \sigma_2=0, \sigma_3=-\tau_x$$

若采用第三强度理论,则由式(15-11)得

$$\tau_x\leqslant\frac{1}{2}[\sigma]$$

故许用切应力为

$$[\tau]=0.5[\sigma]$$

同样,若采用第四强度理论,则由式(15-12)得

$$\tau_x\leqslant\frac{1}{\sqrt{3}}[\sigma]$$

故

$$[\tau]\approx0.6[\sigma]$$

因此,塑性材料在纯剪切时的许用切应力$[\tau]$通常取为(0.5～0.6)$[\sigma]$.

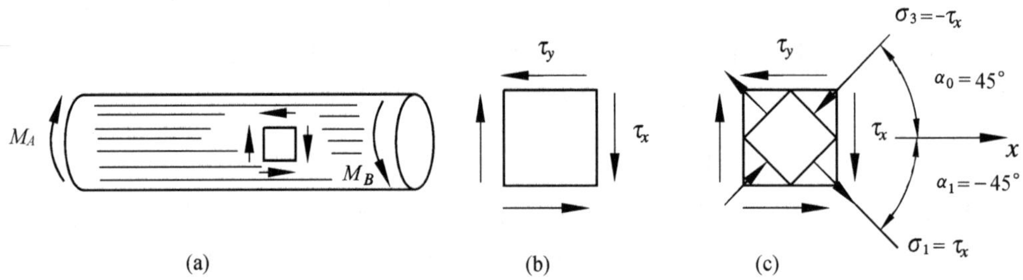

图 15-11

例 15-4 从某构件的危险点处取出一单元体,如图 15-12(a)所示,已知钢材的屈服极限 $\sigma_s=280$ MPa. 试按最大切应力理论和畸变能理论计算构件的工作安全系数.

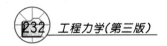

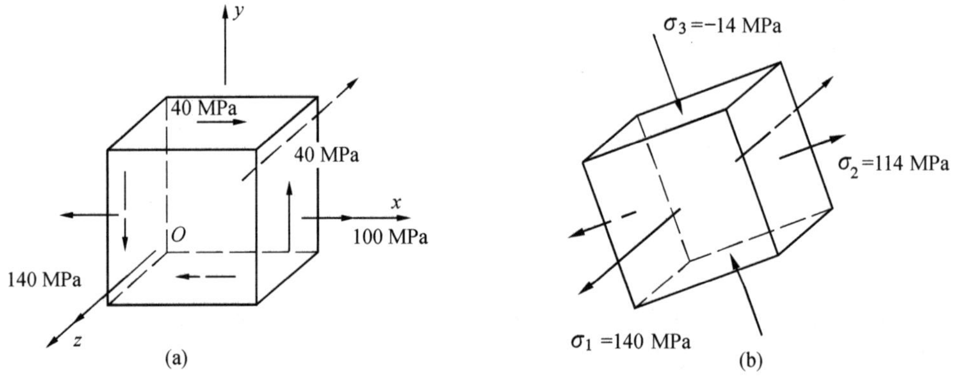

图 15-12

解: 单元体处于空间应力状态,在垂直于 z 轴的平面上的应力 σ_z 是主应力,但位于 Oxy 平面内的应力却不是主应力. 所以应先计算 Oxy 平面内的主应力,然后才能计算工作安全系数.

(1) 求主应力. 已知 $\sigma_x=100$ MPa, $\sigma_y=0$, $\tau_x=-40$ MPa,将其代入式(15-4),得

$$\left.\begin{matrix}\sigma_2\\\sigma_3\end{matrix}\right\}=\frac{\sigma_x}{2}\pm\sqrt{\left(\frac{\sigma_x}{2}\right)^2+\tau_x{}^2}=\frac{100}{2}\ \mathrm{MPa}\pm\sqrt{\left(\frac{100}{2}\ \mathrm{MPa}\right)^2+(-40\ \mathrm{MPa})^2}$$

$$=\begin{cases}114\ \mathrm{MPa}\\-14\ \mathrm{MPa}\end{cases}$$

以主应力表示的三向应力状态下的单元体如图 15-12(b)所示. 各主应力之值为

$$\sigma_1=140\ \mathrm{MPa},\sigma_2=114\ \mathrm{MPa},\sigma_3=-14\ \mathrm{MPa}$$

(2) 计算工作安全系数. 按最大切应力理论,单元体的相当应力为

$$\sigma_{r3}=\sigma_1-\sigma_3=140\ \mathrm{MPa}-(-14\ \mathrm{MPa})=+154\ \mathrm{MPa}$$

单元体的工作安全系数为

$$n_3=\frac{\sigma_s}{\sigma_{r3}}=\frac{280\ \mathrm{MPa}}{154\ \mathrm{MPa}}=1.82$$

若按畸变能理论,单元体的相当应力为

$$\sigma_{r4}=\sqrt{\frac{1}{2}[(\sigma_1-\sigma_2)^2+(\sigma_2-\sigma_3)^2+(\sigma_3-\sigma_1)^2]}$$

$$=\sqrt{\frac{1}{2}[(140\ \mathrm{MPa}-114\ \mathrm{MPa})^2+(114\ \mathrm{MPa}+14\ \mathrm{MPa})^2+(-14\ \mathrm{MPa}-140\ \mathrm{MPa})^2]}$$

$$=143\ \mathrm{MPa}$$

单元体的工作安全系数为

$$n_4=\frac{\sigma_s}{\sigma_{r4}}=\frac{280\ \mathrm{MPa}}{143\ \mathrm{MPa}}=1.96$$

通过计算可知,按最大切应力理论比按畸变能理论所得的工作安全系数要小些. 因此,所得的截面尺寸也要大一些.

例 15-5　薄壁圆筒如图 15-13(a)所示,容器内部受到压强为 p 的压力作用,其壁厚远小于圆筒平均直径 $D\left(\delta\leqslant\frac{1}{10}D\right)$. 试求筒壁上任一点的纵向和横向截面上的应力,并且根据第三、第四强度理论推导圆筒的强度条件.

解: 在内压作用下,圆筒体积只产生轴向伸长和环向膨胀的变形,因此在筒壁的纵向和横向截面上,只有拉应力作用,而且认为拉应力沿壁厚方向是均匀分布的.

为计算圆筒筒壁在纵向截面上的应力,可用截面法以通过圆筒直径的纵向截面将圆筒截为两半,取下半部长为 l 的一段圆筒(连同其内所装的气体或液体)为研究对象,如图 15-13(b)所示. 设圆筒纵向截面上的周向应力为 σ_t,并将筒内的压力视为作用于圆筒的直径平面上,则由平衡方程

$$\sum F_y=0,\ 2(\sigma_t\cdot\delta\cdot l)-p\cdot D\cdot l=0$$

得

$$\sigma_t=\frac{pD}{2\delta}$$

若以横截面将圆筒截开,取左边部分为研究对象,如图 15-13(c)所示,并设圆筒横向截面上的轴向应力为 σ_x,则由平衡方程

$$\sum F_x=0,\ \sigma_x\cdot\delta\cdot\pi D-p\frac{\pi D^2}{4}=0$$

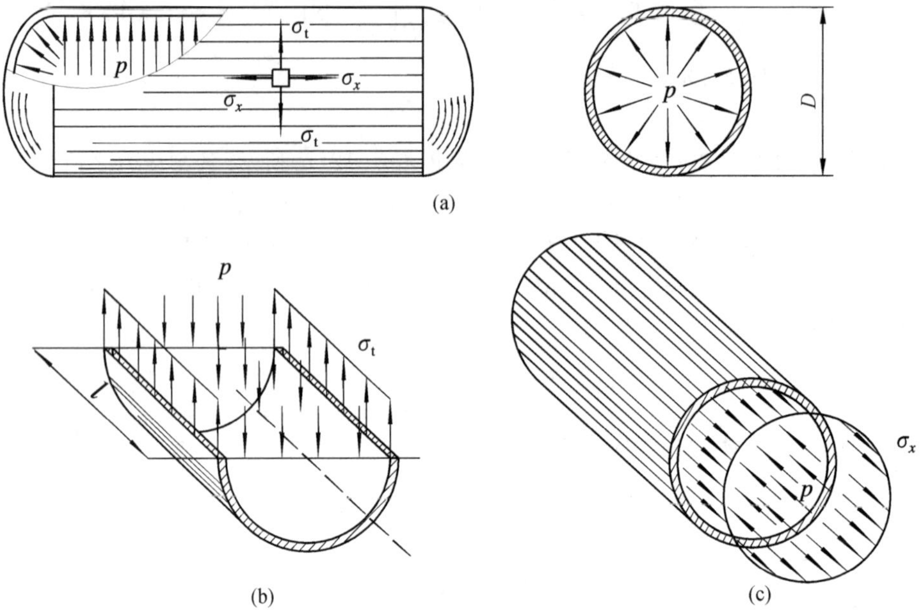

(a)

(b)　(c)

图 15-13

得

$$\sigma_x=\frac{pD}{4\delta}$$

由于 $D\gg\delta$,则由上两式可知,圆筒容器内的压强 p 远小于 σ_t 和 σ_x,因而垂直于筒壁的径向应力很小,可以忽略不计.如果在筒壁上按通过直径的纵向截面和横向截面截取出一个单元体,则此单元体处于平面应力状态,如图 15-13(a)所示.作用于其上的主应力为

$$\sigma_1=\sigma_t=\frac{pD}{2\delta},\ \sigma_2=\sigma_x=\frac{pD}{4\delta},\sigma_3=0$$

将三个主应力值按第三、第四强度理论代入式(15-11)和式(15-12),得

$$\sigma_{r3}=\frac{pD}{2\delta}\leqslant[\sigma] \tag{15-13}$$

$$\sigma_{r4}=\frac{pD}{2.3\delta}\leqslant[\sigma] \tag{15-14}$$

利用上面两式,即可对薄壁圆筒进行强度校核,或选择圆筒壁厚.对于一些锅炉和液压缸等容器,材料的许用拉应力 $[\sigma]=\frac{\sigma_b}{n}$,$\sigma_b$ 为常温时材料的抗拉强度,安全系数 n 取 3~5.此外,还需考虑焊缝和腐蚀等影响材料强度的因素.

例 15-6　薄壁圆筒容器的直径 $D=1\ 500$ mm,壁厚 $\delta=30$ mm,最大工作压强 $p=4$ MPa,采用的材料是 15g 锅炉钢板,许用应力 $[\sigma]=120$ MPa.试校核筒壁的强度.

解: 由于 $\frac{\delta}{D}=\frac{30}{1\ 500}=\frac{1}{50}<\frac{1}{10}$,可知这是一个薄壁圆筒容器.又因为筒壁上的应力是二向应力状态,所以应该根据强度理论进行强度计算.因筒壁材料是塑性材料,故应该选择第三强度理论或第四强度理论进行强度校核.由式(15-13)与式(15-14)可得

$$\sigma_{r3}=\frac{pD}{2\delta}=\frac{4\ \text{MPa}\times1.5\ \text{m}}{2\times0.03\ \text{m}}=100\ \text{MPa}<[\sigma]$$

$$\sigma_{r4}=\frac{pD}{2.3\delta}=\frac{4\ \text{MPa}\times1.5\ \text{m}}{2.3\times0.03\ \text{m}}\approx87\ \text{MPa}<[\sigma]$$

由计算结果可知，无论用最大切应力理论还是用畸变能理论进行校核，筒壁的强度都是足够的. 在设计计算中，若按最大切应力理论选择圆筒壁厚，是偏于安全的；若根据畸变能理论设计，则比较经济.

思　考　题

15-1　如图所示的两构件中，同一构件内 A、B 两点的应力状态是否相同？为什么？

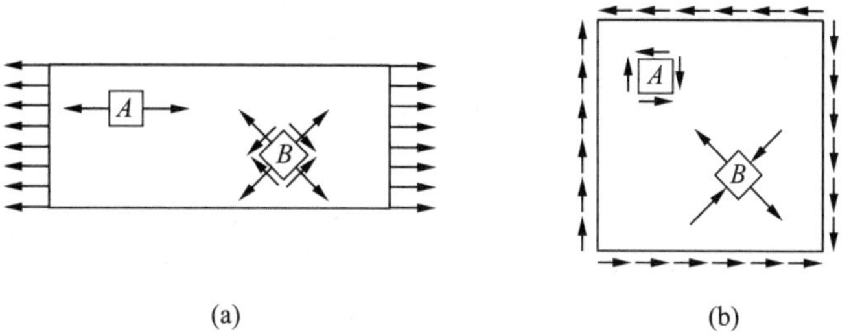

思考题 15-1 图

15-2　由于单元体侧面上的应力是向量，可以用向量相加的方法求合应力. 于是，对于如图所示的单元体截面 AB 上的正应力计算如下：

$$\sigma^2=\tau^2+\tau^2$$

所以

$$\sigma=\sqrt{2}\tau$$

这样计算正确吗？

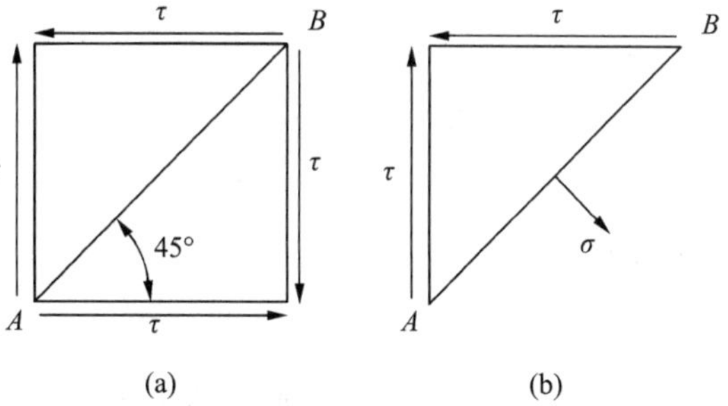

思考题 15-2 图

15-3　试判断如图所示的两个单元体各是几向应力状态.

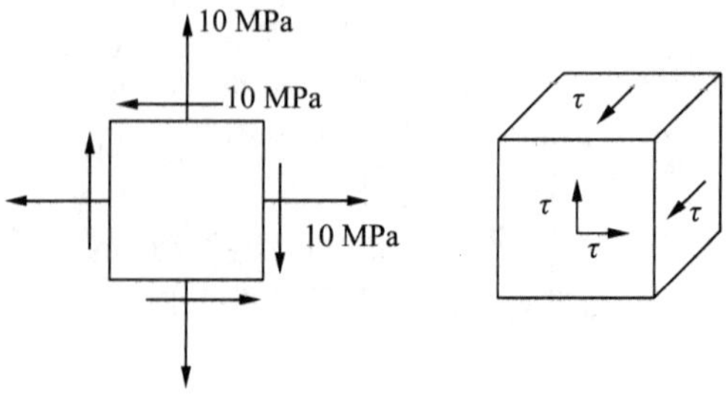

(a) (b)

思考题 15-3 图

15-4 如图所示的球体和正方体,在整个外表面上都受到均匀压力 p 作用.

(1) 在两者中各取一点,这两点的应力状态是否相同?主应力各有多大?

(2) 在两者中各取一任意斜截面,两斜截面上的应力是否均匀分布且大小相同?

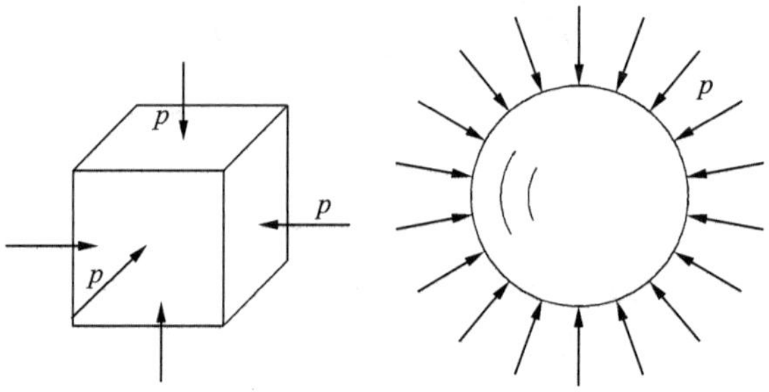

(a) (b)

思考题 15-4 图

15-5 已知通过某一点的任意两点垂直于某主平面的斜面(它们互相不垂直,如图所示)上的正应力和切应力,可以作出此点的一个二向应力圆吗?怎样作?

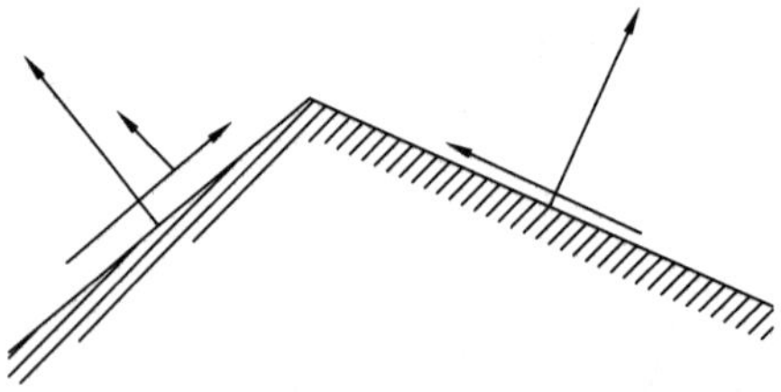

思考题 15-5 图

15-6 如果保持 σ_1 和 σ_3($\sigma_1 \neq \sigma_3$)的值不变,问 σ_2 为多大时,第三强度理论的相当应力值与第四强度理论的相等?又当 σ_2 为多大时,两个理论的相当应力值相差最大?在后一种情况下,第三强度理论对材料的强度低估了百分之几?

习 题

15-1 直径 $d=2$ cm 的拉伸试件,当与杆轴成 45°斜截面上的切应力 $\tau=150$ MPa 时,杆表面上将出现滑移线.求此时试件的拉力 F.

15-2 在拉杆的某一斜截面上,正应力为 50 MPa,切应力为 50 MPa.试求最大正应力和最大切应力.

15-3　已知应力状态分别如图(a)、(b)、(c)所示，求指定斜截面 ab 上的应力，并画在单元体上.

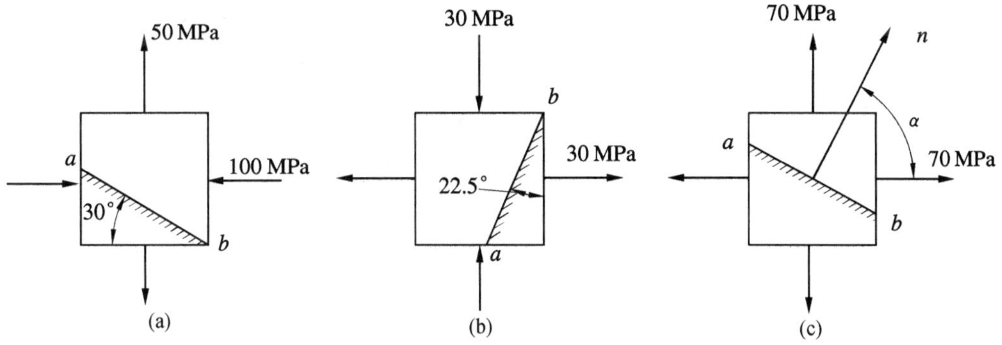

习题 15-3 图

15-4　已知应力状态如图(a)、(b)、(c)所示，求指定斜截面 ab 上的应力，并画在单元体上.

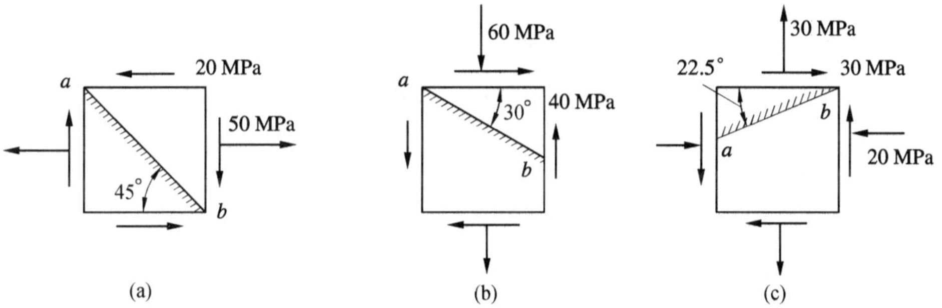

习题 15-4 图

15-5　求图示各单元体的三个主应力、最大切应力和它们的作用面方位，并画在单元体上.

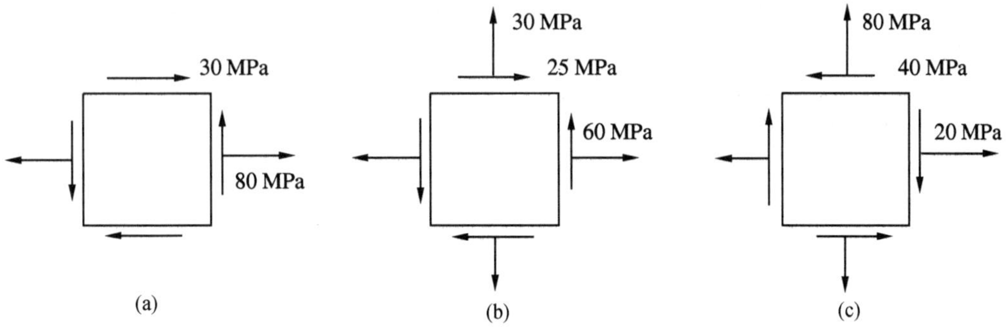

习题 15-5 图

15-6　已知一点为平面应力状态，过该点两平面上的应力如图所示，求 σ_α 及主应力、主方向和最大切应力.

15-7　一圆轴的受力如图所示，已知固定端横截面上的最大弯曲应力为 40 MPa，最大扭转切应力为 30 MPa，因剪力而引起的最大切应力为 6 kPa.

(1) 用单元体画出在 A、B、C、D 各点处的应力状态.

(2) 求 A 点的主应力和最大切应力及其作用面的方位.

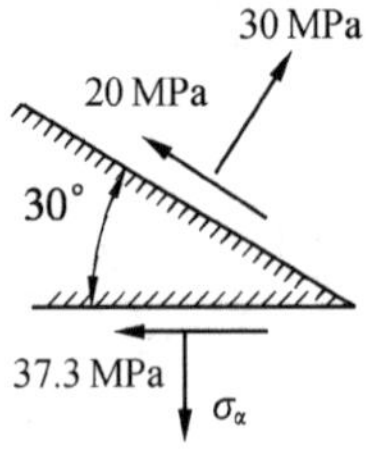

习题 15-6 图

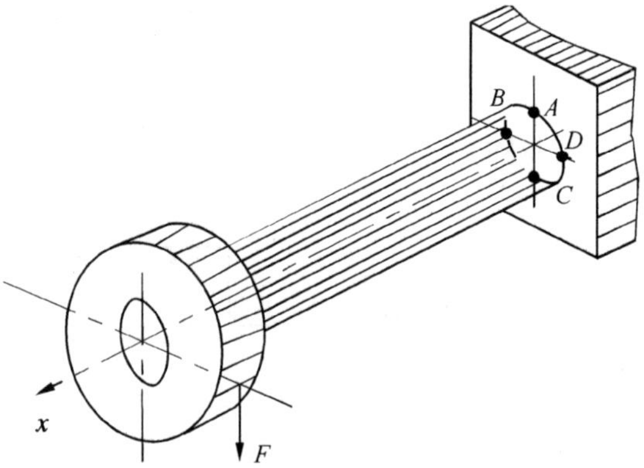

习题 15-7 图

15-8 求图示各应力状态的主应力、最大切应力以及它们的作用面的方位.

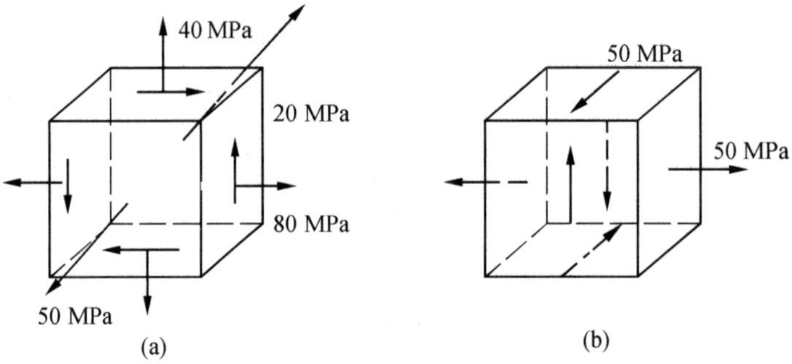

习题 15-8 图

15-9 设地层为石灰岩,泊松比 $\mu=0.2$,单位体积重 $\gamma=25\ \mathrm{kN/m^3}$. 试计算离地面 400 m 深处的压应力.

15-10 图示为一钢制圆截面轴,直径 $d=60$ mm,材料的弹性模量 $E=210$ GPa,泊松比 $\mu=0.28$,用电测法测得 A 点与水平线成 45°方向的线应变 $\varepsilon_{45°}=431\times10^{-6}$,求轴受的外力偶矩 M_e.

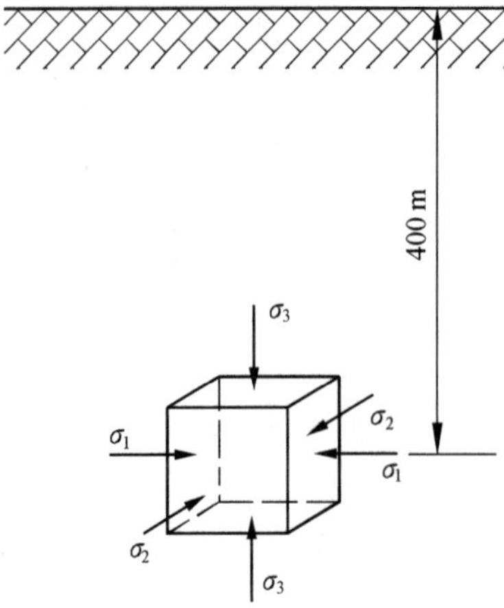

习题 15-9 图

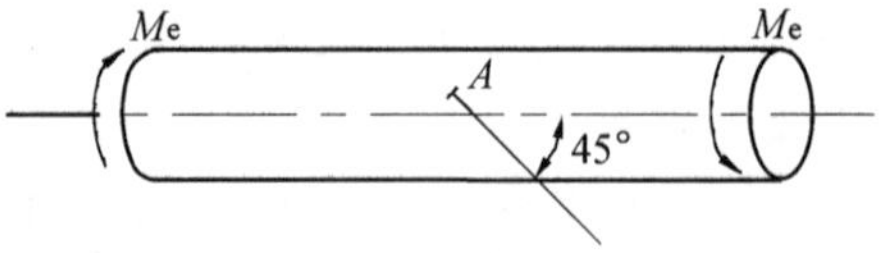

习题 15-10 图

15-11 列车通过钢桥时，在大梁侧表面某点测得 x 和 y 向的线应变 $\varepsilon_x=400\times10^{-6}$，$\varepsilon_y=-120\times10^{-6}$，材料的弹性模量 $E=200$ GPa，泊松比 $\mu=0.3$，求该点 x、y 面的正应力 σ_x 和 σ_y.

15-12 铸铁薄壁管如图所示，管的外直径 $D=200$ mm，壁厚 $t=15$ mm，内压 $p=4$ MPa，轴向压力 $F=200$ kN，许用应力 $[\sigma]=30$ MPa，泊松比 $\mu=0.25$，试用第二强度理论校核该管的强度.

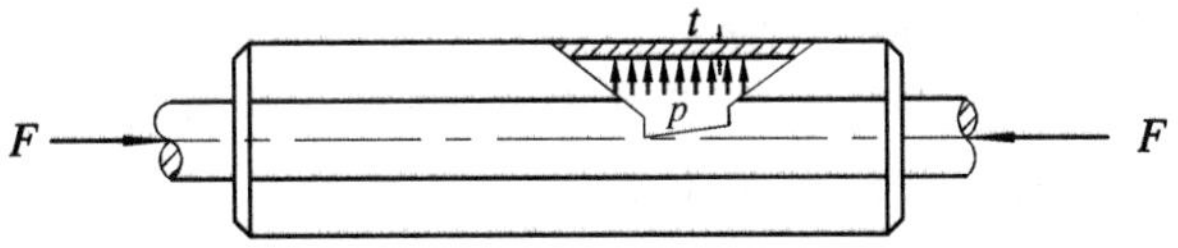

习题 15-12 图

15-13 薄壁锅炉的平均直径为 1 250 mm，最大内压为 23 个大气压(1 个大气压≈0.1 MPa)，在高温下工作，屈服点 $\sigma_s=182.5$ MPa. 若安全系数为 1.8，试按第三和第四强度理论设计锅炉的壁厚.

第十六章 组合变形

构件中同时存在两种或两种以上基本变形且其影响都不可忽略的情况称为组合变形. 此时,构件中某些危险点处于二向或三向应力状态. 本章在前面强度理论的基础上重点讨论工程中常见的几种组合变形形式的强度计算.

§16-1 组合变形和叠加原理

杆件的拉伸(压缩)、剪切、扭转、弯曲是四种基本变形形式. 但在工程结构中的某些构件往往同时存在几种基本变形. 例如,小型压力机的框架受力如图 16-1 所示,外力 F 不通过框架立柱的轴线,将其向立柱轴线简化,可以看出立柱承受了由 F 引起的拉伸和力偶矩 $M=Fa$引起的弯曲. 这类由两种或两种以上基本变形联合作用的情况,称为组合变形.

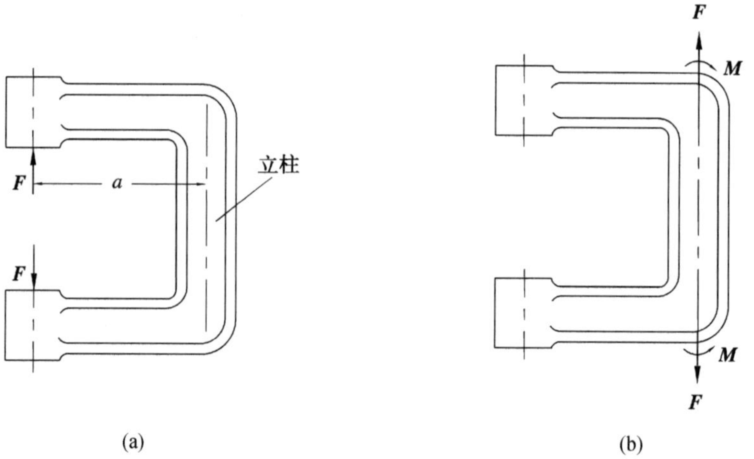

图 16-1

在组合变形时,构件的受力和变形虽然比较复杂,但只要构件处于线弹性范围内,且变形很小,就可将全部载荷分解为静力等效的几组载荷,使每组载荷对应于一种基本变形. 随后分别计算每一基本变形各自引起的内力、应力、应变或位移,然后将所得结果进行叠加,便是构件在组合变形下的内力、应力、应变或位移,此即叠加原理. 为保证上述线性函数关系,某些问题中往往要求材料服从胡克定律,且构件为小变形,由此可用变形前的位置和尺寸进行计算. 限于篇幅,本章只讨论最常见的几种情况.

§16-2 拉伸(压缩)与弯曲组合变形

拉伸(压缩)与弯曲的组合变形是工程中最常见的情况. 以图 16-2(a)所示的起重机横梁 AB 为例,受力简图如图 16-2(b)所示. 横梁的 AC 段既承受轴向力 F_{Ax} 和 F_{Cx} 引起的压缩，又承受横向力 F_{Ay}、F_{Cy} 和 P 引起的弯曲，故为压缩与弯曲的组合变形. 若横梁的刚度较大，弯曲变形很小，受力分析时不计弯曲变形，仍用变形前的直线位置. 这就等于不计轴力对弯曲的影响，认为它们只引起压缩. 这样，杆件的应力与外力的关系仍然是线性的，可采用叠加原理进行分析. 现对其进行详细说明.

例 16-1　图 16-2(a)所示的起重机最大吊重 $P=12$ kN，$[\sigma]=100$ MPa. 试为横梁 AB 选择适用的工字钢.

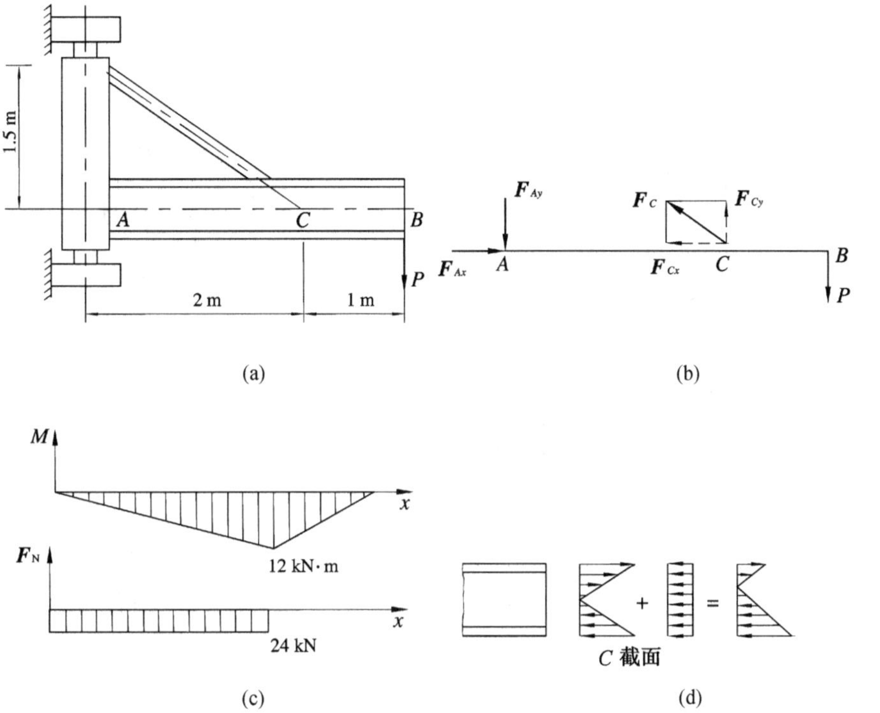

图 16-2

解：根据横梁 AB 的受力图[图 16-2(b)]，由平衡方程 $\sum M_A=0$，得

$$F_{Cy}=18 \text{ kN}$$

则

$$F_{Cx}=\frac{2}{1.5}F_{Cy}=24 \text{ kN}$$

作 AB 梁的弯矩图和轴力图，如图 16-2(c)所示. 可见在 C 点左侧的截面上，弯矩为极值而轴力在 AC 段内都相等，故 C 截面为危险截面.

先不考虑轴力的影响，按弯曲强度条件确定工字梁的抗弯截面系数，则

$$W\geqslant\frac{M}{[\sigma]}=\frac{12\times10^3}{100\times10^6}=120\times10^{-6}\ \text{m}^3=120\ \text{cm}^3$$

查附录 Ⅰ 型钢表，选取 $W=141$ cm^3 的 16 号工字钢，其截面面积 $A=26.1$ cm^2. 随后对弯曲与压缩的组合变形进行校核. 图 16-2(d)表示的是 C 点左侧截面按线性分布的弯曲正应力、均布压应力及两者叠加后的应力. 在截面的最下端，压应力最大，有

$$\sigma_{max}=\left|\frac{F_N}{A}+\frac{M_{max}}{W}\right|=\frac{24\times10^3}{26.1\times10^{-4}}+\frac{12\times10^3}{141\times10^{-6}}=94.3\times10^6\ \text{Pa}=94.3\ \text{MPa}$$

显然，最大压应力略小于许用应力，说明所选工字钢满足上述条件下的强度要求.

例 16-2 图 16-3(a)所示的压力机框架上的载荷 $P=11$ kN，P 至立柱内侧距离 $b=250$ cm. 立柱横截面形状如图 16-3(b)所示. 框架材料为铸铁，许用拉、压应力分别为$[\sigma_t]=30$ MPa，$[\sigma_c]=120$ MPa. 试校核框架的强度.

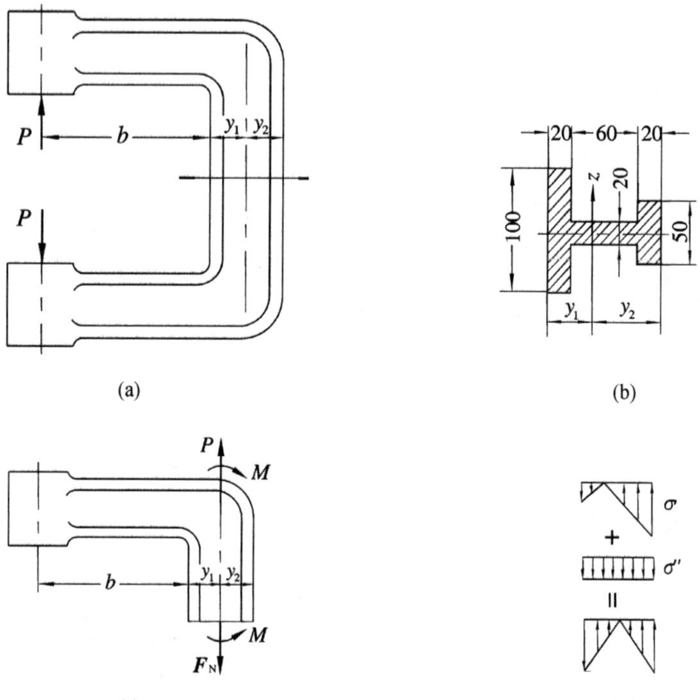

(a) (b) (c) (d)

图 16-3

解：根据立柱横截面尺寸，计算横截面面积 A，确定截面形心的位置，计算截面对形心轴 z 的惯性矩 I，结果分别如下：

$$A=4.2\times10^{-3}\ \text{m}^2,\ y_1=40.5\times10^{-3}\ \text{m},\ I=4.88\times10^{-6}\ \text{m}^4$$

将力 P 向立柱轴线简化，则立柱承受拉伸和弯曲两种变形[图 16-3(c)]. 则轴力和弯矩分别为

$$F_N=P=11\ \text{kN},\ M=P(b+y_1)=11\times10^3\times(250+40.5)\times10^{-3}=3\ 200\ \text{N}\cdot\text{m}$$

由 M 造成的弯曲正应力按线性分布[图 16-3(d)]，其最大拉应力和最大压应力分别为

$$\sigma'_{t,max}=\frac{My_1}{I}=\frac{3\ 200\times40.5\times10^{-3}}{4.88\times10^{-6}}=26.6\times10^6\ \text{Pa}=26.6\ \text{MPa}$$

$$\sigma'_{c,max}=\frac{My_2}{I}=\frac{3\ 200\times(100-40.5)\times10^{-3}}{4.88\times10^{-6}}=-39\times10^6\ \text{Pa}=-39\ \text{MPa}$$

横截面上与 F_N 对应的拉应力均布，且

$$\sigma''=\frac{F_N}{A}=\frac{11\times10^3}{4.2\times10^{-3}}=2.62\times10^6\ \text{Pa}=2.62\ \text{MPa}$$

两种应力叠加后的最大拉应力和最大应力分别是

$$\sigma_{t,\max}=\sigma'_{t,\max}+\sigma''=26.6+2.62=29.2\ \text{MPa}<[\sigma_t]$$

$$\sigma_{c,\max}=|\sigma'_{c,\max}+\sigma''|=|-39+2.62|=36.4\ \text{MPa}<[\sigma_c]$$

显然,框架满足强度要求.

§16-3 斜 弯 曲

前面章节中涉及的梁的弯曲都是集中在梁上的外力作用于纵向对称面内的情况,在实际工程中,梁上的横向力有时并不与横截面对称轴或形心主惯性轴重合,即变形后的轴线与外力不在同一纵向平面内,这种弯曲称为斜弯曲.

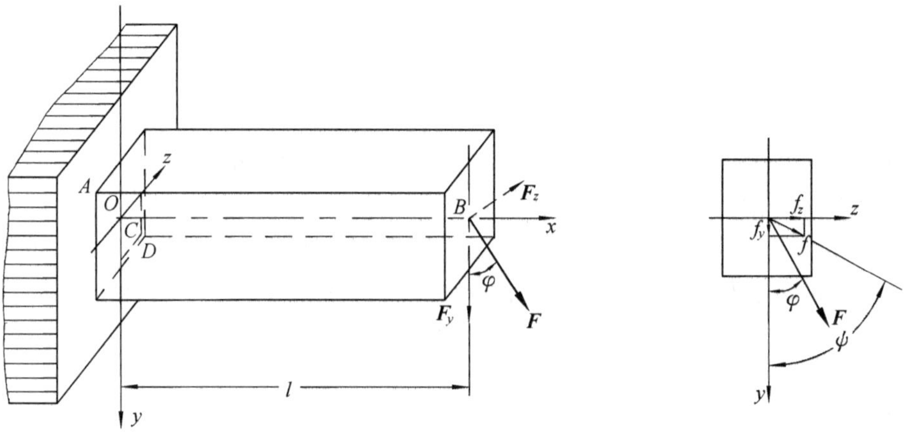

图 16-4

现以矩形截面悬臂梁(图 16-4)为例,说明斜弯曲应力和变形的计算.设作用于自由端平面内的集中力 F 通过截面形心,且与 y 轴的夹角为 φ.现以梁的轴线为 x 轴,截面的两个对称轴分别为 y 轴和 z 轴.将 F 分解成沿 y 和 z 的分量:

$$F_y=F\cos\varphi,F_z=F\sin\varphi$$

F_y 将引起垂直对称面 xy 中的弯曲,而 F_z 将引起水平对称面 xz 内的弯曲.则上述问题转化为两个平面内的弯曲组合,在端部引起的弯矩分别为

$$M_z=-F_yl=-Fl\cos\varphi,M_y=-F_zl=-Fl\sin\varphi$$

M_z 将使 z 轴以上部分发生拉伸,z 轴以下部分发生压缩.则在任一点 C 产生的应力为

$$\sigma'=\frac{M_zy}{I_z}=-\frac{Fly\cos\varphi}{I_z}$$

式中 I_z 为截面对 z 轴的惯性矩.同理,M_y 对 C 点产生的应力为

$$\sigma''=\frac{M_yz}{I_y}=-\frac{Flz\sin\varphi}{I_y}$$

式中 I_y 为截面对 y 轴的惯性矩.进行叠加,得 C 点的应力为

$$\sigma=\sigma'+\sigma''=-\left(\frac{Fly\cos\varphi}{I_z}+\frac{Flz\sin\varphi}{I_y}\right)$$

显然，在 A 点拉应力最大，在 D 点压应力最大，其绝对值相等，为

$$|\sigma_{\max}|=\left|\frac{Fly_{\max}\cos\varphi}{I_z}+\frac{Flz_{\max}\sin\varphi}{I_y}\right|$$

设 F_y、F_z 引起的自由端形心 B 的位移分别为 f_y、f_z. 显然有

$$f_y=\frac{F_yl^3}{3EI_z}=\frac{Fl^3\cos\varphi}{3EI_z},\quad f_z=\frac{F_zl^3}{3EI_y}=\frac{Fl^3\sin\varphi}{3EI_y}$$

方向分别沿 y 轴、z 轴. 最终 B 点的位移(挠度)及其方位为

$$f=\sqrt{f_y{}^2+f_z{}^2}=\frac{Fl^3}{3E}\sqrt{\left(\frac{\cos\varphi}{I_z}\right)^2+\left(\frac{\sin\varphi}{I_y}\right)^2}$$

$$\tan\psi=\frac{f_z}{f_y}=\frac{I_z}{I_y}\tan\varphi$$

一般情况下，$I_z\neq I_y$，因此 $\psi\neq\varphi$，也即挠度所在的平面与外力作用的平面并不重合.

§16-4 弯曲与扭转组合变形

弯-扭组合变形是另一类常见的组合变形，在轴类零件中经常出现. 由于零件内部既有弯曲正应力，又有扭转切应力，因而处于复杂应力状态，故须根据强度理论对其进行强度计算.

图 16-5(a)为传动轴示意图，轴左端与电机连接，所传递扭转力偶矩为 m. 作用于轴上直齿齿轮 E 上的力可在节圆半径处分解为切向力 F 及径向力 F_r. 由平衡方程可知

$$m=\frac{FD}{2}$$

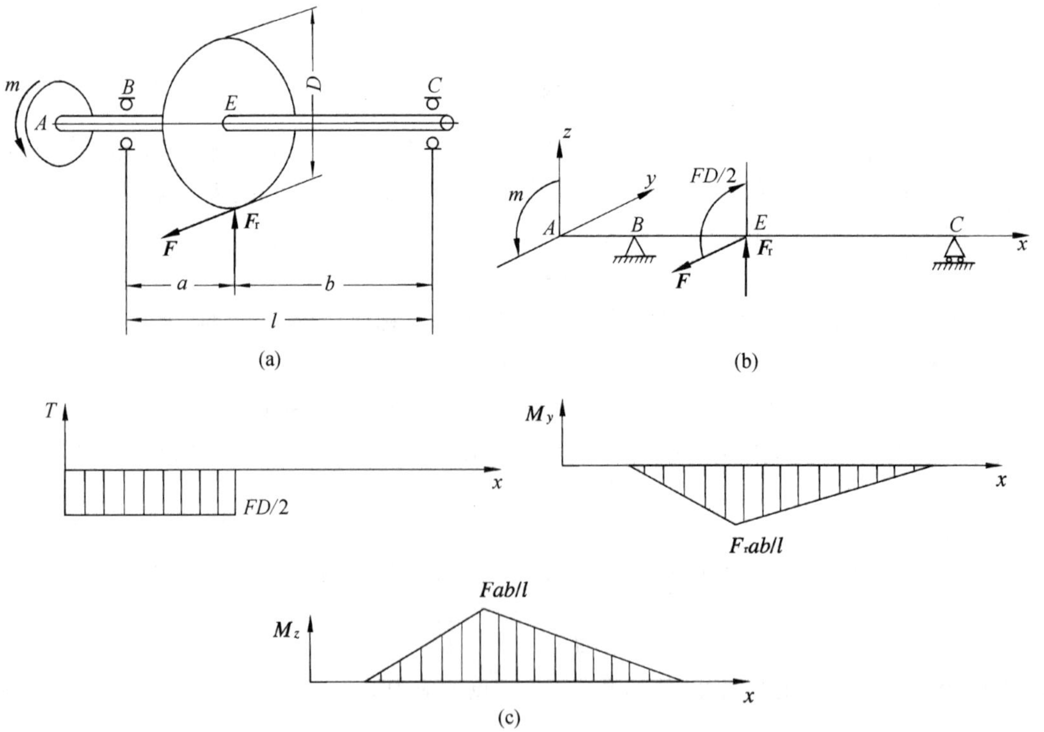

图 16-5

因此，力偶矩 m 和 $FD/2$ 引起传动轴的扭转，横向力 F 引起轴在 xy 平面内的弯曲，F_r 引起轴在 xz 平面内的弯曲，故传动轴是弯-扭组合变形.

分别画出轴的受力图[图 16-5(b)]、轴的扭矩图、xz 平面的弯矩 M_y 图与 xy 平面的弯矩 M_z 图[图 16-5(c)]，根据受力分析可知，截面 E 为危险截面. E 面上相应的内力矩有

扭矩：$T=m=\dfrac{FD}{2}$

xz 平面内弯矩：$M_{y,\max}=\dfrac{F_r ab}{l}$

xy 平面内弯矩：$M_{z,\max}=\dfrac{Fab}{l}$

由于截面为圆形截面，所以 $M_{y,\max}$ 和 $M_{z,\max}$ 合成后的弯矩 M 的作用平面仍然是纵向对称面，仍可按对称弯曲计算，相应的矢量合成见图 16-6(a)所示. 故有

$$M=\sqrt{M_{y,\max}^2+M_{z,\max}^2}=\frac{ab}{l}\sqrt{F_r{}^2+F^2}$$

在危险截面上，与扭矩 T 对应的切应力在轴的边缘各点上为极值，有

$$\tau=\frac{T}{W_p} \tag{a}$$

式中 W_p 为抗扭截面系数. 与合成弯矩 M 对应的弯曲正应力在 D_1 和 D_2 点上达到极值，为

$$\sigma=\frac{M}{W} \tag{b}$$

式中 W 为抗弯截面系数，对于圆形截面有 $W_p=2W$. 切应力和正应力的分布如图 16-6(b)所示. 由图可见，D_1 和 D_2 两点为危险点，其中 D_1 点的应力状态见图 16-6(c).

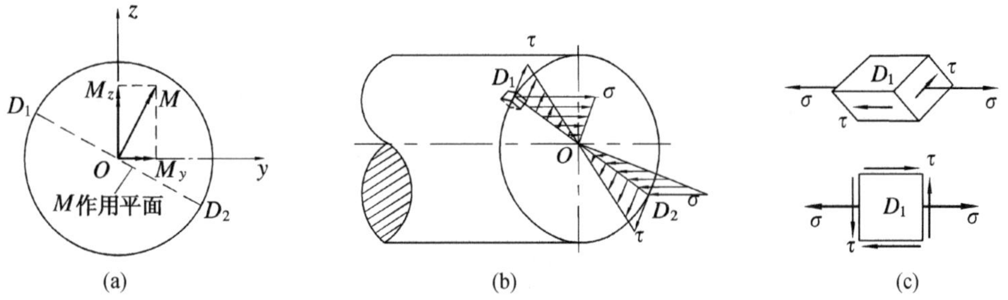

图 16-6

因 D_1 点为二向应力状态，故应按强度理论建立强度条件. 根据上一章内容，D_1 点的主应力为

$$\left.\begin{matrix}\sigma_1\\ \sigma_3\end{matrix}\right\}=\frac{\sigma}{2}\pm\frac{1}{2}\sqrt{\sigma^2+4\tau^2} \tag{c}$$

$$\sigma_2=0$$

对于塑性材料，复杂应力状态的强度条件应采用第三或第四强度理论. 若按第三强度理论，强度条件为

$$\sigma_1-\sigma_3\leqslant[\sigma]$$

将式(b)、式(c)代入上式，得

$$\sqrt{\sigma^2+4\tau^2}\leqslant[\sigma] \tag{16-1}$$

再将式(a)、式(b)代入上式，于是得扭转与弯曲组合变形下圆轴的强度条件为

$$\frac{1}{W}\sqrt{M^2+T^2}\leqslant[\sigma] \tag{16-2}$$

若按第四强度理论，强度条件应为

$$\sqrt{\frac{1}{2}[(\sigma_1-\sigma_2)^2+(\sigma_2-\sigma_3)^2+(\sigma_3-\sigma_1)^2]}\leqslant[\sigma]$$

将式(c)代入上式，经简化后得

$$\sqrt{\sigma^2+3\tau^2}\leqslant[\sigma] \tag{16-3}$$

类似地，得到按第四强度理论计算的圆轴强度条件为

$$\frac{1}{W}\sqrt{M^2+\frac{3}{4}T^2}\leqslant[\sigma] \tag{16-4}$$

例 16-3 圆形钢曲拐如图 16-7(a)所示，$F=20$ kN，$[\sigma]=160$ MPa，试计算 AB 杆的直径.

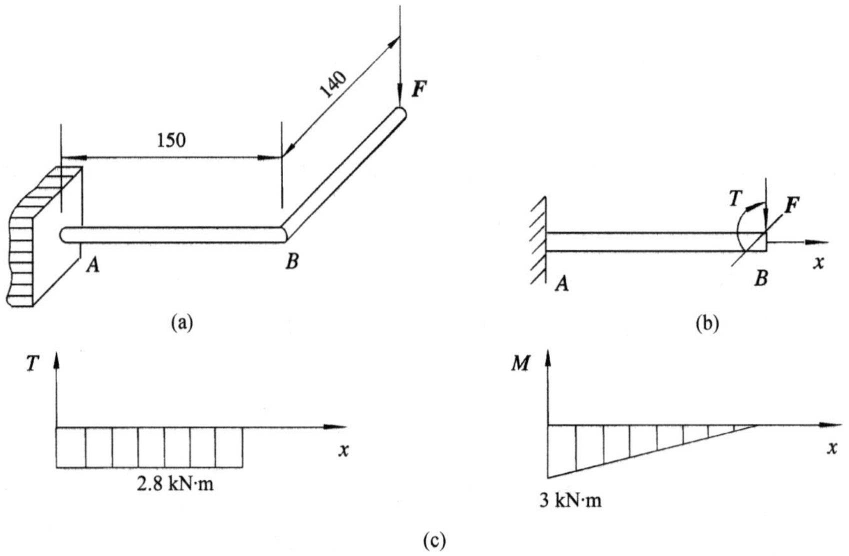

图 16-7

解：力 F 对 AB 杆的作用，可简化为一个平行力和一个力偶[图 16-7(b)]，其力偶矩为

$$T=F\times140\ \text{mm}=2\ 800\ \text{N}\cdot\text{m}$$

根据以上外力，可以画出 AB 杆的扭矩图和弯矩图[图 16-7(c)]，从而确定杆的固定端 A 为危险截面，该截面的扭矩和弯矩分别是

$$T=2\ 800\ \text{N}\cdot\text{m}$$

$$M=F\times150\ \text{mm}=3\ 000\ \text{N}\cdot\text{m}$$

不难看出，固定端截面上、下缘两点是危险点. 如按第三强度理论，由式(16-2)得

$$\frac{\sqrt{3\ 000^2+2\ 800^2}}{\frac{\pi d^3}{32}}\leqslant160\times10^6$$

解出

$$d\geqslant0.639\ \text{m}=63.9\ \text{mm}$$

最后选取 $d=64$ mm.

例 16-4 图 16-8(a)为磨床砂轮轴示意图. 已知电机功率 $P=3$ kW,转速 $n=1\,400$ r/min,转子重量 $Q_1=100$ N. 砂轮直径 $D=250$ mm,重量 $Q_2=275$ N. 磨削力 $F_y:F_z=1:3$. 砂轮轴的材料为轴承钢,$[\sigma]=60$ MPa,试确定轴的直径.

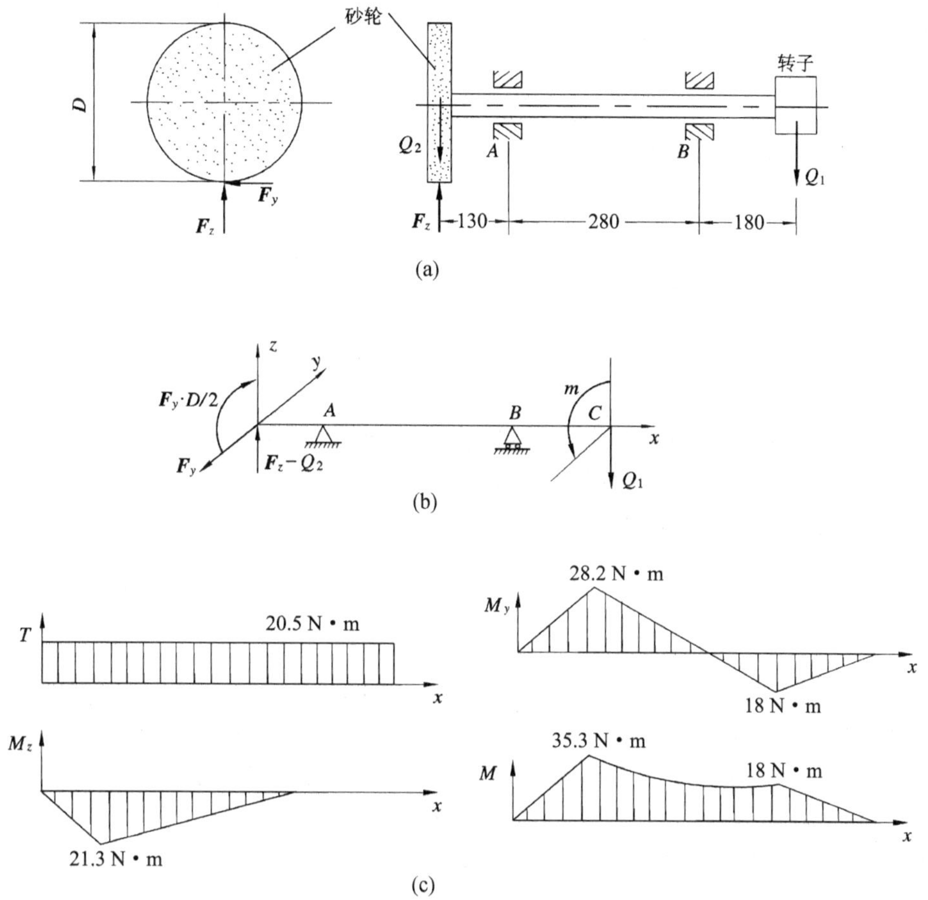

图 16-8

解: 电机传递的力偶矩为

$$m=9\,549\frac{P}{n}=9\,549\times\frac{3}{1\,400}=20.5\ \text{N}\cdot\text{m}$$

由平衡方程 $\sum M_x=0$ 可求得

$$F_y=\frac{2m}{D}=\frac{2\times20.5}{250\times10^{-3}}=164\ \text{N}$$

从而求得

$$F_z=3F_y=492\ \text{N}$$

将作用于砂轮上的力向砂轮轴简化,得受力简图如图 16-8(b)所示. 力偶矩 m 和 $F_yD/2$ 引起轴的扭转变形,横向力(F_z-Q_2)及 Q_1 引起轴在 xz 平面内的弯曲,另一横向力 F_y 引起轴在 xy 平面内的弯曲. 由此,所得扭矩图、弯矩图及合成弯矩图见图 16-8(c)所示. 显然,截面

A 为危险截面,其扭矩及合成弯矩分别为

$$T=20.5\ \text{N}\cdot\text{m}$$

$$M=\sqrt{28.2^2+21.3^2}=35.3\ \text{N}\cdot\text{m}$$

由第三强度理论的强度条件,即式(16-2),得

$$\frac{32}{\pi d^3}\sqrt{35.3^2+20.5^2}\leqslant[\sigma]=60\times10^6$$

由此解出

$$d\geqslant0.0191\ \text{m}=19.1\ \text{mm}$$

由第四强度理论的强度条件,即式(16-4),得

$$\frac{32}{\pi d^3}\sqrt{35.3^2+0.75\times20.5^2}\leqslant[\sigma]=60\times10^6$$

从而有

$$d\geqslant0.019\ \text{m}=19\ \text{mm}$$

需要指出的是,实际中由于要考虑到刚度要求和结构需要,所取直径往往要大于按强度算出的数值,最终,取轴的直径 $d=20$ mm 即可满足强度要求.

事实上,对于弯-扭组合的圆轴零件,按第三强度理论计算所得结果较之按第四强度理论计算所得结果略微保守些,故在上例中,按第三强度理论进行了相应的强度条件计算后,可省略按第四强度理论的强度条件所进行的计算.

思 考 题

16-1 何谓组合变形?用叠加原理求解组合变形强度问题的步骤是什么?

16-2 构件受偏心拉伸(或压缩)时,横截面上各点是什么应力状态?怎样进行强度计算?

16-3 拉(压)弯组合杆件危险点的位置如何确定?建立强度条件时为什么不必采用强度理论?

16-4 弯扭组合变形的圆杆,其危险点处于什么应力状态?

16-5 强度条件 $\sigma_{r3}=\frac{1}{W}\sqrt{M^2+T^2}\leqslant[\sigma]$ 对于受弯拉组合变形的矩形截面杆适用吗?

习 题

16-1 横截面为边长 $a=100$ mm 的正方形简支斜梁,承受垂直载荷 $F=3$ kN 作用,求梁中最大拉应力和最大压应力及发生的位置.

16-2 两端铰支的钢柱 AB,截面是外径 $D=70$ mm、内径 $d=62$ mm 的空心圆截面,受偏心力 $F=5$ kN 作用,材料许用应力$[\sigma]=100$ MPa. 试校核其强度.

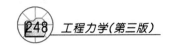

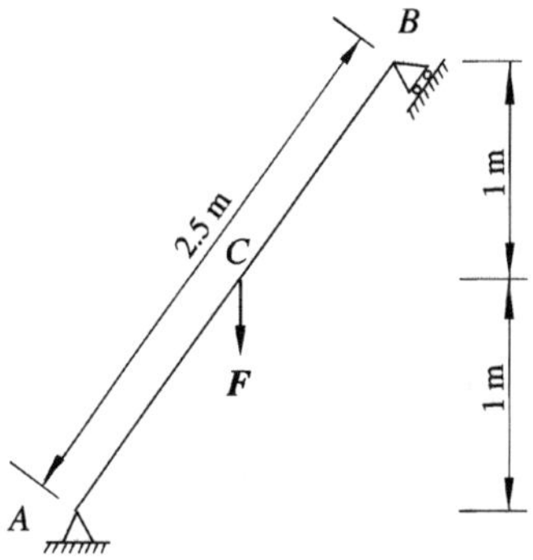

习题 16-1 图

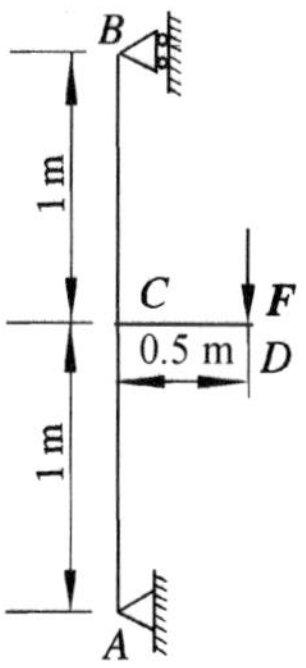

习题 16-2 图

16-3 如图所示的矩形截面铸铁柱，对称面内有偏心载荷，若 $F=500$ kN，已知铸铁的许用拉、压应力分别为$[\sigma_t]=40$ MPa，$[\sigma_c]=160$ MPa. 求此柱子允许的最大偏心距 e.

16-4 如图所示的起重架的最大起吊重量(含行走小车等)为 $F=40$ kN，横梁 AC 由两根 18 号槽钢组成，材料为 Q235 钢，许用应力$[\sigma]=120$ MPa. 试校核梁的强度.

16-5 人字架承受载荷如图所示. 试求 I-I 截面上的最大正应力及 A 点的正应力.

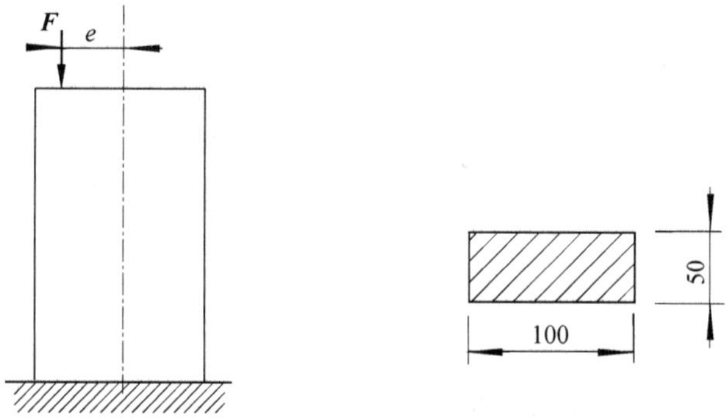

习题 16-3 图

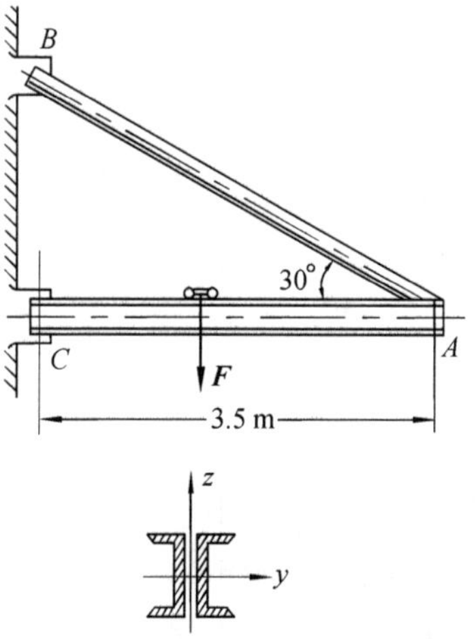

习题 16-4 图

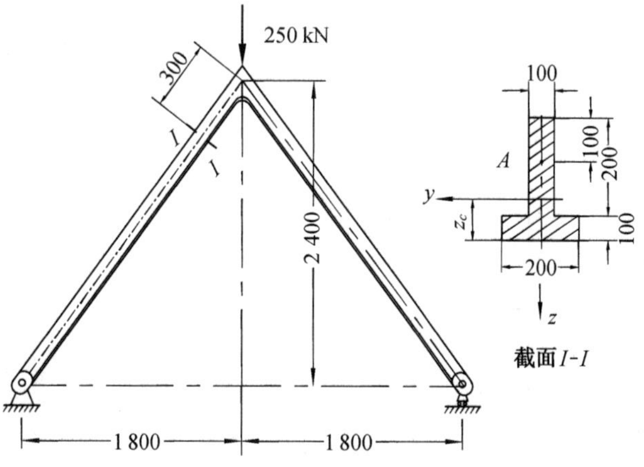

习题 16-5 图

16-6 小型拆卸工具抓杆由 45 钢制成，许用应力$[\sigma]=180$ MPa. 试按抓杆的强度确定工

具的最大顶压力 F.

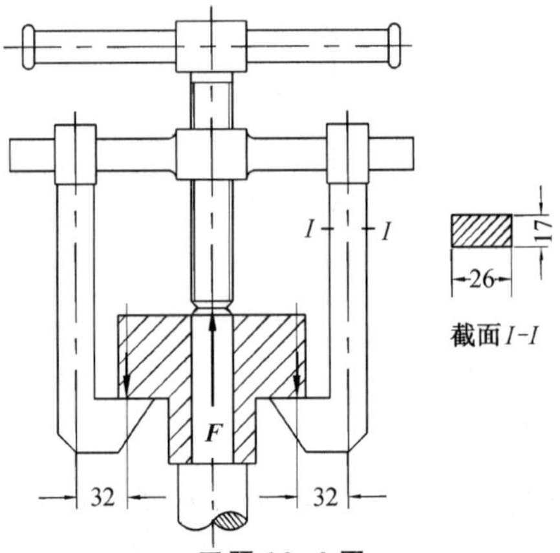

习题 16-6 图

16-7 单臂液压机机架及立柱的截面尺寸如图所示. $F=1\ 600$ kN,许用应力$[\sigma]=160$ MPa. 试校核该机架立柱的强度.

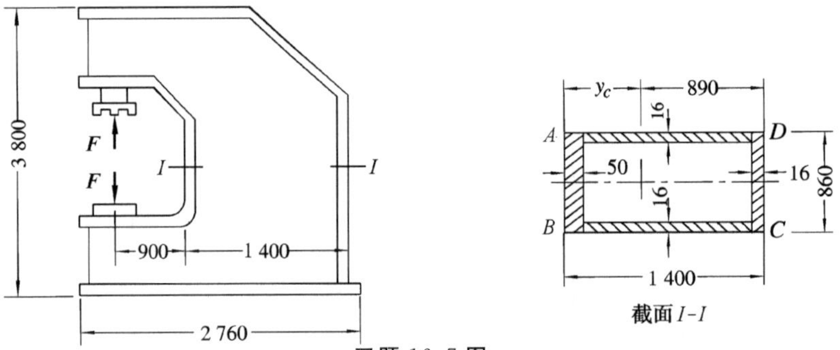

习题 16-7 图

16-8 图示小型立钻的立柱由铸铁制成,$F=15$ kN,许用拉应力$[\sigma_t]=35$ MPa. 试确定立柱所需直径 d.

16-9 图示矩形短柱受力 F 及 H 的作用. 试求固定端截面上 A、B、C、D 四点的正应力.

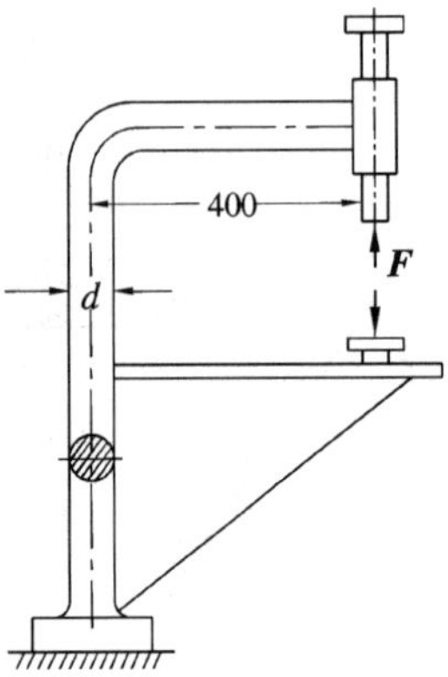

习题 16-8 图

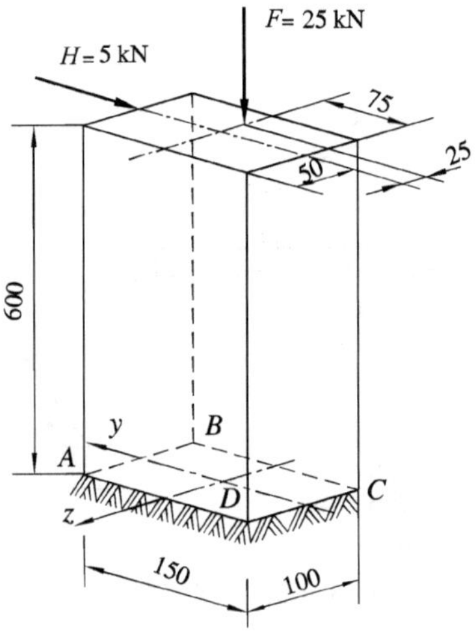

习题 16-9 图

16-10 图示 16 号工字梁两端简支，载荷 $F=7$ kN，作用于跨度中点截面，通过截面形心并与 z 轴成 20°角. 若许用应力 $[\sigma]=160$ MPa，试校核梁的强度.

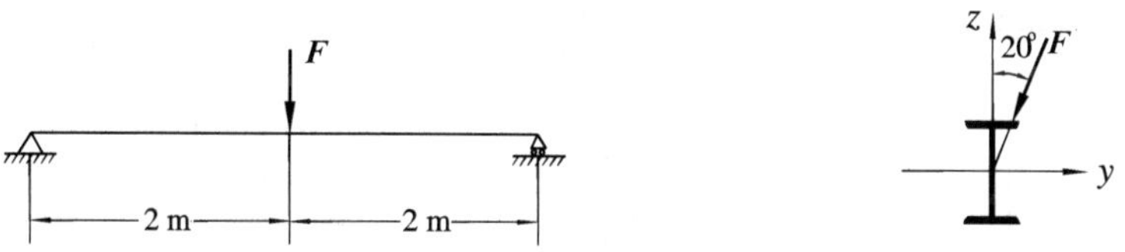

习题 16-10 图

16-11 图示手摇绞车轴的直径 $d=30$ mm，材料为 Q235 钢，$[\sigma]=80$ MPa. 试按第三强度理论求绞车的最大起吊重量 P.

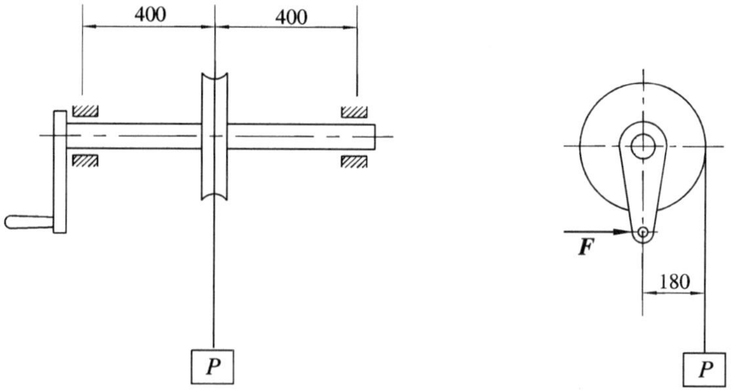

习题 16-11 图

16-12 图示电动机的功率为 $P=9$ kW，转速 $n=715$ r/min，带轮直径 $D=250$ mm，主轴直径 $d=40$ mm，外伸长 $l=120$ mm，$[\sigma]=60$ MPa. 试按第三强度理论校核轴的强度.

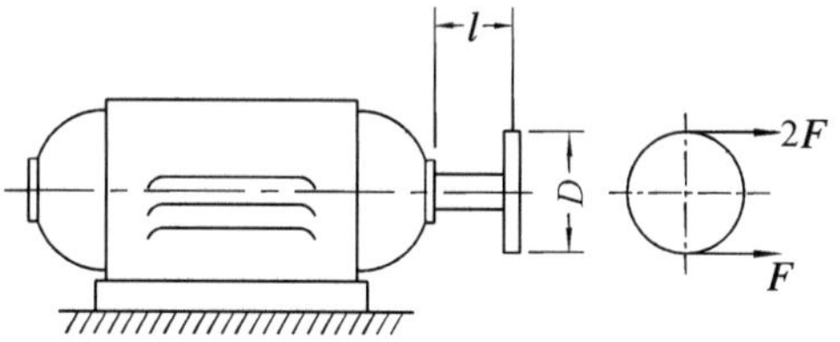

习题 16-12 图

16-13 图示带轮传动轴传递功率 $P=7$ kW，转速 $n=200$ r/min，带轮重量 $Q=1.8$ kN. 左端齿轮啮合力 F_n 与齿轮节圆切线的夹角(压力角)为 20°. 轴的材料为 Q255 钢，许用应力 $[\sigma]=80$ MPa. 试分别在忽略和考虑带轮重量两种情况下，按第三强度理论估算轴的直径.

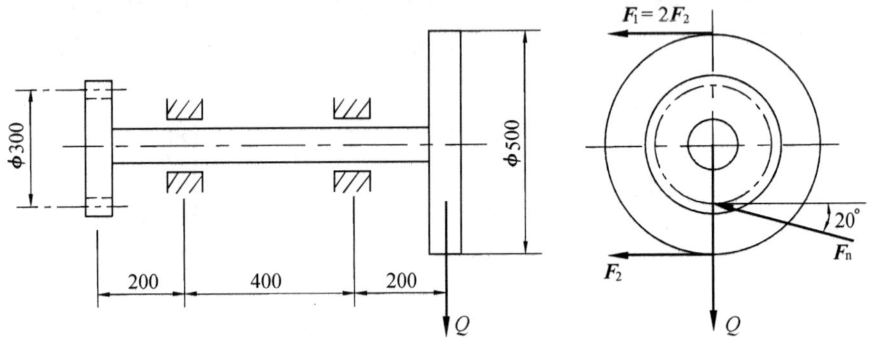

题 16-13 图

第十七章 压杆稳定

稳定性是一个很大的命题，很多学科都将稳定性的研究作为一个重要的分支. 本章涉及的压杆稳定归属于力学中的静力屈曲范畴，它研究的是当作用在细长杆上的轴向压力达到或超过一定限度时，杆件可能突然弯曲，产生突然失稳的一种失效现象. 该现象与杆件受压时材料产生塑性变形甚至断裂现象完全不同. 由于杆件失稳往往产生很大的变形甚至导致系统破坏，因此，对于轴向受压杆件，除应考虑其强度与刚度外，还应考虑其稳定性.

§17-1 压杆稳定与临界载荷的概念

当一根较长的竹片受压时，开始时轴线为直线，接着必然被压弯发生明显的弯曲变形. 与此相类似，工程中也有许多受压的细长杆. 例如，内燃机配气机构的挺杆(图 17-1)，在它推动摇臂打开气门时，就受压力作用. 又如磨床液压装置的活塞杆(图 17-2)，当驱动工作台向右移动时，油缸活塞上的压力和工作台的阻力将使活塞杆受压. 类似的工程问题很多，在此不再一一列举.

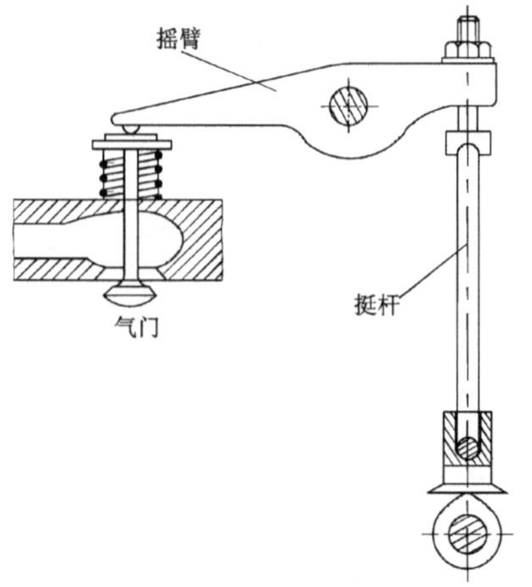

图 17-1

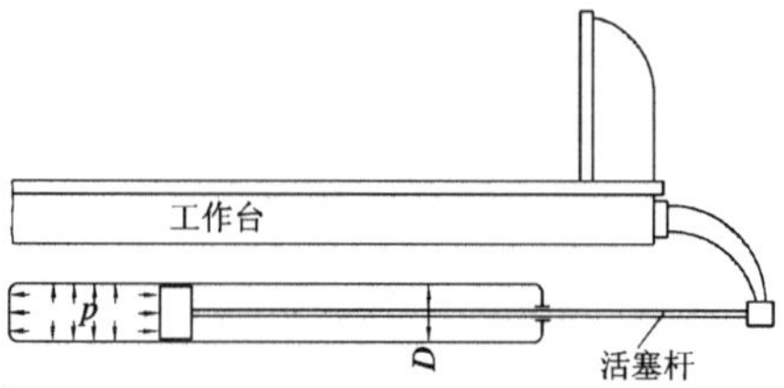

图 17-2

现以图 17-3 所示的两端铰支的细长压杆来说明这类问题. 设压力与杆件轴线重合，当压力逐渐增加但小于某一极限时，杆件一直保持直线形状的平衡，即使受到微小扰动使它暂时发生轻微弯曲[图 17-3(a)]，但仍将会恢复直线形状[图 17-3(b)]. 这表明压杆直线形状的平衡是稳定的. 当压力逐渐增加或超过某一极限值时，压杆的直线平衡变为不稳定，这时如再用微小的扰动使它发生轻微弯曲，压杆将一直保持曲线形状的平衡，而不能恢复其原有的直线形状[图 17-3(c)]. 上述压力的极限值称为临界压力或临界力，记为 F_{cr}. 所以，当轴向压力达到或超过压杆的临界压力时，压杆的原有直线平衡状态被破坏，直杆原有的直线平衡状态转变为随后可能的弯曲平衡状态，压杆随即产生失稳现象(从数学或力学的角度看，此时系统的拓扑结构发生了突变,系统也就产生了所谓的分岔),简称失稳,也称屈曲.

压杆失稳后,压力的微小增加会导致弯曲变形显著加大,表明压杆已丧失了承载能力,将引起机器或结构的整体损坏,这是由于失稳造成的失效.需要说明的是,细长压杆失稳时应力并不一定很高,有时甚至低于比例极限.因此这种形式的失效并非强度不足,而是稳定性不够.

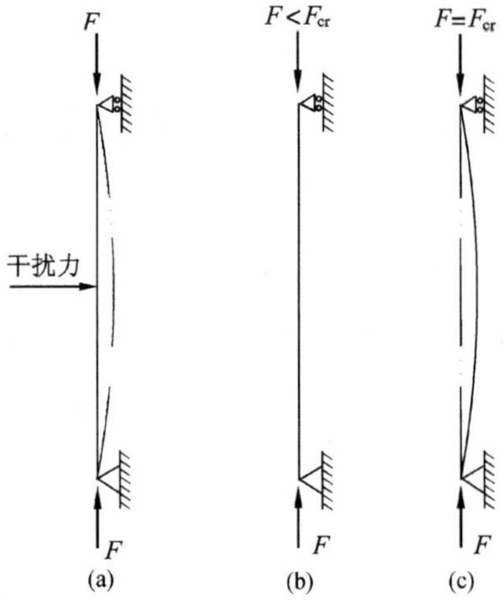

图 17-3

除细长压杆外,薄壁杆与某些杆系结构等也存在稳定性问题.例如,图 17-4(a)所示的狭长矩形截面梁,当作用在自由端的载荷 F 达到或超过一定数值时,梁将突然侧向弯曲与扭转;又如图17-4(b)所示的承受径向外压的薄壁圆管,当外压力 P 达到或超过一定数值时,圆环形截面突然变为椭圆形.显然,解决压杆稳定性问题的关键是确定其临界载荷.如果将压杆的工作压力控制在由临界载荷所确定的许用范围内,则压杆不致失稳.限于篇幅,本章只局限于压杆的稳定性问题的介绍,其他形式的稳定性问题将不再涉及.

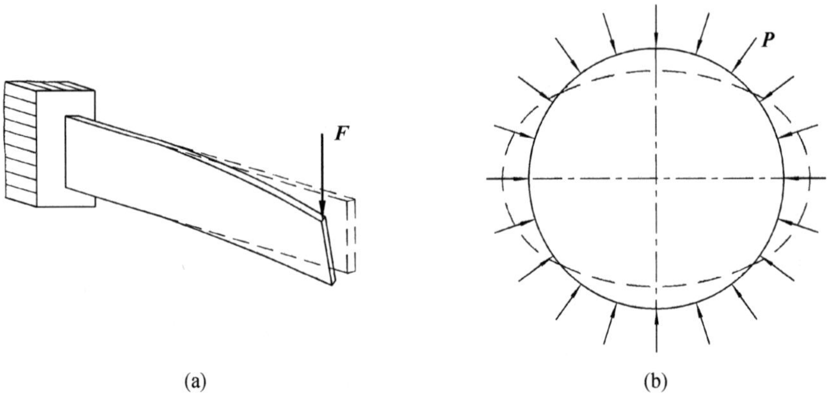

图 17-4

§17-2 细长压杆的临界压力

设细长压杆的两端为铰支座,如图 17-5 所示,轴线为直线,压力 $\boldsymbol{F}$ 与轴线重合.如前所述,当压力达到临界值时,压杆将由直线平衡状态变为曲线平衡状态.可见,临界压力就是使压杆保持微小弯曲平衡的最小压力.

选取坐标系如图所示,设压杆在轴向压力作用下处于微弯平衡状态,当杆内应力不超过材料的比例极限时,压杆挠曲线的近似微分方程为

$$\frac{d^2 w}{dx^2}=\frac{M(x)}{EI} \tag{a}$$

由图可知,压杆 x 截面的弯矩为

$$M(x) = -Fw$$

代入式(a),得

$$\frac{d^2 w}{dx^2} + k^2 w = 0 \qquad \text{(b)}$$

式中

$$k^2 = \frac{F}{EI} \qquad \text{(c)}$$

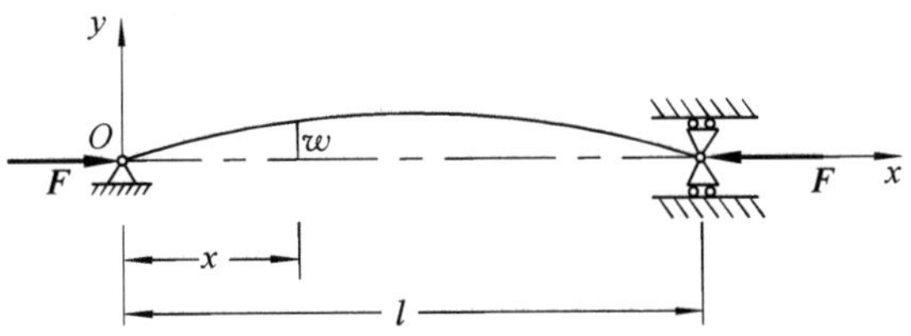

图 17-5

式(b)是一个二阶常系数齐次微分方程,其通解为

$$w = A\sin kx + B\cos kx \tag{d}$$

式中常数 A、B 与 k 均未知,其值可由压杆的位移边界条件与变形状态确定. 杆件的边界条件是

$$x=0 \text{ 及 } x=l \text{ 处}, w=0$$

由此求得

$$B=0, A\sin kl=0$$

上述方程有两组可能的解,或者 $A=0$,或者 $\sin kl=0$. 然而,如果 $A=0$,则由式(d)可知,各截面的挠度均为零,即压杆的轴线仍为直线,而这与微弯状态的前提不符. 因此,其解应为

$$\sin kl = 0$$

要满足此条件,则必须

$$kl = n\pi, n=0,1,2,\cdots$$

由此求得 $k=\frac{n\pi}{l}$,代入式(c),得

$$F = \frac{n^2\pi^2 EI}{l^2}, n=0,1,2,\cdots \tag{e}$$

因为 n 是 0,1,2 等整数中的任一个整数,故上式表明使杆件保持为曲线平衡的压力,理论上是多值的. 其中使压杆保持微小弯曲的最小压力,才是临界压力 F_{cr}. 如取 $n=0$,则$F=0$,表示杆件上并无压力,显然不是我们所需要的. 这样,只有取 $n=1$,才得到压力的最小值. 于是临界压力为

$$F_{cr} = \frac{\pi^2 EI}{l^2} \tag{17-1}$$

上式通常称为临界载荷的欧拉公式,该载荷又称为欧拉临界载荷. 在临界载荷作用下,变形为

$$w = A\sin\frac{\pi x}{l} \tag{17-2}$$

可见,压杆过渡为曲线平衡后,轴线变成半正弦波曲线,其最大挠度或幅值 A 则取决于压杆微弯的程度.

图 17-6(a)、(b)、(c)分别为固支-自由、固支-固支、固支-铰支细长压杆,其临界载荷也可用类似的方法确定. 为方便应用,现采用统一的欧拉公式对各种支承情况下的压杆临界压力进行描述,即

$$F_{cr} = \frac{\pi^2 EI}{(\mu l)^2} \tag{17-3}$$

式中 μ 为长度系数,它与压杆两端的支承情况有关,其数值为

铰支-铰支　　　　$\mu=1$

固支-自由　　　　$\mu=2$

固支-固支　　　　$\mu=0.5$

固支-铰支　　　　$\mu=0.7$

在实际中两端铰支的情况最多,偶尔与理想的铰支、固支不同时,其长度系数可按设计规范的规定选取.

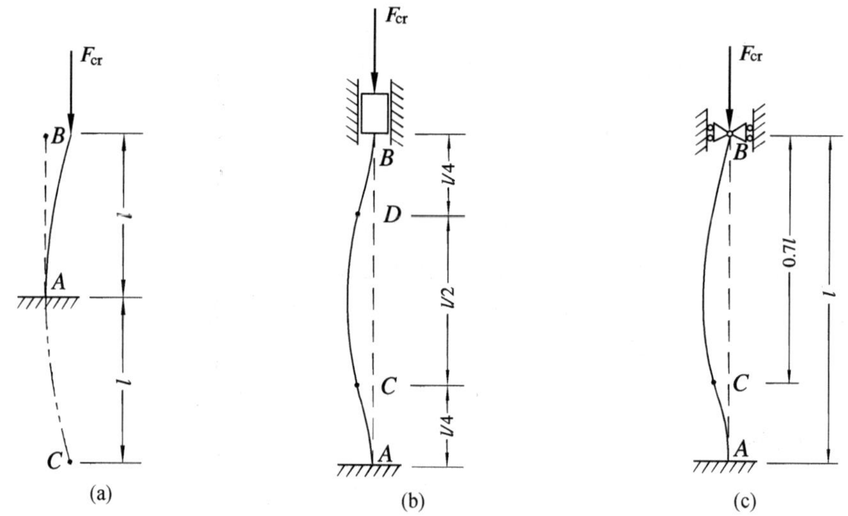

图 17-6

例 17-1　如图 17-7 所示的铰支-铰支细长压杆,横截面面积均为 $A=600\ \text{mm}^2$,杆长 $l=1$ m,弹性模量 $E=200$ GPa,试用欧拉公式计算不同截面杆的临界载荷并加以比较.

(1) 圆形截面.

(2) 空心圆形截面,内外直径之比 $\alpha=1/2$.

(3) 矩形截面,长宽比为 2.

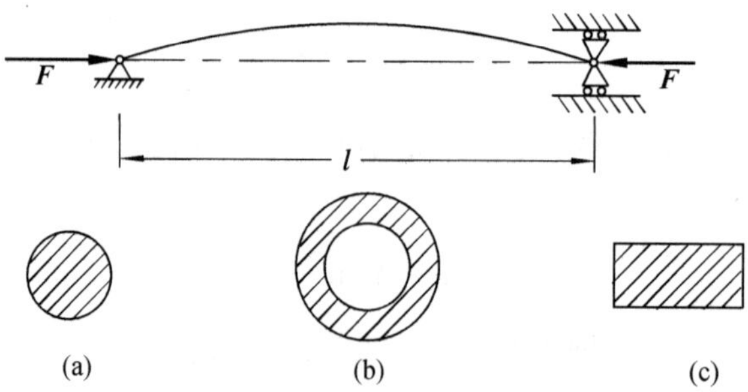

图 17-7

解:(1) 圆形截面.计算直径 d 和截面惯性矩 I:

$$d=\sqrt{\frac{4A}{\pi}}=\sqrt{\frac{4\times 600}{\pi}}=27.6\ \text{mm}$$

$$I=\frac{\pi d^4}{64}=\frac{\pi\times 27.6^4}{64}=2.85\times 10^4\ \text{mm}^4$$

根据式(17-3),临界载荷为

$$F_{cr}=\frac{\pi^2 EI}{(\mu l)^2}=\frac{\pi^2\times 200\times 10^3\times 2.85\times 10^4}{(1\times 10^3)^2}=56.3\ \text{kN}$$

(2) 空心圆形截面.计算外直径 D 和截面惯性矩 I:

$$D=\sqrt{\frac{4A}{\pi(1-\alpha)^2}}=\sqrt{\frac{4\times 600}{\pi(1-0.5)^2}}=31.9\ \text{mm}$$

$$I=\frac{\pi D^4}{64}(1-\alpha^4)=\frac{\pi\times 31.9^4}{64}\times(1-0.5^4)=4.77\times 10^4\ \text{mm}^4$$

同理,临界载荷为

$$F_{cr}=\frac{\pi^2 EI}{(\mu l)^2}=\frac{\pi^2\times 200\times 10^3\times 4.77\times 10^4}{(1\times 10^3)^2}=94.2\ \text{kN}$$

(3) 矩形截面.设宽为 b,则 $b=\sqrt{A/2}$,截面惯性矩和临界载荷分别为

$$I=\frac{hb^3}{12}=\frac{b^4}{6}=\frac{1}{6}\left(\sqrt{\frac{600}{2}}\right)^4=1.5\times 10^4\ \text{mm}^4$$

$$F_{cr}=\frac{\pi EI}{(\mu l)^2}=\frac{\pi^2\times 200\times 10^3\times 1.5\times 10^4}{(1\times 10^3)^2}=29.6\ \text{kN}$$

计算表明,在横截面积相同时,空心圆形截面压杆的惯性矩较大,故临界载荷较高.请读者思考一下,在上述情况(3)矩性截面的计算过程中,为什么截面惯性矩 I 采用 $hb^3/12$,而不采用 $bh^3/12$.

§17-3 欧拉公式的适用范围 经验公式

如前所述,计算临界压力的欧拉公式可统一写为式(17-3).用压杆的横截面面积 A 除 F_{cr},得到与临界压力对应的临界应力为

$$\sigma_{cr}=\frac{F_{cr}}{A}=\frac{\pi^2 EI}{(\mu l)^2 A} \tag{a}$$

将横截面的截面惯性矩 $I=i^2A$(式中 i 为惯性半径)代入上式,便得出临界应力的公式

$$\sigma_{cr}=\frac{\pi^2 E}{\lambda^2} \tag{17-4}$$

式中 $\lambda=\frac{\mu l}{i}$ 为一无量纲参数,称为柔度或细长比,用于综合反映杆长、支承情况及杆的截面形状和尺寸等因素对临界载荷的影响.上式是欧拉公式的另一种表达方式,两者并无实质性的差别.

前面欧拉公式的导出是由弯曲变形的微分方程 $\frac{d^2 w}{dx^2}=\frac{M(x)}{EI}$ 决定,材料服从胡克定律是上述微分方程的基础.所以,只有临界应力 σ_{cr} 小于比例极限 σ_p 时,欧拉公式(17-3)或式(17-4)才是正确的,故有

$$\sigma_{cr}=\frac{\pi^2 E}{\lambda^2}\leqslant\sigma_p$$

或

$$\lambda \geqslant \pi\sqrt{\frac{E}{\sigma_p}}$$

若令

$$\lambda_p = \pi\sqrt{\frac{E}{\sigma_p}} \tag{17-5}$$

即仅当 $\lambda \geqslant \lambda_p$ 时,欧拉公式才成立.

由上式可知,λ_p 值仅与材料的弹性模量 E 及比例极限 σ_p 有关,所以,λ_p 值仅随材料而异.以 Q235 钢为例,$E=200$ GPa,$\sigma_p=200$ MPa,代入式(17-5)得

$$\lambda_p = \sqrt{\frac{\pi^2 \times 200 \times 10^9}{200 \times 10^6}} \approx 100$$

柔度 $\lambda \geqslant \lambda_p$ 的压杆,称为大柔度杆.由此不难看出,前面所谓的“细长杆”,实际上即大柔度杆.在实际工程中,常见压杆的柔度往往小于 λ_p 即为非细长杆,其临界应力超过材料的比例极限,属于非弹性稳定问题.这类压杆的临界应力可通过解析方法求得,但通常采用经验公式进行计算.这些公式是在试验与分析的基础上建立的,常见的经验公式有直线公式与抛物线公式等.

直线公式把临界应力 σ_{cr} 与柔度 λ 表述为下列直线关系:

$$\sigma_{cr} = a - b\lambda \tag{17-6}$$

式中 a 和 b 为与材料性能有关的常数,单位为 MPa.几种常用材料的 a 和 b 值如表 17-1 所示.

表 17-1 几种常用材料的 a 和 b 值

材料(σ_b、σ_s 的单位为 MPa)		a/MPa	b/MPa
Q235	$\sigma_b \geqslant 372$ $\sigma_s \geqslant 235$	304	1.120
优质碳钢	$\sigma_b \geqslant 471$ $\sigma_s \geqslant 306$	461	2.568
硅 钢	$\sigma_b \geqslant 510$ $\sigma_s \geqslant 353$	578	3.744
铬钼钢		980	5.296
铸 铁		332	1.454
硬 铝		373	2.150
松 木		28.7	0.199

柔度很小的短柱,如压缩试验用的金属短柱或水泥块,受压时并不会像大柔度杆那样出现弯曲变形,主要原因是压应力到达屈服极限(塑性材料)或强度极限(脆性材料)时而遭到破坏,是强度不足引起的失效.所以对塑性材料,按式(17-6)算出的临界应力最大只能等于 σ_s.设相应的柔度为 λ_0,则

$$\lambda_0 = \frac{a - \sigma_s}{b} \tag{17-7}$$

这就是使用直线公式时柔度的最小值.对脆性材料只需将 σ_s 改为 σ_b.

综上所述，根据压杆的柔度可将其分为三类，并分别按不同方式处理. $\lambda \geqslant \lambda_p$ 的压杆属于细长杆或大柔度杆，按欧拉公式计算其临界应力；$\lambda_0 \leqslant \lambda \leqslant \lambda_p$ 的压杆称为中柔度杆，可按前面式(17-6)等经验公式计算其临界应力；$\lambda < \lambda_0$ 的压杆属于短粗杆，称为小柔度杆，应按强度问题处理. 在上述三种情况下，临界应力(或极限应力)随柔度变化的曲线如图 17-8 所示，简称为临界应力总图.

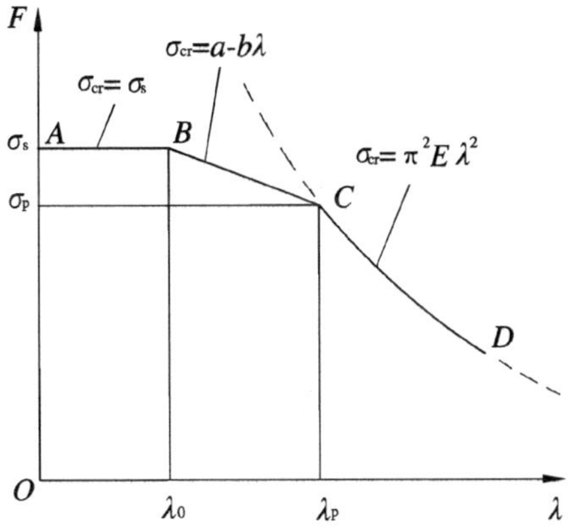

图 17-8

抛物线公式是另一个经验公式，它将临界应力 σ_{cr} 与柔度 λ 的关系表示为如下抛物线：

$$\sigma_{cr} = a_1 - b_1\lambda^2 \tag{17-8}$$

式中 a_1、b_1 也是与材料性能有关的常数. 仿照上图，也可由欧拉公式和抛物线公式作临界应力总图.

§17-4 压杆的稳定条件与合理设计

为了保证压杆在轴向压力 F 作用下不致失稳，压杆的工作压力 F 或工作应力 σ 必须满足下述条件：

$$F \leqslant \frac{F_{cr}}{n_{st}} = [F_{st}] \tag{17-9a}$$

或

$$\sigma \leqslant \frac{\sigma_{cr}}{n_{st}} = [\sigma_{st}] \tag{17-9b}$$

式中 n_{st} 为稳定安全系数，$[F_{st}]$、$[\sigma_{st}]$ 分别为稳定许用压力和应力. 表 17-2 为几种常见压杆的稳定安全系数. 稳定安全系数一般要高于强度安全系数. 这是因为一些难以避免的因素，如杆件的初弯曲、压力偏心、材料不均匀和支座的缺陷等都严重影响压杆的稳定性，降低了临界压力. 而同样的这些因素，对强度的影响没有稳定性那么严重.

表 17-2 几种常见压杆的稳定安全系数

实际压杆	金属结构中的压杆	矿山、冶金设备中的压杆	机床丝杆	精密丝杆	水平长丝杆	磨床油缸活塞杆	低速发动机挺杆	高速发动机挺杆
n_{st}	1.8～3.0	4～8	2.5～4	>4	>4	2～5	2～6	2～5

例 17-2 空气压缩机的活塞杆由 45 钢制成，$\sigma_s = 350$ MPa，$\sigma_p = 280$ MPa，$E = 210$ GPa，长度 $l = 703$ mm，直径 $d = 45$ mm. 最大压力 $P_{max} = 41.6$ kN. 规定安全系数 $n_{st} = 8$～10. 试校核其稳定性.

解：由式(17-5)求出

$$\lambda_p = \pi\sqrt{\frac{E}{\sigma_p}} = \sqrt{\frac{\pi^2 \times 210 \times 10^9}{280 \times 10^6}} = 86$$

活塞杆两端可简化为铰支座,故 $\mu=1$. 活塞杆横截面为圆形,$i=\sqrt{\frac{I}{A}}=\frac{d}{4}$,故柔度为

$$\lambda=\frac{\mu l}{i}=\frac{4\mu l}{d}=\frac{4\times1\times0.703}{45\times10^{-3}}=62.5$$

因为 $\lambda<\lambda_p$,不能用欧拉公式计算临界应力. 如使用直线公式,由表 17-1 查得优质碳钢的 $a=461$ MPa,$b=2.568$ MPa. 由式(17-7)得

$$\lambda_0=\frac{a-\sigma_s}{b}=\frac{461\times10^6-350\times10^6}{2.568\times10^6}=43.2$$

可见活塞杆的 λ 介于 λ_0 和 λ_p 之间,属中等柔度压杆,由直线公式求出

$$\sigma_{cr}=a-b\lambda=461\times10^6-2.568\times10^6\times62.5=301\times10^6\ \text{Pa}=301\ \text{Pa}$$

$$F_{cr}=A\sigma_{cr}=\frac{\pi}{4}\times(45\times10^{-3})^2\times301\times10^6=478\times10^3\ \text{N}=478\ \text{N}$$

根据式(17-9),活塞的工作安全系数为

$$n=\frac{\sigma_{cr}}{\sigma}=\frac{F_{cr}}{F_{max}}=\frac{478}{41.6}=11.5>n_{st}$$

所以满足稳定性要求.

由前面的讨论可知,影响压杆稳定性的因素有横截面的形状、压杆长度和约束条件、材料性能等. 所以,可从这几个方面讨论如何才能提高压杆的稳定性.

1. 选择合理的截面形状

从欧拉公式看,截面的惯性矩 I 越大,临界压力 F_{cr} 也越大. 在经验公式中,柔度 λ 越小则临界应力越高. 由于 $\lambda=\mu l/i$,所以提高惯性半径 i 的数值就能使 λ 减小. 可见,如不增加截面面积,尽可能地把材料放在离截面形心较远处,以取得较大的 I 和 i,就等于提高了临界压力. 例如,空心环形截面比实心圆截面合理(图 17-9). 类似地,由四根角钢组成的起重机臂[图 17-10(a)],其四根角钢分散放置在截面的四角[图 17-10(b)],比四根角钢集中放置在截面形心附近[图 17-10(c)]要合理,因为前者的 I 和 i 要比后者的大许多.

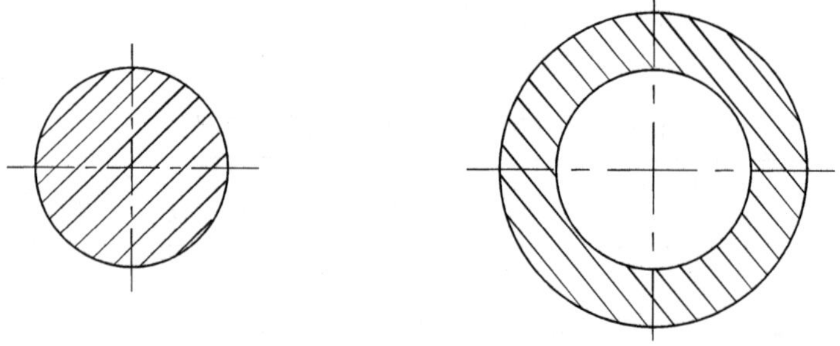

图 17-9

如压杆在各纵向平面内的相当长度 μl 相同,应使截面对任一形心轴的 i 相等或接近,这样压杆在任一纵向平面内的 λ 都相等或接近,使压杆在各纵向平面内有相等或接近的稳定性.

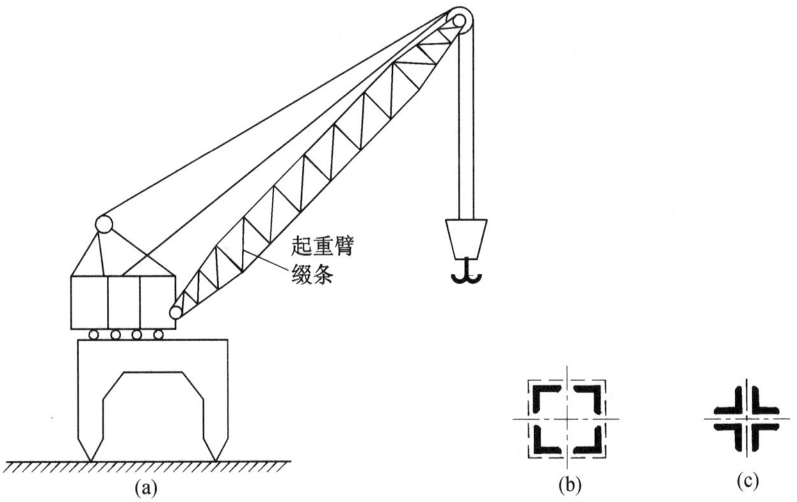

图 17-10

2. 改变压杆的约束条件

从前面的讨论看出，压杆的支座条件直接影响临界压力的大小. 例如，长为 l 的固定-自由压杆，$\mu=2$，$F_{cr}=\pi^2EI/(2l)^2$. 如改为固定-铰支形式，则 $\mu=0.7$，$F_{cr}=\pi^2EI/(0.7l)^2$. 临界压力为原来的 8.16 倍，增大非常显著. 一般而言，增强对压杆的约束，使它更不易出现弯曲变形，都可以提高压杆的稳定性.

3. 合理选择材料

对于细长杆，材料对临界载荷的影响只与弹性模量 E 有关，而各种钢材的 E 值很接近，选用合金钢、优质钢并不比普通钢优越. 对于中、小柔度杆，临界应力与材料强度有关，选用优质钢材自然可以提高压杆的承载能力.

思　考　题

17-1　何谓失稳？何谓稳定平衡与不稳定平衡？何谓临界载荷？临界状态的特征是什么？

17-2　满足强度条件的压杆是否满足稳定性条件？满足稳定性条件的压杆是否满足强度条件？

17-3　何谓临界应力？如何确定欧拉公式的适用范围？

17-4　如何区分大柔度杆、中柔度杆与小柔度杆？它们的临界应力(或极限应力)分别如何确定？如何绘制临界应力总图？

17-5　对于中柔度杆，如果误用欧拉公式计算临界应力，其计算结果是偏安全还是偏危险？对于大柔度杆，如果误用经验公式计算临界应力，其计算结果是偏安全还是偏危险？

17-6　圆截面的细长压杆，材料、杆长和杆端约束保持不变，若将压杆的直径增大一倍，则其临界压力为原压杆的多少倍？

习　题

17-1　某型柴油机的挺杆长 $l=257$ mm，圆形横截面的直径 $d=8$ mm，所用钢材的 $E=210$ GPa，$\sigma_p=240$ MPa. 挺杆所受最大压力 $F=1.76$ kN. 规定的稳定安全系数 n_{st} 在 2～5 范围内. 试校核挺杆的稳定性.

17-2　图示的蒸汽机活塞杆 AB 所受压力为 $F=120$ kN，$l=1.8$ m，圆形截面直径 $d=75$ mm，材料为 Q275 钢，$E=210$ GP，$\sigma_p=240$ MPa. 规定的稳定安全系数 $n_{st}=8$. 试校核活塞杆的稳定性.

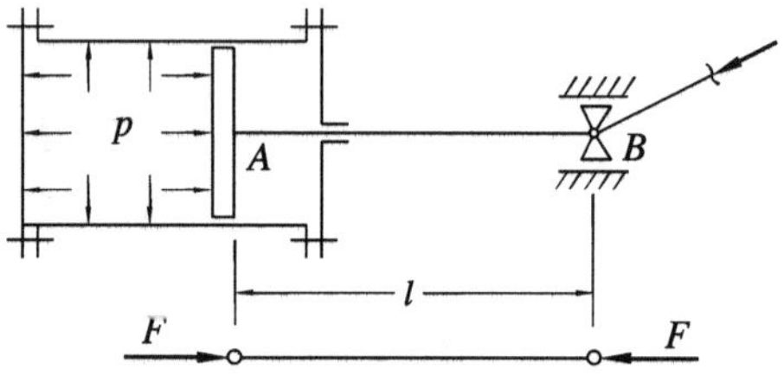

习题 17-2 图

17-3　两端铰支的三根圆截面压杆，直径均为 $d=160$ mm，材料均为 Q235 钢，$E=200$ GPa，$\sigma_p=240$ MPa，长度分别为 l_1、l_2、l_3，且 $l_1=2l_2=4l_3=5$ m，求各杆的临界载荷.

17-4　已知柱的上端铰支，下端固定，柱的外径 $D=200$ mm，内径 $d=100$ mm，柱长 $l=9$ m，材料为 Q235 钢，$E=200$ GPa，求柱的临界应力 σ_{cr}.

17-5　飞机起落架中斜撑杆如图所示. 杆为空心圆管，外径 $D=52$ mm，内径 $d=44$ mm，$l=950$ mm，材料为 30CrMnSiNi2A，$\sigma_b=1\,600$ MPa，$\sigma_p=1\,200$ MPa，$E=210$ GPa. 试求杆的 F_{cr} 和 σ_{cr}.

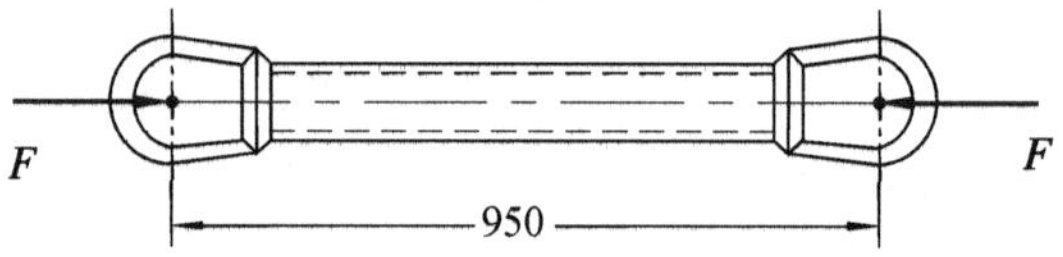

习题 17-5 图

17-6　如图所示千斤顶的最大承载压力为 $F=150$ kN，螺杆内径 $d=52$ mm，$l=500$ mm，材料为 Q235 钢，$E=200$ GPa，稳定安全系数规定为 $n_{st}=3$. 试校核其稳定性.

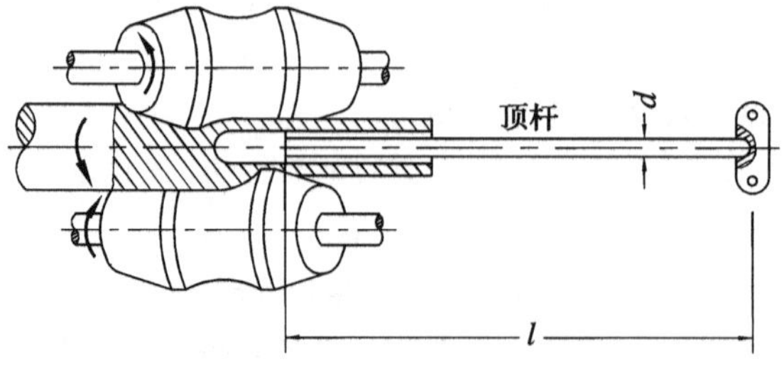

习题 17-6 图

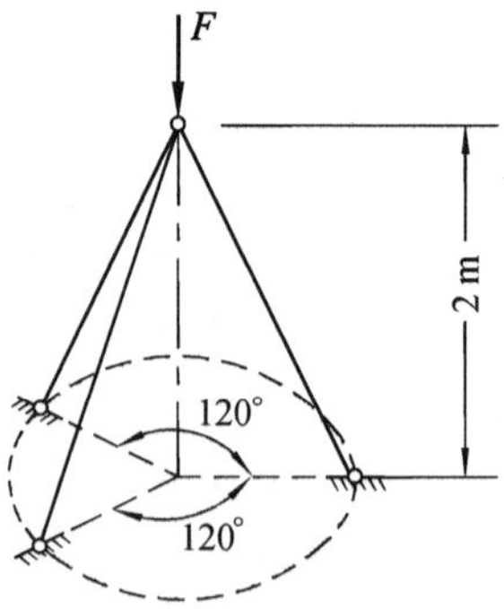

习题 17-7 图

17-7　图示三根钢管构成一简易支架. 钢管的外径为 30 mm，内径为 22 mm，长度为

$l=2.5$ mm，$E=210$ GPa. 在支架的顶点三杆铰接. 若取 $n_{st}=3$，试求许可的载荷 F.

17-8　蒸汽机车的连杆如图所示，截面为工字形，材料为 Q235 钢. 连杆的最大轴向压力为 465 kN. 在摆动平面（xy 平面）内两端可认为铰支；而与摆动平面垂直的 xz 平面内，两端则可认为是固定支座. 试确定其工作安全系数.

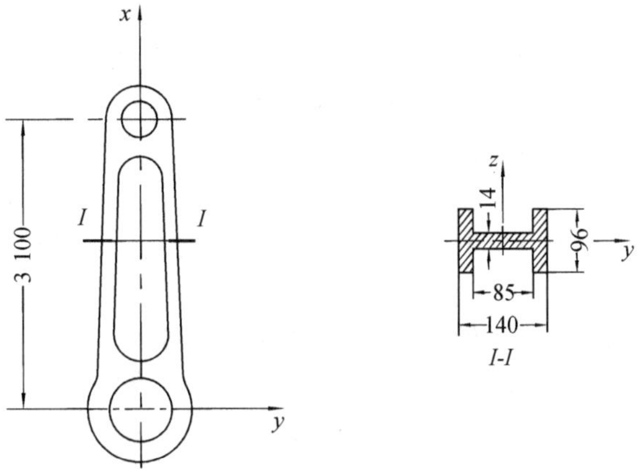

习题 17-8 图

17-9　两端铰支木柱的横截面为 120 mm×200 mm 的矩形，$l=4$ m，木材的 $E=10$ GPa，$\sigma_p=20$ MPa. 计算临界应力的公式有

（1）欧拉公式.

（2）直线公式 $\sigma_{cr}=28.7-0.19\lambda$.

试求木柱的临界应力.

17-10　图示为简易起重机. 压杆 BD 为 20 号槽钢，材料为 Q235 钢，最大起重量 $P=40$ kN. 若规定 $n_{st}=5$，试校核杆 BD 的稳定性.

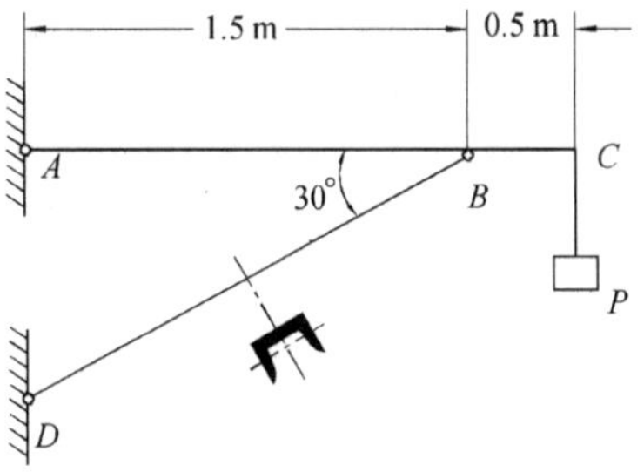

习题 17-10 图

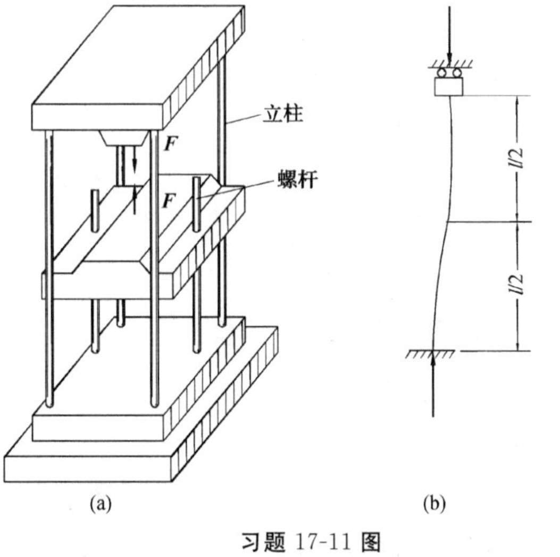

习题 17-11 图

17-11　如图(a)所示，万能机四根立柱的长度为 $l=3$ m，钢材的弹性模量 $E=210$ GPa. 立柱失稳后的变形曲线如图(b)所示. 若 F 的最大值为 1 000 kN，规定的稳定安全系数为 $n_{st}=4$，试按稳定条件确定立柱的直径.

第十八章　疲劳与断裂

前面章节涉及的金属材料内的应力并不随时间而变化，但事实上，工程中许多零部件承受着时变的作用力，导致金属材料内部的应力随时间而变. 本章仅限于对常幅交变应力及另一种失效形式——疲劳失效进行阐述.

§18-1　交变应力与疲劳失效

许多工程结构和机器设备中的构件，常常受到随时间做周期变化的应力，这种应力称为交变应力. 例如，在图 18-1(a)中，F 表示火车轮轴上来自车厢的力，大小和方向基本不变. 但轴以角速度 ω 转动时，横截面上的 A 点到中性轴的距离 $y=r\sin\omega t$ 却随时间 t 而变，因而 A 点的弯曲正应力

$$\sigma=\frac{My}{I}=\frac{Mr}{I}\sin\omega t$$

也随时间 t 按正弦曲线变化[图 18-1(b)]. 图 18-2(a)表示装有电动机的梁，在电动机的重力 Q 作用下，梁处于静平衡位置. 当电动机转动时，因转子偏心引起的惯性力 H 将迫使梁在静平衡位置的上、下做周期振动，危险点应力随时间变化的曲线如图 18-2(b)所示. σ_{st} 表示电动机的重力 Q 以静载方式作用于梁上引起的静应力，最大应力 σ_{max} 和最小应力 σ_{min} 分别表示梁在最大和最小位移时的应力.

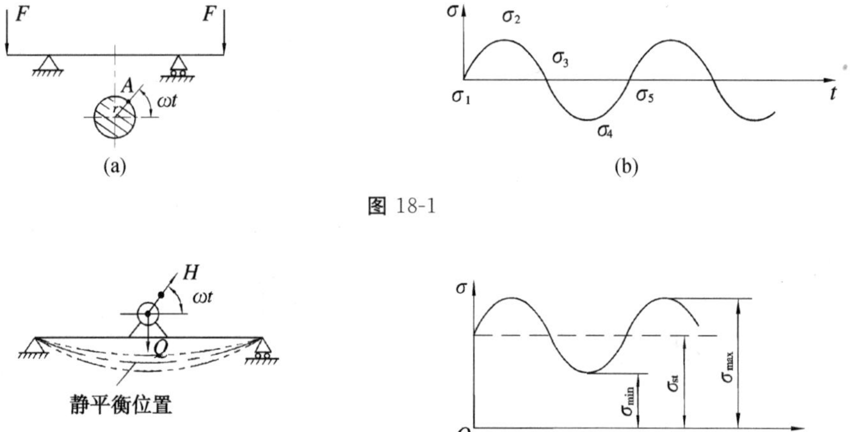

图 18-1

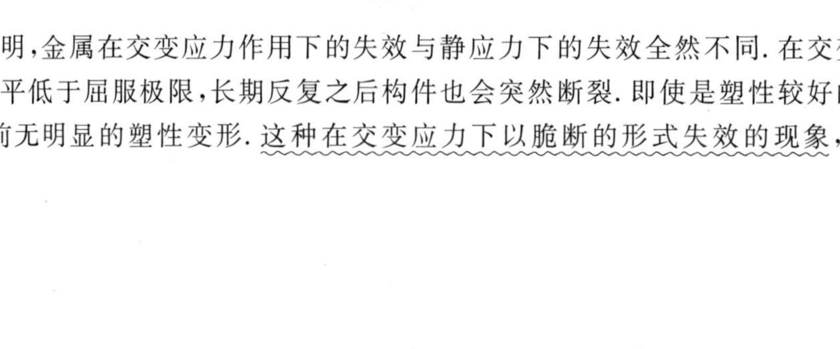

图 18-2

实验表明，金属在交变应力作用下的失效与静应力下的失效全然不同. 在交变应力下，虽然应力水平低于屈服极限，长期反复之后构件也会突然断裂. 即使是塑性较好的材料，如碳钢，断裂前无明显的塑性变形. 这种在交变应力下以脆断的形式失效的现象，称为金属疲劳.

对金属疲劳的解释一般认为，在足够大的交变应力下，金属中最不利或较弱的晶体，沿最大切应力作用面形成滑移带，滑移带开裂成为微观裂纹．在构件外形突变或表面刻痕或有内部缺陷等部位上，都有可能因应力集中引起微观裂纹．分散的微观裂纹经集结沟通，将形成宏观裂纹．上述过程是裂纹的萌生过程．已形成的宏观裂纹在交变应力下逐渐扩展，扩展是在缓慢或不连续状态下进行的，按应力水平的高低时而持续时而停滞，这是裂纹的扩展过程．随着裂纹的扩展，构件截面逐步削弱以至构件最终突然断裂．图 18-3 为构件疲劳断口截面形状，可以发现断口分成光滑区与粗糙区两个区域．因为在裂纹的扩展过程中，裂纹的两个侧面，因交变应力的作用，形成断口的光滑区，而粗糙区则是最后突然断裂形成的．

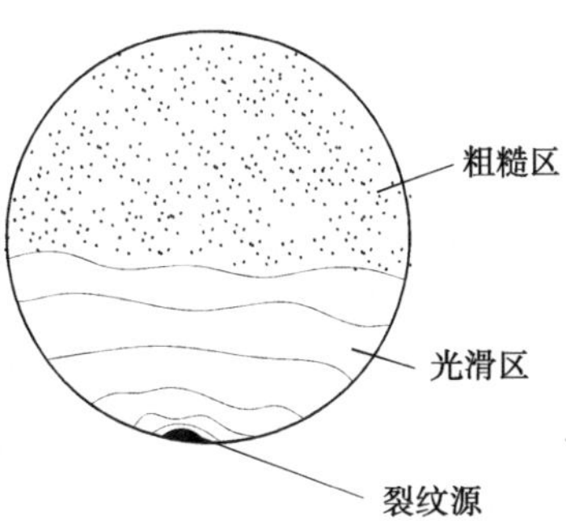

图 18-3

由于疲劳破坏在机械零件中占相当大的比例，而且在疲劳破坏前并无明显的塑性变形，裂纹的形成又不易及时发现，以致容易造成突发事故，因此，研究材料抵抗疲劳破坏的性能并对构件进行疲劳强度计算是十分重要的．本章讨论的内容限于常幅交变应力．

§18-2　交变应力的循环特征

设应力 σ 与时间 t 的关系如图 18-4 所示，由 a 到 b 应力经历了变化的全过程又回到原来的数值，称为一个应力循环．以 $\sigma_{\max}$ 和 $\sigma_{\min}$ 分别表示应力循环中的最大和最小应力，比值

$$r=\frac{\sigma_{\min}}{\sigma_{\max}} \tag{18-1}$$

称为交变应力的循环特性．$\sigma_{\max}$ 和 $\sigma_{\min}$ 的代数和的二分之一称为平均应力，即

$$\sigma_{m}=\frac{1}{2}(\sigma_{\max}+\sigma_{\min}) \tag{18-2}$$

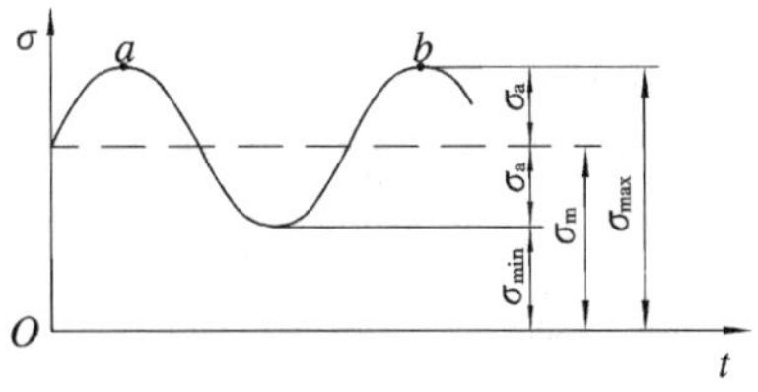

图 18-4

$\sigma_{\max}$ 和 $\sigma_{\min}$ 的代数差的二分之一称为应力幅度，即

$$\sigma_{a}=\frac{1}{2}(\sigma_{\max}-\sigma_{\min}) \tag{18-3}$$

显然，材料的疲劳强度与循环特性 r 有关，因此它是疲劳强度计算中的一个重要参数．工程中常见的交变应力情况有：

（1）对称循环交变应力．此时 $\sigma_{\max}=-\sigma_{\min}$，故 $r=-1$．电动机转轴中的任一点（除轴线外）的弯曲正应力即为对称循环交变应力．

（2）脉动循环交变应力．此时 $\sigma_{\min}=0$，故 $r=0$．例如，一对齿轮在互相啮合的过程中，其轮齿根部的弯曲正应力就属此类．

从图 18-4 中可看出，任一不对称循环都可看作在平均应力 σ_{m} 上叠加一个幅度为 σ_{a} 的对称循环．

§18-3 疲劳极限

金属在交变应力下发生疲劳时,应力水平往往低于屈服极限,因此,静载下测定的屈服极限或强度极限已不能作为强度指标,交变应力的强度指标应重新测定.

对称循环下测定疲劳强度指标,技术上简单且易于实现.测定时将金属材料加工成 $d=7\sim10$ mm、表面磨光的光滑小试样约 10 根.试样放置于疲劳试验机(图 18-5)上承受纯弯曲.在试样最小直径截面上,最大弯曲正应力为

$$\sigma_{\max}=\frac{M}{W}=\frac{Pa}{W}$$

保持 P 大小及方向不变,并以电动机带动试样旋转.这样,每旋转一周,截面上的点便经历一次对称应力循环,这与图 18-1 中火车轮轴的受力情况是相似的.

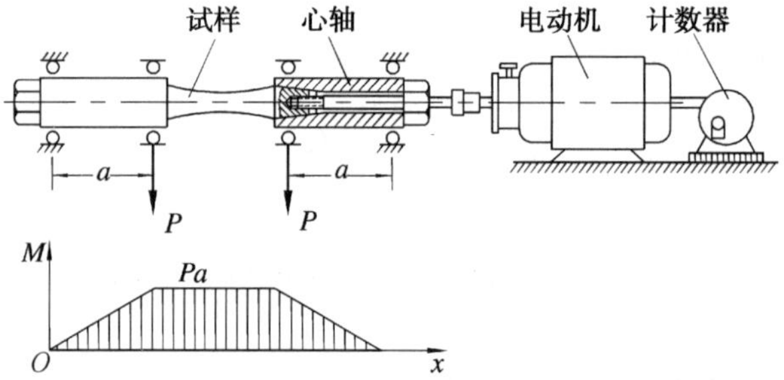

图 18-5

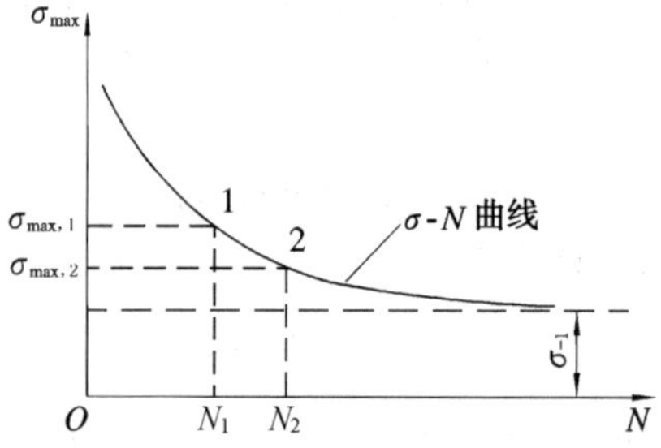

图 18-6

试验时让第一根试样的最大应力 $\sigma_{\max}$ 保持在较高值 $\sigma_{\max,1}$,约为强度极限 σ_b 的 70%.经历 N_1 次循环后,试样断裂.N_1 称为应力 $\sigma_{\max,1}$ 时的疲劳寿命.随后使第二根试样的应力 $\sigma_{\max,2}$ 略低于 $\sigma_{\max,1}$,记录其疲劳寿命 N_2.依此类推,逐步降低应力水平,得出各应力水平相应的寿命.以应力 σ 为纵坐标,寿命 N 为横坐标,按实验结果描成图 18-6 所示的曲线,称为应力-寿命曲线或 σ-N 曲线.钢材试样的疲劳试验表明,当应力降到某一极限值时,σ-N 曲线趋于水平线.这表明只要应力不超过这一极限值,N 可以无限增大,即试样可经历无限次应力循环而不发生疲劳.这个应力的极限值称为材料的持久极限或疲劳极限.同一材料在不同循环特性下,其疲劳极限是不同的.对称循环的疲劳极限记为 σ_{-1},下标代表 r 值.

试验发现,金属材料的疲劳极限 σ_{-1} 与 τ_{-1} 同强度极限 σ_b 有近似关系:

钢材弯曲　　$\sigma_{-1}=(0.43\sim0.5)\sigma_b$

钢材扭转　　$\tau_{-1}=0.22\sigma_b$

非铁合金弯曲　　$\sigma_{-1}=(0.25\sim0.5)\sigma_b$

常温试验表明,如钢试样经历 10^7 次循环仍未疲劳,则再增加循环次数也不会疲劳.所以,就把 10^7 次循环仍未出现疲劳的最大应力规定为钢材的疲劳极限.而把 $N_0=10^7$ 称为循

环基数. 有色金属的 σ-N 曲线无明显趋于水平的直线部分. 通常规定一个循环基数，如 $N_0=10^8$，把与它对应且不引起疲劳的最大应力作为“条件”疲劳极限.

疲劳试验表明，用光滑小试件所测定的材料疲劳极限与实际构件的疲劳极限有所不同. 实际构件的疲劳极限不但与材料有关，而且还与构件的外形、尺寸、表面粗糙度等因素有关. 下面介绍影响构件疲劳极限的三种主要因素.

1. 构件外形的影响

许多构件的外形由于实际需要，常有轴肩、螺纹、键槽、油孔等，因而截面尺寸在这些地方有突变，引起应力集中并易形成疲劳裂纹，从而使构件的疲劳极限显著降低. 若以 $(\sigma_{-1})_d$ 或 $(\tau_{-1})_d$ 代表光滑试样的疲劳极限；$(\sigma_{-1})_k$ 或 $(\tau_{-1})_k$ 代表有应力集中因素且尺寸与光滑试样相同的试样的疲劳极限. 比值

$$K_\sigma=\frac{(\sigma_{-1})_d}{(\sigma_{-1})_k} \text{或} K_\tau=\frac{(\tau_{-1})_d}{(\tau_{-1})_k} \tag{18-4}$$

称为有效应力集中系数. 工程中为便于使用，把有效应力集中系数整理成曲线或表格. 图 18-7、图 18-8、图 18-9 分别给出一定几何尺寸钢制阶梯轴在对称循环下的扭转、弯曲和拉-压的有效应力集中系数. 图中曲线针对 $D/d=2$，$d=30\sim50$ mm 的情况. 如 $D/d<2$，则由下列公式计算有效应力集中系数：

$$\begin{cases} K_\sigma=1+\zeta(K_{\sigma_0}-1) \\ K_\tau=1+\zeta(K_{\tau_0}-1) \end{cases} \tag{18-5}$$

式中 K_{σ_0} 和 K_{τ_0} 为 $D/d=2$ 时的有效应力集中系数，可从上述图线中查出，修正系数 ζ 则可由图 18-10 查出.

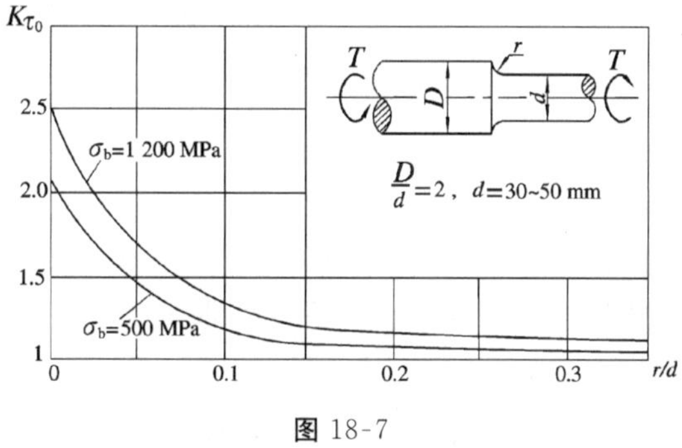

图 18-7

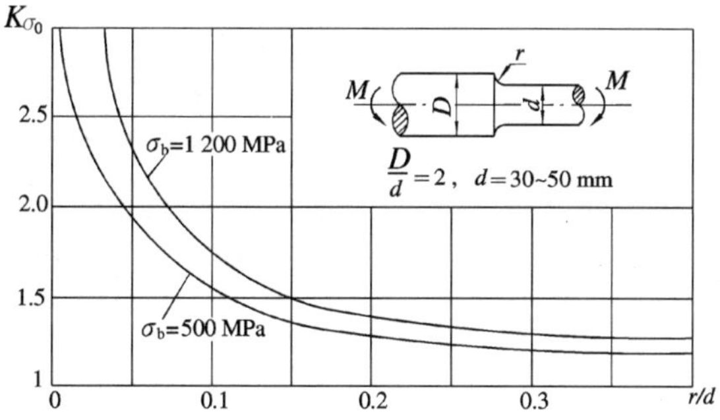

图 18-8

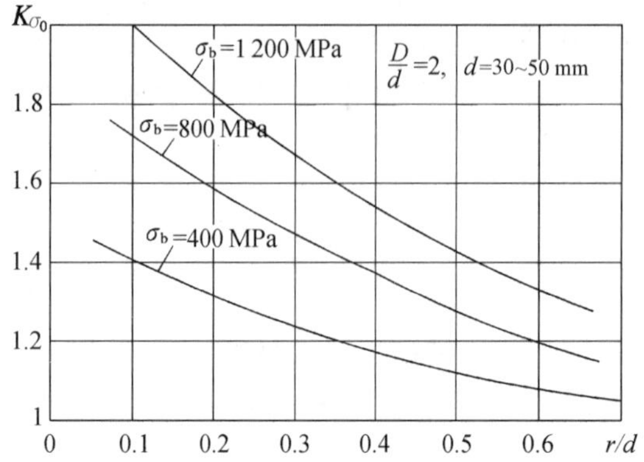

图 18-9

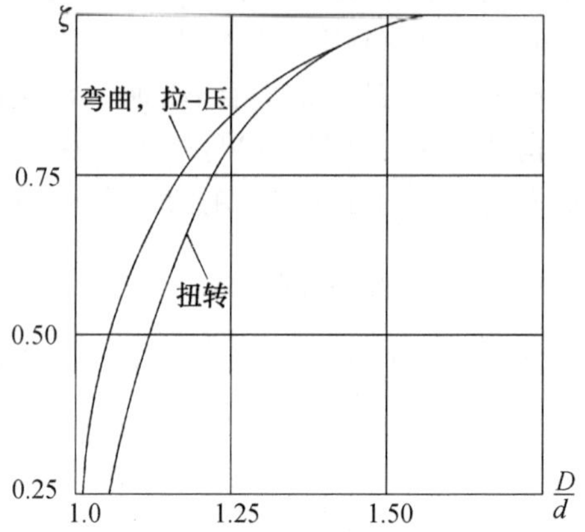

图 18-10

从上图可以看出，r/d 越小，则有效应力集中系数越大. 所以零件应采用足够大的过渡圆角 r，以减弱应力集中的影响. 上述图线还表明，强度极限 σ_b 越高，有效应力集中系数越大. 因此，对优质钢材更应减弱应力集中的影响，否则由于应力集中引起疲劳极限的降低，将使优质钢材的高强度特性不能被发挥出来.

2. 构件尺寸的影响

实际构件的尺寸比光滑小试样大得多. 实验表明，试样尺寸越大，疲劳极限越低. 一般认为这是由于大尺寸试样内部含有细微裂纹和外部伤痕等缺陷的概率要比小试样多，同时，在最大应力相同时，大尺寸构件的高应力区的体积要比小试样构件的更大. 在对称循环下，若光滑小试样的疲劳极限为 σ_{-1}，光滑大试样的疲劳极限为 $(\sigma_{-1})_d$，则比值

$$\varepsilon_\sigma = \frac{(\sigma_{-1})_d}{\sigma_{-1}} \tag{18-6}$$

称为尺寸系数，其值小于 1. 类似地，扭转的尺寸系数为

$$\varepsilon_\tau = \frac{(\tau_{-1})_d}{\tau_{-1}} \tag{18-7}$$

它们皆可从表 18-1 中查得. 轴向拉压时，若构件直径小于 40 mm，尺寸对疲劳极限无明显影响，可取 $\varepsilon_\sigma = 1$.

表 18-1 尺寸系数 ε_σ 或 ε_τ

直径 d/mm		>20～30	>30～40	>40～50	>50～60	>60～70
ε_σ	碳钢	0.91	0.88	0.84	0.81	0.78
	合金钢	0.83	0.77	0.73	0.70	0.68
各种钢 ε_τ		0.89	0.81	0.78	0.76	0.74

续表

直径 d/mm		>70～80	>80～100	>100～120	>120～150	>150～500
ε_σ	碳钢	0.75	0.73	0.70	0.68	0.60
	合金钢	0.66	0.64	0.62	0.60	0.54
各种钢 ε_τ		0.73	0.72	0.70	0.68	0.60

3. 构件表面质量的影响

实际构件的最大应力一般在表层，表面加工的刀痕、擦伤等都会引起应力集中，因此疲劳裂纹也容易于表面生成，从而降低疲劳极限. 若表面磨光的试样的疲劳极限为$(\sigma_{-1})_d$，而表面为其他情况时构件的疲劳极限为$(\sigma_{-1})_\beta$，则比值

$$\beta=\frac{(\sigma_{-1})_\beta}{(\sigma_{-1})_d} \tag{18-8}$$

称为表面质量系数. 不同的加工表面质量系数见表 18-2. 从表中看出，随着表面质量的下降，高强度钢材的β值明显降低. 这说明优质钢材更需要高质量的表面加工，才能发挥高强度的性能.

综合考虑上述三个主要因素，对称循环下构件的疲劳极限为

$$\sigma_{-1}^0=\frac{\varepsilon_\sigma\beta}{K_\sigma}\sigma_{-1} \tag{18-9}$$

式中σ_{-1}是光滑小试样的疲劳极限. 上式是针对正应力. 类似地，对于扭转有

$$\tau_{-1}^0=\frac{\varepsilon_\tau\beta}{K_\tau}\tau_{-1} \tag{18-10}$$

表 18-2 表面质量系数 β

加工方法	表面质量 R_a/μm	σ_b/MPa		
		400	800	1 200
磨　削	0.1～0.2	1	1	1
车　削	1.6～4.3	0.95	0.90	0.80
粗　车	3.2～12.5	0.85	0.8	0.65
未加工表面	—	0.75	0.65	0.45

仿照上述方法，也可用修正系数来表达如温度、介质等因素对构件疲劳强度的影响，在此不再赘述.

§18-4 对称循环下构件的疲劳强度计算

构件的疲劳强度条件与静强度条件相似，都要求构件的工作应力小于许用应力，但所取的许用应力应以疲劳极限为依据. 由于对称循环交变应力是最基本的交变应力，所积累的试验资料很丰富，所以着重加以介绍.

由式(18-9)所得相应的疲劳极限除以安全系数 n，得许用应力为

$$[\sigma_{-1}]=\frac{\sigma_{-1}^{0}}{n} \tag{18-11}$$

构件的强度条件应为

$$\sigma_{\max}\leqslant[\sigma_{-1}]\text{或 }\sigma_{\max}\leqslant\frac{\sigma_{-1}^{0}}{n} \tag{18-12}$$

或写成安全系数的表达形式

$$\frac{\sigma_{-1}^{0}}{\sigma_{\max}}\geqslant n \tag{18-13}$$

如构件的工作安全系数用

$$n_{\sigma}=\frac{\sigma_{-1}^{0}}{\sigma_{\max}} \tag{18-14}$$

表示，则强度条件可写成

$$n_{\sigma}\geqslant n \tag{18-15}$$

即构件的工作安全系数应大于或等于规定的安全系数 n. 最终由强度条件式写成

$$n_{\sigma}=\frac{\sigma_{-1}}{\frac{K_{\sigma}}{\varepsilon_{\sigma}\beta}\sigma_{\max}}\geqslant n \tag{18-16}$$

如为扭转交变应力，应将上式改写成

$$n_{\tau}=\frac{\tau_{-1}}{\frac{K_{\tau}}{\varepsilon_{\tau}\beta}\tau_{\max}}\geqslant n \tag{18-17}$$

例 18-1 阶梯轴如图 18-11 所示. 材料为合金钢，$\sigma_{b}=920$ MPa，$\sigma_{s}=520$ MPa，$\sigma_{-1}=420$ MPa，$\tau_{-1}=250$ MPa. 轴在不变弯矩 $M=850$ N·m 作用下旋转，轴表面为车削加工. 若规定 $n=1.4$，试校核轴的强度.

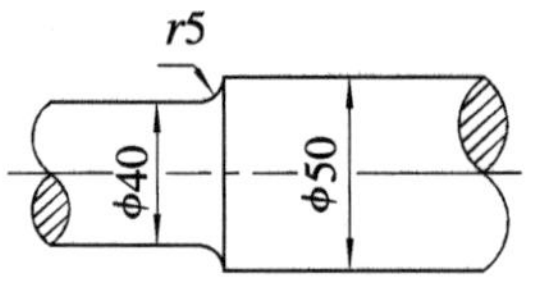

图 18-11

解：因轴在不变弯矩作用下旋转，故为弯曲对称循环. 最大弯曲正应力为

$$\sigma_{\max}=\frac{M}{W}=\frac{850}{\frac{\pi}{32}\times(40\times10^{-3})^{3}}=135\times10^{6}\ \text{Pa}=135\ \text{MPa}$$

根据轴的尺寸

$$\frac{r}{d}=\frac{5}{40}=0.125,\ \frac{D}{d}=\frac{50}{40}=1.25$$

由图 18-8 查出 $K_{\sigma_0}=1.56$，由图 18-10 查出 $\zeta=0.85$，于是根据式(18-5)求出有效应力集中系数为

$$K_{\sigma}=1+\zeta(K_{\sigma_0}-1)=1+0.85(1.56-1)=1.48$$

由表 18-1 查出尺寸系数 $\varepsilon_{\sigma}=0.77$，由表 18-2 使用插入法查出表面质量系数 $\beta=0.87$. 将所有系数代入式(18-16)，得

$$n_{\sigma}=\frac{\sigma_{-1}}{\frac{K_{\sigma}}{\varepsilon_{\sigma}\beta}\sigma_{\max}}=\frac{420\times10^{6}}{\frac{1.48}{0.77\times0.87}\times135\times10^{6}}=1.41\approx n$$

故该轴满足强度要求.

涉及非对称循环应力下构件的强度条件、变幅循环应力与累积损伤理论、应力强度因子与材料的断裂韧度、裂纹扩展与构件的疲劳寿命等内容，请读者参阅有关材料力学的教材.

思　考　题

18-1　何谓材料的疲劳极限？影响构件疲劳极限的主要因素是什么？

18-2　“塑性材料在疲劳破坏时，表现为脆性断裂，所以在交变应力作用下，材料由塑性转变为了脆性.”这种说法对吗？为什么？

18-3　火车车轴所受交变应力的循环特征 r 等于多少？

18-4　关于循环特征 r，下述说法正确的是哪些？

(1) r 在 -1 和 1 之间.

(2) $r=1$ 时为静应力.

(3) $r=0$ 时，构件中无应力.

(4) 具有相同特征的应力循环，其构件对应的持久极限也相同.

18-5　交变应力一定是由交变载荷产生的吗？试举例说明.

18-6　交变应力时材料发生破坏的原因是什么？与静载荷破坏有什么区别？

习　　题

18-1　某型柴油机发动机的连杆大头螺钉工作时受拉伸交变载荷，最大拉力 $F_{max}=14.6$ kN，最小拉力 $F_{min}=12.8$ kN. 螺纹内径 $d=11.5$ mm. 试求平均应力 σ_m、应力幅度 σ_a、循环特性 r，并作 σ-t 曲线示意图.

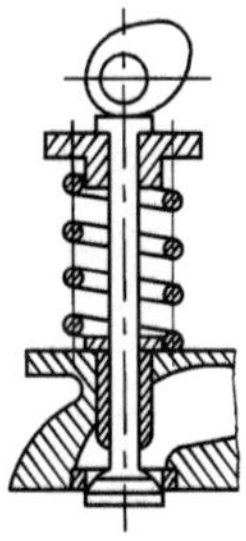

习题 18-2 图

18-2　阀门弹簧如图所示. 当阀门关闭时，最小工作载荷 $F_{min}=200$ N，阀门顶开时，最大工作载荷 $F_{max}=500$ N. 若弹簧直径 $d=5$ mm，弹簧外径为 36 mm，试求平均应力 τ_m、应力幅度 τ_a、循环特性 r，并作 τ-t 曲线示意图.

18-3　滑轮上作用有大小和方向都不变的铅垂力，其中图(a)为轴固定不动，滑轮绕轴转动，图(b)为轴与滑轮固结并一起旋转. 试分别确定轴上 A 点的应力循环特性.

18-4　阶梯轴的尺寸如图所示，表面为车削加工，承受对称扭转交变载荷. 试求轴的有效应力集中系数 K_τ、尺寸系数 ε_τ、表面质量系数 β.

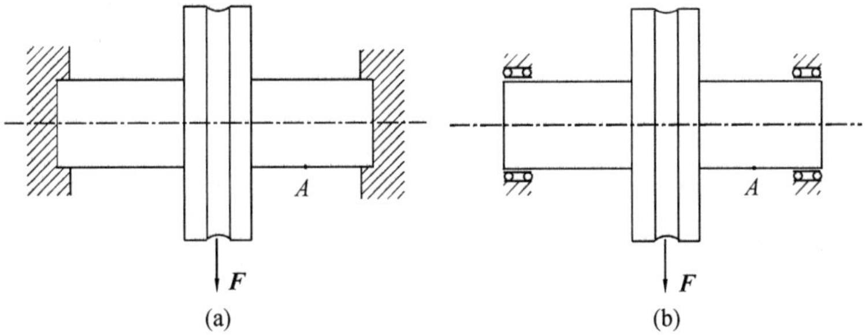

习题 18-3 图

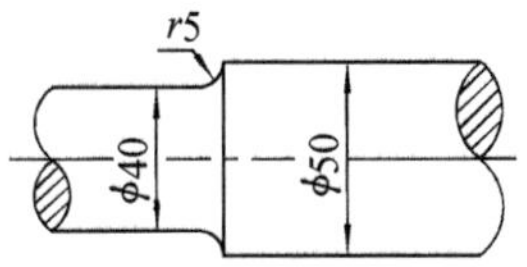

习题 18-4 图

18-5　卷扬机阶梯轴的轴肩上需安装滚珠轴承,因轴承圈上圆角半径很小,装配如不用定距环[图(a)],轴肩过渡圆角的半径 $r=1$ mm;如增加定距环[图(b)],则过渡圆角半径可增加到 $r=5$ mm. 已知材料为 275 钢,$\sigma_b=520$ MPa,$\sigma_{-1}=220$ MPa,$\beta=1$,规定安全系数 $n=1.7$. 试比较轴在两种情况下,对称循环的许可弯矩$[M]$.

18-6　合金钢圆轴如图所示,轴受对称循环的交变弯矩作用,其最大值 $M_{max}=650$ N·m. 已知 $D=50$ mm,$d=40$ mm,$r=5$ mm,$\sigma_b=1\ 200$ MPa,$\sigma_{-1}=480$ MPa,轴表面经精车加工,安全系数 $n=1.6$,试校核轴的疲劳强度.

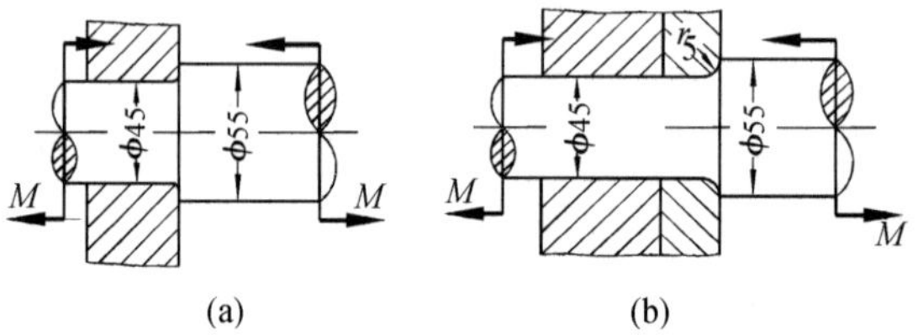

习题 18-5 图

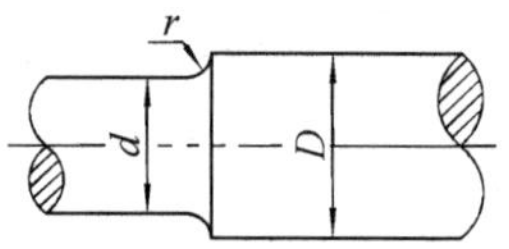

习题 18-6 图

主要参考文献

[1] 范钦珊. 工程力学[M]. 北京：清华大学出版社，2005.

[2] 贾启芬，刘习军，李昀择. 工程力学[M]. 天津：天津大学出版社，2002.

[3] 赵关康，张国民. 工程力学简明教程[M]. 3版. 北京：机械工业出版社，2014.

[4] 梅凤翔. 工程力学(上册)[M]. 北京：高等教育出版社，2003.

[5] 北京科技大学，东北大学. 工程力学[M]. 4版. 北京：高等教育出版社，2008.

[6] 王永岩. 工程力学[M]. 北京：科学出版社，2010.

[7] 哈尔滨工业大学理论力学教研组. 理论力学(上册)[M]. 7版. 北京：高等教育出版社，2009.

[8] 哈尔滨工业大学理论力学教研组. 理论力学(下册)[M]. 7版. 北京：高等教育出版社，2009.

[9] 浙江大学理论力学教研室. 理论力学[M]. 4版. 北京：高等教育出版社，2009.

[10] 贾书惠，李万琼. 理论力学[M]. 北京：高等教育出版社，2002.

[11] 刘又文，彭献. 理论力学[M]. 北京：高等教育出版社，2006.

[12] 洪嘉振，杨长俊. 理论力学[M]. 3版. 北京：高等教育出版社，2007.

[13] 刘鸿文. 简明材料力学[M]. 2版. 北京：高等教育出版社，2008.

[14] 单辉祖. 材料力学(Ⅰ)[M]. 3版. 北京：高等教育出版社，2009.

[15] 李银山. 材料力学(上册)[M]. 北京：人民交通出版社股份有限公司，2014.

[16] 孙训方，方孝淑，关来泰. 材料力学(Ⅰ)[M]. 4版. 北京：高等教育出版社，2002.

[17] 邓宗白，陶阳，吴永端. 材料力学[M]. 北京：科学出版社，2013.

[18] Shames I H. Engineering Mechanics[M]. 3rd ed. Upper Saddle Rriver: Prentice-Hall, Inc., 1983.

[19] Beer F P, Johnton E R. Mechanics of Materials[M]. 2nd ed. New York: McGraw-Hill, 1992.

习题参考答案

第二章

2-1 $F_R=161.2\ \text{N}$,$\angle(\boldsymbol{F}_R,\boldsymbol{F}_1)=29°44'$

2-2 $F_R=5\,000\ \text{N}$,$\angle(\boldsymbol{F}_R,\boldsymbol{F}_1)=38°28'$

2-3 $F_A=346.4\ \text{N}$,$F_B=200\ \text{N}$

2-4 $F_{BC}=5\ \text{kN}$(拉),$F_{AC}=10\ \text{kN}$(压)

2-5 $F_{AB}=54.64\ \text{kN}$(拉),$F_{CB}=74.64\ \text{kN}$(压)

2-6 $F_{BC}=5\,000\ \text{N}$(压),$F_A=5\,000\ \text{N}$

2-7 $F=80\ \text{kN}$

2-8 $F_1:F_2=0.612\,4$

2-9 $M_A(\boldsymbol{F})=-Fb\cos\theta$,$M_B(\boldsymbol{F})=F(a\sin\theta-b\cos\theta)$

2-10 (a) $M_O(\boldsymbol{F})=0$ (b) $M_O(\boldsymbol{F})=Fl$

(c) $M_O(\boldsymbol{F})=-Fb$ (d) $M_O(\boldsymbol{F})=Fl\sin\theta$

(e) $M_O(\boldsymbol{F})=F\sqrt{b^2+l^2}\sin\beta$ (f) $M_O(\boldsymbol{F})=F(l+r)$

2-11 $F=22.63\ \text{kN}$

2-12 $247.1\ \text{N}\cdot\text{m}$,逆时针转向

2-13 (a)、(b) $F_A=F_B=M/l$ (c) $F_A=F_B=M/l\cdot\cos\alpha$

2-14 $F_A=F_C=\dfrac{M}{2\sqrt{2}a}$

2-15 $M_2=3\ \text{N}\cdot\text{m}$,逆时针转向;$F_{AB}=5\ \text{N}$(拉)

2-16 $M=60\ \text{N}\cdot\text{m}$

2-17 $F=\dfrac{M}{\alpha}\cot2\theta$

2-18 $x=\sqrt{\dfrac{a^2-l^2}{3}}$

2-19 $\varphi=\arccos\left[\dfrac{1}{16r}(l+\sqrt{l^2+128r^2})\right]$

第三章

3-1 $F'_R=466.5\ \text{N}$,$M_O=21.44\ \text{N}\cdot\text{m}$

$F_R=466.5\ \text{N}$,$d=45.96\ \text{mm}$

3-2 (1) $F'_R=150\text{N}\leftarrow$,$M_O=900\ \text{N}\cdot\text{m}$

(2) $F=150\ \text{N}\leftarrow$,$y=-6\ \text{mm}$

3-3 $F'_R=\sqrt{5}\ \text{N}$,$M=-0.9\ \text{N}\cdot\text{m}$;$x-2y-9=0$

3-4 $F=10\ \text{kN}$,$\angle(\boldsymbol{F},\overrightarrow{CB})=60°$,$BC=2.31\ \text{m}$

3-5 $F_{Ax}=0$,$F_{Ay}=6\ \text{kN}$,$M_A=12\ \text{kN}\cdot\text{m}$

3-6 (a) $F_{Ax}=0$,$F_{Ay}=-\dfrac{1}{2}\left(F+\dfrac{M}{a}\right)$;$F_B=\dfrac{1}{2}\left(3F+\dfrac{M}{a}\right)$

(b) $F_{Ax}=0, F_{Ay}=-\frac{1}{2}\left(F+\frac{M}{a}-\frac{5}{2}qa\right); F_B=\frac{1}{2}\left(3F+\frac{M}{a}-\frac{1}{2}qa\right)$

3-7 $F_{Ax}=0, F_{Ay}=53\ \text{kN}; F_B=37\ \text{kN}$

3-8 $P_2=333.3\ \text{kN}; x=6.75\ \text{m}$

3-9 $F_{BC}=848.5\ \text{N}; F_{Ax}=2\,400\ \text{N}, F_{Ay}=1\,200\ \text{N}$

3-10 $F_A=-48.33\ \text{kN}, F_B=10\ \text{kN}, F_D=8.333\ \text{kN}$

3-11 (a) $F_{Ax}=0, F_{Ay}=qa, M_A=\frac{1}{2}qa^2; F_{Bx}=F_{By}=0; F_C=0$

(b) $F_{Ax}=\frac{qa}{2}\tan\alpha, F_{Ay}=\frac{1}{2}qa, M_A=\frac{1}{2}qa^2; F_{Bx}=\frac{qa}{2}\tan\alpha; F_{By}=\frac{1}{2}qa; F_C=\frac{qa}{2\cos\alpha}$

(c) $F_{Ax}=\frac{M}{a}\tan\alpha, F_{Ay}=-\frac{M}{a}, M_A=-M; F_B=F_C=\frac{M}{a\cos\alpha}$

(d) $F_{Ax}=F_{Ay}=0, M_A=M; F_{Bx}=F_{By}=F_C=0$

(e) $F_{Ax}=\frac{qa}{8}\tan\alpha, F_{Ay}=\frac{7}{8}qa, M_A=\frac{3}{4}qa^2; F_{Bx}=\frac{qa}{8}\tan\alpha; F_{By}=\frac{3}{8}qa; F_C=\frac{qa}{8\cos\alpha}$

3-12 $F_A=-15\ \text{kN}, F_B=40\ \text{kN}, F_C=5\ \text{kN}, F_D=15\ \text{kN}$

3-13 $M=70.36\ \text{N}\cdot\text{m}$

3-14 $F_{Ax}=0, F_{Ay}=-\frac{M}{2a}; F_{Dx}=0, F_{Dy}=\frac{M}{a}; F_{Bx}=0, F_{By}=-\frac{M}{2a}$

3-15 $F_{Ax}=-F, F_{Ay}=-F; F_{Dx}=2F, F_{Dy}=F; F_{Bx}=-F, F_{By}=0$

3-16 $F_{Ax}=200\sqrt{2}\ \text{N}, F_{Ay}=2\,083\ \text{N}, M_A=-1\,178\ \text{N}\cdot\text{m}; F_{Dx}=0, F_{Dy}=-1\,400\ \text{N}$

3-17 $F_D=\frac{\sqrt{5}}{2}qa$

3-18 滑动;静止;滑动

3-19 (1) $W\geqslant445.15\ \text{N}$ (2) $F_f=289\ \text{N}$

3-20 $l/L\leqslant0.559$

3-21 $M\geqslant3.53\ \text{N}\cdot\text{m}$

第四章

4-1 $F_{Rx}=-345.4\ \text{N}, F_{Ry}=249.6\ \text{N}, F_{Rz}=10.56\ \text{N};$

$M_x=-51.78\ \text{N}\cdot\text{m}; M_y=-36.65\ \text{N}\cdot\text{m}, M_z=103.6\ \text{N}\cdot\text{m}$

4-2 $F_R=20$ N,沿 z 轴正向,作用线的位置由 $x_C=600$ mm 和 $y_C=32.5$ mm 来确定

4-3 $M_z=-101.4\ \text{N}\cdot\text{m}$

4-4 $M_x=\frac{F}{4}(h-3r), M_y=\frac{\sqrt{3}}{4}F(r+h), M_z=-\frac{Fr}{2}$

4-5 $F_A=F_B=-26.39$ kN(压),$F_C=33.46$ kN(拉)

4-6 $F_{OA}=-1\,414$ N(压),$F_{OB}=F_{OC}=707$ N(拉)

4-7 $F_3=4\,000\ \text{N}, F_4=2\,000\ \text{N}; F_{Ax}=-6\,375\ \text{N}, F_{Az}=1\,299\ \text{N}; F_{Bx}=-4\,125\ \text{N}, F_{Bz}=3\,897\ \text{N}$

4-8 $F=200\ \text{N}; F_{Ax}=86.6\ \text{N}, F_{Ay}=150\ \text{N}, F_{Az}=100\ \text{N}; F_{Bx}=F_{Bz}=0$

4-9 $F_1=F_2=F_3=\frac{2M}{3a}$(拉),$F_4=F_5=F_6=-\frac{4M}{3a}$(压)

第五章

5-1 (1) 半直线 $3x-2y=18(x\geqslant4, y\geqslant-3)$

$v_0=0, v_1=2\sqrt{13}, v_2=4\sqrt{13}; a_0=a_1=a_2=2\sqrt{13}$

(2) 椭圆$\frac{x^2}{25}+\frac{y^2}{16}=1$

$v_0=\pi, v_1=\frac{\sqrt{82}}{8}\pi, v_2=\frac{5}{4}\pi; a_0=\frac{5}{16}\pi^2, a_1=\frac{\sqrt{82}}{32}\pi^2, a_2=\frac{1}{4}\pi^2$

(3) 圆$(x-3)^2+y^2=25$

$v_0=v_1=v_2=5; a_0=a_1=a_2=5$

(4) 半抛物线 $y=2x-\frac{x^2}{20}(x\geqslant 0)$

$v_0=10\sqrt{5}, v_1=10\sqrt{2}, v_2=10; a_0=a_1=a_2=10$

(5) 正弦曲线 $y=4\sin\frac{\pi}{8}x(x\geqslant 0)$

$v_0=v_1=v_2=4\sqrt{4+\pi^2}; a_0=a_1=a_2=0$

(6) 直线段 $y=x+2(-1\leqslant x\leqslant 4)$

$v_0=5\sqrt{2}, v_1=5\sqrt{2}e^{-1}, v_2=5\sqrt{2}e^{-2}; a_0=5\sqrt{2}, a_1=5\sqrt{2}e^{-1}, a_2=5\sqrt{2}e^{-2}$

5-2 $v=1.1547$ m/s

5-3 $x=200\cos\frac{\pi}{5}t$ mm, $y=100\sin\frac{\pi}{5}t$ mm;

轨迹$\frac{x^2}{40\,000}+\frac{y^2}{10\,000}=1$

5-4 $y=e\sin\omega t+\sqrt{R^2-e^2\cos^2\omega t}; v=e\omega\left[\cos\omega t+\frac{e\sin 2\omega t}{2\sqrt{R^2-e^2\cos^2\omega t}}\right]$

5-5 $a_\tau=0, a_n=10$ m/s^2; $\rho=250$ m

5-6 椭圆$\left(\frac{x}{b}\right)^2+\left(\frac{y}{c}\right)^2=1; x=b\sin\omega t, y=c\cos\omega t$

$v_x=b\omega\cos\omega t, v_y=-c\omega\sin\omega t; a_x=-b\omega^2\sin\omega t, a_y=-c\omega^2\cos\omega t$

5-7 $a_M=3.12$ m/s^2

5-8 $v=v_0{}^2t/(l^2+v_0{}^2t^2)^{\frac{1}{2}}, a=l^2v_0{}^2/(l^2+v_0{}^2t^2)^{\frac{3}{2}}$

5-9 2 m, 22.36 m

5-10 12 m

5-11 $v_x=8.485$ m/s, $v_y=8.485$ m/s; $a_x=-36$ m/s^2, $a_y=36$ m/s^2

5-12 $v=150$ mm/s,在出发点左方 2 500 mm 处

5-13 600 mm/s, 2 400 mm/s^2, 1 800 mm/s^2

5-14 (1) 抛物线 $y=2-4x^2, -1\leqslant x\leqslant 1$

(3) 0.707 m/s, −4 m/s; −0.707 m/s^2, 0

5-15 $v=h\omega/\cos^2\omega t, a=2h\omega^2\sin\omega t/\cos^3\omega t$

第六章

6-1 $v_O=0.707$ m/s, $a_O=3.331$ m/s^2

6-2 $v_C=9.948$ m/s;轨迹为以半径为 0.25 m 的圆

6-3 $\varphi=\frac{\sqrt{3}}{3}\ln\left(\frac{1}{1-\sqrt{3}\omega_0 t}\right); \omega=\omega_0 e^{\sqrt{3}\varphi}$

6-4 (1) $\alpha_{\mathrm{II}}=\frac{5\,000\pi}{d^2}$ rad/s^2 (2) $a=592.2$ m/s^2

6-5 $y_{AB}=e\sin(\omega t+\varphi_0)+R; v_{AB}=e\omega\cos(\omega t+\varphi_0); a_{AB}=-e\omega^2\sin(\omega t+\varphi_0)$

6-6 $v_M=10.47\ \mathrm{m/s}, a_M=54.83\ \mathrm{m/s^2}$

6-7 $t_1=20.94\ \mathrm{s}, n_2=200\ \mathrm{r/min}, i_{12}=\frac{\omega_1}{\omega_2}=2$，Ⅱ轮圈数为 34.89 圈

6-8 $\omega(2)=\omega(4)=\omega(6)=\omega(8)=8\ \mathrm{rad/s}, \omega(10)=0$；

$t=10\ \mathrm{s}$ 时，飞轮转过 10.2 圈

6-9 $\omega=v_0/(2R), \alpha=0; v_B=lv_0/(2R), a_B=lv_0{}^2/(4R^2)$

6-10 $bv^2/(2\pi r^3)$

第七章

7-4 (a) $v_1=v_2\cos\alpha$ (b) $v_r=v_2\sin\alpha$

7-5 (a) $v_a=\sqrt{2}v$ (b) $v_a=2.909v$ (c) $v_a=2v$

7-6 $v_r=251.4\ \mathrm{mm/s}$

7-7 (a) $\omega_2=0.15\ \mathrm{rad/s}$ (b) $\omega_2=0.2\ \mathrm{rad/s}$

7-8 $\omega_{OA}=0.732\ 1v/l$

7-9 $v_A=lhv/(x^2+h^2)$

7-10 $v_A=h\omega/\sin^2\varphi$

7-11 $\omega_{\mathrm{II}}=2.279\omega_0$

7-12 $v_{BC}=\pi nR\cos\alpha/(15\sin\beta)$

7-13 $v_{CD}=l\omega\sin\varphi/\cos^2\varphi$

7-14 $\omega_D=2.667\ \mathrm{rad/s}$

7-15 $v_{Ma}=3.945\ \mathrm{m/s}; v_{Mr}=11.045\ \mathrm{m/s}$

7-16 (a) $v_r=3.982\ \mathrm{m/s}$ (b) $v_B=1.035\ \mathrm{m/s}$

7-17 $v_r=346.4\ \mathrm{mm/s}; a_r=1\ 137.8\ \mathrm{mm/s^2}; v_a=173.2\ \mathrm{mm/s}; a_a=1\ 134.7\ \mathrm{mm/s^2}$

7-18 $v_{CD}=100\ \mathrm{mm/s}; a_{CD}=346.4\ \mathrm{mm/s^2}$

7-19 $a_{BC}=396.4\ \mathrm{mm/s^2}; a_{Ar}=113.4\ \mathrm{m/s^2}$

第八章

8-4 $\omega_{AB}=3\ \mathrm{rad/s}; \omega_{O_1B}=5.196\ \mathrm{rad/s}$

8-5 $v\approx e\omega\left(\sin\varphi+\frac{e}{2l}\sin2\varphi\right)$（当 $e\ll l$）

8-7 $\omega_1=1.732\omega_0$

8-8 $\omega_{OA}=2\ \mathrm{rad/s}; v_B=0.461\ 5\ \mathrm{m/s}$

8-9 $\omega_{BD}=2.887\ \mathrm{rad/s}; \omega_{O_1E}=11.547\ \mathrm{rad/s}$

8-10 $v_M=b_2r\omega\sin(\alpha+\beta)/(b_1\cos\alpha)$

8-11 $\omega_{O_1C}=6.186\ \mathrm{rad/s}$

8-12 $v=1.295\ \mathrm{m/s}$

8-13 $\omega_{O_1B}=0.811\ 9\ \mathrm{rad/s}$

8-14 $\omega_{AB}=2\ \mathrm{rad/s}; \alpha_{AB}=16\ \mathrm{rad/s}; v_B=2.828\ \mathrm{m/s}; a_B=5.657\ \mathrm{m/s^2}$

8-15 $a_B=\frac{\sqrt{2}}{2}r\omega_0{}^2; \omega_{AB}=\frac{\omega_0}{2+\sqrt{2}}; \alpha_{O_1B}=\frac{1}{2}\omega_0{}^2$

8-16 $\omega_{BC}=0; \omega_{CD}=2.5\ \mathrm{rad/s}; \alpha_{BC}=1.25\ \mathrm{rad/s^2}; \alpha_{CD}=6.563\ \mathrm{rad/s^2}$

8-17 $v_{DE}=1.257\ \mathrm{m/s}; a_{DE}=2.792\ \mathrm{m/s^2}$

8-18 $\omega_{AB}=1\ \mathrm{rad/s}; \omega_B=3\ \mathrm{rad/s}; \alpha_{AB}=0.25\ \mathrm{rad/s^2}; \alpha_B=4.750\ \mathrm{rad/s^2}$

8-19 $v_C = r\omega$;$a_C = 0$

第九章

9-4 $F_1 = mg\left(1+\frac{v_0^{\,2}}{gl}\right)$;$F_2 = mg\cos\varphi$

9-5 $n_{\max} = \frac{30}{\pi}\sqrt{\frac{fg}{r}}$ r/min

9-6 $F=2.001$ kN;$F=1.895$ kN;$F=1.831$ kN

9-7 $t=2\sqrt{R/g}$

9-8 $F_{AC} = ml(b\omega^2+g)/(2b)$;$F_{BC} = ml(b\omega^2-g)/(2b)$

9-9 $F_{N\max} = m(g+e\omega^2)$;$\omega \leqslant \sqrt{\frac{g}{e}}$

9-10 $v=6.290$ m/s;$t=3.7$ s

9-11 $a_A = g\sin\alpha - a\cos\alpha$;$F_N = \frac{W}{g}(a\sin\alpha + g\cos\alpha)$

9-12 $t=0.6863$ s;$d=3.431$ m

9-13 $v_C = 5.250$ m/s

9-14 $F_{\max} = 245.3$ kN

第十章

10-1 $W=1\,379$ J

10-2 $T=\frac{1}{2}(m_1+3m_2)v^2$

10-3 $d=28.33$ m;$v\leqslant 50.42$ km/h

10-4 $v_A = \sqrt{3gl}$

10-5 $T=\frac{1}{6}ml^2[4\dot{\varphi}^{\,2}+(\dot{\alpha}-\dot{\varphi})^2-3\dot{\varphi}(\dot{\alpha}-\dot{\varphi})\cos\alpha]$

10-6 $s=1.818$ m

10-7 $v=2.040$ m/s

10-8 $v=0.7847$ m/s

10-9 $\omega=\frac{2}{l}\sqrt{\frac{3\pi M}{m_1+m_2}}$

10-10 $v_C = \frac{3}{4}\sqrt{\frac{[2lp(\sqrt{3}-1)-kl^2(2-\sqrt{3})]g}{P}}$

10-11 $\omega_{AC} = \omega_{BC} = \sqrt{\frac{3[2P(\sqrt{3}-1)-kl(2-\sqrt{3})]g}{P}}$

10-12 $\omega_0 = 2.191\sqrt{g/l}$

10-13 $T=(m_1+m_2)v^2/2+m_2l^2\dot{\varphi}^2/2+m_2lv\dot{\varphi}\cos\varphi$

10-14 $v=k\sqrt{2(M-mgR)\varphi/(J+mR^2)}$;$a=(M-mgR)R/(J+mR^2)$

10-15 2.346 转;$\alpha=5.357$ rad/s^2

10-16 $T=3W(R-r)^2\dot{\varphi}^2/(4g)$

10-17 $a=8Fg/(11W)$

10-18 $\alpha_1 = \frac{3M}{7ml^2}-\frac{3}{14}\sqrt{3}\omega_1^{\,2}$

10-19 $v_A=\sqrt{\dfrac{-2kh^2+16m_1gh}{8m_1+7m_2}}$；$a_A=\dfrac{-2kh+8m_1g}{8m_1+7m_2}$

10-20 $\omega_{AB}=\dfrac{1}{2}\sqrt{\dfrac{3(5\sqrt{3}-7)g}{2l}}$；$\omega_{AB}=\sqrt{\dfrac{3(\sqrt{3}+1)g}{2l}}$

第十一章

11-1 (1) $a\leqslant 2.91\ \text{m/s}^2$ (2) $\dfrac{h}{d}\geqslant 5$ 时先倾倒

11-2 $(J+mr^2\sin^2\varphi)\ddot{\varphi}+mr^2\dot{\varphi}^2\cos\varphi\cdot\sin\varphi=M$

11-3 $a=0.399\ \text{m/s}^2$；$F_{FD}=10.21\ \text{kN}$

11-4 $F_{NA}=m\dfrac{bg-ha}{c+d}$，$F_{NB}=m\dfrac{cg+ha}{c+d}$，$a=\dfrac{(b-c)g}{2h}$时，$F_{NA}=F_{NB}$

11-5 $m_3=50\ \text{kg}$，$a=2.45\ \text{m/s}^2$

11-6 $M_{f\max}=21.61\ \text{N}\cdot\text{m}$

11-7 $\omega=\sqrt{\dfrac{k(\varphi-\varphi_0)}{ml^2\sin 2\varphi}}$

11-8 $F=\dfrac{l^2-h^2}{2l}m\omega^2$

11-9 $\omega=\dfrac{\sqrt{2ra}}{\rho}$

11-10 $\alpha=47\ \text{rad/s}^2$，$F_{Ax}=-95.34\ \text{N}$，$F_{Ay}=137.72\ \text{N}$

11-11 $\alpha=\dfrac{m_2r-m_1R}{J+m_1R^2+m_2r^2}g$；轴 O 附加动反力

$F'_{Ox}=0$，$F'_{Oy}=\dfrac{-g(m_2r-m_1R)^2}{J_O+m_1R^2+m_2r^2}$

11-12 $M=\dfrac{\sqrt{3}}{4}(m_1+2m_2)gr-\dfrac{\sqrt{3}}{4}m_2r^2\omega^2$

$F_{Ox}=-\dfrac{\sqrt{3}}{4}m_1r\omega^2$

$F_{Oy}=(m_1+m_2)g-(m_1+2m_2)\dfrac{r\omega^2}{4}$

11-13 $a_C=2.8\ \text{m/s}^2$

11-14 $F=m\left(\dfrac{\sqrt{3}}{2}+\dfrac{4v_r^2}{3l}\right)$

$F_{O_1x}=m\left(\dfrac{\sqrt{3}}{4}g-\dfrac{5v_r^2}{6l}\right)$

$F_{O_1y}=m\left(\dfrac{1}{4}g-\dfrac{3\sqrt{3}v_r^2}{2l}\right)$

11-15 $F_A=80.19\ \text{N}$，$F_B=-75.26\ \text{N}$

第十二章

12-1 $M_x=M$

12-2 $\sigma=118.2\ \text{MPa}$，$\tau=20.8\ \text{MPa}$

12-3 $F_N=200\ \text{kN}$，$M_z=3.33\ \text{kN}\cdot\text{m}$

12-5 (a) $F_{N,\max}=F$ (b) $F_{N,\max}=F$ (c) $F_{N,\max}=3\ \text{kN}$ (d) $F_{N,\max}=1\ \text{kN}$

12-6 $d_2 = 49.0\ \text{mm}$

12-8 $\theta=26.6^\circ$

12-9 $E=70\ \text{GPa}, \sigma_p=230\ \text{MPa}, \sigma_{p0.2}=325\ \text{MPa}, \varepsilon_p=0.0030, \varepsilon_e=0.0047$

12-11 $\sigma_1=82.9\ \text{MPa}, \sigma_2=131.8\ \text{MPa}$

12-12 $d\geqslant 20\ \text{mm}, b\geqslant 84.1\ \text{mm}$

12-13 $d\geqslant 15\ \text{mm}$

12-14 $E=70\ \text{GPa}, \mu=0.33$

12-15 $\Delta D=-0.0179\ \text{mm}, \Delta V= 400\ \text{mm}^3$

12-16 $\Delta l=0.0382\ \text{mm}$

12-17 $F=18.65\ \text{kN}, \sigma_{\max}=514\ \text{MPa}$

12-18 $F=21.2\ \text{kN}, \theta=10.9^\circ$

12-19 $\Delta_y=\dfrac{F^n l}{2^n A^n B \cos^{n+1}\alpha}(\downarrow)$

12 20 $A_1=A_2\geqslant 182\ \text{mm}^2$

12-21 (1) $F_{Cx}=200\ \text{kN}, F_{Bx}=0$ (2) $F_{Cx}=152.5\ \text{kN}, F_{Bx}=47.5\ \text{kN}$

12-22 $\tau=59.3\ \text{MPa}$

第十三章

13-1 (a) $T_{\max}=M$ (b) $T_{\max}=M$ (c) $T_{\max}= 2\ \text{kN}\cdot\text{m}$ (d) $|T|_{\max}=3\ \text{kN}\cdot\text{m}$

13-2 $\tau_A=32.6\ \text{MPa}, \tau_{\max}=40.7\ \text{MPa}$

13-3 $\tau_A= 63.7\ \text{MPa}, \tau_{\max}=84.9\ \text{MPa}, \tau_{\min}=42.4\ \text{MPa}$

13-4 $\tau_{\max}=\dfrac{16M}{\pi d_2{}^3}$

13-5 $\tau=189.4\ \text{MPa}, \gamma=2.53\times 10^{-3}\ \text{rad}$

13-6 $M=151\ \text{N}\cdot\text{m}$

13-8 $d\geqslant 39.3\ \text{mm}, d_1\leqslant 24.7\ \text{mm}, d_2\geqslant 41.2\ \text{mm}$

13-9 (a) $T_{\max}=1.273\ \text{kN}\cdot\text{m}$ (b) $T'_{\max}=0.955\ \text{kN}\cdot\text{m}$

13-10 $d_1\geqslant 82.4\ \text{mm}, d_2\geqslant 61.8\ \text{mm}$

13-13 $d\geqslant 57.7\ \text{mm}$

13-14 $d\geqslant 14.56\ \text{mm}$

13-17 $G=84.2\ \text{GPa}$

13-18 $d\geqslant 66.3\ \text{mm}$

第十四章

14-1 (a) $F_{SC}=F, M_C=3Fa$ (b) $F_{SC}=-\dfrac{ql}{32}, M_C=\dfrac{7ql^2}{64}$

14-2 (a) $F_{S,\max}=ql, M_{\max}=\dfrac{ql^2}{2}$ (b) $F_{S,\max}=\dfrac{M_e}{l}, M_{\max}=M_e$

(c) $F_{S,\max}=F, |M|_{\max}=\dfrac{Fl}{2}$ (d) $|F_S|_{\max}=\dfrac{3ql}{4}, |M|_{\max}=\dfrac{ql^2}{4}$

(e) $F_{S,\max}=\dfrac{3ql}{2}, M_{\max}=\dfrac{9ql^2}{8}$ (f) $F_{S,\max}=\dfrac{9ql}{8}, M_{\max}=ql^2$

14-4 (a) $|F_S|_{\max}=qa, M_{\max}=\dfrac{qa^2}{2}$ (b) $|F_S|_{\max}=\dfrac{7qa}{4}, M_{\max}=\dfrac{49qa^2}{64}$ (c) $|F_S|_{\max}=\dfrac{7qa}{6}, |M|_{\max}=\dfrac{5qa^2}{6}$

(d) $|F_S|_{max}=qa, M_{max}=\frac{qa^2}{2}$

14-5 $\sigma_{max}=176$ MPa, $\sigma_K=132$ MPa

14-6 $\sigma_{t,max}=2.67$ MPa, $\sigma_{c,max}=0.92$ MPa

14-7 $\sigma_{max}=120$ MPa

14-8 (a) $\tau_{max}=43.8$ MPa, $\tau_{min}=38.2$ MPa (b) $\tau_{max}=30$ MPa, $\tau_{min}=24.7$ MPa

14-9 $\sigma_{t,max}=60.4$ MPa, $\sigma_{c,max}=45.3$ MPa

14-10 $\sigma_{max}=6.67$ MPa, $\tau_{max}=1.00$ MPa

14-12 $F_S=2.70$ kN

14-13 $a=1.385$ m

14-14 $F=18.38$ kN, $e=1.785$ mm

14-15 (a) $\theta_B=\frac{M_e a}{EI}, w_{max}=\frac{M_e a^2}{2EI}(\uparrow)$ (b) $\theta_B=\frac{qa^3}{24EI}, |w|_{max}=\frac{5qa^4}{384EI}(\downarrow)$

14-17 (a) $\theta_B=\frac{Fl^2}{16EI}+\frac{M_e l}{3EI}, w_C=\frac{Fl^3}{48EI}+\frac{M_e l^2}{16EI}(\downarrow)$

(b) $\theta_B=\frac{Fl^2}{4EI}, w_C=\frac{11Fl^3}{48EI}(\uparrow)$

(c) $\theta_B=\frac{qb(b^2-4a^2)}{24EI}, w_C=\frac{qba(b^2-4a^2)}{24EI}-\frac{qa^4}{8EI}(\uparrow)$

(d) $\theta_B=\frac{q_0 l^3}{45EI}, w_C=\frac{5q_0 l^4}{768EI}(\uparrow)$

14-18 $F=0.349$ N, $a=0.80$ mm

14-19 (a) $F_{Ay}=\frac{qa}{16}, F_{By}=\frac{5qa}{8}, F_{Cy}=\frac{7qa}{16}$

(b) $F_{Ay}=\frac{57qa}{64}, M_A=\frac{9qa^2}{32}, F_{By}=\frac{7qa}{64}$

14-20 $d\geqslant 23.9$ mm

14-21 18 号工字钢

第十五章

15-1 $F=94.2$ kN

15-2 $\sigma_{max}=100$ MPa, $\tau_{max}=50$ MPa

15-3 (a) $\sigma_{60^\circ}=-62.5$ MPa, $\tau_{60^\circ}=-65$ MPa

(b) $\sigma_{157.5^\circ}=21.2$ MPa, $\tau_{157.5^\circ}=-21.2$ MPa

(c) $\sigma_\alpha=70$ MPa, $\tau_\alpha=0$

15-4 (a) $\sigma_{45^\circ}=5$ MPa, $\tau_{45^\circ}=25$ MPa

(b) $\sigma_{60^\circ}=-10.4$ MPa, $\tau_{60^\circ}=46$ MPa

(c) $\sigma_{-67.5^\circ}=1.47$ MPa, $\tau_{-67.5^\circ}=38.9$ MPa

15-5 (a) $\sigma_1=90$ MPa, $\sigma_2=0$, $\sigma_3=-10$ MPa, $\tau_{max}=50$ MPa，由 x 逆时针转 $18^\circ 26'$ 至 σ_1

(b) $\sigma_1=74.2$ MPa, $\sigma_2=15.8$ MPa, $\sigma_3=0$, $\tau_{max}=37.1$ MPa，由 x 逆时针转 $29^\circ 31'$ 至 σ_1

(c) $\sigma_1=100$ MPa, $\sigma_2=\sigma_3=0$, $\tau_{max}=50$ MPa，由 x 顺时针转 $26^\circ 34'$ 至 σ_1

15-6 $\sigma_\alpha=20$ MPa, $\sigma_1=33.5$ MPa, $\sigma_2=0$, $\sigma_3=-82.7$ MPa, $\tau_{max}=58.1$ MPa，由 $\sigma=30$ MPa 作用线逆时针转 $10^\circ 4'$ 至 σ_1

15-7 $\sigma_1=56.1$ MPa, $\sigma_2=0$, $\sigma_3=-16.1$ MPa, $\tau_{max}=36.1$ MPa

15-8 (a) $\sigma_1=88.3$ MPa, $\sigma_2=50$ MPa, $\sigma_3=31.7$ MPa, $\tau_{max}=28.3$ MPa，由 x 逆时针转 22.5° 至 σ_1

MPa, $\sigma_3=-50$ MPa, $\tau_{max}=50$ MPa

MPa, $\sigma_3=-10$ MPa

N · m

80 MPa, $\sigma_y=0$

$\sigma_{r2}=28.4$ MPa$<[\sigma]$

-13 $\delta=14.2$ mm(第三强度理论), $\delta=12.3$ mm(第四强度理论)

第十六章

16-1 $\sigma_{t,max}=6.75$ MPa; $|\sigma_{c,max}|=6.99$ MPa

16-2 $\sigma_{max}=102.6$ MPa,超过许用应力 2.7%仍可使用

16-3 $e_{max}=10$ mm

16-4 $\sigma_{max}=121$ MPa,超过许用应力 0.83%仍可使用

16-5 $\sigma_{t,max}=79.6$ MPa; $|\sigma_{c,max}|=117$ MPa; $\sigma_A=-51.7$ MPa

16-6 $F_{max}-19$ kN

16-7 $\sigma_{max}=55.7$ MPa$<[\sigma]$

16-8 $d=122$ mm

16-9 $\sigma_A=8.83$ MPa; $\sigma_B=3.83$ MPa; $\sigma_C=-12.2$ MPa; $\sigma_D=-7.17$ MPa

16-10 $\sigma_{max}=159.5$ MPa$<[\sigma]$安全

16-11 $P=788$ N

16-12 $\sigma_{r3}=58.3$ MPa$<[\sigma]$安全

16-13 忽略重量 $d\geqslant 48$ mm;考虑重量 $d\geqslant 49.3$ mm

第十七章

17-1 $n=3.57$ 安全

17-2 $n=8.25>n_{st}$安全

17-3 $F_{cr1}=2\ 540$ kN; $F_{cr2}=4\ 710$ kN; $F_{cr3}=4\ 820$ kN

17-4 $\sigma_{cr}=155.4$ MPa

17-5 $F_{cr}=400$ kN; $\sigma_{cr}=665$ MPa

17-6 $n=3.08>n_{st}$安全

17-7 $F=7.5$ kN

17-8 $n=3.27$

17-9 $\sigma_{cr}=7.41$ MPa

17-10 $n=6.5>n_{st}$安全

17-11 $d=97$ mm

第十八章

18-1 $\sigma_m=132$ MPa; $\sigma_a=9$ MPa; $r=0.872$

18-2 $\tau_m=275$ MPa; $\tau_a=118$ MPa; $r=0.4$

18-4 $K_\tau=1.18$; $\varepsilon_\tau=0.81$; $\beta=0.87$

18-5 $[M]=463$ N · m; $[M]=680$ N · m

18-6 $n_\sigma=1.9>n$ 安全

附录 型钢表

表 1 热轧等边角钢(GB9787—88)

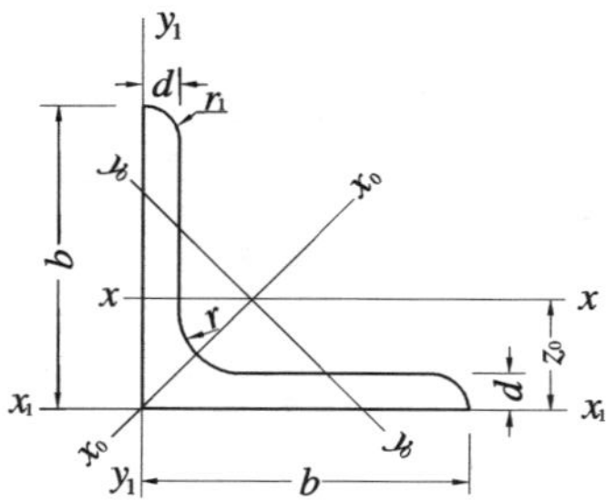

符号意义：
b—边宽度；
d—边厚度；
r—内圆弧半径；
r_1—边端内圆弧半径；
I—惯性矩；
i—惯性半径；
W—截面系数；
z_0—重心距离.

角钢号数	尺寸/mm			截面面积/cm²	理论质量/(kg/m)	外表面积/(m²/m)	参考数值										z_0/cm
							$x-x$			x_0-x_0			y_0-y_0			x_1-x_1	
	b	d	r				I_x/cm^4	i_x/cm	W_x/cm^3	I_{x0}/cm^4	i_{x0}/cm	W_{x0}/cm^3	I_{y0}/cm^4	i_{y0}/cm	W_{y0}/cm^3	I_{x1}/cm^4	
2	20	3	3.5	1.132	0.889	0.078	0.40	0.59	0.29	0.63	0.75	0.45	0.17	0.39	0.20	0.81	0.60
		4		1.459	1.145	0.077	0.50	0.58	0.36	0.78	0.73	0.55	0.22	0.38	0.24	1.09	0.64
2.5	25	3		1.432	1.124	0.098	0.82	0.76	0.46	1.29	0.95	0.73	0.34	0.49	0.33	1.57	0.73
		4		1.859	1.459	0.097	1.03	0.74	0.59	1.62	0.93	0.92	0.43	0.48	0.40	2.11	0.76
3.0	30	3	4.5	1.749	1.373	0.117	1.46	0.91	0.68	2.31	1.15	1.09	0.61	0.59	0.51	2.71	0.85
		4		2.276	1.786	0.117	1.84	0.90	0.87	2.92	1.13	1.37	0.77	0.58	0.62	3.63	0.89
3.6	36	3		2.109	1.656	0.141	2.58	1.11	0.99	4.09	1.39	1.61	1.07	0.71	0.76	4.68	1.00
		4		2.756	2.163	0.141	3.29	1.09	1.28	5.22	1.38	2.05	1.37	0.70	0.93	6.25	1.04
		5		3.382	2.654	0.141	3.95	1.08	1.56	6.24	1.36	2.45	1.65	0.70	1.09	7.84	1.07

角钢号数	尺寸/mm			截面面积 /cm²	理论质量 /(kg/m)	外表面积 /(m²/m)	参考数值										
							$x-x$			x_0-x_0			y_0-y_0				
	b	d	r				I_x/cm^4	i_x/cm	W_x/cm^3	I_{x0}/cm^4	i_{x0}/cm	W_{x0}/cm^3	I_{y0}/cm^4	i_{y0}/cm	W_{y0}/cm^3		
4.0	40	3	5	2.359	1.852	0.157	3.59	1.23	1.23	5.69	1.55	2.01	1.49	0.79	0.96	6.4[illegible]	[illegible]
		4		3.086	2.422	0.157	4.60	1.22	1.60	7.29	1.54	2.58	1.91	0.79	1.19	8.56	[illegible]
		5		3.791	2.976	0.156	5.53	1.21	1.96	8.76	1.52	3.10	2.30	0.78	1.39	10.74	[illegible]
4.5	45	3	5	2.659	2.088	0.177	5.17	1.40	1.58	8.20	1.76	2.58	2.14	0.89	1.24	9.12	1.22
		4		3.486	2.736	0.177	6.65	1.38	2.05	10.56	1.74	3.32	2.75	0.89	1.54	12.18	1.26
		5		4.292	3.369	0.176	8.04	1.37	2.51	12.74	1.72	4.00	3.33	0.88	1.81	15.25	1.30
		6		5.076	3.985	0.176	9.33	1.36	2.95	14.76	1.70	4.64	3.89	0.88	2.06	18.36	1.33
5	50	3	5.5	2.971	2.332	0.197	7.18	1.55	1.96	11.37	1.96	3.22	2.98	1.00	1.57	12.50	1.34
		4		3.897	3.059	0.197	9.26	1.54	2.56	14.70	1.94	4.16	3.82	0.99	1.96	16.69	1.38
		5		4.803	3.770	0.196	11.21	1.53	3.13	17.79	1.92	5.03	4.64	0.98	2.31	20.90	1.42
		6		5.688	4.465	0.196	13.05	1.52	3.68	20.68	1.91	5.85	5.42	0.98	2.63	25.14	1.46
5.6	56	3	6	3.343	2.624	0.221	10.19	1.75	2.48	16.14	2.20	4.08	4.24	1.13	2.02	17.56	1.48
		4		4.390	3.446	0.220	13.18	1.73	3.24	20.92	2.18	5.28	5.46	1.11	2.52	23.43	1.53
		5		5.415	4.251	0.220	16.02	1.72	3.97	25.42	2.17	6.42	6.61	1.10	2.98	29.33	1.57
		8		8.367	6.568	0.219	23.63	1.68	6.03	37.37	2.11	9.44	9.89	1.09	4.16	47.24	1.68
6.3	63	4	7	4.978	3.907	0.248	19.03	1.96	4.13	30.17	2.46	6.78	7.89	1.26	3.29	33.35	1.70
		5		6.143	4.822	0.248	23.17	1.94	5.08	36.77	2.45	8.25	9.57	1.25	3.90	41.73	1.74
		6		7.288	5.721	0.247	27.12	1.93	6.00	43.03	2.43	9.66	11.20	1.24	4.46	50.14	1.78
		8		9.515	7.469	0.247	34.46	1.90	7.75	54.56	2.40	12.25	14.33	1.23	5.47	67.11	1.85
		10		11.657	9.151	0.246	41.09	1.88	9.39	64.85	2.36	14.56	17.33	1.22	6.36	84.31	1.93
7	70	4	8	5.570	4.372	0.275	26.39	2.18	5.14	41.80	2.74	8.44	10.99	1.40	4.17	45.74	1.86
		5		6.875	5.397	0.275	32.21	2.16	6.32	51.08	2.73	10.32	13.34	1.39	4.95	57.21	1.91
		6		8.160	6.406	0.275	37.77	2.15	7.48	59.93	2.71	12.11	15.61	1.38	5.67	68.73	1.95
		7		9.424	7.398	0.275	43.09	2.14	8.59	68.35	2.69	13.81	17.82	1.38	6.34	80.29	1.99
		8		10.667	8.373	0.274	48.17	2.12	9.68	76.37	2.68	15.43	19.98	1.37	6.98	91.92	2.03

续表

角钢号数	尺寸/mm			截面面积 /cm^2	理论质量 /(kg/m)	外表面积 /(m^2/m)	参考数值										z_0/cm
							$x-x$			x_0-x_0			y_0-y_0			x_1-x_1	
	b	d	r				I_x/cm^4	i_x/cm	W_x/cm^3	I_{x0}/cm^4	i_{x0}/cm	W_{x0}/cm^3	I_{y0}/cm^4	i_{y0}/cm	W_{y0}/cm^3	I_{x1}/cm^4	
		5		7.412	5.818	0.295	39.97	2.33	7.32	63.30	2.92	11.94	16.63	1.50	5.77	70.56	2.04
		6		8.797	6.905	0.294	46.95	2.31	8.64	74.38	2.90	14.02	19.51	1.49	6.67	84.55	2.07
7.5	75	7	9	10.160	7.976	0.294	53.57	2.30	9.93	84.96	2.89	16.02	22.18	1.48	7.44	98.71	2.11
		8		11.503	9.030	0.294	59.96	2.28	11.20	95.07	2.88	17.93	24.86	1.47	8.19	112.97	2.15
		10		14.126	11.089	0.293	71.98	2.26	13.64	113.92	2.84	21.48	30.05	1.46	9.56	141.71	2.22
		5		7.912	6.211	0.315	48.79	2.48	8.34	77.33	3.13	13.67	20.25	1.60	6.66	85.36	2.15
		6		9.397	7.376	0.314	57.35	2.47	9.87	90.98	3.11	16.08	23.72	1.59	7.65	102.50	2.19
8	80	7	9	10.860	8.525	0.314	65.58	2.46	11.37	104.07	3.10	18.40	27.09	1.58	8.58	119.70	2.23
		8		12.303	9.658	0.314	73.49	2.44	12.83	116.60	3.08	20.61	30.39	1.57	9.46	136.97	2.27
		10		15.126	11.874	0.313	88.43	2.42	15.64	140.09	3.04	24.76	36.77	1.56	11.08	171.74	2.35
		6		10.637	8.350	0.354	82.77	2.79	12.61	131.26	3.51	20.63	34.28	1.80	9.95	145.87	2.44
		7		12.301	9.656	0.354	94.83	2.78	14.54	150.47	3.50	23.64	39.18	1.78	11.19	170.30	2.48
9	90	8	10	13.944	10.946	0.353	106.47	2.76	16.42	168.97	3.48	26.55	43.97	1.78	12.35	194.80	2.52
		10		17.167	13.476	0.353	128.58	2.74	20.07	203.90	3.45	32.04	53.26	1.76	14.52	244.07	2.59
		12		20.306	15.940	0.352	149.22	2.71	23.57	236.21	3.41	37.12	62.22	1.75	16.49	293.76	2.67
		6		11.932	9.366	0.393	114.95	3.10	15.68	181.98	3.90	25.74	47.92	2.00	12.69	200.07	2.67
		7		13.796	10.830	0.393	131.86	3.09	18.10	208.97	3.89	29.55	54.74	1.99	14.26	233.54	2.71
		8		15.638	12.276	0.393	148.24	3.08	20.47	235.07	3.88	33.24	61.41	1.98	15.75	267.09	2.76
10	100	10	12	19.261	15.120	0.392	179.51	3.05	25.06	284.68	3.84	40.26	74.35	1.96	18.54	334.48	2.84
		12		22.800	17.898	0.391	208.90	3.03	29.48	330.95	3.81	46.80	86.84	1.95	21.08	402.34	2.91
		14		26.256	20.611	0.391	236.53	3.00	33.73	374.06	3.77	52.90	99.00	1.94	23.44	470.75	2.99
		16		29.627	23.257	0.390	262.53	2.98	37.82	414.16	3.74	58.57	110.89	1.94	25.63	539.80	3.06
		7		15.196	11.928	0.433	177.16	3.41	22.05	280.94	4.30	36.12	73.38	2.20	17.51	310.64	2.96
11	10	8	12	17.238	13.532	0.433	199.46	3.40	24.95	316.49	4.28	40.69	82.42	2.19	19.39	355.20	3.01
		10		21.261	16.690	0.432	242.19	3.38	30.60	384.39	4.25	49.42	99.98	2.17	22.91	444.65	[illegible]

角钢号数	尺寸/mm			截面面积/cm²	理论质量/(kg/m)	外表面积/(m²/m)	参考数值										
							$x-x$			x_0-x_0			y_0-y_0				
	b	d	r				I_x/cm^4	i_x/cm	W_x/cm^3	I_{x0}/cm^4	i_{x0}/cm	W_{x0}/cm^3	I_{y0}/cm^4	i_{y0}/cm	W_{y0}/cm^3	[illegible]	[illegible]
11	10	12	12	25.200	19.782	0.431	282.55	3.35	36.05	448.17	4.22	57.62	116.93	2.15	26.15	534.[illegible]	[illegible]
		14		29.056	22.809	0.431	320.71	3.32	41.31	508.01	4.18	65.31	133.40	2.14	29.14	625.16	[illegible]
12.5	125	8	14	19.750	15.504	0.492	297.03	3.88	32.52	470.89	4.88	53.28	123.16	2.50	25.86	521.01	[illegible]
		10		24.373	19.133	0.491	361.67	3.85	39.97	573.89	4.85	64.93	149.46	2.48	30.62	651.93	3.45
		12		28.912	22.696	0.491	423.16	3.83	41.17	671.44	4.82	75.96	174.88	2.46	35.03	783.42	3.53
		14		33.367	26.193	0.490	481.65	3.80	54.16	763.73	4.78	86.41	199.57	2.45	39.13	915.61	3.61
14	140	10	14	27.373	21.488	0.551	514.65	4.34	50.58	817.27	5.46	82.56	212.04	2.78	39.20	915.11	3.82
		12		32.512	25.522	0.551	603.68	4.31	59.80	958.79	5.43	96.85	248.57	2.76	45.02	1 099.28	3.90
		14		37.567	29.490	0.550	688.81	4.28	68.75	1 093.56	5.40	110.47	284.06	2.75	50.45	1 284.22	3.98
		16		42.539	33.393	0.549	770.24	4.26	77.46	1 221.81	5.36	123.42	318.67	2.74	55.55	1 470.07	4.06
16	160	10	16	31.502	24.729	0.630	779.53	4.98	66.70	1 237.30	6.27	109.36	321.76	3.20	52.76	1 365.33	4.31
		12		37.441	29.391	0.630	916.58	4.95	78.98	1 455.68	6.24	128.67	377.49	3.18	60.74	1 639.57	4.39
		14		43.296	33.987	0.629	1 048.36	4.92	90.95	1 665.02	6.20	147.17	431.70	3.16	68.24	1 914.68	4.47
		16		49.067	38.518	0.629	1 175.08	4.89	102.63	1 865.57	6.17	164.89	484.59	3.14	75.31	2 190.82	4.55
18	180	12	16	42.241	33.159	0.710	1 321.35	5.59	100.82	2 100.10	7.05	165.00	542.61	3.58	78.41	2 332.80	4.89
		14		48.896	38.383	0.709	1 514.48	5.56	116.25	2 407.42	7.02	189.14	621.53	3.56	88.38	2 723.48	4.97
		16		55.467	43.542	0.709	1 700.99	5.54	131.13	2 703.37	6.98	212.40	698.60	3.55	97.83	3 115.29	5.05
		18		61.955	48.634	0.708	1 875.12	5.50	145.64	2 988.24	6.94	234.78	762.01	3.51	105.14	3 502.43	5.13
20	200	14	18	54.642	42.894	0.788	2 103.55	6.20	144.70	3 343.26	7.82	236.40	863.83	3.98	111.82	3 734.10	5.46
		16		62.013	48.680	0.788	2 366.15	6.18	163.65	3 760.89	7.79	265.93	971.41	3.96	123.96	4 270.39	5.54
		18		69.301	54.401	0.787	2 620.64	6.15	182.22	4 164.54	7.75	294.48	1 076.74	3.94	135.52	4 808.13	5.62
		20		76.505	60.056	0.787	2 867.30	6.12	200.42	4 554.55	7.72	322.06	1 180.04	3.93	146.55	5 347.51	5.69
		24		90.661	71.168	0.785	3 338.25	6.07	236.17	5 294.97	7.64	374.41	1 381.53	3.90	166.65	6 457.16	5.87

注：截面图中的 $r_1=\frac{1}{3}d$ 及表中 r 值的数据用于孔型设计，不作交货条件.

表 2 热轧不等边角钢(GB9788—88)

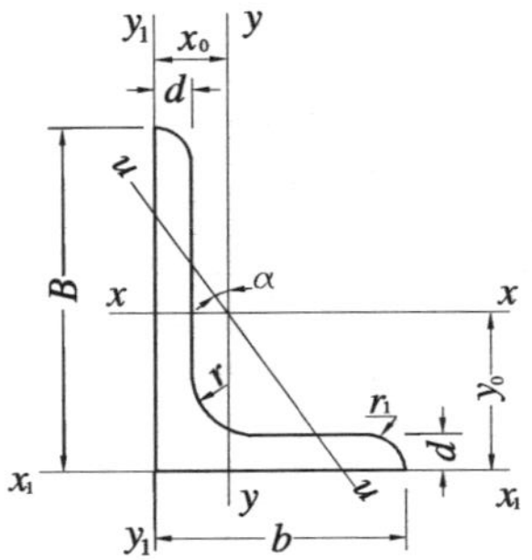

符号意义：B—长边宽度；
b—短边宽度；
d—边厚度；
r—内圆弧半径；
r_1—边端内圆弧半径；
I—惯性矩；
i—惯性半径；
W—截面系数；
x_0—重心距离；
y_0—重心距离.

角钢号数	尺寸/mm				截面面积 /cm²	理论质量 /(kg/m)	外表面积 /(m²/m)	参考数值													
								$x-x$			$y-y$			x_1-x_1		y_1-y_1		$u-u$			
	B	b	d	r				I_x /cm⁴	i_x /cm	W_x /cm³	I_y /cm⁴	i_y /cm	W_y /cm³	I_{x_1} /cm⁴	y_0 /cm	I_{y_1} /cm⁴	x_0 /cm	I_u /cm⁴	i_u /cm	W_u /cm³	tanα
2.5/16	25	16	3	3.5	1.162	0.912	0.080	0.70	0.78	0.43	0.22	0.44	0.19	1.56	0.86	0.43	0.42	0.14	0.34	0.16	0.392
			4		1.499	1.176	0.079	0.88	0.77	0.55	0.27	0.43	0.24	2.09	0.90	0.59	0.46	0.17	0.34	0.20	0.381
3.2/2	32	20	3		1.492	1.171	0.102	1.53	1.01	0.72	0.46	0.55	0.30	3.27	1.08	0.82	0.49	0.28	0.43	0.25	0.382
			4		1.939	1.522	0.101	1.93	1.00	0.93	0.57	0.54	0.39	4.37	1.12	1.12	0.53	0.35	0.42	0.32	0.374
4/2.5	40	25	3	4	1.890	1.484	0.127	3.08	1.28	1.15	0.93	0.70	0.49	5.39	1.32	1.59	0.59	0.56	0.54	0.40	0.385
			4		2.467	1.936	0.127	3.93	1.26	1.49	1.18	0.69	0.63	8.53	1.37	2.14	0.63	0.71	0.54	0.52	0.381
4.5/2.8	45	28	3	5	2.149	1.687	0.143	4.45	1.44	1.47	1.34	0.79	1.62	9.10	1.47	2.23	0.64	0.80	0.61	0.51	0.383
			4		2.806	2.203	0.143	5.69	1.42	1.91	1.70	0.78	0.80	12.13	1.51	3.00	0.68	1.02	0.60	0.66	0.380
5/3.2	50	32	3	5.5	2.431	1.908	0.161	6.24	1.60	1.84	2.02	0.91	0.82	12.49	1.60	3.31	0.73	1.20	0.70	0.68	0.404
			4		3.177	2.494	0.160	8.02	1.59	2.39	2.58	0.90	1.06	16.65	1.65	4.45	0.77	1.53	0.69	0.87	[illegible]

角钢号数	尺寸/mm				截面面积/cm²	理论质量/(kg/m)	外表面积/(m²/m)	参考数值													
								x—x			y—y			x_1—x_1		y_1—y_1					
	B	b	d	r				I_x/cm⁴	i_x/cm	W_x/cm³	I_y/cm⁴	i_y/cm	W_y/cm³	I_{x_1}/cm⁴	y_0/cm	I_{y_1}/cm⁴	x_0/cm	/cm			
5.6/3.6	56	36	3	6	2.743	2.153	0.181	8.88	1.80	2.32	2.92	1.03	1.05	17.54	1.78	4.70	0.80	1.73			
			4		3.590	2.818	0.180	11.45	1.79	3.03	3.76	1.02	1.37	23.39	1.82	6.33	0.85	2.23	0.[illegible]		
			5		4.415	3.466	0.180	13.86	1.77	3.71	4.49	1.01	1.65	29.25	1.87	7.94	0.88	2.67	0.78		
6.3/4	63	40	4	7	4.058	3.185	0.202	16.49	2.02	3.87	5.23	1.14	1.70	33.30	2.04	8.63	0.92	3.12	0.88	1.[illegible]	[illegible]98
			5		4.993	3.920	0.202	20.02	2.00	4.74	6.31	1.12	2.71	41.63	2.08	10.86	0.95	3.76	0.87	1.71	0.396
			6		5.908	4.638	0.201	23.36	1.96	5.59	7.29	1.11	2.43	49.98	2.12	13.12	0.99	4.34	0.86	1.99	0.393
			7		6.802	5.339	0.201	26.53	1.98	6.40	8.24	1.10	2.78	58.07	2.15	15.47	1.03	4.97	0.86	2.29	0.389
7/4.5	70	45	4	7.5	4.547	3.570	0.226	23.17	2.26	4.86	7.55	1.29	2.17	45.92	2.24	12.26	1.02	4.40	0.98	1.77	0.410
			5		5.609	4.403	0.225	27.95	2.23	5.92	9.13	1.28	2.65	57.10	2.28	15.39	1.06	5.40	0.98	2.19	0.407
			6		6.647	5.218	0.225	32.54	2.21	6.95	10.62	1.26	3.12	68.35	2.32	18.58	1.09	6.35	0.98	2.59	0.404
			7		7.657	6.011	0.225	37.22	2.20	8.03	12.01	1.25	3.57	79.99	2.36	21.84	1.13	7.16	0.97	2.94	0.402
(7.5/5)	75	50	5	8	6.125	4.808	0.245	34.86	2.39	6.83	12.61	1.44	3.30	70.00	2.40	21.04	1.17	7.41	1.10	2.74	0.435
			6		7.260	5.699	0.245	41.12	2.38	8.12	14.70	1.42	3.88	84.30	2.44	25.37	1.21	8.54	1.08	3.19	0.435
			8		9.467	7.431	0.244	52.39	2.35	10.52	18.53	1.40	4.99	112.50	2.52	34.23	1.29	10.87	1.07	4.10	0.429
			10		11.509	9.098	0.244	62.71	2.33	12.79	21.96	1.38	6.04	140.80	2.60	43.43	1.36	13.10	1.06	4.99	0.423
8/5	80	50	5	8	6.375	5.005	0.255	41.96	2.56	7.78	12.82	1.42	3.32	85.21	2.60	21.06	1.14	7.66	1.10	2.74	0.388
			6		7.560	5.935	0.255	49.49	2.56	9.25	14.95	1.41	3.91	102.53	2.65	25.41	1.18	8.85	1.08	3.20	0.387
			7		8.724	6.848	0.255	56.16	2.54	10.58	16.96	1.39	4.48	119.33	2.69	29.82	1.21	10.18	1.08	3.70	0.384
			8		9.867	7.745	0.254	62.83	2.52	11.92	18.85	1.38	5.03	136.41	2.73	34.32	1.25	11.38	1.07	4.16	0.381
9/5.6	90	56	5	9	7.212	5.661	0.287	60.45	2.90	9.92	18.32	1.59	4.21	121.32	2.91	29.53	1.25	10.98	1.23	3.49	0.385
			6		8.557	6.717	0.286	71.03	2.88	11.74	21.42	1.58	4.96	145.59	2.95	35.58	1.29	12.90	1.23	4.13	0.384
			7		9.880	7.756	0.286	81.01	2.86	13.49	24.36	1.57	5.70	169.60	3.00	41.71	1.33	14.67	1.22	4.72	0.382
			8		11.183	8.799	0.286	91.03	2.85	15.27	27.15	1.56	6.41	194.17	3.04	47.93	1.36	16.34	1.21	5.29	0.380

续表

角钢号数	尺寸/mm				截面面积 /cm²	理论质量 /(kg/m)	外表面积 /(m²/m)	参考数值													
								$x-x$			$y-y$			x_1-x_1		y_1-y_1		$u-u$			
	B	b	d	r				I_x /cm⁴	i_x /cm	W_x /cm³	I_y /cm⁴	i_y /cm	W_y /cm³	I_{x_1} /cm⁴	y_0 /cm	I_{y_1} /cm⁴	x_0 /cm	I_u /cm⁴	i_u /cm	W_u /cm³	$\tan\alpha$
10/6.3	100	63	6	10	9.617	7.550	0.320	99.06	3.21	14.64	30.94	1.79	6.35	199.71	3.24	50.50	1.43	18.42	1.38	5.25	0.394
			7		11.111	8.722	0.320	113.45	3.20	16.88	35.26	1.78	7.29	233.00	3.28	59.14	1.47	21.00	1.38	6.02	0.394
			8		12.584	9.878	0.319	127.37	3.18	19.08	39.39	1.77	8.21	266.32	3.32	67.88	1.50	23.50	1.37	6.78	0.391
			10		15.467	12.142	0.319	153.81	3.15	23.32	47.12	1.74	9.98	333.06	3.40	85.73	1.58	28.33	1.35	8.24	0.387
10/8	100	80	6	10	10.637	8.350	0.354	107.04	3.17	15.19	61.24	2.40	10.16	199.83	2.95	102.68	1.97	31.65	1.72	8.37	0.627
			7		12.301	9.656	0.354	122.73	3.16	17.52	70.08	2.39	11.71	233.20	3.00	119.98	2.01	36.17	1.72	9.60	0.626
			8		13.944	0.946	0.353	137.92	3.14	19.81	78.58	2.37	13.21	266.61	3.04	137.37	2.05	40.58	1.71	10.80	0.625
			10		17.167	13.476	0.353	166.87	3.12	24.24	94.65	2.35	16.12	333.63	3.12	172.48	2.13	49.10	1.69	13.12	0.622
11/7	110	70	6	10	10.637	8.350	0.354	133.37	3.54	17.85	42.92	2.01	7.90	265.78	3.53	69.08	1.57	25.36	1.54	6.53	0.403
			7		12.301	9.656	0.354	153.00	3.53	20.60	49.01	2.00	9.09	310.07	3.57	80.82	1.61	28.95	1.53	7.50	0.402
			8		13.944	10.946	0.353	172.04	3.51	23.30	54.87	1.98	10.25	354.39	3.62	92.70	1.65	32.45	1.53	8.45	0.401
			10		17.167	13.476	0.353	208.39	3.48	28.54	65.88	1.96	12.48	443.13	3.70	116.83	1.72	39.20	1.51	10.29	0.397
12.5/8	125	80	7	11	14.096	11.066	0.403	227.98	4.02	26.86	74.42	2.30	12.01	454.99	4.01	120.32	1.80	43.81	1.76	9.92	0.408
			8		15.989	12.551	0.403	256.77	4.01	30.41	83.49	2.28	13.56	519.99	4.06	137.85	1.84	49.15	1.75	11.18	0.407
			10		19.712	15.474	0.402	312.04	3.98	37.33	100.67	2.26	16.56	650.09	4.14	173.40	1.92	59.45	1.74	13.64	0.404
			12		23.351	18.330	0.402	364.41	3.95	44.01	116.67	2.24	19.43	780.39	4.22	209.67	2.00	69.35	1.72	16.01	0.400
14/9	140	90	8	12	18.038	14.160	0.453	365.64	4.50	38.48	120.69	2.59	17.34	730.53	4.50	195.79	2.04	70.83	1.98	14.31	0.411
			10		22.261	17.475	0.452	445.50	4.47	47.31	140.03	2.56	21.22	913.20	4.58	245.92	2.12	85.82	1.96	17.48	0.409
			12		26.400	20.724	0.451	521.59	4.44	55.87	169.79	2.54	24.95	1 096.09	4.66	296.89	2.19	100.21	1.95	20.54	0.406
			14		30.456	23.908	0.451	594.10	4.42	64.18	192.10	2.51	28.54	1 279.26	4.74	348.82	2.27	114.13	1.94	23.52	0.403
16/10	160	100	10	13	25.315	19.872	0.512	668.69	5.14	62.13	205.03	2.85	26.56	1 362.89	5.24	336.59	2.28	121.74	2.19	21.92	0.390
			12		30.054	23.592	0.511	784.91	5.11	73.49	239.06	2.82	31.28	1 635.56	5.32	405.94	2.36	142.33	2.17	25.79	0.388
			14		34.709	27.247	0.510	896.30	5.08	84.56	271.20	2.80	35.83	1 908.50	5.40	476.42	2.43	162.23	2.16	29.56	[illegible]
			16		39.281	30.835	0.510	1 003.04	5.05	95.33	301.60	2.77	40.24	2 181.79	5.48	548.2	2.51	182.57	2.16	[illegible]	[illegible]

角钢号数	尺寸/mm				截面面积 /cm²	理论质量 /(kg/m)	外表面积 /(m²/m)	参考数值													
								$x-x$			$y-y$			x_1-x_1		y_1-y_1		[illegible]			
	B	b	d	r				I_x /cm⁴	i_x /cm	W_x /cm³	I_y /cm⁴	i_y /cm	W_y /cm³	I_{x_1} /cm⁴	y_0 /cm	I_{y_1} /cm⁴	x_0 /cm	[illegible]	[illegible]	[illegible]	[illegible]
18/11	180	110	10	14	28.373	22.273	0.571	956.25	5.80	78.96	278.11	3.13	32.49	1 940.40	5.89	447.22	2.44	166.[illegible]	[illegible]	[illegible]	[illegible]
			12		33.712	26.464	0.571	1 124.72	5.78	93.53	325.03	3.10	38.32	2 328.38	5.98	538.94	2.52	194.87	[illegible]	[illegible]	[illegible]
			14		38.967	30.589	0.570	1 286.91	5.75	107.76	369.55	3.08	43.97	2 716.60	6.06	631.95	2.59	222.30	2.[illegible]	[illegible]	[illegible]
			16		44.139	34.649	0.569	1 443.06	5.72	121.64	411.85	3.06	49.44	3 105.15	6.14	726.46	2.67	248.94	2.38	[illegible]	[illegible]
20/12.5	200	125	12	14	37.912	29.761	0.641	1 570.90	6.44	116.73	483.16	3.57	49.99	3 193.85	6.54	787.74	2.83	285.79	2.74	41.[illegible]	[illegible]92
			14		43.867	34.436	0.640	1 800.97	6.41	134.65	550.83	3.54	57.44	3 726.17	6.62	922.47	2.91	326.58	2.73	47.34	0.390
			16		49.739	39.045	0.639	2 023.35	6.38	152.18	615.44	3.52	64.69	4 258.86	6.70	1 058.86	2.99	366.21	2.71	53.32	0.388
			18		55.526	43.588	0.639	2 238.30	6.35	169.33	677.19	3.49	71.74	4 792.00	6.78	1 197.13	3.06	404.83	2.70	59.18	0.385

注：1. 括号内型号不推荐使用.

2. 截面图中的 $r_1=\frac{1}{3}d$ 及表中 r 值的数据用于孔型设计，不作交货条件.

表 3　热轧槽钢（GB707—88）

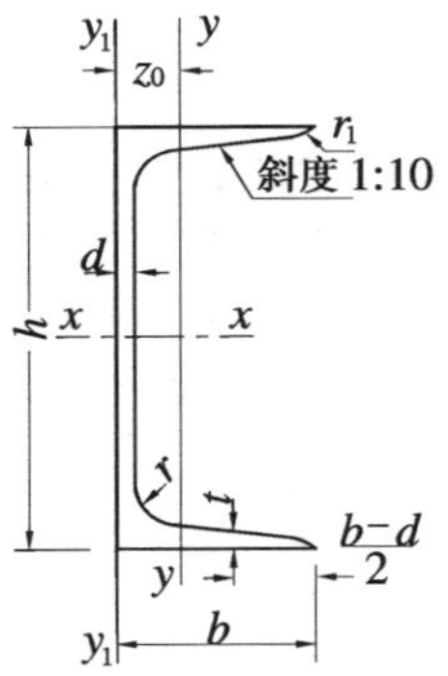

符号意义：h—高度；

b—腿宽度；

d—腰厚度；

r—内圆弧半径；

r_1—腿端圆弧半径；

t—平均腿厚度；

I—惯性矩；

W—截面系数；

i—惯性半径；

z_0—y—y 轴与 y_1—y_1 轴间距.

型号	尺寸/mm						截面面积 /cm²	理论质量 /(kg/m)	参考数值							
									$x-x$			$y-y$			y_1-y_1	z_0/cm
	h	b	d	t	r	r_1			W_x/cm³	I_x/cm⁴	i_x/cm	W_y/cm³	I_y/cm⁴	i_y/cm	I_{y_1}/cm⁴	
5	50	37	4.5	7	7.0	3.5	6.928	5.438	10.4	26.0	1.94	3.55	8.30	1.10	20.9	1.35
6.3	63	40	4.8	7.5	7.5	3.8	8.451	6.634	16.1	50.8	2.45	4.50	11.9	1.19	28.4	1.36
8	80	43	5.0	8	8.0	4.0	10.248	8.045	25.3	101	3.15	5.79	16.6	1.27	37.4	1.43
10	100	48	5.3	8.5	8.5	4.2	12.748	10.007	39.7	198	3.95	7.8	25.6	1.41	54.9	1.52
12.6	126	53	5.5	9	9.0	4.5	15.692	12.318	62.1	391	4.95	10.2	38.0	1.57	77.1	1.59
14a	140	58	6.0	9.5	9.5	4.8	18.516	14.535	80.5	564	5.52	13.0	53.2	1.70	107	1.71
14b	140	60	8.0	9.5	9.5	4.8	21.316	16.733	87.1	609	5.35	14.1	61.1	1.69	121	1.67
16a	160	63	6.5	10	10.0	5.0	21.962	17.240	108	866	6.28	16.3	73.3	1.83	144	1.80
16	160	65	8.5	10	10.0	5.0	25.162	19.752	117	935	6.10	17.6	83.4	1.82	161	[illegible]
18a	180	68	7.0	10.5	10.5	5.2	25.699	20.174	141	1 270	7.04	20.0	98.6	1.96	190	[illegible]
18	180	70	9.0	10.5	10.5	5.2	29.299	23.000	152	1 370	6.84	21.5	111	1.95	[illegible]	[illegible]

210 1.88 1.84

型号	尺寸/mm						截面面积/cm^2	理论质量/(kg/m)	参							
									x—x							
	h	b	d	t	r	r_1			W_x/cm^3	I_x/cm^4	i_x/cm	W_y/cm^3	I_y/c.			
20a	200	73	7.0	11	11.0	5.5	28.837	22.637	178	1 780	7.86	24.2	128			
20	200	75	9.0	11	11.0	5.5	32.837	25.777	191	1 910	7.64	25.9	144			
22a	220	77	7.0	11.5	11.5	5.8	31.846	24.999	218	2 390	8.67	28.2	158	[illegible]		
22	220	79	9.0	11.5	11.5	5.8	36.246	28.453	234	2 570	8.42	30.1	176	2.21		
a	250	78	7.0	12	12.0	6.0	34.917	27.410	270	3 370	9.82	30.6	176	2.24		
25b	250	80	9.0	12	12.0	6.0	39.917	31.335	282	3 530	9.41	32.7	196	2.22	[illegible]	
c	250	82	11.0	12	12.0	6.0	44.917	35.260	295	3 690	9.07	35.9	218	2.21	384	[illegible]
a	280	82	7.5	12.5	12.5	6.2	40.034	31.427	340	4 760	10.9	35.7	218	2.33	388	2.10
28b	280	84	9.5	12.5	12.5	6.2	45.634	35.823	366	5 130	10.6	37.9	242	2.30	428	2.02
c	280	86	11.5	12.5	12.5	6.2	51.234	40.219	393	5 500	10.4	40.3	268	2.29	463	1.95
a	320	88	8.0	14	14.0	7.0	48.513	38.083	475	7 600	12.5	46.5	305	2.50	552	2.24
32b	320	90	10.0	14	14.0	7.0	54.913	43.107	509	8 140	12.2	49.2	336	2.47	593	2.16
c	320	92	12.0	14	14.0	7.0	61.313	48.131	543	8 690	11.9	52.6	374	2.47	643	2.09
a	360	96	9.0	16	16.0	8.0	60.910	47.814	660	11 900	14.0	63.5	455	2.73	818	2.44
36b	360	98	11.0	16	16.0	8.0	68.110	53.466	703	12 700	13.6	66.9	497	2.70	880	2.37
c	360	100	13.0	16	16.0	8.0	75.310	59.118	746	13 400	13.4	70.0	536	2.67	948	2.34
a	400	100	10.5	18	18.0	9.0	75.068	58.928	879	17 600	15.3	78.8	592	2.81	1 070	2.49
40b	400	102	12.5	18	18.0	9.0	83.068	65.208	932	18 600	15.0	82.5	640	2.78	1 140	2.44
c	400	104	14.5	18	18.0	9.0	91.068	71.488	986	19 700	14.7	86.2	688	2.75	1 220	2.42

注：截面图和表中标注的圆弧半径 r、r_1 的数据用于孔型设计，不作交货条件.

表 4　热轧工字钢(GB9788—88)

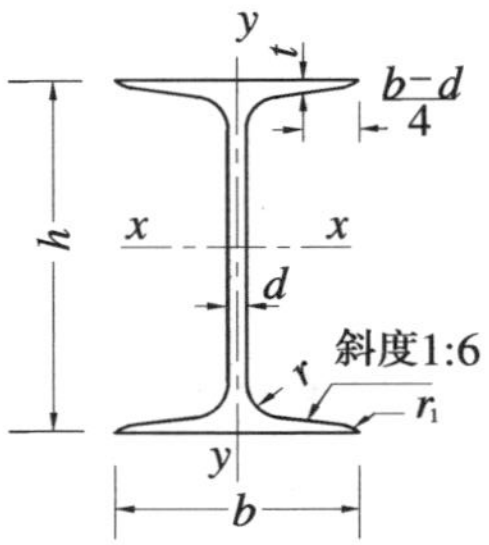

符号意义：h—高度；
b—腿宽度；
d—腰厚度；
r—内圆弧半径；
r_1—腿端圆弧半径；
t—平均腿厚度
I—惯性矩；
i—惯性半径；
W—截面系数；
S—半截面的静矩.

型号	尺寸/mm						截面面积/cm²	理论质量/(kg/m)	参考数值						
									$x-x$				$y-y$		
	h	b	d	t	r	r_1			I_x/cm⁴	W_x/cm³	i_x/cm	I_x:S_x	I_y/cm⁴	W_y/cm³	i_y/cm
10	100	68	4.5	7.6	6.5	3.3	14.345	11.261	245	49.0	4.14	8.59	33.0	9.72	1.52
12.6	126	74	5.0	8.4	7.0	3.5	18.118	14.223	488	77.5	5.20	10.8	46.9	12.7	1.61
14	140	80	5.5	9.1	7.5	3.8	21.516	16.890	712	102	5.76	12.0	64.4	16.1	1.73
16	160	88	6.0	9.9	8.0	4.0	26.131	20.513	1 130	141	6.58	13.8	93.1	21.2	1.89
18	180	94	6.5	10.7	8.5	4.3	30.756	24.143	1 660	185	7.36	15.4	122	26.0	2.00
20a	200	100	7.0	11.4	9.0	4.5	35.578	27.929	2 370	237	8.15	17.2	158	31.5	2.12
20b	200	102	9.0	11.4	9.0	4.5	39.578	31.069	2 500	250	7.96	16.9	169	33.1	2.06
22a	220	110	7.5	12.3	9.5	4.8	42.128	33.070	3 400	309	8.99	18.9	225	40.9	2.31
22b	220	112	9.5	12.3	9.5	4.8	46.528	36.524	3 570	325	8.78	18.7	239	42.7	2.27
25a	250	116	8.0	13.0	10.0	5.0	48.541	38.105	5 020	402	10.2	21.6	280	48.3	2.40
25b	250	118	10.0	13.0	10.0	5.0	53.541	42.030	5 280	423	9.94	21.3	309	52.4	2.40
28a	280	122	8.5	13.7	10.5	5.3	55.404	43.492	7 110	508	11.3	24.6	345	56.6	[illegible]
28b	280	124	10.5	13.7	10.5	5.3	61.004	47.888	7 480	534	11.1	24.2	379	[illegible]	[illegible]
32a	320	130	9.5	15.0	11.5	5.8	67.156	52.717	11 100	692	12.8	27.5	460	[illegible]	[illegible]

型号	尺寸/mm						截面面积/cm²	理论质量/(kg/m)	参						
									x—x						
	h	b	d	t	r	r_1			I_x/cm⁴	W_x/cm³	i_x/cm	I_x:S_x			
32b	320	132	11.5	15.0	11.5	5.8	73.556	57.741	11 600	726	12.6	27.1			
32c	320	134	13.5	15.0	11.5	5.8	79.956	62.765	12 200	760	12.3	26.8	[illegible]		
36a	360	136	10.0	15.8	12.0	6.0	76.480	60.037	15 800	875	14.4	30.7	552		
36b	360	138	12.0	15.8	12.0	6.0	83.680	65.689	16 500	919	14.1	30.3	582		
36c	360	140	14.0	15.8	12.0	6.0	90.880	71.341	17 300	962	13.8	29.9	612		
40a	400	142	10.5	16.5	12.5	6.3	86.112	67.598	21 700	1 090	15.9	34.1	660	93.	
40b	400	144	12.5	16.5	12.5	6.3	94.112	73.878	22 800	1 140	15.6	33.6	692	96.2	[illegible]
40c	400	146	14.5	16.5	12.5	6.3	102.112	80.158	23 900	1 190	15.2	33.2	727	99.6	2.65
45a	450	150	11.5	18.0	13.5	6.8	102.446	80.420	32 200	1 430	17.7	38.6	855	114	2.89
45b	450	152	13.5	18.0	13.5	6.8	111.446	87.485	33 800	1 500	17.4	38.0	894	118	2.84
45c	450	154	15.5	18.0	13.5	6.8	120.446	94.550	35 300	1 570	17.1	37.6	938	122	2.79
50a	500	158	12.0	20.0	14.0	7.0	119.304	93.654	45 600	1 860	19.7	42.8	1 120	142	3.07
50b	500	160	14.0	20.0	14.0	7.0	129.304	101.504	48 600	1 940	19.4	42.4	1 170	146	3.01
50c	500	162	16.0	20.0	14.0	7.0	139.304	109.354	50 600	2 080	19.0	41.8	1 220	151	2.96
56a	560	166	12.5	21.0	14.5	7.3	135.435	106.316	65 600	2 340	22.0	47.7	1 370	165	3.18
56b	560	168	14.5	21.0	14.5	7.3	146.635	115.108	68 500	2 450	21.6	47.2	1 490	174	3.16
56c	560	170	16.5	21.0	14.5	7.3	157.835	123.900	71 400	2 550	21.3	46.7	1 560	183	3.16
63a	630	176	13.0	22.0	15.0	7.5	154.658	121.407	93 900	2 980	24.5	54.2	1 700	193	3.31
63b	630	178	15.0	22.0	15.0	7.5	167.258	131.298	98 100	3 160	24.2	53.5	1 810	204	3.29
63c	630	180	17.0	22.0	15.0	7.5	179.858	141.189	102 000	3 300	23.8	52.9	1 920	214	3.27

注：截面图和表中标注的圆弧半径 r、r_1 的数据用于孔型设计，不作交货条件.